U0161609

EPC
工程总承包项目管理
要点与实践

陈津生　编著

化学工业出版社
·北京·

内容简介

本书根据 EPC 项目的特点和实践编著而成。以管理组织、建设过程、管理目标、项目要素为顺序，阐述了 EPC 项目管理的要点。同时，每章配有项目管理典型实践案例，以供读者参考。本书具有针对性强、重点突出、叙述简洁、便于记忆、实用性强的特点。

本书可作为设计单位、施工企业、监理咨询单位的有关管理人员的学习资料，也可作为大中专院校相关专业研究生以及在校生的专业读物，还可作为 EPC 项目管理知识培训教材或辅导教材。

图书在版编目（CIP）数据

EPC 工程总承包项目管理要点与实践/陈津生编著
. —北京：化学工业出版社，2023.3
ISBN 978-7-122-42693-2

Ⅰ.①E… Ⅱ.①陈… Ⅲ.①建筑工程-承包工程-项目管理-研究 Ⅳ.①TU723

中国版本图书馆 CIP 数据核字（2022）第 258731 号

责任编辑：彭明兰　　　　　　　　　　　　　　　文字编辑：陈景薇
责任校对：王　静　　　　　　　　　　　　　　　装帧设计：韩　飞

出版发行：化学工业出版社（北京市东城区青年湖南街 13 号　邮政编码 100011）
印　　刷：三河市航远印刷有限公司
装　　订：三河市宇新装订厂
787mm×1092mm　1/16　印张 29¼　字数 789 千字　2023 年 6 月北京第 1 版第 1 次印刷

购书咨询：010-64518888　　　　　　　　　　　　售后服务：010-64518899
网　　址：http://www.cip.com.cn
凡购买本书，如有缺损质量问题，本社销售中心负责调换。

定　　价：118.00 元
版权所有　违者必究

前言

　　EPC承包模式由于自身的优势，在国外受到业主的广泛青睐，应用已经十分普遍，涉及的行业领域也在不断扩大，包括房屋建筑、电力、水利、石油石化、道路等行业。近年来，我国的建设市场模式仍处于转型时期，单纯依靠传统的承包模式，已经无法适应市场经济发展的需要，必须与国际接轨。为此，国内正在积极推行工程总承包模式的应用，且推广工作的步伐越来越快，推广的力度也越来越大。

　　我们应该清醒地认识到，EPC承包模式的推行是对传统承发包模式的一场深刻的变革，这场变革必然会带来项目管理方式的转变。长期以来我国一直沿用传统的承包模式，习惯于一套传统承发包模式的项目管理方式。而EPC项目与传统项目具有很多不同的特点，以传统项目的管理方式去管理现代化项目，必然会带来诸多困难，会使项目建设处于被动局面，甚至有可能导致整个项目的失败。因此，企业在整个行业结构调整的大潮中，首要的就是应尽快学习、掌握EPC现代项目管理理论和方法，在传统承包模式基础上，迅速培养出一支掌握现代化项目管理技术的队伍，培养、储备管理人才是当前行业的一项十分迫切的任务。现代化承包模式管理人才的培养是推动行业EPC事业发展的急迫需要，是实现企业转型、提高项目管理效率和创造企业效益的充分和必要的条件，否则将贻误大事。

　　我们也应该看到，自EPC承包模式推广以来，随着人们对EPC项目管理的认识不断深化和科学技术的进步，项目管理的理论和方法已经发生了深刻的变革。进入21世纪后，项目管理领域呈现学术性、新技术、职业化的三大发展趋势。管理理论不断创新，例如，共赢理念、整合理念、全面管理理念、绿色管理理念、节能环保管理理念等层出不穷，特别是当今信息技术、网络技术、BIM技术的广泛应用以及项目管理逐步分工细化，形成一系列关于项目管理的专门职业，标志着项目管理已经进入全新的快速发展时代。新的趋势对行业的项目管理人员提出了新的、更高的标准和要求，只有不断调整自身项目管理知识结构，补充新知识，吸收新营养，运用新观念、新技术，按照职业化的要求，构建现代化的项目管理知识体系，才能站在这场变革的前沿，跟上时代发展的步伐，促进我国EPC事业的发展，与国际市场融合。因此，加强对EPC承包项目管理知识的学习是时代发展的需要，意义重大。

　　本书为了满足广大从业者学习项目管理知识的客观需要，搭建了一个学习EPC项目管理知识的平台，交流EPC项目管理知识和经验，进一步普及、提高现代项目管理水平，2023年是即将迎来原建设部印发的《关于培育发展工程总承包和工程项目管理企业的指导意见》（建市〔2003〕30号）二十周年的日子，出版本书也具有特殊的意义。

本书编著的宗旨是力求"全面、精要"地反映出 EPC 项目管理知识体系框架，既要突出重点、叙述简洁，又要兼顾实用性、操作性。全书分为绪论篇、组织篇、过程篇、目标篇、要素篇和收尾篇 6 篇共 17 章。各章按概念、组织、模式、重点、策略、方法为序加以阐述。同时，每章提供了一些国内外 EPC 项目管理的典型实践案例，供读者参阅，以期对读者能够起到举一反三的学习效果。

作者在编著过程中，参考了国内外一些理论与实践者的文献资料，在此，一并表示感谢。由于作者水平有限，难免存在不足之处，衷心欢迎行业同仁给予斧正，再版时加以修正，以便为广大读者提供更好的服务。

陈津生

2022 年 10 月

北京.花园村

目录

第 1 篇　绪论篇

第 2 篇　组织篇

第 3 篇　过程篇

第 6 篇　收尾篇

第1篇　绪论篇

第1章

项目管理概述

EPC 承包模式由于其自身的优势，目前得到越来越多业主的推崇，在国际市场上已成为一种主流承包模式。随着世界经济发展融合的趋势，我国政府积极推行这一模式，越来越多的企业积极投入 EPC 实践之中。EPC 项目一般采用固定合同价格，业主要求标准高，与传统的模式相比，承包商需要承担很大的风险。因此，对 EPC 的项目管理成为承包方十分关注且需要研究的重点课题。

1.1　项目管理的概念与特征

1.1.1　项目管理的概念

项目管理是"对项目进行的管理"，这是其最为原始、广泛的概念。然而从项目管理概念和内涵的发展历程来看，项目管理的内涵得到了极大的丰富和发展。不同的团体、不同的应用领域对其有不同的描述。

美国项目管理协会制定的《项目管理知识体系指南》（PMI-PMBOK）对项目管理做了广义的定义："项目管理是把项目管理知识、技能、工具和技术用于项目活动中，以满足项目要求。"

在 FIDIC 银皮书中将其定义为："在一个统一的组织或它的法定代表负责领导下，对一个多专业组成的组织进行动员，以使项目建筑在业主要求达到的进度、质量与费用指标内完成。"

国际标准 ISO 10006《质量管理　项目质量管理指南》将其定义为："项目管理包括对项目各方面的策划、组织、检测和控制等连续过程的活动，以达到项目目标。"

中国勘察设计协会主编的《建设项目工程总承包管理规范》（GB/T 50358）对项目管理的定义为："在项目实施过程中对项目的各方面进行策划、组织、监测和控制，并把项目管理知识、技能、工具和技术应用于项目活动中，以达到项目目标的全部活动。"这一定义的表述基本与国际标准一致。

中国石油和化工勘察设计协会和中国勘察设计协会建设项目管理和工程总承包分会编制

的《建设项目工程总承包管理规范实施指南》对项目管理做了进一步解释："本规范中项目管理是指工程总承包企业对工程总承包项目进行的项目管理，包括设计、采购、施工和试运行全过程的质量、安全、费用和进度等全方位的策划、组织实施、控制和收尾等。"

综合上述分析，所谓项目管理是指：在项目实施过程中，对项目的各个方面进行策划、实施、检验和控制，并把项目管理的知识、技能、工具和技术应用于项目设计、采购、施工等活动中，以达到项目目标的全部活动。对于 EPC 项目总承包管理的概念，我们可以进一步做如下理解。

① 项目管理包括产品实现过程管理和项目管理程序的管理。产品实现过程管理包括设计、采购、施工、试车等；项目管理程序的管理包括项目启动、项目策划、项目实施、项目控制和收尾的管理。

② 工程总承包项目部在实施项目过程中，每一管理过程都要体现策划（Plan）、实施（Do）、检验（Check）、处置（Action），即 PDCA 循环。

③ 工程总承包企业的项目管理者必须提供资源，实施项目过程管理，组织、监视、测量、分析、评价和改进，通过管理评审回到管理职责闭环，开始新的 PDCA 循环。

④ 项目管理需要将各种知识、方法、技术充分运用于管理实践，涉及多个知识领域，包括时间、成本、质量、人力资源、沟通、风险、采购等范畴的管理知识和技术。

项目管理概念的不同层次见图 1-1。

图 1-1　项目管理概念的不同层次

1.1.2　项目管理的特征

EPC 项目与一般项目管理相比呈现以下特征。

（1）复杂性　EPC 项目是受业主委托，按照合同约定对工程项目的勘察、设计、采购、施工、试运行（竣工验收）等实行全过程的承包，对于一些专业需要分包给其他单位去完成，因此，涉及多阶段、多单位的协作管理。项目管理工作较传统承包模式协调量大，工作更为复杂，对总承包商管理人员在素质、技术和以往的经验等方面的要求高。

（2）艰巨性　EPC 项目采用固定合同价格，允许工期和费用索赔的机会很少，稍有不慎成本就可能超支，且工程总承包合同条款往往很苛刻，总承包商承担了大部分风险，稍有不慎就可能会造成亏损，项目管理面临的任务十分艰巨，因此，项目风险管理成为项目管理的重点和难点。

（3）持久性　项目管理的持久性是指 EPC 项目管理工作的时间较长。一般来说 EPC 项目建设周期长，少则一两年，多则五六年，甚至需要更长的时间。项目管理要贯彻始终。

（4）集成性　在项目管理中必须根据具体项目各要素或各专业之间的配置关系做好集成性的管理，而不能孤立地开展项目各个专业或对各专业进行独立管理。

（5）创新性　项目管理的创新性包括两层含义：其一是指项目管理是对于创新（项目所包含的创新之处）的管理；其二是指任何一个项目的管理都没有一成不变的模式和方法，都需要通过管理创新去实现对于具体项目的有效管理。

1.2 项目管理内容与程序

1.2.1 项目管理内容

EPC 工程总承包项目是业主将整个工程的设计、采购、施工等全部工作交付总承包商进行，并对其质量、进度、费用、工期等负责。为此，EPC 项目管理内容划分可以从以下四个层次阐述其主要管理内容。

① 从项目管理活动过程角度划分，其内容可分为启动/策划（包含组织构建与实施计划策划）阶段、实施/控制（执行计划，并对实施活动进行控制）阶段、项目收尾（竣工验收、合同结算、文件归档等）阶段管理。

② 从项目建设（产品形成）过程角度划分，其内容包括对设计、采购、施工、试运行的管理。

③ 从控制目标角度划分，其内容可分为进度、费用、质量、安全健康与环境目标管理。

④ 从项目其他构成要素划分，其内容可分为项目资源、沟通信息、风险管理、合同管理等。

EPC 工程项目管理内容划分示意图见图 1-2。

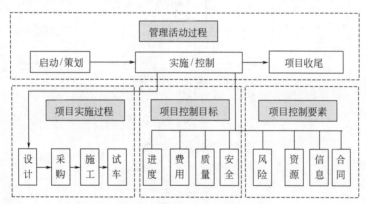

图 1-2 EPC 工程项目管理内容划分示意图

1.2.2 项目管理程序

EPC 工程总承包建筑工程项目管理程序示意图见图 1-3。

（1）启动/策划阶段管理程序 工程总承包项目合同评审通过或合同签订后，项目进入启动/策划阶段。启动/策划阶段的管理程序为任命 EPC 项目经理、组建 EPC 项目部及团队、签订项目管理目标责任书、召开项目启动会议、策划编制项目管理计划与项目实施计划等。

（2）实施/控制阶段管理程序 工程总承包项目管理启动/策划工作完成后，进入项目实施/控制阶段。实施阶段管理程序为在勘察设计、采购、施工等过程中对目标要素和其他要素的管理工作。

（3）收尾阶段管理程序 项目竣工验收通过后，项目进入收尾阶段，主要管理程序为现场清理、项目竣工结算、竣工资料移交、项目总结、项目团队绩效考核、EPC 项目部解散、工程保修与回访等。

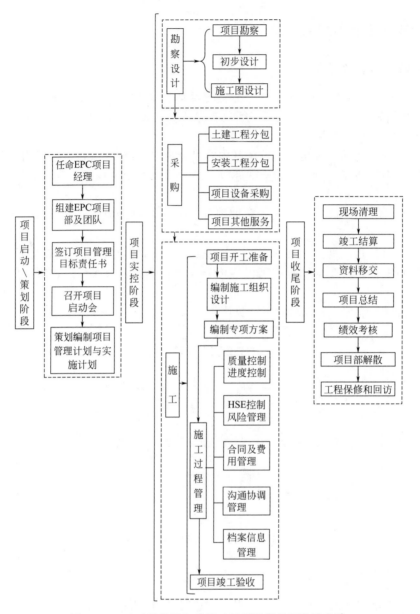

图 1-3　EPC 工程总承包建筑工程项目管理程序示意图

1.3　项目管理模式与体系

1.3.1　项目管理模式

　　由于 EPC 工程项目一般具有规模大、分包参建单位多的显著特征，因此，无论是对目标的管理，还是对其他要素的管理，其管理模式一般采用二级管控模式，即企业层对项目的管理和项目执行层对项目的管理；也可以细分为三层管理模式，即企业层、企业职能层、项目层三层管理模式。

1.3.2　项目管理体系

借鉴 ISO9001 质量管理体系，本书将项目管理体系划分为两部分，即项目管理体系＝项目监控体系＋项目保证体系。项目监控体系包括项目监控目标体系、项目监控流程体系。项目保证体系包括项目管理组织体系、项目管理责任体系、项目管理方法与技术保证体系、资源保障体系。项目监控体系框架示意图见图1-4。

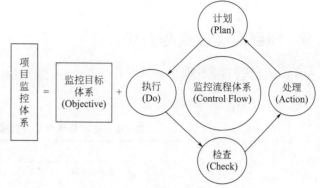

图 1-4　项目监控体系框架示意图

1.4　项目管理组织与职责

工程总承包项目管理是将项目管理的理论、模式、程序、方法和技术运用于该项目设计、采购、施工、试运行等组织实施之中的管理。工程总承包企业项目管理组织是项目管理的主体，EPC 项目的实施是项目管理的客体。项目管理组织包括两个层次：一是工程总承包企业职能部门；二是负责具体实施的项目管理部。

1.4.1　企业职能部门

企业职能部门是常设性机构，是企业部门、专业技术和管理的中心。一般来说，项目管理的起点是建设工程总承包项目合同签订之后，终点是项目竣工收尾。合同签订之后，企业职能部门根据企业法人的授权，任命项目经理，协助组建项目部并审批项目部成立后的管理活动；主要是通过矩阵式管理的模式，行使对项目的支持、保证与监督。企业职能部门管理活动主要包括：根据需要选择合适的人选并负责其考核；确定项目采用的标准、规范；审核专业（工作）成果；保证成品、工作质量；提供项目所需要的其他资源和支持。

1.4.2　项目管理部

项目管理部简称项目部，是在工程总承包企业法定代表人的授权和支持下，为了履行项目合同，实现项目目标，由项目经理组建并领导的项目管理机构组织。

① 首要职责是在项目经理的领导下，负责对项目实施的组织、协调、控制和处置，保证合同项目目标的实现。

② 项目部是一个临时性组织，随着项目的启动而建立，随着项目的完成而解散。项目部从合同履约角度对项目实施全过程进行管理。工程总承包企业的职能部门按照赋予部门的职能规定，对项目实施全过程给予支持，构成项目实施的矩阵式管理。

③ 项目部主要成员，如设计经理、采购经理、施工经理、试运行经理和财务经理等，分别接受项目经理和工程总承包企业职能部门的管理。

④ 项目经理是指工程总承包企业法定代表人在工程总承包项目上的委托代理人。项目经理是企业内部设置的岗位职务，由企业任命，要经发包人认可。项目经理经过授权，代表企业履行总承包合同，企业实行项目经理负责制。

⑤ 对于项目经理，企业授予其的目标责任书是指企业法人根据企业的经营目标、项目管理制度，制定的项目经理和项目部负责的工程项目需要达到的质量、安全、费用、进度、

职业健康和环境保护等控制目标的文件。

1.5　项目管理原则与方法

1.5.1　项目管理原则

EPC总承包项目管理的主要原则见表1-1。

表 1-1　EPC总承包项目管理原则

原则	内容
中心原则	无论设计方案、材料设备的选择，还是对分包商的管理，都必须以满足业主要求为中心，以确保工程顺利完工并通过验收
科学原则	以严谨的态度、借助科学的方法和手段进行管理，才能发挥各方面的优势，确保工程质量，才能实现管理目标
集成原则	在有限的资源约束下，运用系统的观点、方法和理论，从项目的投资决策开始到项目结束的全过程进行计划、组织、指挥、协调、控制和评价，以实现项目的目标
控制原则	通过健全监督人员制度，采用有效控制手段，对各个阶段的工作、各个分包工程进行监督控制，才能达到预期目标
协调原则	通过协调将各个分包单位之间的交叉影响减至最小，将影响总承包管理目标实现的不利因素减至最小。只有把协调工作做好，整个工程才能顺利完成

1.5.2　项目管理方法

项目管理方法是指为最终达到项目目标，而采用的思想方法、技术方法与工具体系的总称。项目管理方法是指在大部分工程项目中都适用的方法。项目管理方法有很多，在这里，我们仅简要介绍几种宏观的思想方法：目标管理、要素管理、过程管理、协调管理、集成管理、BIM管理等。

（1）目标管理　在进行总承包管理过程中，应对分包商提出总目标及阶段性目标，这些目标应包括进度、质量、成本、安全。四大目标涵盖了履约的各个方面，在目标明确的前提下对各分包商进行管理和考评。总承包商提出的目标应是切实可行的，并经过分包商确认是能达到的目标。目标管理中应强调目标确定与完成的严肃性，并以合同的方式加以明确，予以约束。

（2）要素管理　为达到项目预期目标，在进行总承包管理过程中，要对影响目标的其他要素进行管理控制，包括风险管理、资源管理、合同管理等，保证项目预期目标的实现。

（3）过程管理　在进行目标管理的同时，采取跟踪控制的管理手段，以保证项目总目标在完成过程中，达到相应要求。在项目四大过程中对目标（进度、质量、成本、安全）和风险、资源、合同、协调要素等进行跟踪检查，发现问题立即反馈，督促整改，及时进行复验，使问题在施工过程中得以解决，以免发生不必要的延误或损失。

（4）协调管理　为实现项目目标，落实项目计划，在项目建设整个过程中，对项目内外单位之间的关系进行调节，使之相互适应、相互协调，促使项目顺利推进。协调内容包括项目参与各方之间关系的协调处理、组织内部冲突的协调处理、公共关系的协调处理等。

（5）集成管理　项目集成管理是为了按照组织确定的程序完成项目目标，将项目管理过程中需要的各个过程进行有效的集成，包括目标集成、方案集成、过程集成、知识集成等。

（6）BIM管理　BIM是一种创新型的项目管理模式和方法。通过建立模型，成为一个信息共享的平台。该平台包含设施从方案到拆除的全寿命信息，并为各个阶段的决策提供可靠依据，对于建设工程项目的各个阶段，通过 BIM 共享平台，各个利益相关方通过录入、提取、更新和修改 BIM 中的信息，用以支持和反映各自职责的协同作业。BIM 技术是一种数字化、信息化、可视化、立体化的管理方法。

1.6　项目管理标准体系简介

1.6.1　PRINCE2 标准

由英国商务部（OGC）主导编制的受控环境下的项目管理（Project IN Controlled Environment，PRINCE），其第二版 PRINCE2 是建立在既定的和被证实的最佳实践及治理基础上用于项目管理的指南。自 1979 年起 PRINCE2 进行了多次更新，是世界上使用最为广泛的一种为项目管理特定方面提供支持的方法。

PRINCE2 描述了如何以一种逻辑性的、有组织的方法，按照明确的步骤对项目进行管理。它不是一种工具也不是一种技巧，而是结构化的项目管理流程。这也是为什么它容易被调整和升级，适用于所有类型的项目和情况。经过大量实践检验，PRINCE2 能够有效提高项目执行的效率和效益。至今，PRINCE2 已成为英国项目管理实施的标准，欧洲各大型企业及政府部门都选用这套标准管理体系来实施项目管理工作，同时，这套标准也风行北美等国家。Sun、Oracle 等公司将 PRINCE2 作为实施项目的标准管理方法。目前，在英国政府的大力推荐下，围绕着 PRINCE2 已经形成了一个完整的产业，包括出版、培训、咨询、认证和行业组织。

值得说明的是，PRINCE2 知识体系强调项目受控环境对项目成功的重要性，必须先是有一个"受控环境"，然后才是"项目管理"，也就是说只有控制好项目的环境，才能使项目管理获得成功，强调的是环境对项目的影响。众所周知，项目的一个主要特点就是独特性，而处于一个复杂多变的环境之中，如果企业不具备受控的环境，再高效的项目经理，运用再好的项目管理方法也不能很好地在项目中施展。受控环境如何搭建？PRINCE2 给我们提供了一套经无数企业验证的有效方法。

（1）标准体系结构　PRINCE2 知识体系为项目管理提出了四个要素，即原则、主题、流程以及项目环境。PRINCE2 知识体系的结构见图 1-5。

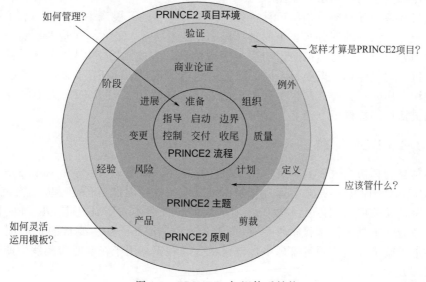

图 1-5　PRINCE2 知识体系结构

（2）项目管理七项原则 PRINCE2 提出了 7 个项目管理的指导性原则和最佳实践，可以判断一个项目是否真正应用了 PRINCE2 方法的七项原则。

① 持续的业务验证原则：应用 PRINCE2 方法必须持续地进行业务验证。

② 吸取经验教训原则：团队应吸取经验教训，在项目周期内发现、记录和应对。

③ 明确定义角色和职责的原则：PRINCE2 定义了项目的组织结构，并就项目的角色和职责达成一致。

④ 按阶段管理原则：在逐个阶段上进行计划、监督、控制。

⑤ 例外管理原则：对项目的每个目标都定义允许偏差，来建立授权的范围。

⑥ 关注产品原则：关注产品的定义和交付，特别是产品的质量要求。

⑦ 根据项目剪裁原则：根据项目的环境、规模、复杂性、重要性、团队的能力和风险，可以对 PRINCE2 方法进行剪裁。

PRINCE2 是一种灵活的方法，其原则之一是可以根据项目的类型和规模对其进行量身剪裁。所谓剪裁是指对一个方法和流程进行相应的调整，使之更适合于项目所需要应用的环境。根据项目的情况可以合并、调整该标准的流程；通过使用一些适合该项目的技术来应用于主题；只要相应的责任存在，且没有相互利益的冲突，就可以对项目的角色合并、拆分；管理产品可以合并或分解为任意数量的文档和数据，前提是非常适用于该项目和环境；可以对该标准的术语进行变更，亦适用于其他标准和政策，并对术语保持一致性等。

（3）项目管理七大主题 PRINCE2 标准体系中提出在项目管理中必须持续关注的七大主题：①商业论证（Business Argument）；②组织（Organization）；③质量（Mass）；④计划（Plan）；⑤风险（Risk）；⑥变更（Change）；⑦进展（Progress）。

（4）项目管理七大流程 PRINCE2 提供了 7 个流程：①项目准备管理流程（SU）；②项目指导流程（DP）；③项目启动流程（IP）；④阶段控制流程（CS）；⑤产品交付管理流程（MP）；⑥阶段边界管理流程（SB）；⑦项目收尾管理流程（CP）。

7 个流程涵盖从项目开始到项目结束的整个阶段，为整个项目生命周期提供了成功指导、管理和交付项目所要求的一系列活动。图 1-6 显示了每个流程在项目生命周期中的应用。

项目生命周期分为 3 个管理阶段：启动阶段、后续阶段、最后阶段。其中，每个项目管理流程在生命周期过程中都离不开项目指导流程（DP）的支持。PRINCE2 中的 7 个管理流程在项目生命周期中的应用示图见图 1-6。

（5）项目环境 项目环境是指项目所处的环境对项目的开展产生有利或不利的影响。例如，项目设施和资源的地理分布，企业自身标准、技术状况，业主、供应商、竞争者、其他项目的影响因素，员工能力等都会影响项目管理活动。为此，PRINCE2 强调项目环境的影响，允许项目管理组织者根据项目不同的环境，通过剪裁 PRINCE2 模板，以创建其专属的项目管理方法，届时将这种方法根植到组织的工作方式之中。PRINCE2 为不同环境的项目管理工作的灵活运用提供了方便。

1.6.2 PMI-PMBOK 标准

由美国项目管理协会（PMI）编制的《项目管理知识体系》（Project Management Body Of Knowledge，PMBOK）英文缩写为 PMI-PMBOK，该标准自 1983 年起，至 2021 年已经修改到第 7 版，目前成为国际大多数国家所通用的标准版本。PMI-PMBOK 对项目管理所需的知识、技能和工具进行了概括性描述。PMI 开发 PMBOK 的主要目的是为项目管理提供通用的词汇，确定和描述项目管理中被普遍接受的知识，用于在职业和实践中谈论和书写关于项目管理方面的内容。

（1）标准体系结构 PMBOK Guide 作为项目管理协会（PIM）的标准和指南，分为三

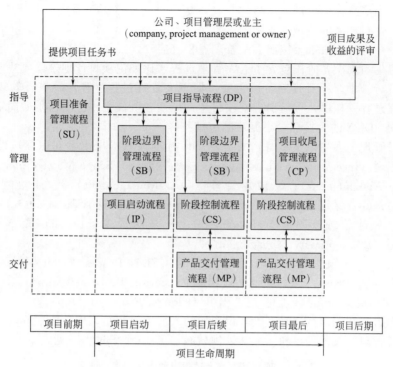

图 1-6 PRINCE2 流程在生命周期中的应用示图

部分：第一部分为项目管理知识体系指南（主要介绍项目管理十大知识领域）；第二部分为项目管理标准（主要介绍项目管理五大过程组）；第三部分为附录、术语表、索引。PM-BOK 项目管理知识体系结构可以用三维度示意图表示，见图 1-7。

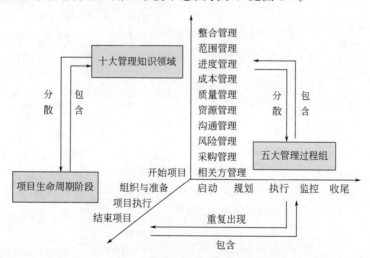

图 1-7 PMBOK 项目管理知识体系结构三维度示意图

对图 1-7 进行分析：第一横向坐标是项目的启动、规划、执行、监控、收尾这五个过程组，即项目管理过程维度；第二纵向坐标是项目管理知识领域维度。

项目管理十大知识领域和五大过程组的关系就是将所有的知识领域项分散在五大过程组中，或者反过来说是五大过程组包含了十大知识领域。

三维坐标图中的另外一个维度表示的是产品生命周期阶段。项目生命周期阶段与五大过程组不是同一个概念。一个产品项目的开发，从项目启动（提出需求、调研、论证）、产品设计开发，再进行产品的生产，直到项目收尾（产品交付），在这样一个全价值链产品生命周期内，每一个大的阶段都要按照五大管理过程（启动、规划、执行、监控、收尾）来进行管理，即项目生命周期各阶段包含了五大管理过程。比如说项目计划阶段要按照五大管理过程（程序）进行管理，项目控制阶段也要按照五大管理过程（程序）进行管理等。反过来说，五大管理过程（程序）重复出现在项目生命周期各阶段之中。项目生命周期维度和五大过程组，如同PDCA的大循环、小循环的道理一样。

（2）项目管理十大知识领域　PMI-PMBOK标准体系提出十大知识领域即项目管理内容：①整合管理（Integration Management）；②范围管理（Scope Management）；③进度管理（Schedule Management）；④成本管理（Cost Management）；⑤质量管理（Quality Management）；⑥资源管理（Resource Management）；⑦沟通管理（Communication Management）；⑧风险管理（Risk Management）；⑨采购管理（Purchasing Management）；⑩相关方管理（Related Party Management）。

（3）项目管理5大过程组　①启动过程组（Start Process Group）；②规划过程组（Planning Process Group）；③执行过程组（Execution Process Group）；④监控过程组（Monitoring Process Group）；⑤收尾过程组（Closing Process Group）。

（4）过程组与知识领域　将十大知识领域纳入五大过程组之中，按照五大过程组程序实施管理，项目管理五大过程组和十大知识领域涵盖了49个子过程，见表1-2。

表1-2　项目管理五大过程组和十大知识领域表

领域 \ 过程组	项目管理过程组				
	启动过程组	规划过程组	执行过程组	监控过程组	收尾过程组
整合管理	4.1制定项目章程	4.2制定管理计划	4.3指导和管理项目工作;4.4管理项目知识	4.5监控项目工作;4.6实施整体变更控制	4.7结束项目或阶段
范围管理		5.1规范范围管理;5.2收集需求;5.3定义范围;5.4创建WBS		5.5确认范围;5.6控制范围	
进度管理		6.1规范进度管理;6.2定义活动;6.3排列活动顺序;6.4估算活动持续时间;6.5制定进度计划		6.6控制进度	
成本管理		7.1规划成本管理;7.2估算成本;7.3制定预算		7.4控制成本	
质量管理		8.1规划质量管理	8.2管理质量	8.3控制质量	
资源管理		9.1规范资源管理;9.2估算活动资源	9.3获取资源;9.4建设团队;9.5管理团队	9.6控制资源	
沟通管理		10.1规范沟通管理	10.2管理沟通	10.3监督沟通	
风险管理		11.1规划风险管理;11.2识别风险;11.3定性风险分析;11.4定量风险分析;11.5规划风险应对	11.6实施风险应对	11.7监督风险	
采购管理		12.1规划采购管理	12.2实施采购	12.3控制采购	
相关方管理	13.1识别相关方	13.2规划相关方参与	13.3管理相关方参与	13.4监督相关方参与	

1.6.3　C-PMBOK 标准

由于世界各国或区域间文化和管理传统的差异，项目管理的应用管理模式都有自身的特点，所以反映我国自身特点的项目管理知识体系有其重要作用。为此，中国（双法）项目管理研究委员会（PMRC）发起并组织编写了《中国项目管理知识体系》（Chinese-Project Management Body of Knowledge，C-PMBOK），并于 2002 年在首届中国项目管理国际会议上将纲要正式发布，2006 年对 C-PMBOK2001 进行了修订。

（1）标准体系结构　C-PMBOK 共 9 章，按照逻辑关系分为三大部分。

第一部分即第 1 章，为项目管理学科的体系框架，内容包括：项目管理学科的形成与发展，项目管理学科定位及中国项目管理知识体系结构。

第二部分为面向临时性项目组织的项目管理知识，包括第 2～8 章：第 2 章介绍了项目和项目管理的基本概念、基本内容、思路和特点；第 3～6 章以项目生命周期为线索，分别介绍了项目概念阶段、开发阶段、实施阶段及结束阶段相关的项目管理知识；第 7 章以项目管理职能领域为线索，介绍了项目范围、时间、费用、质量、人力资源、信息、风险、采购和综合管理九大领域相关的项目管理知识；第 8 章介绍了项目管理中经常用到的基本方法和工具。

第三部分为组织项目化管理，即第 9 章，系统介绍了长期性组织项目化管理的体系框架与主要方法。

C-PMBOK 知识体系框架和模块化示意图见图 1-8。

C-PMBOK2006 的体系框架总体上可称为"两层次多线索的模块化结构"，其中模块化结构是指将项目管理知识组成一系列相对独立的知识模块，C-PMBOK 的基本组成单元是知识模块；两个层次是指临时性项目组织和长期性项目组织两个组织层次；多条线索是指知识本身的性质，按项目生命周期和按项目管理职能领域等多条线索来组织项目管理知识体系的知识模块。

基于模块思路和上述体系结构，C-PMBOK2006 共定义了 115 个模块，其中知识模块 95 个，概述模块 20 个。

（2）项目管理 4 阶段　C-PMBOK 将项目生命周期通常分为 4 个阶段：①概念阶段；②开发阶段；③实施阶段；④结束阶段。为了突出项目管理的核心过程，有利于把握项目管理的核心过程和重要内容，C-PMBOK 以项目生命周期 4 个阶段为主线组织知识模块。

（3）项目管理 9 大知识领域　C-PMBOK 项目管理的 9 大知识领域一方面是基于项目管理职能分工的背景而提出的，这是目前国际项目管理界普遍接受的一种项目管理知识组织逻辑，便于与国际衔接；另一方面是作为生命周期主线的一种补充，将一些跨生命周期阶段的知识内容按照项目管理职能领域进行有序组织，以保证 C-PMBOK 体系的完整性，又保证其在知识模块和在组织上的逻辑性。C-PMBOK 将项目管理分为 9 大知识领域（图 1-9）：①范围管理；②时间管理；③费用管理；④质量管理；⑤人力资源管理；⑥信息管理；⑦风险管理；⑧采购管理；⑨综合管理。

（4）项目化管理框架　项目管理作为一种面向对象的变化管理方法论，它源于项目管理，走向项目化管理，因而其内容可根据其管理对象的不同，分为面向临时性项目组织和面向长期性项目组织两个不同组织层次的项目管理知识。前者称为"项目管理（MOP）"，后者称为"项目化管理（MPB）"。对面向长期性组织的项目化管理知识组织，C-PMBOK 从一种面向对象的变化管理方法论的高度，构建了长期性组织项目化管理的结构，从该项目化管理理念、方法、组织、机制和流程五个方面组织相关的知识内容。

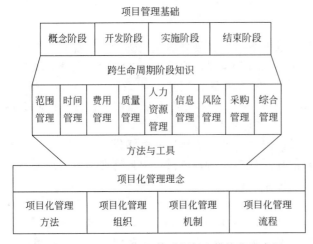

图 1-8　C-PMBOK 知识体系框架和模块化示意图　　　图 1-9　C-PMBOK 的 9 大知识领域示意图

1.6.4　GB/T 50358 标准

住房和城乡建设部于 2005 年组织编写的《建设项目工程总承包管理规范》为国家标准，编号为 GB/T 50358—2005，2017 年采用国际化管理思路，对 2005 版进行修订，对其内容做了重大调整和补充，该规范共设置 17 章。

（1）规范性质范围　该规范是规范工程总承包管理行为和活动的管理规范，不是法规性的管理办法及其实施细则，也不是技术性规范和工作手册。该规范范围从项目合同签订以后起到项目收尾合同终止为止。

（2）规范结构　该规范是按照建设工程创造项目产品的过程和项目管理的过程加以阐述的。创造项目产品的过程是指创造项目产品要经过的阶段，该规范将创造项目产品过程划分为 4 个阶段：设计、采购、施工、试运行。

项目管理的过程是指项目管理要经过的程序，该规范将项目管理划分为 5 个过程：启动、策划、实施、控制、收尾。每一个创造项目产品过程（阶段）都要按照项目管理过程（启动、策划、实施、控制、收尾）来进行管理。反过来说，项目管理过程（程序）重复出现在创造项目产品的过程（阶段）之中。

该规范按照项目管理过程的编制思路对启动、策划（包括组织与实施策划）、实施、控制（包括创造项目产品的过程，即设计、采购、施工、试运行管理和进度、费用、质量、安全、职业健康与环境、风险、资源、沟通与信息、合同的管理）、收尾进行了规范说明。

（3）规范适用性　该规范适用于以工艺为主导的专业工程项目（如化工、石油、电力、冶金等）、大型公共设施和基础施工项目（如公路、铁路、机场、航道、市政工程等）、建筑工程项目（主要是房屋建筑工程）的工程总承包项目的管理。对于其他类型的工程项目、其他总承包方式的工程项目，可根据行业的特点和项目的具体情况进行适当的截取或精简。

第2篇 组织篇

第2章

企业管理组织

企业管理组织是企业管理科学理论的重要组成部分，是指企业为了开展、完成业务任务而由不同部门、不同专业的人员所组成的工作组织。建立一个完善、高效、灵活的企业管理组织，可以有效应付项目环境变化，满足项目和项目组织成员的各种需求，使其具有凝聚力、组织力和向心力，以保证项目组织系统正常运行，确保公司项目管理任务的顺利完成。

2.1 企业组织概述

2.1.1 企业组织概念与结构类型

2.1.1.1 企业组织概念

企业管理组织是指企业为了完成某个特定的项目任务而由不同部门、不同专业的人员所组成的一个特别工作组织，它是企业组织内部各个有机构成要素相互作用的联系方式或形式，决定着企业的控制系统，包括信息流和物流，也决定着一个公司的集权与分权的程度以及企业的灵活性与开放程度等。

由于企业管理组织机构设置的目的是组织各方力量来完成项目任务，因此，不同的组织结构设置，决定着企业组织效能的高低，成为决定项目成败的关键之一，关系到建设工程项目的稳定性与有效性，最终会影响到公司多项目管理效率和效益。因此，探究建设工程企业管理组织结构如何设置具有重要意义。

2.1.1.2 企业组织结构类型

根据项目的目标、性质和规模以及企业的各种资源实际情况，企业组织结构类型通常有三类：职能式结构组织、项目式结构组织、矩阵式结构组织。

（1）职能式结构组织 职能式结构组织是当今世界上最普遍的公司管理组织结构，是一种线性、层次化、多目标、常设式、集权化的常规组织形式。形象地说，就是一个标准的金字塔结构，高层管理者位于金字塔的顶部，中层和低层管理则沿着塔顶向下分布。企业最高领导层纵览项目全局，权力相对集中。职能式结构组织示意图见图 2-1。

采用该种组织结构时，项目的完成主要以企业的职能部门为主体承担项目任务。因而，这种结构又常被称为"职能结构"。一般由一个部门来完成的比较少见，多数都是由企业各

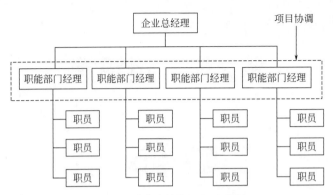

图 2-1　职能式结构组织示意图

个职能部门来共同承担项目任务的，而以其中一个职能部门为主，对这个项目的支撑最强。一个职能部门也可能同时承担多个项目。在各个职能部门内，同时设置部门经理和副经理，所以企业项目的负责人有两个。

职能式结构组织有其长处：职能式结构组织由于职能部门作为项目承担主体，可以充分调动企业资源，保障项目的顺利实施；部门资源可以被该部门承担的不同项目共享，提高了部门资源的利用率。

职能式结构组织也有其缺点：在职能式结构组织里开展项目工作，常常存在非常突出的问题，主要表现在以下几点。

① 项目负责人不明。这种职能式结构组织没有一个直接对项目负责的强有力的权力中心或个人，企业总经理不会对具体项目负责。参与项目的职能部门有多个，也很难说谁应对项目负责，实际上就是没有人对项目负责。

② 不是以目标为导向。各职能部门（如研发部、生产部、市场部）都很重视本部门的专业技术（业务），但没有对完成项目所必需的对项目导向的重视，职能部门经理常常倾向于选择对自己部门最有利而不是对项目最有利的决策，因此，所做计划常常是出于职能导向而很少考虑正在进行的项目。

③ 相互协调十分困难。对于需要跨部门协作的项目，组织协调工作很重要，如果项目的技术趋向复杂，这种协调将变得十分困难，仅限于可以通过定期组织项目调度会议之类的形式进行协调。

（2）项目式结构组织　项目式结构组织与职能式结构组织的层次化正好相反，项目所必需的所有资源按确定的功能结构进行划分（项目式组织的内部结构仍然是功能性的），是按照项目进行各专业、各职能的配置，是一个单目标、垂直型、分权式、临时性的结构组织。项目式结构组织示意图见图 2-2。

在项目式结构组织中，成员由企业各个职能部门抽调组成，并建立以项目经理为首的自控制单元。项目经理有充分的资源和绝对权力，可以调动整个组织内部或外部的资源。项目的所有参加人员在项目实施过程当中都被置于项目经理的直接掌控之中。

项目式结构组织有其长处：项目式结构组织目标的单一性和命令式的协调，对推动项目实施十分有效；内部沟通和协调简洁快速，由于从各职能部门抽调的专家集中在一起，可及时交流经

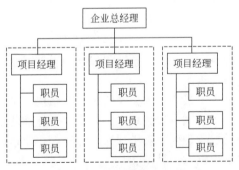

图 2-2　项目式结构组织示意图
由项目经理进行项目协调

验和解决问题，工作效率较高。

项目式结构组织也有其不足，主要表现在以下几个方面。

① 资源利用率不高。当企业拥有多个项目时，每个项目都要配置相应的人员、设备、设施等，容易造成资源浪费。拥有关键和核心资源的项目经理，可能会暗地储备以保证自己项目的实施，而对于企业整体项目缺乏大局观。

② 造成人力资源的浪费。将各类人员集中在一个立体交叉式的项目中去，日常容易出现忙闲不等的现象，也容易造成人力资源的浪费。

③ 对项目成员存在不利因素。项目部人员接触面窄，尤其是像 EPC 项目建设周期长，长时间局限于某一个领域，对其自身学习十分不利。同时，一旦项目结束，项目部人员又要到一个新的项目中去适应新的环境，缺乏事业的连续性和安全感。

尽管如此，项目式组织结构仍是一个有战斗力的经济实体，符合市场运作规律，适用于大型项目或工期要求紧、工程涉及部门多的项目。

（3）矩阵式结构组织　矩阵式结构组织是为了充分发挥职能式结构组织和项目式结构组织的各自优势，规避其不足而形成的一种组织结构形式，是职能式结构组织和项目式结构组织的混合体。矩阵式结构组织既具有职能式结构组织的特征，又具有项目式结构组织的特征，它是由垂直的职能部门和水平的不同的项目机构合成的一个矩阵，把集权和分权结合起来，根据项目的需要，企业各职能部门抽调适合的人员组成一个临时的项目组，企业对各个项目配有专职的项目经理，一个项目经理只负责一个工程项目，协调临时抽调的项目人员组织开展项目工作。根据项目工作量的不同，项目成员还可以同时承担几个项目的工作。典型的矩阵式结构组织示意图见图 2-3。

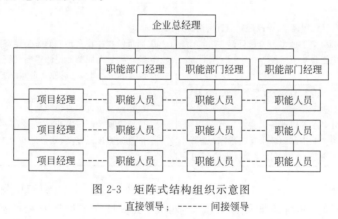

图 2-3　矩阵式结构组织示意图
—— 直接领导；------ 间接领导

在图 2-3 中，横向表示各个项目，纵向表示不同的职能部门内的工作人员，图中交叉的职能人员是与项目有关的职能部门派出的人员，同时，各个项目有项目经理，不同项目需要不同职能部门的专门人才，如项目需要土建、工艺和管理人才则从有关职能部门派出，项目需要工艺、电气、机械制造和管理专业人才等则由相关职能部门派出。项目经理协调各职能部门之间工作人员的工作，而各职能部门负责人又要对各项目关系他们部门的业务工作负责。在项目式结构组织中，项目经理能够直接领导本项目组内的所有成员，而在矩阵式结构组织中，项目内工作人员既由职能部门负责人领导，又受项目经理的领导。

矩阵式结构组织具有较大的优点：职能部门可以充分利用部门内部的专业资源，为各个项目提供支撑和服务，有利于合理有效地利用人力资源完成较多的项目；项目经理则聚焦项目的关键问题和重要节点，保证项目的顺利实施。

矩阵式结构组织也有其缺点：由于项目成员同时要对项目经理和部门经理负责，为此，项目成员面临着双重领导的困惑；人为地增加了项目管理工作的组织环节，可能会产生麻烦和矛盾；在资源共享和稀缺资源方面也容易产生项目之间的冲突。矩阵式结构组织项目管理的关键问题是专注于项目目标的项目经理和专注于专业技能和关键问题的职能部门经理之间的协调统一。两人之间需要建立良好的合作关系。如果项目经理和职能部门经理沟通和协商不力，将会影响项目的顺利推进。

尽管如此，目前，一些国外专家认为，这种纵横交错的矩阵式结构组织打破了传统的一个职工只接受一个部门领导的管理原则，使管理中的直接联系与间接联系、集权与分权很好地结合起来，这不仅加强了各部门之间的协作，提高了中层和基层的责任感及管理的灵活性，而且使项目经理能够集中各专业技术部门的知识、技术和经验来解决问题，是值得提倡和推广的。

除上述各结构组织形式以外，还有多维结构组织、模拟性分散管理结构和系统结构组织等，这些结构大都是跨国公司所采用的组织形式，目前与我国的实际情况有较大差异，在此不做累述。

2.1.1.3　三种结构组织比较

三种企业项目管理结构组织的优缺点汇总表见表 2-1。

表 2-1　三种企业项目管理结构组织的优缺点汇总表

名称	优点	缺点
职能式	① 技术专家可同时被不同的项目使用 ② 可保持职员使用的连续性 ③ 新项目出现时不需建立新组织机构 ④ 对于资源可进行有效的控制	① 跨部门之间的交流沟通比较困难 ② 缺乏对业主项目目标的认识，对客户要求的响应比较迟缓和艰难 ③ 项目目标往往得不到职能部门的优先考虑
项目式	① 业主项目目标明确，项目经理对项目负全责 ② 项目成员易集中精力于项目目标 ③ 权力集中使得决策速度加快	① 资源缺乏统一的调配，有多个项目时，会造成资源的重复配置 ② 项目经理往往会预先储备关键资源 ③ 缺乏项目与职能部门的横向交流 ④ 新项目建立时，会对原企业组织产生冲击
矩阵式	① 项目是工作的焦点，项目目标明确，有利于实现所有项目的目标 ② 项目可分享各部门储备的技术人才 ③ 对客户和企业内部的要求反应迅速 ④ 可以平衡资源，资源可以得到合理的利用	① 项目成员出现多重领导局面 ② 项目管理权利不平衡 ③ 信息回路比较复杂，项目之间缺乏协调

通过表 2-1 分析可见，矩阵式结构组织同时具备职能式结构组织和项目式结构组织的特征。职能式结构组织是传统的职能部门及专业部门负责日常工作运行和项目的宏观管理与服务，具有相对固定性，因此又称为"常设型结构组织"。项目式结构组织是为了项目的需要组建临时性的项目组织机构，项目组成员可由项目经理从各专业职能部门抽调人员组成，为了完成项目任务而共同努力，直至项目结束，项目组解散并回到原来的专业部门，具有周期性和临时性，因此又称为"临时式结构组织"。

矩阵式结构组织是职能式组织与项目式组织相互协调和共同管理的，具有很大的灵活性，也能资源共享，降低重复成本，同时也有利于人心安定，目标统一。为了避免矩阵式管理的缺陷，也需要根据实际情况进行资源、权责、信息的平衡分配，企业可以根据不同的项目特点和规模选择适合的矩阵式管理类型。

上述三种主要组织形式存在不同的优点与缺点，从全局角度分析，职能式结构组织应用范围较小，主要以技术项目为主；项目式结构组织在规模较大的建筑工程中具有优势，尤其是环境变化不定、技术复杂的项目；而矩阵型结构组织对规模较大的项目进行管理时，能够使人力资源得到有效的合理利用。

2.1.1.4 企业组织结构的选择

（1）影响结构选择的因素 选择何种企业管理组织结构并不是一件容易的事情，要依据企业承揽项目的特点和企业的资源状况来确定。所有文献的记载只是少量的组织设计原则，不会告诉你确切选择哪一种组织形式，也没有详细的选择指南，能做的就是考虑企业未来承揽项目的性质、各种组织形式的特征及各自的优点和缺点，最后拿出折中的方案。表 2-2 中列出了 12 项反映项目性质、特征的因素，它们基本上从各方面描述了项目的情况，每种特性的评价分三个等级或种类，每个等级或种类对应着与其适应的三种项目组织形式之一。影响企业组织结构选择的因素见表 2-2。

表 2-2 影响企业组织结构选择的因素

因素	组织形式		
	职能式	矩阵式	项目式
不确定性	低	中等	高
技术	标准	复杂	新
复杂程度	低	中等	高
持续时间	短	中等	长
规模	小	中等	大
重要性	小	中等	大
用户	各种各样	中等	单一
依赖性（内部）	低	中等	高
依赖性（外部）	高	中等	低
时间临界性	低	中等	高
资源临界性	有依赖	有依赖	有依赖
差别	小	大	中等

（2）选择组织结构的要求

① 总的来说，职能式组织结构常用于需要运用较新技术的项目，而不是以降低成本、满足特殊的进度、实现对变化的快速反应为主的项目。

② 如果企业要管理较多的类似项目，项目式组织结构模式更为合适，同时还可用于一次性较强、较独特、需要慎重控制而且不适用于单一职能部门完成的任务。

③ 当项目需要多个职能部门的支持，且运用相对成熟的技术，但并不要求群体专家都整日地为项目工作时，矩阵式组织应是理想的选择；或当多个项目需要分享技术专家时，矩阵式组织也是一种理想的选择。但矩阵式组织过于复杂且对项目经理构成巨大挑战，所以当需要采用简单的组织形式时应当避免采用矩阵式模式。

选择企业组织形式时，首先是要确定将要完成的工作种类，最好是根据最初确定的项目初步目标来完成；其次是确定实现每个目标的主要工作任务。把工作分解为"任务集合"，考虑哪些个人和子系统应被包括在项目之内，附带要考虑的还有个人的工作内容、个性和技术要求以及所面对的业主。上级组织的内外环境也是一个应当重视的因素。了解了各种结构组织的优缺点后，企业就可以选择能实现最有效工作的组织形式了。

2.1.2 EPC 企业组织结构适用分析

2.1.2.1 组织结构适用性分析

EPC 工程总承包方式是总承包企业按照合同约定，承担建设工程项目的设计、采购、施工等工作，并对承包工程的质量、安全工期、造价全面负责。随着工程行业的发展，近年来 EPC 项目模式逐渐增多，这类大型项目集设计、采购、施工于一体，建设规模大，周期较长，资源投入大，技术要求高且复杂，环境变化快，且需要长时间的现场办公，项目组人员具有长期性，一般人员交叉较少，人员相对固定。同时，各岗位经理需求增多，这要求项目经理是专职管理，由项目经理来统一调配项目部各成员形成合力，完成整个项目。这时，EPC 企业采取矩阵式结构组织更为合适，即赋予项目经理较大的权利责任，同时赋予其奖惩的分配权，以加强其领导力和执行力，避免多头管理的弊端。同时项目管理等职能部门做好宏观管理，对项目进行日常监督和协助，专业部门做好技术配合工作。矩阵式结构组织的优势与不足见表 2-3，通过该表可以看出，矩阵式结构组织与 EPC 项目的特点是相吻合的。

　　我国颁布的《建设项目工程总承包管理规范》中指出："工程总承包企业承担建设项目工程总承包，宜采用矩阵式管理。"

表 2-3　矩阵式结构组织的优势与不足

方面	优势	不足
项目经理及团队人员	经理权力责任相对较大，便于对团队的管理	项目管理权力平衡困难
	团队成员相对稳定，成员无后顾之忧	
项目目标及效率	团队的工作目标与任务比较明确，有利于项目目标的实现	信息回路比较复杂
	一定程度上减少了工作层次与决策环节，提高了工作效率与反应速度	
职能部门及资源利用	各职能部门能灵活调整，安排资源力量，提高资源利用率	项目成员处于多头领导
	在一定程度上避免了资源的囤积与浪费	
	强矩阵式模式中，项目运行符合公司相关规定，职能与项目部门不易出现矛盾	

2.1.2.2　组织结构设置要求

　　随着建设市场的发展和我国 EPC 工程总承包模式的推广，企业从原来单一的 EPC 项目经营逐步走向 EPC 大规模多项目经营。项目规模扩大、数量增加以及项目在地域上拓展，在 EPC 多项目管理情形下，项目之间、项目与职能部门之间以及职能部门之间协调难度加大，这都对企业项目管理组织结构提出了新的要求，对于 EPC 多项目管理组织设计的要求也越来越高。为此，除了坚持传统承包模式组织设计的原则，如目的性原则、有效管理幅度、系统化原则、精简高效原则等外，还应注意解决好以下问题。

　　（1）项目间平衡的问题　解决好项目间的平衡问题，正确处理不同项目间的利益分配。企业多项目管理不仅要处理好每一个项目内部不同阶段的平衡问题，还要处理多个项目之间的平衡问题，再加上不同项目具有不同的工作难度、不同的实现目标和不同的收益，使得项目间的冲突加大。因而必须处理好项目间的平衡问题，正确处理不同项目间的利益分配，保证所有项目都能顺利完成，以实现企业整体利益的最大化。

　　（2）项目部门与职能部门相协调问题　协调好项目部门与职能部门之间的关系。在单项目管理中，也存在项目部门与职能部门之间的协调问题，但多个项目的出现使项目部门与职能部门之间的矛盾变得更为复杂。原来各职能部门都是围绕着单一项目开展工作的，各部门的目标比较一致，关系也容易处理，但在多项目经营的情况下，各个职能部门要同时面对多个项目，这就涉及对哪个项目服务优先的问题，当职能部门忙闲不均时，对不同项目服务深度的问题，对跨行业、多领域的各类不同项目，职能部门专业和管理能力能否满足项目要求的问题，都可能导致职能部门与项目部门之间责任推脱和矛盾深化。

（3）多头领导协同问题　无论在单项 EPC 管理还是多项 EPC 管理中，都有可能出现一个项目组成员既要向他所属项目的项目经理汇报工作，又要向他原来的部门领导汇报工作的情况，当两个上级意见不一致时，他就会不知所措，无法进行正常的工作，这种问题十分不利于项目的完成。在 EPC 组织结构设计时，必须从组织结构上合理分配好项目主管和职能部门主管之间的权力，彻底解决好多头领导的问题。

（4）组织结构扁平化问题　在多项 EPC 管理中，对管理组织的设计要坚持扁平化结构原则。扁平结构是指管理幅度较大、管理层次较少的组织结构形态。扁平结构层次少，信息传递速度较快，组织适应性强，同时较大的管理幅度有利于员工主动性和首创精神的发挥。

（5）建立支持和监控体系问题　企业项目管理结构组织应组建多项目支持体系和多项目监控体系。由于外部环境的变化和内部资源的限制，在企业多个项目实施过程中，必然会遇到各种各样的问题，尤其是 EPC 这样的项目更是如此。为了保证项目顺利完成，有必要为项目管理提供支持，这种支持包括业务支持和行政支持两项。另外，任何项目即使事先经过认真的分析与准备，在实施的过程中也难免会出现一些意想不到的情况，所以，这就需要有专门的组织对项目的实施进行支持和监督。项目管理监控体系一般包括业务监控和财务监控等。

2.1.2.3　组织构建实施要求

由于 EPC 项目组织一般都采用矩阵式管理，项目部是执行企业总承包任务的基层组织，从企业角度讲，对于 EPC 项目管理组织构建实施需要注意做好以下工作。

（1）培养项目经理队伍　优秀人才是公司制胜的法宝。在项目启动之时，首先要任命一名项目经理，项目经理负责项目整个过程的控制与管理，需要熟悉项目业务，对项目各环节有深度的了解，尤其对项目实施各阶段的衔接和联系应有清晰的认识；同时需要具备相应的工作经验和资格要求；并具有统帅全局的领导才能，能合理调配资源，形成强有力的项目团队。

项目经理可以从专业部门抽调合适人员担任，可以是项目管理职能部门的专职项目经理，也可以是外聘或借用等形式的项目经理。为了形成长期而固定的项目经理队伍，则需要长期坚持项目经理的培养，可以从项目锻炼、内部交流和外部培训三个方面进行培养：

① 优秀的项目经理需要经过 2～3 年的专业技术工作，通过若干个项目的锻炼，能够完整地胜任整个项目的专业岗位，再经过采办、费控、计划、施工等管理岗位的锻炼，且能胜任这些管理岗位后才能获得成为项目经理的资格；

② 在公司内部进行交流调配，与公司各个职能部门、所属分公司、所属海外公司有经验的人员等进行交流；

③ 通过外部培训，公司外部的专业培训机构对有关人员进行专业管理培训，合格后可成为项目经理。

（2）统一的权责利管理　在 EPC 项目管理中建立以项目经理为总负责，项目管理部等职能部门负责过程监督，专业部门进行技术支持的三角关系。项目管理职能部门作为项目组与专业部门的桥梁，进行整体过程的监督和协调，赋予以 EPC 项目经理为主导的配套权利、责任、奖罚机制，适当加大项目经理的管理考核和奖金分配权利，同时，赋予 EPC 项目经理更多的管理决策职责，项目管理职能部门对项目经理的工作进行重要节点把控，淡化细节干预。在项目工作的分工上，比如项目进度控制、质量控制、费用控制、文档资料控制等建议以项目组为主，职能部门进行重要节点监督。这种强矩阵管理有利于项目组的高效执行，避免多头管理的矛盾，容易考核，且有利于项目目标的统一。

（3）重视绩效评估工作　以工作分解结构（WBS）为基础进行项目权重划分，对项目组的考核和反馈制度化，建立考核评价指标。通过 WBS 及"赢得值"原理，对项目组织执行状况和专业部门资源支持状况进行客观评价，形成准确衡量工作量的标准和各方普遍接受的考核指标体系，并将其作为项目过程控制的依据。这样使得 EPC 项目经理能对项目组成员进行科学有效的绩效评估，项目管理等职能部门也能对项目进行标准化的过程评估和总体考核。

绩效评估离不开持续有效的沟通反馈机制，因此要建立正式的定期报告制度、不定期工作沟通平台和信息发布制度。定期报告制度是规定专业部门和项目组织定期递交报告，反映各自管理过程中出现的最新状况和问题汇总，以及时了解项目的动态情况。不定期工作沟通平台可通过设立内部信息沟通工具等方式，动态、实时、客观地反映项目执行状况和出现的问题。信息发布制度是定期发布各项目组的信息状况，准确反映项目执行状况和专业部门资源保障情况，提高信息沟通的透明度和规范性。

EPC 工程项目是一项涉及专业性较强、施工内容繁杂、风险高、成本投入大的复杂系统工程，因此，EPC 企业组织结构管理难度非常大，不仅要划分各自的权限范围，还要加强各组织结构之间的配合力度，做好内部外部协调，以确保项目实施顺利。同时，也应根据项目情况的不同，不断调整矩阵式组织管理的类型，只有在实践中不断地探索、调整、完善，才能使得这种组织管理模式发挥更大的效力。

2.1.3　EPC 设计单位组织结构转型

目前，由于我国 EPC 工程总承包资质制度尚未完善，除施工总承包企业外，设计院牵头的联合体实施 EPC 工程总承包是我国总承包的重要力量。设计院如何设置适应 EPC 管理的企业组织形式是设计企业十分关注的问题。

2.1.3.1　组织结构现状

按照战略管理学的结构学分析框架，企业战略可以通过影响组织框架、人力资源、业务流程，最终影响企业的发展。换言之，企业战略的实现需要组织框架、人力资源、业务流程为其提供支撑，目前，国内设计院向工程总承包商战略转型的实现，需要企业内部组织框架、人力资源、业务流程提供相应的支撑，这就需要设计企业自身的组织框架、人力资源、业务流程在业务转型的过程中必须实现相应的转型，这对于设计企业的发展十分重要。

以国内某设计院转型为例，该设计院与同行业类似，其核心业务仍然为设计业务，该项业务占总利润的 80% 左右。随着自身战略发展的需要，其业务逐步向工程总承包业务延审，并且已经承揽了多个 EPC 项目，有的项目在几十亿元以上。从业务转型来看，其转型的速度比较快，而从深层次分析，其战略的转型取决于以下三大内部因素的成功调整。

① 工程总承包商对于组织架构的要求与设计单位（院）是不同的。多项目的运作管理与之相对应的是矩阵式组织架构，而国内传统的设计单位往往是职能式或是不健全的矩阵式组织结构。该设计院业务单元根据专业划分为十几个业务，按照"工厂化"实施设计流程管理，所开展的 EPC 承包业务主要集中于其下属的工程总承包事业部，该部门下面完全是按照一个公司形式设有综合部、市场部、项目管理部、资本运营部，几个 EPC 项目的管理工作都集中在这几个部门。这些 EPC 项目管理实行的是矩阵式管理，但与工程总承包关系极为密切的设计部门，因为历史的原因以及从业务的稳定性考虑，并未纳入统一的项目管理体系中。这样的组织构架，虽然比较符合该设计院当前的人员构成和业务稳定的需要，但从对 EPC 项目履行效果来看，仍然存在种种弊端。

EPC 模式的特点就是以设计为主导统筹安排采购、施工、试车。设计业务单元虽然在 EPC 承包业务中只构成业务的一个组成部分，但与项目前期谈判、采购管理、施工管理、试车管理以及与业主的沟通等过程有密切的联系，对于实现项目价值与风险管理至关重要。因此，割裂设计业务单元与 EPC 管理的其他部分，必然造成项目统筹与控制出现一系列问题，尤其是在传统的设计部门与工程总承包缺乏全新的认识情况下，这样一种组织运作模式很难在 EPC 管理与协调中发挥应有的作用。

② 在特定的业务战略下，组织架构的模式必然影响企业内部的分工与业务流程。与传统的设计企业工作不同，EPC 工程项目的管理体系要求项目整个组织必须对项目能够及时做出反应，而且这些反应必须建立在对业主合约需求深刻理解的基础上，这就要求工程总承包企业内部必须围绕着项目本身，建立起能够紧密协调配合项目相关资源的管理流程制度。对于该设计院而言，项目采购、施工、试车等模块管理制度与流程规范已经比较完备，但由于设计模块没有纳入项目管理体系，设计与项目其他业务单元之间的紧密配合必然成为问题的多发区，并且这些问题对项目的进度、质量和成本的控制影响较大。如果撇开设计部分去单纯梳理项目管理上的流程制度，虽然可以在一定程度上理清项目管理中存在的一些问题，规范并优化项目管理过程中的一些环节，但也很难从根本上解决所承揽的 EPC 项目的控制问题。

③ 企业人力资源体系也是支撑企业业务战略转型的重要组成部分。与许多国内同类企业相似，这家设计院的主要业务骨干都在设计领域工作多年，而对于 EPC 项目管理各个环节，经验并不丰富。在业务战略转型过程中，该设计院采取的是承揽一个项目、抽调一些院内的人从事 EPC 管理工作，用这种方式来培养自己的 EPC 管理人才，该设计院这种做法也是一个灵活、实用的方法。毕竟对于国内设计院而言，大量外聘 EPC 项目管理人员是不现实的，采用内部培养相关人才的方式还是比较可行的。但是这种方法必然会造成在 EPC 项目业务迅速扩张的过程中，人力资源无法满足 EPC 项目业务发展的需要，造成 EPC 项目上的人才素质参差不齐，而且项目上人员流动性比较大（各个项目上人员无计划抽调）。另外，没有职责界定清晰、符合业务需要的组织架构，没有相应的业务运作流程，项目的绩效考核与薪酬体系也很难有效建立起来。

2.1.3.2　企业组织基本结构

EPC 工程总承包企业组织模式的基本结构是矩阵式结构。矩阵式结构的有效运作是需要有两个系统的密切配合，即存储并提供资源支持的企业职能系统以及使用资源的项目系统。从企业资源支持和项目资源需求这两个角度分析，构建有利于两个系统之间相互促进的组织结构和运作机制，对工程总承包企业的持续发展具有重要意义。

EPC 企业组织结构设计需要体现设计企业的产业特征和企业自身的产业定位以及对工程项目的组织实施方案。从目前项目实践来看，涉及的企业组织结构模式总体上体现了职能式设计思想，职能式结构也称为专家结构，是一种标准化和分权化相结合的组织结构模式，通过专业化分工的管理方式弥补直线式结构中高层管理者的专业能力局限和精力不足。在企业总部设置市场营销、财务资金、人力资源、采购以及审计监察等业务部门的目的是保证总承包企业内部核心业务的高效运行，及时为项目实施提供资源、管理和技术支持。

企业总部职能部门的运行绩效通过对项目的指导、监督和服务业务反应，协调企业总部职能部门和工程现场项目部的管理业务活动的基本组织结构是矩阵式结构，矩阵式组织结构的运行特点具体表现为通过总部的专家支持中心机构和知识导向的信息系统中心，对公司所有项目的实施提供资源和技术保障。某设计院 EPC 企业矩阵式结构组织示意图见图 2-4。

（1）专家支持系统　从现状来看，EPC 工程总承包企业普遍采用矩阵式结构。在 EPC 工程总承包企业组织结构中，矩阵式管理能够协调企业总部专家支持中心和所有项目之间的业务关系，以完成工程总承包项目，适应环境变化特征，能够根据项目的实际需求安排合理的专业技术人才，消除专业技术人才在某一项目积累过多或沉浸于某一个项目而产生的人才浪费的现象，也可以避免某个项目因专业技术人才缺乏而导致工期延误，从而提高企业人力资源配置效率。

EPC 企业组织的矩阵模式的设计理念主要体现在各个专家支持系统对项目的专业技术支持上，对专家资源集中管理。目前，我国大型设计企业已经存在的组织基础一般都有专家

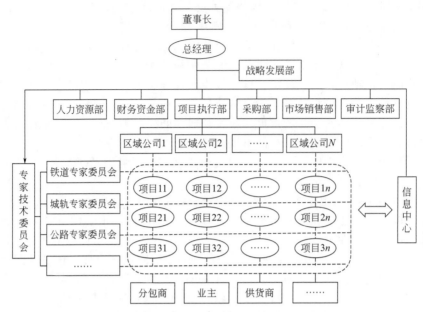

图 2-4　某设计院 EPC 企业矩阵式结构组织示意图

委员会，设立专家委员会的主要目的是维护和协调企业专家资源系统运行，可根据项目的不同需求将所拥有的专家资源划分为不同的专家支持中心，如铁道专家委员会、城市轨道专家委员会、公路专家委员会等。在开展 EPC 工程总承包业务过程中，从项目的前期策划阶段到施工图优化进行技术支持和把关，以充分发挥设计企业技术优势和所形成的集成管理优势。同时原有专家委员会的职能应在工程总承包项目要求的基础上进一步拓展和加强，对于企业总工程师的职责，除了对重大方案的审核，还应增加对项目专家资源和技术资源配置职能，以满足项目对专家资源的正常需求。

除此之外，在企业内部设置项目执行中心之类的专门部门（如总承包事业部），负责单项目的多阶段管理和多项目协调工作，以实现不同区域公司同类型项目之间的资源共享目标。

（2）信息管理系统　从国内外工程管理信息化实施和经验来看，信息化的集约管理是适应企业和工程项目现代化管理的有效方式。目前，设计企业的信息化管理核心技术应用水平基本上局限于对企业的网络和计算机管理系统的技术支持，没有充分发挥信息管理对企业组织能力和资源配置能力的提升作用。因此，信息体系平台的构建要充分考虑企业主营业务工作流程中各个节点的协调性以及组织运转中纵向和横向的界面的融合。比如，企业的市场部门和财务部门实现与地区项目指挥部的信息对接，通过信息集成把握市场需求和项目资金需求情况，发挥融投资对开发市场和获取项目的支持功能。

从国际建筑市场来看，美、日等发达国家大力建设信息化产业的核心是以项目的全生命周期为对象，以全部信息实现电子化为目标，其目的是降低成本、提高质量、提高效率，最终增强企业的竞争力。因此，加强信息化建设和实现信息的集约化管理，达到对多个项目的零距离管理，是设计企业在转型中亟待解决的重要课题。

2.1.3.3　项目部组织结构模型

从整个企业组织结构角度分析，根据国际工程项目管理模式，EPC 企业最终要建立"大总部、小项目"的事业部商务模式，以实现项目实施和企业发展之间的良性互动。从现状看，矩阵式结构已被业主和总承包企业普遍接受，其模式应是"二元组织"，即两个矩阵结构。EPC 企业"二元组织"结构示意图见图 2-5，图中的阴影部分为项目部结构示意图。

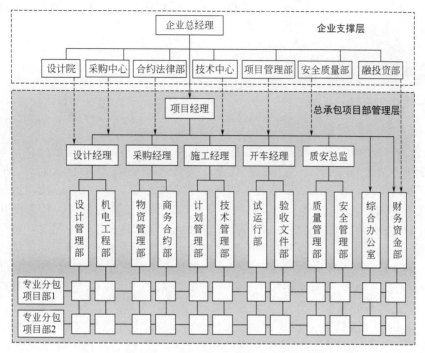

图 2-5　EPC 企业"二元组织"结构示意图

（1）企业支撑层和总承包项目部管理层　企业支撑层和总承包项目部管理层之间的主要组织问题是企业法人与项目经理之间的责、权、利的分配关系。企业支撑层向总承包项目管理部提供管理、技术资源并行使指导监督职能；总承包管理层是指项目的 EPC 实施主体——总承包项目部，代表企业根据总承包合同组织和协调项目范围内的所有资源，从而实现项目目标。企业组织是永久性的组织，而项目组织则是一个临时性组织，企业为项目部提供资源支持，项目部为企业创造利润，并且经过实施过程积累经验，提升企业的项目管理水平和技术优势。

（2）资源配置矩阵和业务协同矩阵　企业支撑层和总承包项目部管理层之间除了业务上的指导监督外，还存在资源配置矩阵。具体而言，项目上的人力资源和物资资源都是企业配置的，项目部只具有使用权。资源配置矩阵结构有效运行的目的是保证项目实施的资源需求，为企业的发展积累人才资源、管理和专业技术经验。在实际工作中，无论是企业支撑层，还是项目管理层，都应遵循这个目的，适时调整和完善其职能配置，合理划分权限。

如果细分，总承包管理层中还可划分出施工作业层，总承包管理层与施工作业层之间存在业务协同矩阵，各专业工程分包商的施工作业在总承包管理系统下展开。从理论上讲，业主方、总承包方、分包方的目标是一致的，都是为了完成项目目标，但是，在工程实践中，由于各参与方来自不同的经济利益主体，会因为各自的短期利益目标而产生矛盾和冲突。业务协同矩阵的有效运行取决于总承包商的协调管理能力，因此，设计工程总承包企业在注重发挥技术优势和集成管理优势的同时，还要注意培养工程总承包商的协调能力，提高工程项目的管理水平。

总的来看，设计院在向总承包商转型的过程中都会遇到上述几个方面的问题，这些问题是难以避免的，解决这些问题的方案必须切合设计企业现有的业务发展阶段与内部资源结构，离开以上关键因素讨论项目管理体系建设就会显得苍白无力，缺乏有效的基础。因此建立设计企业向工程总承包战略转型的项目管理体系方案，必须立足于设计企业发展阶段的内部管理需求与资源结构才能成功。设计企业应按照企业战略发展目标，随着工程总承包业务的逐步拓展，有序调整其组织框架、人力资源、业务流量，建立符合 EPC 工程总承包的组织结构和项目管理体系。

2.2　企业组织创新

2.2.1　虚拟企业组织

2.2.1.1　虚拟组织的概念

（1）概念的提出与定义　虚拟组织结构的提出与世界经济的发展紧密结合，是工业经济时代的全球化协作生产的延续，是信息时代企业组织创新的形式。目前人们对它的认识仍然处在不断探索的阶段，在相关文献中有虚拟企业、虚拟公司、虚拟团队、虚拟组织等称谓。

20 世纪 90 年代以来，随着社会、科技进步和信息技术的高速发展，特别是互联网的广泛使用，世界经济发生了重大变化。人们根据自己生产、工作和生活的需要，对产品的品种与规格、花色与式样等提出了多样化和个性化的要求。企业面对不断变化的市场，为求得生存与发展必须具有高度的柔性和快速反应能力，以适应市场变化的需求。为此，现代企业向组织结构简单化、扁平化方向发展，于是就产生了能将知识、技术、资金、原材料、市场和管理等资源联合起来的虚拟企业。

1992 年，由美国英特尔公司高级副总裁威廉·达维多和圣塔克拉拉大学的院长迈克尔·马隆编著的《虚拟企业：21 世纪企业的构建和新生》一书，其中对虚拟企业进行了定义："虚拟企业是由一些独立的厂商、顾客、甚至同行的竞争对手，通过信息技术联合成临时的网络组织，以达到共享技术、分摊费用以及满足市场需求的目的。虚拟企业没有中央办公室，也没有正式的组织图，更不像传统组织那样具有多层次的组织结构。"

由上述定义可以看出，虚拟组织是指两个或两个以上的、具有核心能力和资源的独立实体（公司、机构、个人、供应商、制作商和客户），为迅速向市场提供产品和服务，在固定时间内结成的动态联盟，它不具有法人资格也没有固定的组织层次和内部命令系统，而是一种开放的组织结构。

因此，可以在拥有充分信息的条件下，从众多的组织中通过竞争招标和自由选择等方式精选出合作伙伴组成联盟，实现优势互补，迅速形成各专业领域中的独特优势，实现对外部资源的整合，从而以强大的结构成本优势和机动性，完成单个企业难以承担的市场功能，如产品开发、生产和销售。

（2）虚拟组织的特点　虚拟组织概念的关键特征大致表现在以下几个方面。

① 合作竞争性。虚拟企业的运行建立在共同目标上的合作型竞争，在经济快速发展的时代，合作比竞争更加重要。虚拟企业一般由一个核心企业和几个成员企业组成，选用不同企业的能力和资源，是把具有不同优势的企业组合起来的动态联盟，共同应对市场的挑战，联合参与国际竞争。

② 成员的互补性。在资源有限的情况下，企业为了在竞争中取得优势地位，只需要掌握核心竞争力，而其他低增值、非强势部分可以虚拟化。汇聚各成员企业的核心竞争力，使企业资源得到最大化的利用，从而提升企业总体的竞争力，使得强者更强，能够在一定程度上抵御各种可能出现的不利因素。

比如日本丰田汽车公司把自己的主要精力放在自己的优势部分，如汽车发动机设计和现场生产管理等，而将自己做得不够成熟、竞争力不强、成本高、风险大的（如汽车模具制造）外包给在这方面做得比较好的企业。这样自己的核心竞争优势得以保持，又通过虚拟组织形式将其他各企业的优势加以整合，达到提高市场竞争力的目的。

③ 组织边界的模糊性。在传统组织中边界被视为稳定、一致和连续的地带，而虚拟组

织是由一些独立企业组织起来的临时性组织，打破了传统企业组织的结构层次和界限。因此，可以认为虚拟企业同时处于边界的内部和外部，在这种情况下同一性和差异性同时存在并被不断地修改和相互磨合。这就很难用固定的、类似实体的术语来考虑虚拟企业的边界，虚拟组织的边界更像一个"网络"，虚拟组织是一个松散的、虚拟化的"网络"合作关系，形成的是一种柔性的地位完全平等的伙伴关系，而不是一种从属关系。因此，虚拟组织边界具有一定的模糊性。

④ 较大的适应性。在内部组织结构、规章制度等方面具有灵活性。虚拟组织是一个以机会为基础的各种核心能力的统一体，这些核心能力分散在许多实际组织中，它被用来使各种类型的组织部分或全部结合起来以抓住机会。当机会消失后，虚拟组织就解散。所以，虚拟组织可能存在几个月或者几十年。

⑤ 组织的扁平化。扁平化的组织能对市场环境变化做出快速反应。信息技术的高度发展将极大地改变企业内部信息的沟通方式和中间管理层的作用，虚拟企业通过社会化协作和契约关系，使得企业的管理组织扁平化、信息化，削减了中间层次，使决策层贴近执行层。企业的组织结构是"橄榄形"或"哑铃形"，组织的构成单位就从职能部门转化成以任务为导向、充分发挥个人能动性和多方面才能的过程小组，使企业的所有目标都直接或间接地通过团队来完成。组织的边界不断被扩大，在建立起组织要素与外部环境要素互动关系的基础上，向客户提供优质的产品或服务。

⑥ 成员的相互信任。虚拟组织中的成员必须以相互信任的方式行动。合作是虚拟组织存在的基础，但由于虚拟组织突破了以内部组织制度为基础的传统的管理方法，各成员又保持着自己原有的风格，在成员的协调合作中势必会出现问题。但各个成员为了获取一个共同的市场机会结合在一起，他们在合作中必须彼此信任，当信任成为分享成功的必要条件时，就会在各成员中形成一种强烈的依赖关系。否则，这些成员无法取得成功，顾客们也不会同他们开展业务。

随着信息技术的发展、竞争的加剧和全球化市场的形成，没有一家企业可以单枪匹马地面对全球竞争。虚拟组织日益成为公司竞争战略"武器库"中的重要工具。这种组织形式有着强大的生命力和适应性，它可以使企业准确有效地把握住稍纵即逝的市场机会。

但是，我们还应该看到，尽管宣传使用虚拟组织的概念十分容易，但是虚拟组织的组成与运作并不简单。虚拟组织有待不断实践创新，与时俱进，才能发挥其在市场竞争中的重要作用。

（3）虚拟组织的意义　目前，国内大型工程设计院、大型企业都在向 EPC 方向发展，但由于设计企业在施工现场管理经验方面与传统的施工企业存在较大的差距，而传统施工企业在设计技术和管理方面与设计企业存在较大的差距，如果在各自的弱势方面大量投入资源以期自我提高和完善，那么在提高过程中很可能会影响市场的占有率和持续的经营，且面临着较大的投资风险。此时"虚拟组织结构"则成为迅速解决问题和全面整合利用资源的有效途径。

虚拟组织结构最大的优势是使企业能够集中面对以时间为基础的转瞬即逝的市场机会，整合各成员的核心能力和资源，组成一个互补的组织，从而降低时间、费用和风险，提高服务能力。以虚拟企业组织原则形成的 EPC 工程总承包项目管理体系能够实现优势互补，发挥最大的运行效能，实现共赢的局面。设计企业或施工企业作为虚拟组织的牵头人，一方面要保证整个管理体系正常运行以实现项目目标；另一方面，可以有选择地对其互补组织的优势进行学习和吸取，为今后企业的长远发展打下基础。

2.2.1.2　虚拟组织的模式

不少专家学者对虚拟企业组织结构进行了研究，主要有以下三种模式。

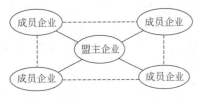

图 2-6 星式虚拟组织结构示意图

（1）星式模式 星式模式又称为盟主虚拟企业组织模式，这一模式是为了适应市场变化，抓住市场某一机遇，由一个占主导地位的企业选择一些具有相对核心能力和资源的伙伴组成一个企业联合体。耐克公司就是一个典型的星式企业，由盟主（主导）企业管理层来负责虚拟企业组织的协调管理，其他伙伴则组成外围层。星式虚拟组织结构示意图见图 2-6。

在星式模式中，盟主企业负责虚拟企业组织的管理工作，是虚拟组织的管理主体，盟主企业的管理贯穿于虚拟组织运作的始终。首先盟主企业利用自身在行业中的优势地位，最敏感、最迅速地捕捉到市场的机遇，然后提出产品和服务的市场概念及具体的市场标准定位，最后由形成的虚拟组织企业共同来完成。星式虚拟组织的构建由盟主企业来完成。

在星式模式中，虚拟组织的盟友主要是盟主企业以外的其他合作伙伴，虚拟组织的合作伙伴处于不同的地域，有着自身独立性的核心能力。显然，虚拟组织的高效运作，主要依赖于整体优势的发挥，而整体优势的发挥取决于各合作伙伴的连接以及各伙伴内部的协调运作和高效管理。

在星式模式中，虚拟组织的管理主要由盟主集中管理，因此，其管理的整合效应强大，形成统一认识速度快，有利于企业整体战略和整体优势的形成，这样的虚拟组织管理具有一定的稳定性，拥有一定数量的客源和市场占有率。但这种模式的合作伙伴容易受到盟主企业经营管理思想的影响，一旦盟主企业出现失误，就会使整个虚拟组织运作瘫痪。同时，这种模式对于盟主企业的组织领导能力要求较高，盟主企业的管理面临的压力相当沉重。这种模式适用于实力强大、竞争优势明显的知名企业。

（2）平衡式模式 平衡式模式又称平行模式或民主联盟模式，这种模式不存在主导、核心地位的盟主企业，虚拟组织的各个成员都是在平等的基础上相互合作，没有核心层和外围层的差别。成员企业在保持自身独立的同时，为虚拟组织贡献自己的核心能力和资源。该模式强调每个成员的作用，任何一个成员核心能力和资源的发挥强弱都会影响整个虚拟组织运行的效果。平衡式虚拟组织结构示意图见图 2-7。

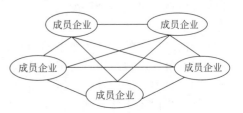

图 2-7 平衡式虚拟组织结构示意图

平衡式模式一般要求各个成员企业对市场变化的洞察力与预测能力都具有较高的水平，即这种模式依赖于信息、网络技术的高度发展及普及，只有这样才能及时捕捉到市场的新信息，提出新产品的概念，迅速地把握住市场的机遇。只有在这样的大环境下，各成员企业才会在市场需求和利益驱动下，自发、迅速地建立起协作关系，组成真正意义上的虚拟组织形态。由于平衡模式中的各个成员企业地位平等，决定了它们在虚拟组织中扮演的角色具有相同的分量，每个成员企业既是管理的主体，也是管理的客体，管理集中在伙伴关系管理、协调管理以及风险管理等方面。

（3）联邦式模式 联邦式模式是一般意义上的虚拟组织结构模式，由若干骨干企业组成核心层，以市场为中心，选择合作伙伴企业形成外围层。为实现虚拟组织的战略目标，核心层组成的协调组织机构（ASC）以并行工程方式分解工作任务，将合作伙伴中实现某种职能所具有的能力和资源集中在一起，形成以职能为中心的集中任务模块，如研发模块、筹供模块、生产模块、销售模块等，各模块间相互合作，完成整个任务流程。集中任务模块可以由所有合作伙伴（包括核心企业和外围企业）共同构成，也可以由某个成员企业独立承担。联邦式虚拟组织结构示意图见图 2-8。

联邦式组织模式灵活, 有利于不同伙伴之间的指挥和协调, 是一种比较理想的虚拟组织模式, 适用于母子公司和集团企业。现阶段的虚拟企业运作应主要采取这种模式。但是这种模式中 ASC 成员全部来自于虚拟组织的各个成员企业, 因此容易忽略潜在的更具有优势的伙伴企业, 这不利于虚拟组织自我更新能力的发挥, 同时, 也会导致 ASC

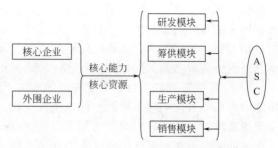

图 2-8　联邦式虚拟组织结构示意图

决策的客观性和监督机制较弱。因此, 为了弥补上述的不足, 可以在这种模式中把外部专业的中介服务机构引入 ASC, 为虚拟组织提供客观的信息收集、评价服务, 对其决策进行监督, 并监控整个虚拟组织的运作效率。

总之, 虚拟组织满足了不断变化的市场需要, 与以往的组织形式相比具有较高的灵活性、对资源的高利用率、快速适应市场环境变化的特点。虚拟组织突破传统企业管理组织的有形界限, 能够整合组织成员之间的核心竞争力, 实现降低交易费用的目的。当前, 虚拟组织的理论有许多领域还是未知数, 有待于深入研究, 因此, 目前仍是管理组织理论研究的前沿课题。

2.2.1.3　构建虚拟组织需注意的问题

① 虚拟组织的构建如果管理不好, 各成员会出现一盘散沙的局面。为了避免一盘散沙的结果, 必须有一套完整的项目管理办法并能有效维持运转, 同时根据时间、空间、各个参与组织的变化对项目管理办法进行动态调整和完善。项目管理办法一般由牵头组织制定并维持运转, 特殊情况下也可以由参与组织制定并维持运转, 但必须是通过合同条件的约束手段使所有参与组织一致认可的项目管理办法。

② 牵头企业与各个参与组织可以采用分包方式合作, 也可以采用联合体方式合作。在分包方式合作时, 应注意考虑 "主体结构不得分包" 的法律法规的规定。可以采用联合体方式进行合作, 这样, 既达到相互合作的目的, 又达到法律法规的要求。

③ 在具备相应管理能力的条件下, 可以将二级模块提升进一级模块, 这样可以有效地减少管理层次, 符合扁平化组织的特点, 做到信息沟通畅快、保真, 提高项目管理效率, 实现利润的最大化。

④ 在大型工程建设集团内可以在总部层面加强引导下属单位之间开展合作, 这样形成的虚拟组织在同一总部的指挥部署下, 更容易达成协议, 可靠度更高, 更易形成共同目标愿景。

2.2.2　流程导向式企业组织

2.2.2.1　流程导向式组织提出的背景

20 世纪 60 年代以来, 矩阵式组织结构模式曾一度成为广泛应用于工程建设和新产品开发等领域的多项目管理模式。矩阵式组织采用二维结构, 纵向按职能部门实行专业化分工, 对管理业务负责; 横向以项目为单位进行划分, 可以同时开发多个并行项目。矩阵式组织打破了各职能部门的边界, 克服了部门协作困难的问题, 使组织结构在快速变化的市场环境中更具柔性。如前面所述, 矩阵式组织结构虽然具有很多优势, 但实践证明, 矩阵式组织形式不能从根本上有效地解决多项目管理的问题, 这就给企业组织带来了新的管理问题, 主要表现在以下几点。

(1) 项目协调问题依然存在　矩阵式组织中, 由项目经理负责各个项目的实施, 这在一定程度上减轻了总经理的负担。但由于矩阵式组织中没有专职负责项目统筹和协调的功能单元，所有项目的统筹和协调仍然由企业总经理负责。受到有效管理幅度原则的限制，当项目数目增加到一定程度时，必然需要通过增加管理层次来保证有效的领导，于是就出现了各个副总经理分而治之的局面，各项目之间协调困难的问题仍然存在。

（2）"职能"和"项目"的双重领导　由于矩阵式组织存在纵横两条命令线，因此处于矩阵中的每个员工不得不以两种视角进行工作，职能的和项目的。在理想的条件下，这种双重聚集要求项目团队将职能技巧和项目任务结合起来，但事实上这种理想状态却很难达到。企业职能部门经理和项目经理所处的立场不同，双方都希望在"部门利益最大化"和"项目利益最大化"的双重目标之间寻找一个更有利于自身利益的均衡点。在瞬息万变的组织环境中，旧均衡的破坏和新均衡的形成使组织周而复始地处于超常态的变化中，使得组织成员在"职能"和"项目"的双重命令面前左右为难，不知所措。

（3）项目经理权责不对等　如果项目经理要对项目的总体绩效负责，就应该有权调动项目实施过程中所需要的各种组织资源，并得到各职能部门的支持。但在矩阵模式的多项目管理实践中，项目经理却往往得不到应有的权力。受传统各层职能组织根深蒂固的影响，矩阵式组织的权威仍然存在于职能部门（单元）中，项目经理在地位上比职能部门经理低。当项目利益与职能部门利益产生冲突时，项目经理很难站在整个项目的立场上指挥和协调各职能部门为项目服务，更难得到他们的理解和配合。

为克服矩阵式组织管理模式的上述缺陷，一些管理专家提出了一种新的组织管理模式——流程导向式组织模式。

流程导向一词最早源于美国著名管理学家迈克尔·哈默教授。1993 年在其编著的《企业再造：企业革命的宣言书》中，迈克尔·哈默认为：企业再造就是以工作流程为中心，重新设计企业的经营、管理及运作方式，在新的企业运行空间条件下，改造原来的工作流程以及使企业更适应未来的生存发展空间，它以一种再生的思想重新审视企业，并对管理学赖以存在的基础——分工理论提出了质疑，是管理学发展历史上的一次巨大变革。

迈克尔·哈默认为，所谓流程就是把企业的输入转化为对业主（客户）有用的输出的一系列相关活动的结合。企业的一切活动都可以分解为各种不同的流程，比如工程开发流程、新产品开发流程、客户服务流程等。在传统的企业中，流程隐含在各个部门的功能体系中，没有人重视它们。直到迈克尔·哈默提出"业务流程再造"的概念，管理者们才意识到真正为企业赢得客户和创造利润的是"流程"，而不是"职能"。流程导向式组织正是基于这样的考虑，彻底地打破了传统劳动分工理论的思想体系，强调建立以"流程导向"来代替"职能导向"的组织形式。在项目型企业中，项目就是企业最主要的流程。

2.2.2.2　流程导向式组织模式的概念

基于流程导向式组织理论提出了流程导向式矩阵的概念。在流程导向式的多项目企业中，每个项目都是一条贯穿企业各职能部门的流程，由流程（项目）管理中心经理所领导的跨越职能部门团队成员实施这些流程，并对流程的绩效负责。流程团队成为授权小组，具有自我管理和决策的权力。职能经理失去了传统的权限，他们在新的组织中充当"教练"和"保姆"的角色，对参与流程的职能人员进行专业技能的培训，并配合流程经理实现流程目标。而流程管理中心则从企业全局的高度，对所有流程进行统筹规划，并授权和监督流程经理，这样企业总经理就有足够的时间来考虑企业的发展战略和公共关系。流程导向式组织理论模型（强矩阵式组织形式）见图 2-9。

2.2.2.3　流程导向中 PMO 的设置

与传统组织形式相比较，流程导向式组织增加了一个专门管理组织支持机构——流程管

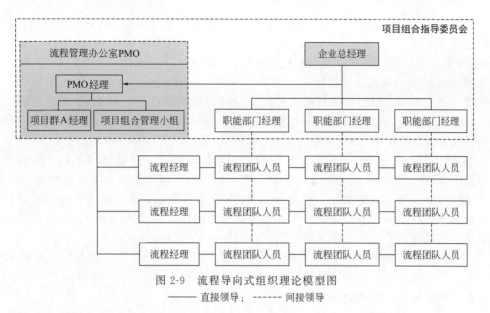

图 2-9　流程导向式组织理论模型图
—— 直接领导；------ 间接领导

理办公室。流程管理办公室又称项目管理办公室（Project Management Office，PMO）。

（1）设置 PMO 的目的　通过建立 PMO 可以实现以下三个方面的目标。

① PMO 对组织战略的影响：作为中枢机构，将组织项目管理与组织战略管理直接联系起来，确保项目目标与组织战略目标的一致性；实现项目方法选择、优先次序选择等管理过程与实施过程的密切结合。

② PMO 对组织资源的影响：优化项目组合，提高项目收益；为项目的成本提供方法、规划报告和跟踪，降低项目成本；掌握项目需要的财务信息，确保项目和组织财务计划有直接联系；加强整体和资源的管理，为资源配置提供有效的方法和全面管理。

③ PMO 对项目管理流程的影响：加强对项目活动的监管，提高项目质量，缩短项目周期；减少范围变更，降低项目风险，加速对市场机会的反应；在所有项目阶段加强团队协作，集中统一行动；加强组织战略目标和项目计划的沟通，提高专业化的方法和可预见性；通过项目组合管理，确保关联项目或类似项目在执行程序上的有机融合。

（2）PMO 的职能　项目管理办公室规模不大，但却是一个高端的具有核心战略层次的工作组，它将项目管理工作与组织战略、效益目标、高层的管理思想联系在一起。它既有传统项目的管理职能，又具有战略性的管理职能。PMO 一般设置 PMO 经理、项目群 A 经理、项目群 B 经理、……、项目群 N 经理、项目组合管理小组岗位。

PMO 在多项目管理中有项目组合管理、项目群管理和项目管理支持的职能。

① 项目组合管理：负责从组织战略角度对项目组合进行分析和评估，确保组织战略被贯彻实施。

② 项目群管理：PMO 通常是以上级主管部门的身份进行监督和检查并负责解决多个项目群之间可能存在的资源冲突，而并不参加项目群日常管理活动，只是辅助项目群管理。

③ 项目管理支持主要包括以下内容。

a.对项目信息进行收集和整理，为组织进行项目组合管理和群管理提供信息支持。

b.建立一套项目管理标准和流程，包括开发各种辅助工具；开展项目评审，确保项目标准和流程被很好地贯彻；收集和总结项目管理的经验和教训，改进和维护项目管理的标准和流程；评估和提升组织的项目管理成熟度。

c.提供和组织开展项目管理培训，提供项目管理咨询。

d.对内为项目管理专业人员提供一个平台，建立项目管理专业人员资料库，并为项目管理实现更好的沟通提供服务支持；对外提供一个便于与相关参与主体沟通的窗口，提高各方的满意度。

（3）PMO 的搭建　PMO 的搭建分为以下四个阶段。

① 确定 PMO 的短期、长期目标及工作范围内容。首先通过调查分析确定组织项目管理成熟度，并了解员工对组织的期望；对组织及现有的项目进行 SWOT 分析，明确组织的现状和远景规划，确定组织的短期和长期目标，根据目标和规划，建设 PMO 的组织架构，确定 PMO 的职能和人员。

② 执行并不断完善计划。建设适合组织的管理标准体系，拟定培训计划，提供项目指导工作。PMO 在本阶段必须能够走上正轨，为企业项目管理体系提出可实施的前景目标。

③ 健全 PMO 职能，并确定工作流程，使 PMO 研究发展成果直接为企业带来效益。研究发展计划包括：培训计划的实施流程；管理体系的运作；阶段性报表分析；阶段性拔高程序；项目资料管理体系；项目管理软件、工具、技术、手段的开发、引用等。

④ 强化 PMO 工作职能，并令其持续运作，为组织日常生活提供指导；优化项目管理活动，并在各种持续的工作中提供指导，为组织提供各种支持。

2.2.2.4　流程导向式组织的优势

流程导向式组织模式能够有效地解决多项目管理的问题，不但摆脱了职能式组织应对多项目管理力不从心的尴尬局面，而且还避免了矩阵式组织徘徊于"职能"和"项目"之间的两难境地。

（1）解决了职能部门间协作困难的问题　跨越职能部门的流程团队解决了职能部门间协作困难、企业整体效率低下的问题。在传统的组织中，人们习惯于将信息层层向上汇报，并等待直接上级的命令和指示，部门间的横向沟通和工作衔接十分困难。而在流程导向式组织中，参与流程的职能人员不再对职能部门经理汇报工作，而把与流程有关的信息直接反馈给流程经理，并受流程经理的统一指挥和协调。

流程经理直接领导跨越职能部门的流程团队，把各职能岗位内化在一个团队中，使各职能岗位之间的合作更为频繁，解决了各职能岗位分散在部门时，部门之间的相互推诿、效率低下的问题。同时，经过授权的流程团队实行自我管理和决策，极大地提高了流程的运营效率和流程团队的责任心。

（2）解决了双重领导的问题　对流程经理的充分授权，解决了"项目"和"职能"的双重领导问题。在流程导向式组织中，流程经理负责设计和改进流程中的每一个工作步骤，订立工作计划和预算，并根据各职能部门为本项目提供专业技能服务的程度为职能部门分配预算金额。他们以"流程的绩效"为标准，对流程团队成员的业绩进行评估，并将评估结果作为每个员工年度评定的一个重要标志，与其薪酬和晋升直接挂钩。职能部门经理逐渐丧失了传统权威，成为组织中的专业"教练"和任务协调者。

职能部门经理不再插手项目管理的具体环节，而更多地关注部门员工的雇佣、提升、职业生涯发展和学习培训，并负责对员工进行专业技能的评定。平时，员工由各职能部门负责培训和管理，当各个项目需要时则进入各流程团队，由流程经理负责领导和管理，职能部门经理负责指导和支持。权力中心向流程的倾斜保证了切实以流程为中心的原则，避免了"项目"和"职能"双重领导的现象。

（3）解决了各项目之间协调困难的问题　流程管理中心统筹协调所有项目，解决了各项目之间协调困难的问题。流程管理中心在流程导向式组织中履行两种职能：一是协调企业所有的流程；二是授权和监督每个流程经理。

流程管理中心的成员一般由企业最高层次的经理组成。他们明确企业的使命和战略，对每个业务流程的重要性和优先级了如指掌，因为他们能够从企业全局的视角对所有的流程进行权重分配，并根据每个流程的权重分配资源，以实现整个企业的最优投入产出率。流程管理中心对流程经理的授权和监督，既保证了流程经理有指挥和协调跨越职能团队的权力，又防止了流程经理滥用职权而造成企业不必要的损失。

2.2.3　项目式事业部制组织

2.2.3.1　事业部的概念

事业部是指以某个产品、地区或客户（事业）为依据，将相关的研究开发、采购、生产、销售等部门结合成一个相对独立单位的组织结构形式。事业部是一种分权式管理结构，又称 M 型组织结构，即多单位企业、分权组织或部门化结构。

事业部制结构最早起源于美国的通用汽车公司。20 世纪 20 年代初，通用汽车公司合并收购了许多小公司，企业规模急剧扩大，产品种类和经营项目增多，而内部管理却很难理顺。当时担任通用汽车公司常务副总经理的艾尔弗雷德·斯隆参考杜邦化学公司的经验，以事业部制的形式于 1924 年完成了对原有组织的改组，使通用汽车公司的整顿和发展获得了很大的成功，成为实行事业部制的典型，因而事业部制又称"斯隆模型"。

事业部与分公司、子公司是有区别的。事业部制是一种分级管理、分级核算、自负盈亏的一种形式，它表现为在总公司领导下设立多个事业部，各事业部有各自独立的产品或市场，在经营管理上有很强的自主性，同时拥有战略和运营决策的权力，实行独立核算，自计盈亏，公司只保留人事决策、预算控制和监督大权，并通过利润指标对事业部进行控制，是一种分权式的管理结构，但事业部并非独立的法人。

分公司是总公司管辖的分支机构，是总公司在其驻地以外设立的以自己名义从事活动的机构。分公司不具有企业法人资格，其民事责任由总公司承担，虽有公司字样但并非真正意义上的公司，没有自己的章程，公司名字只要在总公司的名字后加上分公司字样即可。

子公司是相对于母公司而言的，是被母公司股份控制或全资控制的企业的称谓（前者称为控股子公司，后者称为全资子公司）。子公司是独立的法人企业，拥有自己的公司章程，可以自己独立的名义从事各类经营活动。

子公司和事业部虽然都采取独立核算，但是法人主体资格不同，企业组织架构也不同。以财务部来说，每个子公司都有自己的财务部和财务人员且独立核算；而每个事业部虽然都有自己独立的财务核算，但财务部只有一个，即一个财务部分管所有事业部的财务。可以看出事业部是一种"集权式"的管理方式，而子公司则是"分封制"的管理方式。在用人权上，子公司和事业部都能保持相对的独立性。我国很多大型企业都采用事业部制，如蒙牛乳业、美的空调。大项目事业部组织结构示意图见图 2-10。

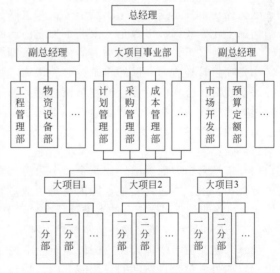

图 2-10　大项目事业部组织结构示意图

2.2.3.2　国外企业管理组织结构

欧美国家大型建筑企业多为跨国企业集团，业务覆盖面广，在注重多元化和差异化的同时，有自己技术含量高、利润高的强领域，在规划、设计、施工建造、运用管理等各流程，提供全面业务链的服务。虽然机构庞大，但组织架构清晰，基本在总部层面采取总部-事业部-项目部模式，在国外业务层面采用总部-事业部-国家事业分部-项目部模式。公司总部的主要功能就是战略规划和宏观管理，设立必要的职能部门，在各个事业部间进行资源配置，对事业部进行技术和财务支持。事业部一般按照业务板块和区域划分，是公司的利润和成本中心。除了事业部外，大企业会按照业务领域建立若干分公司（执行中心或办公室），分公司设有项目管理部、项目控制部、质量管理部、设计部、采购部、施工部等。

在项目管理上，国外施工企业大都采取以项目为核心的矩阵式管理机制，实行项目经理负责制。企业一般按照项目组建临时的项目管理组织，负责具体的项目的实施。而公司常设的专业职能部门负责对项目进行有效的支持，如向项目组派出合格人员并对派出人员进行业务指导和帮助等，但并不干涉项目部的工作。项目部的成员向项目经理和各自所在的职能部门汇报工作，这种矩阵式的项目管理框架不仅便于人员的调配，保证专业人员的工时得到充分利用，提高劳动生产率，更促进了专业人才的交流，有利于公司整体专业水平的提高。

总之，国外大型企业具有较强的总部功能和较少的管理层次，二级机构的设置主要按照专业或区域设立事业部，项目管理建立在员工协同工作的基础上，各项资源得到了优化配置，整体效益高。

2.2.3.3　国内外组织结构差异分析

（1）业务领域方面　国外建筑企业的业务范围大而广，兼顾差异化。二级机构（事业部）按专业或区域设置，各事业部之间不存在任何竞争的关系。国内建筑企业的业务缺乏核心专精领域，企业同质性强，各分公司、子公司在交叉领域存在竞争。企业效益下降，没有更多的资源投入技术研发，企业发展受限。

（2）组织结构方面　国外建筑企业以总部为核心，基于功能特点划分事业部，事业部下设区域分公司，外延连接若干小型子公司和关联公司，不设多级企业法人，管理层一般为三级结构扁平化。我国大多数企业由若干独立注册的子公司（二级机构）横向联合组成企业集团，二级企业又下设数个独立法人的公司，管理层次多达四五级，组织结构臃肿。

（3）项目管控方面　国外建筑企业表现为"强总部、参与式"管理，企业通过战略和人员控制实现对子公司的管控，特别是核心业务通过事业部管理模式真正实现"总部参与"管理。国内建筑企业则表现为"弱总部、责任制"管理，总部很少直接参与项目管理，而是与分公司、项目部签署"目标责任制""项目承包制"，"以责代管""以包代管"的形式主义导致项目风险加大。

（4）市场营销方面　国外建筑企业多为总部营销，获得承包权之后，由总部直接履约或交由分公司、子公司履约实施。国内建筑企业更倾向于分公司、子公司各自独立营销，总部支持配合，除非是资质要求高的大型项目由总部牵头，分公司配合，但获得承包权后仍然交由分公司、子公司履约实施。这种营销模式不利于企业品牌的拓展和特大精尖项目的承揽。

（5）人才交流与培训方面　国外建筑企业由于采用事业部组织架构，项目不是一个临时性组织，项目人员来自总部的各职能部门，项目完成后回到各职能部门，促进了各职能部门人员协同办公能力的提高，也有利于知识经验的积累和利用，有利于专业人才的培养。国内建筑企业将项目下放到分公司、子公司独立运营，信息孤岛和知识壁垒现象严重，人才交流不畅，重复工作带来极大的资源浪费。

2.2.3.4　项目式事业部组织架构

参照国外大型企业组织构架的经验，国内企业要实现规模经济，就有必要借鉴、参考国外"强总部、少层级"的组织结构形式。根据目前行业的特点和建筑企业多元化、专业化的发展趋势，总部建立矩阵式组织结构和分公司分担事业部角色相结合的管理模式不失为建筑企业明智的选择。企业管理者在设置企业组织结构时应考虑组织的效能，采取扁平化结构，层级尽量不要太多，幅度可以适量放宽。一般而言，企业组织构架包括治理结构、业务结构和职能结构三大块，企业组织结构示意图见图 2-11。

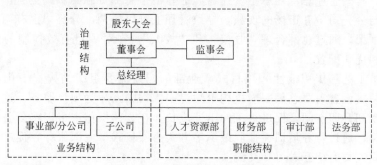

图 2-11　企业组织结构示意图

除企业职能结构外，大型建筑企业还可以结合自己企业的经营类别、地域等成立项目式事业部。传统的事业部仍然实行的是法人管理项目的方法，通过企业规章制度、标准、文化和总部职能部门的信息传输和管控，实现对项目的管理，无非避免了内部承包和外部挂靠情况的发生，增加了法人的责任而已，并没有实现真正意义上的管理项目。

项目式事业部是指在保留传统事业部的独立运营、独立核算和独立考核的前提下，取消传统事业部内的职能部门，由总部各职能部门业务组承担相关工作。事业部负责对大型项目管理标准进行建立，对项目分部、分（子）公司、项目经理和项目团队进行考核，着重在项目前期策划、重点施工组织和项目方案、分包商招标、项目成本控制方面进行管控。

事业部经理宜由企业的副总经理专职或兼任，也可以聘用具有多年经验的人员承担，事业部经理直接对企业副总经理负责，事业部人员可以在内部选择或在社会上招聘专业人才，一旦事业部负责的项目交付后，该事业部即可解散，人员回归各职能部门，实现企业员工的内部流动和交叉任职。

项目式事业部与传统的事业部最大的区别在于传统的事业部是公司化的职能部门，而"项目式事业部"分公司承担了事业部角色，总部职能人员参与项目管理，机构更加精简，人员更加精干，对项目的监督和管理更加有效。国内大型建筑企业如 W 市建工集团的组织构架经过改革后就基本采用了扁平化的子公司、事业部结构，见图 2-12。

图 2-12　W 市建工集团股份有限公司的组织构架

2.2.3.5　构建项目式事业部的意义

（1）促进资源共享，优势互补　传统的垂直领导，从总部层层下沉到区域，最突出的问题是由于资源分散、过度放权，一定程度上削弱了集团对分公司的监管和对重大项目的把控；另一方面分公司需要对接的部门太多，往往一次招投标、一个项目的启动要经过多个部门、多次协调。有些企业总部还承担着经营职能，由于总部资源的协调更有优势，在经营中还会出现总部与分公司争夺市场的现象，导致管理上难以协调，分公司也有怨言。采用项目式事业部组织框架，通过总部合理"收权"和"放人"，在对项目有效控制的同时，可以实现资源的流动和优化配置。

（2）激发员工的工作积极性　项目式事业部的构建需要组织结构扁平化，管理幅度变宽，新的管理模式设置需要总部职能机构聚集更多优秀的人才为项目服务，这为员工提供了更多的锻炼平台和升职空间，促进员工的迅速成长。在具体操作中可以将分公司有一定经验的人员调到总部，通过业务培训、挂职锻炼等方式为项目式事业部服务，促进职能部门内部和职能部门之间人员的相互学习和交流。

（3）提升部门和整体的运营效率　项目式事业部从各个职能部门抽调骨干为项目服务，一方面保证了总部对大型项目的有效监督和管控，另一方面实现了职能部门的重复效应和规模效应，有利于整体运营效率的提高。与此同时，扁平化改革极大地提升了分/子公司在大型项目中的地位和作用。原先的科级单位在对外拓展业务时的社会地位显得不高，特别是在与政府部门谈判时，官员往往会由于级别不够而不乐意接待。机构扁平化后，大事业部的地位升级，有利于公司对外拓展业务，而且事业部有较多的决策权，很多事情可以自己决定，提高了与政府谈判的工作效果。

（4）有利于决策层和经营层的分离和制衡　我国传统的建筑企业，企业总部还承担着经营职能，项目式事业部可以将总部高层领导从繁忙中解脱出来，集中精力研究和制定企业发展经营战略，为企业的科学决策提供了保证。同时，事业部领导可以专注项目的管理，而不被人事、综合办公等行政事务所缠绕，将更多的精力放在业务的拓展和经营上。项目式事业部可以使事业部对总部产生一定的依赖性，避免事业部做大以后增加总部对事业部的控制难度，而公司总部各职能部门又要受到各事业部的考核，形成了相互制衡的机制，有利于各职能部门和各事业部之间的协调发展。

2.2.3.6　项目式事业部的运行方式

（1）职能定位　在大型建筑企业中，事业部是经营生产的基本单元，市场营销和经营生产是它的两大职责，并通过授权体系界定总部和事业部的权限划分，明确各自的职责。

事业部在公司经营指标的引导下，遵循总部制定的统一业务运行规则，在公司职能平台的协助下，承载着工程项目从接、干、算、结、收、保等公司全部核心业务链上的工作。公司总部职能定位在于搭建行政管理平台，制定业务运行规则，同时，保留重大事项的决策权、合理监督权、人事任免权等基本权利，而将预算内资金支付决定权、项目生产组织权、项目部人事决定权、利益分配权等授予事业部。

（2）运行和考核　事业部是部门化的项目部，所以不设职能部门。事业部可以设经理、副经理、市场营销、项目管理等岗位，实行事业部经理负责制。事业部除按业务和地域设立外，也可以以一个大型工程为核心创设，该大型项目完工移交后，该事业部可以解散，也可以负责其他大型项目。岗位人员配置根据实际项目需求灵活调整，实现组织结构的柔性。建筑企业总部可与事业部签订项目管理目标责任书，建立与事业部的责、权、利关系，责任书确定了各项生产经营指标，事业部各项指标的实现过程就是企业战略目标的实现过程。各事业部之间由于有业务和地域的差异，不存在相互间的竞争，但完成指标及超额完成指标的奖惩规定类似，企业集团全员考核和监督体系不变，这对事业部经营者起到激励和约束的作用。

项目式事业部扁平化组织结构改革，激活和整合了建筑施工企业整体的有效资源，最大限度地实现了总部对项目的管控，特别是在总部对事业部进行指导、推进、协调、服务和监管过程中，真正实现了资源的有效配置，增强了企业的盈利能力和市场品牌优势，使整个组织形成价值、责任、权力和利益的统一体，有利于发挥组织各个单位的积极性和创造性，提高组织的整体效能，实现建筑施工企业战略目标的跨越和升级。项目式事业部组织结构不失为一种创新型的组织模式。

2.3 企业组织构建实践案例

2.3.1 设计企业转型组织构建实践案例

【案例摘要】

以国内某大型工程设计院（以下称为 A 企业）向从事 EPC 工程总承包事业转型实践为背景，介绍他们在转型过程中，如何实现该企业组织结构转变的经验。

【案例背景】

A 企业前身为国有大型工业设计院，自计划经济时期开始，就承担着行业内中部地区重工业的设计工作，至 20 世纪 90 年代末期，形成了 800 人左右、10 多个专业科室的规模，年营业额在 1 亿元以下。

【案例过程】

（1）A 企业的发展历程　2002 年设计院开始承接第一个 EPC 总承包项目，合同总额 8 亿元左右。由于项目金额较大，且为第一个采用 EPC 模式操作的项目，全院上下高度重视。为完成项目，特意从各个专业科室抽调最优秀的人员组成了总承包项目组，且绝大部分人员均为专职，全力以赴做好项目。

此外，在项目组中，除原有的设计人员外，还增设了专职的施工经理、采购经理和财务经理。该项目的实施使得设计院总的营业额一举跃上了 10 亿元的台阶，锻炼出了一批精通项目管理的人员，同时通过摸索，设计院也总结出了一套自己的项目管理规则，并由此最终催生出了对原有设计院组织架构的重组改革。

2003 年，在总结了一定的经验后，设计院举全院之力，开始了重组改革。在原有的基础上，成立了 A 企业。各专业科室均转型成为公司下属的部门，同时，增设市场营销部、采购部、项目经理部、技术质量部、安全部、工程造价所等新部门，并将原有的人事处、财务处等机关部门更名为人力资源部、财务部等专业的职能管理部门。在这样的组织架构下，A 企业具备了以矩阵式的项目管理模式同时执行多个 EPC 总承包项目的能力。从 2004 年开始，A 企业开始高速发展，营业额在 10 年间从 10 亿元逐步跃升到 100 亿元左右，企业总资产也达到了千亿级以上。

（2）重组改革前后组织管理架构的转化

① 传统设计院的组织管理架构。传统的设计院组织结构按照各个专业分门别类设置成职能式的条块结构，即以专业科室为单元成立块状核心，在专业科室之上设置管理部门进行协调，管理部门之上为设计院高层，从上至下，垂直管理。当然，在实际的设计工作中，也会涉及各个专业科室的协作，会有主体专业、辅助专业的区别，在有的设计工程中，甚至也会有项目组的设置，但这样的项目组仅具备名称上的意义，虽然有一名或多名负责人，但对外交往和对内协调往往需要专业科室负责人出面组织。A 设计院重组改革前的组织机构示意图如图 2-13 所示。

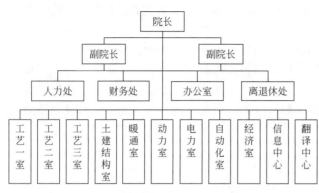

图 2-13　A 企业重组改革前的组织机构示意图

在 A 企业重组改革之前，各专业科室已经习惯了职能式的运作模式。一旦承接了设计项目，就会先将项目进行细分，然后变成任务下分到各科室，最终落实到人。每个科室有具体的负责人进行对外协调、沟通，但只对本科室的领导汇报工作。作为科室领导的主任既有人事任免权，也有全额的奖金分配权限，对外还有分管项目的最终发言权，职责重大，对项目需要全程参与，技术和管理不分家。

② 重组改革后 A 企业的组织管理架构。由于 EPC 总承包工程具有一定的特殊性，需要多个专业的人员组织配合，同时项目又具有临时性的特点，面临一旦项目生命周期结束，人员就需要回流安置的问题，这对原有的传统设计院的组织体制造成了很大的冲击。

为适应这种要求，A 企业在原设计院体制基础上做了相应的变动，引入矩阵式组织管理。项目组成员在编制上仍然属于各个专业科室，当项目开始时组成临时的项目部，人员由各专业科室抽调。

在人员的组成上，根据个人承担的工作量大小和重要性分成专职人员和兼职人员。无论专职还是兼职人员，除接受专业科室领导外，还须对项目经理负责。项目经理总管项目的所有工作，并负责团队建设和对外交流。根据矩阵的强弱程度，项目组可能被赋予独立的财务核算，并拥有人员调配权力。当一个项目生命周期结束后，项目组成员仍回原单位或是进入另一个项目组，原有项目组解散。在这样的组织结构模式中，专业的科室构成了矩阵的横向单元，而项目组则构成了纵向的结构单元。

A 企业陆续设置了项目经理、技术经理、施工经理、采购经理、财务经理、营销经理、安全经理、工程经济师和总工程师等职位，规定了各职位的任职条件和岗位系数，并对应相应的薪酬待遇。每个岗位都有自己的职责和权限，特别是项目经理，具有对本项目的奖金分配权和对项目组成员的建议权。同时，设有专职的行政人员负责项目组日常的行政事宜。图 2-14 为 A 企业按矩阵管理模式重组改革后的组织结构图。

③ A 企业矩阵式项目管理模式运作存在的问题及解决方案。A 企业按照矩阵式管理模式运行后，整体上相当顺利，但在执行 EPC 总承包项目过程当中也发现了一些问题。

a. 人员的配置问题。由于具体的项目有大有小，如果统一按照一个标准进行配置，就会出现大项目人手不够、小项目人员冗余的现象。针对这个问题，A 企业的解决方案之一是对小项目进行了简化配置，每个项目仅配置必需的项目经理、财务经理、采购经理等。技术经理、施工经理或安全经理等的职责可由项目经理或采购经理兼任，又或是根据具体情况另行配置。

b. 项目组成员的人事任免权问题。矩阵式管理模式初期运行时，由于没有严格的界定权限，一些项目的项目经理往往越权对专业部门的人员点名要其进入项目组，或是拒绝部门领导安排的成员进入项目组，引发了项目经理和专业技术部门领导之间的矛盾。

A 企业的解决方案之一是专门发布文件，规定项目经理只具有人员的建议权，部门领导才具有本部门人员参与项目的决定权，项目经理如无特殊理由，必须服从专业技术部门领导的安排。如此一来就严格限定了项目经理的权力，减少了两者之间的冲突。

c. 奖金分配问题。每个项目都是公司的利润中心之一，项目经理对自身项目的各项支出具有绝对的支配权，包括项目组成员的奖金。最初这项制度是为了保证项目组成员能全心全

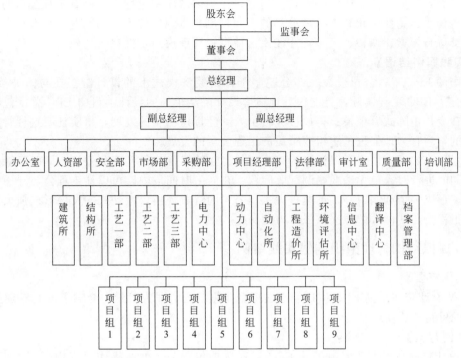

图 2-14　A 企业重组改革后的组织结构图

意为项目组服务，但它同时也带来一些新的矛盾。由于 A 企业都是以项目组为中心来运转，奖金绝大多数都分到了项目组，而项目经理又能将奖金分配到组员个人，这导致了各专业部门的领导面临无钱可分的境地，严重削弱了部门领导的权威，使得他们无法执行对部门成员的绩效考核及奖惩等政策。

另外，这样也让各职能部门成员对项目有了挑肥拣瘦的机会，出现了奖金丰厚的项目抢着去，而小项目却无人问津的局面，众多奖金不高的中小项目根本无法调动组员的积极性，甚至出现了出工不出力、朝秦暮楚的现象。

鉴于此，A 企业的解决方案之一是对这项制度进行了调整。项目经理分配的奖金，不再直接分配到个人，而是分到了专业部门，由专业部门的领导根据员工总的绩效考核结果统一进行二次分配。这样既平衡了项目经理和专业部门领导的权限，又调动了组员的积极性，还确保了绩效考核及奖惩制度的持续有效性，一举三得。

d. 项目的善后问题。项目是具有周期生命的，一旦项目交付业主，工程就会宣告结束，项目组就会解散，成员回到各部门。而交付后的项目往往或多或少会在质保期内出现一些问题需要解决，涉及技术、管理、财务等各方面，项目组的解散意味着出现的这些问题没有专门的人员去管理。A 企业的解决方案之一是将项目的善后问题交给了专门成立的项目经理部，并在项目结束前就专门预留一部分预算给原项目经理，由其负责出面召集原项目组成员临时组成团队去解决问题，较好地处理了已完工项目的遗留问题。

总的来说，矩阵式组织管理模式对 A 企业来说是一种全新的高效组织管理模式，能很好地应对多个 EPC 工程总承包项目管理的需要，促进了 A 企业的快速发展。当然，在矩阵式管理应用过程中，A 企业也不断地对其组织结构进行调整，逐步完善这套适合自身的管理制度和模式，十几年间取得了显著的效果。

矩阵式组织管理模式是一种现代的组织结构模式，科学运用于重组改革后的工程企业，能有效提高 EPC 总承包项目的执行效率，为多个 EPC 总承包项目的同时开展创造条件，同时，也为企业发展创造出巨大的效益。当然，在具体的应用过程中，因各工程公司的运行机制、历史传承、企业文化和外部环境等的不同，也会碰到各种不同的问题，只有在实践中不断地对其进行探索、调整、完善，才能使这种组织管理模式发挥更大的效力。

【实践案例结语】

我国的 EPC 工程公司很大一部分脱胎于计划经济模式下的设计院。在与国外接轨后，由于结合了 EPC 工程实际，且能很好地适应设计院从单纯的设计项目向 EPC 总承包项目管理模式转变，矩阵式管理模式得以被大量引入。经过这些年的发展，事实证明这种管理方式是成功的，它有力地促进了重组改革后的工程公司的发展。

采用矩阵式管理模式可以让设计院原有的专业技术优势得到充分发挥，同时又能解决多个项目同时进行时人员无法顺畅调配等问题。在同一时间段内，可以让工程公司开展多个大型项目，形成多个利润中心，迅速扩大工程公司的营业规模，滚动式的发展形成强大的现金流，为工程公司的做大做强提供强有力的支撑。

2.3.2　虚拟结构管理组织创建实践案例

【案例摘要】

以 W 设计院在承揽 EPC 项目创建虚拟企业组织的实践为背景，介绍了他们构建虚拟结构组织的思路和成功经验。

【案例背景】

W 设计院推行大型环保项目的 EPC 工程总承包业务，但在操作过程中遇到如下问题：一是 W 设计院的传统优势在环保工艺设计方面，而所承揽的工程一般涉及结构设计比较多，且复杂；二是投标文件要求，投标单位须具有市政工程总承包一级施工资质，而 W 设计院不具备；三是本工程项目设备分散采购比较复杂，目前，W 设计院在这方面能力比较欠缺。为了解决上述问题，W 设计院决定引入虚拟组织模式。

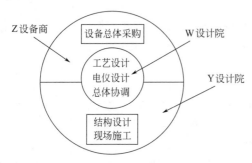

图 2-15　W 设计院虚拟结构组织一级
模块组合示意图

【虚拟组织构建】

W 设计院经过与其他相关单位洽谈，达成一致，形成三个模块组合，即 W 设计院、Y 设计院和 Z 设备商构成虚拟结构组织。虚拟结构组织一级模块组合示意图见图 2-15。

该模块组合的关键在于引进 Y 设计院、Z 设备商。Y 设计院具有市政工程总承包一级施工资质，且在结构设计方面能够提供有力的支撑。约定在 W 设计院承揽的 EPC 项目中，由 Y 设计院负责结构设计和现场施工模块。Z 设备商具有主设备的生产制造能力，同时又有完善

的辅助设备采购能力和经验，由 Z 设备商负责设备集成采购模块。最终由 W、Y 两个设计院组成联合体进行投标，投标阶段按照分工原则分别负责投标文件的编制和成本测算。项目中标后，Z 设备商作为设备分包方与牵头组织 W 设计院签订合同，参与虚拟结构组织的建立。在项目施工过程中，Y 设计院同样采取虚拟结构组织的方法将其所属的现场施工模块拆分出劳务分包、施工设备与土建材料集成供应商、各类专业分包、文明施工、后勤管理等二级模块并分别引入相应的虚拟组织。

对于 W 设计院来说，其所负责的工作主要是项目的总体协调组织、工艺设计和电仪设计；对于 Y 设计院来说，其所负责的工作主要是现场施工管理、结构设计。在短期内无法也没有必要全体提高发展业务能力的情况下，完成了项目业绩且确保了主要利润。W 设

院 EPC 项目虚拟结构组织的二级模块示意图见图 2-16。

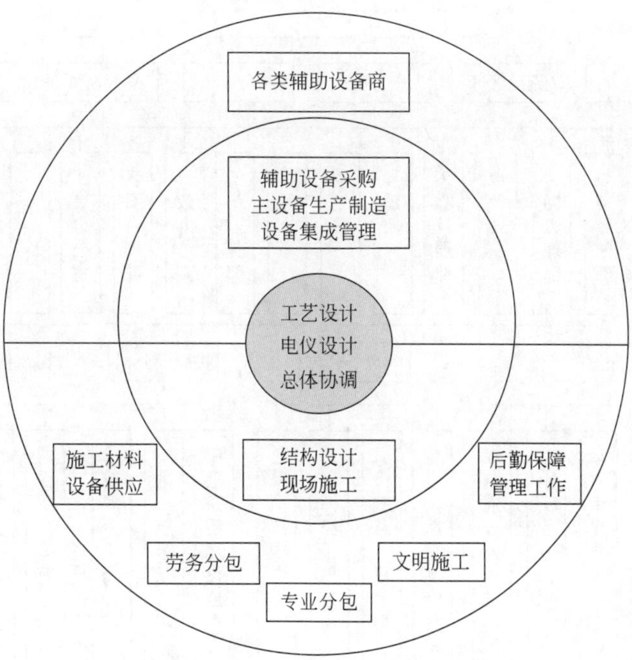

图 2-16　W 设计院 EPC 项目虚拟组织二级模块示意图

【实践案例结语】

实践证明，虚拟企业组织满足不断变化的市场需求，与以往的组织形式相比具有灵活性高、资源利用率高、快速适应环境变化等特点。虚拟组织突破传统企业组织模式的有形界限，能够整合组织成员之间的核心竞争力，实现降低交易费用的目的。由于虚拟组织的理论研究是目前管理理论研究的前沿课题，人们对虚拟组织这一新生事物尚有许多未知之处，还需要对这一理论进行深入细致的研究，通过实践丰富其理论体系，以指导实践。

2.3.3　流程导向式组织构建实践案例

【案例摘要】

以 EPC 大型建筑企业（以下称 Z 企业）对多项目管理组织结构设计的实践为背景，介绍了他们引入流程导向式组织的经验。

【案例背景】

Z 企业原来的组织形式为职能式，见图 2-17。企业的组织运营是围绕职能及其分解以后的工作或任务来组建的。该企业总公司对项目管理的组织结构是总公司、分（全资子、控股子、参股）公司、项目部三级架构。工程项目从项目确立、前期准备、施工建设，直到最终工程项目竣工，交付客户，其流程要经过公司上下几十个相关部门，涉及大量的协调沟通工作。

随着企业规模的扩大，管理层次的增多，信息传导与沟通的成本急剧上升，信息常常在传递过程中失真，从而导致了企业管理效率低、成本高、浪费大和决策迟缓等问题，阻碍了企业的进一步发展。此外，Z 企业的这种职能导向式多项目组织模式容易造成企业核心流程（项目）不明确，导致高层领导将过多的精力放在细枝末节的次要流程上，把工作重心放在个别作业的效率提升上，而忽视了整个组织的合作，形成了"本末倒置"的局面。

【流程导向式组织构建】

由于 Z 企业承接的 EPC 工程项目的规模不断扩大，数量增多，管理复杂性增强，采用

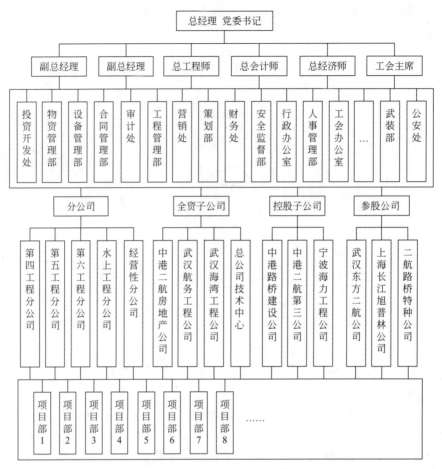

图 2-17 Z 企业原职能式组织结构示意图

价值增值和成本控制等改良方法已经很难使企业有效解决遇到的问题。为了适应多项目管理的要求，一场彻底的流程重组与组织结构变革迫在眉睫。项目管理组织结构急需扁平化，以减少公司管理层次，增强公司总部对项目管理的掌控程度。

根据流程导向式组织结构的理论模型，立足公司现有的人员配备，尽可能保留原组织结构的优点，以利于企业正常的管理，Z 企业高层在咨询公司的帮助下实施了一系列的改革。Z 企业对项目管理的组织结构，由过去的总公司、分（全资子、控股子、参股）公司、项目部三级架构变为企业、工程项目管理部两级扁平管理架构。按流程导向式组织结构理论，构建了企业多项目管理组织结构模式，辅以信息化沟通平台，建立了纵、横双向沟通渠道。

根据多项目管理需求，Z 企业新设立了工程项目管理部，作为企业直接管理项目部的组织机构。新设立若干跨职能的委员会，用于指导企业多项目管理的工作。改变了原有的若干控制关系，重新分配权力，以利于企业对多项目的统筹管理。在新的组织结构中，完全将项目作为企业的核心流程，其过程都可为企业所观察、监督、控制和调整，直接体现企业的价值链及其关键性指标。打破了原有森严的等级制度和各职能部门间以及项目部与职能部门间的合作壁垒，职能部门作为支持部门，为项目部服务。Z 企业多项目流程导向组织结构见图 2-18。

工程项目管理部统筹协调所有项目，并对项目经理授权，解决了各项目之间协调困难的问题。项目经理是某一个具体项目的总负责人，受命和监督于工程项目管理部，有权联合各下属职能岗位或职能部门，能有效地支配和控制组织的资源，从而实现项目的总目标。跨职能委员会、职能部门和分（全资子、控股子、参股）企业根据项目的要求派专业人员担任相

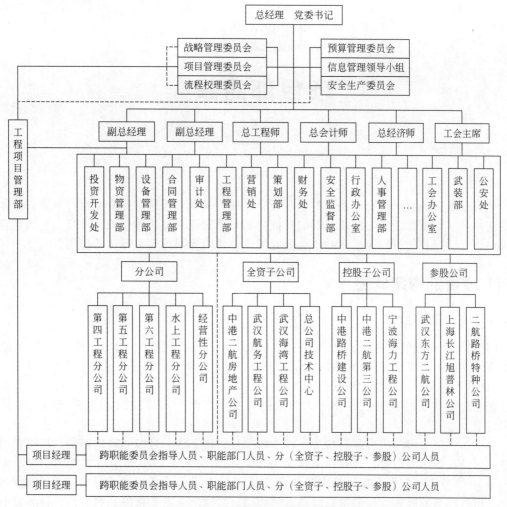

图 2-18　Z 企业多项目流程导向组织结构示意图

——直接控制；-----间接控制

应的专业主管（项目不需要时他们就回到各自的部门），组建项目团队直接参与项目建设，受项目经理的统一指挥和协调，并直接向项目经理汇报工作。虽然项目经理对职能经理没有直接的领导权，但他可以通过项目经费的分配和对职能人员的考核使各职能部门真正在项目团队中实现协作。

流程导向式组织模式解除了 Z 企业在项目经营扩张过程中的种种困惑，经过流程重组和组织变革，企业重新焕发出了勃勃生机。

【实践案例结语】

通过实践企业体会到，流程导向式项目管理组织能够有效地解决多项目管理问题，是一种多项目管理的有效组织。与传统项目组织结构相比，流程导向式项目管理组织保留了传统项目组织结构的优点，克服了其缺点。新的组织结构既保留了职能式组织职能清楚，矩阵式组织反应灵活、注重客户，项目式组织能控制资源等优点，又克服了职能式组织反应缓慢，矩阵式组织多头领导，项目式组织项目间缺乏协调、资源平衡差等缺点，使企业对项目的直接监控能力大大加强。在多项目并行实施过程中，企业通过工程项目管理部对所有项目实行全面的协调和监控，可以达到企业整体绩效最优的目的。

第3章

项目部组织

项目部是工程总承包企业委派的履行项目合同的基本单元层，是全面执行企业质量体系程序文件，编制质量计划，配备足够的持证专职质量管理人员，确保工程项目质量满足合同要求，创优质工程的组织保证，对于企业完成项目合同预期具有关键性的作用。

3.1 项目部构建概述

3.1.1 项目部的概念

《建设工程项目管理规范》（GB/T 50326—2017）对项目管理部的定义是："由项目经理在企业的支持下，组建并领导，进行项目管理的组织结构。"

《建设项目工程总承包管理规范》（GB/T 50358—2017）对项目部的定义为："在工程总承包企业法定代表授权和支持下，为实现项目目标，由项目经理组建并领导的项目管理组织。"

从上述的定义可知项目部是指实施或参与项目管理工作，且有明确的职责、权限和相互关系的人员及设施的集合，具有以下含义。

① 项目部是在企业通过授权书确认和支持下而组建的。项目部实行项目经理负责制，企业采用目标书的形式，任命项目经理，明确项目经理的职责、权限和利益；项目部应由项目经理负责。

② 组建项目部有明确的目的，它代表企业对承揽的 EPC 项目的设计、采购、施工、试车等阶段进行质量、进度、费用、环境和安全管理负责，对其执行情况进行全过程的控制，是确保项目顺利完成的实施组织。

③ 项目部是以企业永久性的专业职能机构组织为依托，组成的临时、严密的组织，接受工程总承包企业职能部门指导、监督、检查和考核。

3.1.2 项目部的特点

（1）项目部的临时性　项目管理最突出的特点是以项目本身作为一个组织单元，围绕项目来配置资源。由于项目的一次性，而项目组织是为了项目而服务的，项目终了，组织的寿命也就完成了，因此，项目部是临时性的。

（2）项目部的柔性　所谓柔性是指可变的，项目部打破传统的固定建制组织形式，根据项目生命周期各个阶段的具体需要适时地调整组织配置，以保障组织的高效且经济地运行。

（3）实施经理负责制　由于项目管理的系统化要求需要集中权力以控制工作正常进行，因而项目经理是一个关键的角色，每个合格的项目经理在其走马上任的第一天就应铭记，责任是一项不能委托出去的管理任务，虽然团队协作和工作授权是重要的，但必须有一个人对项目负责。

3.1.3　项目部的任务

无论是国外项目还是国内项目，项目部都要完成以下工作任务。

（1）编制管理程序　程序是指进行某项活动或过程所规定的实现目标的途径，也就是工作计划。项目管理程序的制定，应由项目部完成并经过企业审批。

（2）工程技术管理　负责工程建设有关的技术管理，包括设计配合、物资技术规格把关、施工方案确认、工程项目质量管理、工程资料审核、工程投产技术准备工作等。

（3）项目设计管理　负责整个项目的设计管理工作，包括设计招标、设计交底、设计标准的确认，设计人员、进度、质量的审核等。

（4）物资采办管理　整个工程的物资供应，包括拟采办物资的招标工作、物资保管、调配、采办核销、工程实物核销、施工单位自购料的质量检验等。

（5）合同计划管理　负责整个工程计划、分合同的制定和解释执行，概预算、进度款项、物资定额核销等工作。

（6）财务管理　根据财经法规制度，按照财务管理的原则和企业财务制度，组织项目财务活动，处理财务关系。负责整个工程建设项目的费用收支业务、管理费用控制、结算等。

（7）质量、安全、环保管理　负责整个工程建设项目的质量、施工安全、环境保护的控制，制定保证体系、实施指标、实施措施并进行监督。

（8）物流运输管理　负责工程项目所需设备、物资的国际国内的运输管理以及涉及的海关（如果有）、运输保险等工作。

（9）行政管理　负责工程项目资料收集整理发放、会议记录编制、人员签证办理（如果有）、后勤、员工生活保证等事宜。

（10）沟通协调管理　包括项目部与业主、监理、分包单位、材料供应商的沟通与协调，与项目环境（公安、城管、交通、环保等）的沟通与协调。

3.2　项目部结构设计

3.2.1　构建原则

科学合理的项目部结构是项目顺利实施的重要保证。实践证明，在工程总承包项目部的建立运行和调整过程中，必须针对工程总承包的特点进行设计，才能够达到预期目的，否则将影响项目管理效率。因此，项目部结构设计应遵循以下原则。

（1）目的性原则　项目部代表企业完成承揽的项目，项目部设置的根本目的就是为了产生组织功能，实现项目管理总目标。从这一根本目标出发，就要因目标设事，因事设置编制，按编制设岗，按岗设人，以职责定制度、授权力。

（2）集中指挥原则　在工程总承包项目部设置中，统一指挥尤为重要。因为工程总承包商在内容上要对设计、采购、施工全面负责，在专业上要对项目结构、机电设备、建筑装修全面负责。如果按内容或按专业分散独立指挥，则必然指挥不灵，信息不畅，失去了业主委托一家作总协调人的意义。对此进行调整的方法很多，如设置统一协调各专业的管理岗位（统一的设计协调、统一的合同管理、统一的进度管理等），才能提高指挥效率和工程效果，才能真正实现工程总承包的总协调人的作用。

在统一的权力系统的构建中，要特别注意纵向充分的授权机制和横向权力约束机制的总和。而且，一个项目的组织体系的权力大小，取决于组织机构内部是否团结一致，越团结就越有权力，越有组织力。组织机构的权力既来自于"授权"产生的"法定"权力，也来自于"信赖"产生的"拥戴"权力。授权和拥戴是这一原则的两翼，约束机制则是这一原则的尾翼，控制和调节这一权力系统的运行方向。

（3）岗位责任制原则　责任制是项目部组织中的核心问题。责任是项目组织对每个成员规定的一部分管理活动和生产活动的具体内容。一个项目组织能否有效地运转，取决于是否有健全的岗位责任制。责任工程师制度是借鉴国际承包商的项目管理经验，并结合中国传统组织习惯确立的一种"武装到每个工程师"的组织模式。

传统的做法是技术工程师专门负责技术协调，不管进度、成本；生产工程师只问进度，不问成本；概预算人员又往往只算成本账，不算进度账和质量账。

责任工程师制度则打破了传统的工程师岗位设置，由一位工程师（对于特大项目有时设置一个工程师小组）对其所负责的分部和分项工程的质量、进度、成本负全责，包括从技术准备到施工组织以及人流、物流、资金流的全过程监督等全部内容。他负责的分部、分项工程的具体内容是根据工程情况和专业特点以及工程师的管理能力来划分的，可以按照专业划分，如土方责任工程师、混凝土责任工程师、电气责任工程师等，也可以按照区域划分，如某区域的装修责任工程师等。

对比上述两种不同的做法不难看出，责任工程师制度需要的人力资源（在同等规模上）较少，保证了组织的精干和责任到位；内部交叉、内部操作较少，保证了组织的高效；而且责任工程师制度加强了整个组织体系的对外操作能力，如对业主的协调，对设计的协调，对分包商、供应商的协调，从而也更适合工程总承包商对项目管理的需要。实践证明，越是规模大的工程项目，责任工程师制度体现出的精干、高效和责任到人的优越性越大。

（4）管理幅度与层次统一原则　管理层次是指项目部内划分为多少等级，管理幅度是指上一级管理下一级员工的数量。管理层次过多，容易造成沟通不畅，信息失真；管理幅度过大，管理人员的接触关系增多，工作负担加重。项目部的机构设置要考虑合理划分管理层次，同时管理幅度应保持适当。

（5）专业搭配原则　在设置项目组织机构时应按照工程实施的程序、工艺、专业划分机构岗位，使项目部能够成为一个严密的、封闭的组织系统，能够完成项目管理总目标而实行合理分工及和谐工作。尤其要注意技术部门和商务部门的平衡，在配齐专业技术人员的同时，要注意搭配商务人员，以应对大量的商务谈判、索赔等业务。

（6）上下协调原则　企业管理组织结构是"二元组织"结构，所谓"二元组织"即企业组织结构分为两部分：一部分是为完成组织的经常性任务而建立的永久性职能组织，这部分组织结构比较稳定，是公司组织结构的基础部分；另一部分是为了完成临时性项目而建立的组织机构，具有较大的灵活性和动态性。由此可见，项目部组织与企业组织是局部与整体的关系，项目部是企业组织机构体系中的有机组成部分，企业是它的母体。归根结底，项目组织是由总承包企业组建的，不能离开企业的组织形式去谈项目部的组织形式。具体工作中，应做到两者在机构设置、职能分工上尽可能统一，上下级业务尽可能对口。

（7）弹性与流动性原则　所谓的弹性原则是指项目部构建需要留有一定的余地，保持一定的弹性，以适应项目客观事物可能发生的各种变化，以便应对事物变化的需要。流动性原则是指项目部组织在整个项目建设过程中不是一成不变的，要保持一定的流动性，随时可以依据项目发展情况调整项目部的人力资源配置，以减少人力资源成本。工程项目的单件性、阶段性和流动性是工程项目生产活动的主要特点，这些特点必然带来生产对象数量、质量和地点的变化，要求项目部工作地点和组织机构随之进行补充或调整。

（8）信息化原则　信息的沟通是组织力形成的重要因素，信息产生的根源在组织活动之中。信息沟通体系的优劣，是以高效为衡量标准，即该信息系统能否做到从各个信息源经收集、整理、分析后能迅速传递到相应的执行点或决策点。

在信息技术高速发展的今天，工程总承包商考虑机构设置如何与信息技术的应用和发展相适应是非常有意义的，项目部机构的设置一要适合与业主、建筑师、监理、分包商、供应商的信息交换和共同工作，二要适应网站式工作。每一个项目可以建一个网站，通过建立密码，保证只有项目人员才能够进入。这样，项目成员就可以在任何时候上网查看最新版本的图纸和文件，网络可以对项目成员查看和修改图纸的操作进行记录，以备随时查询。网络信息沟通化的体系带来了项目机构设置从内涵到形式的深刻变革。

根据上述原则，项目部要实现 EPC 工程总承包项目目标，就必须依据合同约定，定义设计、采购、施工、试车阶段的主要事件，设立主要的部门或相应的管理人员，如设计、采购、施工、试车、合同、财务等部门或相应岗位的人员。这种设置与上述的责任工程师制度相辅相成，使项目部形成实现工程目标的整体合力，发挥项目部应有的功能。

3.2.2 机构设置

项目部的组织机构对项目的成败有很大的影响，因此，应特别给予关注。项目部的机构设置，应根据企业资源、项目特点、项目的大小、复杂程度、技术难度决定，项目部组织机构的设置可以有所不同，大中型项目部可以设置职能部门，小型项目部一般只设置职能人员即可。在工程不大的情况下，可以按照专业分工相近、业务流程相邻的原则，对相关岗位进行整合。

在实践中，尽管项目部机构设置多种多样，但其结构都是相似的。EPC 项目部典型结构示意图见图 3-1。

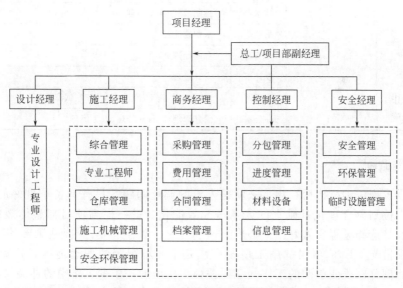

图 3-1　EPC 项目部典型结构示意图

根据国内外工程管理的实践经验，在设置 EPC 总承包商项目管理部组织机构时应注意以下两点。

① 项目的控制部门和项目质量管理部门对整个项目经理部的运作起到重要的作用，尤其是控制部门要对项目的进度、费用等进行管理与协调，并且最后还应做完工总结，因此，可以考虑放宽控制部门和质量管理部门领导的权限并提升其行政地位。

② 根据项目的规模不同设置不同的组织机构，对于大型项目，质量部和 HSE 部应单独作为两个部门，而对于小型项目，这两个部门可以合并为一个 QHSE 部门。这样有利于组织的精简，提高质量、安全和工作效率。

关于项目部人员数量的设置，国内有学者给出了按照投资额度划分项目部机构和设置人员岗位的建议。EPC 项目管理部的岗位设置见表 3-1。表中项目部人数是指在项目管理过程中核心的管理团队人数，实际上一个 EPC 项目不是几个人所能承担的，需要部门内部、EPC 工程公司各行政部门的大力支持和配合才能取得成功。

表 3-1　EPC 项目管理部的岗位设置

投资额度/美元	项目部人数	岗位设置	
1500 万以下	3～4 人	项目经理(兼现场经理、设计经理、施工经理、控制经理)	
		技术部	专业技术工程师、安全经理
		商务部	商务部经理(兼采购物流经理)
1500 万～5000 万	4～6 人	项目经理(兼现场经理)	
		技术部	设计经理(兼施工经理)、安全与控制经理、专业技术工程师
		商务部	财务经理(兼采购物流经理)、行政经理
5000 万～1 亿	6～12 人	项目经理(兼现场经理)	
		技术部	安全与控制经理、设计施工经理、专业技术工程师
		商务部	合同经理、采购物流经理
		办公室	行政管理员(财务、信息)
1 亿～5 亿	15～30 人	项目经理、项目副经理	
		技术部	控制经理、安全经理、专业技术工程师
		采购部	采购物流经理
		商务部	合同经理
		设计部	设计经理
		现场部	现场经理、施工经理、安全经理、试车经理
		办公室	信息管理员、行政经理、财务经理

3.2.3　人员调配

在合理设置岗位和机构后，接下来就是人员的调配问题，只有具备了良好的人员结构，才能实现在岗位划分合理化基础上的人员搭配效能化，最终提高项目部整体效能。具体说来，项目的人员选调过程要做好四个搭配：性别搭配、职务搭配、专业搭配、年龄搭配。

（1）性别搭配　EPC 项目的施工现场往往处于环境艰苦的偏远地区，远离城市中心，均衡的性别比例可以改变单调的工作气氛，缓释工作压力，减少工作中的冲突。国外有研究表明，一个均衡性别构成的团队将提供给团队成员一个更加健全的沟通氛围以及在团队中的自信。项目部的工作千头万绪、种类繁多，很多工作在条件允许的情况下可以安排女性完成，如文档管理工作、行政后勤工作等。

（2）职务搭配　很多公司在组建项目部的时候，出于对项目的重视，往往喜欢调集"精兵强将"，但事实上，并不是由最好的人员组合起来的队伍就可以最大限度地发挥队伍的整体功效。一个高效的项目管理团队，成员最好具有不同的职务层级。如果同一个职级层次的人过多，由于工作方法和个人思路的不同，会导致在日常工作上的扯皮和彼此拆台，同时，在日后的升迁等问题上也会"撞车"。

（3）专业搭配　EPC 项目涉及面广，除技术人员外，还需要有懂工程、计算机、管理、外语等方面的专业人才。要加强项目部内部的力量整合，打破传统的专业（科室）界线，将各专业人才合理搭配，实现优势互补。

（4）年龄搭配　有些海外项目部在选调员工时从稳妥出发，重视经验丰富的高资历人员，不重视起用年轻人，骨干员工年龄偏大。虽然眼前项目的执行得到保证，但是公司在开发新的项目时会后备力量不足，出现人员断层现象。所以应注意老中青结合，采用传帮带共进的方式，促进公司良性发展。

当然，项目面临的外部环境往往是不断变化的，所以人员的搭配不能一劳永逸。在项目执行过程中可以不断寻求最佳的人员搭配，如年龄、性别、专业技能等方面的比例和组合等，也可以通过选拔、招聘、晋升调任、培训等方法来调整。另外，当企业目标、工作情况有大的变动时，也须对项目部人员做出较大范围甚至全面的调整。

3.3　项目部各岗位职责

3.3.1　项目经理

（1）项目经理的任命　项目经理是 EPC 工程项目总包方的授权代表，代表总承包商在项目实施过程中承担合同项下所规定的权利和义务。项目经理按照授权的范围、时间和内容，全面组织、主持项目部的工作，对项目自开工准备至竣工验收，实施全过程、全面的管理。

（2）项目经理的条件　设置工程总承包企业的项目组织，首先要考虑任命项目经理人选，EPC 项目经理应按照资格预审或投标书记载的项目经理条件选择兑现。项目经理应由企业法人代表签发并由企业法人代表签发书面授权委托书。依据国家关于工程总承包的新规章，EPC 项目经理应具备如下条件。

① 取得工程建设类的注册执业资格，如注册建筑师、勘察设计注册工程师、注册建造师或者注册监理工程师等；未实施注册执业资格的，应取得高级专业技术职称。

② 担任过与拟建项目相类似的工程总承包项目经理、设计项目负责人、施工项目负责人或者项目总监理工程师。

③ 熟悉工程技术和工程总承包项目管理知识以及相关的经济、法律法规和标准规范知识。

④ 具有类似项目管理经验和相应工程业绩。

⑤ 具备决策、组织、领导和沟通能力，能正确处理和协调与项目发包人、项目相关方之间及企业内部各专业、各部门之间的关系。

⑥ 具有良好的信誉和良好的职业道德。

⑦ 工程总承包项目经理不得同时在两个或者两个以上工程项目担任工程总承包项目经理、施工项目负责人。

（3）项目经理的职责

① 执行工程总承包企业的管理制度，维护企业的合法权益。

② 代表企业实施工程总承包项目管理，对实现合同约定的项目目标负责。

③ 完成项目管理目标责任书的内容，目标责任书的内容包括项目质量、安全费用、进度、职业健康和环境保护目标等。

④ 在授权范围内负责与项目干系人的协调，解决项目实施过程中出现的问题。

⑤ 对项目实施全过程进行策划、组织、协调和控制。

⑥ 负责组织项目的管理收尾和合同收尾工作。

⑦ 项目部应按照约定，接受建设单位和监理单位对本工程施工进度、质量、环境保护、职业健康安全、文明施工等工作的监督检查和指导，项目经理应按时、如实向监理单位汇报工程的各方面情况。

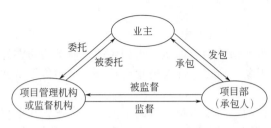

图 3-2　业主、项目部、监理单位的关系

图 3-2 所示为业主、项目部、监理单位三者关系示意图。

（4）项目经理的权限

① 经授权组建项目部，提出项目部的组织结构，选用项目部成员，确定岗位成员的职责。

② 在授权范围内，行使相应的管理权，履行相应的职责。

③ 在合同范围内，按规定程序使用工程总承包企业的相关资源。

④ 批准发布项目管理程序。

⑤ 协调和处理与项目有关的内外部事务。

3.3.2　项目部总工/副经理

① 负责项目部的技术、质量、安全、测量、试验、科技创新等工作。

② 负责质量、环境、职业健康安全管理体系的运行。

③ 组织项目实施施工组织设计和单位工程施工组织设计编制，并组织对施工单位上报方案的会审工作。

④ 负责项目部的施工生产和现场资源调配工作。

⑤ 负责进度、文明施工、现场安全管理工作。

⑥ 负责竣工资料的交付。

⑦ 完成项目经理交办的其他事宜。

3.3.3　部门经理

（1）设计经理　负责项目的设计工作，保证项目的设计进度、质量和费用符合项目合同的要求，组织设计方案论证及图纸会审，负责设计方与总包商及业主的协调工作。

（2）施工经理　负责项目的施工组织工作，确保项目施工进度、质量和费用指标的完成。负责对分包商的协调、监督和管理工作。未设现场经理时，一般在项目经理的授权下代行现场经理职责。

（3）商务经理　负责 EPC 合同的商务解释、合同商务条款修改的审核、分包和采购合同的商务审查、项目的投资控制。

（4）控制经理　协助项目经理/现场经理做好现场施工分包商的管理和协调工作。协助项目经理进行项目进度控制和综合管理。

（5）安全经理　负责组织项目的安全管理工作，监督、检查项目设计、采购、施工、开车过程中的安全工作。

（6）采购物流经理　负责制定采购计划，审核采购需求，决定合适的采购方式，制定并确认产品合格标准，负责供应商的调查，负责采购合约与订单的起草、签发以及管理。负责合同涉及的工程设备、物资的国内国际运输、现场的物资管理工作。

（7）财务经理　负责财务计划编制、执行以及与上级公司财务、税务、金融等部门的联系。

（8）行政经理　主要为项目实施提供支持性服务，如记录保存、邮件分发、接待和其他支持性服务。

3.3.4　专业工程师及其他人员

（1）专业工程师　大中型生产设施项目往往需要在建设生产设施项目安装过程中配备一

定数量的专业工程师，执行专业性较强的技术性工作，其职责如下：

① 在项目总工程师的领导下，执行国家有关工程建设的方针、政策和上级颁发的技术标准、规范、规程以及施工技术管理制度，对本专业分管工程的质量、安全、进度、成本控制以及测量工作负责；

② 负责本专业施工进度计划的编制工作；

③ 负责本专业工程材料计划、设备订货的编制工作，设备进场的验收工作；

④ 经常深入工地，检查工程质量和技术安全措施，核对图纸，核实工程量，掌握进度，收集资料；

⑤ 落实预防措施，纠正错误，组织质量（隐患）事故的调查处理；

⑥ 组织隐蔽工程的验收、阶段性的工程验收、竣工验收、交付工作。

（2）其他人员　依据项目特点、规模、项目部结构设置相应岗位，并规定相应职责。如设计部门设置的设计员、审查员、审定员、校对员等，施工部设置的施工员、测量员、质量员、试验员、机械员等，采购部设置的采购员、催交员、运输员、仓库员、收货员、记账员等。按照岗位确定其相应的职责。

3.4　项目部构建实践案例

3.4.1　海外项目部结构调整实践案例

【案例摘要】

以中国某公司开展海外 EPC 项目部重建的实践为背景，介绍了公司调整后组建的项目部结构，并对项目经理的要求、岗位职责进行了明确定位，为同行承揽海外 EPC 工程项目部的建设提供了借鉴。

【案例背景】

中方建设工程集团承建某国体育场 EPC 项目。该项目占地面积为 29 万平方米，总建筑面积约为 5.9 万平方米，为项目所在省乃至该国西部地区最大、最现代化的一个多功能综合体育场。该工程包含 40000 个座位多功能主体育场一座、4000 个座位足球训练场及附属工程、室外活动场等建筑，其中主体育场建筑面积为 5.61 万平方米。

该体育场项目在前期遇到了设计、沟通、施工等重重困难，发生困难的主要原因在于原有的项目部根本不符合国际 EPC 工程项目管理的要求，项目部也没有针对国际 EPC 工程的特点设立设计管理部和采购开车管理部。该项目部是一个典型的国内土建项目部，项目部成员也不是设计、工程和技术管理复合型人才，管理思路陈旧，无任何国际 EPC 项目管理的经验，即该项目部的管理组织机构根本不符合国际 EPC 工程管理的需要。

【结构调整过程】

（1）项目部调整后的组织结构　该项目经过研究决定调整了项目部的组织结构，才使原来的大量遗留问题得到逐步解决，项目管理工作也逐步进入了正轨。

调整后的体育场项目部组建了设计部、设备开车部、工程技术部、控制管理部、合同预算部和综合管理部，如图 3-3 所示，每个部门责任划分鲜明，在功能上满足了国际 EPC 工程的管理需要，为更好地完成该项目奠定了基础。

特别是在组建了设计部后，大量的设计问题得到了顺利解决。设计部承担着项目设计协调及组织等设计管理工作，组织设计分包商完成具体的专业设计任务，完成综合设计并负责设计计算书和图纸送审、发放及设计文件管理等工作。

（2）项目经理的素质要求及职责　项目经理在项目管理中起着非常重要的作用，他是一

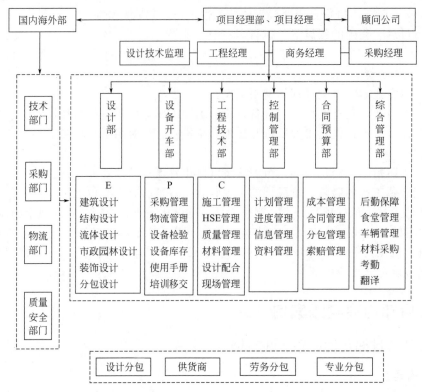

图 3-3　调整后的 EPC 项目部组织机构示意图

个项目全面管理的核心、焦点，是项目管理部的灵魂，其素质高低决定着所承包工程项目的成败。项目经理要能对整个工程项目的计划安排、成本预测、管理核算、资金运转周期、材料供应、设备能力以及索赔、保险、当地税务等业务了如指掌，能按照国际惯例采取相应对策，防止可能出现的失误和损失。项目经理的素质要求：

① 具有符合项目管理要求的组织、指挥、社交、协调能力；

② 具有较高的专业技术和领导水平，还要有较高的政治素质；

③ 具有国际 EPC 工程管理经验，熟悉所在国的法律法规；

④ 具有良好的职业道德、强烈的责任感和敬业精神；

⑤ 能够迅速有效地理解项目中其他人的需求和动机，并具有良好的沟通能力；

⑥ 具有设计管理、设备采购及安装管理、工程管理复合型的知识基础；

⑦ 要善于学习和借鉴别人的经验，扩大视野，取长补短；

⑧ 具备一定的外语水平，能与业主、监理、设计院等专业人员交流，能阅读一般性的外文资料；

⑨ 智慧超群，有把握宏观的战略管理能力；

⑩ 具有良好的职业精神和团队建设能力；

⑪ 具有广阔的知识面和良好的口才；

⑫ 要头脑清晰，思维敏捷，能审时度势地做出果断的决策。

项目经理的职责：

① 代表公司实施项目管理，严格执行所在国家的法律法规，维护公司的合法权益；

② 履行公司与业主签订的项目合同及与分包商签订的分包合同；

③ 组织项目部全体人员学习所在国的法律法规，熟悉所有合同；

④ 组织编制《总进度计划》《质量控制计划》《项目 HSE 计划》《成本计划》《采购计

划》《资金计划》等，并负责实施；

⑤ 负责组织编制实施项目年度、季度、月度计划；

⑥ 负责建立健全的 HSE、质量、保安、消防管理体系；

⑦ 负责协调与业主、设计院、监理、当地质量管理等相关部门的关系，及时解决项目出现的各种问题；

⑧ 负责项目的阶段验收、竣工验收、试车运行、员工上岗培训；

⑨ 组织项目进度结算、竣工结算、工程交接、项目的资金回收和债务的清算；

⑩ 负责项目的风险管理、索赔和反索赔工作；

⑪ 负责选拔当地员工，使项目管理人员属地化；

⑫ 负责监督、收集、整理项目竣工资料、经济资料、技术资料并存档；

⑬ 负责所在国的市场开发，新项目的投招标工作；

⑭ 接受国内公司的监督、检查、审计和考核。

（3）项目部主要岗位和职责

① 工程经理：协助项目经理进行工程管理、进度管理、分包管理、HSE 管理、组织协调等工作，保证项目顺利实施和竣工。

② 设计总监：负责组织协调项目全过程的设计管理工作，负责协调与设计院、设计分包商、政府图纸审核部门的关系；保证设计进度、设计质量，组织进行设计优化，组织工艺技术和设备性能指标的确认工作；控制设计成本；组织图纸会审、设计技术交底和其他设计服务工作；负责技术和质量管理等工作，负责组织制定各种技术方案，并监督实施；组织新技术、新工艺的开发、推广和应用。

③ 商务经理：负责项目商务管理等工作，分解、落实合同成本，测算执行成本，控制成本，做好项目索赔和反索赔工作，协助项目经理开发项目所在国的市场。

④ 采购经理：负责项目设备和物资的采购、物流、清关管理等工作，控制采购和物流成本，保证设备、物资的及时供应；负责项目开车《设备使用手册》的编制印刷，负责设备使用、保养、维修员工的培训工作。

（4）项目部主要成员的素质要求

① 项目部所有成员都要懂技术、会管理，富有国外施工经验、法律知识，这是搞好工程项目管理与国际惯例接轨的关键；

② 必须熟悉和掌握国际建筑市场状况和动态；

③ 必须处理好与业主、监理以及当地雇员的关系。

（5）管理人员属地化　雇佣当地人员必须熟悉当地劳动法规，在不违反规定的情况下，调动雇员的积极性，为我所用。管理员工属地化的优势有以下几点：

① 当地员工比中方承包商熟悉当地的法律、法规和政策；

② 当地员工具备语言、民族和民情优势，具有良好的人际关系，办事效率比中方员工高；

③ 当地员工薪金低于中方自有员工，可节约工程成本；

④ 当地员工守家在地，比中方自有员工更稳定，可以减少人员的流动；

⑤ 国际工程项目公司必须做管理型公司，这就需要减少本国员工，同时雇佣大量的当地员工。

【实践案例结语】

项目部是在项目经理领导下开展工程项目总承包工作的执行机构，设置项目部的目的是进一步发挥项目管理的职能，提高项目的管理效率，以达到项目管理的最终目的。

面对项目规模的日趋扩大和技术工艺复杂程度的日益提高，专业化程度更加精细，业主对工程的质量、工期、投资效益的要求越来越高，一个高效率的项目组织机构是满足业主要求、促进项目成功的保证，特别是很多海外 EPC 项目远离祖国和公司总部，强有力的项目部往往是项目实施成败的关键。

当前，随着我国对外承包 EPC 工程项目的不断增多，项目部的组织结构也应根据不同的国家和地区进行必要的调整，完善的国际 EPC 工程项目部的组织结构是保证项目顺利进行的基础。

3.4.2　设计单位项目部演变实践案例

【案例摘要】

以 Z 船舶设计院开展 EPC 业务项目部构建实践为背景，介绍了他们随着建设市场形势的发展组建项目部的演变过程，为同类企业开展 EPC 业务的项目部组建提供了经验。

【案例背景】

Z 船舶设计工程有限公司是从设计院发展起来的工程公司，在发展过程中，项目部组织结构历经数次大的变化，这些变化也是公司随着对工程总承包项目的逐步认识而形成的。通过实践表明，工程总承包公司项目部不能简单地把设计院与施工部叠加，而是要通过恰当的组织机构把前期工作、设计工作、采购工作、施工工作、调试工作和后期工作六个阶段有机地结合在一起，才能产生 1+1＞2 的效果，否则将会产生抵消甚至消极的作用。

【项目部设置演变】

(1) 初期的项目部组织结构　设计院刚开展 EPC 业务时的项目部组织结构见图 3-4。由于当时设计院刚刚走向工程公司，设置了工程部，项目经理由院里领导担任，希望通过院领导所在岗位的权力和其个人能力把设计和施工很好地结合起来。实践证明这种组织结构在工程公司起步阶段是合适的。但这种结构方式有以下几点弊端：

① 院领导担任项目经理，混淆了项目经理的管理职责和院领导行政职责的界限，可能产生用行政权管理方式解决项目管理问题，还可能因为院领导忙于项目管理而妨碍了其本职行政工作的开展；

② 设计和施工分别属于两个独立的部门，责权利是分开的，实际上是两个项目部，结果必然由院领导依靠行政手段来捏合；

③ 不利于企业对项目经理的培养。

(2) 改进后的项目部组织结构　经过几年的实践，Z 院施工公司在某临港海工程项目中构建了如下的组织结构，在这个项目中采购由业主承担，该院工程公司负责配合，改进后的项目部组织结构见图 3-5。

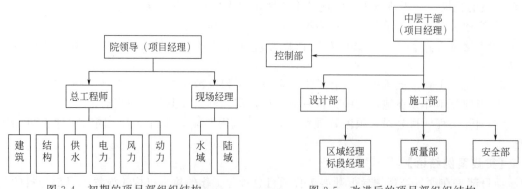

图 3-4　初期的项目部组织结构　　　图 3-5　改进后的项目部组织结构

这种项目部组织结构比前述的结构进了一步，其最大优点是将设计作为项目部团队中的一部分，进一步加强了设计与施工的沟通，将该院工程公司对外的两个合同（设计合同和总承包合同）合并为一个合同执行。控制部在这种组织机构构架中对项目的控制发挥了很大的作用，控制部由一名控制经理、两名控制工程师（分别负责设计的进度控制和施工的进度控制）、两名造价控制工程师组成。在项目建设过程中，许多造价和进度上的协调工作由控制部直接协调解决，必要时再通过项目经理解决，工作效率明显提高。当然也经历了项目开始时对控制部的地位和威信不熟悉的过程，但实践证明做强控制部更利于总承包项目的顺利进行。

（3）项目管理规范中的项目部机构　GB/T 50358 中所要求的工程总承包项目部组织机构图见图 3-6。

设计是按照规范开展的，施工是按照规范进行的，工程总承包也应该按照规范来构建项目部的组织机构。在图 3-5 中，控制部承担四项职能：进度控制、费用估算、造价控制和材料控制。按照工程公司的"三合一贯标"要求，在图 3-5 的组织机构图中应该在质量和安全后加上环境和职业健康要求。

（4）理解规范、结合实践形成的机构　Z 设计院工程公司在新承接项目中的组织机构，是在理解规范要求以及数年实践基础上提出的项目部结构图，规范贯标与实践结合形成的项目部组织机构示意图见图 3-7。

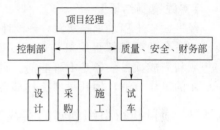

图 3-6　项目管理规范中的项目部组织机构

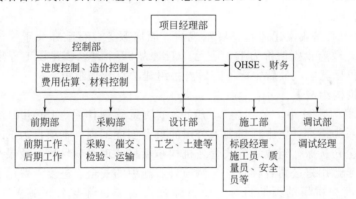

图 3-7　Z 设计院规范贯标与实践结合形成的项目部组织机构示意图

在图 3-7 中，项目经理部是指项目经理团队。经理团队人员包括项目经理、项目副经理、项目经理助理等。图 3-7 中的组织机构可望达到以下的作用。

① 控制部的作用：通过控制部加强设计与各部门的沟通，解决设计与各部门的关系是设计出身的工程公司经常遇到的问题，解决不好往往也是各部门之间产生扯皮的原因。

a.将设计作为项目团队之一，使其与其他部门的关系更紧密。

b.扁平化管理，提高效率，不必事事都经过项目经理协调、解决。

c.控制部中设有对口设计的专职人员。

d.项目经理与设计人员可以直接交流。

② 控制部的地位：在组织机构图中，控制部的地位相对高于其他部门。设置控制部的理由是下属的每个部门都有进度和造价职能，所以要有一个地位较高的部门来综合协调前期、设计、采购、施工、测试各部门之间的进度与造价的关系。

a.与设计沟通。因设有对口设计的专职人员使其沟通更便捷有效。

b.进度控制。前期、设计、采购、施工、测试相互之间的进度控制由控制部综合协调。

c.费用估算和费用控制。控制部负责前期、设计、采购、施工、测试的费用估算和费用控制工作。

③ QHSE部的设置：QHSE部是指项目部中为质量、安全、环境、职业健康而设置的岗位，不同于施工现场安全员岗位。

一般大型工程项目的QHSE经理由总工程师担任，小型项目的可以由设计或施工技术负责人兼任。QHSE地位高于其他部门也是因为在前期、设计、采购、施工、测试中都涉及QHSE的职能，需要综合平衡。

④ 前期部的作用：前期部的工作包括项目选址意见书、建设工程用地许可证、建设工程施工许可证等项目的前期办理工作以及项目后期的竣工手续办理、档案归档等工作。

【实践案例结语】

经过数年工程总承包实践，Z设计院充分认识到搞好工程总承包的第一步是建立与合同要求相适合的项目部组织机构。可以设想，如果构建的项目部缺少了相应的部门（人员），要想顺利完成项目任务是不可能的。只有构建了适合的组织机构后，才能按照组织机构进行下一步的工作分解，做到每项工作都有对应的人员干，每个人都有对应的工作干。

3.4.3　项目执行组织创建的实践案例

【案例摘要】

以某EPC会议中心项目部的设置实践为背景，介绍了集团对构建项目部的原则、方案、岗位职责和沟通机制的经验，对于大型工程项目部的构建具有一定的参考价值。

【案例背景】

某EPC会议中心是集文化体育、展览观演、酒店服务、行政办公于一体的项目，建筑面积为$57000m^2$，政府投资估价为1.1亿元，工期为20个月。C建设工程集团（以下简称C集团公司）经投标竞争，最后中标。随后着手组建项目管理组织。

【项目组织机构组成】

(1) 项目组织构建思路　公司将以ISO9001质量管理体系、ISO4001环境管理体系、职业安全健康体系为标准，将本项目列入公司的重点创优工程。本项目为EPC总承包项目，参与人员由集团公司选派，组成矩阵式管理机构，项目经理对项目执行效果全权负责。项目经理的主要目标是运用好公司各种资源，对项目实施中的安全、进度、费用和质量负责，实现项目投资、进度和质量的预期目标，项目经理代表项目部与公司签署项目目标管理责任书。

(2) 项目组织基本职能

① 计划职能：预先制定科学的实施计划、确定施工方案和施工方法。

② 组织职能：按照本项目的需要将各项专业、各项管理、技术职能和各种施工力量有机地结合在一起。

③ 指挥职能：运用组织权、责发号施令使工程有条不紊地进行。

④ 控制职能：在工程计划实施过程中，进行监督检查、动态协调。

⑤ 协调职能：按照本项目的需要将各项专业、各项管理、技术职能和各种施工力量在时间和空间上予以调整。

项目执行组织通过这五大职能的实现，显示出承包商的素质和整体能力，确保工程项目最终预期目标的实现。

(3) 项目组织体系构成　本项目管理组织结构的设置吸取了集团公司在各大型工程中的经验，经过完善和优化，构成了本项目的管理组织机构体系，项目组织结构示意图见图3-8。

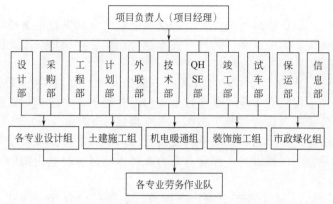

图 3-8　项目组织结构示意图

①　项目管理团队的配备：为确保深化设计质量和施工的高效化，除了项目的主要管理人员外，另配备其他各专业管理人员，随时调配补充，满足项目对各专业管理人员的需要。

本项目部配备了生产、技术、质量、安全、预算、材料、财务等职能机构和人员负责从设计、采购、施工准备、技术管理、生产控制、治安监控、材料供应、竣工验收和工程决算等方面全过程管理。

②　对项目管理部的授权范围：项目经理是公司法人在项目上的代理人，项目经理是实现工期、质量、文明施工等各项工作的责任人。根据工程特点和需要，项目部有权在本集团公司范围内拥有以下权力。

a.选调集团公司内与本项目有关人员参加的权力。

b.对项目所属的各部门负责人有奖惩的权力。

c.对本项目所需的物资有要求调配的权力。

d.服从公司统一资金账户，对项目使用资金进行管理和监督的权力。

③　项目部人员资源配置方案：项目部由一个知识密集型中青年技术人员群体构成，根据工程特点，专业人员需要全面性和专业性。

a.全面性：由于本项目结构复杂、专业多，因此，完成项目任务需要配置全面的人才队伍，从集团公司人力资源库中，依据项目管理的需要，选派专业技术骨干参与项目管理工作。

b.专业性：集团公司计划从集团公司内部选派优秀的员工，管理技术骨干人员均有十年、甚至数十年的专业经历，有过类似工程经验，并都具备创业夺杯的经验，满足项目专业管理的要求。

④　成立本项目专门指挥部：在组建项目部的同时，集团公司积极参与本项目的重大问题决策，成立本项目的专门指挥部，公司总裁为总指挥，集团总工程师、设计院院长为副总指挥，切实做好重点工程、重点调配、重点管理、重点实施、重点保护、重点指导工作，着力抓好人、财、物的调遣及外部环节的协调，形成人、财、物三位一体的优势。项目指挥部的职责如下。

a.人、财、物的统一调配，确保本工程需要。

b.外部环节的协调，为项目创造一个致力于生产的环境。

c.制定经济倾斜政策，调动项目部人员的生产积极性。

d.组织治安部门质量、安全、文明施工检查及日常活动。

e.检查项目部生产计划完成情况及合同履约情况。

f.听取建设单位及各部门的意见，督促项目部落实。

⑤ 集团公司加大对项目部的支持力度。

a.技术支持：根据项目特点将由集团公司技术中心负责提供技术支持，同时为发挥集团优势，集成地基、幕墙、机电安装、装饰等各专业公司优势，提供技术支持，从接到通知到现场，2h内保证到达。

b.人力资源支持：从整个公司人力资源库中根据专业背景、工作履历进行筛选。专业人员选取青年技术骨干均应有十年、甚至数十年的专业经历，有过类似工程经验的。操作层均在集团下属劳务公司挑选优秀的施工班组进入本项目。

c.机械设备、材料支持：利用集团下属机械分公司全力支持本项目施工工作，机械公司目前有塔吊、桩基等大型机械设备，完全有能力支持本项目。材料由集团下属建材物流分公司采购和调度。

d.资金的支持：如果项目部资金周转有困难，集团公司将优先考虑支持本项目使用，保证不能因为资金周转困难而影响本项目进行。

【各职能部门职责和工作范围】

（1）项目经理

① 认真贯彻执行国家、行业、上级的有关方针、政策、法规、规范和集团公司的各种制度，协调设计和各专业，保证项目顺利运转。

② 负责配置人、财、物资源，组织、健全本项目质量、安全、防火保证体系。

③ 组织校对本项目的施工组织设计、进度计划和技术方案。

④ 负责与集团公司、建设单位、监理单位以及上级部门的业务联系。

（2）设计部

① 根据项目总体计划编制设计工作计划。

② 合理安排设计人力资源，完成合同规定的各阶段的各项设计任务。

③ 提供适用的专业设计标准、规定、工作程序、作业指导、标准图等。

④ 负责项目中各专业技术方案的确定和审查工作，以保证专业技术方案的经济、合理、可靠和先进性。

⑤ 对采购工作提供技术支持；提供设备材料清单和技术规范书，参加采购分包工作。

⑥ 根据施工进度要求参加施工图交底等工作，派出设计代表及时处理施工中有关设计问题。

⑦ 参加调试和试运行的工作。

（3）采购部

① 编制采购计划并按照集团公司的规定实施采购。

② 组织采购招标、评标工作，参加对分包商的选择、评价、考核工作。

③ 负责设备材料资料的收集，及时提供设计所需要的技术资料。

④ 负责到货接运及到货设备材料的检验组织工作。

⑤ 负责现场零星采购和紧急采购事宜。

⑥ 负责货物运抵后的储备、开箱检验，负责办理验收交接手续，对于开箱检验出现的问题及时与本部、制造厂商联系。

⑦ 负责现场库房管理，办理现场货物入库、储存、出库的工作。

⑧ 协助计划工程师、费用控制师、材料控制师、安全管理师做好各项控制工作。

⑨ 掌握现场动态，及时协调到货进度。

⑩ 负责与制造厂联络建造工作，督促协调制造厂解决到货质量问题。

⑪ 负责剩余材料的处理工作。

⑫ 负责货物的合格证、质保书以及规范中要求检验项目的检验记录和检验报告等资料

的管理归档移交工作。

（4）工程部

① 负责施工现场单位的组织、协调和管理工作，使现场施工合理有序开展，确保工期、质量、现场安全和文明施工。

② 负责施工现场临时设施的规划和管理。

③ 负责与建设单位对现场的"七通一平"、地下管线、基准点、控制坐标的交接并记录工作。

④ 参与对施工分包商的评价、考核、选择，做好对施工分包单位的管理。

⑤ 负责制定施工一、二、三级进度计划并下发施工分包商，审核分包商上报的四级进度计划。

⑥ 评审分包单位的施工组织设计和施工技术措施、方案。

⑦ 督促、检查施工分包商按计划进行的进度，并核实其已经完成的工作量统计报表，为控制部门提供进度控制依据。

⑧ 组织施工现场调度会，协调解决各单位提出的施工问题。

⑨ 做好设计和施工部门的协调。

⑩ 做好施工变更管理工作，协调设计变更和施工变更的及时、一致性。

⑪ 组织项目单位工程、分部工程的验收。

⑫ 负责施工资料的收集、归纳、管理工作。

（5）计划部

① 负责项目合同管理，对合同订立并生效后所进行的履约、变更、违约、合同终止和结束的全部活动实施管理。

② 在合同管理过程中，实施合同监控和跟踪。

③ 负责合同变更管理，解决合同争端及索赔处理。

④ 根据合同约定和施工进度计划，制定施工费用支出计划并予以控制。

⑤ 对影响施工费用的内外因素实施监督，预测费用变化趋势；负责项目施工的决算管理。

（6）外联部

① 负责项目部外围工作，与街道、邻近居民保持良好的沟通，保证工程顺利进行。

② 负责与交警、市容、公务政府部门的沟通，及时办好夜间施工许可证以及环保问题的处理。

③ 保证工程运输道路的畅通。

（7）技术部

① 按设计图纸、规范编制施工组织计划、施工方案并参与组织落实。

② 审查分包单位的施工方案。

③ 编制新技术、新结构、新工艺、新材料的技术交底，并参与组织实施。

④ 解决施工中的一般技术问题，参与质量事故的调查处理，并提出技术处理意见。

⑤ 及时熟悉施工图纸和设计文件，认真查图找问题，参与图纸内部会审并记录，会后整理。

⑥ 参与地基与基础、主体分部工程的质量核定工作。

⑦ 及时购买和领发工程技术标准、规范、标准图等资料，满足施工生产需要。

⑧ 按规定绘制竣工图，做到清晰、准确、不漏项、不重复。

（8）QHSE 部

① 负责施工质量控制、试验检测。

② 支持编制项目创优规划、分部分项创优计划，对于施工中出现的问题及时协商解决，并做好相关记录。

③ 在外墙干挂石材等特殊关键施工过程，采用过程确认手段，编制特殊过程作业指导书，设置质量控制点进行监控，随时对施工条件变化、设备材料质量实时监控，保证合格设备材料用于工程。

④ 把企业质量方针、质量目标相结合，根据对施工工程质量进行监控所得到的数据进行统计、分析和对比，实施质量持续改进。

⑤ 负责施工安全管理，根据施工的特点，充分识别需要控制的危险源，制订危险源应对计划，对于重大危险源，编制专项施工方案或专项安全措施予以控制。

⑥ 建立施工安全检查制度，规定实施人员的安全职责权限、检查对象、标准、方法和频次。

⑦ 确认专项施工方案，制订安全防范计划、安全程序和安全管理制度以及安全作业指导书；对施工人员进行安全培训；对安全物资、临时用电、施工设施设备、安全防护设施、防火部位等进行重点防范，建立管理制度和应对措施。

⑧ 负责安全、职业保护和环境管理，贯彻国家有关法律法规，工程建设强制性标准，制定相应的方针，编制环境影响报告，履行企业对安全职业健康和环境保护的承诺。

⑨ 按照企业制定的管理体系的要求，进行全过程的管理，并对专业分包单位进行指导和监督。

（9）竣工部　在施工部的协助下，负责竣工验收具体事宜。

（10）试车部

① 试车部负责提出试运行的操作规则并编制操作手册。

② 试车部负责组织、保障项目部的试运行工作。

（11）保运部　配合各工程部门，保障工程正常运行。

（12）信息部

① 负责所有技术资料、图纸、变更、洽商记录、来函等的及时接收、发放、整理、保存。

② 收到文件、变更管理通知后，立即编码登记，及时有效地传达到使用者的手中。

③ 负责施工技术资料的按时收集、审查、整理、装订。

④ 加强对资料的日常管理和保护，定期检查，发现问题及时向领导汇报，采取有效措施，保证资料安全。

⑤ 认真做好综合管理体系资料。

⑥ 负责竣工资料的整理、分册、汇总和装订成册工作。

【实践案例结语】

项目管理部是企业执行承包合同的基层组织，是企业实现与业主签订的合同约定的实体，项目部组织设置与岗位职责的制定对于项目的完成具有决定性的作用。建立合理的项目管理部，首先要划分科学合理的部门，明确各职能部门和相关人员的具体工作职责，职责划分得越细致，执行起来就越顺畅。在明确职责时，要注意各职能部门职责的接口，各职能部门相互搭接和配合，职责划分明确，才能使团队形成合力，为实现项目最终目标而努力。

第3篇　过程篇

第4章

项目策划

策划是项目初期实施活动的一种必需的过程、程序，是项目启动的第一个环节。"七分策划、三分执行"，项目策划对项目正式启动、实施的各个环节乃至整个工程的实施都具有深刻影响，对于 EPC 工程总承包项目而言，由于其具有承包范围广、内容多且复杂的特点，因此，项目策划工作更加显得重要。

4.1　项目策划概述

4.1.1　策划的概念与作用

（1）项目策划的概念　美国哈佛丛书编撰委员会编写的《企业管理百科全书》对策划的定义为："策划是一种程序，策划是找出事物的因果关系，衡量未来可采取的途径，作为目前决策的依据。"这里强调策划是项目完成的程序，策划是项目决策的依据。这一定义主要是站在项目前期（决策前）的角度描述的。

《中国项目管理知识体系》对方案策划的定义为："根据项目的功能和目标，进行总体规划与设计，经筛选后形成总体方案和总体设计方案。总体方案一方面为可行性研究提供前提，同时，也是项目后期设计实施的纲领。"这一定义兼顾了决策前和项目实施期两个方面对策划的描述。

《建设项目工程总承包管理规范》对策划的定义为："项目策划属项目初始阶段的工作，包括项目管理计划的编制和项目实施计划的编制。项目策划应针对项目实际情况，依据合同要求，明确项目目标、范围，分析项目的风险以及采取的措施，确定项目的各项原则、要求和进程。"将项目计划编制包含在项目策划定义之中，这一定义对项目初始阶段的策划进行了较为贴切的描述，是我们主要探讨的策划内容。

所谓项目管理中的策划是指项目部在项目初期阶段开展的一项具有建设性、逻辑性思维的过程和工作，是指承包企业依据项目特点，根据合同和企业的管理要求，明确项目目标和工作范围，分析项目风险以及采取的应对措施，确定项目各项管理原则、措施和进程，对未来起到指导和控制作用，最终借以达到项目预期目标。

项目策划的目的是建立和维护用以定义项目活动的计划，它是在项目需求确定后即项目初期，对项目进行调查分析、定位，对项目应实施的策略、资源规划与工作部署安排等进行的一系列活动，项目策划的上述一系列活动是输入，策划的产出是项目计划。

项目策划的范围宜涵盖项目活动全过程所涉及的全要素，既包括设计、采购、施工、试车等的过程，也包括项目技术、质量、进度、成本、安全、职业健康、环境保护、相关法律法规要求等各方面要素。

（2）项目策划的意义　EPC 工程建设企业，在项目的设计、采购和施工各阶段上具有专项的很强的技术能力、管理能力、组织能力、装备能力固然重要，但要实施好 EPC 总承包项目，更重要的是具有项目实施的整体运筹与协调能力。根据企业实际具有的设计、采购、施工方面的管理、技术、组织、实施能力，运筹计划，优势互补，相互协调，科学组织，形成 EPC 项目整体的管理和实施能力，追求项目的整体最好效果，这是 EPC 项目管理的根本任务和目的。

众所周知，工程项目管理是管理科学的一个重要组成部分，是一门综合性软科学。项目管理的全部内容可以概括为计划、组织、协调、控制四个方面。

① 计划：是项目管理的第一步工作，起着龙头串连的作用。此处所指的计划包括管理性计划和实施性计划，是对项目工作的管理策略、执行程序、方式、资源、组织机构、技术、时间等方面的全面的策划、规划和计划。这是保证项目执行效果的重要工作步骤。

② 组织：按照合同规定的项目范围、工程量、实施特点和要求，配置适当的资源，组建适应项目实施需求的项目执行组织以执行项目计划。

③ 协调：在项目实施过中，协调与项目合同和实施有关的各个方面的关系，包括项目内部的费用、进度、质量、设计、采购、施工、试车和开车之间的关系，项目外部的业主、承包商、分包商、供货商、监理、政府监督、税务、环保等各个方面的关系。协调能力是项目管理人员需具备的重要工作能力，是项目经理的主要工作内容。

④ 控制：采用组织和技术手段，实施进度、质量、费用、材料、安全等执行情况的监测和控制，实现项目预定目标。

EPC 项目管理的核心是科学的项目策划和多界面的协调。一个大、中型的 EPC 总承包项目建设，自合同生效至项目竣工的合同工期一般会持续 1～2 年甚至更长。对整个工期的设计、采购、施工各阶段的管理、实施、控制工作进行良好的运筹、计划和协调，对项目的顺利实施具有重要的指导和保障作用，而要实现一个 EPC 总承包项目良好的运筹、协调和计划，最重要的是做好项目初期阶段的策划工作，为此，项目策划具有重大意义。

（3）项目策划的作用　《建设项目工程总承包管理规范》中，将一个 EPC 项目管理的基本程序分为项目启动、项目策划、项目实施、项目控制和项目收尾 5 个过程。项目管理 5 个过程的关系见图 4-1。

项目前期阶段是指从企业已经明确要承接一个 EPC 总承包工程项目任务（即项目已经成立或者中标），至项目合同签订生效后的 2～3 个月的时间。这个阶段应包括图 4-1 中的项目启动和项目策划两个过程，是 EPC 总承包项目的管理策略、管理体系、计划体系、组织体系、项目实施计划、工作程序和规定等重要工作策划、形成的重要阶段，是整个 EPC 项目管理和实施工作的定义、计划及确定基准和目标值的阶段，也可以说是项目管理的管理阶段。该阶段的工作对一个项目的顺利实施、取得预期目标至关重要。

项目前期阶段的策划活动对项目顺利实施的作用、计划活动实施的机会和实施管理策划活动所需付出的成本与项目实施时间的关系可以用图 4-2 来表示。

图 4-2 中的曲线 A 表示项目管理策划活动在项目中实施的机会和作用。在项目前期，项目策划活动在项目中实施的机会大，实施后对项目的作用大，随着项目的进展，机会和作用会减小。

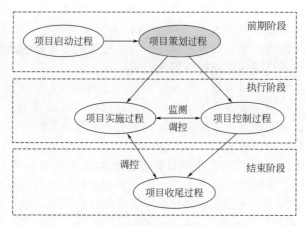

图 4-1　项目管理 5 个过程的关系
→工作关系和顺序；↔控制关系

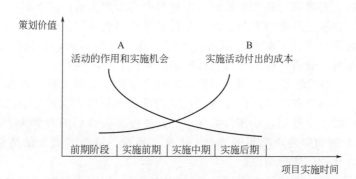

图 4-2　策划和计划活动价值与项目实施时间的关系

曲线 B 表示实施管理策划活动所需付出的成本。在项目前期，实施管理策划活动所需付出的直接或间接成本（人力、物质、费用）较低，随着项目的进展和一些事务的固化形成，实施成本会越来越高。

在项目的前期阶段，率先进入项目的应是项目管理的骨干人员。在这个阶段他们的主要工作是构建项目的管理体系、组织体系、工作程序，明确项目的工作范围、预定目标、控制基准、实施策略、顺序、技术手段、可能的风险、与业主和相关方面的关系、责任、接口等。上述这些工作对项目的实施非常重要，而且工作活动涉及的内容和介入的部门、人员也很多。因此，制订一个项目前期阶段必须完成的管理策划和工作活动的计划，对于规范完成前期阶段工作是十分必要的。一些有经验的国际型工程公司均制订有项目前期阶段的工作计划标准模板（也称项目启动 90 天工作计划），用以指导、规范和计划项目前期阶段工作。

4.1.2　策划的依据与原则

4.1.2.1　策划的依据

项目策划应由项目部实施，项目部初始阶段就要开展项目策划工作，编制项目管理计划和项目实施计划，项目策划应以书面文件加以体现。项目策划的依据是什么？我们说，项目策划应将以下因素作为依据来明确项目目标和工作范围，分析项目风险以及采取应对的措施，确定项目的各项管理原则、措施和进程。

（1）合同的约定　合同是由法律部门确定权利、义务关系，民事主体之间设立、变更、终止民事法律关系的协议。依法成立的合同受法律保护。依法成立的合同仅对当事人具有法律约束力，但是法律另有规定的除外。合同的内容由当事人约定，一般包括下列条款：标的、数量、质量、履行期限、地点和方式等。因为项目的所有管理活动都包括在合同文件约定的范围之内，所以，项目程序应根据合同约定来策划。

（2）项目的特点　有些项目策划，如旅游项目、工业项目、农业项目以及能源项目等，具有不同的特点，特点不同，管理程序就有差别，因此，项目部应通过对项目特点的分析，针对项目的自身特点，有的放矢，才能策划制定出符合项目特点的管理和实施程序方案，使其程序在项目实施中达到最佳效果。

（3）企业项目管理体系要求　企业项目管理体系是企业组织制度和企业管理制度的总称，是为实现企业目标、保证项目质量而建立的。而制定所承揽的项目管理程序就是为了更好地保证项目质量，受约于企业组织制度和企业管理制度，因此，项目策划应在企业项目管理体系框架下进行。

4.1.2.2　策划的原则

（1）客观原则　客观原则是指在策划运作过程中，策划人员经过各种努力，使创新和创意自觉，能动地符合策划对象的客观实际。坚持客观原则就要以策划目标为基准，做好市场调研工作，了解竞争对手，了解业主需求，了解企业自身的实力，在充分掌握数据的基础上，进行项目的预测、分析，提高策划目标的可达到性、可实现性。

（2）整合原则　整合原则是指明确资源性质整合资源。策划人员必须对项目所涉及的资源进行整合与分类，明确各类资源的性质以及它们对实现项目的重要程度。项目策划人员也必须懂得各类资源的组合使用，要懂得抓住重点，使资源整合后的效果大大加强，实现 $1+1>2$ 的协同效果。例如房地产项目的概念、人文、地段、景观等资源的整合策划，能够提升项目的品味、文化和实际价值。

（3）定位原则　定位原则是指对项目策划的内容必须确定明确的方向和具体的目标。项目策划的定位包括项目的战略目标、宗旨、指导思想、总体规模、功能特点、发展方向等。分层定位是指对项目的子项工作的定位，包括建筑设计定位、标准定位、质量定位、进度定位、安全定位、费用定位等。项目总体定位确定了项目的实施目标和方向，对具体定位有指导和约束作用。具体定位是在总体定位下展开的，是对项目总体目标的分解，各项具体定位要符合项目总体定位的方向和思想。

（4）信息原则　项目策划的关键流程是从信息收集、加工和整理开始的。信息是指导项目策划行为的基础性情报。信息收集要全面，项目规模越大，需要收集的信息越多，信息涉及区域内政治、经济、政府、文化、银行、竞争对手等各方面。

信息加工要准确及时，用陈旧的历史数据预测现在和将来，可能会遇到各种问题，对于策划人员来说，掌握信息的时空界限，及时地对信息进行加工分析，用最新的数据指导最近的行动，才能使策划效果更加完善。信息采集要系统连续，项目策划是针对项目发展各个阶段实施设计的前瞻性判断，在实施过程中，可能会出现一些偏差，因此，对项目实施过程中各阶段的信息进行连续的收集，才能保证项目策划更加具有弹性和动态管理能力。

（5）可行性原则　可行性原则是指项目策划能够达到并符合项目预期目标和效果。可行性原则要求项目策划人员时刻为项目的科学性、可行性着想，避免出现不必要的差错，防止失败。确定方案时策划人员要对方案的可行性做出分析，经济技术分析是项目策划的核心；经济指标是项目成功的标准，而技术策划方案的技术性分析也是一个关键环节，技术是否可行，将影响到经济指标能否实现。策划人员要对保证经济指标实现的技术方案进行分析并研究其可行性，确保能够获得关键性技术。

（6）全过程全要素原则　项目策划的范围应涵盖整个项目活动的全过程以及其所涉及的全部要素。工程总承包策划应涵盖项目的全过程，完整地体现项目整个生命周期的发展的规律。项目生命周期是指项目各个阶段的集合。EPC 工程总承包的项目管理划分为启动与策划阶段、实施与控制阶段、项目收尾阶段，项目策划的范围应囊括全部内容。项目策划应包括管理过程各个阶段的策划。

项目策划要覆盖项目的全要素，应对项目的技术、质量、安全、费用、进度、职业健康等进行全面的策划。还要将社会环境、依托条件、项目干系人的需要纳入策划范畴之中，同时，保证策划满足工程项目所在地政府对上述要素的相关政策和法律法规的要求。

4.1.3　策划的内容与程序

（1）策划的内容　项目初期策划应包括以下内容：
① 明确策划的原则；
② 在策划中应明确项目技术、质量、安全、费用、进度、职业健康和环境保护等目标；
③ 制定上述目标的相关管理、控制程序；
④ 确定项目的管理模式、组织机构和职责分工；
⑤ 制定资源配置计划；
⑥ 制定项目协调程序；
⑦ 制定风险管理计划；
⑧ 制定分包计划。

由上述项目策划内容可以看出，项目初期阶段的策划工作是一个谋划项目的全过程，规划项目管理和实施的各方面工作，全面、系统地对项目实施过程中的项目管理、项目控制、合同管理、设计、采购、施工等方面采取各项管理和实施计划活动。以 EPC 项目前期阶段工作计划（90 天工作计划）为例，通常囊括了主要策划工作的详细活动，包括以下内容：①项目管理方面的策划活动；②项目控制方面的策划活动；③采购方面的策划活动；④合同方面的策划活动；⑤工程设计方面的策划活动；⑥工程施工方面的策划活动等。

项目管理方面的策划活动分别见表 4-1～表 4-6。

表 4-1　项目管理方面的策划活动（共 27 项）

序号	策划活动	序号	策划活动	序号	策划活动
1	合同签订(公司层)	10	准备文件批准发布程序	19	准备质保、质检计划
2	内部开工会议	11	制定并首次发布项目实施计划	20	识别、确认项目计划的第三方接口
3	与业主协调会议	12	准备项目计划完善更新	21	准备接口管理计划
4	初步操作维修原则研究	13	更新并发布最后版的项目实施计划	22	编制许可计划和文件主控清单
5	风险策略	14	准备通信计划和程序	23	试车计划协调——参与、实施
6	现场资料收集计划	15	准备信息安全计划	24	发布项目规格书清单
7	最终确定交付清单	16	准备由前期向 EPC 过渡的计划	25	与专利商共同确定试车方案原则
8	准备数据管理计划	17	提交项目组织机构图供上级批准	26	编制、首次发布项目管理程序文件
9	工作完成交付格式	18	编制安全计划	27	更改、发布最后版项目管理程序文件

表 4-2　项目控制方面的策划活动（共 9 项）

序号	策划活动	序号	策划活动	序号	策划活动
1	准备进度测量计划	4	准备进度控制计划	7	编制并发布项目主进度计划
2	制定并发布 90 天工作计划	5	准备收、付款计划	8	确认并发布项目控制估算
3	制定费用控制和估算控制计划	6	准备变更管理计划以及工作程序	9	编制、发布人工时和进度计划基准曲线

表 4-3　采购方面的策划活动（共 7 项）

序号	策划活动	序号	策划活动
1	准备初步的资源厂商清单	5	编制标准设备清单
2	制定资源厂商审查批准计划	6	编制框架协议使用计划
3	确定采购策略	7	编制初级的项目采购计划
4	制定采购合同的通用技术和商务条款		

表 4-4　合同方面的策划活动（共 5 项）

序号	策划活动	序号	策划活动
1	编制项目合同特殊条款备忘录	4	准备分包方资源和劳力资源的调查
2	识别确认合同重要条款	5	制定并签订地基勘察合同，开展地勘工作
3	制定分包计划		

表 4-5　工程设计方面的策划活动（共 15 项）

序号	策划活动	序号	策划活动
1	确定通用数据表格式	9	确认长周期设备和材料
2	初始项目资料清单	10	编制初步现场平面图
3	工程标准及规定	11	初步的现场给排水研究
4	制定项目设计准则并交业主审核	12	确认管道等级规定
5	确认基础工程设计数据表	13	确认长周期管道材料
6	确认专利商交付文件	14	估算动力需求及确定动力设计原则
7	准备建（构）筑物清单/设计基础	15	编制、批准系统控制准则
8	制定地基勘察/地形测量要求		

表 4-6　工程施工方面的策划活动（共 6 项）

序号	策划活动	序号	策划活动
1	制定施工实施计划和实施策略	4	研究、审核施工总平面布置图的可施工性
2	预制和模块化施工可实施计划	5	制定施工管理程序文件
3	制定临时设施和公用工程实施计划	6	准备临时设施图纸

　　以上是在项目初期阶段策划的主要项目管理和技术活动，将这些重要的策划活动结果制定成规范的策划模板，形成策划书。在项目初期阶段，依据策划书对其进行详细安排，制定时间计划，明确实施责任，安排项目资源，就形成项目计划。项目初期的策划活动实际上就是一个项目计划形成的过程。按照项目计划实施完成项目，对整个 EPC 项目的顺利实施具有重要的指导和保证作用。

　　（2）策划的程序　项目策划工作的主要程序：进行项目策划，编制项目计划，召开开工会议；发布项目协调程序，发表设计数据；编制设计计划、采购计划、施工计划、试车计划、质量计划、财务计划和安全管理计划；确定项目控制基准等。项目策划的主要工作程序见图 4-3。

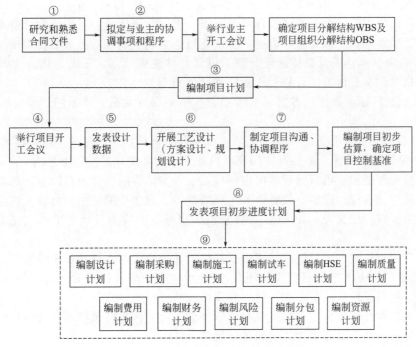

图 4-3 项目策划的主要工作程序

4.2 项目计划编制要点

依据策划的内容可以将策划活动分为两大类:一类是项目管理策划;另一类是项目实施策划。两部分策划活动形成了相应的两类计划,即项目管理计划和项目实施计划。

4.2.1 管理计划编制要点

项目管理计划(Management Plan,MP)是一个全面集成、综合协调项目各方面的影响和要求的整体计划,MP 是指导整个项目管理和实施的依据,项目管理计划是项目实施计划的纲领性文件,主要阐述项目团队将如何管理项目的范围、进度、资金、质量、采购、费用、风险等。项目 MP 文件阐述的内容主要包括项目管理目标、管理组织设置、管理人员配备和对各个阶段管理等内容。项目 MP 由项目经理组织编制,并由 EPC 工程总承包企业相关负责人审批。

4.2.1.1 管理计划编制依据

① 项目合同;②项目发包人以及干系人的要求;③项目情况和实施条件;④项目发包人提供的信息和资料;⑤相关市场信息;⑥总承包企业管理层的总体要求。

4.2.1.2 管理计划基本框架

(1)项目概况 包括项目背景(项目名称、建设地点、业主单位名称、项目的商业目的等)、项目管理规模、项目管理方式、项目建设规模、项目建设特点、项目经理、项目经理的主管领导、与业主方联系的人员、业主方的主管领导、项目领导小组(即项目管理团队)和项目实施小组人员等。

(2)项目管理目标 项目管理目标是指 EPC 项目管理的总体目标,应包括以下主要内容。

①　质量管理目标：一般可以设定为满足业主的要求，实现项目的技术标准、质量达标、性能可靠、降低成本的目标；或是设计质量标准、施工质量标准、质量验收合格率、质量事故控制目标、案卷质量规范；也可以进一步确定目标为达到地区、国家工程质量优质奖等。

②　进度管理目标：项目总体进度计划、设计总体进度计划、采购总体进度计划、施工总体进度计划、试车总体进度计划、作业层进度计划等。

③　造价控制目标：如优化方案、节省项目投资、双方共赢；或不超过预算、低于预算的 $X\%$ 等。

④　HES 管理目标：如人员零伤亡，零重大事故，保证施工人员的健康指标等。

⑤　环境保护管理目标：如控制在国家或行业关于对环境保护的标准之内。

（3）项目管理范围　项目管理范围内容包括工程实体界限，如项目四至、起点里程、道路、桥梁、轨道、房屋、通信、设备以及工程数量等。服务范围是指为完成工程实体，合同双方约定的需要履行的义务，如 EPC 工程总包的服务范围应为设计、采购、施工、试车各阶段等。

（4）项目管理模式　项目管理模式包括：管理计划应说明本项目是建设方（业主）管理（包含业主邀请监理方实施项目管理）还是 EPC 承包方管理（包括 EPC 承包模式下的施工方项目管理、勘察设计方项目管理、材料和设备方的项目管理）。

（5）组织机构和职责分工　组织机构和职责分工计划内容应包括项目管理机构配备和职责计划、管理人员和专业技术人员的配备计划等。

（6）项目实施基本原则　明确项目实施的基本原则，例如，确保项目目标实现，保证业主满意原则；项目阶段性目标和项目总体控制计划一致原则；项目经理及时决策原则；履行合同义务，监督合同执行原则；如实向上级反映情况原则等。

（7）项目协调程序　管理即协调。在项目管理计划中应明确项目协调程序，如项目部内外部的协调、实施各阶段的协调、承包人与供应商的协调、承包人与分包商的协调等协调机制、方式。

（8）项目资源配置计划　项目资源配置计划内容包括项目劳动力需求及组成计划、拟投入的主要施工设备计划、拟配备的主要试验和检验仪器设备计划、计量器具配备计划等。

（9）各阶段的管理协调　各阶段的管理协调包括设计阶段、采购阶段、施工阶段、试车阶段之间的衔接和协调管理方法、措施，如设计采购施工内部协调和外部协调等。

（10）项目风险分析与对策　在项目风险分析与对策计划中，应提出对项目主要存在的风险，如常见的承揽项目范围风险、接口风险、分包商风险、合同风险等以及应对风险的措施。

（11）项目合同管理计划　合同管理计划内容包括合同档案管理程序、合同变更管理程序、分包合同管理程序、合同收尾管理程序等。

4.2.2　实施计划编制要点

项目实施计划（Implementation Plan，IP）也称为项目技术计划。通常是一份达到项目预期目标的详细技术性文档，是为完成建设项目提供技术支撑、方法和措施的行动计划文件。实施计划详细描述项目实施团队将如何完成项目的具体实施细节以及采取的措施和技术，其核心内容包括设计方案、采购方案、施工方案、试车方案等。实施计划由项目经理签署，并由发包人认可。

（1）实施计划编制依据

①　批准后的项目管理计划书（MP）；②项目管理责任书；③项目的基础资料。

（2）实施计划基本框架

①　工程项目概况包括：项目背景（项目名称、建设地点、业主单位名称、项目的商业

目的等）、项目管理规模、项目管理方式、项目建设规模、项目建设特点、项目经理、项目经理的主管领导、与业主方联系的人员、业主方的主管领导、项目领导小组（即项目管理团队）和项目实施小组人员等。

②　总体实施方案包括：项目目标（质量工期、造价、安全等目标）及达到目标所采取的具体措施；项目实施组织形式（勘察设计实施组织形式、施工实施组织形式、采购实施组织形式等）；项目阶段的划分及主要工作任务等。

③　项目实施要点包括：设计实施计划要点、采购实施计划要点、施工实施计划要点、试运行实施计划要点。

a.设计实施计划编写：明确设计标准、规范和要求；对相关设计人员资料的提供；对设计期限做出安排。

b.采购实施计划的编写：采购计划需要说明拟用材料、设备和仪器的用途、采购途径、采购方式、进场时间和对本项目的适用程度等。

c.施工实施计划的编写：各分部分项工程的主要施工方法；工程投入的主要施工机械设备情况、主要施工机械进场计划；劳动力安排计划；确保工程质量的技术组织措施；确保安全生产的技术组织措施；确保文明施工的技术组织措施；确保工期的技术组织措施；施工总平面图；有必要说明的其他内容。

d.试车实施计划的编制：试车目的、试车必须具备的条件、试车所需的准备工作和检查内容、试车所需的外部条件和临时设施、试车工艺条件及控制指标、试车程序和进度等。

④　项目进度计划包括：项目总体进度计划、设计进度计划、采购进度计划、施工进度计划、试车进度计划等。

（3）实施计划应符合的要求

①　在发包人对实施计划审查时，发包人对项目实施计划提出异议，经协商后可由项目经理主持修改。项目部应对实施计划执行情况进行动态监控。

②　项目结束后项目部应对实施计划的编制和执行情况进行分析和评价，并把相关活动的证据整理归档。

③　根据项目规模和特点，可以将项目管理计划和执行计划合并编制为项目计划。

4.3　项目计划编制策略

4.3.1　制定项目目标体系

（1）目标的重要性　制定项目目标是编制好计划的前提条件，项目目标简单地说，就是实施的项目所要达到的期望结果。项目目标的正确理解和定义决定了项目计划编制的质量甚至整个项目等的成败，因为 EPC 项目的特点决定了清晰而具体的目标，才能确保项目的可确定性，才能制定出科学的项目计划。只有明确、清晰、具体的项目目标，才能对项目投入的资源、项目进度的安排、要达到的设计、施工质量做出科学合理的安排。

（2）确定目标的方法　工程目标的确定应按照系统的工作方法进行，通常包括对分析情况、定义问题、提出目标因素、构成目标系统各因素等工作。同时对目标的描述应力求体现项目的本质目标，应清楚准确；能定量描述的不做定性描述，或定量为主，定性为辅；目标是相互独立的，关联系数应尽可能低；目标具有一定的高度，但目标是可以实现的；在计划中确定的目标描述应简单明确，避免产生歧义。

（3）目标确定范围　项目总目标的确定通常针对：工作范围，对交付的成果和项目实施的结果产品进行描述；进度计划，说明项目实施的周期，开始和完成的时间；成本控制计划，说明完成项目的总费用支出。

（4）确定目标的途径　策划者制定项目目标体系，必须与业主充分沟通，因为大部分承包单位的优势在于技术和施工，对于项目所处的行业发展不一定精通，因此，与业主的充分沟通才能对该项目行业发展有一定的认识，制定恰当的项目目标。当然，承包商也应该通过自己的努力对项目所处的行业有更多的、全面的、深刻的研究。只有与业主的充分沟通和对项目所处行业发展有充分了解，才能制定出科学的项目目标体系。

4.3.2　实施整体资源计划

（1）资源计划的内容　项目投入的资源一般包括人力资源、材料、设备资源、机械、技术、资金等，其中既有企业内部自有资源，也有外部资源，可以通过采购或其他方式从社会或市场上获取。在项目策划时，应根据项目的目标要求，应对所需的资源类型和资源的需求量进行分析，同时，对自有资源和社会资源进行详细、全面的调查，编制项目的需求计划。

（2）资源计划与进度计划　资源需求计划应服务于进度计划，何时需要何种资源要围绕着进度计划而确定。因此，在编制资源计划之前应编制项目进度计划，而制定进度计划的依据是工作结构分解，工作分解得越细致、越具体，所需资源的种类和数量越容易估计。在进度计划后，就可以根据进度计划的要求进行资源的配置。

（3）制定资源计划的手段　对于资源策划应尽可能地采用信息化技术，使用成熟的软件系统，如 PROJECT，要按照要求完善所有需求，以免出现缺失，影响进度，增加成本。企业应建立战略性资源供应体系，可通过 ERP 系统对公司内外资源进行统筹，尤其是当公司内外资源发生冲突时，要尽可能地根据项目要求，择优使用。要和大型超市学习库存管理经验，降低资源的闲置时间，提高资源的周转率。

（4）处理好各类资源计划的关系　对于大型 EPC 项目，在人力资源计划方面，应综合考虑用人和培养人，但不应影响项目进展；在资金计划方面，要与外部资源供应商在价格和付款条件方面进行平衡，因为付款条件不同，价格就不同，既要避免资金浪费，更要避免资金不足，出现资金断供，影响施工，良好的资金保证可以大大降低项目总成本；在物料计划方面，做好时间管理，确保物料及时到位，又不做过多的库存，既要避免施工人员等待物料施工，又要避免物料到场，但施工条件不具备的现象。

4.3.3　计划应包含项目后评价

项目后评价在项目竣工后的项目运作阶段与项目结束之间进行，进行项目后评价对于后续的项目策划与计划具有非常重要的意义，但这一点在项目策划中往往被忽视。

项目后评价主要内容包括项目竣工验收、项目效益后评价和项目管理后评价。项目竣工验收和项目管理后评价主要是针对项目过程的评价，而项目效益后评价则是对应于项目策划而言的。通过对项目目的、执行过程、效益、作用和影响所进行的全面、系统的分析和研究，总结正反两方面的经验教训，使项目决策者、管理者和建设者都能够学习更加科学合理的方法和策略，提高决策、管理和建设水平，为今后更好地改进项目的管理服务。

可以看到，项目后评价是全面提高项目决策和管理水平的必要和有效手段。因此，在项目策划中应该将项目后评价的方法、标准、制度、机制作为项目策划的重要内容。所以应将项目后评价的内容纳入项目计划之中。

4.3.4　项目计划的整合

项目计划围绕着项目目的、要素都有各自的计划编制任务，形成了项目分项计划体系（图4-4）。项目计划的整合也称项目计划的集成，就是应用系统论、控制论等理念、思想和方法，将项目整体计划有序化为目标，以项目时间、成本、质量、范围、采购各个领域计划的协调与整合为主要内容而开展的一项综合性管理活动。项目计划的整合强调以项目目标为导向，对项目各类计划进行协调与平衡，从而保障项目在不断变化的环境中顺利实施，通过计划的整合优化，最终形成项目整体计划。

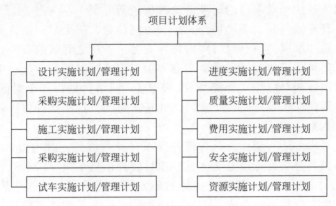

图 4-4　项目分项计划体系

项目部可以分别对实施计划和管理计划进行编制，同时，也可以根据项目规模和特点，将项目管理计划（MP）和执行计划（IP）合并编制为项目执行计划（Project Execution Plan，PEP）。

4.4　项目计划编制方法与工具

4.4.1　项目计划编制方法

（1）工作分解结构（WBS）　工作分解结构是项目管理的基本方法，也是为计划编制提供依据的基本方法。WBS 是在项目全范围内分解和定义各层次工作包的方法，它按照项目发展规律，依据一定的原则和规定进行系统化的、相互关联和协调的层次分解。结构分解越往下层，则项目的组成部分就越详细，WBS 最后构成一份层次清晰、可以作为项目实施计划的依据。

WBS 法可分为功能（系统）分解结构、成果（系统）分解结构、项目工作过程分解结构。

（2）网络计划技术　网络计划是一种以网络图为基础的计划模型，它能直接反映出项目活动之间的相互关系，使项目计划构成一个系统的整体，从而为实现计划的定量分析奠定了基础。要制定出科学的计划，网络模型是不可缺少的。网络计划的基本形式是计划评审技术（PERT）和关键线路法（CPM），两者有时统一记为 PERT/ CPM。

（3）项目活动排序法　编制项目计划，就要搞清项目活动的先后次序，为编制工作流程提供依据。项目活动排序的方法和工具是网络图，包括单代号网络图、双代号网络图、标准网络图等。

① 单代号网络图：单代号网络图是用一个圆圈代表一项活动（节点），并将活动（节点）名称（编号）写在圆圈中。箭线符号仅用来表示相关活动之间的顺序，不具有其他意义，因其活动只用一个符号就可代表，故称为单代号网络图。

② 双代号网络图：双代号网络图亦称箭线图法，是用箭线表示活动，并在节点处将活动连接起来表示依赖关系的网络图。仅用结束-开始关系及虚工作线表示活动间的逻辑关系。其中，由于箭线是用来表示活动的，有时为确定所有逻辑关系，可使用虚拟活动。

③ 标准网络图：一些标准网络图可以应用到项目网络图的准备和绘制过程中，标准网

络图可能包括整个工程的网络或工程的一部分子网络。子网络对整个项目网络的编制是十分有用的，一个项目可能会有若干个相同或相近的部分，它们就可以用类似的子网络加以描述。

（4）持续时间估计法　对项目的每项活动时间进行估计，以便于对活动做出计划安排。估计的方法和工具有专家判断、类比估计、单一时间估计、三个时间估计等方法。专家判断主要依据专家的经验和掌握的信息对时间的估计，是一种行之有效的方法；类比估计是一种以先前的类似实际项目的工作时间来推测当前各项工作实际时间的方法；单一时间估计即估计一个最可能的时间，相对应用关键路线法（CPM）网络计划；三个时间估计是估计工作执行的三个可能时间，即乐观时间、悲观时间和正常时间，这种估计方法对应于计划评审技术（PERT）网络计划。

（5）项目计划集成方法　为优化、合理安排项目计划服务，对项目计划进行优化集成。计划集成的方法和工具是项目管理方法体系、项目管理信息系统（PMIS）、专家判断等。

① 项目管理方法体系：项目管理方法体系确定了若干项目管理过程组及其有关的子过程和控制职能，是由于这些都结合成一个发挥作用的有机统一整体，项目管理方法体系可以是一个经过加工的项目管理标准，也可以是一个成熟的过程，是可以有效地帮助项目部制定项目章程、计划的非正式技术。

② 项目管理信息系统（PMIS）：PMIS是一种基于计算机技术而进行的项目管理系统，它能够帮助进行费用估算，并收集相关信息来计算挣得值并绘制S曲线，能够进行复杂的时间和资源调度，还能够帮助进行风险分析和形成适宜的不可预见费用计划等。PMIS成为组织内部使用的一套系统集成的标准自动化工具。项目部利用PMIS制定项目计划、章程等。

③ 专家判断：专家判断是用来评价项目计划、章程所需要的依据。在这一过程中，此类专家将其知识运用于任何技术和管理细节。知识来源包括组织内部的其他单位、咨询公司、项目利益干系人、专业技术协会、行业集团等。

4.4.2　项目分项计划编制方法

所谓分项计划是指质量、进度、采购等计划的编制工作。各分项计划编制的主要方法与工具汇总（不仅限于此）见表4-7。

表 4-7　分项计划编制的主要方法与工具汇总

分项计划	方法与工具	备注
设计计划	对比优选法	根据项目特点,选择适合项目特点的设计团队
	激励理论与方法	建立激励机制,提高设计质量和设计效率
采购计划	平衡点分析法	利用平衡点法对材料设备外购或自制方式进行选择,使其更经济
	总成本最低法	进行长租赁或短租赁的选择,主要取决于财务上的考虑
	采购专家判断	邀请采购专家作为采购顾问,或直接邀请他们参与采购,不仅适合计划制定,也适合采购管理工作
施工计划	网络计划技术	用网络计划对工程进度进行安排和控制,以保证实现预期目标的计划管理技术
	带有日历的项目网络图	表示项目的开始和结束时间,工作之间的逻辑关系和整个项目的关键工作
	横道图（甘特图）	表示项目原始开始时间、结束时间,不能反映工作之间的逻辑关系
	里程碑图	同条形图类似,开始和完成时间的依据是主要事件和关键点
	时间坐标网络图	将项目网络图形式和横道表达计划形式相结合,反映工作之间的逻辑关系、工作持续时间以及其他信息

续表

分项计划	方法与工具	备注
试车计划	系统方法	对试车过程进行系统分析,使计划达到优化的目的
	网络图	对试车的程序、进度计划提供依据
	类比估计	对试车成本进行估算
质量计划	利益成本分析法	质量计划必须考虑利益和成本的交换,利益与成本尽可能最大化
	基准比较法	计划实施项目与其他同类项目实施过程加以比较,为编制质量计划提供思路和标准
	流程图法	主要分析和说明各种因素和原因如何导致各种潜在问题和后果;各要素之间的相互关系
进度计划	数学分析法	在不考虑资源安排的前提下计算项目所有工作最早时间和最迟时间的方法,最广泛的应用方法是 CPM 和 PERT
	延续时间的压缩法	为了缩短工期的一种在特殊情况下采用的方法,主要技术包括费用交换、并行处理
	模拟	将研究对象用其他手段进行模仿的技术,通过建立模型来模拟间接研究对象,如蒙特卡罗方法是常用的一种模拟方法
	资源分配启发式方法	在资源有限条件下如何寻求工期最短方案;在工期限定条件下如何寻求资源均衡。对这两类问题采用启发式方法处理
	项目管理软件	利用管理软件根据项目资源和工作时间自动计算分析最佳工期和最佳实施计划
资源计划	专家判断	对资源计划的指定是最为常见的方法,专家可以是任何具有特殊知识和特殊培训的组织和个人
	选择确认	制定各种资源计划,然后由专家选择,最常用的方法是头脑风暴法
	数学模型	如网络计划中的资源分配模型和资源均衡模型等
费用计划	类比估计法	与执行类似项目费用相类比,以估计当期项目费用
	参数模型法	将项目的特征参数作为预测项目费用数学模型的参数,例如建筑费用的估计通常用建筑面积作为一个函数
	自下而上估计法	先估计各个独立工作的费用,然后从下往上汇总估计出整个项目的总费用
	自上而下估计法	同上述方法相反,是从上往下逐步估计,多在有类似项目已完成的情况下应用
	计算工具的辅助	利用项目管理软件和电子表格软件作为计算工具

4.5　项目计划编制实践案例

4.5.1　项目技术策划实践案例

【案例摘要】

以某国 EPC 高速公路项目技术策划实践为背景,对海外 EPC 项目的技术策划过程(设计技术策划、施工技术策划、现场调查策划、资源组织策划)和总体计划编制工作进行了探讨。

【案例背景】

海外某市外环 EPC 高速公路南段工程项目(以下简称 OCH)是整个公路建设项目最先建设的部分。该项目起点为 K17+500,终点为 K28+500,全长 11km,公路按双向四车道设计,路基顶面宽度为 24.5m,未来将拓宽为 6 车道。

工程全线包括 1 座互通立交、1 座 3.255km 的高架桥、1 座公路桥、10 座跨线桥、20 座箱涵、12 座管涵。其中,在承包人自行组织地形测量和地质勘察的基础上,包括高架桥在内的 6 座桥的详细设计（Detailed Design，D/D）、道路软基处理计算和所有道、桥、附属设施交通信号等的施工图设计（Working Drawing，W/D），均由总承包人完成。

该项目工程总工期为 42 个月，开工后 6 个月内分批完成施工用地移交。其中，合同要求 6 个月完成 6 座桥的 D/D，24 个月完成 A4 路互通桥的施工。

【技术策划内容】

在项目合同等有关文件的指导下，做好项目技术策划，并进行技术准备工作。进场前或进场初期主要进行的技术策划工作见图 4-5。

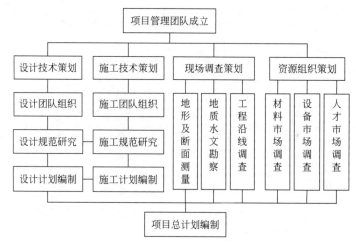

图 4-5　EPC 项目技术策划工作

【设计技术策划】

依据工程特点，进行设计策划的工作重点就是选择设计团队、制定切实的项目设计计划。

（1）影响设计策划的因素

① 项目采用的标准。目前，国际公路工程中主要有 EN（欧洲标准）、BS（英国标准）、AASHTO（美国标准）等，一些援建或与政府合作框架项目也采用中国标准。同时，根据所在国的情况或项目资金来源情况的不同，也有采用当地标准或贷款国标准作为上述系统性标准的补充。例如，OCH 项目采用的就是以 BS 标准为主，ICTAD 和日本标准为辅的标准体系。

② 项目的重点和难点。项目各异，项目的重点和难点不同，对设计团队的经验和设计水平的要求就不同。

③ 项目业主、咨询人员的情况。项目业主和工程咨询人员的构成和经验状况、设计审批流程等，对设计工作的顺利进行将产生较大影响，在对项目业主和工程咨询进行调研的基础上，才能有针对性地选择具有近似工作理念和经验的设计师，形成相应的、易于接受的设计计划和设计成果。

（2）设计总计划的编制　在组建设计团队后，在充分研究招标文件（包括招标图纸和技术规范、合同条件）的基础上，对本工程所需的设计相关规范进行收集、研读，提出相应的设计总计划，包括《设计备忘录》和《设计质量保证计划》两部分。有的还需要提供包括设计图、施工图、竣工图在内的《图纸提交计划》。

上报并经工程咨询批准的《设计备忘录》和《设计质量保证计划》即可成为设计过程中的基本准则，提高设计的规范性和目的性。可能在合同文件中没有要求需要提交上述文件，但从保证设计工作的有效性和顺利进行的角度考虑，分步骤地将设计理念和计划上报咨询工程师并获批，这样可以减少设计中不必要的反复。

①《设计备忘录》主要是针对需要进行详细设计的桥梁部分，根据承包人对合同要求、概念设计、相关规范等的理解，专业而系统地提出的设计纲领性文件。

《设计备忘录》主要内容包括：

a. 设计范围；

b. 设计规范；

c. 结构形式，包括基础、下部机构、上部机构、附属设施等；

d. 设计参数，包括钢筋、混凝土、结构钢、预应力、支座、伸缩缝等；

e. 设计荷载，包括恒载、活载、风荷载、水流、浮力、土压力、温度荷载、不均匀沉降、收缩和徐变、地震、安装应力、漂浮物冲击以及荷载组合等。

②《设计质量保证计划》是承包人根据合同要求和施工进度的需要，系统地对设计工作的组织和质量管理进行阐述的文件。《设计质量保证计划》包括：

a. 项目描述及设计范围；

b. 组织机构，包括组织框图和关键岗位职责的描述；

c. 关键设计人员简历；

d. 质量保证计划，包括设计标准、设计质量控制流程、设计计划；

e. 设计文件质量，包括设计图纸编号规则，绘图参数比例、线型、字号等；

f. 人员动员计划。

【施工技术策划】

根据工程特点，对整个工程施工技术进行策划，充分体现引领生产，并以技术策划带动工程的前期工作开展。

(1) 施工技术团队组织　立足工程技术特点，有针对性地进行专业技术人才的调配，主要需考虑以下因素：

① 工程技术重点和难点；

② 企业技术人才状况和技术优势；

③ 合同文件对技术人员的要求；

④ 工程规模和工期。

以本 OSH 项目为例，由于桥梁、路基施工等是承包商的长期主营业务，人才储备较好，此类技术人员主要从企业内部调配即可满足需要。但在海外工程的环保、地质、质量、计划、安全、材料等岗位，存在人才储备不足、规范和习惯做法不熟悉的问题，需要从当地招聘高级人才来完善技术团队。

(2) 施工规范研究　如上述设计标准规范一样，EPC 项目的施工规范也具有其自身的特点，在施工前需要对其技术规范进行仔细、系统的研究，为更好地进行施工组织打下良好的基础。

① 招标文件技术规范。招标文件技术规范作为招标文件的一部分，对项目相关的施工进行具体规定，从公用设施、驻地、安全、环保、设计、测量、勘察、试验、各分部分项具体技术要求、质量准则等进行系统的阐述。一般各章节可分为技术要求和计量规则两大部分。对技术规范部分进行深入的学习和研究，不仅可以迅速地了解工程适用的规范范围、具体要求、相关关系等，做好施工组织，还可以针对计量方式、工作内容等制定相应的商务策略。

② 标准规范。任何一个 EPC 项目的专业技术规范都是基于一套系统的技术规范（如BS、EN 等）制定的，且不可能在规范的深度和广度上面面俱到。因此对工程适用范围的学习和研究十分必要，尤其是在图纸和招标文件中提到了的需要参考的技术规范，对具体的技

术要求进行了系统的阐述，这对在施工过程中更好地与工程咨询方沟通，有效地减少分歧和争论就显得尤为重要。

③ 其他合同文件。由于境外 EPC 项目招标周期较长（有的长达几年），项目实施团队很难全部或全过程参与投标，因此，在投标团队进行交底的前提下，实施团队还必须对招标过程中的所有往来文件，包括图纸、补遗、誊清、附件、信函等，系统地进行梳理和研究。这样可以更深入了解各方的责权利，分析和发现可能存在的漏洞或机会以便制定相应的技术、商务措施。

（3）施工组织设计编制　EPC 项目施工组织设计编制的具体内容与国内工程基本一致。需要注意的是很多时候，总体施工组织和技术措施只是总体计划的组成部分，其中需要对施工资源组织、施工功效、工序衔接等做详细的策划。

【现场调查策划】

现场调查策划是基于合同文件和设计、施工的技术要求而进行的策划工作。

（1）地形及断面的测量　地形及断面的测量是基于合同文件和设计的需要而进行的。虽然招标文件中也有一部分地形资料，但一般时间较长或较为粗略，不能满足设计要求。由于测量资料是设计的前提，因此，进场后就应尽快地要求工程咨询方进行测量控制点的移交，并进行复测和加密，形成经工程咨询批准的施工控制网，在此基础上进行地形及断面测量。

海外 EPC 公路前期测量任务重、时间紧，而测量人员的组织有时会受签证等的影响不能准时到位，所以寻找一个当地的测量技术公司合作是一个不错的选择。当地测量公司具有进场动员时间短、地形状况熟悉、与工程咨询沟通能力强的优势，可以很快地提供符合设计和咨询工程师要求的测量方案和测量成果，同时也可以增加工程咨询对测量结果的信任度。但值得注意的是项目部的测量工程师也必须对全程进行指导和监控。

（2）工程地质、水文勘察　地质、水文勘察也是基于合同文件和设计的需要而进行的。同测量资料一样，对地质、水文资料也需要在进场后立即组织实施，具体的测量项目、实验频率等在招标文件和相关规范有具体的要求，一般是委托当地地质公司进行这项工作。对于直接关系到工程结构安全的地质钻探岩芯等原始资料，比如钻探照片、土（岩）样、柱状图、试验数据等，都需要经过咨询工程师批准并保存完好直至工程移交。分期、分批地实施和提交测量、地质勘察资料，应符合施工组织安排和设计进度的安排。

（3）工程沿线情况调查　工程沿线情况调查是基于施工技术策划的需要而进行的。开展对工程项目沿线的调查包括管线调查、道路调查、公共和私有财产调查、安全与环境调查等，由技术、协调、安全、环保各个专业人员参与，通过测绘、走访、拍照、摄像等手段，摸清工程沿线各种状况，做好原始记录，并及时邀请咨询工程师见证或提交审批。

通过工程沿线的调查，可以了解到许多在文件中无法掌握的信息，以便更好地做好工程策划。另外，还可能发现可能存在的问题，例如道路维护、管线拆除等，并及时与咨询工程师或当地相关机构进行沟通，扫清施工障碍。同时也可以为工程施工或完工后可能存在的纠纷提供原始证据，例如，沿途居民的房屋、农田状况等。

【资源组织策划】

项目资源是保证项目顺利实现的物质基础，是技术策划的重要部分。每一个国家或地区的资源状况都有差异，但工程施工所需要的人工、材料、机械等资源却具有一定的普遍性，因此，海外 EPC 公路工程项目受资源状况的影响尤为明显，甚至在某种程度上决定了工程质量、进度和成本。

资源组织的策划主要立足于本企业可用资源状况、当地资源状况、工程实施的实际需求，同时，还要结合当地法律、进出口政策、签证政策等进行综合权衡，选择快捷、充足、质量可靠的资源。

（1）材料市场的调查和策划　公路工程的材料费用占整个工程费用的 60％以上，尤其是砂石料、土场资源等，直接决定了工程的效益和进度，是整个项目资源组织中的重点和难点。但这些材料受当地社会、经济状况和政策的制约特别明显，具有明显的地方特征。

① 石料组织。以本 OSH 项目为例，软基换填块石、结构混凝土碎石、软基处理的垫层碎石、边坡防护和边沟石笼块石等，石料需求量大、规格多。项目所在国具有注重环保的传统，对石料控制十分严格，加之长期内战和工业不发达等原因，石料市场供应量小、随意性大，石料质量参差不齐，不能满足施工需要。为此，承包商必须以自行开山采矿和石料加工为主、市场采购为辅，进行石料资源的组织。与此策略相对应的一系列石料组织活动也应该展开：矿山选址和合同谈判；石料勘探和石料的试验；安全环境评估和周边关系协调；爆破政策和手续的办理；炸药的申请；采购和管理程序；设备选择与采购；石场、碎石站人员的派遣等。

② 土场资源。对于土方量较大的公路工程项目，土场资源的组织与工程进度息息相关。土场资源一般比较分散，可采用自行开采和市场供应相结合的方式进行组织。自行开采的质量和数量可控，但牵涉与石场类似的政策、环保、周边协调问题也比较多。市场供应虽然省略了许多管理环节，但在质量、数量、价格上控制难度较大。

③ 其他资源的组织。在进行广泛的市场调查之后，除工程用零星材料和小型机具外，工程需要的钢筋、型材、水泥、土工材料、预应力材料、支座、伸缩缝、附属设施等材料的组织，必须和技术规范要求、设备要求等紧密结合，计划超前，面向全球进行比选。

（2）设备市场的策划和管理　在施工组织设计额基础上，针对主要设备从供应市场和租赁市场两个方面进行考察，对本国与国际多方面进行比较，决定是购买还是租赁，本国采购还是进口。设备的规格和数量应与施工要求、进度相匹配。

（3）人力资源的策划和市场调查　国际工程人力资源组织要充分考虑该国劳工政策、工资水平、技能水平。有的项目还在合同文件中对作业人员的构成和比例做了具体规定。许多国家考虑到当地的就业问题，鼓励承包商在当地招聘员工，并对承包商工人的签证进行限制。因此，承包人要从国内选择骨干的施工人员和作业人员进入项目所在国，必须确保人员的技能水平和队伍的稳定性，以保证施工质量和施工进度的可持续性。同时，聘请当地法律顾问和人力资源管理人员，进行当地员工的招聘，处理用工合同以及可能出现的纠纷，并做好当地员工的教育和培训。对专业性较强或零星的分项工程（如植被防护、边沟、管线、交通工程等），也可以选择当地的专业公司分包作业。

【项目总计划的编制】

项目总技术计划一般包括项目说明、项目进度计划、施工组织设计、现金流量计划、人员和设备调遣计划等，是对整个项目技术策划的综合阐述。

项目总技术计划是承包商进场后最重要的纲领性文件。经批准的项目总技术计划对项目的相关方都具有约束力，是项目实施中的进度计划、进度检查、计量支付、变更索赔等的依据。同时，工程质量保证计划、安全保证计划、环境保证计划、交通维护计划、检查和试验计划等也在技术策划的基础之上编制的，形成的项目总技术计划应上报批准。

项目总技术计划的编制主要由专业的计划工程师进行编制，以专业软件为手段，项目管理团队、职能部门共同参与，在满足合同要求的前提下，应充分考虑设计进度、季节、气候等的影响，对关键线路的选择和识别重点关注，力求施工进度和资源组织相匹配，均衡生产。

【实践案例结语】

境外 EPC 公路工程项目技术策划和管理工作具有头绪多、工作量大、持续时间长的特点，而且各项工作之间相互协调、制约，需要以技术管理团队为主，各职能部门共同参与，并引领和带动整个工程项目的策划和运作。

4.5.2　项目管理策划书编制实践案例

【案例摘要】

以某国际能源项目初期管理策划书编制实践为背景，介绍了管理策划书编制的内容、必须注意的问题和提高策划书质量的措施方面的经验，为同行编制管理策划书提供了宝贵的经验。

【案例背景】

某项目建设规模为 6 台 600MW 的亚临界燃煤机组，是某国能源投资集团公司通过项目融资模式筹建的，该项目是中方某电力集团公司首次中标的项目，也是该公司首次编制和形成文件化的 EPC 项目管理策划书的实践项目。在此项目基础上，该公司后来又经过若干项目策划的实践，其策划书质量不断提高，对项目管理，尤其是对于理清项目管理模式、识别项目设计、采购和施工难点，制定相应措施起到了积极的作用。

【管理策划书编制概述】

（1）一般管理策划书内容框架　项目策划书是通过对某个项目实施活动进行策划后而形成的文件化文本，用以供企业领导审批、业主认同以及为项目部制定项目计划提供重要依据。一般项目管理策划书内容框架基本包括以下 18 个部分：①项目介绍与管理概述；②项目目标；③合同承包范围；④项目适用的主要标准规范；⑤组织机构、人力资源和职责；⑥项目管理体系；⑦计划管理；⑧设计管理；⑨采购管理；⑩施工管理；⑪安全职业健康环保管理；⑫施工机械管理；⑬文件和资料管理；⑭风险管理；⑮商务管理；⑯测试运行和性能试验；⑰项目收尾管理；⑱项目总结评价要求。

（2）管理策划书编制需要注意的问题　项目管理策划书的编制是否能够突出管理重点、难点，是否能制定出有针对性的措施，在其他国际项目中出现的管理问题是否在本项目管理策划中体现，从而对整个项目的全过程管理起到指导和交底作用，是 EPC 项目管理策划编制所需要追求的目标和效果。实际策划编制中，由于种种原因编制内容不能取得应有的效果。该公司通过本项目以及后来其他国际项目的实践，对于国际项目管理策划总结了以下几个注意问题。

① 编制的目的和定位是否清晰。目前，许多集团公司没有对国际 EPC 工程项目管理策划编制的相关程序规范要求，对编制的策划框架也没有统一，对策划编制的目的、深度和编制的要求不明确，使得大多数项目部因主观上的思路、认识和能力的不同而在编制内容及深度上产生很大的差异。因此，EPC 项目承包企业编制《国际 EPC 工程项目管理策划书编制管理办法》十分必要，对编制内容、要求做统一规定。

② 管理目标是否包括经营目标。当前市场竞争十分激烈，国际工程项目环节多、接口多、风险大，企业要想盈利，应坚持公司"经营指导生产，资金引导经营"的经营理念。在项目策划中制定管理目标的同时，也应该制定经营目标（包括制定经营规划），对于企业集团的经济效益将起到重要的作用。

③ 管理策划书的内容是否符合主合同要求。项目管理策划要熟悉主合同中业主提出的各项要求，按照要求，分析在设计、采购、建造、施工各个方面的管控重点、难点，同时，结合设计、采购、认证施工等方面的分包，策划管理方案。既要做好对各类分包商的管控，有效地转移分类风险，又能确保进度、质量等满足业主的要求。

④ 管理策划书是否具有针对性。策划应具有针对性才能提高其有效性，策划是否突出了项目的特点；以往国际项目中暴露出的问题，在本项目策划中是否得到体现。策划内容重点不突出、针对性不强，就不能发挥策划的指导作用。

⑤ 管理策划书编制是否言简意赅。策划书编制应该语言简练，做到言简意赅。如果策划书编制语言烦冗、长篇累牍，甚至直接把其他项目中的程序等内容照抄过来，占用了大量的篇幅，重点不突出，针对性不强，会使策划书缺乏指导意义。

⑥ 管理策划书职责分工是否明确。策划书中的职责分工应明确。一些策划书的组织管理体系部分的编制分工存在职责分工、职责部门不清晰；主管、主编、审核部门不明确，如环境管理、内部审核，相关责任部门缺失，使环境管理、内部审核工作成为一句空话。

【提高管理策划书质量的措施】

（1）规范管理策划书编制　EPC 总承包企业应结合企业实际，编制《国际 EPC 项目管理策划程序》，明确编制目的、原则和编制的内容和要求，并列出策划目录范本，国内工程项目管理策划也可参照执行。

（2）优化管理策划书框架　针对 EPC 工程项目管理的各个方面进一步优化管理策划书框架内容，形成项目管理策划书目录模板，供其他项目参考。根据企业"经营指导生产，资金指引经营"的理念，增加经营管理的策划内容，制定确实可行的经营管理目标、经营规划、保险以及合同索赔与反索赔；涉及出国签证办理困难的国际项目，同时增加签证策划的内容。

（3）突出管理策划书的重点　认真学习主合同，将业主对设计、采购、施工、质量检验、调试或试运行的要求，在策划中作为重点策划，结合业主要求和内部管理需要，综述管理某方面的总体要求，对于该方面的难点，要制定相应的解决措施，对使用者起到交底、指导下一步工作的作用。应使实践者明白，该方面的管理从开始到结束，从前到后是一个什么样的管理思路和步骤，避免对细支关节进行长篇累牍或将大幅程序内容搬到策划中。

（4）管理策划书文字应简练　精练语言，使策划编制内容成为"浓缩的精华"，描述"点到"即可，做到简单、实用。杜绝大篇幅的程序论述，用到某程序时引出该程序名称即可；同时，避免口语化用词。

（5）管理策划书应全面明确职责　承包企业应进一步明确职责，如国际工程项目的环境管理职责以及环境管理程序内容，以便更好地进行国际工程项目环境管理策划，编制出高质量的策划书，指导项目环境管理工作。

该公司改进后的国际 EPC 项目管理策划书的内容见表 4-8。

表 4-8　改进后的国际 EPC 项目管理策划书的内容

策划书项目	具体内容
1.工程概况和管理概述	名称、地点、工程简介、管理范围、总体方案等
2.项目主要目标	工期和进度目标；质量目标(含性能指标)；安全职业健康目标；环保目标；经营目标
3.合同承包范围	合同工作范围；工作接口
4.管理规范(采用的标准、规范、规程，列出分类清单,确定如何满足这些标准)	项目所在地的强制规范；我国有关进出口的规范；设计标准；主要建造标准
5.组织机构、人力资源和职责	项目组织机构和职责；项目部人力资源配置方案
6.项目管理体系	项目管理体系框架和有效文件清单；沟通管理；公司总部内部的沟通；公司总部与外部的沟通；项目部内部的沟通；项目部与外部的沟通；内部审核；顾客满意；持续改进
7.计划管理	计划管理体系和分工；计划管理总体要求；计划编制要求；计划管理的执行与反馈；项目进展报告
8.设计管理	设计管理原则；工艺设计管理；优化设计管理；设计接口管理
9.采购管理	材料和设备的采购管理；备件的采购管理；材料和设备的建造；材料和设备进货的进度管理；材料和设备的认证；物流管理；材料和设备的现场管理；材料和设备的缺损件管理；设备厂家工代管理

续表

策划书项目	具体内容
10.施工管理	项目分包招标策划;技术管理、质量管理、施工机械管理
11.安全职业健康和环境保护管理	安全健康管理;环境保护管理
12.施工机械管理	（略）
13.文件和资料管理	项目文件管理范围及相关规定;项目文件管理应注意的问题;文件管理平台的应用;FTP 文件管理平台的应用;公司综合信息网的应用;沟通渠道
14.风险管理	工期风险;成本风险;技术风险;安全风险;信用风险;政治风险;法律风险
15.商务管理	合同管理(执行建造合同准则,主合同管理);资金管理(收款管理、付款管理、筹资管理、现金流管理、税务管理、其他资金管理、经营规划)
16.调试运行及性能试验	（略）
17.项目收尾管理	项目交接方案;项目质保期管理(质保期组织机构、质保期服务管理、质保期商务管理、质保期质量与安全管理、公司总部的配合)
18.项目总结评价要求	项目总结报告需要遵守的原则;项目指标权重分配表

【实践案例结语】

EPC 项目的管理策划书所涉及的内容十分广泛,对项目计划的制定和建设实施及经营管理具有重要的指导意义。项目策划是编制项目计划的基础,策划的质量高低决定着项目是否能够顺利完成,取得成功。因此,项目策划工作应得到项目部有关人员的高度重视。

4.5.3　项目执行计划编制的实践案例

【案例摘要】

以某海外大型矿石出运码头 EPC 项目按照国际流程要求的项目执行计划（Project Execution Plan,PEP）编制实践为背景,介绍了他们 PEP 编制的过程和做法,为类似国际化码头工程的承包商对执行（实施）计划（PEP）编制提供了有益的经验。

【案例背景】

本项目为某国的大型矿石出运码头 EPC 项目,项目范围包括码头、铁路和矿山。码头和铁路部分统称为基础设施工程,由计划成立的基础设施公司（业主）负责建设和运营,矿山部分由矿石公司（业主）负责建设和运营。

基础设施工程分别由码头 EPC 承包商和铁路 EPC 承包商承建。码头的建设内容主要包括以下三部分。

① 前期基础设施（包括施工重件码头、燃料油码头、拖轮泊位等）在建设期间为建设活动服务,运营期作为永久基础设施。

② 一期矿石出运码头和陆域（包括翻车机房、矿石堆场、皮带机工艺）。

③ 二期扩建。码头 EPC 承包商负责以上三部分的 EPC（设计、采购、施工）工作。

本案例仅介绍该项目码头部分在"银行级"可行性研究阶段完成后的 PEP 编制,PEP 详细定义了从项目启动到前期工程、详细设计、采购、施工、试车和移交整个项目周期的管理技术。

本项目的交付模式见图 4-6。基础设施公司（业主）和码头 EPC 承包商之间签订总承包合同（在项目交付模式中称为大型垂直合同）;当地安保、炸药、燃油和医疗为水平合同,由业主和以上服务供应商签订合作备忘录,然后服务供应商和 EPC 承包商直接签订合同;环评和拆迁补偿顾问由业主来选定并完成所有的环境评估报告和用地拆迁补偿;项目管理顾问（Project Management Contractor,PMC）受聘于业主并负责管理和监督码头和铁路 EPC 承包商;基础设施的运营方由业主来选定并负责运营期间的运营管理,运营准备方在试车阶段就会参与到试车活动中以确保试车满足运营要求。项目业主负责范围为 EPC 承包商的选择、融资、补充 SEIA 和政府协调并负责拆迁补偿、选择 PMC，其余的项目活动或执行由 EPC 承包商负责。

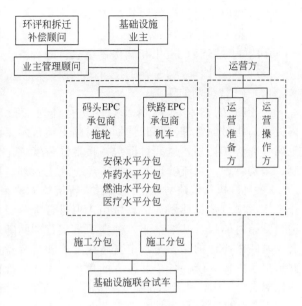

图 4-6 码头项目的交付模式

本项目执行计划（PEP）就是在已经确定的交付模型下项目执行策略和计划的总称。执行计划（PEP）是项目整体计划、协调和控制的文件，定义了承包商项目执行的目标、方法和管理内容、组织框架及其责任、进度计划、管理流程等，最终建立了项目执行原则。

本项目的执行计划（PEP）具体内容包括执行策略、组织框架、资源和培训管理、劳资关系管理和 14 个管理体系的系统、策略、计划和流程。14 个管理计划包括 HSEC 管理与控制、安保风险管理、业务恢复管理、报批许可管理、质量管理、风险管理、信息管理、接口管理、项目控制管理、采购管理、物流管理、设计管理、施工管理、试车和移交管理，各个细化的管理体系和计划共同支撑构成了整个项目执行计划，为 EPC 承包商提供了具体的管理方法，其核心就是项目的管理和协调。执行计划（PEP）设计的流程是：确定项目的目标→制定项目执行策略→构建项目组织框架→制定各管理功能模块的管理计划。

【PEP 的目标和策略】

（1）PEP 的设计目标 业主的目标是：顺利完成项目，降低工程造价和运营成本，实现项目最大利润和价值。

① 本码头 PEP 确定的项目目标如下。

a. HSEC 目标：HSEC 零事故，满足社会和环境影响评估（SEIA）的承诺。

b. 工程质量目标：在满足工程需要的前提下尽量降低造价和运营费用，施工工艺不低于国际公认标准。

c. 社会效益目标：最大化社区利益。

d. 进度和执行目标：尽早提供进度计划，设计施工协同合作来满足对业主的进度承诺。

e. 项目整合目标：本项目与铁路统一考虑，并优化项目执行。

f. 运营准备目标：根据试车和启动进度计划完善启动运营，成立完全熟练的运营团队并尽量使用当地资源。

② PEP 编制中注意的问题：根据项目实际情况的分析，在执行计划的编制过程中，需要注意以下三个方面的问题。

a. 影响融资的 SEIA 报告还需要少量完善，1 年完成基础设施（PMOF）的物流是一个很大的挑战。

b. 多考虑当地的参与度，多使用当地的材料供应商、分包商等当地资源和劳动力。

c. 注意与项目当地 HSEC 的协调工作。

③ 考虑影响项目成功的关键因素如下。

a. EPC 总承包商依据项目经验，能提供完整的 EPC 服务。

b. 高水平的项目管理能力。

c. 良好的进度计划和控制。

d. 从政府部门得到持续的政策支持。

e. 与业主保持良好的沟通。

f. 良好的 HSEC 文化和确保零事故。

g. 确保设计、采购、施工接口的可控。

（2）PEP 编制的策略

① PEP 的整体策略。本项目的执行计划（PEP）编制的整体策略是：在项目策划周期内完成高质量的管理流程和计划，勾画出项目施工的方向；在执行策略方面明确目标的执行策略、方法和计划，这些目标包括报批许可管理、风险管理、信息管理、接口管理、项目控制、采购管理、物流管理、计划管理、施工管理、质量管理、测试、试车和移交管理。

② 项目执行策略方法。本项目执行策略方法采用轴线中心法，基准包括 EPC 合同、工作范围、项目执行计划、估算费用、项目管理等级的进度计划、风险评估，这些基线形成了项目开始时的执行基准中心，并在项目实行期间随时需要改进。

基线中心法的流程是：定义基线要求和具有竞争性的计划→确保各基线规定是相互联系并形成统一体→统一各个利益方的角色和责任→确保有效沟通→按照基线执行工作→按照基线比对实际工作，并及时准确地预测下一步工作→指定变更管理计划，并按照需要升级基线→按时并严格回顾项目，并按照需要及时修正相关内容。

③ 项目执行策略。针对本项目的特点，主要的项目执行策略有以下几个方面。

a. 报批许可管理策略：由 EPC 总承包商负责、设计和施工单位支撑、政府部门协助申请资料。

b. 风险管理策略：在 BFS 阶段制定初步风险识别和减轻风险的措施，EPC 团队应继续完善识别新风险并采取减轻措施，由业主管理顾问的风险管理经理提供指导和帮助，以确保所有领域的风险被识别、分析、评估和降低。

c. 信息管理策略：信息管理可采用将设计、采购、施工的自动化整合软件，同时要实现保密性和数据的可互操作性。

d. 社区和劳资关系管理策略：由 EPC 总承包商负责，在项目实施之前和业主达成共同的协议，成立项目的社区管理委员会，最大限度地采用当地资源，并保持与非政府组织的接触。

e. 采购管理策略：随项目阶段而变化，在项目前期基础设施阶段，侧重于物流方面以确保项目前期基础设施的进度；在码头陆域施工和二期扩建中，侧重于利用充足的信息来支撑项目的完成，并兼顾施工进度要求。

f. 设计管理策略：除了重要的设备（如装船机等）和专业单体（如电场）采用 EP 或 EPC 模式分包外，其他码头范围内的设计均采用自有的设计团队设计。

g. 施工管理策略：EPC 负责施工现场管理，并对整个项目分解为各个施工包，然后对其管理。采用 EP 和 EPC 形式分包的，在设计和制作阶段的进度和质量由 EPC 承包商管理。EP 分包的现场施工由施工经理和采购部门一起负责。EPC 形式分包的，由 EPC 总承包方负责施工的启动和管理，例如电场。

h. 质量管理策略：通过监视和试验来完成对质量的管理，由业主管理顾问进行审批。施工进度达到 80% 时要对项目进行验证。

i. 试车管理策略：试车管理策略是一个阶段性策略，要贯彻到设计、采购、施工之中，在试车阶段由试车运营准备组和运营方共同协作完成。EPC 合同方负责培训设备的使用和操作，并负责试车到项目的完成，在试车期间负责全部责任。

在所有的策略中均要求进一步加强对项目的所有资料、背景和实际情况的理解和判断。同时，PEP 编制还要考虑码头预算的规模，并在次基线的限制下，开展所有的项目执行工作。

对于项目的进度计划，应找出关键路径，对关键路径进行优化。根据"银行级可研"的分析结果，本项目从设计、施工到试车完成需要 1 年时间，阶段 1 码头和陆域项目需要 5 年时间，阶段 2 扩建项目需要 4 年时间。

【PEP 组织框架】

要保证项目的执行就要建立项目组织框架以确保各个管理环节的执行。PEP 编制的组织框架包括组织框架结构、人力资源管理计划和劳资关系，反映了人力资源的分配和策略，有利于节省投资并为项目成功提供保证。本项目对于组织框架的管理部门中技术含量不高的职位应尽量从当地招聘并进行培训，尽量使用当地劳动力资源。

一般是每个管理模块对应一个管理经理及其团队，但为了精简团队规模，业务恢复管理由项目副经理兼顾并由整个项目团队支持，安保风险管理由 HSEC 管理经理及其团队兼顾。最终整个项目组织框架共设计有 13 个部门及其各自对应的团队，同时各个部门之间相互协助工作共同组建为一个完整的团队。对于第一年建设完成的前期基础设施（PMOF），在剩余的施工期间，EPC 总承包商会成立一个管理团队作为其在建设期间的运营方，并在试车前将运营权移交给业主的运营方。图 4-7 为本项目 PEP 的组织框架图。

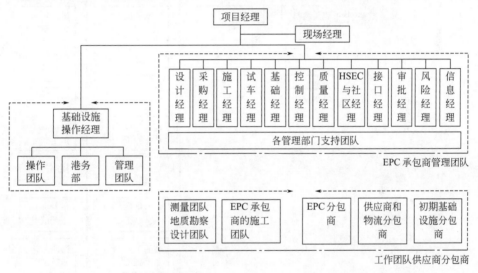

图 4-7 某国际码头 EPC 项目 PEP 的组织框架图

在本项目的组织框架图中项目经理负责项目的执行，由项目副经理协助，部门经理负责向项目经理汇报。项目开始时基于现场条件和部分部门的需要与设计部门保持密切沟通，因此，部分部门的工作地点有现场和办公室两处，会派部分人员和代表入住现场，并直接汇总给部门经理；当项目进行到一定程度后，根据部门的工作，办公室的所有人员会逐步转移到现场。

在项目执行过程中，还要对组织框架中的人员进行培训，让员工理解熟悉项目条件、环境、当地文化和生活习惯、项目标准、业主要求、当地的法律和规则。当劳动力派遣到现场后，应对全体员工进行施工前的指导和培训以熟悉现场流程、规则和实际情况。

针对组织框架实施过程中的劳资管理计划，要制定详细的动态用工计划图，以满足项目顺利实施。组织框架中的人员和部门也随着项目的进度计划而逐步变化调整，以达到人员动态管理和降低组织规模及项目成本的目的。在用工计划中要考虑当地人员的比例，最大限度地让当地人参与到培训、采购合同、招聘中，增加社区参与度，保持与当地民间组织的接触。

在组织框架确定后，再对 PEP 工作按照施工顺序和工作范围进行分解，其中不仅包括项目工作内容，而且包括项目推进工作步骤。针对本项目的特点，对本项目早期基础设施工作、阶段 1 码头和陆域工作及二期扩建工作三个阶段的执行内容进行 WBS 分解，由于篇幅所限，仅列出阶段 1 码头和陆域工作项目执行内容的 WBS 分解作为示例，见图 4-8。

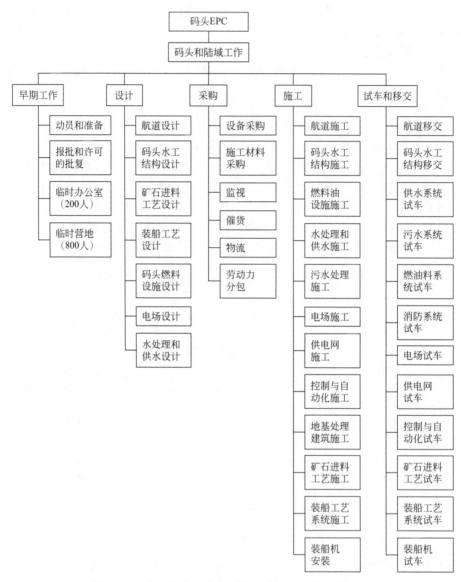

图 4-8 阶段 1 码头和陆域工程项目执行的 WBS 分解图

【PEP 各功能模块的管理计划】

本项目的执行计划管理体系共有 14 个：HSEC 管理和监控、安保风险管理、业务恢复管理、报批许可管理、质量管理、风险管理、信息管理、接口管理、项目控制管理、采购管理、物流管理、设计管理、施工管理、试车和移交管理。每个管理体系计划对项目的管理目标、策略、方法、计划、流程、组织机构、人员的责任和职权等做出详细的规定，以作为项目实施时 EPC 总承包商具体实施的依据。

【实践案例结语】

通过对海外大型矿石出运码头项目在框架下执行计划的设计实践，介绍了项目 PEP 设计目标、执行策略及其方法、组织框架和各管理功能模块的管理体系计划。本项目由 14 个详细的管理体系计划支撑，并构成整个项目的执行计划。PEP 是项目执行时的纲领及标准，其实质核心是项目的管理和协调，因此，其对项目成功至关重要。本项目是按照国际流程要求而设计的，并且得到业主和监理方的认可，总结的经验和内容具有较高的参考价值。

第5章

设计管理

设计是采购、施工的基础,具有龙头的作用,设计工作质量的高低、优劣对工程的质量、费用、进度等起着决定性的影响。因此,设计管理是项目过程管理中极其重要的一环,是总承包管理的中重要的组成部分,设计管理成为EPC项目总承包商关注的焦点。

5.1 设计管理概述

5.1.1 设计管理的定义与地位

5.1.1.1 设计管理的定义

设计管理是建设工程中使用频率很高的一个词。伦敦工商信学院珀特·戈布教授认为:"设计管理是指设计主管通过动员企业内部的设计资源进行有效的部署,从而帮助企业达到目标而采取的相关活动。"

澳大利亚新南威尔士大学罗恩·纽曼教授较为推崇的设计管理定义为:"设计项目经理为实现共同目标对现有的可利用的设计资源进行有效的利用。"上述定义强调了设计管理的目的性,指出设计管理是一种手段。

《建设项目工程总承包管理规范》对设计的定义是:"将项目发包人要求转化为项目产品描述的过程,即按合同要求编制建设项目设计文件的过程。"也就是说设计管理是对这一过程实施的计划、组织、协调和控制的全部活动。

依据上述定义,我们说所谓设计管理是对设计过程(可拓展到前期规划、咨询服务,向后延伸可指导采购、施工、试车)以及项目任务的分配、资源配置、进度推进、质量控制和技术采用所开展的一系列的系统、科学、有效的计划、组织、指挥、协调和控制活动,以便达到既定的设计目标。设计管理目标是项目总承包企业的设计部门(或设计分包商)根据业主、合同对项目的要求,组织各项设计活动预期取得的成果(包括业主对项目使用功能的要求、视觉感受的要求、质量安全工期的要求等)。

5.1.1.2 设计管理的地位

设计在项目尤其是EPC项目中具有极其重要的地位,主要表现在以下几个方面。

(1)设计贯穿项目整个过程的始终 在EPC项目中,设计工作贯穿于项目的全过程,无论是在项目启动阶段、中期项目实施阶段,还是后期项目投产试运行阶段,涵盖了项目的整个全生命周期,项目全过程设计管理成为总承包商项目管理的重要组成部分。

(2)设计是采购、施工、试车的基础 材料、设备的采购是以设计为前提的,设计向采购方提供设备、材料的采购清单以及询价技术文件,由采购方确定供应商。供货商确定后,设计负责对供货商提供的技术文件及图样进行审查和确认。设备制造过程中,设计协助采购方处理有关技术问题,必要时还应参与由采购方组织的关键设备材料的检验工作。项目的施工是以详细的施工图设计为依据的。设计向施工方提供工程项目设计图样和相关文件，及时向 EPC 施工分包商进行技术交底，并根据施工现场需要组织现场施工服务。项目机械设备能够产出合格产品是设计的最终目的，机械设备的性能、工艺是以设计图纸为依据而营造安装的，为此，设计是试车能否成功的决定条件。

（3）设计是控制费用、质量和进度的关键　在 EPC 项目中，设计管理以及设计成果的优劣，决定一个项目的成败。建设工程的规模、标准、组成、结构、构造等特征都是通过设计来体现的，设计是项目运作中材料、设备采购和施工的前提，设计所设定的材料、设备技术规格和技术要求一旦通过设计审核，材料、设备的采购费用和施工费用也基本确定。为此，设计在整个项目的建设过程中起到一个龙头的作用。虽然设计费用在 EPC 项目合同额中所占比例不大，但其设计成果对于工程技术水平、工程质量、工程造价和工期都有举足轻重的关系，设计的各个阶段，特别是初步设计阶段和工艺设计阶段尤为重要。

有关权威机构对美国 20 个 EPC 项目进行统计，设计工作平均消耗总承包商在整个项目中 28% 的劳动力和 22% 的实施时间；一个项目 80% 的造价在方案设计阶段已经确定下来了，而后续的控制只影响到其余 20% 的投资；生产率的 70%～80% 是在设计阶段决定的；40% 的质量问题起源于不良的设计。由此可见设计管理的重要性。

设计管理在 EPC 项目管理体系中与采购、施工管理的关系见图 5-1。

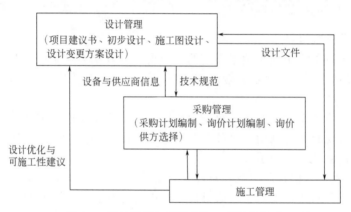

图 5-1　设计管理与采购、施工管理的关系

5.1.2　设计管理的特点与原则

5.1.2.1　设计管理的特点

我们想通过分析 EPC 模式与传统模式在设计管理上的区别，来说明 EPC 设计管理的特点。EPC 模式与传统模式在设计管理上有以下几个方面的不同。

（1）设计理念的转变　设计管理环节作为工程全生命周期管理的一个环节，在传统模式下设计与采购、施工是脱节的。设计人员仅仅关注项目的设计，交付设计图即认为设计任务已经完成，在设计阶段鲜有机会与施工方对接，对工程后续的采购、施工、投产使用阶段可能出现的问题往往欠缺统筹考虑。而在 EPC 模式下则要求设计人员必须具备站在工程总承包方立场上去处理问题的能力，将设计理念延伸到项目建设全过程，不仅需要为整个项目提供设计图和技术文件，而且还要在项目的实施过程中为采购、施工和调试等活动提供强有力的技术支持和服务。

（2）设计审查的变化　传统模式下设计图的审查工作，包括设计人员的自查、设计负责人的审查、政府部门的行政审查以及在工程开工前对设计图的施工图会审。通过多个层次全方位的审查，避免设计失误出现的"错、漏、碰、缺"影响工程施工。而 EPC 模式下的承包商需要对项目全生命周期负责，从项目设计开始，直至项目结束，一旦设计资料审查出现失误，给承包商自身带来的经济效益影响将更为直接。因此，EPC 模式下要求总承包商在设计资料审查过程中更加慎重。审查内容不仅要包括设计技术的可行性，而且还要对项目选用材料是否经济、施工手段是否合理等方面进行分析。前期充分详细的设计图审查能够大大缩减返工数量，进而减少工程延期的风险，避免出现材料过度浪费的现象，对节约工程成本有很大帮助。

　　除了对设计成果进行审查以外，EPC 项目中的设计审查还需要重点关注设计过程的质量控制，包括设计前期设计人员的资格是否符合要求，设计标准的选取是否统一以及设计开工报告是否通过；还包括设计过程的中间评审、分级评审、文件校审会签以及设计更改和输入输出的控制。通过规范的设计管理流程和制度提高设计成果的一次性出图质量，以便及早发现并解决问题，避免后期产生大量设计修改工作。由于 EPC 设计工作和设计管理的特殊性，也带来了 EPC 设计管理与传统设计管理模式其他方面的变化。

　　（3）设计管理流程的变化　EPC 模式与传统模式的设计工作流程不同，原本"先设计后施工"的工序不再采用，而是设计、采购、施工三位一体，相互交叉，因此，EPC 设计需要多专业的协同才能完成。设计工作贯穿于整个项目过程之中，而不是传统意义上的三段式，即方案设计、初步设计、施工图设计管理。EPC 项目设计管理是一个循环的过程，即设计（计划）-实施-修正-再设计（计划）的过程。

　　（4）设计管理组织不同　组织框架是为了明确各部门、各分包商的权责关系，分工明确、职责清晰的组织架构是保证项目顺利运行的前提条件。EPC 项目为了实现工程"交钥匙"的目标，设计工作更多地需要与项目其他环节的管理紧密结合，加强对项目质量、进度、成本和安全方面的管控，为此设计工作需要尽可能地精细化、定量化。此时，传统模式中相对清晰的设计与管理的界面就变得更加模糊。因此，传统模式下的各种专业组织已经不适用于 EPC 项目。对于 EPC 项目下的设计管理组织模型设计，以英国国家标准协会（BSI）为例，提出总承包模式下设计管理的层次模型，主要包括设计标准的制定、设计预算和成本控制、设计质量监督与控制、设计项目及设计管理的组织评估等内容。在深化设计管理组织过程中，也可以参照项目管理体系，保证其控制目标的实现。传统模式与 EPC 模式下设计管理的优劣势比较和风险分析见表 5-1。

表 5-1　传统模式和 EPC 模式下设计管理的优劣势比较和风险分析

模式	优势			劣势			风险分析
	理念	流程	组织	理念	流程	组织	
传统模式	先设计、后施工，设计图交付，则设计工作结束	方案设计、初步设计和施工图设计，各阶段循序渐进	分工明确，各专业独立性较大	与后续采购、施工不衔接，易发生变更	难以实现多专业协同管理	组织单一	后期采购、施工阶段与设计冲突，发生设计变更等
EPC 模式	统筹考虑项目建设的全过程	实现多专业协同管理	全面囊括，设计与项目管理相结合	设计考虑因素更多，花费时间更长	设计管理迭代往复	组织相互交叉，界面模糊	前期介入工作多，为业主提供的数据等有风险

　　为保证设计组织框架能够起到良好的协调作用，EPC 模式下的设计管理组织模型的设计一般采用矩阵型职能部门式和任务型。

　　所谓矩阵型职能部门式是指总承包企业将自己所承揽的各个项目有关的设计任务，由企业相关设计职能部门人员（分散在企业各设计专业职能部门内）来完成，设计相关职能部门同时要负责几个项目的设计任务。

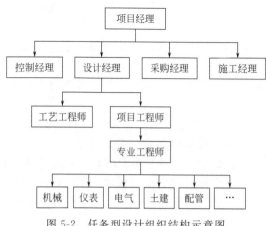

图 5-2 任务型设计组织结构示意图

任务型设计组织结构是目前国际项目中普遍接受的一种形式。这种组织形式将项目设计所涉及的全部专业人员分别集中在每个项目部的设计团队中，从项目设计直到竣工验收阶段都由这些核心人员负责项目的设计优化等工作，从而实现高效、直接的沟通协调职能。任务型组织结构示意图如图 5-2 所示。

5.1.2.2 设计管理的原则

（1）设计供图进度协同管理原则 设计文件是报批报建、采购、施工、试运营的主要依据，设计计划对 EPC 项目各个环节进度均造成非常直接的影响，所以合理的策划管理计划十分重要，应从 EPC 项目全生命周期角度出发，并与报批报建、采购、施工、试运营等相互结合、互相支撑，采用"管理计划统领、分级计划管理、渐进明晰、逐步细化、动态调整"的思想。EPC 项目现场设计管理人员应根据总包项目的总工期、（专业）分包策略和现场施工进度要求，倒排设计供图计划，重点控制关键线路上的设计进度，编制设计管理计划并及时发送给内部或外部设计单位，设计执行团队按此细化设计专项工作计划，统一出图节点计划，严格按照计划和合同进行项目履约与考核评价。

（2）建立设计沟通协调机制原则 许多设计管理问题多是由于相关方沟通不畅、信息不对称引起的。首先，要提升沟通管理意识，高效沟通也是管理的高境界，EPC 项目设计接口界面协同多，实现一体化协同至关重要。其次，是 EPC 项目牵头方应积极与设计团队、建设单位、重要分供方及政府相关部门等建立有效沟通渠道和常态化的沟通协调工作机制，明确各方责任分工、必要的制度与流程，通过设计协调专题会、指令函、工作联系函等正式渠道和微信、邮件、小型聚会等非正式渠道，促进畅通沟通。再次，是紧密围绕 EPC 项目设计方案确定主要考虑的现场环境、工期影响、成本控制和优化创效等因素，重大技术方案评审充分发挥设计、施工、造价或费用控制等联合协同优势，在 EPC 项目部组织设计中，探索"一人分饰多角""双向交叉任职"等动态岗位融合，优化设计项目的沟通流程。最后，是设计管理人员要在实践中从技术走向管理，培养尊重、合作、服务、赏识、分享的良好心态，持续提升自身沟通的软技能。

（3）设计优化控制与创效管理原则 设计优化是以总承包方主导，阶段设计成果与设备采购专业、施工技术方案深度融合，在分供方协同配合下共同完成的。设计优化贯穿 EPC 项目实施过程的始终，应越早越好。做好设计管理的控制工作：主动介入设计团队的设计工作，加强过程方案评审，优选技术先进、经济合理的设计方案；通过超前开展设计优化、工艺优化、措施优化三方面，衔接设计与采购、施工等方面的关联链，去除多余工序做减法，减少设计变更，提高一次成优率；设计管理策划时要提前规划各阶段设计优化的重点，做好设计、施工的利益分配机制，总包方应更多地采取"固定收益＋分成"的模式，以杜绝"包而不管"的现象，激发分供协同方更多地考虑项目投资控制和收益。

5.1.3 设计管理内容与流程

5.1.3.1 设计管理内容

（1）确定设计要求 依据业主在接受的投标书中的有关要求、合同中确定的工作范围、设计基础资料（包括设计图文件清单、业主与承包商的通信、会议纪要等）来确定设计手册，确定各个专业的设计参数、设计程序等要求，并经业主批准后发布实施。

（2）安排设计工作计划　设计计划（PEP）由设计经理或项目经理负责组织编制，经企业有关职能部门评审后，由项目经理批准实施。设计工作计划依据包括：合同文件、本项目的有关批准文件、项目计划、项目的具体特点、国家或行业的有关规定和要求；工程总承包企业的管理体系和要求等。

设计执行计划的内容主要包括：本项目设计依据方和范围；设计原则和要求；组织机构和职责分工；适用的设计标准和规范；质量保证程序和要求；进度计划和主要控制点，如里程碑计划、活动清单（活动逻辑关系和工期）、人工时预算（人力资源需求安排）、设计图目录清单计划等；技术经济要求（建筑密度、土地利用系数、绿化系数、……、工期、质量、投资与总造价等）；安全、职业健康和环境保护的要求；与采购、施工、试车等的接口关系以及要求等。

（3）进行设计并提交设计文件　按照业主批准的版次划分编制设计图。提交的文件包括设计图、规范、材料表、技术咨询书、报告；按照业主设计图数量、厂商设计图数量、现场设计图数量提交。

（4）检查审核设计文件的正确性　首先，承包商内部审核，主要包括专业内部三级审核和跨专业间设计审核；其次，还要由业主进行审核。对于出现的问题应进行修改、纠偏。

（5）完成最终设计提交文件　即业主批准的设计图文件，但需要注意的是业主的审核批准并不意味着承包商对设计工作的正确性和完整性不再承担责任。提交的文件包括设计图、规范、材料表、ER、报告。

（6）对已完成的工作进行评估　通过工程数据和业主的反馈，对设计成果进行评估，内容包括是否能按计划完成人工时预算，是否超支，是否符合质量要求等。

需要注意的是，当前以 BIM 为主的各类模拟仿真技术的广泛使用，使工程的设计重心逐渐前移，特别是 BIM 技术实现了多专业协同审查，取代了传统的设计、校对、审核过程。基于 BIM 技术等，设计人员可以高效地对比分析施工工序的合理性，实现施工进度的模拟和控制，检验进度计划的可操作性，还可以对施工空间规划、机械配置、材料供应等进行优化分析，有效提高 EPC 模式的设计管理水平，真正实现设计管理对整个采购、施工、试车过程的全面控制作用。

5.1.3.2　设计管理工作流程

EPC 模式下设计管理工作流程见图 5-3。

5.1.4　设计管理组织与职责

5.1.4.1　设计管理组织结构

对 EPC 模式下的设计管理组织模型的设置，现以英国国家标准协会（British Standards Institution，BSI）为例，BSI 提出总承包模式下在深化设计管理组织的过程中，可以参照项目管理体系，保障其控制目标的实现。为保证对设计管理工作的组织架构起到良好的协调作用，实现顺畅的沟通，企业常用的项目组织模式有两种：一种是矩阵职能型部门式；另一种是任务型组织。矩阵职能型部门式就是企业将各项目的设计任务都分配到企业各个设计职能部门去完成。任务型这种组织形式是将项目设计所涉及的全部专业人员集中在一个专门的设计团队中，从项目设计直到竣工验收阶段都由这些核心人员负责项目的设计优化等工作，从而实现高效、直接的沟通协调职能。目前，任务（项目）型设计组织结构是国际工程项目中普遍接受的一种形式，设计管理组织结构示意图见图 5-4。

5.1.4.2　设计管理岗位职责

依据图 5-4 的 EPC 项目设计管理组织结构示意图，有关人员设计管理岗位职责设定

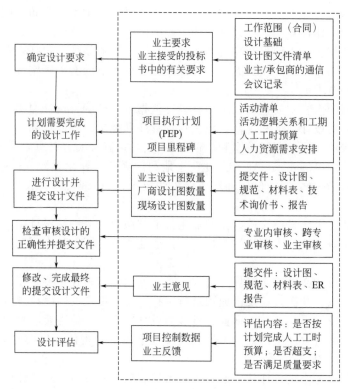

图 5-3 EPC 项目的设计管理工作流程

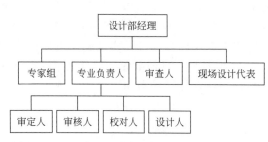

图 5-4 EPC 项目设计管理任务型组织结构示意图

如下。

(1) 设计部经理的岗位职责 在项目经理的领导下，项目设计经理负责组织协调项目的设计工作，全面负责设计的进度、费用、质量和 HSE 等的管理工作。

① 项目部设计经理应该保持与业主、监理、施工部、采购部、质量部、HSE 部等部门的沟通，保证采购活动、施工程序符合设计要求。

② 研究、熟悉合同文件确定的工作范围，明确设计分工，提出设计主项表，进行设计工作分解，提出设计分解结构清单（WBS）。

③ 组织审查工程设计所必需的条件和设计基础资料，主要包括设计依据、业主提供的设计基础资料和有关协议的文件。

④ 编制项目设计计划，会同项目控制部编制设计进度计划。

⑤ 组织各专业确定设计标准、规范、项目设计统一规定和重大设计原则，研究和确定重大技术方案，特别是综合技术方案、各专业的衔接以及节能、环保、安全卫生等。

⑥ 主持有关的设计会议，参加采购部召开的供应商协调会。按期提交采购必需的技术文件，对供应商的报价进行技术评审，审查设备先期确认图纸和最终确认图纸，组织设计文件的汇总、入库和分发；工程设计结束后，组织、整理和归档有关的工程档案；编写工程设计完成报告。

⑦ 项目实施阶段，组织设计交底，必要时派遣设计代表、审查并组织设计修改。

⑧ 组织各专业做好项目设计总结。

（2）设计专家组的岗位职责　专家组负责项目中重大技术方案的指导和咨询，参与项目重大技术方案的评审和决策。

（3）设计专业负责人的岗位职责

① 协助项目经理和项目设计经理拟定必要的合同文件，组织本专业人员开展勘察、设计工作，收集项目设计基础资料，落实设计条件，明确工作范围，编制本专业设计统一规定和相关技术文件；

② 编制和下达设计任务单，落实进度，提供本专业人力资源负荷表，代表本专业确认项目总进度计划和专业进度计划；

③ 组织本专业人员核实进度计划，落实关键技术问题，做好技术方案比较，并编制本专业的详细进度计划；

④ 代表本专业参加设计文件的会签和设计交底，注意与其他专业的衔接和协调关系，参与相关专业的技术方案讨论；

⑤ 审查本专业采购询价技术文件，参与报价技术评定；

⑥ 组织本专业人员严格执行质量手册，按质量管理程序的规定审核本专业发表的设计文件和提出的设计条件、设计成品；

⑦ 组织对本专业的成品、设计基础资料、调研报告、文件、函电、设计变更、总结等文件的整理和归档，参与编制项目设计完工报告。

（4）设计审查人员的岗位职责　当设计任务进行分包时，设计部要设置审查人，其职责是：

① 参与专业设计原则和重要技术问题的讨论，参与专业间的衔接和技术方案讨论；

② 按各专业设计统一技术规定的要求，审查设计分包商提交的设计成品；

③ 对于不符合设计统一技术规定要求的产品，审查人有权要求设计分包商更改和重新设计；

④ 在审查过程中，因审查人与设计分包商有不能达成一致意见的技术问题，应报专家组评定和决策。

（5）现场设计代表的岗位职责　现场设计代表主要负责组织、协调施工现场的设计服务工作，其具体职责是：

① 组织协调踏勘选线、图纸会审和设计交底，配合施工、试运行、投产和竣工验收工作，并组织解决出现的技术问题；

② 组织各设计分包商编制采购设备、材料的技术文件，及时组织处理采购过程中出现的设计方面的技术问题；

③ 负责协调各专业、各设计分包商之间的衔接，解决各设计专业和各设计分包商之间的技术问题，发生重大问题时需及时向项目设计经理和项目经理汇报；

④ 负责现场设计文件的整理和归档工作。

（6）设计审定人员的岗位职责　审定人负责本专业设计文件的审定和签署，其职责是：

① 负责确定本专业设计文件应遵守的标准规范；

② 参与本专业设计原则和重要技术问题的讨论，指导设计人、校对人、审核人解决疑难技术问题，确定本专业重大设计方案；

③ 认真执行质量手册，按质量管理文件的规定进行设计文件的审定和签署；

④ 监督检查本专业对质量计划的实施情况，解决实施过程中的重大质量和技术问题；

⑤ 协助和处理设计人、校对人、审核人之间的不同意见。

（7）设计审核人员的岗位职责　审核人负责本专业设计文件的审核工作，其职责是：

① 参与设计原则和重要技术问题的讨论，指导并帮助设计人、校对人解决疑难技术问题，对主要技术问题和技术方案的正确性与合理性负主要责任；

② 负责审核的主要内容包括设计原则、设计方案是否符合项目初步设计成果和上级审批意见的要求，设计内容是否完整无遗漏，设计成品是否符合有关标准、规范和工程设计规定；

③ 认真执行质量手册，按质量管理文件的规定进行审核，认真填写校审记录表，真实记录审核意见，签署后提交审定人；

④ 监督检查本专业对质量计划的实施情况，解决设计过程中质量和技术问题；

⑤ 及时处理设计人与校对人的不同意见。

（8）文件校对人员的岗位职责　校对人在项目专业负责人领导下，对设计文件进行校对工作，其职责是：

① 与设计人共同确定本专业设计原则和设计方案；

② 对所校核的设计图纸和设计文件的质量负责，并按规定签署设计图纸、设计文件和计算书；

③ 负责校对设计文件是否完整正确，内容是否符合有关标准、规范和规定，校核的范围是全套设计文件，包括设计条件、图纸、说明书、表格、计算书等；

④ 执行质量管理文件，对设计文件进行复校，应填写设计文件校对意见记录表，签署后提交审核人；

⑤ 及时填报设计进展的赢得值和时耗值；

⑥ 发现问题应及时与设计人员探讨研究，妥善处理。

（9）设计人员的岗位职责　设计人在项目专业负责人领导下，承担具体设计任务，其职责是：

① 根据设计开工报告和设计任务单的要求，按照专业负责人的安排，编制作业计划；

② 认真执行有关标准、规范和规定，收集资料，正确应用设计基础资料和设计数据，选用正确的方法、公式和程序等，同时参考国内外生产实践和科研成果，进行方案比较和技术经济分析，确定或推荐设计方案；

③ 方案确定后，按项目规定编制设计文件，做好具体的设计工作，同时根据任务要求提出采购文件并配合采购工作；

④ 认证执行质量手册，做好文件的编制、绘图及自校工作，按校对人、审核人的意见、设计评审纪要，对设计文件进行修改并签署；

⑤ 与相关专业密切配合，检查接手的设计条件，根据设计条件的要求进行设计，提供给其他专业的技术接口条件要正确、完整、清晰，经校对人、审核人员签署后按时提出；

⑥ 进行设计文件、质量记录表的整理、入库和归档工作，做好设计服务工作。

5.2　设计管理要点

5.2.1　项目初期设计管理

项目准备期的设计管理重点体现在初步设计、施工图的设计、设计资料的审批等管理方面，设计管理要点如下。

（1）设计策划要点

① 组织进行对主合同的解读，要求所有专业人员研读、消化合同文件，对有关的异议进一步进行澄清和确认，并明确项目设计范围、进度、质量、成本和其他相关要求。

② 以合同文件为依据，制定设计工作计划，明确工作内容、时间节点、责任单位和人员，并强化相关前提条件的跟踪和落实，禁止无计划开展设计工作。

③ 编制项目设计统一技术管理规定，明确设计依据、设计范围、设计原则、适用标准规范、质量保证程序、技术经济要求、HSE要求、界面接口要求等，对各专业设计标准、

深度、格式做出统一规定。

④ 召开项目设计启动会，对合同文件核心内容和关键条款进行宣贯，发布项目设计的设计工作计划和统一技术管理规定等要求，明确项目组织结构和责任分工，确定项目汇报和协调程序，并编制会议纪要。

⑤ 将设计策划纳入设计管理程序。

（2）设计质量控制要点

① 牢牢把握质量管理的两条主线：一是坚持专业部门的纵向技术管理，认真执行专业的三级审核体系；另一个是坚持以项目经理为主的横向技术管理，并认真执行设计评审、会审、会签及设计复查制度。

② 紧紧守住设计输入和输出的两道"门"："入门"是指对业主设计基础数据提交、设备信息反馈和确认、外部接口数据收集等方面加强管理，确保原始资料的及时性、准确性和有效性；严格检查"出门"是指对技术方案的专业评审、重大技术方案的公司评审等严格把关，确保方案可靠、技术先进和经济合理。

③ 重大、复杂的 EPC 总承包项目，增加施工图设计的设计阶段，尤其是土建、节能管道施工图方案，专项审查后作为施工图设计的依据。

④ 将可施工性、调试和操作需求融入设计过程，必要时邀请施工、调试和操作专业人员参与设计策划和设计评审。

⑤ 加强设计接口管理，按工程整体列出各系统、各专业的设计接口表，全面梳理项目总体与单元、单元与单元之间，工艺、设备、公用、土建、总图等相互之间的设计界面和接口，并实施接口确认。

⑥ 加强设计复查工作，制定复查计划，明确复查要点，即查合同、查标准、规范等的执行情况；复查设计条件、接口关系；查错、漏、碰、缺；查"开天窗"设计闭环等。设计复审工作力求主动、及时、细致，最大限度地减少小问题，坚决消除重大事故，并在实施前消除隐患。

（3）设计进度控制要点

① EPC 总承包项目的设计、采购、施工、试运行是相互深度交叉的。进度计划的编制、执行和控制必须充分考虑其相互间的工作衔接。

② 将采购纳入设计程序，尤其是引进采购周期长的关键设备和配套件等，需提前尽早订货，并积极催交设备返资。

③ 将施工需求包含在设计管理中，在保证质量、安全的前提下，适当采取"开天窗"设计，考虑材料清单先行、分批发图、阶段设计交底等措施，加强设计与施工的沟通协调，避免窝工。

④ 设计、采购、施工协同编制进度计划，明确设备采购方式、采购清单提交节点、设备签约节点、设备返资节点、设计出图节点、设备到货节点和施工安装节点，以保证各自在合理周期的前提下，局部服从整体，阶段服从全过程。

⑤ 设计方案发布后，应严格执行，并加强过程跟踪检查，实时进行实绩回填、偏差分析和趋势预测，必要时应提出调整意见和纠正措施，并督促实施。

⑥ 将设计进度计划纳入绩效考核评价。

（4）设计成本控制要点

① 实施"限额设计"。通过对公司工程造价信息数据库中与类似项目经济技术指标的类比分析，将投标设计工作量根据优化空间进行相关比例折算后，分解到各专业，作为施工图设计工作量的最高限额，使限额贯穿于整个设计过程中，从设计源头控制成本费用。

② 应用"价值工程"实施优化设计。在各个设计阶段、各个单位工程、各种专业设计

中进行多方案设计，细分需求（工艺、设备、公共辅助、三电的适配）；完善标准，追求安全经济，追求功能应用，放弃纯美观追求；细分等级（分类、分档、分级），深度和持续发展设计优化，技术和经济相结合，在保证质量和安全的前提下合理降低成本。

③ 严格控制设计变更。变更不仅要满足必要性、可行性等要求，由此引起的成本因素也需要考虑，如超费控制指标，应继续进行设计优化，对于业主合同外的要求以及施工原因造成的变更，还应进行索赔。

④ 实施设计优化和设计绩效挂钩。改正传统单一依据设计产值进行收入分配的弊端，对于积极进行设计优化创造设计价值的员工进行专项激励，充分调动设计人员主动控制、降低工程成本的积极性。

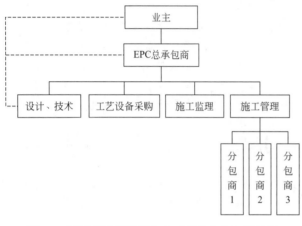

图 5-5 EPC 模式下设计与合同相关方的沟通关系
-----设计沟通关系；——合同结构关系

（5）设计接口管理要点 在工程项目建设过程中，接口是整个项目最敏感的部位，设计作为 EPC 总承包的龙头地位，其与相关方的接口管理十分重要。

在 EPC 模式下，设计管理的相关方包括业主、总承包商、材料设备采购方、施工分包商、施工监理方等。EPC 总承包商在整体协调计划中，应充分考虑技术接口，提前策划接口活动的沟通协调管理。EPC 模式下设计与合同相关方的沟通关系见图 5-5。

① 设计与业主方沟通。设计与业主的技术接口主要体现在设计输入和设计审查两个方面。设计输入是指业主对项目的功能、准则、参数、基准、技术条件等原始设计要求，这些要求是设计的前提条件。设计审查是指业主对设计成果要进行审查，通常邀请专家组成专家组或邀请咨询公司完成对设计成果的审查。

② 设计与总承包商沟通。在合同的基础上，总承包商应对设计提出更为具体的要求，明确设计范围、工作内容、工作要求，在设计成果提交前应组织内部评审，确保设计方案的施工可行性。总承包商应设置专门负责设计沟通的人员，明确总承包商与业主、总承包商内各部门以及分包单位在设计方面的关系、联络方式和报告制度，使项目各成员的沟通规范化、模式化和程序化，项目设计经理应是设计沟通的主要负责人。

③ 设计与采购供应商沟通。设计方负责提供项目设备的技术文件、设备设计制造文件和相关资料，并对设备制造的技术反馈提出具体接口要求，供货商根据设计方的接口要求提供相关的数据和资料。

④ 设计与施工承包商沟通。设计与施工方的技术接口主要包括需要反应在施工安装图纸上的施工安装条件、所需图纸和技术文件、施工安装过程中的技术誊清、现场变更等。

为及时解决施工安装过程中产生的疑问、现场变更及各种与设计相关的问题，设计方应派遣设计代表进驻现场，总承包商负责督促技术誊清按时回复，现场变更设计及时完成，并组织开展设计交底。

⑤ 设计与施工监理沟通。施工监理是受工程总承包商的委托，对施工现场实施全面的管理，现场施工的技术接口均与工程监理有关，其中现场的变更设计则是重要的管理内容之一。设计变更的提出可以来自各参建方，总监理工程师负责审查和处理工程变更。我国的设计变更权限在设计方，因此，在实际工程管理中，施工监理工程师的最后把关可能被淡化，

从而削弱了施工监理的作用。设计也能够加强与施工监理的沟通和协调，对现场变更问题达成共识，更好地促进设计技术和施工方案的协调性。

5.2.2 项目实施期设计管理

① 建立"合署办公"机制，完善设计联络体系，业主、设计、设备、施工及监理等相关单位人员均包含在内。确保信息畅通，解决问题及时快速，小事当天解决、大事三天答复。对于在施工过程中出现的不符合实际或执行困难涉及设计的问题，要及时反馈给设计部门，必要时进行设计变更。

② 根据项目需求编制设计服务计划，及时组织设计服务人员进行设备制造过程检查、出厂检验和施工现场设计服务，及时发现问题、解决问题。

③ 梳理设计资源，平衡设计负荷，尽量派遣原设计人员进行服务，以保证设计服务效率和服务质量。

④ 强化设计交底，制定设计交底计划，在工程开工前，设计方应对重要、复杂的图纸进行现场交底，解释设计要点，提出施工要求，确保施工方对设计意图充分了解。书面交底和现场答疑相结合，对设计变更和升级版内容要进行二次交底。

⑤ 设计代表的现场服务，应深入参与主体工程实施过程，进入施工作业面，提供必要的施工图誊清和技术支持。同时，通过施工现场的检查、跟踪了解设计方案的施工可行性，并结合现场边界条件的变化及时进行设计表更新调整。项目执行阶段设计管理的核心内容是通过设计策划、过程控制和管理，使设计工期、设计质量和设计成本之间达到最佳平衡，实现项目总体目标，实现项目相关方的合作共赢。

⑥ 设计服务要纳入绩效考核评价体系。

5.2.3 项目收尾期设计管理

这一阶段的设计管理工作主要是集中在准备和实施设计验收、设计材料的整理和归档、设计回访和设计总结几个方面。设计管理收尾实施要点如下。

① 准备设计验收文件和实施设计验收。协同进行单体调试、实物交接、无负荷联动试车、投产前安全检查确认和生产准备、投产后的尾项消缺、功能考核、交竣工验收、后评价等工作，进而达到最终关闭合同所需要的相关设计文件。

② 对设计竣工资料进行编制、审核和归档，尤其是项目的设计图纸、设备设计图纸、设计更改、最终布局和竣工图纸。相关信息应该完整、准确、系统、真实记录并准确反映项目建设过程和完成的实际情况，图纸一致，技术数据可靠。组织编制项目设计文件总目录并存档。

③ 组织设计回访。为了进一步把握项目实际运行中的设计缺陷和不足，借鉴用户使用过程中提出的意见和建议，便于总结经验教训，提高设计水平，为今后类似工程做好技术储备，在项目完工投产后的一定时间内开展设计回访工作。

④ 编制设计总结报告。全面审查、检查和总结项目设计全过程的实施现状和存在的问题。对设计进度、质量、成本和服务进行客观公正的综合评价，把该项目的经验和教训反馈给承包企业进行广泛的宣传和使用，以促进设计管理的持续改进。

⑤ 将设计管理收尾纳入设计管理程序内。

5.3 设计管理策略

5.3.1 限额设计

在 EPC 项目设计阶段有效地控制工程投资，有很多的措施和实践经验，而限额设计则是一项有效的管理方法。传统工程的设计人员往往对造价控制意识淡薄，与造价人员之间没有制约，设计过程中是不算账的，设计到哪就算到哪儿，只讲技术性，不讲经济性，往往设计完成后才知道项目投资造价，造成投资的失控。

通过进行限额设计工作，达到招标造价控制的目的。一般来说，限额设计是按照投资或造价的限额进行满足技术要求的设计，它包括两方面内容：一方面是项目的下一阶段按照上一阶段的投资或造价限额达到设计技术要求；另一方面是项目局部按设定投资或造价限额达到设计技术要求。

工程总承包项目的限额设计主要是指在方案设计或初步设计的基础上，确定招标工程项目的总估算、概算额度，将通过有关部门批准的估算、概算投资，作为使用额度设计控制投资的重要依据，同时，在满足工程项目各部分功能的情况下，依据项目配置情况来确定投资限额。换句话说就是，将方案设计或初步设计后形成的估算或概算投资作为使用限额设计控制投资的重要依据，按上一阶段批准的投资额度来控制下一阶段的设计工作，限额设计中以控制工程量为内容，如果抓住了控制造价的核心，就能够使工程造价得到严格的管理和控制。

5.3.2　优化设计

限额设计和优化设计是控制成本的两个方面。EPC 项目设计管理中最突出的问题是优化设计。优化设计是实现限额设计的手段。所谓优化设计是指在工程实施前的设计阶段，在对工程规范的深刻理解之上，以先进、合理的方法为手段，对设计方案进行深化、调整、改善和提高，对设计方案进行再加工的过程。

（1）优化设计流程　EPC 项目的设计工作一般是在业主提出的建设规模、建设标准、投资限额和功能需求等基础上完成的。为最大限度地满足业主要求，设计工作应在方案、材料、设备等方面尽量与实际施工相结合。现有的工程项目中各专业设计图的碰撞打架现象比较常见，比如，工程管网布置时需要综合考虑室内消防给水、雨水排水、强弱电桥架、照明及应急灯具、通风管道等一系列管网，如果各专业设计过程中没能遵循一个统一的流程，后期则容易出现交错，引起变更，直接对项目造价产生不利影响。

规范可行的设计流程是推动 EPC 设计工作顺利进行的制度保证。按照流程运行，可以保证设计过程中设计信息和后续采购、施工信息的传递顺畅，有效地避免项目机电洞口留错、管线之间的碰撞、设计装饰与采购设备的冲突等错误的发生，将可能存在的变更风险在设计阶段予以完善。因此，良好的设计管理流程可减少项目设计变更，加快设计速度，继而提高整体工期。特别是对于某些特大型的 EPC 项目，其设计种类多样、任务繁重，总承包商难以在规定时间内完成全部的工作，因此部分专业可能会交由具备采购和专业施工能力的分包商负责，此时分包商也将参与到项目设计的过程中。其中错综复杂的利益关系为 EPC 总承包商的项目设计工作的组织管理带来很多不确定性和干扰因素，因此需要根据项目的具体特点和分包商的实际情况制定设计管理流程。

当前，多数设计人员为减少工作量，习惯于选用标准图集，但图集过期导致与施工要求不符的现象却屡见不鲜。因此，建议设计时用文字及节点明确的做法，尽量少引用图集，工程做法需根据工程的实际情况充分考虑施工的便利性和经济性；确实需要引用图集时，须将图集中的工程做法直接用文字表述在设计图上，便于清单编制及现场按图施工，减少总承包企业内部引起的变更。设计企业应在综合多个项目设计成果的基础上，提炼出各专业的统一技术标准和技术措施，对于各专业的做法和节点，形成企业标准和图库，一方面，提高施工图设计的质量；另一方面，提高设计的工作效率，减少重复劳动。

（2）设计方案优化

① 设计优化的目的：设计优化的目的是为业主提供最佳的设计方案，一方面达到项目

的功能、性质、可靠性指标，降低耗能，保证连续可靠的运行时间，为业主实现最佳的经济、环保、社会效益；另一方面是为了有效地控制工程量从而达到改善施工条件、控制投资、降低造价的目的。

② 设计优化的原则：设计优化的原则是不降低设计标准，不影响使用功能，确保工程质量、工期，实现施工的便利性、后期运行的效率和经济性，达到控制造价的目的。遵循经济、合理、可行的原则。

③ 设计优化管理的实施：

a. 方案设计阶段，优选设计单位与设计方案，在设计分包合同中明确优化设计的要求；

b. 初步设计阶段，加强与设计单位的沟通，促进其深刻理解项目目标（性能指标、造价指标等），拟定设计原则，重点开展系统、设备选型、总体布置优化等工作；

c. 施工图设计阶段，根据初步设计方案及合同要求组织设计单位进行施工图优化设计和精细化设计工作，对设计范围、深度进行拓展，实行工程量控制；

d. 施工阶段，保障设计单位与施工承包单位进行充分的设计交底，加强与施工单位的现场配合、对关键施工方案的支持，参与重大施工方案的确定，根据现场情况进行优化设计、更改，控制设计变更工程量。

④ 设计优化的方法：

a. 建立优化设计专家库，抽调技术骨干对设计优化工作给予技术支持；

b. 利用科研成果、工作经验和广泛的国内外信息，以及设计单位总部的资源力量，对初步设计、施工图设计提出优化设计的思路和方案；

c. 对设计优化的内容具体化、明确化，提供充分依据，支持优化设计意见（必要时提供计算书），并负责与设计单位沟通；

d. 对优化设计内容进行项目全周期经济分析，包括项目建设、运营阶段，提供充分的依据，支持经济分析结果；

e. 广泛收集初步设计资料、设备选型资料、设计图纸，建立典型优化设计库、同类型设计资料库，培养专业设计人才。

⑤ 建立设计优化的激励机制：依据项目主合同结算原则，对设计合同采取浮动费率制计取的办法，实施阶段进行设计优化时，在投资控制的前提下，给予设计单位适当的比例分成，提高设计单位对优化设计的积极性。

设计是项目之本、造价之源。加强优化设计管理才能抓住源头，进而才能惠及下游，为此，总承包商需要建立高效务实的设计管理体系，发挥设计优化在 EPC 中的作用，提升在工程总承包市场中的地位。

5.3.3　设计整合管理

（1）全程考虑设计工作　EPC 项目通常为大型项目，具备工期长、工序复杂、施工时间短、成本控制严格等特征，设计管理在项目全生命周期内往往起到主导作用，设计管理工作与采购、施工的协同是 EPC 项目能否顺利实施的关键因素。因此，要求设计人员从项目的全生命周期出发，从设计源头控制投资费用，加强设计阶段对项目投资的控制。EPC 项目中标后，设计人员需要对招投标过程相关文件的各类澄清和承诺认真学习掌握，同时将投标报价的工作量详细分解到各专业，使限额设计贯穿于整个施工图设计中。

在项目实施过程中，承包商有权根据自身经验进行设计、采购和施工管理工作，但是无论如何工程项目本身不能脱离合同中业主所要求达到的标准。EPC 模式下的项目工期和投资要求较传统模式更为严格，这就要求设计团队不仅仅只关注项目的设计阶段，而且要引申关注项目的施工、试运营和运营阶段。例如某 EPC 项目为了保证投资控制，设计团队曾对房屋主体做了钢和钢筋混凝土两种结构设计及造价对比分析；针对现场复杂地质，共设计了四种桩基形式，对比造价和结构性能，对于屋面保温、防水、地面、门窗等建筑做法也经过多种方案比较，最终选择出能够较好保证质量且经济最优的方案落实。

实现工程项目质量与成本的最优平衡，离不开设计与施工的深度交叉。目前，工程造价主要在设计阶段即可确定，一般来看，设计工作已经确定了工程造价的90％以上，相较而言，施工对项目投资的影响最终只在5％左右。EPC模式下"边设计、边施工"要求施工单位不能再仅仅做到"按图施工"，在大量国际工程项目中，设计师仅仅提供工程的总体设计要求，需要承包商自行完成施工详图设计。因此，在设计过程中，一定要对施工分包商进行设计交底，以减少返工，缩短工期，节约成本。同时设计应对施工过程中承包商所反馈的合理问题，要求各相关专业坚决执行，及时予以调整修改，发挥设计施工总承包协调统一的优势。

相较于传统承包模式，EPC模式下的设计工作承载着更多的使命，EPC项目成功实施的关键在于其设计管理是否科学合理，这是由EPC项目中设计与项目管理一体化的特点所决定的。为此设计公司在向工程总承包公司转变的过程中，需要设计部门做好从传统设计院向工程总承包设计部门的转变，更需要设计人员从观念和能力上完成转变，真正发挥设计在EPC模式中的龙头作用。

（2）重视设计采购接口管理　采购工作是工程施工的物质基础，是项目管理的要点之一，对设备和材料的要求会因不同项目而出现较大差异，因此，采购工作存在很强的差异性。设计还将对材料和设备采购起指导作用，设备材料选型不当将直接影响项目的实施进度和效益。

① 在EPC项目执行过程中，必须对项目所采用的全部材料、设备编制详细的规范数据表，并交由业主审核，审核通过，方可进行采购。因此，承包商需面临较大的挑战和风险，设计和采购之间的衔接失误将给工程的施工进度和项目的整体质量带来不利影响。例如，某EPC项目中就出现过因设计选择的砌体材料在工程所在地无法采购且不能满足当地节能规定，而导致设计变更，最终使得项目工期延误。故在设计过程中需充分了解相关设备和材料的技术标准、市场供应、政府限制情况等信息，做好设计与采购工作的对接。

② 采购管理中容易出现的另一个问题是采购文件在设计和供货商之间的传递过程周期长，反复次数多。对于需采购大型设备的项目来说，其设计工作可能要等设备确定之后才能开展。为掌握和督促采购进度，必须推行以采购工作为中心、设计与采购有机结合的标准化管理。为保障项目按时完工应做到以下几点：

a.应在安排工程进度计划时就让两者同时开展，统一安排；

b.提前获取工程项目所需的关键材料、设备的购买信息，特别是对项目本身起到关键性作用的长周期设备应提前确定购买，在设备确定的情况下有针对性地进行项目设计工作；

c.形成内部采购管理体系，包括对供应商调研、采购计划、物资采购、运输、检验和保管等环节进行控制，实现高效的采购管理工作。

③ 在EPC项目实施过程中，通常由设计人员提交工程所需的材料、设备清单，采购人员审核后转给项目供货商，供货商据此提交投标文件，再次交给设计人员进行技术评价，即技术澄清。完成技术澄清步骤后，由负责设计的分包商向工程总承包商报告供货商投标文件是否可以接受。为有效监控所有材料的技术评价状态，加快采购进度，EPC工程总承包商应要求设计分包商定期详细汇报评价状态，做到早发现问题及时解决。如某EPC项目就曾出现过因设计人员对设备参数不了解，出现设计的电梯井道尺寸不足，以及电梯机房无上人楼梯等缺陷，而引起设计更改及返工，因此，这一问题应引起足够重视。EPC项目的特点决定了总承包商应该充分发挥其在项目整体协调方面的优势，打破常规的先设计后采购的建

设模式，将设计与采购融合，保证整体工程的建设进度。

5.3.4　设计绩效考核

在设计管理中，为充分发挥设计人员工作的主动性、积极性与创造性，建立起一套以限额为基础的设计考核与激励机制十分必要。其中包括两个层面：一是总承包项目部对设计（单位或人员）的考核与激励管理；二是设计方（院）内部对设计人员的考核与激励管理。

（1）总包方对设计人员的考核管理　即总承包商对设计（单位或人员）的考核与激励管理。总承包商在签订承包合同后，应当基于合同总价、总工期、业主要求的功能定义，在最大限额、最大工程量、最长工期条件下进行详细施工图设计。总承包项目对限额设计和优化设计的考核管理，一般在设计分包合同或设计协议中进行约定。实践证明，限额设计和优化设计的考核管理执行效果不佳，难以调动设计人员的积极性。限额设计一般是指在实施阶段按照可行性研究阶段的投资或在造价限额下达到设计要求。由于实施阶段主要是施工图设计，达到限额设计的要求较为容易，因此，对设计的激励机制应更多地关注优化设计。

除了在总承包商内部分包合同协议中约定设计优化奖励和超限额处罚原则以外，总承包项目部还应建立一套详细完整的设计考核及奖励制度，考核对象涵盖设计单位和个人，考核内容包括设计质量、进度、服务、变更和优化等。比如《设计产品质量及供应管理办法》《设计优化管理办法》《设计考核管理实施细则》等。设计考核以奖励为主，促使设计人员能主动加深对合同的理解，主动关注方案对成本的影响，主动权衡方案对施工安全质量进度的影响，主动开展精细化设计和优化设计，主动开展科技创新，从而有效控制成本，使项目利益最大化。

设计考核管理对象除了设计人员外，还应对设计部的班子组织进行考核，作为项目部评优、项目经理及设计总工晋升的依据。此外，设计考核目标还应与项目整体效益挂钩，不能仅是设计方案的技术优化和安全达标。

对于设计院牵头的总承包的项目，可以将设计奖励进行前移，即在项目实施前进行优化设计，这样做的益处体现在以下几个方面：

① 由于设计院在设计和建设方面都是受益者，有动力在实施前将施工工艺、施工方法统筹考虑后进行设计优化，使优化设计更为全面、彻底；

② 基于前置优化设计的工程量清单进行限额设计，在合同控制上更有实际意义；

③ 前置优化设计节约的工程量易于计算，考核管理容易落实，可有效地提高设计人员的积极性。

除了物质奖励外，总承包项目部也应注意精神上的鼓励。项目实施过程中，除了通过月度综合目标的考核、劳动竞赛等方式进行奖励外，总承包项目部还可以通过报喜、感谢信等形式将现场工作成绩报告给设计后方总部，作为总部考核、提拔现场设计人员的依据，从精神上激励现场设计人员。

（2）适应 EPC 项目的设计内部考核管理　为了更好地适应 EPC 总承包项目对设计的管理与考核，作为设计院牵头的项目，设计院自身也应该制定相应的配套制度，明确设计专业及设计人员的责权利，将其绩效收入分配与限额设计的结果有机结合起来。将限额设计成果分为工程部位、分设计阶段进行考核。对因设计错误、漏项或涉及范围扩大、标准提高，造成工程费用提高的，需要追究相关设计人员的责任，除责令其修改设计外，还应按约定的考核办法进行必要的经济处罚。对于设计优化，采用新工艺、新材料、新技术，节约工程成本的设计要大力褒奖，按约定的考核办法进行经济奖励。唯有奖罚分明，才可以极大地调动设计人员的主观能动性和责任心，真正实现限额设计和优化设计的控制目标，有利于项目成本

控制。

为鼓励设计人员积极参与总承包项目，除经济刺激外，设计单位应对总承包项目的设计人员在培训、职称评定、职务晋升等环节也给予一定的政策倾斜，多维激励设计人员的工作热情和积极性，充分发挥设计院在总承包项目中的设计优势。

此外，设计单位还应该根据 EPC 模式管理的需求，推进国际工程公司通行的矩阵式组织结构，涉及市场营销、工程设计、设备采购、施工管理和项目管理等机构，缩短管理链条，将决策和管理重心前移，赋予工程项目部以更多的自主权、决策权。

（3）设计激励机制应用效果实例　某水利工程采用引水式开发，工程枢纽由拦河大坝、进水口、引水隧洞、调压井、埋藏式压力管道、地面厂房等建筑物组成。

该项目采用设计院 EPC 承包方式建设，项目批准后，由于国内电力市场和中央企业对所属企业项目投资收益回报指标的控制要求发生变化，所以科研设计批复的经济指标已不具有投资价值和不具备立项要求。为充分发挥工程总承包模式中设计方的"龙头"优势，设计院制定了激励机制和考核办法，开展项目精细化、深化设计工作，最后使得该项工程的直接投资减少了 1.2 亿元，达到了立项要求。深化设计后，设计院（总承包方）对深化设计人员承诺的奖励及时兑现，共计发放 150 万元奖金，极大地提高了设计人员的积极性。

在项目实施过程中，进一步细化总承包内部设计分包协议中设计优化奖励、限额设计管理等激励及约束条款和管理办法，将设计人员的积极性、主动性、责任心全面带动起来，设计人员对现场全程参与，尤其是对影响工程投资和安全的现场地质工作开展精细化的现场服务，采用地质超前预测手段及快速反馈联动的动态设计机制，对制约工期、影响投资的引水隧洞设计按地质条件分部位精细化设计。最终，本项目的成本、质量、工期、安全等目标全部实现，充分体现了设计的"龙头"作用。工程实践表明，建立设计激励机制对于总承包项目的设计工作产生了积极效果。

5.4　设计管理方法与技术

设计管理方法与技术有很多，例如，限额设计法、价值工程法、BIM 技术的应用等。我们仅对限额设计方法和 BIM 技术做介绍。

5.4.1　限额设计方法

（1）限额设计的概念　所谓限额设计就是按照投资或造价的限额进行满足技术要求的设计。按照批准的设计任务书及投资估算控制进行初步设计，按照批准的初步设计总概算控制进行施工图设计。实质上是在确定投资目标以后，实施有投资限额的设计工作，并作为衡量设计工作质量的综合目标。

通过限额设计，施工图设计预算造价不超过原定造价指标（可行性研究、立项批准的估算指标），不超过最新经审批的造价指标（初步设计概算、施工图预算控制指标），达到设计优化、技术与经济统一的目的。为此，限额设计管理强调，设计人员可以以投资（造价）为出发点，进行多方案比较，发掘设计优化的潜力，引用经济分析、价值评估的设计优化手段，设计出性价比高的设计产品，以达到动态控制造价的目的。

（2）限额设计的操作途径　限额设计的控制对象是影响工程设计的静态投资部分，限额设计控制工程投资可以从两个角度入手。一种途径是按照限额设计过程从前往后依次进行控制，称为纵向控制；具体地讲就是将静态投资进行分解，将工程量先行分解到各个专业，然后再分解到各单位工程和分部工程，对各设计专业在保证达到使用功能的前提下，按照分配的投资限额控制设计，对设计规模、设计标准、工程数量和概预算指标等各方面进行控制，从而达到对工程投资的控制与管理。

与此同时，采取的另一个途径就是限额设计的横向控制。为了防止设计不达标、功能不到位，为了保证各设计专业达到使用功能，符合业主的意图和要求，总承包商对设计单位及其内部各专业的设计人员引进考核机制，实施有效的管理。对设计成员的设计工作进行考核，实行奖惩，进而达到保证设计质量、控制投资的目的。

实践证明，限额设计是建设项目投资控制系统中的一个重要环节，是设计管理的一项关键措施。在整个设计过程中，设计人员与经济管理人员密切配合，做到技术与经济的统一。设计人员在设计时以投资或造价为出发点，做出方案比较，有利于强化设计人员的工程造价意识，优化设计；经济管理人员及时进行造价计算，为设计人员提供有关信息和合理建议，达到动态控制投资的目的。

（3）限额设计的管理组织　限额设计需要有一套有效的管理组织。限额设计以设计单位为主，设计单位应设立以总工程设计师、造价工程师为核心的设计团队。但单靠设计单位的自觉是不够的，总承包项目部应设置专业设计管理人员和造价管理人员或者引进设计咨询、造价咨询单位，对限额设计方案进行监理。总之，要有专业的设计队伍对设计单位的工作进行监督管理，否则很难保证限额设计的成效。

（4）限额设计的保障措施　限额设计需要有一套有效的保障措施，这些保障措施包括以下几个方面。

① 要保障限额设计的进行，就要落实设计总负责人、造价工程师和各专业负责人的人选。

② 限额设计比常规设计需要的工作时间长，应给予设计人员充足的设计工期。

③ 严格执行基本建设程序，及时报建、报批，严格按照三个阶段进行设计，不偷步、不过界，没有批复不开展设计工作，设计依据不足不开展设计工作。

④ 为了相对准确地编制方案、初步设计和施工图设计的造价，各级的设计深度应必须得到保证，甚至比常规设计更为详细些，以减少造价的偏差，如果在施工阶段发现漏项、缺大样，导致后期补图、变更过多，将影响到后期造价的控制。

⑤ 要奖惩分明，充分调动设计人员的积极性、能动性。实行限额设计与设计费挂钩的办法，采取奖惩措施，奖罚有关设计人员，与设计单位高层建立良好的互动关系，在设计单位领导的关注下，发挥其设计团队的专长。

⑥ 要建立组织统筹体系，给予限额设计的保障。总承包商承担组织统筹的责任，既要指导、统筹设计单位开展限额设计，又要监督设计单位的工作，通过组织评审会和专题会，及时解决设计过程中存在的问题，以保证限额设计工作的顺利进行。

5.4.2　设计管理创新——BIM 技术

在 EPC 项目中，设计阶段起到龙头、主导作用。对设计管理运用 BIM 技术有利于提高设计方案的优化，提高设计的准确性，减少设计变更和设计纠纷，提升设计管理水平。

（1）设计管理 BIM 技术的作用

① 提供精准设计数据。如果设计人员在设计阶段采用传统的设计方式，则需要不断地对图纸进行修改，寻找可能存在的问题并将其解决。传统的设计方法不仅浪费时间，并且很难发现问题，导致施工阶段才发现问题。采用 BIM 技术，转变传统的设计方法，设计人员就可以结合虚拟建筑环境，研制出精细的图纸；建筑人员也可以根据 3D 图来分析平面图、立体图，有效地进行材料分析和面积统计，这对于工程造价人员来说，带来了便利。BIM 技术能使建筑造价更加精准。这种先进的信息技术大大提升了建设效率，也提高了工程质量。

② 创建协同设计平台。在设计阶段，以 BIM 软件为基础，建立建筑、结构、机电三维模型，进行辅助设计与各专业分析计算，具有可视性。BIM 技术可以实现可视化交流，能够让工程的参与者实时更新模型信息，更加直观有效地进行数据传递和交流，有利于业主与承包方的相互沟通和协调。

与传统简单的 2D 图纸不同，BIM 能够用更直观的 3D 图像和图形，对建筑物进行更为形象的模拟，通过这些直观的模拟，设计者的设计意图能够更好地被业主所理解，让项目的各个参与者对项目的设计意图进行更为有效的沟通，避免不必要的纠纷和变更。同时，EPC 总承包项目的各个相关单位利用集成化的 BIM 同一平台进行相互沟通，可以避免信息传递中造成的失真现象，能够更好地进行协同设计。而传统的二维图纸则无法进行空间表达，设计存在专业间的碰撞，比如机电设备与管线的软硬碰撞问题等。

③ 实现可视化设计审查。EPC 项目可视化设计审查的核心是运用 BIM 三维模型来呈现设计者的设计意图，业主、政府审批部门作为审查方对建筑三维模型进行多专业集成后的碰撞检查，对设计方案的功能结构、环保能力、美观程度等进行审查，并按照国家及行业标准规范进行一系列审查，以确保建筑工程从设计端到施工端的良好过渡。

EPC 项目一般多为大型复杂性工程，工期紧、施工难度大，为了保证后期施工的顺利进行，前期的审查显得十分重要，通过引入 BIM 技术实现可视化审查，提前预判建筑构件之间的相互冲突，可以有效地提高审查效率。

④ 设计阶段的造价控制。设计阶段是控制造价的关键阶段，EPC 项目更是如此。在传统的项目中，工程造价的重点大都放在施工阶段，如今普遍的工作习惯是强调技术有专攻，将设计业务与施工业务分割开来，因而错失了在设计阶段就控制造价的大好机会。而 BIM 技术在 EPC 项目设计阶段的应用，则使得对工程造价的控制成为可能且有效，因为除建筑的空间和几何结构会呈现在 BIM 模型中外，还包括构件材料的有关信息，把这些构件材料信息输入到专业化的工程量计算软件中，相应规格的构件的工程量就会被计算出来。充分利用 BIM 这一功能就可以实现 EPC 项目设计阶段的造价控制优化。

（2）设计管理 BIM 技术的核心功能　在 EPC 项目设计阶段，承包商以及项目利益相关方需要掌握 BIM 技术核心功能。EPC 总承包项目设计阶段 BIM 技术核心功能见表 5-2。BIM 技术专业团队还需要针对具体项目将这些功能进一步细化，帮助项目参与者实现设计的可视化、集成化管理，提高设计管理效率。

表 5-2　EPC 总承包项目设计阶段 BIM 技术核心功能

EPC 项目		按项目目标划分				核心功能
		成本	质量	进度	安全	
设计阶段	设计功能	模型检测				BIM 方案设计 规划和环境可视化 深度设计
	专业设计					结构设计 机电设计 管线综合

（3）设计管理 BIM 技术的应用建议　设计人员对 BIM 技术不熟悉，运用 BIM 的不适应；业主对于 BIM 的了解尚欠缺，无法提出合理的设计要求；行业对应用 BIM 的激励机制不到位。对于这些问题，设计管理应采取以下对策。

首先，要提高设计人员的素质，适应 BIM 应用的需要，目前可以邀请 BIM 技术咨询单位参与指导；同时企业可配备专职的 BIM 设计人员。其次，企业应建立 BIM 专业团队，以协助业主实现可视化、集成化管理。最后，要建立配套的行业、企业在设计管理中应用 BIM 技术的激励机制。

目前，BIM 技术在我国正处于初级阶段，积极探讨 BIM 技术在 EPC 项目各阶段包括设计阶段的应用是顺应建设行业发展的大事，是 EPC 项目设计管理方法的重大创新。

5.5　设计管理实践案例

5.5.1　设计管理组织构建实践案例

【案例摘要】

以某市铁路西站 EPC 项目设计管理组织构建的实践为背景，介绍了设计管理组织构建的实践过程，包括设计管理的组织构架、工作流程和实施重点，以提升设计院开展 EPC 总承包项目的设计管理能力和控制水平，充分发挥设计的龙头作用。

【案例背景】

该市铁路西站项目为国内最大的下进下出式的铁路站房，该 EPC 项目总规模为 10 个站台、23 条线，站房建筑面积为 6.8 万平方米。目前，主要有 GG、NG 铁路客运专线和 GFZ 城际铁路引入，后期还有 GF 环线铁路和西部沿海铁路引入。

该市西站枢纽地下空间开发项目位于西站主体站房下方，位于国铁站房、桥梁正下方，总用地面积达 9.32 万平方米，与国铁部分普遍存在共柱共网和交叉预埋、预留问题。而且，由于投资主体、代建单位和施工单位均不同，工程界面和投资界面复杂，工期紧张。国家铁路部分采用常规 DBB 模式（设计、招标、建造），设计和施工分开招标，A 设计院承担设计，中铁 B 局承担施工任务；地下空间开发项目采用 EPC 模式，A 设计院作为 EPC 工程总承包单位，主要承担勘察设计，施工分包单位为中铁 C 局和中铁 D 城建集团。

【整合组织机构】

总承包单位 A 设计院设置工程管理部作为行政职能部门归口管理工程总承包板块业务。为承担地下空间开发项目 EPC 工程任务，A 设计院成立了该项目的 EPC 总承包项目部，受企业工程管理部的直接领导。同时，设计院行政职能部门——安全质量部对总承包项目的安全、质量进行监督管控；设计院财务部、审计部对项目的财务状况、工程款结算进行监管；人力资源部对该项目提供人力资源和培训支持。

为承担设计任务，设计院成立了 GG 铁路、NG 铁路、FS 西站、GFZ 城际铁路和该市西站枢纽地下空间开发项目一共 5 个设计总体组，总体组作为总承包项目部，下设的设计部部长、副部长受 EPC 总承包项目部的垂直领导。通过整合机构，统一流程，分工协作，提升了工作效率和工作质量。本项目 A 设计院设计管理组织结构关系图见图 5-6。

【设计的融合管理】

EPC 工程总承包推行按综合单价招标、实物工作量结算的办法。EPC 总承包商在分包招标时，由设计团队编制工程量清单和投标限价，由 EPC 项目部进行审核，最后再由设计团队进行评标。EPC 工程总承包项目对业主的计量工作由项目部计财部配合设计部完成。对分包单位的计量由设计人员配合项目部计财部完成。这样使设计人员与总承包管理人员在工作过程和内容上深度融合，优势互补，降低了项目风险，提高了项目效益。

【对设计的管理】

EPC 工程总承包项目部由副经理兼总工程师负责设计协调与管理工作，项目部下设有设计部，设计部部长由地下空间开发项目总体设计人员担任，其他总体设计人员担任副部长，配合 EPC 项目需要统筹推进设计工作。EPC 工程总承包项目部对设计人员拥有绝对的

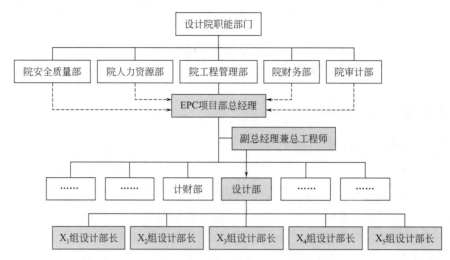

图 5-6　A 设计院设计管理组织结构关系图
-----监管关系；——隶属关系

话语权和领导指示权，保证了对设计管理的直接、及时、有效管控。

设计前期，主要设计人员集中到现场办公，其他人员根据现场工作需要报院调度优先派遣到本项目。设计后期，一部分设计人员派驻到工程总承包现场，岗位由原来的设计部变为工程部，负责现场的实施管理，对项目进度、质量、安全负责，同时参与本项目施工组织设计方案和施工方案的审查工作，保证方案的可施工性、可操作性和可维修性。同时与计财部一起对验工计价负责，参与工程成本管理。

【设计管理实施效果】

通过 FS 西站枢纽地下空间开发项目 EPC 工程有效的设计管理，完善了项目部设计管理体制和工作流程，提高了设计人员的全过程管理能力，使设计同采购及施工现场深度融合，强化了设计人员的责任意识和大局观，真正做到了设计与采购、施工的深度融合，有效地对项目进行了投资、进度、质量三控制，增进了项目建设功效，为业主和总承包商带来良好的经济效益和社会声誉。

【实践案例结语】

大型设计院作为最早介入我国工程总承包模式实施的单位，在开展 EPC 模式中具有明显的优势，"转企改制"积极向国际型工程公司转换，开展 EPC 总承包项目已成为今后国内及国际项目建设模式的必然趋势。而随之相适应的设计管理组织构建就成为 EPC 业务的关键一环。

设计院承揽 EPC 项目设计管理组织构建，应充分发挥设计院的优势，以有利于突出设计龙头的作用作为组织机构建立的原则，克服自身的不足，做到与采购、施工的深度融合才能发挥工程总承包的最大优势。加强设计管理，强化设计的主导意识，建立完善的 EPC 设计管理体系框架，提升项目建设投资效益，对促进我国 EPC 事业的发展具有现实意义。

本项目对设计院职能部门与项目部的组织整合、对项目部的设计管理做法为同行提供了可借鉴的经验。

5.5.2　设计前期管理实践案例

【案例摘要】

以某污水处理厂提标升级改造 EPC 项目设计前期管理实践为背景，阐述了承包商在设计前期过程中对设计单位的管理，介绍了设计前期管理的内容和实施阶段设计管理的关键环节。

【案例背景】

该污水处理厂改造项目新建的建（构）筑物占地面积为 4.1ha，建（构）筑物总面积为 $28775m^2$，新建的建（构）筑物占地面积为 $4041m^2$，设计日处理污水为 40 万吨，变化系数为 1.3。建设工期为 8 个月，合同造价为 3.26 亿元，建成后成为东北地区提标升级改造项目工程日处理污水 40 万吨的标杆。

本项目承包模式采用 EPC 交钥匙模式，负责规划红线范围内的建（构）筑物及附属设施（含临时设施）的设计（方案设计、初步设计、施工图设计），拆除还建工程，设备监造、购置、安装、调试、土建和安装工程施工，单体及整体功能调试，项目试运行、验收、保修，以及配合业主办理项目涉及的各项审批手续等，直至通过验收并取得正式投产运行资格、移交业主的全部过程承包。同时保证停产、减产期间，对未经过二级处理的污水在经过一级强化处理后方可排放。

【设计前期管理】

（1）项目设计任务状况　本项目工期为 8 个月，工期紧张，按照正常施工方法无法完成，需要在项目实施前，根据初步设计等资料对布局不合理、严重影响工期的建（构）筑物重新布局，采用避让原有建（构）筑物、合并新建（构）筑物等方法处理，将意见反馈给设计单位重新校核后，再进行最终设计。

（2）设计前期管理重点　在签订 EPC 合同时，明确联合体内设计单位的连带责任，明确联合体内设计单位的框架体系人员资质和能力，共担责任和风险，通过与建设方的沟通，体现设计单位在 EPC 中的专业性，让设计单位更多地参与进来，尽早明确业主单位的项目功能、标准等要求和项目工期等重要节点，通过设计单位自身参与 EPC 前期的工作，提高设计单位的主动性。同时，总承包商对设计单位提出要求，明确对设计人员的资质要求以满足项目的设计需要；另外告知设计单位所有设计文件必须经过总承包单位审阅认可后，由总承包单位统一收发。不允许设计单位直接与业主单位沟通，转变为设计以建设单位为业主的观念。

（3）对设计合同的管理　根据 EPC 总承包合同的内容和要求，在与设计单位签订合同时，要求其内容细化，明确设计责任和设计任务，明确设计任务的完成时间（完成设计任务的时间必须符合项目总体进度计划的需要）、完成质量，明确设计文件必须经过总承包单位的审核，并按照总承包单位的意见修改和完成（在不违反设计原则和设计规范的前提下）。

由于工期紧张，需要对设计单位设置限时机制，一般问题需在 4h 内给予答复和解决，重要问题需要在 24h 内给予明确答复，并在 3 天内给予解决。避免因为设计问题导致时间过长而影响项目总体进度。

【设计管理的关键】

（1）基本思路　在项目实施前期，由总承包单位牵头，设计单位全程参与，依据可研报告、业主要求（施工要求、设备要求等）以及相关规范，邀请相关专家进行专业论证，进行资源整合。通过资源整合从而进行优化选择，达到合理利用资源、降低施工难度、加快工程进度的目的。资源整合后设计单位通过不断对设计方案的优化、改进，吸收新的元素才能使设计方案更加符合实际，更加节约投资，更好地为业主提供服务。

（2）具体做法

① 设计单位全程参与。总承包商在施工前与设计单位共同完成资源收集和整合工作，要求设计单位全程参与。通过对可行性研究报告、业主要求（施工要求、设备要求等）以及相关规范的资源整合，对不经济、不合理、不利于施工、不适用的内容进行优化，在优化的

过程中体现出设计的专业性，保证使用功能、资源、空间合理利用的原则，选择适当的方法和设计。

以本案污水处理厂为例，该项目最终以达标排放为标准，设计单位应在确保这一标准的前提下，联合各专业共同协作，深化设计。以达标排放为目标分清设计的主要任务和设计的次要任务，将一些附属内容设计、不涉及排放内容的建筑设计作为次要任务，与此同时由总承包单位提出加快施工进度，提高质量控制的各种意见反馈给设计单位，让设计文件更具有可实施性和指导性，为顺利开展工程提供良好的支持。通过总承包单位与设计单位的紧密协作，在正式施工图下发前，做好深化设计工作，避免施工图文件下发后变更难、流程长等问题。

② 设计单位严格按要求设计。设计单位应在总承包单位管理下，按照总承包单位的要求进行设计，保证在不违反设计规范的前提下，为总承包单位创造更高的利润。同时，总承包单位可以通过对设计人员设置优化奖励制度，实现双方共赢，设计人员才能更好地为项目提供更加专业的服务。例如可以按照设计优化的总价百分比进行奖励，设计通过总承包的资源整合，减少设计过程的时间，既能提高出图纸质量，又能减少出图时间，进而使总承包单位在竞争中具有更多的优势。同时，设计单位在此过程中也能够培养、积累一部分人才。

组织设计单位和各专业联合审图，减少实施阶段出现的纰漏，降低损耗，体现设计的专业性。同时，总承包单位需要通过合同对设计单位进行约束，达到设计与施工过程的紧密结合，及时提供专业的服务，在此过程中共同降本增效，加快项目建设，达到双方的共赢。

③ 建立良好的沟通和信息反馈机制。通过现代化的通信手段，将项目参与人员集中统一、信息传达集中统一，共同参与项目，积极推进工作。在一个良好的信息交流平台下，通过群策群力，相互沟通，包括专业与专业之间的沟通、上下级之间的沟通、专业对接、各级对接，保证项目信息资源的共享，减少信息传达时间，避免因一个人或一个信息的失真、缺位，而造成总承包单位下达的信息失灵，给项目建设造成这样或那样的障碍。

（3）设计概算

① 施工图是施工、施工计量、最终结算的重要依据。由于本项目涉及范围广，所以部分设计内容需要在施工过程中进行二次深化设计和专业设计，但这在施工图预算时无法体现出来。由于没有此部分内容，且设计单位缺乏实际操作工程的经验，就需要总承包单位与设计单位共同完成，或是补充概算内容，将设计所考虑的重要深化措施以图纸的形式表现出来，如将支护、降水等专项设计囊括在设计范围内，这样减少了总承包单位过程计量、结算的麻烦，增加了设计概算。对于以图纸为重要依据的审计，可以使办理结算人员以图纸为依据进行结算，减少签认的过程和量差造成的损失。

② 总承包单位还可以设定概算限额。限额设计是建设项目投资控制系统中的一个重要环节，一项关键措施。在整个设计过程中，设计人员与经济管理人员密切配合，做到技术与经济的统一。设计人员在设计时以投资或造价为出发点，做出方案比较，有利于强化设计人员的工程造价意识，优化设计；经济管理人员及时进行造价计算，为设计人员提供有关信息和合理建议，达到动态控制投资的目的。在设计阶段，减少难度大、成本高、风险高的施工内容，协调设计单位进行优化，在不超过预设限额的情况下，考虑施工快、利润大的设计文件。

【实践案例结语】

设计前期管理是指正式实施设计工作之前的准备工作，设计前期管理是设计管理工作的重要组成部分，由于 EPC 项目具有工期紧、业主要求高、技术复杂、参建单位多的特点，设计前期管理工作具有十分重要的意义，应引起 EPC 工程总承包单位的高度重视。

在设计前期管理中，要加强对设计单位的合同管理，明确双方责任；对设计单位建章立制，如建立设计方案的报审程序规定，建立对设计人员的激励机制和良好的沟通及信息反馈机制，实施定额设计等具体方法都为同行业提供了可借鉴的经验。

5.5.3　设计优化管理实践案例

【案例摘要】

以某 EPC 水资源配置工程 A 标段设计优化实践为背景，依据项目的特点，阐述了设计控制原则和管理措施，提出了施工图限额设计及优化设计思路，为类似工程设计控制管理提供了一定的借鉴经验。

【案例背景】

本水资源配置工程是在不影响南水北调中线工程调水规模和过程的前提下，通过工程措施将南水北调中线工程规划中分配给 H 省的水量引调到省北部缺水地区，解决该地区水资源短缺问题。

A 标段是水资源配置工程中的一段关键性工程，本标段干渠起点设计水位为 106.84m，干渠终点设计水位为 104.81m，标段干渠线路长为 16.705km；构筑物总长为 19.075km，其中明渠为 0.705km，隧洞为 16.30km（含分水支洞 2.37km），暗涵为 0.99km，渡槽为 0.73km，倒虹吸为 0.35km；设计输水流量为 $7.4m^3/s$。

【设计管理特点】

A 标段是由设计单位牵头的 EPC 总承包管理项目，主要包括设计、采购、施工管理。设计是整个 EPC 总承包项目的龙头，对整个项目的质量、进度、成本控制有着重大的影响，设计管理是 EPC 项目管理的关键，高水平的设计管理是 EPC 总承包项目成功的基本保证。

本标段的初步设计工作及工程全部地质勘察工作由项目所在省水利水电勘测设计院完成，总承包设计单位是在初步设计、招标设计的基础上开展施工图设计工作。本标段招标设计文件要求工程投资不得超过限额，因此，设计应按限额设计考虑。

A 标段建筑物种类繁多，隧洞工程总长度占整个输水线路总长度的 85% 以上，单洞的长度达 10.15km，所以隧洞设计是投资控制的重点。施工图设计应对初步设计中的错、漏、缺等不尽合理处进行调整、修改、完善，使各项参数指标处于更佳。设计优化应综合考虑方案可行性、工程耐久性、使用合理性、造价可控性、新工艺合理利用、施工方便程度等因素。通过设计优化，使 EPC 工程项目的质量、进度、安全、投资等各项指标的顺利实现更有保障，让工程更实用、更安全、更经济。

【设计优化原则】

(1) 遵守法律法规、设计规范，符合初步设计、招标设计文件的要求　优化设计要严格执行国家法律法规要求以及国家现行的工程建设标准强制性条文、相关设计规程规范和建设标准等，符合初步设计、招标设计文件的相关设计参数、技术标准等。

(2) 满足建筑物使用功能、运行安全、质量可靠　设计优化应以满足建筑物使用功能、运行安全、质量可靠为最基本要求，设计人员在初步设计的基础上应仔细研究建筑物功能及相关设计参数、富余度等，结合结构计算、有限元计算复核成果，进一步在相关参数上进行调整、完善，从而实现工程的合理设计。

(3) 工程造价可控、经济适用　通常来说，经济性、效益性是设计优化最直观的体现，但并非一味地进行节减或降低，在满足规程规范、初步设计文件的基础上进行限额设计，以成本控制为主导，使经济效益和工程质量达到最优。

(4) 方便施工，加快施工进度　EPC 工程总承包项目设计、施工应紧密配合，在设计过程中进行换位思考，设计适当向施工、采购延伸，深层次交叉，多考虑施工的可操作性和便利性，从而利于推动工程进展，保质保量完成建设任务。

【设计管理措施】

(1) 推行限额设计，实现成本控制　限额设计是按照批准的初步设计总概算或者按照招标文件的限额设计要求控制施工图设计，同时，各专业在保证建筑物达到使用功能的前提下，按照分配投资限额进行施工图设计，严格控制设计变更，保证总投资额不被突破，从而达到控制投资的目的。

根据 A 标段限额的控制要求，确保工程总体利益，项目设计经理组织设计人员认真熟悉招标文件和投标时的誊清和承诺，把投标时批复的各建筑物的工程量、投资额度作为施工图设计的最高限额，把投标报价时的工程量分解到各专业，明确限额目标，使限额设计贯穿于整个施工图设计工作中，从源头上控制工程量和投资费用，保证施工图工程量与投标时编制的工程量不会出现较大的差异，同时，要求设计人员根据建筑物的功能分区严格遵守强制条例和规范，结合结构、有限元计算成果优化各建筑物结构设计，节省工程量，从而达到控制工程投资、实现成本控制的目的。

为鼓励设计人员优化设计的积极性，本标段设计、施工双方签订了工作合作协定，明确设计进度、计划节点目标，明确了因设计优化带来的效益分配方案，形成双方利益共享、风险共担的机制。调动各专业设计人员降低工程费用的积极性，设计、施工紧密配合，施工单位调动力量，展现自己施工技术实力，复核重要的建筑物地质条件，从根本上减少工程量变化带来的风险。

（2）强化信息沟通，加快工程进度　项目部充分发挥工程总承包整体协调优势，设计、施工紧密配合，深层次交融，多次召开设计施工协调会，设计、采购、施工之间做好衔接，确保工程进度要求。设计方根据进度节点要求，积极主动参加设计联络会，加强与采购方的联系，保证采购信息的畅通，积极提交设备、材料采购要求，优化选材，降低工程费用。

（3）注重施工图设计审查工作　本标段的施工设计图由省设计院负责审查，为更好地协助审查单位做好施工图审查工作，项目设计部内部应加强校审，设计经理应做好施工图审查批次计划，并与审查单位落实审查时间节点、图纸编制要求，避免返工，确保施工图按时送到监理工程师处，保证审查工作顺利实施。

【施工图的优化】

施工图设计阶段根据初步设计、招标文件要求，在满足建筑物功能、运行安全、结构稳定的条件下，对建筑物布置、结构断面厚度、隧洞一次性支护参数、临时工程等进行了限额设计或优化设计，优化结果满足规范要求，节省了工程投资。

（1）建筑物水头分配　本标段干渠距离较长，建筑物种类多样，且本标段与前后标段水位衔接分别为 106.84m 和 104.81m，水头分配有限，水头分配主要考虑了总干渠沿线地面高程，建筑物形式、长度、坡度及规模对水头增减的敏感度，尽量将水头合理分配到单位长度投资大的建筑物上，使建筑物断面更加经济，从而减少工程投资。

（2）隧洞建筑物设计优化　本标段的隧洞工程占总长度的 85%，也是整体项目进展的关键，其中，F 隧洞的单洞长度为 10.15km，布置三条施工支洞，是本标段的关键线路。

F 隧洞 2# 施工支洞是临时工程，但却是 F 隧洞施工关键线路中的关键节点，占 F 隧洞近 1/3 的工程量。为进一步加快进度，联合体进厂后仔细研究合同文件及现场实际情况，并对地形重新做了复测。在此基础上经慎重考虑、判断，提出对 2# 施工支洞进洞口位置进行优化调整意见，节省隧洞开挖近 300m，工期节省近 2 个月，实现了较好的工期效益。

在保证工程安全的前提下，通过结构分析，对隧洞进出洞口位置的支护方式、洞身的一次支护和二次衬砌等进行复核，根据不同围岩类型和岩石条件对一次性支护的喷混、锚杆、钢拱架等的具体参数进行优化调整，以更加贴合实际情况的支护方式保证了工程的安全稳定、经济可靠。同时，招标文件中缺少回填灌浆、固结灌浆等灌浆工程的相关设计，施工图阶段补充完善了相关内容，保证了工程长久稳定运行。

（3）暗涵设计优化　暗涵结构设计地面高程在招标阶段规定统一采用最大渠线地面高

程，在施工图设计中结合实际地形，通过进一步的分段复核，采用结构计算及有限元计算方法比选多种衬砌断面，节省了工程投资，获得了显著的经济效益和工期效益。

（4）倒虹吸进口布置优化　本标段的 Y 河倒虹吸长度为 370m，在初步设计阶段 Y 河倒虹吸进口位于曲线段，在施工图设计阶段对倒虹吸进口段布置进行了优化调整，避开圆弧段，加快了施工进度。

【实践案例结语】

本项目主要介绍了设计管理的关键点，即实施限额设计、优化设计，并介绍了优化设计的实践过程。限额设计和优化设计是控制成本的两个方法，设计优化是实现限额设计的手段，EPC 项目设计管理中最突出的问题是优化设计。所谓优化设计是指在工程实施前的设计阶段，在对工程规范的深刻理解之上，以先进、合理的方法为手段，对设计方案进行深化、调整、改善和提高，对设计方案进行再加工的过程。本项目的优化实践为工程总承包单位的设计管理提供了有益的经验。

5.5.4　设计全程管理实践案例

【案例摘要】

以某安置房 EPC 总承包项目的全过程设计管理实践为背景，阐述了项目各个阶段（全过程）设计管理的工作和经验。

【案例背景】

某拆迁安置房小区，总建筑面积为 27 万平方米，项目由 2 个地下车库、9 栋高层住宅及其沿街商业楼、4 栋独立商业楼组成。合同模式采用 EPC 总承包模式，由设计院牵头承包。承包范围包括设计、采购、施工、验收、移交、保修。

根据设计任务书的要求，EPC 工作具体内容包括项目规划范围内的单体建筑、小区内道路、综合管线、围墙及大门、挡土墙、景观绿化及附属设施等所有设计（包括但不限于方案深化、初步设计和各类施工图设计）、采购、施工调试、验收、保修及配合手续办理、配合分户移交、配合物业交接等全过程。

设计内容包括但不限于初步设计、施工图设计、消防设计、人防设计、弱电设计以及其他深化设计等，并经第三方审查机构完成施工图的审查工作。

设计院的工作是从项目的初步设计阶段介入的，此时项目的前期决策阶段已经结束，进入项目实施阶段，设计院的设计管理工作是在实施阶段中进行的。

【项目初期的设计管理】

项目采用该总承包企业的组织结构，与传统设计分包模式不同，该总承包企业所属的设计院承担了设计和设计管理的双重职责，全面负责该项目的设计和设计管理工作。

项目初期管理的重点是根据项目的性质和建设方下达的设计任务书，提出原方案设计的优化意见、设计任务书的优化意见，并对采购、施工方案进行反复沟通、比较、调整和协商，最终获得在功能、经济、操作、可靠性方面均为最佳的优化方案。

【执行期的设计管理】

在项目执行阶段，在确保设计进度、质量和控制投资的前提下，完成施工图设计。EPC 总承包项目在实施设计阶段设计管理工作的要点如下。

① 在项目执行阶段，设计院的方案优化、设计任务书优化及初步设计完成后，由业主方组织专家对优化方案和初步方案的功能及技术方面进行审查，对设计提出修改意见；同时，在 EPC 总承包商单位的内部，设计院与施工项目部也要根据现场的设计以及施工条件进行沟通、比较，对设计方案进行更为合理的调整、优化。最终，调整后的设计方案通过专家审查后方可完成施工图设计。

② 在施工图深化设计阶段，对于施工现场提出的技术变更，施工项目部要组织评审，在可行性、技术性、经济性方面的论证通过后，履行设计变更手续，并在工程竣工时完成设计的最终技术资料。

③ 贯穿于执行阶段的设计管理工作是组织完成日照分析、报规和报建、人防方案的报审、施工图设计的报审、室外管网、景观设计以及施工图联审等一系列的设计节点。在这个阶段需要与主管部门对接，以获得各阶段应取得的技术性评审的通过。

④ 在项目的执行阶段，对设计进度和质量的控制是设计管理的难点。但总承包企业在解决这个难点上具有先天优势，即内部设计院、采购部门和施工部门紧密配合。设计院对施工图质量进行严格控制，顺利地通过了技术性审查，设计进度也得到了很好的保证。规避了由施工企业作为总承包商，由 EPC 总承包商采取与设计分包商签订合同（协议）的情况下，在设计质量和进度上的管理难点。

设计院在设计过程中通过与项目的紧密配合，通过对市场的充分了解，通过对投资的概算，在设计阶段将成本降到最低。

【收尾期的设计管理】

项目进入收尾阶段时，EPC 总承包商设计管理的重要工作是完成工程竣工文件的准备和审核。设计各专业提交的技术资料应在系统性、完整性等方面着力，保证项目顺利完成竣工试验、验收、移交。

【项目经验总结】

（1）设计管理介入时间点应提前　目前，EPC 总承包项目普遍存在设计可行性研究阶段的设计方案本身深度不够，对线路走向、线性影响控制点、平总交叉、结构物设计、站场位置等的定位仅仅是初步的，机电设备配备规格等均未明确。因此，将可行性研究阶段的设计方案作为合同依据，给投标报价埋下潜在的风险。

本项目的设计管理是从科研已经完成、控规已经通过的节点才进入的，如果设计管理在前期阶段介入，那么，设计院可以在前期为业主提供更好的可行性研究与方案设计，协助业主方在最为关键的决策阶段就可以进行成本的把控。

（2）提高设计管理能力、项目经理职业资格要求　EPC 总承包项目应提高系统综合设计管理能力，实现设计、采购、施工的深度交叉，合理确定各模块交叉点的交叉深度，在确保合理的前提下，缩短建设周期。

EPC 总承包项目模式的设计管理对项目经理职业资格提出了更高的要求，要求项目经理不仅熟悉工程技术，而且要熟悉工程公司的组织体系、设计管理、施工管理以及有关法律法规、合同和现代项目管理技术等多方面的知识，成为复合型人才，并具备很强的判断能力、分析决策能力与丰富的经验。

（3）设计流程再造，提高设计过程控制能力　设计流程再造应以关键流程为突破口，通过对关键流程的改造，提升设计过程的控制能力。从设计管理的角度分析，EPC 总承包模式使原本不属于设计管理的一些流程环节，如采购、施工分包等成为设计管理的主要部分，同时也是设计管理增值潜力巨大的环节。因此，EPC 总承包模式下的设计管理需要重新界定和塑造业务流程和管理流程，以达到通过流程再造，创造价值，实现增值的目的。

（4）引入全过程投资控制，保证设计经济性　国外工程投资控制经验表明，建设工程全过程投资控制，一般由唯一的执业主体来承担。在 EPC 总承包模式下，应由项目经理承担决策阶段、设计阶段、采购阶段、施工阶段等全过程的投资控制任务。全过程投资控制主要包括：制定合理的投资控制目标、分解投资控制目标和工程量；动态监管由设计变更引发的投资变动情况；控制不合理变更；编制工程的上控价，核准工程量，审核工程取费等。在设计管理中引入全过程投资控制的理念和机制，保证设计的经济性，以推动 EPC 总承包事业的持续发展。

【实践案例结语】

由于我国长期实行传统的设计分包模式，因此，EPC 总承包模式下的设计管理容易受到传统设计管理的影响，而导致设计的主导作用不能充分发挥出来。鉴于 EPC 总承包模式下的设计管理在建设流程、设计内容、功能诉求等方面的差异，EPC 设计管理有别于传统的设计分包模式，在设计引领 EPC 项目方面比传统模式前进了一步。由于 EPC 项目具有多阶段性，要加强项目经理的执业资格标准，明确各阶段的责任主体，提高设计管理集成能力，通过上述的设计流程再造，提高设计管理的过程控制能力，引入全过程投资控制，保证设计的经济性。

5.5.5　基于 BIM 设计管理实践案例

【案例摘要】

以某 EPC 商务办公楼的设计管理中 BIM 应用的实践为背景，从总承包商角度出发，阐述了基于 BIM 技术在设计中的应用和设计管理体系，对 BIM 技术在深化设计、维护、变更等方面的具体应用做了介绍，同时对于该项目设计管理难点的解决方案进行了探讨。

【案例背景】

该项目位于某市郊区，邻近该市机场，定位为高端办公楼，建筑主要功能为商务办公，包括部分商业配套、汽车库、员工食堂、机房等辅助设施。项目建设用地为 46165.91m²，建筑面积为 148532m²。

该项目使用 BIM 技术是为了提高设计质量和施工质量。在实施过程中，坚持建模与实施过程同步原则及管理责任一致原则，即做到 BIM 模型与楼宇设计进度同步、实时更新，各参与方对 BIM 工作承担的管理义务对应工程管理责任义务。项目实施期间通过 3D 深化设计、碰撞检测、维护更新等 BIM 应用以做到设计过程的精细化管理。

【BIM 体系框架】

BIM 总体体系可划分为 BIM 管理体系和 BIM 应用体系，其涵盖功能模块如下。

（1）BIM 管理体系

① 模型接收、传递与创建管理流程；

② 模型更新与维护管理流程；

③ 临时模型管理流程；

④ 深化设计管理流程。

（2）BIM 应用体系

① 施工生产管理流程，施工组织设计编制管理流程，方案模拟及优化流程，施工现场平面管理流程，技术交底管理流程；

② 施工进度管理流程，施工进度计划编制管理流程，施工进度控制管理流程；

③ 施工质量管理流程，可视化验收管理流程，验收及竣工管理流程；

④ 施工安全管理流程；

⑤ 施工物资、合同管理流程，施工物资管理流程，施工合同管理流程；

⑥ 施工成本管理流程；

⑦ 模型竣工交付管理流程，运行维护模式管理流程。

基于 BIM 的设计涵盖方案模拟及优化、技术交底、可视化验收等内容。

【BIM 设计的应用】

（1）BIM 应用模式　本工程设计中主要采取的 BIM 应用模式为模型和图形并用模式。这种模式主要由 CAD 软件和 BIM 软件共同建模，通过在设计中的同步建模，部分交付物以

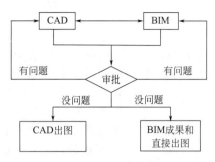

图 5-7　模型和图形并用模型

CAD 图形为主完成，部分由 BIM 模型二维视图自动生成。模型和图形并用模型见图 5-7。

（2）结构设计模型

① 模型建立。结合我国建设行业现状、技术背景和项目特点，本项目采用了 P-BIM 标准体系建模，用 Tekla Structures 软件创造项目结构模型。通过 Tekla 与 Revit 模型转换接口对模型进行转换，再利用相应的计算软件接口对模型进行第二次转换。除了设计模型，BIM 建模的成果还包括辅助直观理解设计方案的可视化成果和各专业的协调模型。在施工之前找出图纸数据信息方面的问题，并在图纸会审时解决。本工程项目针对后期的需求研发了 BIM 快速建模工具，具有净空分析、模板量计算等功能，可根据 CAD 图纸对结构构件即时建立临时模型。

② 模型细度。由于不同设计阶段对图纸的交付目标和交付要求不同，因此依据不同阶段项目模型细度也在进行逐层深化。本项目的结构设计模型细度深化为方案设计、初步设计和施工图设计三个阶段。

（3）碰撞检测

① 文件集成协同方式。项目的碰撞检测是对不同专业模型或者不同区域模型进行空间综合检查，初步消除由于设计错、漏、碰、缺而产生的隐患。这种功能是基于专业外部协同设计中的文件集成方式，这种方式是将不同的数据文件转成专用集成工具的格式，再用集成工具进行模型整合，例如 Autodesk Navisworks 和 Tekla。

② 软件应用方案。本项目的碰撞检测是利用软件中的冲突检测功能（土建深化设计信息交换节点示意图见图 5-8），对机电管线的铺设位置进行相关的检查。在 Navisworks 中进行碰撞检测的步骤如下：

a. 设置碰撞检测的范围和规则；

b. 设置碰撞对象，检测碰撞问题的位置；

c. 统计问题列表，导出碰撞检测报告；

d. 做出调整方案建议，图纸优化。

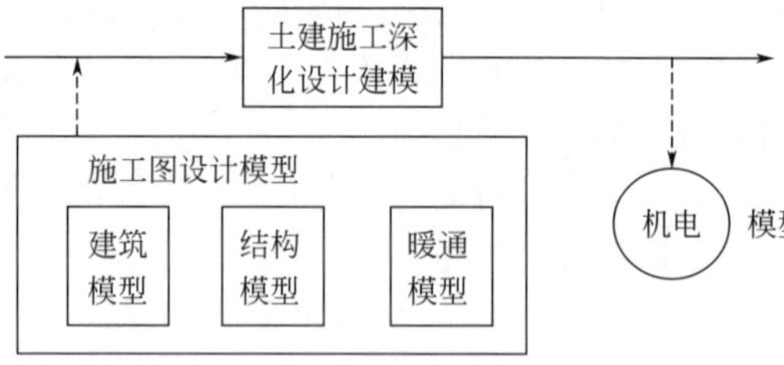

图 5-8　土建深化设计信息交换节点示意图

（4）深化设计　本项目的深化设计是指基于 BIM 对包括土建、机电、钢结构、幕墙、精装修、园林绿化等在内的设计进行统一协调，通过软件提供的参数化节点设置自定义所需的节点，构建三维 BIM 模型，将模型转化为施工图纸和构件加工图，指导现场施工。

① 专业协调信息交换。随实际工程进度，同步绘制土建-机电-装修综合图纸，统筹全专业，包括建筑、结构、机电综合图纸，并按要求提供 BIM 建筑所需的各类信息和原始数据，在流程节点进行专业协调信息交流，辅助建立深化设计模型，协调各专业的技术设计，避免各工种在施工中出现矛盾。

② 深化内容。本项目的深化设计涉及的专业如下：土建深化，整改预留洞口、预埋件位置等施工图纸；机电深化；钢结构深化，利用 Tekla Structures 对复杂节点进行结构深化设计，在参数化节点中，设置所需要的节点，创建三维模型，将模型转化为施工图纸和构件加工图；园林深化，通过 Revit 快速准确计算出后期需要的回填土方量等；精装修的深化设计；小市政深化设计。

（5）设计变更　在 BIM 模型不断更新过程中，依据业主的变更方案和工程的实际进展，设计人员根据已经签认的设计变更、洽商类文件和图纸，通过补充定义约束、荷载等信息，进行结构分析设计，不断更新 BIM 模型，同步跟踪图纸审批结果，实现模型的重复利用，省去重新复制图纸的精力和时间，使得项目设计人员可以专注于对 BIM 模型的建立和完善，提高结构设计质量。设计师和业主进行了更好的交互，提高了工程完成的质量。

【基于 BIM 的设计管理】

（1）基于 BIM 的设计管理需求分析

① 设计管理与 BIM 的相互要求。在项目实施过程中，项目部应组建 BIM 工作团队，做好项目 BIM 应用策划，编制 BIM 实施方案和计划，完成项目 BIM 应用目标，并做好分包单位 BIM 应用管理工作。设计管理和 BIM 工作相互配合、相互要求，其逻辑关系见图 5-9。

② 设计管理技术难点与应对措施。

a. 本项目钢结构用钢总量约为 2876.91t，在塔楼劲性钢结构中，

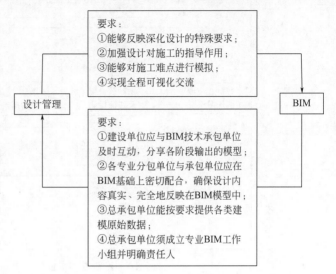

图 5-9　设计管理和 BIM 工作的逻辑关系示意图

劲性钢柱、劲性钢梁与混凝土钢结构连接节点的构造要求做重点深化设计；

b. 钢连廊、钢连桥的现场拼接要求对拼接处节点构造做重点深化设计；

c. 本项目规模大，建筑功能复杂，相关图纸深化设计工作量大，深化进度直接影响到后续相关工作的开展；

d. 各专业单位的专业局限性使其很难做到与其他相关专业进行横向协调；

e. 图纸交底工作量巨大，后期更新、维护繁琐。

基于上述原因，本项目总承包管理层设置了基于 BIM 技术的深化设计部，并根据工期节点要求制定了设计进度计划和管理流程，以确保设计管理的一致性和可行性。BIM 技术三维可视化的特点，推进了图纸会审、碰撞检测及深化设计流程。BIM 技术具有信息集成性，简化了后期模型的更新、维护流程。

（2）设计管理流程及各主体职责

① 标准化模型管理。在 P-BIM 阶段的建模过程，各方主体责任依时间逻辑划分，见图 5-10。

② 模型更新与维护管理。此阶段由总承包单位项目总工程师负责提供设计变更签认文件或洽商类文件，施工员提供施工现场实施进展资料，一并交付 BIM 工作小组直接进行模型更新和维护，并由项目总工程师审批直至合格。

③ 临时模型管理。此阶段 BIM 工作小组依据项目总工程师编制的《设计优化书》进行 BIM 建模，项目总工程师基于 BIM 模型进行受力分析和演算并编制《工程洽商（变更）》，然后逐一交付至项目经理、设计院以及业主审批。

④ 碰撞检测及深度设计管理。在碰撞检测及深度设计管理阶段，各方主体责任依时间逻辑划分如下：由设计院进行图纸会审及技术交底；由各专业分包单位进行深化设计；交付 BIM 工作小组进行 BIM 建模、碰撞检测、综合布置并出具全专业施工图；项目总工程师、项目经理、业主对 BIM 环境下全专业施工图的完整性、适宜性进行审批；项目总工程师下

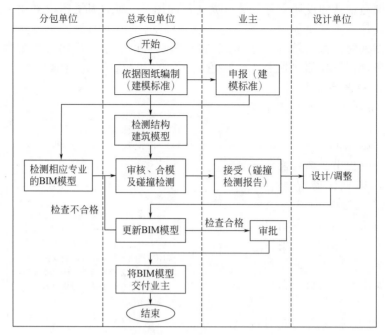

图 5-10　各方主体责任的逻辑示意图

发 CAD/BIM 的全专业施工图。

（3）BIM 设计管理运行保证措施

① BIM 技术应用要求：依据总承包实施管理要求，BIM 技术应用的管理要求见表 5-3。

表 5-3　BIM 技术应用的管理要求

关键活动	管理要求
会议制度	组织总包和各分包召开 BIM 例会,检查 BIM 工作落实情况,对出现的问题进行解决方法的讨论,布置下一阶段的工作
集中办公	深化设计相关各分包单位集中办公,提高协调碰撞和问题的解决效率
搭建 BIM 协同平台	集成模型上传、在线阅览、碰撞检查等相关应用,提高 BIM 应用的集成度

② BIM 运行保障体系和制度。

a. 网络环境。由于本项目业主对 BIM 要求高，专业分包单位多，项目应用网络共享平台，以实现基于广域网的协同，即通过广域互联网连接国内 BIM 工作室局域网下的工作站、项目内部局域网下的工作站及移动查勘平台、分包商内部局域网下的工作站及移动查勘平台，各专业 BIM 工程师协同工作体系。

b. 三策划和八制度。

三策划：常规应用实施策划、重点分项实施策划和总承包管理应用策划。

八制度：基于 BIM 模型线上沟通制度；常态化多方设计协调例会制度；关键和特殊规程专项方案优化制度；末端及空间控制方案报审制度；责任划分与考核制度；基于 BIM 模型的专业分包统筹协管制度；劳务分包操作标准化制度；基于 BIM 云平台的可视化验收制度。对与 BIM 设计管理密切相关的制度阐述如下。

基于 BIM 模型线上沟通制度：建立线上沟通平台，形成以总承包商为核心、各参建方参与的多层次管理体系。

关键和特殊规程专项方案优化制度：对钢结构等难度较大的分部分项工程利用 BIM 技术进行深化、优化设计。

基于 BIM 模型的专业分包统筹协管制度：由总承包单位总监牵头，各专业分包单位 BIM 负责人参与，统一指挥，统一协调，统一标准（用 RVT 格式进行模型传递），统一细度（提供 LOD400 模型），有效提高过程中的协调管理效率。

【实践案例结语】

深化设计工作是在项目寿命周期价值最优的基础上，将设计意图体现在建造过程中的桥梁。深化设计作为总承包管理最基本、最核心的管理能力，为项目计划管理、公共资源管理、合同商务管理、现场协调等总承包管理的各方面提供了坚实的支撑。因此，深化设计成为 BIM 技术应用的重要领域，深化设计管理是设计管理的核心部分。

（1）BIM 技术的应用　BIM 技术是以精细化管理、全生命周期管理为最终目标的，其应用和完善，引导了建设行业的技术升级和转型，使建设市场复杂的总承包问题得到简化。总承包管理模式下，BIM 技术提供了多方沟通协调平台，提升了建设项目的质量和管理效率。设计管理作为大体量工程管理的重点、难点，BIM 的信息集成特性和可视化特性为辅助工程总承包单位开展设计管理提供了技术支持。

（2）BIM 辅助深化设计对设计人员能力的要求　深化设计的管理者首先应是工程技术人员，其次才是 BIM 操作者，这将意味着项目主要技术管理人员既要懂得设计工作的基本原理，掌握各专业设计规范，将设计规范与施工规范紧密结合起来，准确运用到现场施工的各个领域，又要具备 BIM 技术的应用能力，便于各专业信息的整合与利用，深化各专业设计于一体，实现建造管理信息化。

（3）BIM 辅助深化设计管理的基本思路

① 建立 BIM 应用标准。结合项目特点和实际情况，建立 BIM 应用标准，确定不同建造阶段的 BIM 模型精度要求、不同专业的 BIM 建模标准。同时站在总承包商的角度上统一信息口径、模型整合与拆分等信息化要求，达到所有参建者在一个统一的标准下参与建设，实现信息接口、物理接口、工程接口的无缝连接。

② 深化设计的策划。在项目深化设计前应制定业主供图计划、材料设备申报计划、深化设计供图计划等深化设计的资源，收集、理顺材料设备技术规格书、招标图纸及合同要求等深化设计的基础资料。上述资料整合后形成项目深化设计策划方案，并依据应用标准使项目深化设计管理信息化。

③ 辅助深化设计的实施。

a.坚持"谁施工谁深化"的管理原则，要求分包单位遵循总承包商制定的 BIM 标准和深化设计策划，开展本专业的建模和专业深化工作。

b.建立 BIM 信息平台协同工作。由总承包商主持，在同一平台上展开不同专业的深化设计。

c.项目深化设计的过程包括实施和审核，总承包商的深化设计管理人员可在平台上进行监控，对提交的信息进行回复；定期组织协调会，将不同专业统一信息模型上的深化过程变成电子建造过程，使施工有据可依。

d.深化设计作为总承包单位的基本能力，在深化设计策划中与计划管理相结合，确保深化设计工作完成于相应部位计划开工的时间之前，应适时为招标采购、分包协调、公共资源管理提供技术支持。

第6章

采购管理

EPC工程总承包模式中的材料设备采购是衔接设计和施工的中心环节，具有承上启下的作用，对采购的管理成为整个项目管理过程的中心环节。采购能否合理、有效地进行，将直接影响到项目能否顺利实施和项目的成本控制，同时，也是EPC总承包商提升项目管理质量，打造核心竞争力，进而取得市场竞争优势的关键因素。为此，对EPC采购阶段的管理至关重要。

6.1 采购管理概述

6.1.1 采购管理的定义与意义

6.1.1.1 采购管理的定义

《中华人民共和国政府采购法》对采购的定义为："以合同方式有偿取得货物、工程和服务的行为，包括购买、租赁、委托、雇用等。"

《中国项目管理知识体系》对采购的定义："是指为完成某一特定项目，从项目外部获得货物、土建工程和咨询服务的完整的采办过程。"

《建设项目工程总承包管理规范》将采购定义为："为完成项目而从执行组织外部获取设备、材料和服务的过程，包括采买、催交、检验和运输的过程。"

采购是承包企业根据承包经营活动需要，通过信息收集、整理和评价，寻求合适的供应商，并就货物价格和服务等相关条款进行谈判，达成协议，以确保企业需求得到满足的活动过程。企业通过租赁形式获得企业的资源也是采购。

采购的标的可以分为有形商品和无形商品。有形商品是指生产经营活动中所需要的工程机械设备、原材料、辅助材料、成品或半成品、投资品等。无形商品是指技术、服务和发包业务等。

采购管理是指对采购业务过程进行组织、实施、指挥与控制的一切活动。

在采购物资或服务的过程中，采购管理统筹兼顾事前规划、事中执行和事后控制，以达到维持正常的产销活动、降低成本的目的。

6.1.1.2 采购管理的意义

（1）采购管理是项目管理的中心地位 采购在项目程序中具有承上启下的作用，采购管理处于整个项目管理体的中心地位，见图6-1。采购与设计紧密相连，设计受采购的影响和制约。采购又与施工联系得更为密切，材料设备的到货由施工的进度提出要求，采购的进度、质量对于施工具有直接的影响，采购既是整个工程进度的支撑，也是工程质量的重要保证，是实现工程设计意图、顺利实施项目的基本保证。加强采购管理对于保证项目顺利完成具有重要意义。

图 6-1　采购管理在项目管理体系中的中心地位

（2）采购管理是降低成本的基本途径　对于大多数 EPC 项目，尤其是工业项目，采购费用一般占整个合同费用的比例高达 40%～60%，甚至更高，而且待购设备种类型号极多，品质和价格各异。因此，采购过程的失误不仅会影响工程质量和进度，如果采购管理不善，询价不到位，货物价格不合理，超出预期，企业经济利益将受到一定的损失，甚至会导致承包商的严重亏损。因此，加强采购过程中的采购计划编制、询价、供应商的选择等工作，在满足工程建设要求下，提供物美价廉的材料设备，可以大大降低采购成本。

在 EPC 工程承包模式下，合同双方签订采购合同只是完成了采购的少量工作，仍然存在很多的变数：一方面，要面临采购范围和数量、具体技术要求都存在的一定程度的变动风险；另一方面，在采购过程中，还面临着建造质量、进度以及货物运输等不确定因素，一旦这些环节出现问题，必然会增加采购的额外成本。加强采购管理，通过对供应商监造、催交、检验、运输等环节的管理，可以减轻这些变化给项目带来的压力，确保采购预期目标的实现。

6.1.2　采购管理的特征与原则

6.1.2.1　采购管理的特征

（1）采购管理工作需要高度协调　传统的工程项目承包模式通常采用设计合同、采购合同、建造合同、采购及建造等方式，在上述情况下，材料采购前已经由设计单位完成了相关设计，采购工作则由其他单位完成，责任界面比较清晰，设计进度和采购进度相互影响并不显著。然而，在 EPC 模式中，设计、采购、施工由同一家承包商总体协调管理。为了压缩工期，往往在设计尚未完全结束前就开始启动材料采购工作，这样造成了设计与采购有了搭接和并行，导致整个项目的管理方式发生变化，原本独立工作的单位之间需要把各自的计划融合，同时也导致了新风险的产生。虽然各部门在相互协作，但不同组织、不同部门、不同岗位的人员对设备材料采购管理认识仍然有差异，因此，对 EPC 项目的采购环节实行高效的管理，能够促进项目整体运行。由于设计与采购需要紧密搭接，因此，采购管理需要做大量的协调工作。

（2）业主对采购监控严格　在 EPC 模式中，业主一般要对总承包商的采购程序进行审查，经批准后总承包商才能够进行采购工作。业主对关键设备的供应厂家实行品牌的管理办法，或先由 EPC 工程总承包商向业主推荐候选供应厂家，由业主批准的厂家才能参与总承包商的招标采购工作。对于关键设备的生产，业主一般要求进行关键点检查，出厂时要求进行出厂试验，产品合格后才同意总承包商发货。

（3）采购管理工作责任重大　在 EPC 模式中，尤其是工业工程的设备具有较高的附加值属性，货值较高，采购金额一般占总承包合同金额的 50% 以上。采购工作的好坏直接影响到整个项目的成败，设备材料的质量、标准、数量等是否符合设计要求，直接影响到整个项目的质量和成本。由于采购金额所占比例较大，采购管理的效率关系到采购任务能否顺利完成，采购管理责任重大。

（4）采购管理工作持续时间长　对于 EPC 工业项目，其设备有些属于非标准产品，供货厂家需要根据项目的要求进行设计和生产，生产完成后需要通过海运、陆运等方式将设备运至施工现场，如为海外工程，还要受项目所在地国家海关监管的影响，采购供货周期会很长，导致采购管理工作持续时间长。

（5）采购管理工作难度大　影响采购的制约因素较多，尤其是海外工程项目，受当地政治、经济、法律政策影响较大。有些国家对当地采购货物的份额有一定的要求，有些国家对设备材料采购有特殊的要求，并要求提供相应的认证材料，此外受国际政治影响，有些国家受到国际制裁，材料设备运输受到一定的限制。另外，项目所在地周边村镇政府也会从其自身利益出发，要求项目采购当地的材料。由于采购的制约因素多，存在许多不确定性因素，因此，采购管理的工作难度加大。

（6）采购管理人员素质要求高　建设项目具有一次性的显著特征，项目所需设备材料的类型规格、项目的产品、项目规模、项目所在地及其自然和人文环境、项目执行标准等各不相同。因此，采购管理对人才的要求就比较高，如对项目专业技术背景的要求、对语言沟通能力的要求、对当地政策的了解程度的要求等都要有一个高起点的标准。

6.1.2.2　采购管理的原则

（1）遵纪守法原则　采购管理应遵从守法原则，对落入《中华人民共和国政府采购法》范围的工程物资采购，应按照法律规定方式进行，并应当遵循公开透明原则、公平竞争原则、公正原则和诚实信用原则。

（2）按程序采购原则　EPC 总承包商在采购活动中，应坚持按照通用采购程序实施采购的原则。采购程序是采购专家和实践者在长期采购活动中积累的经验总结，是规避采购风险的有利制度性措施，严控任何简化采购流程或跳跃程序的行为。

（3）采购活动的"五适"原则　"五适"原则：适价，即合适的价格，需要有询价、比价、估价、议价的过程，最终确定双方认可的一个合理的价格；适时，按采购计划适时地进货，既能够使项目按计划顺利进行，又能够节约存储成本；适质，是指货物质量适当，如品质不良，经常退货会增加管理费用，品质不定，成品品质不良率加大，质量不达标，代价就高，所以应坚持物美价廉的原则；适量，采购量大，价格低，但不是采购得越多越好，否则资金的周转率、仓库的存储就会受影响；适地，采购地点离工地越近，运输成本越低，沟通越方便，但价格可能高，采购地点越远，价格可能低，其他结果则反之，应坚持供应地适合的原则。

（4）沟通协调原则　EPC 总承包模式中的采购管理处于中心环节，受设计、施工环节的制约，三者相互联系、相互贯通，因此，采购管理部门必须随时与设计部门和施工部门相互沟通信息、相互协调，坚持沟通协调的原则。

（5）全程动态管理原则　由于 EPC 总承包项目可变因素较多，因此，在采购活动中应坚持全程动态管理原则，建立周报或旬报制度，随时监控采购活动的进展情况；当实际进展情况与采购计划发生偏离或材料设备质量发生问题时，应及时采取纠正措施。

6.1.3　采购管理的内容与流程

6.1.3.1　采购管理的内容

（1）从采购管理流程划分　在采购物资或服务的过程中，采购管理者需要统筹兼顾事前规划、事中执行和事后总结，以达到维持正常的采购活动、降低成本的目的。采购管理包括以下内容。

① 采购的事前规划：规划包括设定采购目标、拟订采购计划、建立采购制度和组织、划分职责与权限、选用采购人员、制定材料设备设计作业流程和绘制采购表单等内容。

② 采购的事中执行：执行是为达到采购目标而采取的各种行动，包括供应商的选择、采购合同的签订、营造监督、运输交付、交货验收管理等。

③ 采购的事后总结：总结是指为了企业今后的采购工作而对采购活动进行评价的工作。以企业制定的采购行为规范、采购绩效评估的指标为依据，对供应商以及采购活动进行考核与评价。

（2）从采购内外部管理角度划分　采购管理的内容也可以从内外部管理角度来划分，采购管理内容可分为四个方面：与采购需求有关的承包企业内部管理、承包企业外部的市场和供应商管理、采购业务本身的管理、采购管理的基础工作。

① 对承包企业的内部管理。承包企业需要制定采购计划，而采购计划的形式主要来自项目施工部门。施工部门根据项目生产计划，提出对原材料、设备、零部件、维修的需求计划；技术、科研部门提出对新技术的开发需求计划；后勤保障等部门提出物资保障需求计划。采购管理要对这些计划进行审查、汇总，并就采购材料设备的品种、规格、数量、质量、进货时间等，与各部门研究协商，综合平衡，编制出切实可行的采购计划。

② 对承包企业的外部管理。市场是提供资源的外部环境，采购管理要了解外部资源市场是买方市场、垄断市场还是竞争市场。还应了解地区市场、国际市场，针对不同的市场采取不同的应对策略。因为良好的供应商群体是实现采购目标的基础，采购管理必须把对供应商的管理作为重点，包括供应商的调查、供应商的审核认证、供应商的选择、供应商的使用、供应商的考核激励和控制。

③ 对采购业务本身的管理。采购管理系统是承包企业管理系统的一个重要子系统，是企业战略管理的重要组成部分。采购管理人员要对与采购有关的日常事务实施管理，包括采购谈判、签订合同、安排催货、组织运输、验收入库、支付货款等一系列工作。

④ 对采购业务基础工作的管理。采购管理的基础工作包括：制定各类采购定额和标准，明确职责分工的权限，编制采购业务流程手册，提出主要的考核指标，建立采购数据库和采购信息系统，管理采购合同、资料、文档等。

6.1.3.2　采购管理的工作流程

EPC 项目采购管理工作作为承上启下的关键环节，是连接设计与施工的桥梁，因此，采购管理应围绕着桥梁纽带作用而展开相关工作。基于美国采购学者威斯汀（J. H. Westing）提出的货物采购流程模型，EPC 项目的采购管理工作流程是围绕着采购工作流程而展开的，EPC 项目采购管理的主要工作流程见表 6-1。

表 6-1　EPC 项目采购管理的主要工作流程

流程序号	采购阶段	采购步骤	工作内容
1	采购事前管理	策略	制定针对性的采购策略
2		策略计划	接受请购文件,编制采购计划
3	采购事中管理	采买招标	编制货物招标文件,技术部门编制技术文件,采购部门编制商务文件
4			邀请或公布货物供应商参与投标
5			评比货物投标文件,对技术标、商务标、价格标打分评比
6			与潜在中标供应商进行合同谈判
7			与中标供应商签订供货合同
8		催交催运	催交、审核供应商对订购的设备、材料、图纸和文件的交付计划
9			审核供应商周进度合约计划
10			审查供应商原材料购置计划
11			跟踪生产制造计划

续表

流程序号	采购阶段	采购步骤	工作内容
12	采购事中管理	监造检验	邀请第三方检验服务机构对主要设备的生产进行监造
13			对生产设备的主要控制点进行查看或要求试验
14			响应业主的检验和试验计划,出具监造报告
15		货物运输	选定运输服务供应商
16			办理运输保险
17			完成出口报关和项目所在地的清关工作
18			办理各项许可和申请免税的各项文件
19			跟踪货物动态
20		仓储管理	组织业主、供应商、施工分包商开箱检查,完成货物交接工作
21			办理出入库手续
22			仓库和堆存管理
23		现场服务	物资及相关资料现场的验收和移交
24			现场工作的移交,双方就有关物资问题进行清楚交代
25			设备材料的投入验收及决算
26	采购收尾管理	总结评价	检查是否达到采购合同闭合的条件,并做好相关的工作
27			对采购有关的档案、资料进行整理、归档
28			采购工作的总结及对项目采购工作的评价

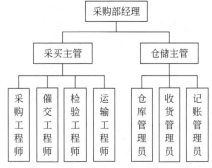

图 6-2　EPC 总承包项目部的采购组织机构

6.1.4　采购管理机构与岗位职责

6.1.4.1　组织机构构建

　　EPC 工程总承包采购组织机构的设置应同承揽项目的规模大小相适应,应同项目采购目标和总承包企业的采购管理体系、采购方针相适应,应同 EPC 总承包企业的采购管理水平相适应。可以根据企业、项目、人员的实际具体情况进行设置。一般来说,EPC 总承包项目部的采购组织机构见图 6-2。

6.1.4.2　岗位职责设立

　　(1) 采购部经理　采购部经理在项目部经理的领导下,负责组织项目的采购业务,包括采买、催交、检验、运输、交接等工作。全面完成采购工作进度、费用、质量和 HSE 的目标,总承包商与供应商的日常工作联系,由采购部归口管理。采购部经理的主要职责和任务如下:

　　① 编制采购计划,明确项目采购的工作范围、分工、原则、程序和方法、特殊问题等;

　　② 协调与 PMC/监理、控制部、质量部、HSE 部、设计部、施工部等的联系;

　　③ 根据项目总进度计划,组织编制采购进度计划,并根据控制部下达的采购预算,编制采购用款计划;

　　④ 协助设计部编制材料规格书,审查由设计部提供的请购文件;

　　⑤ 组织编写设备、材料询价商务文件,并与设计部提供的询价技术文件组成完整的询价文件;

　　⑥ 选择合格的供应商,按照总承包合同规定,向业主认可的供应商发出询价函,并组织

对供应商的评审，向业主推荐中标供应商；

⑦ 组织项目采买员完成对供应商先期确认图纸（ACF）和最终确认图纸（CF）的催交以及催货、货物检验、驻厂监造、运输和交接等工作；

⑧ 会同项目控制部制定项目采购执行效果基准，督促检查采购进展和赢得值的测定以及实际费用消耗和人工时消耗记录；

⑨ 负责处理设备安装和试运行过程中出现的质量问题或缺损件等属于采购业务范围内的有关问题以及联络供应商的售后服务工作；

⑩ 负责现场采购，组织好现场采购服务工作；

⑪ 组织对项目有关采购文件、资料的整理和归档，组织编写项目采购完成报告。

（2）采买主管　负责从接受请购文件到签发采买合同、催交、检查、运输，直到货物运抵现场入库前的全过程的工作。

① 采买工程师。

a. 采买员在采购部经理的领导下，具体负责从接受请购文件到签发采买订单（签订采购合同）这一过程的工作。

b. 根据设计部提供的请购文件，提交拟选供应商，由采购经理审查，项目经理批准，并取得业主认可。

c. 负责供应商资格评审。

d. 编制询价文件中的商务部分，并与技术文件整合为询价文件，向供应商询价。

e. 接受供应商的报价文件，协助项目采购经理组织对报价的评审。根据报价评审和报价比选结果，整理定标书面材料，送采购经理审查，报项目部经理批准。

f. 编制采买订单（即设备、材料采购的合同文件），经项目采购经理审查，项目经理批准后签发。

g. 组织合格供应商的协调会，最终确定中标供应商，经项目采购经理审查，项目经理批准后发中标通知书，通知中标供应商。

h. 负责整理采买工作的文件、资料，总承包项目结束后进行整理、归档。

② 催交工程师。

a. 在项目采购经理的领导下，负责从发出采买订单至货物运抵现场之间的向供应商催交与联络的工作，保证交货进度。

b. 根据采购合同文件，明确供应商与 EPC 总承包商的责任分工，制定催交计划，尽早与供应商取得联系，及时发现问题。必要时召开供应商开工准备会，讨论采购合同的实施方案，包括供应商的设计进度、制造进度、检验日程等。

c. 在设备设计阶段，了解设计进度情况，及时发现问题，研究解决办法；催促供应商提交有关图纸（先期确认图纸 ACF 和最终确认图纸 CF）、资料和数据；督促项目设计部按时确认并返回给供应商。

d. 在设备制造过程中，随时了解制造进展情况，发现有影响供货进度的问题，要及时向供应商提出，并向项目采购经理报告。

e. 为保证货物准时运抵现场，要督促检查供应商对运输的准备工作，比如，货运文件的准备，包括报关手续、进出口许可证等。

f. 负责管理催交工作文件、资料，总承包项目结束后进行整理、归档。

③ 检验工程师。

a. 检验工程师在项目采购经理的领导下，负责组织检验设备、材料，保证设备、材料的质量。

b. 根据采购合同文件对检验的要求，制定检验计划。

c.在设备制造开始前，组织召开协调会议，与供应商明确对材料的检验要求，检验的内容、方式、时间以及各自的责任等事项。

d.设备制造过程中，根据需要和总承包合同要求，组织检验人员（采购部指派的或委托的专业机构或人员）进驻制造现场进行监造。

e.对于采购合同中规定有业主参加检验的设备，负责与供应商联系，安排业主检验的有关事宜。

f.设备制造完成后，根据采购合同规定的技术规格和要求，组织检验人员对所采购的设备、材料进行出厂检验或测试，并写出检验报告。

g.参加设备、材料运抵现场的开箱检验，发现与质量等有关的问题，负责协调解决。

h.在施工、安装、试运行、投产期间以及质量保修期内发现设备缺陷，负责协调解决缺陷修补有关问题。

i.负责管理检验文件、资料，总承包项目结束时负责整理、归档。

④ 运输工程师。

a.运输工程师在项目采购经理的领导下负责以合理的最低费用，按期将货物安全运抵施工现场。

b.根据项目具体情况，制定运输计划和运输方案。

c.准备有关检查或督办的货运文件，包括出口许可证、报关、业主所在国货物进港审批等手续。

d.调查和解决超限设备的运输工具、装卸设备以及所经路线、桥梁加固等问题，妥善解决超限设备的运输问题。

e.检查设备的包装防护情况，提出对包装防护的要求，防止货物在运输和储存过程中损坏、变质、丢失等情况的发生。

f.估计运输所需时间，制定符合实际的货运时间表，组织货物的运输，保证按期将货物安全运抵施工现场。

g.负责管理运输文件、资料，总承包项目结束时负责整理、归档。

（3）仓库管理

① 仓库主管。仓库主管负责从货物运抵库房起，至货物出库后整个过程对货物的管理工作。

② 仓库管理员。

a.在项目采买主管的领导下，负责货物的存储工作，充分发挥好仓库的功能。

b.编制入库流程、出库流程等仓库管理制度文件，由采买主管、采购经理审核，并通过项目经理批准后执行。

c.熟悉相应物资设备的品种、规格、型号及性能，填写标明。

d.随时掌握库存状态，保证物资设备及时供应，充分发挥周转效率。

e.定期对库房进行清理，保持库房的整齐美观，使物资设备分类排列，存放整齐，数量准确。

f.搞好库房的安全管理工作，检查库房的防火、防盗设施，及时堵塞漏洞。

g.完成仓库主管或采购经理交办的其他工作。

③ 出入库管理员。

a.在仓库主管的领导下，按收发货的相关规定，做好物资设备进出库的验收和发放工作。

b.收货工作包括：根据供应商到货通知，在货物到达后，收货人员应根据随货箱单清点收货；检查货品状况，如货物有严重受损状况，需马上通知主管并等候处理，如货物状况完好，开始卸货工作。

　　c.收货人员签收送货箱单，并填写所需相关单据，将有关的收货资料包括产品名称、数量、生产日期（保质期或批号）、货物状态等交给仓库主管。

　　d.做好退货或残品置换、收货等相关工作。

　　e.所有的出库必须有项目部授权的单据（授权签字，印章）作为发货依据。

　　f.接到公司出库通知时，出入库人员进行单据审核（检查单据的正确性，是否有充足的库存），审核完毕后，通知运输部门安排车辆。

　　g.出入库管理人员严格依据发货单发货，依据发货单核对备货数量，依据派车单核对提货车辆，并在检查承运车辆的状况后方可将货物装车。

　　h.装车后，司机应在出库单上写明车号、姓名，同时需要出入库管理人员、司机签字。

　　④ 记账管理员。按企业、项目部制定的有关货物出入库的规定，做好物资设备进出库的记账工作，做到账账相符。

6.2　采购管理要点

6.2.1　采购事前管理要点

6.2.1.1　采购策略管理

　　根据工程项目的不同，采用不同的采购管理计划。不论是什么项目，在项目的合同签订后，就应该根据物资的重要程度、可获得性、货值、交货期等特点制定针对性的采购计划。

　　① 对于属于政府采购范围的货物，应按照国家规定程序采购；对于通过招标方式采购的，应对招标进行计划安排。

　　② 对于长周期、高价值和特殊的货物，由于其对工程建设有着非常直接的影响，应该进行重点管理，其中管理精力的50％以上都应该放在该部分。

　　③ 对于一般性管理的采购货物，其总量往往可以占到总采购量的50％以上，如各种工程建设中所需要用到的设备、材料等，一般都需要承包商自己进行采购。在实际采购前，就应该制定详细的物资采购清单，并按照物资的急需程度安排采购。

　　④ 对于各种辅助性质的物资，其采购量往往较少，一般占到总采购量的10％左右，这些物资的技术含量较低，交货的周期较短，通常也是直接交给承包商进行采购。

　　此外，为了做好对产品质量的控制，减少物资采购过程中的成本投入，对相同的物资应该采用框架采购的形式，和一些信用好、产品质量高的供货商达成长期的战略合作，并签订框架协议。

6.2.1.2　采购计划管理

　　（1）采购计划的依据　采购计划应由采购经理负责编制，并经项目经理批准执行。采购计划是在工程总体规划的指导下，根据各种工程设计要求和规划，结合工程的进度安排，来编制对设备、电气、仪表、材料等物资的采购计划。

　　采购计划是根据设计单位的设计书和设计资料来进行编制的，在计划编制过程中，应该充分做好与设计人员的沟通工作，对有特殊要求的地方，应该及时进行备注，如果需要对采购计划进行修改，也应该做好与施工方的沟通工作。

　　采购计划中的技术招标、商务招标、资料批复、交货期等应该符合施工方的三级计划要求，还应该对物资的重要程度、制造周期、到场先后顺序进行确定，保证采购计划满足 MR 的要求。

　　（2）采购计划的内容　①计划编制依据叙述；②项目概况；③采购的原则，包括货物标包的划分策略、管理原则，技术、质量、安全、费用、进度的控制原则，材料设备交付原则等；④采购工作范围和内容；⑤采购岗位设置和主要职责；⑥采购进度主要控制目标和要求；⑦长周期设备和特殊材料专项采购执行计划；⑧催交、检验、运输和材料控制计划；⑨采购费用控制的主要目标、要求和措施；⑩采购质量控制的主要目标、要求和措施；⑪采购协调程序以及特殊采购事项的处理原则；⑫现场采购管理要求等。

6.2.2　采购事中管理要点

采购事中管理要点包括接受请购文件、确定采买方式、实施采买和签订合同或订单等工作。采购组、采购工程师应按照批准的请购文件组织采买，应根据采购执行计划确定的采购方式实施。由项目经理或采购经理按规定与供应商签订合同或订单。

6.2.2.1　采购招标管理

选择采购供应商应严格按照招投标法、政府采购法的有关规定进行。EPC 承包范围的材料、设备的采购一般按照招标采购、询价采购、单一来源采购三种方式进行。

（1）招标采购　在实际材料、物资招标过程中，一定要秉持公平、公开、公正的原则。公开招标的形式适合对各种物资的招标，但由于竞标方的人员数量比较多，招标的风险也往往较高。

邀请招标属于竞争招标的形式，经常向一些特定的厂商邀请竞标，虽然不能保证竞争的充分性，但由于建筑工程的设备和材料很多属于非标准形式，对这类物资适合采用这种招标的形式。

（2）询价采购　询价采购也是当前工程采购中经常采用的形式，对每个供货商要求其进行报价，且不允许其改变报价。这种采购模式非常适合货源充足、技术标准统一、市场比较成熟的产品物资采购，工程物资较少采用此方法。

（3）单一来源采购　单一来源的采购往往只需要和一家供货商建立采购关系，这主要受制于产品供应的限制，例如对于零星的、短缺的、技术专有专利或技术因素影响较大的设备、材料以及发生不可预见紧急情况下的需求，采取直接和供货商进行谈判的方式进行采购。

6.2.2.2　采购建造管理

（1）催交催运　采购经理应组织相关人员根据设备、材料的重要性划分催交的等级，制定催交计划方案，并组织实施。催交内容有设备设计图纸进度、制造进度、运输计划等，催交方式包括驻厂催交、办公室催交、会议催交以及其他方式。

催交、催运是在合同签订完成后，催促供货商按时进行交货。从合同的签订到货物的到达期间都属于催交、催运的管理工作范畴。对于 EPC 项目的采购来说，催交、催运是一项非常重要的工作，其催交的工作量往往需要占到总采购量的 30% 左右。采购部门往往都有自己的催交、催运工程师，专门负责对物资的催交、催运，及时掌握供货厂家的生产情况，合理规划交货流程，保证各种采购物资正常到货。

（2）监造检验　为了进一步确保物资的生产质量，降低采购物资出现质量问题的风险，采购管理方往往会派人员专门负责对供货厂家的物资生产质量进行监督，及时发现物资生产中存在的问题，提前采取措施，最大限度保证物资的生产质量。

工程设计提出的采购技术规格要求是材料设备采购的技术监造依据。设备监造（检验）需根据合同中设备的性质及设备生产方式的不同，将设备监造（检验）按监造频次、监造方式的不同分为一级、二级、三级和免检（或现场检验）四类。不同设备采用不同的监造方式，分别采用驻厂监造、巡回监造、原材料和图纸资料的审核、出厂检验等措施。同时，各设备的监造频次也根据生产的实际情况、生产厂家的地域分布情况和不同的设备有机结合，灵活掌握。

6.2.2.3　运输交付管理

（1）运输管理　运输管理也是物资采购管理的重要组成部分，包括从制造厂到施工现场的包装、运输、清关、保险等活动。采购组织应编制运输计划并实施，对包装和运输过程进行监督管理，对于超限和有特殊要求的设备、材料应编制专项运输方案。对于国际运输应依据采购合同、国际公约和惯例进行，办理报关、商检和保险手续。项目运输和传统运输有着很大的区别，其货物量比较大，运输周期较长，运输的实时性要求较高，运输管理难度较大，需要相关人员根据物资运输的实际情况，认真制定货物运输流程，最大限度保证各种物资顺利到达现场，保证物资的经济性、安全性和及时性。

（2）现场交付　采购部人员在施工现场对物资及相关资料进行现场验收和移交；进行现场工作的移交，双方就有关物资问题进行清楚交代；进行设备材料的投入验收及决算等工作。现场交付工作应由采购经理派驻现场的采购代表、驻现场的仓储工程师、业主方的现场工程师、供货商代表共同进行。现场交付管理工作要点包括：

① 货物进场前准备、进场车辆安排、货物装卸、货物清单的核对、货物清点、交货文件清点、货物外观检查等；

② 供货商现场服务的落实，包括服务范围、服务时间、服务费用等按合同约定落实，协调工作由承包商的现场采购代表负责；

③ 供货商的后续评审报告是采购部门对供货商在采购过程中的各个环节工作的评价，对其做出综合评价，为今后供货商的采用提供参考依据。

（3）仓储管理　项目部在施工现场设置仓储中心，并设置仓储管理人员，负责仓储管理工作；设备、材料入库前进行开箱检验，办理入库手续；开展入库、保管、盘货和发放工作。仓储管理工作要点包括：

① 根据设备、材料的类型，设置不同等级的库房设施和临时堆场；

② 仓储人员的设置要合理，尤其是在进货、施工高峰期应保证仓储人员的绝对充足，满足进货、出货的需要；

③ 制定仓储岗位管理制度，明确岗位分工、规定岗位职责和绩效考核制度；

④ 建立物料编码方法和物料编码数据库，实现仓储信息化；

⑤ EPC公司应建立仓储顾问委员会，为仓储的工作规划、制度建设出谋划策。

6.2.3　采购收尾管理要点

采购收尾阶段是指采购全部履行完毕或采购因故暂时终止所需进行的一系列管理活动。重点工作包括：

① 检查是否符合采购合同闭合的条件以及采购合同闭合的工作；

② 采购结算；

③ 索取保险赔偿金或违约金；

④ 对采购有关的档案、资料进行整理、归档；

⑤ 采购工作的总结及对项目采购工作的评价。

6.3　采购管理策略

6.3.1　采购信息沟通

（1）加强对采购信息的沟通

① 采购相关方的信息沟通。在EPC总承包项目的采购管理工作中，当设计提出项目变

更时，会导致采购计划发生变化，这就要求 EPC 总承包项目的采购管理人员与设计及时沟通交流，并做好书面记录。在设备购买、设备催交以及设备运输等环节，EPC 总承包项目的采购管理人员与设备供应商之间的信息沟通包括对供应商名单的拟定、项目投标问题上的答疑、确定中标单位以及项目合同签订等，另一方面还要对设备生产计划的监督、设备的监督制造、设备的厂验、催交以及设备运输过程中的信息等进行全方位的沟通。在整个施工过程中，做好设计与施工之间的良好衔接。

② 采购各阶段的信息沟通。采购管理人员与设备设计之间的信息沟通，包括设计人员向采购管理人员提交设备请购单，对投标单位技术文件的审核评估，与设备相关的重要资料以及设计图纸的确定等信息的沟通；采购管理人员与项目施工现场人员的信息沟通，包括设备运达施工现场的时间，对设备的检验、对接以及设备质量售后服务的信息沟通；采购管理人员与试运行人员之间的信息沟通，包括对设备试运行需要的文件资料以及备用品、备用文件的确认，设备试运行的检查，试运行过程中可能发生的问题等信息的沟通。

（2）构建采购网络信息系统　随着 EPC 总承包事业的发展，采购任务越来越多，采购物资量持续增加，同时，业主赋予总承包人很大的采购权力，这给企业的材料设备招标管理提出了更高的要求。如果采用传统的招标管理方法，无法及时对各种信息进行收集，对信息的处理速度较慢，极大影响了招标工作展开的质量和效率，还可能因为信息不透明，造成各种违规招标行为的发生，让承包企业遭受很大的经济损失。为了有效对该问题进行解决，提高工作效率，应该根据承包企业的实际需要，积极构建网络采购系统。网络信息系统主要由合格供应方数据库系统、网络采购系统、评标专家库计算机管理系统和计算机评标系统组成。总承包企业可以及时将自己的招标信息发布在网络采购系统平台上；通过对各供应商的反馈汇总，可以选择恰当时间召开自己的招投标会；通过计算机评标系统，可以根据招标信息的具体情况，对各投标企业进行综合打分。这样能够帮助工程总承包企业降低招标选择供应商的难度，找到最合适的供应合作伙伴。

6.3.2　采购整合管理

6.3.2.1　严格采购各环节的控制

在 EPC 项目采购管理工作中出现的问题，往往是由多方面因素造成的，因此，就得要求采购管理人员在设备发货之前，对各个环节加以监督管理。只有严格控制好采购过程中的各个环节，才能确保采购设备的整体质量。具体可以从以下几方面进行控制。

① 对供应商的选择，把供应商在市场上的占有率作为选择依据。在选择设备供应商时，应当选择在市场占有率排名前十的设备供应商，应当把市场占有率作为评价供应商的重要参数。

② 在对设备进行评估时，应当判定厂家生产的设备是否满足相关标准，设备设计图纸是否满足实际需求，以此做好全面调查。

③ 建立企业经验数据库。很多企业对经验总结工作不够重视，导致在一个坑里出现多次摔倒的情况。企业经验数据库应包括各厂家曾出现过的问题以及对于问题是如何处理的，从而得到那些经验教训等。不定期对数据库里的资料进行评判、研究分析，确定哪些经验教训应当融入管理文件中，逐渐形成相关制度，进而对 EPC 项目采购管理机制进行优化。

④ 工厂监造是提高设备质量的重要环节。在选择监造人员时，应当聘用经验丰富的专业人员；根据监理验收标准，对产品进行全面检查；在监造过程中，应当依据相关规范及设备图纸要求，对产品进行严格检查，对产品尺寸数据以及产品包装效果进行全面检查。

⑤ 制定设备质量证明文件模板，作为合同内容的附件，详细到合同的每项内容；定期地对供应商资信审核进行评估，对于评估结果较差的供应商应当取消考虑资格，对于虽然出现问题，但是能及时改进的供应商，应当有针对性地进行第三方资信审核。

6.3.2.2 强化采购前后接口管理

（1）采购和设计的衔接 项目设计的好坏对项目的成败有着非常直接的影响，其主要体现为各种设计图纸和方案的质量好坏。为了充分保证工程的设计质量，一定要做好对工程设计质量的审查工作，严格审查厂家所提供的各种设计资料，这对后期采购管理工作的开展，都有非常直接的意义。

在项目的设计之初，设计人员就应该做好和采购管理人员的沟通，及时进行采购技术交底，详细介绍本工程在采购过程中需要注意的地方，并根据采购市场的现状，合理设计采购资料。

在项目的采购过程中，应该认真根据 MR 等设计文件进行技术的交流和评标工作。在采购订单下达后，供应商就应该及时对设计资料进行审核，并对设计进行完善。

（2）采购和施工的衔接 采购和施工之间的关系往往是最为密切的，在项目开展过程中，更是环环相扣。一个高质量的采购管理方案，不仅应该满足经济性的要求，还应该满足工程开展的进度要求。

① 在实际施工过程中，施工部门应该做好和采购部门的沟通工作，根据项目开展的进度，要求采购方设计合理的采购计划，并对采购计划进行严格的审批，最后交给现场经理或者供货商。

② 如果在工程施工过程中出现了现场变更的情况，就会对采购工作的开展造成较大的影响，因此应该及时和采购部门进行沟通，及早发现问题，及时进行解决，避免对工程进度和质量造成影响。

③ 施工部门应该做好对到货的检验工作，及时发现采购产品的质量问题，及时进行解决。

6.3.3 采购成本控制

（1）健全采购制度 建立完善的采购制度是控制采购成本的有力保障，通过既严格又健全的采购体系及程序，确保 EPC 总承包项目的采购管理人员在采购过程中依法合规，有利于规范招标环节，实现招标公开、公正以及公平的原则，同时，还能对整个采购过程进行有效监督，避免采购人员做出违法行为，进而影响到企业社会信誉及造成经济损失。

建立与设备、材料价格有关的评价指标，定期对采购的设备以及材料价格的数据信息进行收集整理，以此建立与价格有关的数据库，以便在采购设备时，可以对其进行参考；对于较为重要的设备、材料应当不断优化，进行再次的评价，同时，应当不断寻找供应商资源，对多家供应商设备价格进行比较，从而降低设备采购费用。

（2）建立供应商档案库 建立科学合理的供应商档案管理体系，是降低采购成本的重要依据，从实际上降低采购成本费用。对供应商档案信息及时更新，制定严格考核程序及考核指标，对供应商进行评估，评价合格的供应商才有资格进入供应商库。

在 EPC 项目管理过程中，信息资源的有效管理对于有效开展工程项目是非常重要的，在对信息管理过程中，要实现信息功能与价值的合理调配，科学合理地控制信息流向。

在 EPC 项目管理过程中，信息管理与资源管理在本质上是不同的，在管理过程中，应当对有价值的信息资源加以处理，其中包含着多种因素，比如信息技术以及生产者信息等。在 EPC 项目管理过程中，对各种信息进行有效控制及协调，为 EPC 项目管理工作提供一定的信息支持。

6.3.4 实施集成采购

EPC 工程总承包的三个环节，在缺乏设计能力和强大的采购网络的情况下，通过利用集成商，可以帮助我们克服在 EPC 总承包工程实施过程中资源的矛盾。EPC 工程从项目决策、设计、采购到组织施工生产，需要大量的技术、劳务以及资金、物资和管理资源，如企业短时间内掌握所有这些资源较为困难，那么通过应用集成管理，对总承包工程项目所需资源的集成，可以使总承包所需资源达到最佳整合，优化结构，调整关系，以求得整体功能上的扩张。

6.4　采购管理方式与技术

6.4.1　采购管理方式

现代采购管理方式主要包括供应链采购（SCP）、准时化采购（JIT）、物料需求计划采购（MRP）、订货点采购（OPP）、电子商务采购（EOP）等。在此仅简要介绍供应链采购和准时化采购。

（1）供应链采购管理　供应链（Supply Chain）是指将供应商、制造商、分销商直到最终用户连成一个整体的功能网链结构。供应链采购的经营理念是从购买者的角度，通过企业间的协作，谋求供应链整体的最佳化。供应链采购作为一种各成员之间的采购模式，具有库存量小和及时性的特点。因为其要求采购者及时、有规律地向供应商传递自己的信息，从而确保供应商能够在短时间内进行有效的商品调整，保障了供应链的时效性和不间断性。将供应链采购机制融入 EPC 项目当中就是根据项目目标的实时需求，在供应链上获取相应的设备、材料、技术等的过程。

成功的供应链采购管理能够协调并整合供应链中所有的活动，把这一过程当中的每一个点都作为管理的对象进行统一的管理，最终成为无缝连接的一体化过程。这样进行管理周期比较短，效率也比较高，竞争强，对抗风险的能力比较强，对于降低企业的成本以及提高企业工作效率十分有利，所以被越来越多的企业应用。

（2）准时化采购管理　准时化采购（Just In Time procurement，JIT）是由准时化生产（Just Time）管理思想演变来的，其基本思想是把合适的数量、合适的质量的物资在合适的时间供应到合适的地点，以更好地满足用户需要。准时化采购和准时化生产一样，不但能够满足用户的需要，而且可以极大地消除库存，最大限度地避免浪费，从而极大地降低企业的采购成本和经营成本，提高企业的竞争力。

正由于准时化采购对提高企业经济效益有明显的效果，20 世纪 80 年代以来，西方经济发达国家非常重视对 JIT 采购的研究和应用。根据统计资料，到目前为止，绝大多数的美国企业已经开始全部或局部应用准时化采购方法，取得了良好的应用效果。

准时化采购作为一种新兴的采购方式，正逐渐被越来越多的企业在实际的工程项目中所采用。准时化采购可以有效地降低采购成本，为工程项目的进度提供有力的保障，具有巨大的发展与应用潜力。在工程项目中应用该采购方式，可以保证工程项目的顺利实施，提高企业的综合竞争力。

6.4.2　采购管理技术创新——BIM 技术

在 EPC 项目中，设备材料采购金额一般占工程总造价的 65％ 左右，因此，采购影响到整个工程的工期以及成本，对采购工作实施有效、精准的管理十分重要。BIM 模型在采购上的运用可以进一步发挥 EPC 的优势，提高采购与设计、施工之间及各个阶段之间的协同程度。

（1）可提高采购方案的适用性　在 BIM 模型中，由于将采购纳入设计阶段，所以设计与采购工作同步进行，设计工作完成时，采购的大部分工作也相应结束。在施工阶段管理者可以根据设计、采购工作对施工可行性进行充分研究，并将研究结果反馈给设计、采购工作者，设计人员根据反馈信息对原有设计方案进行修改和优化，这样有利于提高设计方案的可行性和材料设备的适用性，有利于施工前的设计优化，在极大程度上减少了施工开始后的设计变更，更好地降低了工程成本。

（2）可提高资源的利用率　基于 BIM 建立的是一个设施（建设项目）的物理特性和功能特性的数字化信息模型，在采购阶段，BIM 模型能够详细地提供各分部分项工程的工程量及人、材、机信息，利用 BIM 平台对建筑供应链进行全过程的信息管理，采购部门、供应商、工程部能够对材料信息进行管理，极大地提高了资源的利用率，减少了浪费，对资源的进度管理也更加全面和专业。

（3）可提高采购管理的透明度　BIM 是一个共享的知识资源，分享有关建设项目的信息平台，集成了对施工材料的跟踪、计算统计、采购管理等功能，可实现业主与总承包商的信息共享与沟通，保证了材料采购管理的透明度。另外，利用建立的三维模型可以进行材料采购保管的精细化、流程化管理，明确各参与方的责任权利关系。

（4）可促进各参与方的协同作业　BIM 建筑信息模型是以建筑信息为依托，集成了建设工程项目物理特性和功能特性的数字化模型。在项目的不同阶段，不同利益相关方通过在 BIM 中插入、提取、更新和修改信息，以支持和反映其各自职责的协同作业。BIM 技术为 EPC 项目的各个实施阶段提供决策、管理的依据，成为协调设计、采购、施工的技术平台。设计、采购、施工基于 BIM 信息协同平台能够形成更加合理的交叉运行机制，相互协同。在信息协同平台下设计、采购、施工的关系见图 6-3。

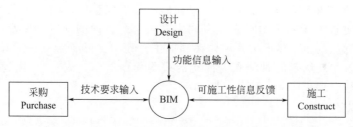

图 6-3　在信息协同平台下设计、采购、施工的关系

6.5　采购管理实践案例

6.5.1　全过程项目采购管理实践案例

【案例摘要】

以某中方工程建设公司在海外承包的工程项目全过程采购的实践为背景，总结了他们在承揽的第一个项目全过程采购中所存在的管理问题，并针对缺陷制定出相应的改进措施，为后续工程采购任务的顺利完成奠定了基础。

【案例背景】

中方某工程建设公司自首次承接了海外某业主 EPC 工程总承包项目以来，近年已先后按期成功交付了 7 个总承包项目，获得建设方的一致好评。

【项目特点】

中方某工程建设公司总承包项目有如下特点。

① 合同条款采用 FIDIC（国际咨询工程师联合会的法文缩写）条款，这就要求总包单位在签订合同前要非常熟悉 FIDIC 条款，同时业主也有自己的管理团队（PMT）。

② 项目业主提供了适用于总包项目采购的合格供应商名单（Approved Vendor List，

AVL)，该名单上的合格供应商遍布全球。原则上总包单位必须从 AVL 中选择供应商，AVL 是总承包合同重要的组成部分，业主对供应商的选择具有绝对的控制权，总承包商对于供应商没有太多的选择余地，这就要求总包单位有整合全球采购资源的能力。

③ 采购必须遵守业主提供的标准和规范 SES (SABIC Engineering Standard)。SES 以国际通用 ASMI 和 ASTM 标准等为基准，由欧美工程公司于早期结合该国当地地理位置特点（靠近海边，对防腐蚀要求高）、气候特点（高温、风沙大）和工厂工艺条件编制而成，对产品的技术和自动化程度要求较为苛刻。总承包单位在投标报价阶段一定要认真研究业主所附的 SES，避免报价漏项。

④ 要重视项目三级进度计划编制工作的科学性和重要性。项目三级进度计划一经公司批准就很难再次申请修改。业主项目管理高层都是通过自己派出的项目管理团队（PMT）上报的项目进度图表来了解项目进展的情况，一旦项目前期三级进度计划编制得不科学，在项目实际运行阶段将面临非常被动的进度相对滞后问题。业主对项目进度的考核就是围绕各项目上报的项目三级进度计划开展的，所以项目三级计划的编制一定要科学、合理、可操作性强，要经过充分的论证，绝不能冒进。

⑤ 安全生产永远是第一位的，现场所有施工组织必须严格遵守业主的安全作业规程。根据总包合同约定，PMT 安全经理有权对不安全生产行为随时采取停工的处罚措施，PMT 安全人员的工作不受 PMT 项目经理的约束。

【项目采购流程】

（1）项目启动阶段的采购管理

① 建立健全项目采购程序文件。项目启动后，总承包单位采购团队在项目采购经理的领导下，要第一时间认真学习 EPC 总包合同中有关采购方面的条款和要求，充分理解业主对项目采购工作的控制程序和审批要求。在和业主开完项目开工会（KOM）后，采购团队要按照开工会会议纪要约定的时间和需提交的采购程序清单，编制项目采购管理程序并报批。需编写的采购管理程序文件清单一般如下：

a. 采购实施方案；

b. 催交程序；

c. 供应商工厂检验试验程序；

d. 材料控制程序；

e. 仓储管理程序；

f. 运输和清关程序；

g. 现场采购程序；

h. 备品备件管理和交付程序。

上述采购程序经业主 PMT 批准后发布实施，采购程序文件的发布实施有效避免了因项目采购流程不清晰以及与业主工作界面模糊所带来的扯皮和推诿现象，是项目启动阶段很重要的工作，一定要引起项目经理和项目采购经理的高度重视。

② 建立健全项目采购作业文件。在完成项目程序文件报批的同时，项目采购团队要编写供项目内部使用的采购作业文件。主要的采购作业文件清单如下。

a. 项目供应商名单。根据业主提供的合格供应商清单，EPC 总承包单位要按照项目的工艺特点筛选出适用于本项目的合格供应商名单。筛选的原则是首先选择中国合格供应商，其次选择当地合格供应商，再次选择性价比较高的如印度、韩国等与中国邻近的供应商，最后再选择欧美地域的供应商。

编制项目合格供应商名单的目的是在询价阶段至少保证要向五家性价比较高的合格供应商发出商务询价文件。在技术评标完成后，确保至少有三家合格供应商进入商务比价并最终采购到性价比高的理想货物（专利设备和业主在 EPC 合同中指定的独家采购供应商除外）。

b. 项目采购进度计划。项目采购进度计划是在项目三级进度计划的基础上编制而成的，计划内容包括接收到技术询价文件时间、发出商务询价文件时间、报价截止时间、供应商技术交流和澄清时间、技术评标时间、商务评标时间、中标供应商的批准时间、发中标通知书时间、合同签订时间、货物发运时间、运输时间、到达现场的时间、现场安装时间等所有关键时间节点。

采购计划一般又分为两个部分，即长周期及关键设备采购计划和普通设备采购计划，项目采购计划编制得科学与否直接决定了项目采购活动成功与否，这也就要求采购团队要全程参与项目前期三级进度计划的编制工作，确保采购进度计划与项目三级进度计划保持一致，并确保所采购的设备/材料的到场时间与现场安装时间有 2 个月的富裕时间。根据前几个中方总包项目采购实际执行的情况来看，长周期设备的标准采购周期为 3 个月，普通材料类为 2 个月，复杂的控制系统（如 DCS 等）及包类设备则需要长达 4 个月的周期。

很多项目采购工作失控往往有一个共同的特点，即前期不重视计划的编制，项目采购经理甚至不参与项目前期总体计划的编制，造成项目三级进度计划没有安排合理的项目采购周期，从而在项目执行阶段采购管理工作处处被动，从项目开始一直到项目完工，采购工作一直都是处于滞后的状态，也一直处于挨批的状态。

c. 进口合同货物免税清单。在采购进度计划完成后，采购团队要根据采购计划清单编制进口货物免税清单报当地海关备案和批准，以便在清关时享受免税。根据当地海关的规定，一般需提交两类免税清单：一类是设备/材料类清单；另一类是化学试剂、润滑油类等清单。免税清单的提交时间是在首批进口货物到目的港前 6 个月。免税清单提交审批后的有效期为 1 年，且允许在 1 年内 4 次修改和重新提交。

d. 商务询价模板。符合国际采购标准的 RFQ（报价请求）模板一般由以下文件组成（文字语言为英文）：技术部分，由设计专业提供 MR（Material Requisition，通常，对于 EPC 项目，设计专业在提出材料表的同时，对采购专业提出相应的技术要求）文件；商务部分，包括投标须知（包括投标确认函、截标时间、技术和商务报价要求等），商务合同，合同货物检验、验收要求，包装、唛头（商标、标记）、运输要求，供应商的现场服务、培训要求。

编制一个高质量的 RFQ 文件可以大大缩短采购周期，减少双方商务澄清的时间，避免很多不必要的重复工作。

e. 供应商的现场服务计划模板。包括现场服务计划（服务各阶段的服务内容、计划人月数、派出人员构成等）和培训计划（现场培训和特殊培训的培训内容、培训人月数、培训师的构成等）。

（2）项目实施阶段的采购管理

① 采购谈判。该项目业主在项目招标阶段对总包方采取的是价格多轮谈判的策略，即各总包单位在技术标审查通过后，要在规定时间内递交商务标书，业主对有竞争性的价格采取多轮谈判的策略，以把价格压至最低，原则上选最低价者中标。该定标方式往往花费时间较长，且需多轮谈判。该公司采取和 SABIC 相类似的谈判方法，不同之处在于中方公司只针对性价比最高的一家进行谈判且把时间控制在采购计划时间内，尽快确定中标供应商，以使整个项目进度受控。

对于在业主提供的合格供应商名单里，和中方公司或业主签有框架协议的中标供应商，中方公司原则上采用双方签订的框架价格，以省去采购谈判的时间。

② 采购开工会。对于长周期设备、包类设备和专利设备供货合同来说，开工会是非常关键的必不可少的一项内容，开工会的召开对合同的顺利执行和按期交付起着非常关键的作

用。开工会的召开可以使总承包方有效地掌握供应商的设计文件和其他程序文件提交的计划以及分包商货物交付的计划，是合同货物的设计、制造和最终交付进度的有力保障。同时，采购实践证明，编制标准的开工会制度程序文件和开工会会议纪要模板是提高开工会质量的重要保证。

通过开工会，三方（买方、卖方和业主）可以明确以下内容并形成会议纪要：

a. 对标准和规范进行技术交底，确保供应商能更好地理解技术要求和供货范围；

b. 审核供应商提交的总体进度计划（包括设计、分订单、制造和交付进度），确保各进度节点满足项目进度计划要求；

c. 审核供应商提交的设计文件、检验试验程序清单及交付计划，该计划时间是催交专业定期催交供应商文件的重要资料；

d. 审核供应商的月进度报告模板的内容，约定月进度报告内容的截止时间和进度报告提交的截止时间；

e. 明确双方文档控制及各专业的联系人和联系方式，明确卖方的项目经理人选，极大地提高了各专业的沟通效率；

f. 明确合同货物的预制、装配或发运所在地，明确各分包商所在地。

注：关键和长周期设备的开工会一般由业主、买方和卖方三方共同在买方所在地召开，开工会召开的时间一般是在合同生效后4周内。

③ 采购预检会。在合同货物原材料到场、工厂具备预制条件后，根据检验试验程序，要召开预检会，预检会是控制产品制造质量的重要会议，通过预检会的召开，可以实现如下质量控制目的：

a. 确保供应商以及分包商在开始预制前完全理解制造标准和检验标准及要求；

b. 业主、买方、卖方三方共同审核卖方提交的检验试验计划并最终批准实施；

c. 明确卖方质量检验人员需具备的资质；

d. 明确三方负责检验工作的联系人和联系方式，明确卖方的质量经理人选；

e. 明确检验通知的格式和要求提前通知的时间，以便业主和买方有足够的时间安排人或委托专业第三方准时参加工厂的检验活动；

f. 明确供应商产品制造手册所需涵盖的质量证明文件；

g. 通过对供应商车间硬件（机具、装备等）和管理软件的实地调研以及对以往同类产品质量证明文件的审查来评估供应商的质量管理水平，对不足之处提出整改意见并限期整改；

h. 通过对供应商生产车间的实地检查落实供应商的生产负荷情况，确保合同货物能按期交付，对发现工作负荷饱满的情况，要及早提出预案。

注：关键和长周期设备的预检会一般由业主、买方和卖方三方共同在卖方生产车间办公室召开。

④ 采购催交。在项目业主与中方公司签订的EPC总包合同中，业主明确规定项目要设专职催交经理和催交人员，业主对采购催交工作非常重视。在已交付的前两个EPC总承包项目中，催交工作没有引起公司足够的重视，也没有设专职的催交岗位和人员，这不但引起业主的不满，而且导致了在合同履行过程中各采购信息脱节的情况。

项目催交工作包括全过程的催交，从设计发出询价文件MR开始一直到货物和供应商资料全部交付现场，它既包括对项目内部的催交（及时发布MR、签订合同，按时批准供应商的文件，及时安排监造和货物运输、订船、清关等），也包括对外部供应商和业主的催交（对供应商的文件和制造进度以及对业主审批文件进度的催交）。催交的关键工作体现在以下几类状态报告中。

a. 采购状态报告，反映采购活动是不是按采购计划进行。

b. 供应商的月进度报告，反映供应商是否有滞后的情况。

c. 交付状态报告，反映所采购的设备/材料是否能按时交付现场。

d. 催交报告，由催交工程师根据每次工厂催交的内容编写的合同货物状态。根据催交的关键性等级和重要性程度，催交工程师通过以下方式实现催交工作：邮件和电话催交，适用于例行性催交；到供应商工厂通过召开会议的形式催交，适用于出现黄色预警信号的状况；驻厂催交，适用于出现红色预警信号的状况。

注：根据 SABIC 总承包合同要求，合同货物要在安装时间前 2 个月交付现场，出现交付滞后不满足 2 个月要求的，在采购计划交付时间一栏会出现黄色预警颜色，不满足提前 1 个月交付现场的将出现红色预警颜色。

（3）项目收尾阶段的采购管理

① 组织供应商的现场服务和培训。合同货物现场安装就位后，采购人员要根据供应商现场服务和培训计划组织供应商按时到现场提供安装、调试和试车服务，如果业主与总包商签订的合同中约定有针对特定产品的培训要求（如 DCS 等），采购团队还要和业主协商确定培训的时间和内容并及时提供对业主操作人员的培训。

② 备品备件的移交。在项目机械竣工后，采购经理要组织仓储管理人员进行移交工作。移交工作要按照业主的程序分类进行，对移交的备品备件要按照业主提供的电子表格填写备品备件的所有信息并负责录入 SABIC 业主的备品备件管理系统（SABIC 业主会提供相应的系统操作培训以确保录入的信息准确无误）。最后，双方在完成备品备件和专用工具实物的移交后在交接清单上签字确认。

【执行采购流程中存在的问题】

（1）投标报价阶段的采购问题

① 选择报价供应商问题。第一个承包项目的投标报价期间，概算询价文件组合发给了有过合作关系的供应商（没有完全按照 AVL 进行概算询价），在收到国内供应商报价后按照两国的汇率考虑了一个安全系数（1.8 系数）作为概算价格。确定 1.8 系数后发现非常不科学，一是不在 AVL 中的供应商不了解业主的设计、制造技术标准，使得报价严重失真；二是报价阶段没有识别出项目独家或垄断供应商（针对改造项目有些设备只能选择原有的供应商以保证设备的兼容性，事实上形成供应垄断），垄断供应必然价格超概算。

② 投标报价漏项问题。第一个项目总承包商在投标报价阶段没能够认真研究业主所附的 SES，为此，中方公司钢厂项目的 CCTV 系统、污水降苯项目的变电所空调系统等都因没有认真理解相应的 SES 导致投标阶段报价漏项，最终实际采购价格比原投标价格高出 5～6 倍。

（2）项目启动阶段的采购问题

① 忽视了采购计划进度的编制。在承揽业主的第一个项目的启动阶段，采购计划的编制并未能引起总承包商的重视，也没有进行采购进度的 WBS 分解（造成合同签订后供应商设计文件管理失控，并进一步影响了设计进度），而是根据控制经理编制的项目三级进度计划被动安排采购进度，由于控制经理对采购周期安排得不尽合理，使得项目采购合同周期小于实际采购周期，造成采购进度从一开始就处于滞后状态，进度的滞后积累结果影响了整个采购进度，甚至导致项目进度失控。

② 没有编制供应商名单。在第一个项目启动阶段总承包商由于没有编制合格供应商的名单，凭采购工程师个人经验和偏好在 AVL 大范围选择供应商，询价阶段只选择两三家供应商，低于发给五家合格供应商的标准，导致技术评标后个别产品只有一家入围，形成了事实上的独家采购，此时再想引进其他合格供应商已没有时间进行技术交流和澄清，给后续的

商务价格和合同条款谈判带来很大的被动，导致最终采购的合同货物价格较高，成本控制不理想。

③ 没有编制商务询价文件。中方公司以往也出现过向供应商进行邀标时，没有编制商务询价文件，只把设计部门编制的技术询价文件发给供应商，供应商只能根据自己的报价格式提交报价文件，在合同价格达成一致且授标的情况下，供应商往往对刚收到的合同条款和付款比例提出非常苛刻的条件，对中方公司形成了非常不利的局面。

（3）项目实施阶段的采购问题

① 未重视采购合同开工会。设计发布的设备技术数据表内注明询价物资重要性的等级CR，业主将物资等级划分为五个级别，等级由低到高分别为 CR 0～CR Ⅳ，由于 CR 和物资检验等级 Level0～Level4 是一一对应的，CR 确定后，物资检验等级也就确定了，所以业主对设备的重要性等级划分十分重视。

在第一个项目中，总承包商未能重视采购合同签订后的开工会议，仅仅组织召开了重要等级 CRⅣ 的采购开工会，没有召开 CRⅡ～CRⅢ 的合同物资的开工会，导致一些需要在开工会上明确的问题没有明确，致使采购合同执行阶段困难重重，严重影响了设计的进度，并最终导致合同货物的迟交。

② 忽视了项目预检会。由于物资检验等级 Level0～Level4 是和 CR 等级对应的，根据业主规范要求，Level2 及以上的物资都要到供应商工厂所在地召开预检会，但中方承包商仅组织了检查等级为 Level4 的现场预检会。由于未按照要求组织等级为 Level2 及其他合同物资的预检会，对于供应商提供的检验、试验程序和审核就无法履行三方会审程序，对供应商检验试验和验收要求的管理带来了困难。

③ 采购部没有设置催交岗位。长期以来，中方公司采购部岗位序列没有设置催交工程师岗位，催交工作实际上是由各专业采购工程师分担，但采购工程师来进行催交工作并不专业且催交工作具有一定的局限性，使得催交工作形同虚设。由于未设置催交工程师岗位，业主从项目开始一直投诉到项目结束。由于没有催交岗位，不能及时掌握供应商的实际进度情况，造成采购合同执行率低。

（4）项目收尾阶段的采购管理　在第一个项目中，由于在投标阶段忽视了项目业主招标文件中对业主操作人员提供培训的要求，中方公司在第一个项目的报价中就遗漏了对业主培训的报价，在实际采购阶段才发现业主在总包合同中对 DCS 要求提供三级培训。一级培训是到供应商工厂所在地参加理论培训，二级培训是到供应商工厂所在地进行模拟操作培训，三级培训是在 DCS 调试完成后到现场进行控制系统实际操作培训。由于 DCS 是业主指定的独家供应商，导致上述培训费用报价高达 60 万美元，这给项目采购成本的控制带来了非常大的压力，也给中方公司上了非常生动的一课。

【执行采购流程存在问题的应对】

（1）建立技术询价文件 MR 的校核制度　根据第一个项目出现的报价漏项问题，为后续工程顺利开展制定了两条有针对性的措施，提高了 MR 的质量：一是对于业主招标文件组织团队研究其项目范围，对供货范围有异议的及时誊清，杜绝因为供货范围不清而造成报价漏项问题；二是为保证概算报价的技术询价文件 MR 的质量，提高概算技术报价的准确性，对概算报价版 MR 采取设、校、审三级审核制度。

（2）建立项目合格供应商三级审核制度　针对第一个项目在选择供应商方面管理混乱的情况，总承包商狠抓供应商管理，在下一个承包的项目报价阶段编制的概算供应商名单基础上，组织编写合格供应商名单，由项目部审核通过后报公司采购部审核，采购部组织各采购专业责任人审核，审核通过后，报业主审核批准，正式发布实施。坚持一些原则：①除保留概算报价阶段已有的合格供应商以外，采购团队应依据设计编制的物资的重要等级，综合考虑供应商所处位置等因素，从名单里增补有良好业绩的供应商；②以供应商不少于五家为原则，确保技术评标 TBE 完成后，至少有三家符合技术标要求，进入商务报价；③严格执行公司的供应商资格预审制度，确保海外供应商有资质认证（如 ISO、ASME 等）；④对垄断供应商和独家供应商区别对待，对于与业主签订合同框架的供应商，借助业主的支持尽量使用业主框架价格。

（3）建立项目采购计划的校审制度　针对第一个项目暴露出的不重视编制采购计划从而导致项目三级进度计划不合理的问题，采购部在下一个项目中对采购计划采取三级会签制度，即编制者、审核者和批准者会签，根据第一个项目采购周期的实际数据，延长了采购周期，确定了关键采购路径和里程碑，在控制经理统一协调下，经过设计、采购和施工计划的多次对接、调整，最终将采购计划确定下来。

（4）设置采购专职催交工程师岗位　针对第一个项目由于总承包商在采购管理中没有设置催交工程师的岗位，不能满足业主要求，致使大量货物不能按时到达现场的问题，总承包商设置了催交工程师岗位序列，制定了催交工程师的岗位职责：①对设计按计划发布 MR 的内部催交；②对供应商按 PMT 及时提交图纸和程序文件的外部催交；③对设计与业主 PMT 及时审批供应商图纸和程序文件的内部催交；④对供应商按进度计划及时签订原材料等分订单的外部催交；⑤对供应商的分订单材料按时交付的外部催交；⑥对供应商生产制造进度的外部催交；⑦对检验进度的内部催交；⑧对国际运输的外部催交（订船、清关）。

同时，明确了催交的工作流程，明晰了与其他专业（设计、采购、监造、文档控制等）的工作界面，使采购催交工作有章可循。

（5）严格按要求组织开工会和预检会　由于第一个项目没有严格按照设备重要性等级要求召开开工会和预检会而带来一系列问题，总承包商对设备重要性等级为 CRⅡ 以上的项目物资制定了开工会和预检会计划，并把供应商文件交付管理纳入项目进度管理 PMC 范围。为规范供应商的开工会和预检会流程，采购部梳理了海外项目采购流程，编写了用于指导开工会和预检会的会议议程，以确保开工会和预检会达到预期质量。

【实践案例结语】

通过实施以上执行采购流程存在问题的应对措施，后续承包的项目得到大大改进，主要体现在以下三方面。

（1）企业的盈利能力　由于建立了设计专业技术询价文件（MR）编制、校核、审批三级审核制度，大大提高了 MR 的质量和采购的精准度，降低了采购合同超概算的比例，提升了企业的盈利能力。在采购合同超概数量上，第二个项目（11%）比第一个项目（16%）降低了 5%。

（2）提升了供应商的绩效水平　通过项目合格供应商三级审核制度，狠抓供应商的选择和评估工作，制定了选择供应商的四项原则，形成了充分必要的竞争采购模式，供应商的绩效完成率从第一个项目的 75% 提高到第二个项目的 91%。

（3）提高了对采购进度的掌控能力　总承包通过对采购数据的分析，对材料设备的采购周期进行了分解，把握了不同材料设备采购周期的数据，对采购进度的掌控能力得到提升。与第一个项目相比，第二个项目采购计划的完成情况得到了大幅度的提升。

（4）健全了采购岗位职责，提高了采购管理水平　由于设置了采购催交岗位，彻底改变了第一个项目事后无效催交的被动局面，上升为事前预防性催交的主动局面。据统计，重要性等级 CRⅡ 及以上的项目物资不能按时交货的比例由第一个项目的 60% 降到第二个项目的 20%。

（5）供应商文件准时交付的比率提升　通过规范海外项目的采购流程，建立了企业标准的海外项目采购流程、开工会和预检会会议程序，使海外项目采购工作的标准化和程序化得到提高。据统计，因供应商文件迟交导致的重要性等级CRⅡ及以上的项目物资迟交比例由第一个项目的50%降低为15%。

6.5.2　对采购供应商的管理实践案例

【案例摘要】

以海外某LNG项目的国际采购管理全过程工作实践为背景，比较全面地介绍了本项目的工程采购管理模式以及国际工程采购管理流程等，在一定程度上能够为其他同类海外项目的国际采购工作提供可借鉴的经验。

【案例背景】

该LNG海工工程项目所在国的基础设施非常落后，物资匮乏、物价奇贵，所需物资采购几乎全部靠进口，劳务工技术水平低，因此，在当地的采购工作非常困难。本项目所需使用的主体材料、施工辅材及生活物资等均在中国或国外采购后，运输至码头卸货，再通过陆上运输至现场。

根据该项目的工作范围及采购内容，项目实施过程中的采购模式分为以下四种情形：

① 国内采购（项目部提交采购计划，公司采购部采购并签署合同）；

② 国内采购（项目部负责前期采购并推荐供应商，公司采购部签署合同）；

③ 国际采购（项目部负责采购并签署合同）；

④ 本土采购（在项目所在国当地采购）。

【采购管理】

国际采购是该项目所有采购项目中面临的最大困难，尤其是对专业设施的采购，技术性强，程序复杂，采购时间紧迫，价格影响因素多（包括规格质量、交货方式、付款条件、服务要求、汇率变化、运输方式、税率、保险等），而且这些设备的合格供应商在全球也就寥寥数家，基本属于全球垄断性行业。加之业主提供的对供应商清单的限制，因此，专业设施采购的工作过程困难重重。针对不同的采购范围和类型，承包商按照以下步骤实施采购。

（1）明确采购范围，控制采购风险　为有效地解决专业设施采购过程中面临的技术和商务问题，项目部在早期采购阶段采取了三种措施。

① 明确采购范围，进行分类采购。通过仔细研究主合同条件及技术规格书等资料，与各专业供应商进行多次沟通，在正确理解主合同采购范围后，对专业设施进行系统的分类，实施分块采购。

② 建立内部评标小组。项目部在筹备期间有针对性地建立了内部评标小组，以提高采购工作效率，确保评标的公正性和科学性。由项目部领导商务、技术、质检、生产等部门人员，负责在询价阶段对供应商技术和商务事宜进行集中讨论，并将意见反馈给供应商进行誊清和进一步洽谈。

③ 统一采购方式，降低采购风险。通过采取总价包干等报价方式，尽可能减少因专业限制导致采购漏项的风险，对于不接受上述采购条件的供应商，项目部应通过其他方式将风险进行合理转移。

（2）确定合格供应商名单　对于合同范围内的主要材料、设备，采购来源仅限于合同确定的供应商名单。本项目材料设备采购的供应商基本上都需要报予业主审批后才能采购，审批时间一般是在10~45天范围内，因此，在采购工程中应尽早收集齐有关供应商的资料，充分预留生审批时间，确定合格供应商名单。

（3）选择供应商　在完成采购的询价、比价之后，及时组织项目部评标委员会进行技术和商务两方面的开标答疑，同时对供应商的整体实力进行综合评估。不同国家、不同厂商在资金、信誉、经营方式和风格等方面不相同。大品牌厂商往往比较注重信誉；有些供应商则唯利是图，缺乏诚信，容易出现交货延迟、质量不能满足要求等问题，甚至影响工程项目的顺利进行。所以选择供应商应以质量佳、信誉好、价位合理为原则。

（4）合同签订和执行　为了让供应商了解项目所在地和现场施工环境，以及在合同签署前对合同的细节和技术问题进行面对面的誊清，该案例项目的专业设施合同签署都是在施工现场当面进行的。供应商进场前，项目部必须提前为其办理邀请函，并要求供应商代表提供其总公司的授权委托书。

国际 EPC 项目中的设备备件一般分为两类：一类是工程竣工试运行所需要的备件，其价格包括在 EPC 总价中；另一类是工程竣工试运行过程中所需要的操作备件，这类备件有时要求承包商采购，并在合同价格中单独报价，有时候只要求承包商提供备件清单，由业主根据情况自行采购。对于案例项目的专业设施和辅助设施，合同约定承包商只提供一份操作备件清单给业主即可。因此，在供应商采购订单中，操作备件均作为选择项目，以备业主将来可能对操作备件的采购主体进行变更。

在 EPC 总承包模式下，业主有权要求承包商向其提供无标价的采购订单供其审阅，本项目的专业设施和辅助设施等，在合同签署后，都有正式发函提交业主。

合同签署后应立即编制一份相关联系人名单，包括设计、技术、交控和商务方面的人员，以便双方在合同执行过程中，对口部门可以保持顺畅的沟通。另外，为及时跟踪设备加工进度和双方的待解决问题，要求供应商每周定时提交周报。

（5）FAT（厂内接受试验，Factory Acceptance Test）　业主应及时提供设备所需的频率分配给专业设施供应商，尽管大部分专业设施系统暂时可以使用模拟频率进行测试，待设备进入现场时再使用最终频率重新进行标定，但需注意有些特殊设备只能在厂内进行标定。

当供应商的设备准备进行厂内接受试验时，应至少提前 14 天正式发文通知业主派人员参加，并提供具体的时间、地点、联系方式等信息。FAT 检验完成后，供应商应向业主或总承包商提供一份整改清单，只有当整改清单项目全部整改完成，并经过总承包商同意释放船运后，才能进行货物运输。

（6）信用证（L/C）付款办理　信用证作为国际贸易中买卖双方普遍接受的付款方式，被广泛地应用到国际工程采购中，尤其是买卖双方第一次合作，作为卖方主要担心货物发出以后不能及时收到货款；而作为买方所担心的是贷款付出去了不能得到货物或数量短缺。本案例项目所有专业设施合同在 FAT 检验完成后的付款都是通过不可撤销的即期信用证进行支付。

（7）货物运输安排和清关　运输是国际工程货物采购过程中受外部环境影响较大的一个环节。由于不同国家或地区的运输能力、社会条件、自然环境、运作模式等物流条件不同，对货物清关的要求也不相同，所以供应商必须提前将所有的船运文件报送总承包商进行审核。其中清关发票应注明收货人信息、货物名称、单价、数量、海运费、启运港、目的港等，且必须将货物费和海运费分开列明。

通常二手设备、化工和化学产品、食品三大类物资需要做船前商检，进行商检前应通知供货商代理人在该项目所在地申请一个商检号（PIP 号码），供货商代理在收到 PIP 号码后即刻安排货物检验。项目所在国政府认可的三个检验单位为法国国际检验局（Bureau Veritas，BV）、SGS 通标标准技术服务有限公司、Cotecna 中瑞检验有限公司，检验报告（CFR）会通过系统传送到项目所在国的海关系统。船前检验对于货物进口十分重要，需要准确地判断和安排商检，否则不仅要做到岸后商检，还要承担到岸价 30% 的巨额罚款。

货物快速放行文件是货物清关的启动文件，没有此文件，后面的海关放行以及海关官员来现场进行货物检查都会受阻。所以快速放行文件的收货人改由中港负责签字和盖章，需要提前通知代理人准备好电子版文件，由中港安办盖章后托人带回（每份需三份原件）。

（8）供货商人员进场指导安装、调试和培训　由于供货商技术指导人员办理的都是短期签证，进场后有效期只有 7 天或 30 天，因此进场后应合理安排其工作签证的办理。

对于专业设施的调试应注意各个系统之间的整合集成，如 Marimatech 公司的 MLMS 需要与国内某厂家的快速解缆钩在现场进行软件集成，需要与 Seatechnik 公司的 SSL 船舶连接系统进行集成，Marimatech 公司和 Seatechnik 公司在 MTB 主控大楼的 6 台工作站需要进行集成。因此，在安排进场时间时进行集成的供应商技术人员需要有一定的重合期。

（9）实践项目采购执行情况记录　为了更直观地分析掌握国际工程采购实施过程中每一个环节的耗时，本案总承包商对该项目的钢结构、附属设施、专业设施以及国际产品采购执行情况进行了跟踪记录。

【实践案例思考】

（1）项目总体采购计划的编制　项目总体采购计划是对策划书中采购部分做进一步的深入和细化，应在海外项目筹备初期进行编制并以此作为项目采购工作的指导性文件。内容包括但不限于：项目采购范围、业主对采购工作的特殊要求以及对采购文件的审查规则、与供应商的协调程序和采购工作应遵守的工作原则、项目采购进度和费用控制目标、总体采购原则（包括符合合同原则、进度保证原则、质量保证原则、价格经济原则以及安全保证原则）、采购其他问题说明等。

（2）建立采购管理全流程概念　在采购过程中，应关注整个项目采购流程中的成本。对于总成本进行控制，而不是单一地针对采购货物或服务的价格，获得低价的采购物品固然是成本的降低，但获得优质的服务、快速的供货、可靠的货源保证无疑是获得了成本上的利益。同时，降低采购成本不仅指降低采购物资本身的成本，还要考虑相关方的利益，对于某些设备采购，成本就像在 U 形管中的水银柱或儿童游戏场上的跷跷板，压缩（降低）这边的成本，那边的成本就会增加（升高）。所以要建立采购管理全流程概念，来达到对整个项目采购管理总成本的控制和降低。

（3）完善海外仓库管理和物资领料制度　仓库管理和物资领料是海外项目物料管理工作中最为重要的环节，仓库和物资领料管理关系到进、销、存三大环节。本案项目因为前期物料比较充足，所以物料管理问题并未暴露，当工程项目进入后期需要使用时，忽然发现仓储数量不足，甚至有些材料直到现场准备使用时才知道缺少了什么材料，因此项目后期出现通过物资空运以解决现场施工燃眉之急的现象，进而导致采购时间环环紧逼，包括询价、合同签署、安排运输、运输前检查、付款、运输跟踪以及清关等。尽管导致这种现象出现的部分原因是临时提出技术修改，但更大程度上反映出仓库管理的混乱和物资领料管理制度的不规范，对物资管理的领、耗、存缺乏有效的监控机制，导致大量现场急需使用的物资空运，甚至运费远远超出物资本身的价值，最为关键的是部分材料的临时补充采购明显已经对现场施工以及后续验收造成了直接影响。针对上述问题提出以下几点建议。

① 规范领料制度，健全项目物资监控机制。物资管理应认真做好物资入库、发放工作，建立健全物资领料制度和监控机制，努力把好物资入库验收第一关，在采购物资入库时必须进行清点盘查，发现问题及时处理汇报，确保入库物资质量、数量符合项目要求。同时，建立健全物资的发放制度，严格发放程序。

② 定期检查与不定期检查结合，完善管理制度。每月定期进行物资材料清点，建立领料台账，及时补充项目紧缺物资，促使仓库和物料管理始终保持在标准化治理水平上，同时应针对施工现场急需的零星材料专门制定现场紧急采购程序，提前考虑好应急采购的准备。

③ 建立共享信息平台，物资管理信息公开化。物资管理应与项目部共享信息平台相结合，让每个项目管理层员工能够随时看到库存物资状况，以便及时领取物资或补充申报物资

采购计划，做到"早意识早预防，早发现早解决"，最大限度地避免因物资供给不及时而影响施工进度。

【实践结语】

随着国际市场的快速发展，我国企业承揽的海外项目会越来越多，在确立海外项目常态化管理目标的同时，海外 EPC 项目整体管理水平也会不断成熟和完善，而作为 EPC 项目的中心环节——国际工程采购管理显得越来越重要，EPC 总承包商应在实践中不断总结经验，推动我国国际工程采购管理水平不断提高。

6.5.3　施工现场采购管理实践案例

【案例摘要】

以某水电站建设项目现场采购管理实践为背景，介绍了 EPC 总承包模式下的现场设备采购管理（设备催交、厂家的技术服务、设备款的支付）工作，对同行业的现场设备采购管理提供了经验。

【案例背景】

某河干流流域的水电项目水流落差 1158.0m，自上而下开发建设七座水电站，即七级水电站，调节库容 5670 万平方米，总装机容量 53.70 万千瓦。联合运营时，可使与之交叉的另一河流的梯级电站达到年调节。本工程采用 EPC 总承包建设模式。在 EPC 总承包模式的设计、采购、施工三大管理模块中，采购过程是工程建设的物质基础，对促进工程顺利完成具有比较重要的作用。在该项水电站建设过程中，机电设备品种多，涉及面广，厂家技术服务人员多，情况复杂。因此，如何做好现场设备采购的管理是采购管理的重要组成部分。

现场设备采购管理主要分三部分：第一部分为设备的到货管理；第二部分为现场设备的技术性服务管理；第三部分为设备款的支付管理。

【现场设备到货管理】

（1）现场机电设备到货管理

① 机电设备的催交。根据工程进度与安装施工分包人、施工现场监理人员进行沟通，参加各种例会以了解工地现场所需的机电设备。提前了解机电设备的制造情况，及时联系供应商，督促其发货。在供应商发货过程中，提前了解设备到工地的时间、到货设备的重量及尺寸等，以便及时组织安装施工分包人准备卸货的机械设备和人员。

② 机电设备开箱验收。机电设备运达工地现场后，组织安装施工分包人、监理工程师及供应商人员对设备进行开箱验收，主要从外观查看是否有设备破损的情况。对于外观损坏严重的、可能会影响到设备的正常运行时，立即通知供应商进行处理。开箱验收的同时做好记录，填写四方验收单，各方参与开箱验收人员签字。开箱验收合格后，将设备移交给安装施工分包人负责保管。若因保管不善而导致设备损坏或丢失，责任应由安装施工分包人承担。

③ 随机资料的收集。机电设备到货后，根据现场情况，对于能立即进行开箱工作的，EPC 采购人员根据供应商发货清单，逐一清点随机资料；对于不能立即开箱的，暂由安装施工分包人进行保管，待开箱时机成熟再行收集，同时将收集的资料分发给安装施工分包人、监理工程师及 EPC 工程部相关人员。

（2）机电设备技术服务管理

① 技术服务管理内容。机电设备的技术服务管理是整个采购管理中最为重要的部分，直接与工程的顺利完工有着紧密的联系。一般售后管理服务的工作内容主要有：组织提供现场技术指导；组织供货人员进场安装设备；组织供货人员进行设备的调试；组织供货人员参与设备的缺陷处理。

② 技术服务管理流程。

a. 技术服务申请：施工分包人根据工程进度，在要求技术服务人员进场前一周提出申请，并按照规定编制技术服务人员进驻申请书，提交监理工程师审核。

b. 技术服务审核：在规定的时间内，监理工程师根据现场工程建设进度对申请进行审核，并将审核结果报总承包现场采购管理人员；总承包商工程管理人员与采购管理人员对申请进行审批，同意后进行技术服务安排。

c. 技术服务联络：联系供应商，在电话通知设备供应商派驻技术服务人员进场的同时，出具正式公函将现场具体服务内容与问题缺陷、具体进场时间告知供应商，并要求供应商派遣合格的技术服务人员；对设备供应商派驻的技术服务人员进行监督，随时与供应商进行电话联系，掌握技术人员的进场并进行监督，以期能在规定的时间内进驻工地，保证现场施工。

d. 技术服务人员进场：售后人员进场后，安排工作接口，组织现场服务。

e. 技术服务人员撤场：现场服务完成并经检验合格、现场相关人员签字确认后，技术服务人员方可撤场。

在售后服务管理中严格按照流程处理，有利于更好地协调技术服务人员进场，同时制约施工分包人，不要动辄要求供应商派遣技术服务人员。

【技术服务现场管理】

（1）技术服务现场管理原则

① "以人为本、安全第一" 原则：组织入场技术服务人员的安全教育，双方签订安全告知书，并要求其在现场服务期间服从总承包商的安全管理。

② "快捷服务、质量保证" 原则：对于施工分包商、业主反映的到场货物质量问题，组织技术服务人员先到现场察看，根据实际情况分析原因，最大限度地把现场情况通知给相关单位和人员，这样有利于准确、快速地解决问题。

机电设备技术服务任务主要集中在水电站发电前的两三个月，工作繁杂、工期紧迫、协调量大，因此在组织售后服务时，在现场应主动组织供应商的现场服务人员参加专业人员、施工分包人及业主人员就现场技术问题的研究和解决，并参与现场处理。同时进行总结，形成正确的思维及处理问题的方法。

（2）技术服务人员的服务管理　一般情况下，工地现场售后服务人员主要负责技术指导，施工分包商负责配合。在进行管理时，组织售后服务人员进行服务输出，主要包括以下几个方面的工作内容。

① 技术服务人员在技术指导过程中，对于能在现场处理的问题及时组织人员解决。对于不能在现场解决的问题及时联系其公司，尽快提出解决方案，并将处理意见提交给 EPC 总承包方及施工分包人，同时，组织项目管理人员、监理工程师、施工分包技术人员共同商讨方案的可行性。对于设备具有较大缺陷的由上述相关单位和人员共同确认，由采购管理人员通知设备供应商并要求其出具书面解决方案并备案。

② 技术服务人员在服务过程中出现设备缺件或合同内设备更新的情况，由技术服务人员负责与公司联系，同时以书面形式注明缺件或更新设备的名称、型号并提交给 EPC 总承包项目部的采购部备案。对于涉及现场临时变更或设计要求变更增加设备或设备更换的，为保证工期，对于涉及金额较小的，由设备供应商提交设备名称、型号、价格，由设计人员和EPC 项目采购管理人员签字确认，设备供应商即可供货；对于涉及金额较大者，须经评审后方可供货。

③ 对于技术服务人员配合施工分包商进行设备调试的，需要出具设备调试大纲并交由EPC 总承包项目工程管理人员进行归档。

④ 技术服务人员在尚未完成之前若因特殊原因需要暂时离开时，需要在不影响整个调试工作的前提下征得 EPC 总承包项目采购管理人员的同意后方可离开，同时要求技术服务

人员在规定的时间内返回。对于设备供应商需要更换技术服务人员时，需征得 EPC 项目部的同意且新选派的技术服务人员到达现场完成工作交接后，原技术服务人员方可离开，以保证技术服务的连续性。

⑤ 对于现场服务人员有不能满足工作要求的，现场采购管理人员可通知设备供应商更换其技术服务人员。

在对现场技术服务人员的管理中，最重要的是对工程进度的了解，勤于到现场，对每个技术服务工作面的工作内容、进度以及出现的问题进行收集，同时积极与施工分包人、技术服务人员进行沟通，以便及早发现问题，及时处理。

（3）对供货设备存在严重问题的技术服务管理　设备调试后，发现存在制造缺陷和严重问题时，在现场技术服务人员无法解决的情况下，经与设计人员充分沟通后，联络并组织供应商全力进行消缺。如问题无法解决，需敦促供应商提出解决问题的办法，解决问题的办法经设计人员同意后实施。同时保留证据，以便向供应商索赔。

（4）组织提供现场服务培训　组织技术服务人员对水电站运行管理人员进行培训。运行人员对水电站的长期运行负责，在安装施工分包人及技术服务人员撤离后，现场的维护和维修工作基本由运行人员完成。因此，现场培训相当重要，特别是计算机监控、继电保护之类的设备。组织技术服务人员对运行人员进行培训是采购管理的组成部分。加强对运行人员的培训，对于 EPC 总承包方和供应商都具有十分重要的意义。

（5）组织对技术服务进行评估　现场技术服务人员完成工作后，组织对供应商技术服务人员的派遣及时性和现场售后人员的工作态度、工作能力进行评估。

邀请业主单位、施工分包单位以及现场监管人员参与评估，按照 A（最好）、B（良好）、C（较好）、D（一般）分级建立档案，并将评审结果作为采购招标的一个衡量标准。对设备供应商进行动态管理，以提升供应商的服务态度和质量。

【设备款项的支付管理】

确定设备款的合理支付方式，有利于提高供应商的积极性，提高供应商对自身设备质量、售后服务意识的管控。机电设备的付款方式一般分为预付款、投料款、到货款、验收款、质保金五部分。每一次付款都有相应的规定。

一般预付款的支付需要在正式合同签订以后；投料款一般需要以设计联络会纪要作为支付依据；到货款需要出具四方验收单并经四方验收合格后予以支付；验收款在设备调试完成、投入使用后由现场监理工程师出具初步验收证书后方可支付；质保金的支付则为质保期满以后，需要现场监理工程师出具最终验收证书。付款由现场采购出具支付凭证，由项目经理进行审核，整个过程缺一不可，不满足支付条件的坚决不予以支付。在严格执行支付条件的同时，总承包商需要保证支付的及时性，这样才能更好地使各供应商为项目服务。

【服务过程中出现的问题与应对】

① 施工分包人未制定详细的调试计划。技术服务人员在售后服务过程中大多需要施工分包人的配合，需要使用分包人实验室。由于现场施工和实验室属于不同的管理部门，两者沟通不够，现场施工安排的调试工作和实验室工作的顺序往往有很大的出入，经常导致技术服务人员到场后不能及时开展工作。因此，在现场技术服务过程中，应要求施工分包人提出详细的调试计划，同时加强与实验室的沟通，必要时要求施工分包人在要求技术服务申请书中尽可能有实验室主任签名。

② 施工分包人与技术服务人员相互推诿。由于施工分包人与技术服务人员对于合同的理解不同，对自身利益考虑不同，在合作过程中经常出现双方相互推诿的现象。因此，现场采购管理人员应加强对合同的理解，明确各自的合同工作范围，这样做有利于解决两者之间的矛盾。

③ 个别制造商不能恪守承诺，履约能力差，部分急于调试的设备由于不能如期入场，制约了工期进度。个别供货商制造工艺落后，设备制造过程中缺乏对质量控制的手段，导致到货设备存在质量缺陷，设备运抵工地后在现场处理相当困难，部分设备甚至无法处理，需要返厂，从而延误工期。

因此，应深入细致地做好招标阶段的工作，从源头避免和降低质量风险，杜绝无技术、无能力、无信誉的"三无"企业参与项目，对重要的设备邀请专业人员对设备制造过程进行监造或组织出厂验收。在对合格供应方进行认真筛选的基础上，同时应建立严格的制约和奖惩机制。

④ 施工分包人为节约成本不愿意在现场建立仓库，所有设备均放在厂房内，使得施工现场看上去凌乱不堪，不利于设备的保管。因此，要严格要求施工分包人按照招标文件的规定建立便于设备存放的仓库。

【实践案例结语】

随着 EPC 总承包模式在我国的推广，现场设备采购管理模式应用将更加广泛，要做好现场设备采购管理工作，既要取得监理工程师、施工分包人的支持，又需要与供应商进行及时的沟通协调，建立良好的互利互惠关系，以创建和谐的工作环境，保证现场采购管理工作的顺利完成，使其更好地为 EPC 总承包项目服务。

6.5.4 基于 BIM 的采购管理实践案例

【案例摘要】

以某商业综合体项目基于 BIM 采购管理实践为背景，介绍了 BIM 技术在采购管理过程中的应用，为同业类似工程的 BIM 技术在采购管理的应用提供了有价值的经验。

【案例背景】

该商业综合体项目规划用地面积为 $5.66\times10^4\text{m}^2$，工程总建筑面积为 $1.972\times10^4\text{m}^2$，其中购物中心建筑面积为 $17.53\times10^4\text{m}^2$，地上为 $10.35\times10^4\text{m}^2$，地下为 $7.18\times10^4\text{m}^2$，地下为 2 层、地上为 4 层（局部 5 层），商铺建筑面积为 $2.19\times10^4\text{m}^2$，地上为 2 层。建筑高度约为 23.9m，地下为钢筋混凝土框架结构，地上为剪力墙结构。合同总价为 78569.60 万元，合同工期为 507 个日历日。

【采购管理组织】

(1) 组织形式 本项目在管理结构中增加了项目 BIM 工作室，梳理了项目内部 BIM 数据的传递、使用、审批网络，将 BIM 数据库内的数据作为项目职能部门成员实施项目和项目部领导决策的依据。项目 BIM 工作室根据项目领导班子的指示创建、修改、维护、调整 BIM 数据库内的数据。BIM 数据库已成为项目所有职能部门的一个重要数据来源，打破了以往各组织职能部门之间信息流和数据传递的障碍，同时项目领导层也可以直接获取施工中的数据，快速简便地发现存在的问题，杜绝经验审批，便于过程查控，提高了决策效率和准确性。BIM 数据库使用流程图见图 6-4。

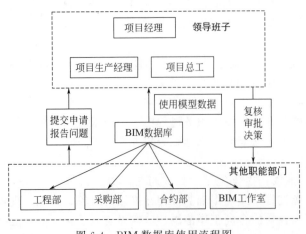

图 6-4 BIM 数据库使用流程图

(2) 采购管理授权 BIM 数据库

使用流程采用金字塔形式的分层管理模型，不同部门、不同职位人员获得不同级别的授权。分层管理流程见图 6-5。

图 6-5 分层管理流程

如图 6-5 所示，数据的授权分为三个层次：一级权限的管理人员具有自动分配和撤销二级权限模型 BIM 数据以及管理人员的数据修改权限；二级权限的管理人员根据三级权限的管理人员的需求和工作特点进行分工，将其相应的 BIM 模型和数据进行修改的权限分别授予相应的管理人员，并根据第一权限指示进行创建、维护和修改整个项目的 BIM 数据库；三级权限的管理人员可以拥有与其他工作岗位相关操作的权限，例如，工长可以在数据库输入有关设备材料的要求到场时间，设备材料采购和授权管理人员可以在数据库输入有关设备材料的招投标状况、采购情况以及采购合同相关信息，仓储管理人员可以在数据库输入有关设备材料仓储信息等，现场设备管理人员和用户可以输入有关安装、调试和维护以及验收等信息。依据材料设备的使用类型，授权和管理可以分为两种使用类型：一级和三级的权限分别是基于 BIM 数据库的主要用户；二级权限负责 BIM 数据库的创建、管理和修改。

【应用工具】

运用 BIM 建立采购管理模型，不仅仅是单一软件的应用，同时也是对软件、硬件、技术、人员的整合。

在硬件方面，在传统的项目自动化办公网络的基础上添加物料和仓库管理工作平台的输入信息，制作二维码标签、扫描标签、模型基站（项目 BIM 工作室使用）、服务器（可以和办公计算机合并）等设备。

在软件方面，除了应用流行的二维码技术，对全过程采购进行可追溯管理外，还应用了一些主流的 BIM 软件，各种软件具有不同的功能，用于辅助项目的采购管理。目前本项目用到了以下几种软件，并对全项目管理人员进行了培训。采购管理常用的 BIM 软件见表 6-2。

表 6-2 采购管理常用的 BIM 软件

序号	功能	软件
1	建筑结构、机电模型创建，碰撞检查，管线排布	Revit 2018，Tekla
2	资源管控、成本管理	广联达 BIM 土建计量平台 GTJ2018，广联达 BIM5D，广联达云计价平台 GCCP5.0
3	进度模拟、动画模拟	Navisworks 2018，广联达 BIM5D
4	模型整合	Navisworks 2018，广联达 BIM5D，Rhino5.0
5	设计深度	Revit 2018，Tekla
6	技术交底	Navisworks 2018

【基于 BIM 的采购管理流程】

将 BIM 技术整合到工作流程中去，可以确保商业综合体项目的顺利进行，也能够体现和完善主要采购管理流程，实现如图 6-6 所示的阶段性采购管理流程。与传统采购管理流程类似，基于 BIM 技术的采购管理流程分为四个阶段：采购准备、采购招标、物资入库、物资

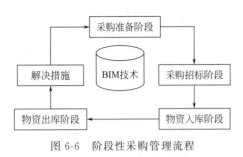

图 6-6　阶段性采购管理流程

出库。BIM 技术是采购管理的核心和重点。

基于 BIM 技术和二维码技术的采购管理的中心思想是：以 BIM 数据库为同一个数据源，二维码技术为信息传输的媒体，拆分后的每一批物料都与唯一的二维码相互关联，并且在批次上附加了二维码，以便每个岗位的员工都可以读取并确认材料批次，输入相关信息。

本项目的采购管理流程表见表 6-3。

表 6-3　本项目的采购管理流程表

部门	阶段	工作内容	对 BIM 模型数据库的操作
招采部、合约部、物资部	招标阶段	招采人员将标书附加二维码并归档	模型中对应物资的管理信息显示为在招标中，并连接标书附件
	签订采购合同	招采人员将合同附加二维码并归档	模型中对应物资的管理信息显示为准备供货，并连接合同文件
	材料入库	仓储人员将二维码贴于物资及随机文件上，扫描生成入库单，签认并将设备手册、合格证等扫描归档	模型中对应物资的管理信息显示为已入库，并连接入库单等附件
	材料出库	仓储人员在出库时扫描二维码，生成出库单，并签认归档	模型中对应物资的管理信息显示为已出库，并连接出库单等附件
工程部、技术部、质检部	安装完毕	施工人员安装并检查完毕后填写相关验收单，并扫描归档	模型中对应物资的管理信息显示为已安装，并连接验收单副本
	调试阶段	施工人员调试完毕后填写相应单据，并扫描归档	模型中对应物资的管理信息显示为已联调联试，并连接验收单副本
	交付	管理人员在设备竣工验收完毕移交后填写相应单据并扫描归档	模型中对应物资的管理信息显示为已移交，并连接验收单副本

【采购准备阶段】

项目 BIM 工作室收到施工管理图后，将所有图纸信息转换为 BIM 模型，完整地输入每个组件的属性，并添加采购管理的相关参数进行汇总，从而建立材料设备数据库。利用先进的 BIM 技术手段进行模拟施工（一般是先试后建），查找施工中可能存在的问题，提前做好防患和响应措施，最大实现无碰撞、无冲突、无返工，大幅度地减少了返工量。

例如，本项目 BIM 技术工作室接到总工指令，建立了高支模架模型，顶板模板的位置、预留洞口处支模架的处理、经过立杆排布，可直接表达顶托伸出长度、水平杆和斜杆位置等，根据施工方案进行编制，可以全部将其计算出来。

依据公司所规定的设备材料管理原则，BIM 工作室统计出各施工阶段的钢管、扣件、顶托数量，并给每个施工段的材料建立唯一的二维码数据库，同时施工技术部根据施工组织计划将各个施工段的材料设备需求时间信息录入数据库。在实施过程中，技术部可以根据施工方案、设计交底和变更文件提出模型变更申请，经总工审核后可以对高支模架 BIM 数据库进行修改和维护。上述过程可以优化采购方案，明确各个施工段的采购材料设备的规格、尺寸、型号，方便施工人员申报需求计划，进一步提升了施工精度。

【采购招标阶段】

（1）编制招标文件时对采购工作量的控制　设备材料采购工程量的校对和复核是总承包单位招标文件编制中最为重要、繁琐的一件事。BIM 技术三维模型软件带有算量软件自动化校对和算量的功能，使这一工作很容易完成，方便快捷，提高工作效率。

软件自动化算量是将传统手工的算量方法和思想完全放置在自动化算量的软件之中，不仅仅是直接使用传统的软件计算工具来完成。依托已有的计算和加减规则，运用计算机高效的自动化计算系统和工具迅速完成工程量计算，大大减轻了管理人员手工计算的负担。

（2）签订采购合同时对工程量的控制　采购合同大部分的条款都需要涉及材料设备的工程量和造价，BIM 模拟软件系统可以自动地统计合同的工程量和造价，并且可以通过 BIM 模拟技术软件模拟合同签订和实施过程。另外，还可以通过软件进行碰撞检查，有效地减少设计方案中可能存在的矛盾和冲突，在签订合同中明确责任，保障合同顺利签订和实施。

BIM 模拟技术的使用可以与其他人共享合同信息，解决了在采购过程中各方以及总承包商、供应商之间信息沟通误解，缩短了合同签订的时间，提高了工作效率。BIM 模拟技术还可以对合同中免责条款可能涉及的法律问题内容进行模拟，以此对合同条款有更深刻的理解，可以有效地规避风险并转移风险

采购人员依据输入的物资需求计划中的时间先后顺序，结合运输时间和轻重缓急提交采购申请，经项目部批准后进入采购程序，并把阶段性进展结果输入数据库。具体操作流程为：完成招标后将所招标施工区间物资的二维码打印出来→将二维码附于招标文件上→扫描二维码，并将招标文件电子版输数据库，使其与数据库中相关项目自动关联。

【采购物资入库阶段】

（1）材料设备验收入库　物资进场后，项目材料员同质量部、工程部人员一起对材料设备的型号、数量、质量进行核对，如没问题则在送货单上签字确认。材料直接移交分包单位并由对方签字确认。按规程需要复检的，由项目实验员进行取样复检，给出二次检验报告。

以本项目钢筋验收为例，演示 BIM 在验收入库中的应用。

① 验货点验：钢筋进场需供应方、使用方、承包方、监理方四方共同验货点验，逐车逐件检验。利用手机 APP 扫描二维码，可获得钢筋的相关信息，钢筋直径、外观验收。

② 核对物资：核对钢筋品种、规格、数量是否为计划所提物资。

③ 检查资料：检查资料（出厂检验证、合格标牌）是否齐备，如出现证书与货物不符的情况，拒绝收货。

④ 卸货送检：组织有关人员（材料员、质检员、承包方、监理方）联合验收数量后卸货，按照不同尺寸摆放整齐，通知和配合实验人员取样送检。

⑤ 货物筛选：钢筋公称直径不符合要求、表面腐蚀特别严重的，坚决拒收。

⑥ 物资签收：经点验、检斤后，与供应单位核对供应数量，按照实际进场数量签收。

⑦ 验收记录：验收完毕后填写联合验收记录标表，资料通过手机 APP 现场填写。

⑧ 挂牌标识：检验结果出来后，合格的挂合格标识牌，不合格的及时处理。

⑨ 检验记录：做好物资进场检验记录，及时向监理方、业主办理报验工作。

材料设备到达仓库后，仓库管理人员从数据库中自动打印所需要的各批材料设备的二维码，并将打印的二维码自动粘贴在各批次材料设备物料上。仓库管理人员再扫描打印二维码，并将所输入的电子版随货附件、仓库数据库位置和货物到货时间及照片保存到相应的数据库里，让其自动保存到关联数据库中，与相应项目对应。

（2）材料堆放地点优化　可以随时利用 BIM 自动计算的特点，快速准确地计算出所需的各阶段物料使用量，准确地配置物料资源并制定出合理的使用计划，避免大进大出，均衡施工组织和资源配置。同时利用 BIM 数字化的功能，在施工现场发生设计变更时，及时调整 WBS 施工任务的划分，加快施工进度计划，优化材料使用计划，防止材料浪费和闲置。另外通过使用 BIM 构建模型能够计算出每个主构件、每道工序、每片材料供应区域内的材料需求量和消耗量，做到点对点地供应，提高各实施阶段与资源的紧密配合，从而可优化材

料堆放地点，降低材料二次转运和管理成本。

【采购物资出库阶段】

目前，尽管在施工过程中有健全的限额施工领料流程管理制度，但是由于时间限制和查找参考数据困难，难以准确判断施工人员领料单上每项材料和工作所需的消耗数量及进货时间是否合适，核算人员只能靠经验数据或在经验数据基础上进行主观估计、推测。使用BIM技术后复核人员可以调取BIM数据库中大量的类似项目的历史数据，并可以直接使用BIM多维数据模拟，对历史模型进行准确的分析计算，从而得到现场消耗量的统计指标，实现限额领料工作的初衷。

在领料的流程中，领料负责人根据项目实施进度及时报送含有二维码的领料申请单，仓库管理部门按照领料人在数据库输入的近期所需材料清单，经确认后，仓库管理部门向物资仓库管理人员发出领料指示，仓库管理人员逐一扫描领料单中的二维码，以确认物资准确的储存位置。当出库时，仓库管理人员和领料人员需要同时扫描二维码，并将带有二维码的物资交接单扫描更新发送到数据库中。

现场安装施工结束后，现场物资管理人员将二维码张贴在已经完工的成品上，留存影像资料并扫二维码，将物资信息变更为安装完成。现场调试和验收后，按照相同的步骤将物料状态更新到数据库。

【采购物资结算阶段】

BIM数据库保存了施工各阶段和各施工区段的用料记录，不但可以监察施工环节和材料质量，具有责任的可追溯性，大大促进了各施工单位的安全责任和质量意识；而且结算人员还可以从BIM数据库中获取材料的市场价格信息、材料调查信息、签证变更信息、施工日志和质量验收信息，利用这些数据库信息，结算人员及其他相关人员可以迅速找到分包方的奖惩记录，使结算有充足的依据。

将结算单和资金支付信息输入BIM数据库中，对于后续施工，项目经理或相关管理人员能够直接分析出材料资金的使用情况和周转状况，加强了过程资金的收支管控。另外，可实现数据收集，整理项目使用的公共资源模板、图集、标准条例、规范标准等以生成网络信息资源库，供各部门查阅。

经采购部、合约部、工程部确认，由项目领导审核批准的无再利用的材料，按照废料处理程序实时处理，在处理完成后将相应的信息输入BIM资料平台数据库。

【实践案例结语】

随着我国建设事业的飞速发展，采购管理与其他管理一样，数字化管理是大势所趋。BIM技术可用于采购全过程，包括采购计划的编制，采购招标，材料设备监造、运输、存储管理，物资使用，采购物资结算管理等各个方面，大大提高了采购的质量和工作效率。

第7章

施工管理

项目施工阶段是将设计图纸这一半成品变为实物产品的重要过程，也是对整个工程项目的成本、工期、质量控制的关键期，EPC总承包商施工管理水平的高低，对于完成EPC项目目标起着决定性的重要作用，因此，施工管理是项目过程管理中不可或缺的重要环节。

7.1 施工管理概述

7.1.1 施工管理的定义与特征

7.1.1.1 施工管理的定义

《建设工程施工管理规范》对施工管理的定义为："企业自工程施工开始到保修期满的全过程完成的项目""企业运用系统的观点、理论和科学技术对施工项目进行计划、组织、监督、控制和协调等全过程的管理"。

《建设项目工程总承包管理规范》对施工的定义为："把设计文件转化为项目产品的过程，包括建筑、安装、竣工试验等作业。"并指出"施工管理的内容包括计划、进度、质量、费用、安全、现场、变更等。"

可见，施工是指在计划工期内进行的建筑、安装施工的建设活动，自下达施工令开始至项目验收为止的阶段（EPC项目的施工阶段不包括项目的试运行阶段）。施工管理则是指为实现预定的项目目标而进行的有关组织、协调、监督、控制行为。

工期、质量、成本、安全是项目管理的四大基本目标，这四个目标要素直接存在互相制约的关系，要提高质量就可能增加成本，要缩短工期也可能提高成本。项目管理就是要处理好四者的关系，使之处于最佳状态，或者说项目管理的目的就是谋求快、好、省的有机统一，达到合同约定的标准。

7.1.1.2 施工管理的特征

（1）程序化 EPC施工管理最大的特点是程序化管理，所有施工均以程序化方式进行规范，施工程序文件是指导、监督、检测施工的最有效的文件，在施工过程中各参与方应学习、遵循程序文件，抛弃以往经验化的施工管理弊端。EPC程序化管理贯穿于施工管理的各个方面，从施工技术到施工质量、从施工安全到计划控制、从财务管理到材料发放、从设备要求到组织要求。

（2）综合性 施工管理包括施工前准备、建筑施工、机械设备安装、项目质量验收等多个过程，在整个过程中又包含对质量、安全、进度、成本的管理，同时，EPC承包参与单位众多，专业复杂，技术要求高，管理接口和技术接口多，都需要总承包商把握，因此，施工管理是一种综合性的管理工作。

（3）约束性强 EPC总承包项目中，<u>业主对项目建设有其明确的要求，即目标（成本</u>

低、进度快、质量高)、限定的时间、资源消耗、既定的功能要求和质量标准，同时，EPC施工与设计、采购关联度高，前有设计、采购，后有试运行工作，为此，施工管理受到其他阶段工作的约束，决定了其约束条件强度要比一般的施工承包模式的约束性要强。

（4）理解合同难 在EPC合同条件下，总承包商承包了工程项目的整个过程的工作，业主在整个工程建设中很少干预，工程的组织、协调主要由总承包商来完成。总承包商一般将施工进行分包，施工分包商因为与业主沟通不直接，所以很容易对合同要求与规定不理解或理解不透彻，容易导致双方的争议，甚至产生纠纷。

（5）施工管理面广 EPC项目一般规模大、工期长，因此，施工现场涉及的施工专业多，如经济、管理、建筑、暖通、通信、机械等；工种繁多，包括架子工、电工、电焊工、起重工和操作工等，并经常出现多工种同时施工；临时需要的设施也较多，作业变化大，施工队伍流动性有时较大；从安全角度分析，现场施工变化万千，高空坠物、塌陷、触电伤害、机械伤害、火灾、中毒等风险高于其他承包模式。

（6）设计变更多 由于EPC项目时间紧，任务重，一般在方案设计、初步设计完成后发包，后续施工图设计，不可避免地出现设计缺陷和漏洞。与施工承包相比较，设计变更较为频繁。据不完全统计，一些大中型EPC项目的中后期，由于业主提出特殊要求、设计人员发现错误或疏漏、施工性差等原因引起的设计变更单少则几百份，多则上千份，而且许多是在施工完成后下发的，增加了工程费用，导致了工期的延长。

7.1.2 施工管理难点与原则

7.1.2.1 施工管理难点

EPC施工管理与传统施工承包模式的管理相比较面临着许多难点，主要体现在以下几个方面。

（1）管理层级多，易减弱执行力 EPC施工管理层次多，工程总承包方的现场管理是通过施工总承包单位来实现的，施工总承包单位一般以劳务分包和专业分包两种方式为主，施工总承包单位的专业人员数量相对较少，甚至有些施工企业只配备少数管理人员，其他作业人员全部采用劳务分包和专业分包的形式，造成项目管理层次增加。

一般情况下，EPC模式的施工管理层级大致分为建设单位、工程总承包方、施工总承包方、劳动作业分包和作业班组五个层级，五个层级按照合同关系呈现线性组织结构的特点。在具体的施工管理过程中，工程总承包方下达某一项指令需要经过漫长的过程才能传达到实际操作层面，而且在传达的过程中，指令的准确性往往会发生变化、打折扣，甚至出现指令丢失的情况，造成执行力明显下降。

（2）层层转包风险大，质量管控困难 由于管理层级的增加，利润能否合理分配成为现场施工各方无法回避的问题，各个层级为了确保自己的利润最大化，不断压缩下一层级的利润，在实际操作过程中变相违法分包、转包，底层施工班组为了得到理想的收入，弄虚作假、敷衍了事、偷工减料的情况时有发生，导致质量管理难度较大。

（3）专业深度交叉作业，现场管理困难 施工现场在不同阶段，时常面临着各专业人员高度融合、作业深度交叉的情况，现场各类专业队伍众多，管理水平良莠不一，人员成分相对复杂。

以某EPC净水厂工程项目为例，在施工高峰时，来自主体施工、消防、设备安装、强弱电、市政给水、除臭通风、采暖、装饰、设备调试等十几个专业队伍深度交叉作业，加之工期紧张，各专业队伍仅从各自的角度出发考虑问题，没有全局观念，造成各种矛盾发生，现场管理难度和协调工作量急剧上升。EPC项目的施工现场管理工作量大、协调工作范围广、专业跨度大，对总承包方的施工管理提出了更高的要求。

7.1.2.2　施工管理原则

（1）承包商负总责原则　工程总承包商项目部代表企业法人，严格履行与业主签订的合同约定，对业主负责，理解和满足业主及设计方的意图和要求，对参与分包的施工方实施有效的目标管理和全过程管理，对所承包的项目施工管理承担总责任，以确保项目目标的实现。

（2）控制协调统一原则　在对总承包施工管理中，应坚持公正、科学、控制、协调、统一的原则，以实现施工管理目标，确保向业主交付出满意的工程。在总承包管理中，公正是前提，科学是基础，控制是保证，协调是灵魂，统一是目标。

（3）职责分工明确原则　在对施工总承包管理中，应坚持职责分工明确原则，在总承包项目经理的领导下，施工部负责全面组织实施施工总承包管理，对总承包合同中的各类指标负责，行使招标文件和总承包合同规定的各项权利，履行总承包合同约定的施工义务和责任，对整个工程施工进行综合协调和管理。

7.1.3　施工管理内容与流程

7.1.3.1　施工管理内容

EPC 项目施工管理的主要内容见表 7-1。

表 7-1　EPC 项目施工管理的主要内容

施工阶段	工作内容		责任人
施工准备	编制施工执行计划		施工经理[①]
	检查开工前的准备工作		
	办理施工许可证		项目综合管理部
	落实三通一平		
	管理分包方进场		施工经理、项目综合管理部
	协调施工总体布置、施工道路、围墙、文明施工措施的落实		项目副经理
	签订材料试验检测、桩基检测、边坡处理、基坑围护检测合同		项目副经理
	质量、技术、安全交底		项目副经理、安全总监
	了解地下管线、市政管网情况并向施工方交底，制定保护措施		项目副经理
	审核施工分包方施工组织设计		项目副经理
	组织专项施工方案的专家评审		项目费用经理
	组织规划部门定位放线并复核		项目副经理
施工过程	协调各施工区界面、配合作业		项目副经理
	协调设计、监理、施工、检测等单位的相互合作、监督管理		项目副经理
	进度管理	审查施工方施工进度计划	项目副经理
		检查施工方的进度周计划、月计划的执行情况	
		对比总体进度计划，监督施工方纠正偏差，做好协调工作	
		必要时修正进度计划	
	质量管理	督促分包单位建立质量管理体系	项目副经理
		督促监理单位对分包单位的质量监督工作	
		定期或不定期对分包单位进行质量检查	
		协调设计、采购、施工接口管理，避免对施工质量的影响	
		质量事故的处理，质量检验和验收	
		定期向公司总部和业主汇报质量控制情况	

续表

施工阶段		工作内容	责任人
施工过程	费用管理	每月统计汇总施工完成的工程量;编制工程款支付表,督促建设单位进度款的支付	合同经理
		采用赢得值法对费用进行分析,若出现偏差,及时向公司汇报	
		施工费用预算管理	
		负责项目费用变更工作	
		施工索赔管理	
		消耗量控制管理	
		分包合同管理	
	安全健康环保管理	监督、检查分包单位的 HSE 管理体系	安全总监、项目副经理
		监督监理单位对分包单位 HSE 的监督管理	
		定期或不定期对分包单位进行 HSE 的检查	
		督促分包单位对 HSE 不合格项的整改	
		负责对 HSE 事故的处理	
	协调组织施工变更	项目部应根据总承包合同约定的变更原则和程序实施对变更的管理	项目副经理
		对业主或分包商提出的施工变更,应按照合同约定,对工期和费用影响进行评估,上报项目经理部,以及 PMC/监理,经确认后实施,办理变更手续	
		施工部应当加强对施工变更文件的管理,所有变更必须有书面文件和记录,并有相关方代表签字	
	其他管理	施工现场设备、材料的管理	综合管理部
		施工现场资料收集管理	
		施工沟通管理:定期与业主沟通,汇报施工情况	综合管理部
		施工风险管理:协调解决在施工过程中出现的不可预见事件	项目副经理、安全总监
施工验收		组织分部分项验收:对地基基础工程,主体工程,装饰装修工程,屋面工程,水暖燃气工程,通风空调工程,建筑电气工程,智能建筑工程,电梯工程,室外工程,分部工程及所属分项、检验批工程等的验收及试运行	项目副经理
		记录、整理、汇总施工技术资料	

① 由项目经理批准,并经业主确认。

7.1.3.2　施工管理流程

施工管理流程框架示意图见图 7-1。

7.1.4　施工管理机构与岗位

7.1.4.1　施工管理组织机构

由于 EPC 项目往往是工程量大、技术复杂,建筑与安装衔接紧密,土建、安装、水卫、暖通、管线、电信专业施工环节较多,参与单位与人员较多等因素,给施工管理带来较大的难度。因此,EPC 项目企业应成立高效的项目施工管理机构,施工经理应由具有相应资质和协调能力强的管理人员担当,并尽可能选择一些组织能力强、施工经验丰富、技术管理严格、既懂经济又懂技术的人员组成施工管理班子。同时,施工管理组织机构内部人员应做到分工明确、责任到人。EPC 项目施工管理组织机构示意图见图 7-2。

7.1.4.2　施工管理岗位职责

(1) 施工部经理　负责组织本项目的施工管理,对施工进度、质量、成本、费用进行有效控制;主要参与本项目可行性研究方案的确定,负责编制、落实施工方案,经审批后贯彻

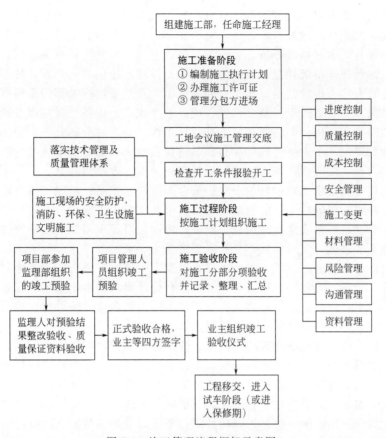

图 7-1　施工管理流程框架示意图

执行；负责组织本项目的施工管理，对施工的工程质量、安全施工、劳动保护、工期等负责；负责调配本部门内的资源；在施工过程中，负责组织各要素、各工种熟悉图纸，做好技术交底工作；认真贯彻各项专业技术标准；技术交底；严格执行施工验收标准和质量检验评定标准等。

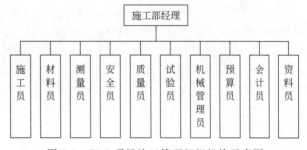

图 7-2　EPC 项目施工管理组织机构示意图

（2）施工员　对施工的工程质量、安全施工、劳动保护、工期等负有直接责任；负责本工种熟悉图纸，统一归纳问题，做好图纸会审前的准备工作；负责对进场后材料、构件等的规格、型号、质量方面的检查和验收；负责安排各班组的具体施工任务，进行技术交底、安全技术教育；在整个施工过程中，负责贯彻各项专业技术标准，严格执行施工规范和质量检验评定标准以及有关规定等。

（3）测量员　负责对建筑物的定位放线和标高测设；合理选择正确的仪器，在测量精度满足工作需要的前提下力争省工、省时、省费；严格审核使用数据的正确性，坚持测量作业与计算工作步步有校对；建立一切定位、放线自查、互查合格后的主管部门验线制度，用好管好设计图纸和资料，当场做好原始记录，及时整理并提交给资料员测量放线资料。

（4）预算员　负有对本项目的施工计划及施工成本核算提供控制依据的责任；及时编制施工预算和施工图预算，做好材料分析，为有关部门和财务核算员提供有关数据；负责向材料员提供材料预算，做好材料分析，为有关部门和财务核算员提供有关数据；负责核实每月完成工程量，编制工程量统计报表及相应的预算；按规定提供材料预算，做好材料分析统计项目指标的计算方法、统计范围、报送日期等要求，及时报送有关部门审核等。

（5）质量员　负责对进厂材料、构件、成品、半成品、设备、器材以及现场制作的混凝土、泥浆、预制和加工构件等的质量监督和验证工作；负责对分部分项工程的内部检测和等级评定；负责对班组、个人所完成的项目质量进行验收；负责对现场人员的质量控制和质量教育工作；深入现场反应质量动态，发现质量隐患，提出改进措施。

（6）安全员　负责组织对项目的安全进行全面监督、控制；对职工进行定期、不定期的安全教育；经常深入现场检查，负责组织项目安全及文明施工巡检，及时发现安全隐患，并跟踪问题整改情况，解决安全及文明施工问题；协助项目经理做好工程的资料收集和归档工作，对现场施工的进度、质量和成本负有重要责任。

（7）材料员　熟悉施工图纸，对所需材料做到心中有数，进货应与进度同步进行；对所购材料、构件、设备的质量、规格、型号必须符合设计要求；由于采购、保管原因造成材料设备不合标准要求，进而造成影响施工质量，发生质量安全事故的，材料员应承担经济、法律责任；负责向资料员提供材料设备的质保资料。

（8）试验员　负责对现场浇筑的混凝土、砂浆进行抽样，按规定制作混凝土试块、砂浆试块，并及时进行养护，到龄期进行送检，不得漏组或缺项；负责对本项目需检测实验的各类原材料试件及时进行抽样送验；负责对各种试件检测报告及时收回并反馈。

（9）机械管理员　负责项目工程生产设备机械的管理工作，根据施工进度计划，保证施工生产需要；负责编制机械、机具进退场计划，做好记录并参与实施；负责机械设备的进场验收工作；监督机械操作人员严格执行操作规程，填写运转记录，掌握运转动态；做好各种机械设备运转、维修、保养记录资料；负责特种设备的备案管理工作等。

（10）会计员　在项目部、施工经理与公司财务部门的领导下，负责项目部的财务工作，严格财务制度，协助项目经理做好财务核算工作，及时做好表册及财务核算；严格手续，做好工资发放及支票领取工作，配合材料员审查进货情况等。

（11）资料员　对本项目施工负有真实、及时、完整地编制技术资料的责任；负责向有关人员讲解表格填写内容和要求；负责审查各种资料及对各种资料的整理、分册、汇总和装订工作；负责与设计分包单位、试验室、质监站等单位密切联络；有关竣工验收文件及时送交签章。

7.2　施工管理要点

7.2.1　施工准备管理要点

施工准备阶段的管理重点是施工的策划与组织，施工组织管理基本原则是提前策划、有序推进。

（1）编制施工执行计划　施工项目启动后，首先要编制施工执行计划。施工执行计划由施工经理进行编制，经项目经理批准后执行，并报发包人确认。施工执行计划编制的主要依据包括工程总承包合同、项目实施方案、国家有关法律法规、相关标准规范、施工现场条件、设计出图计划、材料设备到货计划等。

施工执行计划的内容包括工程概况、施工组织原则、施工质量计划、HSE计划、施工进度计划、施工费用计划、施工技术管理计划（包括施工技术方案要求、资源供应计划、施工准备工作要求等）。

　　施工执行计划一定要结合工程项目的具体特点，内容应翔实、全面且具可指导性、可操作性和可实现性，并在执行过程中定期或不定期地依据施工现场的情况进行适当调整，优化施工执行方案。项目执行过程中使施工执行计划发生变化需要调整的最大的影响因素有：设计出图是否可靠和及时；材料设备到货的质量与计划是否稳妥；施工资源的投入是否有效等。

　　随着 EPC 项目越来越趋于大型化、集约化、人性化，自动化程度越来越高，过多依靠已有的施工建设经验已远远不能满足现实的需要。为了保证工程项目的顺利、有序实施，就需要总承包单位在施工策划、施工执行计划编制与实施过程中，密切联系参建单位各方，准确了解设计动态，掌控材料、设备的进货状态，把握特殊施工机具、人力的社会资源的变化，及时调整施工执行计划。

　　施工执行计划由施工经理进行编制，项目经理批准后执行，并报发包人确认。

　　（2）检查开工前的准备工作　办理施工许可证；签订材料试验检测、桩基检测、边坡处理、基坑围护检测合同；向施工方进行质量、技术、安全交底；落实三通一平以及施工方的施工组织设计，检查设计文件、设备材料到货情况以及库房准备情况，检查施工准备、安全措施落实情况；组织定位放线并进行复核等工作，确保准时开工。

7.2.2　施工过程管理要点

7.2.2.1　施工区界面管理要点

　　协调各施工区界面，配合作业；协调设计、监理、施工、检测等单位的相互合作、监督管理。

7.2.2.2　施工现场管理要点

　　在施工过程中，围绕着项目的进度、质量、费用、HSE 目标进行管理。

　　（1）施工进度管理要点　施工进度计划的编制、检查与调整、完善是进度控制的基础，它是指导现场施工的纲领性文件，一切活动都应该以它为核心组织和展开，然而计划是否能够实现则与以下因素紧密相关：①进度目标指定的合理性；②施工图纸交付的及时性；③设计变更的完整性；④材料、设备到货计划的准确性；⑤材料、设备的返修率；⑥材料、设备仓储出库的严格性；⑦工期延误和工期延期补救措施的有效性。

　　材料、设备到货计划的准确性是影响施工进度的重要因素。材料、设备到货计划应该与施工对材料、设备的需求计划是同步的、紧密衔接的，以解决现场施工中"用料不到，到料闲置"的不正常状况。此外，施工工程师在日常工作中应及时检查、督促施工分包商按计划完成当日工程量，指导分包商及时补充、调整、完善施工进度计划与施工方案。

　　无论是工程延误还是工程延期，理论上讲是完全可以补救的，从大多数承包施工现场分析，不能够按时完工的主要原因是缺乏人力、财力的合理调配和补充。不出力、平台扎堆聊天的现象十分普遍，症结在于专业分包单位过多，工程总承包商失去了有效的制约和控制手段。此外，总承包单位内部责、权不清，多头管理，政令不通，也是影响施工进度的一个重要原因。为此，总承包商应合理控制分包单位数量，并严格项目内部的责、权界限，明确各岗位职责也是施工进度控制的重要基础性工作。

　　（2）施工费用管理要点　施工投资控制的主导在于设计，而施工现场的科学管理和精心组织则对施工费用控制至关重要。因此做好施工费用控制首先要编制切实可行的施工设计和施工方案，其中科学合理的工期目标，与工程量相匹配的劳动力资源，选择适当的施工机械均是在编制过程中需要重点考虑的问题。当施工组织设计好，施工方案一经审核批准后，所有施工管理人员必须严格遵照执行。

　　在实施过程应中选择有良好品质的材料设备供应商，确保到货质量和到货时间准确，不能因材料设备到货延误而影响施工进度或窝工，造成成本浪费。

此外，需要严格施工质量控制手段，确保施工质量一次检验合格，不能因质量问题造成返工而增减施工费用。加强现场与各参建单位的信息沟通与协调也是费用控制的重要因素，不能因为信息不灵而造成现场误工，从而对费用造成不利影响。

（3）施工质量管理要点　设计文件质量控制是施工质量控制的前提，只有确保了设计质量才能够确保施工质量，而图纸会审和设计交底则是实现施工质量控制的关键环节。然而在项目实践中，图纸会审与设计交底的广度与深度都是远远不够的，尤其是忽略了未来项目建成后使用者（或生产操作者）的有效参与，其所有涉及的问题不能细致至未来使用、维护的便捷，常常出现在交付使用时，由于用户不满意使项目交付受限的情况。为此，应让项目的用户（或生产的操作者）提前在图纸会审阶段就介入工程建设中，以满足用户需求，最大限度地减少收尾阶段的整改。

另一方面，对材料设备的到货质量控制也是施工质量控制的要点之一。而对材料设备的到货开箱检验则是工作重心，对关键材料、大型机械设备装箱出厂前的联合检验实行有效的措施。此外这些材料设备在运输工程中的变形、损坏控制也是施工质量控制的要点之一。

（4）施工 HSE 管理要点　目前在 EPC 工程项目的建设现场，特殊工种（如焊接、起重、电气、测量放线、无损检测等）施工作业人员的流动性有增无减，专业施工分包方为了保证进度，抱有侥幸心理，致使以低充高、无证上岗的现象屡屡发生，剖析多年来人身伤亡事故的根源，这一群体已经成为施工现场安全隐患制造和被伤害的高发人群。

繁琐、严谨的 HSE 管理与工程建设的进度、质量、费用控制是既矛盾又统一的整体。HSE 管理是施工组织管理中所有工作的基础、前提和保障，项目的质量、进度、费用目标必须首先满足 HSE 管理的基本需要。

施工现场 HSE 管理要点在于领导带头，全员、全方位、全过程参与；只有领导的真正重视，才有可能保证所有入场人员的安全意识不断提高，才能及时矫正不安全行为，才能有效控制过程风险，预防事故的发生。施工现场 HSE 管理的重点在于入场教育、班前会、特岗人员资质巡查、大型设备吊装临检、应急演练、放射同位素与射线装置的管理。事实证明，由具有丰富实践经验的队长和班组长主持、HSE 工程师参与的班前会是目前行之有效的安全防范措施之一。

（5）协调组织施工变更管理要点　项目部应根据总承包合同约定的变更原则和程序实施对变更的管理。对业主或分包商提出的施工变更，应按照合同约定，对工期和费用影响进行评估，上报项目经理部以及 PMC/监理，经确认后实施，办理变更手续。施工部应当加强对施工变更文件的管理，所有变更必须有书面文件和记录，并有相关方代表签字。

（6）施工资料管理要点　在施工过程中，施工部应做好施工日志，收集保存好施工变更、施工索赔、施工安全记录（包括分包方的安全记录）等有关资料，施工资料的管理是施工阶段施工部的重要管理内容之一。

（7）施工材料设备管理要点　全面负责现场设备材料的交接；按照施工部制定的库房管理规定，库房人员分级、分类管理好设备材料；施工现场材料人员按月向施工经理提交设备材料报告，说明设备材料到货情况，并说明存在的问题和解决问题的办法。

（8）施工沟通管理要点　在施工期间，开展沟通管理是施工管理提高效率的保障，没有施工沟通管理，施工不可能实现预期目标，为此，总承包商应定期听取施工分包方关于施工情况的汇报，积极帮助他们解决遇到的问题，并及时与业主沟通，向业主汇报施工情况。

（9）施工风险管理要点　施工过程中，总承包单位应对施工阶段的风险点进行严格监控，及时分析风险隐患，采取必要的防范措施，总承包商需要协调解决在施工过程中出现的不可预见事件等。

7.2.3　施工收尾管理要点

施工收尾管理主要内容包括工程竣工验收、竣工结算、清理各项债权债务、整理档案资料、项目回访维修、施工总结报告等。

（1）工程竣工验收　竣工验收一般是在单位工程、分项工程竣工验收的基础上进行的。项目全部竣工验收的主要内容包括审查工程各个环节的验收情况、检查档案的归集情况、实地查验项目的质量情况等。

（2）工程竣工结算　项目最终验收合格并签署《工程竣工验收报告》后，财务部及时组织编写工程竣工结算报告，经总工程师签认，由项目经理批准后递交业主方，并跟踪业主签认情况，催促业主签认。

（3）清理债权债务　对分包商、供应商以及其他参与方的债权债务进行清算；对于项目过程中的计量变更及各项索赔事件进行清理、清算。

（4）整理档案资料　整理档案是指将处于零乱的和需要进一步条理化的档案进行基本的分类、组合、排列、编号、编制目录、建立卷宗等，组成有序体系的过程。通过整理文件材料，保持文件材料之间的有机联系；区分文件材料的价值，确定档案的保管期限，便于保管和利用。

（5）项目回访维修　项目交付后，项目经理负责组织对项目的回访，经常与业主保持联系，为业主提供优质的服务，树立企业良好的形象。在合同固定期限内的保修由经理负责组织实施，必要时向公司报告，由公司协助解决保修事宜，保修完成后，随竣工文件移交公司有关职能部门。

（6）施工总结报告　大致内容包括工程概况、施工方案简述、特色问题处理、工程质量及控制情况、安全生产情况等。

7.3　施工管理策略

7.3.1　选择优秀的施工经理

（1）提高对施工重要性的认识　施工阶段是工程总承包项目建设全过程的重要一环。通过施工管理这一过程，设计图纸将最终以实体形象展示出来，将使业主获得满意的产品，也是工程总承包商获得良好效益和信誉的必要条件。施工单位对施工的管理不能替代总承包方对施工阶段的管理。EPC 工程总承包方与分包方对施工管理的角度和出发点是不同的，工程总承包方不仅要重视建设的项目产品，更要重视对产品形成过程的管理带来的高附加值。

EPC 项目总承包模式具有显著优势，要显示出其优势，就必须在施工管理上下功夫。施工管理水平是工程总承包企业综合能力的体现，也是业主衡量工程总承包企业的实力和项目管理能力的重要指标，施工现场管理的实施，不仅仅是施工部门单独作战，而且还需要设计部门、采购部门、财务部门、行政后勤等的支持与协作，因此，工程总承包方应统一思想，提高认识，提高对施工阶段重要性的认识，同时建立施工部门与各职能部门之间的沟通机制，为施工管理服务，这是工程总承包方的施工管理策略。

（2）重视现场经理的选择　现场团队是以现场经理为核心组建的，现场经理是公司的代表，协助项目经理在现场全面负责施工组织的管理工作。古人云："千军易得，一将难求"。现场经理具有十分重要的作用，他不但要有技术知识、职业资格、实践经验和决策能力，更需要有统领全军的局面掌控能力。现场经理的任务十分艰巨，要完成项目建设任务，保证施工进度、质量、安全和成本的控制，需要全程参与施工阶段的全过程，现场出现的各种问题要想达成一致，需要现场经理做大量的沟通和协商工作，这不是一件容易的事情。因此，这就要求现场经理具有足够的专业知识、丰富的实践经验及准确的判断能力来协调各方共同努力，使工程施工顺利进行。重视施工现场经理的选择是承包企业的一条重要策略。

7.3.2　施工进度与质量控制

7.3.2.1　细化施工进度控制计划

保证工程按期完成，使项目产品尽早投入市场，是所有业主的共同愿望，因此，工期是工程总承包合同的重要考核指标，许多大型 EPC 工程项目由于工程总承包方缺乏经验，对项目的各种风险考虑不足而导致工期延误。工程总承包方一旦工期延误，局面将十分被动。许多总承包商因为工期延误而受到业主的索赔或业主抓住总承包方这一缺陷而提出合同之外的要求，使总承包方陷入成本不断增加的恶性循环之中。因此，保证工期是施工组织管理的首要任务，在项目现场要根据合同进度目标对施工进度进行控制，通过对现场施工的进度预测、控制、调度去完成合同进度目标。

进度控制的关键是计划制定要科学、合理。虽然项目根据合同的要求规定了施工范围、目标、方法和措施，在计划进度网络中提出了各阶段的关键点和总进度目标，如开工、土建交安、关键点的安装、单机试车、联合试车等，但具体到施工各个阶段，从一个节点到另一个节点都是一个复杂的过程，要实现每一个过程，才能保证实现各个阶段的关键点，最后实现总进度目标。过程、节点、总目标三者环环相扣。为此，需要在合同进度计划网络的基础上细化进度控制，细致制定各阶段的施工进度控制计划，以分包单位的施工计划为基础，审核、制定详细可行的进度计划。同时，在执行过程中要依据施工实际情况，对计划及时进行调整，保证进度符合总目标的要求。细化施工进度控制计划也是总承包方施工管理的重要策略之一。

7.3.2.2　完善施工质量管理体系

（1）现场项目部的质量管理体系　现场项目部应建立一个以项目经理为中心、以现场执行经理为执行者的严密的技术质量管理体系，管理体系的人员包括各专业工种的技术负责人、技术员、质量员、资料员等配备完整到位。

在质量管理体系中建立质量责任制，将分包的技术质量管理内容细化分解到直接责任人，形成项目经理对项目负责、现场经理对项目经理负责、各相关专业人员对现场经理负责，做到人人管质量、逐级检查、逐级负责的技术质量责任制，以确保分包的各项活动都有人去抓。

此外，在总承包内部应建立考核评价办法，定期进行考核，形成一个有效的激励机制，只有这样才能做到总承包技术质量工作管理思路清晰、工作流程畅通。

（2）建立分包商的质量管理体系　对各分包商也必须建立一个完整的技术质量管理体系，技术员、质量员、工长要搭配完整、齐全，特别是质量检查员，必须要求"专职"而不能"兼职"，这些要求在分包进场时就应该交底清楚，做好入场控制。

（3）建立施工工序控制体系　必须加强施工工序的质量控制，加强验收力度，加大检查力度。在分包施工过程中每一道工序必须按要求进行三检制，即自检、互检和交接检验，未经检验或经检验不合格的工作，严禁进入下一道施工工序，现场每道工序层层把关，以将质量隐患消灭在萌芽状态之中。总承包方应组织分包商做好三检制实施中的记录工作，特别是在不同分包单位需要交接的部位，要严格检测和检查，要有书面记载。完善施工质量管理体系是保证施工质量的基础和条件，也是工程总承包方施工管理的重要策略。

7.3.3　施工接口与签证管理

7.3.3.1　重视施工接口管理工作

EPC 总承包的施工阶段，由于 EPC 总承包项目的特点和其所处的生命周期的位置，其接口较为复杂，主要包括组织接口（总承包方与施工分包方、总承包方与施工监理方、总承包方与机构检测方等）、生命周期接口（设计与施工准备、施工与安装、施工与试车、施工与采购等）、施工接口（施工准备与施工、施工与动用前准备等）、实体接口（单位工程或单项工程、子工程与子工程等）。上述这些接口，如果处理不当将会产生接口风险，接口风险将会严重影响项目工期、质量，增大工程成本，与传统承包模式相比，造成的损失更大。减少、控制和管理项目接口，才能提高项目的潜在价值。

因此，工程总承包商应根据 EPC 模式的特点，在工程总承包的施工方案设计时就应该对各个接口进行合理安排，制定接口风险的控制措施，打通施工与其他接口的障碍，促使施工接口与接口之间的联结加强，有效促进施工方与设计方、采购方、监理方等的接口关系的建立和接口关系的沟通与改善，为此，接口管理对于提高项目的潜在价值具有重要意义。施工接口管理既是施工效率的重要来源，也是实现管理目标的重要保障，是 EPC 施工阶段管理的策略之一。

7.3.3.2　重视现场签证工作

（1）现场签证的重要意义　施工现场签证是工程建设在施工期间的各种因素和条件发生变化情况的真实记录和证实，也是承发包双方承包合同以外的工程质量变化的实际情况记录的签证。它是计算预算外费用的原始依据，是建设工程施工阶段造价管理的主要组成部分。现场签证的正确与否，直接影响到工程造价。现场签证错综复杂，花样百出，存在着许多问题，致使现场签证价款在工程造价中所占比例不断增加，成为工程结算超预算的原因之一，对合理确定工程造价影响很大，所以很有必要加强对现场签证价款的控制。

现场签证受各种人为因素和可变因素影响，大大增加了签证的难度。施工单位签证人员，在保证施工安全质量的前提下，需要尽可能实现本企业的经济效益最大化，而做好签证是其中十分重要的手段。

（2）提高现场签证效益的方法

① 提高签证人员的业务素质。施工现场签证人员多是现场技术人员，对于施工签证相关的预算、经营知识掌握不够，在签证过程中因为相关知识欠缺而使签证工作质量不高，难以实现签证效益的最大化，这就需要承包商对相关技术人员加强培训，不仅需要提高自身技术水平，而且还要加强预算、经营方面的知识学习。如在施工的间隙组织技术人员对于签证的相关注意事项、要求进行学习和总结，组织学习经营定额技术知识，可以尽快提高现场技术人员的相关签证知识和能力，在签证中做到承包商利益的最大化。

② 加强内外部沟通。现场施工签证不是承包商某一部门的事，它涉及技术、经营等多个部门，许多项目在施工中存在技术、经营部门缺乏相互沟通的现象，技术人员签证完成后就报资料存档，等到项目结算时经营部门才看到签证，如果此时发现签证出现某些问题，就无法进行修改，导致承包商的经济损失。所以，为避免此类事情发生，需要承包商内部有关部门加强沟通，建立长效的沟通机制，及时对现场签证进行检查、处理，以免由于签证差错等问题带来的损失，同时也有利于加强彼此的联系，提高整个施工现场的工作效率。例如可以在施工期间，定期召开技术、经营人员的碰头会，对近期的施工签证进行审查，发现问题和不足及时进行修改，并在今后的签证工作中避免发生同样的错误。

同时，施工签证也涉及业主、设计、监理各方，是一个多方认证的书面凭证。在这个过程中现场认证人员不可避免地要与业主、设计、监理各方的现场代表进行沟通、协作，这是签证人员与外部的沟通。现场签证人员要加强与外部的沟通，建立良好的关系，这是签证工作顺利进行的保证。

③ 技术签证方法与技巧。工程技术签证是指业主与承包商对某一环节的施工技术或具体的施工方法进行联系确认的一种方式，是施工方案的具体化和有效补充，因其有时涉及的

价款数额较大，故不能忽视。在技术签证过程中，需要掌握一定的方法和技巧从而保证签证的准确性。

a. 在钢结构施工，发生额外工程量时，多以劳动量增加方式进行签证，此时需要注意的是施工机具是否有额外增加。因为在某些合同中施工机具费已经计算在施工费用内，但在额外施工时，如出现额外增加的机具设备并不在合同里提到的施工机具目录中，就必须在签证时提出并标明。在很多的施工签证中，签证人往往忽视了施工机具的签证注明，例如大型吊车、铲车、挖掘机等机具，这些机具恰恰在施工费用增加中占有很大的份额，不可以轻易忽视。

b. 在签证劳动力增加时，要明确劳动力的种类，如铆工、钳工、管工等，因为每个工种的结算费用不同，不同费用决定着承包商的利益，所以需要着重标明。

c. 在施工签证过程中，尤其是对高空或狭窄空间作业的施工签证，应详细标明作业高度，在施工附带说明中应详细写清施工环境的狭窄、恶劣，这对经营人员在签证最后结算时可以更好地争取施工签证量的最大化。

d. 对于工艺施工发生签证时，需要将施工的原因、内容、高度、所用材料的质地表述清楚，同时，对于重复的工程量应计入施工发生量。对于施工程序要表述清楚明白，为以后经营人员结算带来方便。由于很多工程施工时间长，其间设计变更频繁，所需签证的地方多，作为现场签证人员要做好自己的签证记录，在自己的施工日记中记录明确，条件允许时进行拍照留档，以便为以后的经营人员提供便捷、翔实的结算依据。同时，对于由于图纸发生变更引起的签证，应在签证中标注签证的依据图纸号码，并保留原始图纸，以便于以后结算时作为依据。

④ 经济签证的方法和技巧。经济签证是指在工程施工期间由于场地变化、业主要求、环境变化等可能造成工程实际造价和合同造价产生差额的各类签证，主要包括业主违约、非承包商原因引起的工程变更、工程环境变化、合同缺陷等，由于此类签证涉及面比较广泛，应认真对待。

a. 设计变更或施工图有误，业主已经开工、下料或购料，此类签证需要签变更项目或修正项目，已下料或购料的，要签写清楚材料的名称、半成品或成品、规格、数量、变更日期、是否运到施工现场以及运输方式、动用的机具等。例如某工程施工预制完成后进入现场安装，发现设计图纸有问题，施工图纸发生很大变化，一部分预制件无法使用，需要重新购买材料预制，此时就需要较详细的工程经济签证，以保证承包商的利益。

b. 由于非承包商原因造成的停工、停水或停电，超过间接费用规定范围的，业主必须及时提出停工损失签证，包括停工造成的人工、机械、施工器具等停滞的损失，临时停工、停电超过定额规定的时间，由于业主资金、材料不到位造成长期停工，大型机械不能撤离而造成的损失，以及由于业主施工计划改变需要承包商中断当前的施工所造成的人员、设备等停滞等。当发生停工时，双方需要尽快以书面形式签认停工的起始日期，现场实际停工工人数量，现场停工的机械型号、数量、规格、已购材料的名称、规格、数量、单价等，双方应以实事求是的态度，根据现场实际情况，参考有关定额标准和规定，尽快办理签证。

如有必要，承包商可以业主未提供完备的施工条件为理由，提出停工的申请并及时核对自身损失，向业主提出索赔签证。

c. 材料单价的签证。材料价格是影响工程造价的重要因素之一，随着市场经济的发展，材料价格也会随产、供、销的变化而不断变化，从而影响工程造价的升降。因此，材料单价的签证十分重要。在签证时要签明材料的名称、规格、数量、单价、时间以及是否包含采保运杂费等。

如果合同中规定，材料为承包商自购，则应当在合同中注明当时的材料市场价格，并加注如材料价格有变化，增加部分应由业主承担，同时，承包商应尽早储备施工材料，避免由于市场价格发生变化而导致不必要的损失。

⑤ 保证签证的准确性和时效性。签证的准确性和时效性是指在签证时要准确地表达实际发生的工程量，同时签证要与实际工程的发生同时进行。某些项目出现过，实际工程早早发生，而签证到最后才签，这可能导致某些已发生工程漏签，给承包商带来损失。所以，签证人员应注意发生实际工程量后，要及时准确地进行签证，签证完成后上报经营部门，及早检查备案，提高签证的时效性。

7.4　施工管理创新——BIM 技术

随着 BIM 技术在建设行业的应用，不但对于 EPC 设计、采购阶段的管理起到不可估量的作用，而且对施工阶段的施工方案编制、施工平面管理和技术交底、施工进度管理等方面的管理方式都将发生重大变革。

7.4.1　施工方案编制中 BIM 技术的应用

施工组织设计是一个施工指导性文件，习惯称之为施工方案。施工方案的内容包括项目人员组成方案（各机构负责人、专业负责人、项目负责人）、技术方案（重大施工步骤预案、关键技术预案、施工进度计划等）、安全方案（重大施工步骤安全预案、安全措施、施工危险因素分析、安全总体要求等）、材料供应方案（临时材料采购流程、材料供应流程等）。国家规范明确规定，达到一定规模且危险性较大的工程（脚手架工程、模板工程、塔吊工程、降水护坡工程等），需要对该部分内容进行专项方案编制。方案编制的重点是找出该工程施工过程中的重点和难点，并对重点、难点进行分析处理，保证安全施工，要求方案编制负责人依据自己的丰富经验和专业知识，以可行的方案为参考进行编制，并结合施工现场的条件对方案进行修正，以二维图纸和文字的形式进行说明。

随着项目体量的增大，结构越来越复杂，施工方案涉及的内容越来越多，编制的难度也越来越大，很难做到面面俱到。而施工进度的迫切性往往限制了方案的编制时间，因此在实际项目建设中，往往是施工和优化同时进行，在施工中发现了问题后再对该部分内容进行优化和返工，影响了施工进度，降低了建设单位的投资收益。

BIM 可以结合施工工艺和工序的情况对施工模拟进行创建。通过模拟专项施工过程检查劳动力分配、设备材料的采购、方案进度编制的合理性，发现施工方案的缺陷，并对发现的缺陷进行优化完善，便于总承包商对施工质量、进度、成本的控制。总承包商还可以对部分工程的重要工艺和施工方案（钢筋锚固、脚手架搭建设、模板等）运用 BIM 技术进行模拟和分析，对施工方案进行优化，从而更好地对现场施工进行指导，提高施工质量和工程效率。此外，通过对施工工艺和方案的模拟，项目相关人员可以对施工过程中的施工和工序有更加直观的了解，对项目施工过程中的重点和难点有更为准确的把握。

7.4.2　平面管理和技术交底中 BIM 技术的应用

施工平面管理是施工过程中最为重要的工作之一，通常依据工程实际情况、项目特点等因素，结合类似工程经验进行施工现场的平面布置。施工现场的布置包括大型机械设备的布置、临水临电和道路的布置、材料堆场及加工棚等的布置、生活办公区的布置等。但在实际工程中由于施工场地狭窄，施工机械设备材料较多，场地布置不合理等情况，导致工地出现脏、乱、差的现象，而且对施工人员的生命安全造成了威胁。

施工前还需要对相关人员进行技术交底，以使现场管理人员和技术管理人员对项目的施工工序和方法有更深入的认知，从而可以顺利地指导施工。目前总承包商技术交底的方式主要是书面或口述，内容比较抽象和枯燥，施工人员往往不能够对施工工序和方法进行深刻的理解，特别是对于一些复杂节点可能会有多张图纸，能力较差的施工人员无法理解和消化，从而造成返工情况的发生，影响工程质量和进度。技术交底单一，交底内容不直观，达不到技术交底的目的。

总承包商对施工现场布置的管理是施工现场管理中最为复杂的部分，总承包商可以利用 BIM 技术对施工现场的管线、道路、临时设施、施工设备进行模拟，从而对现场的材料堆场、宣传标识、安全通道等进行合理预先排布，以提高现场空间的利用率，同时，确保施工现场的安全，减少资源的浪费。总承包商在完成场地布置方案优化工作后，可以把工程进度计划安排与 BIM 模型进行关联，以施工进度为依据，对现场布置方案进行动态模拟，发现施工现场布置存在的问题并进行优化。BIM 技术还可以对施工现场布置进行安全模拟，对高空作业防护、临口临边防护等进行精细化建模，对相关人员进行安全、文明、可视化交底，能够减少现场布置的安全隐患，预防安全事故的发生。

由于分包单位的水平参差不齐，总承包商对分包商的技术交底往往存在许多问题，视图能力较低的施工人员不能很好地理解复杂的节点施工工艺和施工方案，这时可以利用 BIM 技术进行三维可视化交底，可使施工技术人员直接了解施工方案和关键节点的施工，从而提高了施工质量和效率，避免返工现象的发生。

7.4.3　施工进度管理中 BIM 技术的应用

施工进度管理是指总承包商以合同规定的工期为依据进行施工总进度计划的编制，并以此为进度管理，在施工过程中进行定期检查，及时发现进度偏差，并采取措施及时纠正进度偏差，调整施工进度计划，排除干扰，保证工期目标得以实现的管理活动。

EPC 总承包单位大多数是使用单、双号网络图或甘特图来表示施工进度计划，这三种都具有简单、醒目和便于编制的特点，在进度管理中得到广泛应用。但在实际应用中，其应用的深度有限，不能满足施工需要，总承包商会根据项目的实际情况和以往的经验对施工进度计划进行调整编制。实践中往往由于多种因素使施工完成时间与施工进度计划出现偏差，并影响到后边的施工任务。上述进度计划方式存在进度形象不直观的问题，不便于对各工区的工作冲突进行检查，也无法对冲突的大小进行判断，不能及时对各种存在的问题进行解决，进而导致施工进度失控。施工进度是否实行精确管理关系到项目工期目标是否能够达到和企业效益的好坏，因此，总承包商应该使用先进技术对施工进度进行控制，以缩短工期，提高企业的经济效益。

BIM4D 模型是在 BIM3D 模型的基础上加上时间的维度，将 BIM 模型和施工进度绑定处理，通过进度模拟对施工过程进行更为直观的展示，在进度模拟中发现各施工工作之间的相互冲突，从而对施工工序进行优化，以得到更为优化的施工进度计划，避免出现返工现象。在实际施工过程中，将现场真实进度情况输入 4D 模型中，将真实进度情况和计划进度情况进行对比，找出产生偏差的位置，并对偏差进行分析，同时，给出相应的调整措施。如果偏差过大，无法继续进行原进度计划，则重新编制进度计划。通过以上措施，总承包商可以提高对工程进度的控制能力。

7.5　施工管理实践案例

7.5.1　施工全过程管理实践案例

【案例摘要】

以海外 EPC 大型炼油扩能改造项目施工全过程管理实践为背景，介绍了本项目做好前期策划、把握施工过程重点环节控制、提高施工管理水平的做法。对同业如何有效组织和发挥施工管理力量提供了经验。

【案例背景】

本项目是我国某石化建设工程公司承建的海外某 EPC 大型炼油扩能改造项目，拟将现有产量为 800 万吨/年的炼油工程扩建为 1800 万吨/年的炼油工程，采取"加氢裂化-渣油加氢-重油催化裂化"的加工路线，配套建设公用、储运、环保设施。本项目 EPC 大型炼油扩能改造工程采用 EPC 模式。

【施工管理难点】

本项目施工管理具有以下特点和难点：

① 项目执行难度大，部分装置需要"边运行、边施工"，老装置利旧改造难，地下情况复杂，部分装置要在不停产的情况下施工，难度很大；

② 当地员工技术水平低，基本上没有符合炼油厂建设所需要的人力资源；

③ 当地夏季酷热，冬季严寒，气候条件恶劣，有效施工时间短；

④ 参与单位多，管理层次多，需要大量的协调工作，沟通的难度较大；

⑤ 技术升级难度大，采用当今国际先进专利技术，对当地员工的操作水平提出了挑战；

⑥ 整个厂区布置紧凑，施工现场空间利用有限，预制场面积不够，协调各单位施工作业界面困难。

结合上述的项目施工管理难点，EPC 总承包单位认真地进行分析、研究，针对项目难点，依据经验应做好以下工作。

【施工前期策划】

注重前期策划，坚持"超前策划、强力管理"的施工管理宗旨，狠抓"目标管理、过程控制"这两个关键环节。

（1）采取的管理模式　本项目根据目标分解，将项目管理要素整合为 9 个管理体系，由不同的部门牵头，全员积极参与，在实现与业主管理体系对接的同时，将各个管理体系延伸至各承包商、供应商，形成项目管理要素集成，推行区域项目制，对区域内项目设计、采购、施工等共性问题进行集约化管理，极大地推动了建设进度。通过区域项目运作实行项目组织的完整性、连续性，利用系统化管理做到最大限度的资源共享，实现管理资源的优化。

（2）编制策划文件　针对项目的特点，编制了项目实施计划等一系列项目管理文件。对施工 HSE、进度、质量、签证、变更、对材料标识的管理、单位工程划分、质量控制点检查以及报验程序的管理进行了规定。

（3）配合采购招标　施工人员参与采购设备材料技术的谈判和评标，确认大型设备和内构件等运抵现场的状态以及吊装所需的吊耳等的配置要求，以便于现场吊装；对于采购部门采买的成套设备，要求供应商到现场安装的或技术协议明确要求设备分片到货但安装费用含在设备中的，或一些供应商与现场施工单位界面划分不明确的，需要施工管理提前介入，同时提出到货顺序建议，有效避免设备到货后引起不必要的争议，以免影响工期。

（4）现场平面布局　该炼油厂施工现场可利用的空间有限，设计布局紧凑。为使现场可利用空间得到充分利用，在项目前期准备阶段，根据总体计划结合大型吊装吊车行走路径对承包商的临时设备和预制场地进行统一的平面布置，并根据项目的进展情况进行长远规划，根据现场施工阶段不同，制定不同的现场标准，如土建阶段、安装阶段、防腐保温阶段的现场标准等，使现场各专业施工时均能够得到场地保证。

同时，还考虑了施工的可行性，如对于大型设备预制及吊装却因场地限制无法进行的，还要及时与设计沟通，调整设计总体布置。若设计总体布置无法调整，只有考虑施工预留，调整施工顺序。

例如，根据公司过去承揽的某海外炼油厂改造项目中重油催化、裂化装置大型设备的分布情况和1000t履带吊、400t履带吊的吊装性能和行走路径，本项目总承包商结合现场实际情况，进行了现场平面布置的规划、设计，优化了吊装区域、设备（钢结构）组焊区域及材料摆放区域，提高了工作效率，减少了大型设备（钢结构）的二次倒运。

（5）制定项目控制计划　EPC总承包专业工程师制定了工程质量A、B、C三级控制点，在施工开工前将以下工作作为A、B级控制点，并严格执行。

① 严格图纸审查交底制度。考虑到项目设计出图的实际情况，项目部加强了对设计图纸的会审力度，由于EPC土建工程的设计图纸大部分是白图施工，在工程开工前，应组织设计对施工单位进行设计交底，及时对施工单位提出的审图意见给予答复，并形成会议纪要。

② 严格材料构件检验制度。项目开工前，专业工程师审查进场材料和构件的出厂证明、材质证明、试验报告，对于有疑问的主要材料进行抽样，不准使用不合格材料。

③ 严格工程变更审批制度。在施工过程中，不论是业主的变更还是设计的变更都必须经过EPC项目部的批准后，施工单位才能进行施工。专业工程师在处理联系单时，严格按照项目部有关变更控制规定或工作程序执行。设计变更必须有设计部门出具的有效文件。

【施工过程管理】

施工过程管理涉及分包管理、组织协调、计划控制、资源调配、员工管理、安全质量管理、成本控制等环节，这里仅对施工进度、质量、安全管理进行探讨。

（1）施工进度管理

① 制定进度管理机制。围绕工程全生命周期统筹项目进度，建立项目测量体系和责任矩阵，动态监控项目进度，滞后超过5%时应及时预警并升级管理。狠抓关键线路管理，一期和一期配套工程实施倒逼机制，实现按期投产；二期工程实行外松内紧的双基准计划体系，使工期总体受控。

② 重视信息沟通。建立和完善项目进度控制文件体系，按照体系文件要求开展进度控制活动。每周按设计进度计划，召开设计进度协调会；把采购和施工的需要及时通报给设计部门，以满足施工的需要。

③ 提前介入设计。采购技术人员在设计阶段提前介入，确定材料的可采购性；施工管理人员在设计阶段参与设计，对设计的可操作性进行研究，提前制定施工方案；避免和减少施工阶段的返工，同时提出设备材料的到货时间和顺序，以免发生工期延误和费用索赔。

④ 狠抓进度关键线路，克服外界环境对施工的影响。根据工程内容，结合施工经验，安排施工进度计划，并确定关键线路，对关键线路上的每道工序认真研究，发现问题，找出应对措施。

例如，某项目重油催化、裂化装置（简称两器）施工是关键线路，而两器在衬里的施工是一项关键的工作。该地区冬季气温在-20℃左右，由于工期的要求在10月15日前完成了预留部分两器衬里的施工任务，这样衬里越冬初烘工作必须在冬季来临之前完成，对衬里越冬预烘干的保护工作属于一项难度较大的系统工程，由于主风机组还不具备开车条件，因此，必须改变思路和常规做法。最后经过多方调研，采用电加热烘干方式，效果较好。项目部严把审查关，就该项目的投资、质量、进度方案进行了论证，召集各方进行方案评审，并得到业主的认可。在各方的共同努力下，圆满完成了衬里越冬预烘干的保护工作。实践证明此方案的实施节省了投资，赢得了进度，是一项切实可行的最佳方案。

（2）过程质量控制

① 严格落实质量管理规定。例如在阀门试压站，从试压制度的制定和试压台账的建立完善，保证了每一台进入现场的阀门都具有唯一性和可溯性；在焊接管理中，焊接工艺卡的使用，使作业人员、质量管理人员对每一位焊工从事的焊接项目一目了然；在材料管理中，色标对照卡的使用最大限度地避免了由于材料混用所带来的质量安全隐患。严格落实质量管

理规定，有力地促进了质量水平的提高。

② 强化过程监督。项目部对专业管理人员提出了必要的旁站要求，高频率的巡查以及各项专检活动，对施工过程进行了有效的监控，保证了每一道工序在进入下一道工序前都处于质量控制状态。

③ 对出现的质量问题及时总结。对于施工过程中出现的质量问题坚持及时总结和分析，举一反三，合理调整施工作业质量控制的内容和侧重，对后续工程的施工提供参考、保障。

（3）HSE 综合管理

① HSE 管理与设计的关系。EPC 总承包商担负项目的设计工作，但安全管理人员并不参与设计工作，而安全设计人员也不参加现场安全管理工作，导致现场安全管理人员不能完全领会安全设计目的，而安全设计人员也不懂现场安全管理工作。在项目实施后期，尤其是试运行阶段，现场安全管理不能有效地配合试运行操作，无法保证安全试运行，造成本质安全上的缺陷。

对于 EPC 总承包下的安全管理，应将安全设计与现场安全管理进行有效的整合，两者应穿插进行，使安全设计人员与现场实际管理人员相互渗透、相互参与、共同管理，从而保证项目能够安全、可靠地进行。

② 建立安全管理组合体系和管理制度。EPC 项目参建施工队伍众多，项目部将分包单位的管理纳入内部管理序列，其主要负责人纳入安委会成员，参与总承包方安全管理工作的一切活动，保证安全管理的及时和有效，保证安全指令信息畅通和协调统一。

③ 加强现场安全管理培训。通过安全培训，使现场管理人员和施工人员清楚安全规定和要求。采用入场安全培训、日常安全培训、专业安全培训等多种方式对全员进行培训教育，定期召开由各专业团队和班组管理人员的碰头会，定期参加由班组组织的班前会，发现问题并及时纠正指导。

（4）信息沟通管理 在 EPC 项目管理中，加强对各方面的沟通和协调是保证充分发挥 EPC 优势的关键所在。

① 总承包商应与项目参与各方保持良好的互动，建立起诚信合作机制；与当地政府机构建立联系渠道，为工程营造良好的外部信息环境。

② 经常请设计负责人、设计专家到现场检查指导，使他们在不同程度上直接或间接地参与项目施工管理，能够及时发现问题，及时修正图纸，减少误差，对保证项目达到预期目标起到很大的作用。

③ 加强项目内部管理和平行部门之间的沟通，及时协调、解决施工过程中影响施工进度的问题，主动化解业主因设备材料到货滞后、设计出图滞后等问题造成的各种矛盾，确保施工顺利进行。

通过维护和管理与参建方的关系，加强信息沟通和利益互补，实现和谐、共赢。

【实践案例结语】

施工是将图纸转换为现实的最后一道工序，EPC 项目规模大、技术复杂、受多种因素制约，内外因素交错、关系盘根错节是当今施工管理的特点，要一一化解对施工的各种制约因素，就要对项目实施全过程、全要素的管理。同时，在施工中积极推行管理数字化、模板化、精细化、科学化则是提高施工管理水平的关键。

7.5.2 施工分包商的选择实践案例

【案例摘要】

以某 EPC 园林景观工程总承包选择施工分包单位实践为背景，阐述了选择施工分包商的时机、模式，对分包商的考察要点、策略和建立长期合作关系的经验教训，以期同行参考借鉴。

【案例背景】

某林产设计院承揽了某园艺博览会"秦岭园"EPC 总承包工程项目,工程服务内容包括方案设计、施工图设计、材料设备采购、工程施工、运营维护全过程,涵盖工程项目质量、进度、造价、信息、资料、合同、安全全方位管理。

该工程占地面积为 $53194m^2$,建设内容包括秦岭四宝馆和水泵房建筑工程,建筑面积为 $2265m^2$;假山洞、瀑布跌水、太乙仙台、台沟宝泉等景观工程;秦岭地区有代表性的乔灌木、草皮、花卉等绿化工程;园路、登山道、照明监控、喷灌喷雾、标识、背景音乐等设施工程。项目工期为 2 年。项目在世园会期间获得了游人和建设单位的高度认可,成为世界园林博览会"一塔三馆"的核心景区之一。

【对选择分包商的认识】

从本项目的结果来看,项目建设取得极大成功,得到社会各界的认可,但是从项目实施过程来看,由于分包商选择不当,造成项目实施困难重重。该项目的困难不仅仅是施工内容复杂,最大的挑战是工期紧迫,必须在预定的开园时间竣工,准时对公众开放。因此,在总承包中标后,最为紧迫的任务就是选择施工分包商。由于是第一次承揽如此大规模且有一定社会影响的总承包工程,设计院之前又没有长期合作的施工分包商,出于便于协调管理的考虑,把项目施工全部分包给一家在园林景观领域有着不俗业绩的某省园林施工企业。由于对该施工分包商事前的考察不够全面和深入,在施工过程中对工程项目的实施产生了不好的影响,主要体现在以下四个方面。

① 由于项目施工全部分包给了 1 家公司,该施工分包商出于自身利益的考虑,在劳动力配置、工程质量、工程进度达不到总承包方的要求时又不执行总承包指令,使总承包商处于不利境地,限于工期压力,总承包方又很难在短期内解除对该分包商的施工合同,清算离场并重新选择分包商。

② 该施工分包公司虽然从业绩上看历史很辉煌,但由于其在其他领域的投资方面压力很大,在劳务分包单位和材料供应商的选择上以及总承包方认价过程中过于追求利润,常常以进度对总承包商相要挟,严重影响项目的顺利进行。

③ 设计院承担工程总承包,由于人才结构的限制,多数人员只有设计经验而无施工现场管理经验,往往只能派出 1~2 名有现场施工经验的人员担任项目经理,把控全局。因此,施工分包单位容易在现场施工过程中出难题,考验总承包人员的管理能力,影响彼此之间的相互信任和协作。

④ 本项目中,业主的资金不能及时到位,在施工完成 90% 时,项目资金仅仅拨付了 30%,施工分包商又自身资金不足且缺乏融资能力,对项目的正常进行造成极大障碍,给工程总承包商带来极大的压力。但即便如此,项目部凭借技术优势,在现场亲力亲为,深入施工单元,协助指挥施工,充分与建设方、监理单位、分包商协调,最终按时完成了工程项目任务,但对分包商的选择上,教训是极其深刻的。

设计院作为工程总承包单位,在项目实施阶段一般没有自己的施工队伍,在总承包项目中,必然要将项目施工全部分包给分包商,因此,施工阶段的核心工作就是组织、指导、协调、管理承包商,监督分包商,按照工程施工组织计划配置人员、材料、机械,确保工程质量和工期,使项目实施能够安全、高效、有序地进行。分包商的选择,其素质和管理能力如何是施工阶段最为关键的影响因素,选择合适的施工分包商对于设计院总承包项目的顺利进行和利润具有极大的影响。

【分包商的选择】

(1) 对选择分包商的认识

① 中标前后选择分包商的利弊。中标前选择施工分包商,总承包单位在标前根据项目

特点选择有过合作的又有很强的技术和资金实力的施工企业共同参加投标，这样施工分包商可以提前介入项目，对项目有充分的了解，能够做出计划完成准备工作，对于保证项目工期、进度、成本的顺利完成非常有利。另外在所投标的工程中，有一些特殊专业或特殊技能的分项工程，承包商没有能力自己完成设计或自行招聘相关人才成本较高，这样标前选择分包商，能够联合相关专业分包商，增强自己的设计能力和竞标能力，有利于中标。但由于施工分包商提前介入项目，对项目理解充分，不利于总承包商的议价工作，影响总承包商的利润。

② 中标后选择分包商的利弊。中标后全部价款和合同条件已经明确，可以十分详细地与不同分包商逐项询价、谈判，能够保证总承包商的利润。但一般在中标后时间比较紧，开工在即，短时间内找到有实力、有资信的分包商也十分困难，对项目目标的实现有不利的影响。

（2）选择分包商应考虑的因素和评估要点

① 报价水平：分包商的报价水平直接影响总承包商的利润，是总承包商选择分包商的最为重要的指标，但是总承包商不可片面追求利润的最大化，如果单纯以报价作为选择分包商的标准，容易出现低素质分包商将高素质分包商挤压的现象。因此，应审查分包商报价的合理性和完全性，是否存在降价空间，必须综合考核评估。

② 专业设计能力：拟选择的分包商的专业设计能力非常重要，一般重点考察其是否能够充分理解总承包方的设计意图和设计理念，以及是否具备深化设计方案性价比的能力。

③ 专业技术能力：对于分包商的专业技术能力，总承包商应重点考察其是否选派足够的符合项目要求的专业技术人员、熟练的施工生产人员、机械设备等。评估分析其是否具备了完成项目任务的技术和能力。

④ 施工方案可行性：对于分包商的施工方案，总承包商主要分析施工方案是否能够保证工程质量、工期、安全，是否经济适用，分析施工方案的技术先进性和可行性。

⑤ 分包商的承诺：对于分包商的承诺，总承包商主要考核分包商在投标和询价中做出的关于工程质量、工期、造价、优惠等方面的承诺是否现实可信，是否能够履行。

⑥ 分包商经理素质：对于分包商经理或一把手的素质，总承包商重点考察其法律意识、契约精神、管理水平、沟通协调能力等。

⑦ 其他考察的事项：分包商以往的业绩、相似经验、承揽的在建项目情况、资金实力、财务状况、融资能力等。对于 BT、BOT 等需要融资的项目，分包商承诺有能力并愿意先提供材料、设备然后再付款或接受业主对总承包商的付款条件，可以大幅度地减少总承包商现金流压力。因此，综合考察分包商的财务状况和融资能力十分重要。

（3）选择分包商的策略　最好选择有过良好合作经历的 2～3 家分包商或供应商进行询价、对比，对分包商的报价、设计能力、技术能力、施工方案、承诺、经理素质、以往业绩、财务状况、融资能力、信誉状况进行综合评价打分，选出具有长期合作意向的分包商，慎重选择有诉讼经历、信誉曾有不良记录的分包商。

（4）根据专业工程特点选择合适的分包商　园林景观工程不同于建筑工程，建筑工程的主体工程是一个整体，一般应由一个单位完成，以保证主体工程的完整性、连续性。园林景观工程的主体工程中的整地、造景、乔灌木种植、地被花卉、建筑构筑物、园区道路等可以分割成几部分各自独立实施。因而对于设计院总承包商来说，为便于控制，这些主体工程不宜全部分包给 1 个分包商去完成，而应根据项目特点合理分块，分包给 2～3 家去完成，并预留一部分利润相对丰厚的后期工作作为择优工程，视各分包商施工质量、进度等确定由哪家来完成，以期在施工过程中引入竞争机制。

同时，在签订分包合同时也可以附加竞争性奖励条款，以鼓励分包商安全、保质、高效地完成功能项目。这样虽然增加了沟通协调工作的难度，但是对于没有自己施工队伍的设计院总承包商来说，更易于从全局上把握工程进度、成本和质量。

专业工程如照明、标识、音响、喷灌等分包给专业施工分包企业。通常专业施工企业具备更强的深化设计能力和专业施工经验、技术，能够更好地按照总承包商的要求完成深化设计和工程施工。

【实践案例结语】

能否根据项目的特点选择合适的分包商直接影响项目的成败，对于没有自己的施工队伍，且缺少现场施工管理经验的设计院 EPC 工程总承包商具有重大意义。为减少选择失误的情况发生，设计院作为 EPC 总承包商应培养长期合作的分包单位，在选择好有影响、有经济技术实力、资信可靠的分包商后，应力争在项目合作中培养双方的互信度，争取与分包商建立持久的合作关系，将分包商看作合伙人，在规划、协调和管理工作上彼此完全平等，这对于总承包商承揽其他项目的顺利开展有着长远的意义。

7.5.3 施工方案优化管理实践案例

【案例摘要】

以某经济开发区 EPC 拆迁安置保障房项目的施工方案优化管理实践为背景，介绍了通过管理一线的施工信息反馈，调整施工工艺和优化设计方案，并采取先进技术管理手段，达到降低成本、确保施工安全的经验，对总承包商的项目施工管理有一定的借鉴意义。

【案例背景】

某经济技术开发区拆迁安置保障房为 EPC 项目，总用地面积约为 15 万平方米，建筑面积约为 54 万平方米，包括 2 层地下室、29 栋高层住宅、食堂及商业公建配套 27 栋和小学、幼儿园等，实施 EPC 总承包的单位为某建筑集团旗下的 A、B 两家公司联合体。

【施工信息反馈】

EPC 项目的实施过程中，EPC 总承包商一直坚持持续动态的"设计-施工-成本"三者相互之间信息反馈的原则。对设计与成本的直接信息反馈，大多在施工概算或预算阶段已经基本完成，而施工信息反馈则是 EPC 项目的核心，是项目提质增效的手段。本项目实施过程中通过有效的沟通反馈，对工艺选择、方案设计和材料置换等三个方面进行了优化，提高了施工质量，降低了成本。

（1）工艺优化选择 施工工艺选择的不同，对施工各方面的影响巨大，EPC 项目的自主性决定了可以在工艺上进行优化，以下通过两个例子进行阐述。

一个例子是基坑工艺设计。本项目基坑深度为 9.9m，按 2 级基坑设计，采用灌注桩＋锚索及分级大放坡支护方案，灌注桩采用旋挖机成孔，但在实际成孔过程中，根据旋挖机渣土发现，地层中主要是黏性软质沙土，工程部提出采用螺旋钻孔机成孔，可以降低成本。将情况反映到项目部经理，经过与联合体各方负责人论证分析后，认为工程地质条件满足长螺旋钻孔机的施工要求，且施工速度比旋挖机快 1 倍，能有效地解决本项目工期紧、工程量大的难题，此项优化节省了 4.3 万元，工期缩短了 45 天。

另一个例子就是地基基础设计。本工程地基基础设计为锤击预应力管桩基础，由于临近待拆迁的村庄，前期施工中锤击震动对村民生产生活造成影响，受到投诉后，马上停止了所有锤击管桩的施工作业，并向业主单位发送了文件《关于更改预应力管桩施工方法的建议报告》。据此，业主同意联合体将距离村庄居民 200m 范围内的锤击桩改为静压桩，因此而增加的费用从预备费中开列，开列增加的费用达 478 万元，及时避免了因持续锤击施工可能引起的影响政府形象和社会稳定的问题。同时，也避免了因此而产生的不应额外承担的费用损失。

（2）施工方案优化　设计处于 EPC 项目的龙头地位，但我国长期以来形成了设计与施工脱离的建筑业结构，使得总承包企业主导运作 EPC 项目时较为被动，尤其是施工企业较缺乏设计能力及其控制经验，因此，施工过程中对设计方案的优化至关重要。以下通过例子加以阐述。

本项目的基坑支护工程采用灌注桩＋锚索支护方案，是因为在工程过程中工程部发现施工现场两剖面段地质情况较好，作业面也可以充分保证，具备放坡的施工条件，通过与设计协商同意变更为放坡施工，从而节约施工成本 20 万元。

本项目的地锚原设计长度为 19m，抗拔力特征值为 190kN。总承包单位根据工程地质报告，结合已往类似施工经验，分析认为地锚长度存在优化空间，于是在现场选择最差地质的位置分别进行 12m、14m 共两组（每组 3 支）抗拔地锚施工试验，28 天后经检测单位进行抗拔地锚试验，14m 地锚满足设计要求，并提供试验报告由设计方优化地锚方案，从而节约了 1000 万元。

（3）材料优选置换　施工过程中，对材料的置换尤为重要。本工程地下室侧墙防水结构为 2mm 厚单组分聚氨酯防水涂料＋120mm 厚 MU10 砖，总承包单位根据以往类似工程的施工经验，认为水泥基的防水效果与聚氨酯的效果基本相同，而水泥基适用范围广泛，施工方便且价格较低，此项优化节约 100 万元。与此同时，在阳台、厨卫的防水材料使用时，根据以往的施工经验，原设计的水泥基渗透结晶防水涂料与瓷砖的结合性能较差，改为聚合物水泥基涂料，试水试验表明可以满足防水要求。

【施工安全控制】

EPC 模式下业主对安全的监督力度有所减轻，EPC 总承包商是施工安全的第一责任人。本项目总承包商为确保安全，采取了多种安全管理手段，主要体现在 BIM 技术的应用。

（1）有利于及时发现安全隐患　传统的施工方案只能利用文字结合二维图纸进行施工顺序及工艺的说明，但对于设计一些复杂点的和众多相关专业间有相互的空间关系的，就难以清晰地阐述施工要点措施，更难发现各专业相互间的协调配合关系，这样就无法准确地预测和保证施工方案的可行性，在方案实施过程中可能出现安全隐患和阻滞。而利用 BIM 模型虚拟施工技术，能够直观、准确地反应各个建筑各部位的施工工序流程，管理者就可以通过存储在数据库中的信息及时了解各施工设备、材料、场地情况的信息，以便提前准备相应的材料并采取安全措施。

（2）有利于对材料设备状况的监控　通过对大型施工机械设备的施工模拟分析和场地布置三维实体优化，根据不同施工阶段各专业分包进度及材料用量情况，合理规划场地的材料堆放布置，确保大型设备布置合理，使用安全；利用模型提早对工程项目各个阶段施工过程进行相关危险源位置分析警示，提前做好安全部署，消除安全隐患。本项目对于所使用的 13 台塔吊，通过 BIM 制作了立体模型，对其平面、立面位置关系进行了动态检查，根据不同塔楼的施工进度不同，各塔吊附墙顶升的分节不同，这些信息可以同步进行考虑，避免先升塔吊对后升塔吊的影响，同时一并规划塔吊拆除作业。施工过程中未出现因塔吊不能动作的窝工情况，避免了可能因布置不合理而窝工造成的工期损失。

【实践案例结语】

在 EPC 项目中，必须充分调动施工单位和设计单位的积极性，发挥他们各自的优势。施工单位应充分发挥以往施工的经验和管理优势；设计单位也要能够实事求是地结合施工现场，放低姿态，虚心接受施工单位的合理化建议。

施工过程中是以成本控制为主要导向，结合现场遇到的实际情况，施工单位应及时提出施工反馈意见，对于优化方案、降低项目成本具有重大意义。当然，施工单位所反馈的意见应具有充分的检验依据。

同时，EPC 总承包商应积极引进先进信息技术（如 BIM），加强施工安全管理，通过信息技术能够及时发现安全隐患，对材料设备实施有效的监控，以确保施工安全。

7.5.4　基于 BIM 施工管理实践案例

【案例摘要】

以某高校 EPC 教学用房改扩建工程运用 BIM 的施工管理实践为背景，介绍了利用 BIM 技术在 EPC 项目施工管理过程中的应用方法和步骤，为同行在施工过程中运用 BIM 技术提供了有益的参考。

【案例背景】

某高校 EPC 教学用房改扩建项目，项目总用地面积为 $7786m^2$，总建筑面积约为 $7000m^2$，由教学主楼和附属设备房、门卫用房 3 个单体组成。项目建设单位为区教育局，由该市建工设计研究总院和该市建工基础集团组成联合体实施工程总承包（EPC），为建设单位提供勘察、设计、施工一体化服务。项目工期为 300 天。

【BIM 应用内容】

该项目 BIM 技术应用包括 2 个部分：一是项目全专业、全过程的 BIM 模型创建与深化，并利用 BIM 模型进行碰撞检查、净空分析，及时发现并改正设计图纸的错、漏、碰、缺以及专业之间的冲突等问题，通过 BIM 模型进行管线综合、局部节点施工模拟，用于指导施工安排，提前准备克服施工难题的措施；二是搭建基于 BIM 模型的项目协同管理平台，通过协同平台串起项目设计、采购、施工、装修实施全过程管理，有利于项目进度、质量、安全、造价及工程资料等各方面管理工作的推进，确保工程总承包（EPC）项目的顺利实施。

（1）BIM 模型创建与深化　第一阶段工作为 BIM 模型创建，鉴于目前阶段的建模能力，该项目是在 CAD 图纸的基础上创建 BIM 模型的，包括建筑、结构（含 PC 构件）、电气、暖通、给排水及装饰各专业，然后利用 BIM 模型开展碰撞检查、三维管线综合及净空分析，通过三维方式对设计图纸进行反向验证，调整 CAD 图纸的错、漏、碰、缺及专业之间冲突等问题。

为了切实利用 BIM 模型指导项目施工，在项目实施过程中对照深化图纸及设计变更及时调整模型，完善模型信息；按照施工组织设计及专项方案不断深化模型信息及设备属性，并完成各阶段施工场地布置模型。

（2）搭建 BIM 协同管理平台　第二阶段为搭建基于 BIM 模型的项目协同管理平台，实现 BIM 模型落地应用及项目精细化管理，包括协同办公、设计与施工管理、进度管理、质量与安全管理、PC 预制构件全过程管理等；实现 PC 端以及手机（含 Android、iPhone）、iPad 等移动端的 BIM 成果应用。

BIM 协同管理平台应用方包括建设单位、监理单位、设计单位、施工总包、施工分包等各参建单位。该项目协同管理平台针对 BIM 模型进行了协同交流、项目进度管理、项目质量与安全问题协同管控、施工动态管理、PC 构件全过程管控、应用表单流转审批及工程资料管理等方面的探索应用。

① 协同交流。建立基于 BIM 模型的协同管理平台，便于项目参建人员随时浏览 BIM 模型，随时随地查看了解项目所有构件的信息。通过协同平台将 BIM 模型整合应用，方便参建各方更好地进行协同交流，极大地简化了信息传递流程；所有项目管理人员都能在基于 BIM 模型的协同平台中进行交流沟通、提出问题及解决问题，大幅提升了项目管理效率。

② 项目进度管理。利用 BIM 模型协同平台进行项目进度管理，将施工进度计划 project 文件导入协同平台中，并将进度计划与 BIM 模型构件进行关联，用 PC 端将任务分配给不同的相关施工责任人。

责任人收到任务后，将任务发布到现场施工相关解决人员移动端，现场人员通过移动端实时反馈任务完成情况与现场详细信息（包括现场照片、完成百分比和现场问题备注），责任人根据现场反馈信息进行任务结束划分，后续形成计划进度动画模拟（计划与实际对比进度动画模拟、实际进度模拟和实际与计划对比进度模拟）。项目管理各方可根据现场收集的数据进行统计查看，实时追踪现场进度情况。

③ 项目质量与安全问题协同管控。利用 BIM 模型协同平台进行项目质量与安全问题协同管控，将项目现场问题随时记录到平台上并上传照片，然后发送给责任人要求限期解决；责任人将问题解决后，可以将整改后的照片上传平台，确保现场解决问题的速度，并做到质量与安全问题及解决全过程的可追溯性。

④ 施工动态管理。利用 BIM 模型协同平台进行施工动态管理，将 BIM 模型与现场扫描数据关联，在 BIM 模型上以不同颜色区分不同的状态，及时了解并掌握施工进展动态。通过协同平台，可以预先了解不同时间段项目需要投入的资源，及时做好施工安排。

⑤ PC 构件全过程管控。基于 BIM 模型的二维码应用，通过 BIM＋二维码的介入，使得传统的现场物料管理更清晰、更高效，信息的采集与汇总更加及时与准确。通过二维码，可以快速地做到 BIM 构件定位，查询构件属性及关联资料。二维码所关联信息能够在 PC 端进行更新，用移动设备扫描二维码可获取二维码最新的资料信息。

基于 BIM＋二维码的应用，对项目 PC 构件、机电设备等的出厂、运输、进场及吊装（安装）进行全过程流程管控，确保施工安全及施工质量。现场扫描二维码可查询构件及设备的属性、资料、图纸等各类信息，同时也可以将目前施工过程中的信息加载到二维码中，最终实现施工阶段 BIM 模型的全过程应用。

⑥ 应用表单流转审批。利用 BIM 模型协同平台进行工程应用表单的填报及流转审批，将项目现场需要反映及处理的问题通过移动端或 PC 端填写相应的应用表单，填写好的表单可对应相关的构件及设备，填写人员可以上传现场照片，以保证表单反映问题的直观性。然后通过平台发送给审查及审批人并在协同平台中进行审批，大幅度提升了反映问题及处理问题的时效性。

⑦ 工程资料管理。利用 BIM 模型协同平台进行工程图纸和资料的归集整理与查询，项目管理人员可将图纸、表单资料、PDF、CAD 及现场照片等各类文档上传协同平台，方便工程资料的查阅浏览，满足项目现场实际资料需求，方便做好对施工人员的施工交底及过程中的资料核对，同时，有利于工程资料的管理。

【实践案例结语】

该项目已顺利通过验收并移交建设单位。通过 BIM 模型验证，在施工之前调整了 CAD 图纸 40 多处设计错、碰及专业之间冲突的问题。应用 BIM 技术串起项目设计、采购、施工、装修实施全过程管理，极大地提升了项目设计、采购、施工全过程的管理效率及效果；特别是基于 BIM＋二维码的应用对 PC 构件进行全程精准管控，妥善解决了施工场地狭小及复杂节点对接等问题，确保更好、更快地完成项目建设任务，也获得了建设单位及建设主管部门的好评。

但在 BIM 技术具体应用过程中也发现了一些问题，特别是参建单位习惯于传统的项目管理模式，导致了协同管理效率不佳等情况。应在后续的 EPC 项目中，不断完善 BIM 技术应用能力，体现基于 BIM 技术项目协同管理的优势，确保 EPC 项目进度、质量、安全、造价及工程资料各方面的有效管控，从而确保 EPC 项目顺利实现各项建设目标。

第8章

试车管理

　　试车是 EPC 工程项目全过程的最后一个的环节，是对整个工程的总体检验，为此，试车管理成为 EPC 工程项目管理的重要组成部分。目前，我国工程总承包企业在这一环节缺乏相关的管理经验，这已成为制约企业承包 EPC 工程项目的短板。探讨试车管理对总承包商来说显得十分重要。

8.1 试车管理概述

8.1.1 试车管理的概念与意义

8.1.1.1 试车管理的定义

　　《石油和化学工业工程建设项目管理规范》中将试车定义为：对设计、设备制造和施工进行全面检验。考核验收是对整个项目建设是否符合设计指标和合同要求进行的全面考核和验收，一般应以业主为主进行。

　　《建设项目工程总承包管理规范》中将试运行定义为："依据合同约定，在工程完成竣工试验后，由项目发包人或项目承包人组织进行的包括合同目标考核验收在内的全部试验。"试车管理则是指对试车各阶段的计划、组织、协调、控制的管理活动。

　　EPC 试车与以往传统的试车有明显的区别。在传统承包模式中，试车工作是由项目业主组织设计单位、设备材料供应商、施工单位和专利提供商共同完成的。相对业主来说，试车过程中容易出现两个比较突出问题：

　　① 除了要做好业主内部各部门和人员的组织管理和生产准备外，还要协调设计单位、设备材料制造供应商、专利提供商和多个施工单位之间的关系；

　　② 在试车中出现问题后容易互相扯皮，主要原因是施工单位可能将出现的问题推给设计或设备材料供应商，而设计和设备材料供应商又可能将问题归结为施工质量或没有按要求施工等，但最终的受害者是业主。

　　EPC 工程总承包模式与一般传统承包模式相比，在试车中具有明显的优势，虽然项目试车也是由业主组织，但业主不需要面对多个参与试车的单位，也不需要面对扯皮而难以决策，除了做好业主在试车过程中的工作外，最终只需面对一家单位——EPC 总承包方。EPC 总承包方将向业主交出一个工艺流程畅通、各项经济技术指标满足国家和行业标准的，符合设计要求的项目，从而达到业主所期望的建设目标。

8.1.1.2 试车管理范围

　　试车管理范围是由总承包商所承包的试车范围而确定的。试车是工程建设的最后阶段，按惯例项目试车大体可划分为空负荷联动试车和负荷（投料）联动试车两个阶段。

　　(1) 空负荷联动试车　空负荷联动试车（又称联动试车）的起点是机械竣工或部分机械

竣工。机械竣工是指总承包商向业主移交项目管理权的交接点，是指在工程公司完成了合同范围内全部子项的施工安装工作后，或所有子项已办理中间交接手续后，向业主正式办理项目交接（移交）手续，即宣布项目机械竣工完成，工程进入项目试车阶段。

空负荷联动试车的止点是具备了负荷（投料）联动试车条件。空负荷联动试车又可细分为预试车、联动试车阶段。预试车是指机械设备安装工程完工后，进行联动试车前所进行的各种准备活动，包括对各种管道系统及设备的内部处理，电气、仪表的调试以及单机试车。联动试车是指对规定范围的机器、设备、管道、电气、自动控制系统等检验测试完成，各自达到试车标准后机械设备所进行的模拟试运行。

（2）负荷（投料）联动试车　负荷（投料）联动试车（又称投料试车）的起点是原料投入生产流程，止点是生产性能的考核结束。负荷（投料）联动试车又可细分为投料试车（设计评估）、运行（考核）阶段。投料试车是指空载联动试车全部正常运转后，加入生产原料整条生产线进行整体试运行的阶段，对设备装置进行设计评估。运行阶段是指生产线按照设计指标、试车方案进行正常的生产作业并对其进行性能考核的阶段。图 8-1 是一个试车阶段的划分示意图。

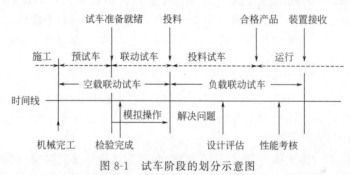

图 8-1　试车阶段的划分示意图

通常情况下，在 EPC 工程总承包模式中试车管理范围即试车承包范围，可分为以下三种：

① EPC 总承包商负责预试车工作；

② EPC 总承包商负责投料前的一切准备工作，包括空载联动试车等；

③ EPC 总承包商负责所有预试车以及其他试车工作，包括预试车、单机试车、联动试车、投料试车、性能考核等全部阶段。

8.1.1.3　试车管理的意义

（1）达到合同闭合的条件　试车是工程建设管理的重要组成部分，是一项涉及面广、技术性强的系统工程。试车过程的实质是对工程设计、设备材料采购、施工安装、技术文件编制以及业主员工培训工作质量的总检验过程。检验已完工的机械、设备、电路系统、管道系统是否正常运转，系统生产的产品是否达到设计规定的各项指标和要求，决定着本项目是否能够达到合同闭合的结果。

（2）实现企业利润的关键　试车成功预示着业主可以早日投产取得社会效益和经济效益，同时试车成功也预示着 EPC 工程总承包企业任务的最终完成，可以实现承包企业自己的预期利润。

8.1.2　试车管理的特点与原则

8.1.2.1　试车管理的特点

（1）全过程管理　有关试车工作的要求在设计阶段就开始体现，一直到项目结束。每一阶段的工作都有不同的工作内容和重点，随着项目的进展，设车的实施程序和方案也逐步细化。

（2）计划性强　EPC试车具有很强的计划性，试车经理负责组织编制试车进度计划并予以组织实施。根据现场实际情况及时调整、修正进度计划。综合考虑现场实际，编制总体、分系统、单项工作的试车计划；编制人力资源计划、试车原材料消耗量计划、试车物资采购计划等。

（3）便于沟通　所有的预试车方案、程序都是由总承包商的试车组管理人员编制完成并组织实施的，因此，总承包商试车人员对设计意图理解得更加透彻，方案、程序编制得更具体、更细化。因为有关试车工作的要求在设计阶段就有所体现，由于方案编制较早，一些不利于预试车的因素要及时反馈给设计，便于及早对设计进行修改。

（4）分工明确　在项目部内设置设计组、施工组、试车组，各组分工明确，有明确的职责界面。机械安装完工后现场的工作重心由施工组转向试车组，以试车组为核心，要求试车经理对预试车/试车工作负全责。

（5）素质要求高　EPC项目总承包商对试车管理人员要求比较高，尤其是对试车经理的综合素质、专业水平有较高的要求和标准，例如，要求试车经理不仅懂进度要求和费用分析，还要懂设计，对不同专业的特点要有一定的了解。主要试车管理人员应对该装置工艺有充分的了解，是该领域的专家。

（6）分系统交接　国外项目习惯于以系统定义为基础，要求以分系统交接，将每个系统/子系统作为一个包，其中包括管道、设备、仪表、电气等专业内容。所有预试车工作都以分系统为基础，使得预试车管理更为细化、更为科学化，分系统交接便于总承包商对试车工作的管理。

（7）工作量较大　由于国外项目试车均以分系统为基础，这就要求在设计阶段，试车组就应该完成系统定义和划分，并确定各个系统的交工顺序。同时，还要求施工进度计划要以试车计划和移交计划为基础进行编制，为此，工作涉及面较广，工作量较大。

8.1.2.2　试车管理的原则

（1）严格遵守规范　工程项目后期的试车是建设后期重要的建设阶段，其目的是考核项目试车设计、施工、机械制造质量和生产准备工作，保证业主投产后能够持续稳定地生产，达到设计规定的各项经济技术指标，责任和意义重大，为此试车管理必须以严格执行国家、行业所制定的规定、规范为原则，如试车工作规范、生产准备前规范等。

（2）组织保障原则　建立试车组织机构是试车顺利进行的组织保障。组织保障体系包括组织结构、人力资源配置、明确岗位职责等。在单机试车阶段应组建试车领导指挥部（或领导小组），明确相关成员的工作任务和职责；对于涉及多个单位的联动试车，应组织联动试车指挥部，统一协调和调动现场资源。

（3）技术保障原则　试车工作是一项目技术性很强的实践活动，技术保障体系是完成试车的基础，试车应坚持技术保障原则。例如空负荷试车、投料试车必须严格确认试车条件，试车条件确认必须高标准、严要求，按照批准的试车方案和程序进行，坚持遵循的程序一步也不能减少，应达到的标准一点也不能降低，在试车前严格检查和确认试车应具备的条件等。

（4）安全保证原则　试车阶段是安全风险集中爆发的阶段，设计、设备质量、施工质量存在的问题会带来一定的风险，因此，试车安全管理是一项重要工作。在试车过程中应加强试车各个环节的安全监督检查工作，如试车前的安全检查、试车期间的安全检查等；落实试车安全责任，建立试车安全应急系统。

8.1.3　试车管理的内容与流程

（1）试车管理的内容　在试车过程中，试车管理工作的主要内容如下。

① 编制试车执行计划：由试车经理负责组织编制，项目经理批准、业主确认，并组织相关人员落实；同时，编制各种操作文件，包括工艺技术规程、岗位操作手册、安全手册、维修手册等。

② 试车前准备：做好各项试车运行前的物资、原料、技术、安全设施等的准备工作；同时，对岗位操作人员进行培训、考核，使其达到上岗要求。

③ 试车计划实施：组织项目的空负荷联动试车实施，并做好记录；组织负荷联动试车的实施以及考核。

④ 试车工作总结：写试车工作总结，办理竣工验收手续等。

（2）试车管理流程　项目试车主要管理工作流程示意图见图 8-2。

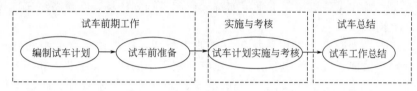

图 8-2　项目试车主要管理工作流程示意图

8.1.4　试车管理的责任与机构

（1）总承包方和业主的责任划分　项目试车是对建设项目的设计、设备制造、施工、工程质量和生产准备的全面考核，要经历一个相当复杂的过程，为确保项目试车安全、有序地进行和争取试车一次成功，必须明确在项目试车工作中各方的分工和责任。一般项目试车工作由业主组织、指挥并负责提供试车中使用的各种资源，包括人员、原材料、各种辅助材料、能源和运输工具等。总承包方负责项目试车中的技术指导和岗位操作监护，负责组织重要的设备材料供应商、专利技术方和各施工单位参与试车工作的全部过程。一般在项目试车中，总承包方与业主的分工职责，按照表 8-1 所示的内容进行。

表 8-1　EPC 总承包方与业主在试车管理中的分工职责表

序号	工作内容	业主职责	总承包方职责
1	负责组织和指挥	全面负责	负责技术支持，组织和协调重要的材料设备供应商、专利方各施工单位参与试车的整个过程；及时处理和维修试车过程暴露的各种问题，直到满足联动试车要求为止，保障试车顺利进行
2	技术指导		全面负责
3	试车计划、方案	确认试车计划，负责编制试车方案	负责编制试车计划，协助业主编制试车方案
4	工艺技术规程	确认和实施	负责编制规程
5	操作手册、安全手册、维修手册、分析化验规程	对于新建项目必须建立完整的手册和规程；对于改造项目按现行手册和规程进行补充、完善和实施	负责编制手册、安全手册、维修手册、分析化验规程的主要内容
6	培训、考核	确认、负责实施	编制培训考核计划，参与实施
7	试车人员	负责试车的指挥人员、生产和技术管理人员、岗位操作人员、试验化验人员、后勤保障人员和安全保卫人员的配备和管理	负责试车过程中的技术支持人员的配备和管理；负责重要的材料设备供应商、专利方和各施工单位人员的配备和管理

续表

序号	工作内容	业主职责	总承包方职责
8	试车物资等准备	负责试车过程中的原材料、辅助材料、水、电、气、汽、油、备品备件、劳动保护用品、辅助材料（易损件）的储运、安全保卫等工作的管理和相关人员的配备	负责提供相关要求和数据
9	实验化验	负责实验化验仪器、设备、药剂等的准备	负责提供相关要求和数据

（2）业主的管理机构及职责　项目试车合格后，一般马上会转入试生产或生产阶段，因此，业主应按生产管理体制建立项目的生产组织机构并规定各部门职责。在试车工作开始前，完成全员岗位培训和生产准备工作。一般担任试车工作的总指挥应该是业主方主管生产的领导班子成员，以利于指挥、调动和协调整个试车过程的工作。主要技术人员、岗位操作人员、维修人员的配备，要按设计定员和岗位技术标准，从同类型单位选调或聘用。与项目试车有关的人员，要在设备机械完工半年前按人员配备计划进场，在设备试车前接受培训并经考核合格后上岗。

（3）总承包方管理职责　工程总承包方受业主委托，提供试车服务中的试车准备、安全、操作、维修、培训、试车等内容。总承包方在试车中的职责和主要工作内容包括：

① 负责向业主提供有关项目试车服务的试车计划、工艺技术规程、岗位操作规程、分析化验规程、维修书册、安全手册及其他资料；

② 协助业主确定生产组织机构、定员定编，明确各岗位职责，编制培训计划，向业主推荐培训结构，负责对操作人员进行试车前的培训和考核；

③ 协助业主组织有关人员从试车角度检查项目施工安全工程的质量，在操作、开停车、安全和紧急事故处理方面保证符合设计要求；

④ 协助业主编制试车方案；

⑤ 组织现场试车服务，参与项目空负荷联动试验车、负荷（投料）联动试车和生产考核，参与解决试车过程中出现的有关问题；

⑥ 参与项目试车总结等。

（4）总承包方试车管理组织结构　为了确保项目试车一次成功，并能安全、持续、稳定地生产，达到项目投资的最大收益，一般总承包方应成立项目部下属的试车部，试车部内设置技术组、试车组、培训组和安全组，以完成总承包方在试车过程中的管理责任。EPC 试车管理组织结构示意图见图 8-3，由试车部经理承担总承包商试车管理任务的职责，由技术组完成上述①、④、⑥中的工作，由试车组完成⑤中的工作，由培训组完成②中的工作，由安全组完成③中的工作。

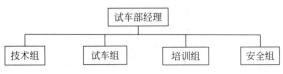

图 8-3　EPC 试车管理组织结构示意图

8.2　试车管理要点

8.2.1　试车计划编制要点

项目实施后，总承包企业应组织一批有经验的专业技术人员开始编制项目试车计划，项目试车计划一般应在设备安装完工前的 6 个月（或根据项目情况在更早的时间开始）提交业主确认，以便双方有充足的时间准备，保证项目试车按计划实施。试车计划内容如下。

（1）编制试车计划总论

① 工程概况：建设规模、主要生产设施、产品品种规格、设计能力、建设进度、工程实际进度及预计完成时间等。

② 工编制依据和原则：编制试车计划的依据、计划安排的原则、试车必须执行的有关文件和试车规范等。

③ 工试车的总体部署：根据项目的特点，明确试车和考核的总体目标、总体进度、总体要求，明确项目行业试车制定的试车标准和试车规范。

④ 提出试车应具备的条件：明确试车应具备的各种条件，例如工程项目交接完成、生产管理制度的落实、试车方案已交底、公用工程系统已具备条件、生产调度系统完成、试车的组织指挥机构人员的成立等条件。

⑤ 试车难点及问题注意：提出试车预见的技术难点和采取的应对措施；报告可能影响按进度计划实施的重大技术问题，并制定应对的措施。

（2）试车组织及人员培训

① 提出生产管理机构设置的建议；

② 提出参与试车的有关单位，明确参与各方的责任；

③ 提出项目试车人员配备计划和人员培训计划；

④ 物资、技术资料的准备，提出项目试车需要的原料、材料、辅助材料的品种、规格一览表，说明试车及生产中必需的工艺技术规程、操作手册、安全手册、维修手册、分析化验规程等文件的准备情况和可能存在的问题。

（3）安排试车的各项具体计划　列出试车各项具体方案的目录、分工、内容及完成时间。

（4）提出明确的试车程序　提出项目试车程序，并附全项目试车程序和进度图。

（5）对施工安装进度的要求　根据试车程序和试车进度，对于未完成的工程施工安装进度提出要求。

（6）试车使用临时设施的方案计划　如果项目试车时需要使用临时设施，将在计划中提出使用临时设施的内容和要求。

（7）环境保护措施　提出与项目配套的环保工程的设计内容和施工安装情况，提出对环保工程的进度计划要求以及项目配套环保机构和人员的要求。

（8）安全、健康措施　提出安全、健康工作的要求，落实防火和安全措施、消防器材、安全生产、特殊劳保以及医疗、急救措施的安排；提出安全、健康机构人员的配备要求等。

（9）试车费用计划　提出试车费用计划的原则、试车期限、试车产量、原材料/能源和人工消耗等，并据此计算试车费用，按惯例试车费用由业主承担（除非合同另有规定），业主可据此提前安排项目试车所需要的资金。

试车计划提交业主经确认后，双方可提前进行项目试车的准备和安排。

8.2.2　试车准备工作要点

项目试车准备主要包括三个方面的工作，即业主的生产准备工作、EPC 工程总承包商的准备工作以及岗位培训。

（1）业主的生产准备工作　业主在项目移交前，成立生产准备机构，并明确生产准备的负责人，负责生产准备工作，以满足项目试车和生产的需要，保证项目建设和生产准备的连续性。一般在项目试车准备阶段，业主的试车工作操作要点如下。

① 按计划招聘或配备生产技术、管理和操作人员。

② 按要求组织对生产管理和操作人员进行培训和考核。

③ 在设备进行安装调试时，组织有关人员参加安装工作，提前熟悉设备性能和特点。

④ 在总承包商的协助下，根据项目试车计划、工艺技术流程、操作手册、安全手册、维修手册以及业主现行的生产管理制度等编制详细的试车方案，试车方案的基本要求如下：

a. 试车方案由业主编制和颁发，是项目试车的基本操作方法；

b. 试车方案不仅应包括试车的程序和步骤，还应包括试车的组织、领导、岗位责任以及岗位之间的协调程序等规定；

c. 试车方案不仅应包括总体试车程序，还应包括试车单元、试车系统分别编制的试车操作程序和步骤以及紧急事故处理预案等内容。

⑤ 组织试车管理人员和操作维修人员试车。

⑥ 落实原料、辅助材料、燃料等的供应。

⑦ 落实水、电、气、汽等公用工程的引入。

⑧ 落实备品备件和维修的组织。

⑨ 落实产品销售和储运措施。

⑩ 落实生产指挥机构以及有关管理制度和生产技术资料的准备等。

（2）总承包商的试车准备工作　总承包商的试车准备从编制执行计划开始，到项目开始试车时结束。其主要准备工作操作要点如下。

① 根据项目实际情况，及时编制和提交项目试车执行计划。

② 按时编制和提交工艺技术规程、操作手册、安全手册、维修手册、分析化验规程等文件。

③ 协助业主编制详细的项目试车方案。

④ 协助业主确定生产管理机构和操作人员的配备。

⑤ 对生产技术人员和岗位操作人员进行培训和考核；如果需要则协助业主联系培训单位，对生产技术人员和岗位操作人员进行实地培训和考核。

⑥ 向业主提交项目试车所需原料、辅助材料、水、电、气、汽等用量一览表。

⑦ 负责组织和协调重要的材料设备供应商、专利技术方、各施工方参与试车工作的全过程；规定各参与方的责任和义务，修复在试车过程中暴露出的设备安装的问题，保障试车顺利进行。

⑧ 协助业主检查落实项目试车前的各项准备工作，参加项目试车的全过程。

⑨ 根据项目合同，保质保量地完成合同范围内全部子项的施工安装工作；及时办理工程交接和机械设备竣工手续，为项目试车创造条件；EPC总承包商向业主移交的工程/机械竣工必须达到的标准为：

a. 合同范围内的全部工程已经按设计文件规定的内容建成；

b. 工程质量达到了有关施工和验收规范规定的标准以及设计文件的要求；

c. 规定提交的技术资料和文件齐全，并经检查合格；

d. 机械设备的单机试车、调试已完成；

e. 工程交接范围内与生产无关的杂物已被清除，厂房、机械设备已清理干净。

（3）有关人员的岗位培训管理　岗位培训应包括管理人员培训、技术人员培训和操作人员培训等。培训工作由编制培训计划、实施培训和考核三部分组成。培训又分为理论培训和实际操作培训两项内容。对技术人员的培训要达到掌握工艺操作、掌握工艺控制、掌握机械设备维护使用、掌握安全的目的；对操作人员的培训要达到对机械设备做到"四懂三会"的目的，即"懂结构、懂原理、懂性能、懂用途"，"会使用、会保养、会排除故障"。

管理人员的培训计划编制、培训、考核工作由业主负责完成。

技术人员和操作人员的培训计划由工程总承包商负责编制，培训和考核工作由业主负责组织，工程总承包商配合完成。

　　理论培训和考核工作在业主的组织下，由工程总承包商的技术人员负责实施。在业主现有的工厂或在同类其他单位的工厂进行实地培训和考核工作，由业主组织和实施。

8.2.3　试车计划实施及考核要点

　　(1) 试车具备的条件　在项目试车开始前，除了完成上述试车前准备的三项工作外，为了保证试车的顺利进行，还要检查落实各项试车条件，试车前必须具备的条件为：

　　① 试车范围内的工程按设计文件的规定内容和施工验收规范的规定已经完成；

　　② 试车范围内的机械设备的单机试车全部合格；

　　③ 试车范围内的机械设备和管道系统的内部处理、耐压测试和严密性试验已经全部合格；

　　④ 试车范围内的仪表装置检测系统、自动控制系统、联锁及报警系统等符合有关规定；

　　⑤ 试车方案已经批准；

　　⑥ 工厂的生产管理机构已经建立，各级岗位职责已经明确；

　　⑦ 参加试车的人员已经掌握试车、停车、事故处理和调整工艺条件的技术，并经考试合格；

　　⑧ 试车所需的燃料、电、水、气、汽等可以确保稳定供应，各种物资、仪表和工具已经备齐；

　　⑨ 火法设备耐火衬里的干燥和烘炉工作已经完成（如有）；

　　⑩ 试车备品、备件、工具、测试仪表和维修材料已经齐备，并建立了正常的管理制度；

　　⑪ 自动分析仪器、化验分析设备已经调试合格，分析人员已经上岗就位；

　　⑫ 生产指挥、调动系统以及装置的内部通信设施已经畅通，可供生产指挥系统和管理部门随时使用；

　　⑬ 全厂安全、急救、消防设施已经准备就绪，且灵活可靠，储运系统已经正常运行；

　　⑭ 试车现场机械、设备、场地和走道处有碍安全的杂物均已清除干净，全厂道路畅通，照明可以满足试车需要；

　　⑮ 厂区门卫已经上岗，保卫组织和保卫制度已经建立；

　　⑯ 岗位操作记录、试车专用表格已经准备齐全；

　　⑰ 空负荷联动试车合格后，才可以进行负荷联动试车。

　　(2) 空（无）负荷联动试车　所有试车准备工作完成，且能满足联动试车条件后，就可以进入空负荷联动试车。空负荷联动试车的目的不仅仅是检验项目施工安装的质量、设备的质量，更重要的是检查项目各个系统之间的接口是否能够按照设计的要求有效衔接，各类管道是否畅通，各类物料输送装置是否流畅等。空负荷联动检验主要有以下内容：

　　① 所有设备是否运转正常；

　　② 自动控制系统是否满足设计要求；

　　③ 仪表检测系统是否满足设计要求；

　　④ 联锁系统是否开停自如；

　　⑤ 报警系统是否有效；

　　⑥ 各类设备或系统接口、各类物料（水、电、汽、气、油等）是否畅通、流畅。

　　空负荷联动试车一般先按系统（或单元、或子项）进行，系统合格后，再进行系统联动试车。

　　(3) 负荷（投料）联动试车与考核

　　① 投料试车。投料试车是试车的最后阶段，投料试车一般分为三步进行：

a. 打通流程，生产出合格产品，并及时消除试车中暴露的缺陷；

b. 逐步达到满负荷生产；

c. 逐步调整达到质量指标和经济指标，为项目考核创造条件。

投料试车虽说是进行全系统试车，实际上是项目第一次按照设计要求的条件，将原、辅材料经过真实的生产环节变成产品的过程，是对项目基建全过程和最终产品的检验。

因此，在投料试车时，业主应按照正常的生产建制建立生产指挥调度系统，严禁多头领导、越级指挥。总承包企业应组织以项目部经理为首的，由试车组、施工组、总设计师、各专业的设计人员组成的强有力的班子，连同重要材料的供应商、专利技术方、各个施工方一道参加投料试车，负责及时了解、研究在投料试车过程中出现的各种技术问题。

同时，组织施工单位中设备安装的技术骨干，在投料过程中及时排除因施工、安装而造成的故障，及时对损坏的部分进行抢修，确保投料试车的成功。

② 项目考核。如果项目合同规定，总承包商不仅承担投料试车的责任，而且还要保证打通工艺流程，直到生产出合格产品为止。那么，在投料试车过程中，总承包商将接受业主对项目的考核，届时，根据项目合同规定的考核内容，总承包商与业主共同制订考核的组织、程序、内容和标准等。

8.2.4　试车管理工作总结

试车管理工作总结包括机械设备系统简介、原材料及其动力指标、试车中的工作经验、运行中出现的问题及对策、现场优化及整改项目、运行中的缺陷及建议等内容。

8.3　试车管理策略

8.3.1　坚持试车的高标原则

试车必须坚持高标准、严要求、精心组织、发扬"三种精神"（全局精神、拼搏精神、科学精神），做到"四不开车"（条件不具备不开车，程序不清楚不开车，指挥不到场不开车，出现问题不解决不开车），严格按照批准的试车方案和程序进行，坚持应遵守的程序一步也不能减少，应达到的标准一点也不能降低，应争取的时间一分钟也不能放过的原则。

8.3.2　做好试车的接口管理

在 EPC 项目中，试车工作贯穿于设计、施工各个阶段。在设计阶段应指定试车经理或试车协调员负责试车工作的展开，完成编制试车的规划和程序设计。试车部门应参与设计文件的审核，获取文件编制所需要的数据。已明确装置试车完工顺序，进行系统优化定义。施工安装开始后，要细化试车方案。施工安装后期要组织试车开工会，定期参加施工调度会，并在施工收尾阶段召开协调试车会，定期巡查施工现场，根据现场施工情况进一步完善、调整试车方案。

8.3.3　健全与落实管理制度

① 根据工程项目试车的特点，编制有针对性的适用的试车方案和操作规章文件，在设备安装完成前完成试车预案的编制和修订，建立健全的试车指挥制度、生产调度制度、设备管理制度、工艺管理制度、HSE 管理制度以及以岗位责任制为中心的生产班组管理制度和岗位操作规程等。

② 强化制度的执行落实。试车管理制度重在贯彻和落实，抓好制度落实关键在于试车领导，制度只有真正贯彻执行，落实到位，使其成为试车活动的依据和全体试车人员的行为

准则，才能保证试车的顺利进行。试车管理制度适用于所有参与的人员。在试车前要开展长期生产技能培训、HSE 制度培训，强化技能知识和安全意识，使全体试车人员熟知制度内容，牢固树立严格按制度办事的意识，养成自觉执行落实制度的习惯。

8.3.4　严格对安全有序监控

按照"先外围、后主体，先公用工程和辅助设施、后工艺单元"的原则，以总体目标倒排关键点，充分利用现有有利条件，下游装置先试车，实现总体"倒开车"，以便充分暴露问题，及早处理，保证正式投料后主流程序顺利打通，安全稳妥试车。

对试车安全进行有效的监控。做好试车应急准备工作，应急物资配备齐全，并按照安全演练计划有序开展应急预案演练，提高试车人员的应急意识和应急技能，增强应急事件的能力。

8.4　试车管理实践案例

8.4.1　试车组织构建与管理实践案例

【案例摘要】
以中石化某公司承揽的海外某项目 PP 装置的试车实践为背景，对试车组织机构、试车工作内容、试车管理经验等方面进行了阐述，为海外化工项目试车管理提供了有益的经验。

【案例背景】
中方某石化建设公司承揽的项目为某国聚丙烯（PP）项目，包括 2 套 PP 装置。项目建设内容：一是改建已有的聚丙烯装置（简称 1 号 PP），将其产能由原来的 22.5 万吨/年，通过反应器并联的方法扩大到 38.5 万吨/年；二是新建 1 套 12 万吨/年的聚丙烯装置（简称 2 号 PP），采用日本 JPP 公司的气相法聚丙烯技术。按合同要求，2 套装置从启动到商业竣工的工期分别为 1 号 PP 装置 23 个月、2 号 PP 装置 24 个月。

【试车组织构建】
试车阶段的项目组按职责分为两类：试车组和试车支持组。

（1）试车组　在试车经理的领导下，试车组由 6 部分人员或机构组成：公司试车团队、外聘国内开车专家、公司外籍试车工程师、厂家试车人员、业主操作团队和专利商。

① 试车经理直接领导试车组并对试车工作总负责，其职责包括：组织试车程序文件的编写、审查和定稿，根据施工进度合理安排试车计划，现场监督考核试车工作的进展及工作质量，合理安排试车人力，处理试车工作中遇到的问题等。

② 外聘的国内开车专家及本项目总承包单位设计人员负责制定试车方案（除包设备）。

③ 公司外籍试车人员及业主操作团队在试车经理的监督指导下执行方案。业主操作团队除执行试车工作外还负责协调 2 号 PP 与外围装置之间的关系，如公用工程的引入、废水排放、提供种子粉料等。

④ 专利商负责开车前现场条件确认，并在开车和性能考核过程中提供技术指导。

⑤ 承包设备的厂家服务人员在预试车和试车阶段，对其机组进行调试及单机试车，公司协调管理。

（2）试车支持组　试车支持组包括项目经理、移交组、项目控制组、施工组、采购组及 HSE 组等。

① 项目经理：作为项目总负责人，要协调整个项目团队支持试车工作，保证试车工作的顺利进行。

② 移交组：负责实时监测施工进展情况，按系统交接给试车组，同时参与试车项目记录，检查表格的制定，收集保管试车记录，对具备投料开车条件（Ready For Start Up，RFSU），即 RFSU 认证所需文件的合规性和完整性负责，确保 RFSU 文件符合合同要求。

③ 项目控制组：参与制定试车进度计划、人力计划，并根据进展检测情况及时修正计划。

④ 施工组：负责按施工分包合同完成 MC 之前的所有工作，如在试车过程中发现施工错误，施工部门需协调设备管道安装分包商、仪电分包商提供必要人力支持，完成试车过程所需的施工整改。

⑤ 采购组：负责与采购合同相关的供货、试车服务等事项，负责开车所需的、合同范围内的各种紧急采购。

⑥ HSE 组：负责整个试车期间的 HSE，保证试车安全，并编写和组织实施启动前安全检查（Pre-Startup Safety Review，PSSR）。

【试车管理内容】

根据合同，试车管理主要内容包括：编制试车文件；组织业主、专利商、厂家、试车团队和施工单位开展试车活动；对业主的操作团队进行培训并指导其完成试车、开车及性能考核。

（1）试车文件的准备　海外项目对程序文件的要求非常高，所有试车工作都要提前准备程序文件并报业主及 PMC 管理团队审查批准。编制试车文件前应首先将装置按不同工艺介质进行系统划分，每个系统一个编号；试车作业包按不同系统的特点及试车内容进行编制，每个作业包都是量身定制的。2 号 PP 装置共 84 个系统，其中工艺系统 57 个，非工艺系统 27 个，共编制程序文件 38 个，试车作业包 215 个，包括管道吹扫、气密方案、单机试车方案、催化剂/吸附剂装填方案、送电方案、连锁测试方案等。

程序文件除技术性文件外，还包括管理性文件。由于国内外管理方式不同，公司首先要尊重当地的常规做法和程序，再结合公司管理模式编制管理类文件，例如，试车管理文件和假设分析（What-if Analysis）都是在业主文件的基础上修改而成。

（2）各阶段的试车活动　依据合同规定，预试车的时间是指从系统 MC（Mechanical Completion）开始到装置具备开车条件（RFSU）结束。这期间的工作包括系统吹扫、气密、联锁回路测试、吸附剂装填、动设备调试及单机试车、特殊仪表的校验等。

试车工作指从开始装置引丙烯、各系统带料试车、投剂、开车和性能考核等一系列工作。完成性能考核后，业主、专利商和公司共同签署考核报告，这意味着试车工作结束；然后双方进行商业完工（CC）的谈判。谈判后将运行的装置移交由业主管理。

2 号 PP 装置预试车工作用时 4 个月，共完成 21 台设备的吸附剂装填、82 套设备的单机试车（含包设备）、39 个系统的吹扫、84 个系统的气密、223 个联锁回路测试及循环水系统钝化预膜等工作。

2019 年 9 月 12 日，装置引丙烯，标志着 2 号 PP 装置进入试车阶段。装置相继完成了系统置换、精致塔再生（15 台）、丙烯泵带料试车、反应器搅拌器试车、核料位剂标定、工艺器压缩带料试车、催化剂配置等一系列工作。10 月 10 日装置投催化剂，并一次性开车成功。操作稳定后，10 月 26 日开始聚丙烯第一个牌号（均系聚产品）的性能考核，历时 3 天，各项指标均满足合同要求。

装置开车和聚丙烯第一个牌号的性能考核由聘请的国内开车专家主导，业主操作人员观摩学习。第一次性能考核后，聘请的国内开车专家撤离，业主团队负责操作，专利商提供技术支持，公司负责协调厂家服务和现场人力配合。第一次考核结束后，装置陆续出现旋风分离器堵塞，反应器、搅拌器密封油及润滑油系统漏油等问题，导致两次反应系统停车和再开车，直至 2020 年 1 月 14 日完成聚丙烯第二个牌号（抗冲共聚物产品）的考核，试车工作才正式结束。

（3）预试车和试车工作里程碑　预试车和试车工作里程碑见表8-2。

表 8-2　预试车和试车工作里程碑

序号	日期（年月日）	里程碑
1	2019.05.02	第一个系统(仪表风)吹扫,标志着 2 号 PP 装置预试车工作的正式开始
2	2019.05.09	2 号 PP 第 1 台设备(循环水平泵 80P001A-D)的单机试车
3	2019.06—2019.08	进行联锁回路测试
4	2019.06.19	完成水循环系统的钝化预膜,循环水厂投入使用
5	2019.08.03	完成所有系统的吹扫
6	2019.08.15	粉料输送 30X310,带料试车成功
7	2019.08.27	完成所有系统的气密
8	2019.09.09	挤压机实物料试车成功
9	2019.09.12	装置引丙烯
10	2019.09.15	粒料输送 50X501,带料试车成功
11	2019.09.15	反应器核料位计标定完毕
12	2019.09.24	第一、第二反应器引丙烯
13	2019.10.10	投催化剂,打通全流程,开车成功
14	2019.10.26—2019.10.28	完成第一个牌号 B1101 的考核
15	2020.01.13—2020.01.14	完成第二个牌号 BC03B 的考核

【试车实践经验】

海外项目试车对于本公司来说是第一次，在现场 9 个月的时间里，全体人员克服困难、勇于挑战自己，圆满完成了试车任务，也获得了海外试车管理的经验。

① 试车经理应全程参与。试车经理应全程参与并主导试车部分的合同谈判，充分了解业主对试车的要求，明确试车与施工的界面，并提前对试车的进度和费用进行评估，以便消除不利因素的影响，保质保量地完成任务。

② 提前制定试车计划。海外项目试车要求的文件多、审批程序多、过程长。因此，应尽早组建试车组，提前准备试车文件，提前制定试车计划，确保整个项目进度按照计划进行。

③ 明确试车岗位职责。试车小组成立后，要明确分工，责任落实到人，并严格执行。每项工作均指定具体团队和个人，以便提高试车人员的责任心，确保工作质量。

④ 做好工作计划和记录。对于 2 号 PP 装置一开始就每周召开一次试车会，随着项目的进展，试车工作量越来越大，做好规划和试车记录就显得十分重要。从 2019 年 5 月起，对于 2 号 PP 装置每天召开试车会，总结当天的工作，布置第二天的任务，督促施工尽快完成优先级的工作，解决现场出现的问题。截至项目开车前，试车会议纪要已经累计 400 页，每一项试车记录都可以在纪要里找到，每个参与试车的人都目标明确，并了解装置整体进度和存在的问题。

⑤ 注重试车安全管理。安全是所有工作的前提，对于试车更是如此。国内项目中期交工时，施工已经基本结束，大部分工人已经撤离现场，试车主要是以业主为主导，人员组成简单，便于管理。本项目是按照系统中期交工，一个系统完工后移交给试车，此时其他系统还在施工阶段，因此，试车与施工深度交叉。

2 号 PP 装置开始管道吹扫时，现场还有施工单位的数以百计的工人在施工工作，稍不注意就会发生安全事故，因此，试车组与 HSE 组的配合就显得十分重要，每次开试车会都要求安全工程师参加，每一项试车活动 HSE 工程师都要了解，以便将现场的安全管理落到实处。

⑥ 对厂家服务人员进行严格的管理。提前要求厂商提供试车计划和具体工作内容，以便于安排需要配合的人员。厂家服务人员每天也要提交工作报告，主导专业的设计人员要跟踪、监督厂家的工作，并对其提出的问题进行协调、处理，负责签署工作单。对于服务费高的国外厂家，尤其要严格管理，尽量避免出现工作拖延、服务费用严重超出预算的情况。本项目的包装码垛为包设备，集成化程度高，调试时 SEI 工程师无法插手，而厂家人员的操作水平又有限，机器相继出现各种问题，服务时间超长，服务费用大大超出预期，严重影响了装置试车。

⑦ 提前做出人力安排计划。除组织试车活动外，EPCC 工程总承包商还要综合考虑试车进度和成本，合理安排承包商的人力，提前做出人力计划并根据工作进度对用工人员进行动态管理，使用工效益最大化。

⑧ 本项目外聘的移交组以及其所用的专业软件，在施工和试车过程中发挥了重要作用，其强大的数据库和分类统计功能为项目组提供了有利的数据支持，对于海外 EPCC 项目应首先采用这一款软件。

⑨ 2 号 PP 装置的顺利开车与聘请的国内开车专家团队的大力支持密不可分，他们的宝贵经验弥补了试车组在这方面的不足，使试车组少走了不少弯路。通过本项目试车的实践，"承包方＋有丰富经验的兄弟单位联合的模式"为今后海外项目试车提供了有益的经验。

⑩ 按照合同 2 号 PP 装置的总工期为 24 个月，而预试车、试车及性能考核仅有 3 个月的时间。实践证明 3 个月的时间根本不足以完成所有试车工作。因为，试车工作具有高度不可预知、不可控性，设计、采购施工过程中的任何隐患都有可能导致试车工作延误。2 号 PP 装置的反应器、搅拌器就是典型的案例。2 号 PP 装置的两台反应器、搅拌器是业主采购的长周期设备，在装置开车和第一次性能考核期间运转正常；但再次开车后相继出现驱动端润滑油漏油现象，为此，更换了 O 形圈、轴套等部件后，装置才恢复正常运转，完成了第二个牌号的性能考核。类似的情况还有许多，而处理这些事故则需要占用时间，因此，在合同谈判时应充分考虑这些因素，为试车争取更多的时间。

【实践案例结语】

针对 2 号 PP 装置项目的试车实践，在试车组织机构、试车工作内容、试车管理经验等方面进行了阐述。本项目是中方公司作为其 EPCC 承包商顺利完成了该项目的设计、采购、施工及试车工作。这是该公司第一次全面负责试车及开车工作的海外项目。该项目的海外试车成功为公司赢得了国际良好的信誉，积累了宝贵的试车经验，为拓展更多的海外项目打下了坚实的基础。

8.4.2　试车团队选择与试车实践案例

【案例摘要】

以海外某石化炼化工程试车团队人员的选择与试车控制实践为背景，主要从试车团队人员选择标准以及试车管理过程的控制等方面阐述了试车工作应注意的事项和建议，为石化炼化行业的试车管理提供了有益的经验。

【案例背景】

本炼油厂项目是中国"一带一路"倡议与某国新经济政策完美对接的典范工程，是该国的重点工程之一，目标是恢复 600 万吨/年的产能，生产符合欧Ⅳ、欧Ⅴ标准的产品，提高重油转化能力和轻质产品产量。项目分两期建设，涉及装置 13 套（其中新建 11 套，改造 2

套）以及与之配套的储运系统、公用工程系统和辅助生产装置。

【试车团队人员选择】

试车工作是一个重要而复杂的工作，具有一定的危险性，稍有不慎会影响整个项目的总进度，因此试车工作的组织实施从某种意义上说关系到一个项目的成败，至少也与 EPCC 合同是否如期履约息息相关，同时，也是一个项目可否安全执行的关键，有较高的安全风险和成本控制风险。而一个有经验并具有团结协作精神的试车团队能将上述试车风险降至最低，故此，良好的试车团队的建立是至关重要的。

（1）试车经理　首先，试车经理虽然未必是工艺方面的专家，但是必须熟悉整个装置工艺的试车过程，对工艺流程有一定的了解，同时应具有很好的组织和协调能力，其具体负责项目的试车作业及其准备过程，对试车及试车准备工作的质量、费用和进度总负责。在项目组织结构中，试车经理应受项目经理的垂直直接管理。在后期的试车实施过程中，试车经理对人力资源调遣必须有较大的控制权，施工和采购等职能部门必须服从试车经理的指挥，项目经理必须高度地支持试车经理的工作，这样，后期的试车工作才能如期顺利地执行。

（2）试车管理人员　试车管理人员应该是"十项全能运动员"，而不是"专项运动员"，必须熟悉试车中的各项工作，熟悉项目的合同要求、设计文件和试车程序文件；试车管理人员需要面对业主、施工单位、专利商、厂家等多个界面，因此他们必须具有很好的组织和协调能力；试车管理人员必须有较好的语言能力，同时乐于从事试车管理工作，具有高度的责任心。有专家认为，专业设计工程师在设计后期转岗为试车工程师是非常有利于试车工作的，因为设计工程师在详细设计过程中对项目合同、规范和设计文件早已知悉，同时与厂家和业主在详细设计阶段建立了良好的关系（便于沟通），这些先天优势为后期的试车组织和协调工作奠定了良好的基础，同时也为项目的费用和进度控制奠定了良好的基础。

（3）专家团队　在成立试车组织机构的过程中，试车团队不可能配备各种各样的专家，试车经理及其试车团队也不能保证解决试车过程中的所有问题，有些问题还得求助于工程公司外的社会资源来解决，所以需要聘请现有的同类工艺技术装置的操作专家作为试车工作的专家团队。他们在前期的试车策划、方案编制等准备过程中能够很好地对试车准备工作进行把关；同时，在后期的试车实施和最后的开车过程中，专家团队能够对出现的问题提出解决建议和指导意见，项目组必须严格执行专家团队的指导。另外需要指出的是专家团队较早地介入试车准备工作，对后期的实施有很好的推动作用，因为每个项目内容各异，专家团队只了解自己的装置，对新项目的规定、装置技术的特点和业主的要求有一个较长的适应过程，因此，在详细设计阶段就介入是最合适的。

（4）业主团队　业主团队是试车团队的一部分。同 EPCC 工程总承包试车团队一样必须在早期介入试车工作，在试车准备、实施及其后期试车过程中，需要熟悉试车文件和工艺装置，并学会、掌握工艺装置的操作。在试车过程中，业主团队对必须融入试车团队，并支持工程总承包商的工作，与 EPCC 工程总承包商建立共同的目标，同时听从试车管理者的安排，对每一个步骤进行见证和验收，深入学习操作。此举对 EPCC 总承包商和业主都具有很重要的意义。

（5）试车团队与其他团队的界面　项目经理要亲自主持试车工作的启动会，从财力、物力上给予试车组工作上的支持。在启动会上，要统一设计、采购、施工部门的思想，前面"E、P、C"各个环节的完成是为最后一个"C"服务，因此，对试车组的意见，各个部门要认真落实，不能有丝毫打折，有了这样的统一思想，才能使试车顺利进行并一次获得成功。

【试车过程控制】

（1）试车策划和计划　一般来说，EPCC 项目合同谈判中，业主给试车的工期较短，试车管理团队要面临"工期紧、压力大"的局面，因此，在有限的试车期间内，合理安排试车计划是非常重要的。试车计划是试车执行工作的纲领性文件，所有试车工作必须在这个纲领指导下进行。

① 充分听取试车经理和专家团队的建议。项目经理在组策划试车进度计划时，应充分听取试车经理和专家团队的建议，给试车阶段留下足够的工期，因为试车阶段会出现许多意想不到的情况，如机械设备在调试时出现意外故障，需要排查和维修甚至更换部件，如果没有足够的试车工期，对最后的合同如期履约带来很大的不确定性。

② 对试车工作按照 WBS 进行分解。试车经理组织团队对项目试车工作按照 WBS 工作包进行分解，这个分解必须与施工的工作分解相结合，不能分开和独立，需要相辅相成。国际 EPCC 合同在执行过程中，一般对施工的管理比较细致，其工作分解一般按照系统划分，划分原则是系统之间能够相互独立，从土建施工、管道、设备、电仪等进行再次细分，形成工作包。这些系统的划分与工作单元的划分是不同的，试车组需要基于施工的系统划分，以工作和计划进行组织和规划，如此，项目的试车团队和施工团队才能有机地结合起来，对工作包进行计划安排、实施和进度控制。

③ 通盘考虑后期的试车进度。控制经理在组织制定项目进度计划时，一定要考虑后期的试车进度，将其纳入后期试车工作的详细计划之中，通盘考虑进度计划是否可行，是否有可以浮动的工时，特别需要强调的是无论怎样安排计划，EPCC 中的最后"C"的后墙不能倒，设计、采购、施工团队都必须有大局观念，全力支持最后一个"C"，并要作周详的计划。

④ 充分做好试车过程的费用预算。项目经理在规划项目预算时，应充分做好试车过程的费用预算，一些特殊的需要外包的工作更需要提前做好预算策划。如化学冲洗、通球吹扫、化学品催化剂装填、循环水管线预膜等工作一般需要进行外包实施，充分的试车预算为后期的试车工作奠定了坚实的基础。

（2）试车管理和控制

① 详细设计阶段的管理。虽然试车的实际工作发生在临近机械安装竣工的前后，但为了更好地降低试车风险，有效地控制试车成本，试车工作最好始于详细设计初期，越早开始越能及早发现试车可能遇到的一些问题，及时与设计协商沟通。

a. 试车的具体方案应尽早编制，试车文件准备工作应与设计团队的详细设计有机结合起来，对详细的设计信息进行共享。设计经理要执行试车组提出的设计修改要求，例如可以将系统吹扫、冲洗方案在详细设计文件中体现出来，将试车需要的阀门、仪表和拆卸法兰等在施工图中做标注，这样各部门可以提前做好相关准备工作，避免机械竣工后因临时修改设计（采取特殊手段且多支出费用）而耽误工期。

b. 在详细设计审查时，如配管模型三维审查、工艺流程图审查等工作，安排试车人员参与审查，试车人员从试车角度提出修改意见。同时，在编制试车方案时，请相关的设计人员参与其中，这样既能尽早完成试车文件的编制，同时也为将来设计人员的转岗奠定良好的基础。

c. 在详细设计时，试车人员可以根据试车所需要的材料物资向采购部门提出单独采买要求，也可以与施工需要的材料一起采买。针对一些特殊的大型包设备（大型压缩机组、挤压造粒机组、锅炉等），在合同谈判过程中，采购部门应要求试车人员参与现场服务的谈判，包括试车损耗物资的供货范围、试车进度和相关试车文件编制的内容以及对操作人员培训的要求等，为后期顺利协调厂家进场试车服务做好准备，同时，也为后期顺利协调厂家进场试车服务打下合同基础。

② 施工阶段的控制。在施工阶段，试车部门当然更要及早介入，检查施工是否落实了试车组在设计阶段所提出的修改意见，及早发现问题并解决问题。

a. 试车部门应与施工组和施工单位一起制定详细的四级计划，针对工期紧的项目，试车工作应与施工工作深度交叉进行，从而为后期试车赢得更多的时间。在施工进度控制过程中，项目试车部门应不断向施工部门提醒，以倒计时的形式推动施工按时完工，为试车工作留有合理的工期。制定计划时，项目试车部门要对施工部门人员宣传系统的优先级以及关键路径，施工部门要以此优先级以及关键路径为纲领推动施工进度。

b. 试车部门要制定详细的人力资源计划，并落实到位。

c. 试车部门要根据施工现场的实际进展情况，制定出详细的厂家服务计划，并提前 1 个月通知厂家现场试车时间。

d. 试车部门落实试车材料的到位情况，确保试车期间不会发生材料短缺情况。

e. 试车部门在每个系统移交之前，一定要认真检查施工质量，见证施工过程，确保施工质量满足试车的要求。

f. 试车部门要提前策划好特殊工序的外包工作，尽早签订合同和制定实施计划，在后期执行过程中，严格控制质量验收工作。

③ 试车过程的控制。试车过程是对项目的工程设计、材料采购、施工安装、技术文件的编制和对操作员培训工作质量的总检验过程。试车之前的各个工序不要抱着敷衍了事的心理，不要将发现的问题向后抛，试车的过程不是修车的过程，这一点项目经理必须全力支持试车经理的意见，全体人员要统一思想和认识，试车不仅仅是解决设计和施工过程中应解决的问题，从某种意义上来说试车是发现问题，各部门一定要严把质量关，才能保证后期试车的顺利进行。

试车过程中，试车部门要严格按照试车方案和试车程序进行，不能偷工减料。试车的每一个细节都十分重要，全体人员都应认识到试车过程无小事，针对试车过程中出现的问题在项目中进行演绎，避免出现相同的问题以影响工期。

【实践案例结语】

根据目前国内炼化工程的发展现状，几乎所有的炼化工程公司都没有相应的组织机构和专业部门，一般不具备试车能力。在 EPC 总承包项目中，总承包商基本上只负责到机械竣工，后期的责任主体移交给业主的最终用户部门，由其进行试车、开车工作的策划、组织和实施及其所需的预算、物资准备和人力。

然而，随着国内的炼化工程公司在海外 EPCC 项目市场的不断拓展，如何对试车工作进行有效管理，确保试车成功，既满足项目工期要求，又能有效地控制项目成本是国内炼化工程公司实施走出国门、开拓海外项目市场面临的一个新课题，本实践则为行业提供了试车管理经验，有以下三点。

① 随着我国炼化工程能力和技术实力的不断增强，越来越多的企业参与到海外炼化建设工程的竞标和建设中去，而炼化工程绝大多数都是 EPCC 模式，试车则是海外炼化工程的关键环节，直接影响到项目是否能如期履约，最终成功。因此，总承包商应十分重视试车管理工作。

② 项目必须建立一支经验丰富、高度负责的试车团队，邀请经验丰富的专家组建专家团队指导试车工作，这是项目试车一次成功的技术组织保障。

③ 试车工作是一项系统工程，应将试车工作与设计、采购、施工各阶段的工作有机地结合起来，提前启动试车准备和实施工作，与设计工作、施工工作相融合、相沟通，对后期试车可能遇到的问题提前发现、及时解决，才能使试车工作赢得成功。

8.4.3　试车全程管理与控制实践案例

【案例摘要】

以某冶金 EPC 项目净液车间设备试车实践为背景，对试车程序及其过程管理进行了详细介绍，经过 4 个月的检验，取得了良好效果，项目顺利通过验收，并取得了业主颁发的工程移交证书，为冶金行业提供了试车管理的参考经验。

【案例背景】

本项目为炼锌工程，是业主建厂以来投资最高、技术最复杂、工程难度最大的工程，它是该厂节能减排、循环经济的重要组成部分，关系到建设单位未来生存及发展，采用 EPC 总承包方式实施。该项目引进芬兰 OUTOTEC 常压富氧直接浸出炼锌技术，同时还应用搭配浸出渣、回收镉等创新技术。在引进、消化先进技术的基础上，为项目的顺利实施提供全方位、全流程的设计，国内配套设备采购及建设施工服务。项目经一年建设完成了净液车间土建及设备安装工程，随即进入试车阶段。

【试车工作范围】

根据业主和总承包商双方的 EPC 合同，工程预试车（包括设备单体试车和带水无负荷联动试车）由总承包商主持，业主予以配合。投料试车由业主主持，总承包商予以配合。试车的目的是最终检验已竣工的工程，判定其性能是否达到 EPC 总包合同规定的指标。该项目总承包的施工开车部负责编写试车计划、操作手册、培训计划和安全指南（试车部分）等文件，其他部门对试车工作予以配合。

（1）试车阶段　通常意义上的试车分为预试车和投料试车两个阶段。预试车的目的是为投料试车做好一切准备工作，其起点是机械竣工，止点是具备了投料试车条件。本次预试车涉及净液车间设备试车，包括控制电器部分试车、单体无负荷试车和带水溶液试车三种形式。

（2）试车范围　本次预试车设备总计 563 台，包含从上清液贮槽至除钙镁上清液输送泵之间的所有起重、工艺、给排水、暖通、电仪设备，如槽罐、泵、搅拌机、压滤机、冷却塔、压力容器、换热器、管网、电仪等。

（3）设备分类及明细　按照运转设备、非运转设备和电仪设备分为三大类。其中运转设备包含起重设备、泵、搅拌机、压滤机、风机、浓密机、输送设备等；非运转设备包含槽罐设备、换热器、管阀、洗涤器、除尘器等。具体设备分类及数量见表 8-3。

表 8-3　具体设备分类及明细表

设备分类	明细分类	数量/台
运料设备	起重设备	6
	泵类设备	86
	搅拌机	24
	风机	10
	浓密机	4
	输送设备	8
	压滤机	8
非运料设备	槽罐设备	57
	换热器	3
	压力容器	2
	其他	66
电仪设备		289

【试车组织机构】

EPC 总承包商的开车部是承担工程试车的组织核心。开车部经理由承包企业任命，开车部门选派，受项目经理领导。根据现场实际需要，由开车经理牵头，组建了试车领导小组，组长为该项目的开车经理，项目总设计师兼任试车技术指导，副组长由业主代表、监理代表、分包代表担任。领导小组下设 8 个执行机构，见图 8-4。

图 8-4　试车组织机构示意图

上述 8 个执行机构中，工艺、土建、机械、管网、电气分别代表 5 个不同的专业，由总承包商派驻现场的工程师和分包商的专业工程师负责，分别解决各自专业的计划安排、试车程序编制、专业人员培训等工作。安全组负责制定试车过程的安全操作规范、开车现场安全设施配备以及安全员岗位设置等工作。设备组由本项目的采购经理负责，根据开车计划，联系设备审查厂家（如需要）到现场服务。此外，设备组负责开车设备的油料和备件的提供、设备操作和维护人员的岗位培训等工作。资料组负责开车过程中的资料收集、整理和存档工作，最终将全部资料报送业主方、监理方和工程总承包单位相关部门。

【试车计划】

（1）试车计划的编制

① 首先应依据总包合同对试车阶段的相关规定进行编制，明确试车工作范围、责任的划分及进度要求等；

② 试车计划是项目总实施计划的组成部分，故试车计划在工程初始阶段就应当着手制定，随着工程的进展，在执行过程中不断调整与完善；

③ 试车计划与阶段性计划由开车经理组织编写，由项目经理审定，业主确认。

（2）试车的准备工作计划　试车前的准备工作应该从总包合同签订后即启动。在本项目中，准备时间近一年，准备工作的主要内容包括以下几个方面：

① 试车服务的人员准备和分工计划；

② 根据总包合同对试车的要求，协调设计、采购工作与试车工作之间的关系与矛盾，使设计、采购工作尽可能满足试车工作的需要；

③ 分别编制各单体设备、流程及整个生产线的操作手册；

④ 编制试车时所需辅助材料的清单，制定采购计划；

⑤ 编制岗位人员的培训计划和培训工作大纲；

⑥ 编制试车阶段安全工作指南；

⑦ 明确施工阶段和最终验收阶段的工作衔接关系；

⑧ 试车阶段现场设备、人员情况复杂，故应编制多套紧急情况下各类事故的处理预案。

（3）预试车计划　根据本项目的特点，分析并找出预试车过程的关键线路，这是制定预试车方案和计划的首要问题。该项目预试车过程有以下几个特点：

① 国外设备与国产设备混杂；

② 由于其工艺属于湿法炼锌工艺，其中大部分设备为搅拌机、储罐、泵类、管道和各类阀门，在试车过程中，需要按照一定的系统、区域进行，随意穿插或逆行，则无法达到试车的效果，甚至可能导致设备的损坏；

③ 在确定试车顺序后，确定各个区域试车时间计划表（表 8-4）。

表 8-4　试车时间计划表

项目	子项	8月25日	9月4日	9月6日	9月8日	9月10日	9月14日	9月16日	9月18日	9月20日	9月21日	11月1日
不带水溶液测试设备	由国产 MCC 的供电设备	■	■									
	由 OT 的 MCC 供电设备			■	■	■	■	■				
设备水溶液区域性测试	循环水区域			■	■							
	絮凝剂制备区域				■	■						
	除铜氯区域					■	■					
	除钴镍区域						■	■				
	除镉、除钙镁区域								■	■		
电仪	砷盐制备系统								■	■		
	净液电气仪表	■										
设备	净液设备联动水溶液试车										■	■

注：1. MCC——Motor Control Center，电动机控制中心；

2. OT——芬兰 OUTOTEC（奥托泰科）公司。

【试车程序】

按照设备和系统的特点，试车程序分为普通试车程序和专用试车程序两种。普通试车程序是指试车过程中，同类设备具有共性的工作程序。在本案净液车间里，按照设备用途不同，将参与试车的设备划分为 8 类，分别为搅拌机类设备、泵类设备、浓密机设备、风机设备、起重设备和压力容器设备、压滤机、工艺槽罐和输送设备。根据上述设备的不同特点，补充并完善其通用试车程序，并分别制定专用试车程序。

（1）通用试车程序

① 依照设备说明书检查设备安装参数是否满足相关规范及设计要求，填写设备相关安装参数检查表；

② 整改相关不符合项，直到符合要求为止；

③ 进行设备控制元器件的测试，检查设备的启、停控制是否能够有效地进行；

④ 将设备的电动机与机械驱动分离，进行设备的电气控制和电动机空负荷测试，测试电动机运转方向是否符合要求，采用变频调速控制的设备进行变频调速测试；

⑤ 连接电动机和机械驱动，按照设备的相关操作规程进行设备的空负荷试车，需带水溶液测试的设备待进行水溶液测试时再进行测试；

⑥ 填写设备试车报告。

（2）专用试车程序　由于篇幅所限，在此仅介绍压滤机的专用试车程序，其他设备不再赘述。

① 普通板框的压滤机除按照上述通用试车程序进行调试外，还需按照以下程序进行调试：

a. 按照设备操作说明书启动压滤机油泵电动机操作相关液压元器件，调节压力安全阀、流量调节阀等，使液压站工作达到正常；

b. 进行多周期开板、合板操作，检测开合板是否正常工作，连板是否有卡住情况；

c. 启动压滤泵（水溶液）送入压滤液，检查各个板框间是否密封，出液是否正常；

d. 按照设备试车要求，检查操作设备并检查相关内容；

e. 填写试车报告。

② 隔膜压滤机除按照上述通用试车程序进行调试外，还需要按照以下程序进行调试：

a. 启动压滤泵（水溶液）送入压滤液，检查各个板框间是否密封，出液是否正常；

b. 停止送液后，启动压力水泵，保压，检查保压是否正常，检查隔膜是否堵塞或泄漏；

c. 按照设备试车要求，检查操作设备并检查相关内容；

d. 填写试车报告。

【试车内容与验收标准】

根据各类设备的使用手册，确定试车中应调试的内容。根据设备的性能及相关质量验收规范，确定其验收标准。现以压滤机为例，介绍其试车内容及验收标准。

（1）通用标准

压滤机设备的试车应符合以下要求：

① 工作机的牌号须符合设计要求；

② 液压泵在工作压力下运转 2h 滚动轴承温度不超过 70℃，无漏油、异常震动和噪声；

③ 系统的压力控制阀、压力继电器的调定值需符合设计规定；

④ 执行机构经调试后，往复动作 3~5 个循环，其行程、速度符合要求，运行平稳，灵活可靠；

⑤ 管路系统无漏油或震动现象。

（2）专用标准

① 液压工作油的温度在 10~40℃之间；

② 系统压力控制阀压力继电器的设定值为 20MPa（上限）/18MPa（下限）；

③ 系统的矿浆进料压力≤0.8MPa。

【消耗材料和辅助工具计划】

根据设备使用说明书和试车方案，需要统计的消耗材料及辅助工具见表 8-5。

表 8-5　消耗材料及辅助工具计划表

生产水	交流电	仪表风	蒸汽	润滑油	润滑脂	工器具		
						管接头	橡胶管（DN100）	潜水泵（120m³/h）
5000m³	10000kW·h	10000m³	1000m³	5000L	200kg	若干	50m	2 台

① 润滑油的品种、规格；

② 用水、蒸汽、压缩空气的参数、用量；

③ 用电负荷；

④ 临时需要的辅助设备。

【试车安全工作】

试车前，必须按照制定的安全条例执行，认真检查、落实。正确认识安全、进度和费用的关系，在任何情况下，进度和费用必须服从安全。试车和试车结算后必须达到以下安全条件：

① 试车前，建立健全安全的消防管理机构及相应的规章制度；

② 对全体参与试车人员进行安全、消防教育，考试合格后方允许上岗；

③ 消防设施均应通过案例项目当地消防管理局检查合格；

④ 环境保护及监测设施经案例项目所在地的环保局检查合格；

⑤ 压力容器、起重设施获得案例项目所在地的特种设备管理部门出具的检验合格证书；

⑥ 变、配电及避雷、接地的设施经案例项目所在地的供电局检验合格；

⑦ 初期灭火所需的灭火器和消防器材应按照设计要求的品种、数量及地点配置；

⑧ 对现场急救人员进行培训，现场急救设施配备齐全；

⑨ 电话、对讲机的通信、联系设施配备齐全；

⑩ 工作走廊的安全防护栏配备齐全、牢固可靠；格栅板、维修孔盖板已全部遮盖；

⑪ 车间内通风设备运转正常；

⑫ 设备、管道上按照设计文件的要求制作标志，准确表明设备名称、系统编号、溶液类型及管路液体流向；

⑬ 试车场区清理与试车无关的杂物，油料、易燃易爆品、剧毒药品等危险品按照国家规定由专人管理并存放在安全地点。

【试车过程的控制】

试车过程既是对整个前期土建工程及设备安装工程的检验，也是对工艺、设备性能指标的验收过程。现以除钴镍压滤机试车过程的整改，简述试车过程的管理和控制方法。

依据设计文件和除钴镍压滤机厂家提供的设备参数，除钴镍压滤机的理论参数为 $450m^3/h$。在带水联动试车时，试验记录的压滤机进口流量仅能达到 $200m^3/h$，发现问题后，试车领导小组召集总承包单位的设计人员、业主技术人员、生产一线的老工人及设备供应商的技术人员一起召开现场分析会。通过对运行记录的分析发现，压滤机开机后的前十分钟，进口流量是能够满足设计要求的，但是之后流量迅速衰减至 $200m^3/h$。大家一致认为，压滤机泵的工作能力及进口管道的管径是能够满足设计流量的要求，流量迅速衰减可能是因为在压滤机内部流量阻力过大造成的。

为了解决问题，参与会议的人员对压滤机的结构进行了细致分析，经过反复论证决定，将压滤机压滤板上的过流孔由底部的一排，变为上下两排，并将内部管道孔径由原来的 $\phi6$ 变为 $\phi105$。总承包商组织压滤机供应商对压滤板进行了整改。经过整改后的压滤机重新试车时，各项技术指标达到设计要求，顺利通过验收。

【实践案例结语】

本项目试车历经 4 个月的时间，由于准备工作充分，试车工作进展顺利，参加试车的工作人员在试车过程中认真负责，及时解决试车过程中出现的各种问题，业主方、监理方和各分包方的积极配合，为试车工作圆满完成做出了贡献，总承包单位按期取得了业主颁发的工程移交证书。

8.4.4　生产准备与试车管理实践案例

【案例摘要】

以中石化行业工程建设项目多年的实践为背景，总结了化工项目生产准备与试车管理的程序，介绍了试车管理的经验，对于其他行业提高项目管理水平具有一定意义。

【案例背景】

石化工程项目是典型的工业生产建设项目。中国近年来的化工工程实践，形成了独具特色的投资建设工程项目管理模式及生产准备和试车管理模式，使生产准备和试车管理工作简单问题程序化，复杂问题简单化，开车程序和方案标准化，生产操作系统化，大大提高了石化工程项目管理的水平和效率。

【项目管理阶段的划分】

工程建设项目的生命周期可划分为 5 个阶段，55 个子过程，50 个主要过程界面，5 个阶段分别为项目前期阶段、项目定义阶段、项目实施阶段、试车与验收阶段和项目后评估阶段（图 8-5），运用组织学、管理学、统筹学的方法和理论，通过合理交叉和搭接，在有限资源的条件下通过有效的管理（PDCA）实现工程建设项目的目标。

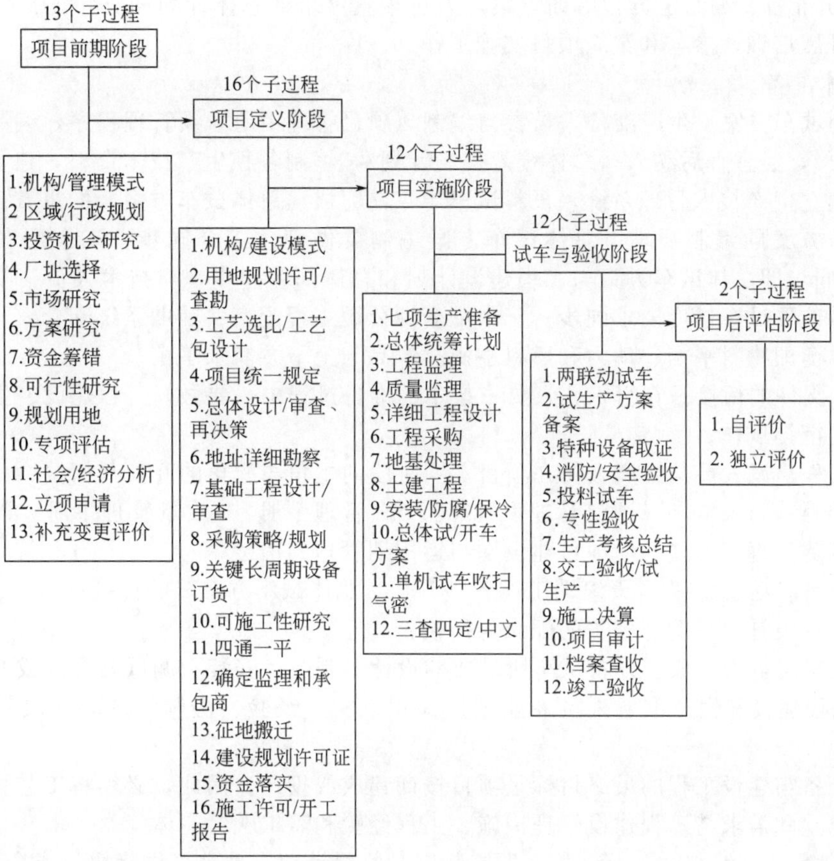

图 8-5 石油化工建设工程项目阶段划分和主要子过程

试运行与验收阶段处于第四个阶段，包括 12 个子过程。本阶段需要完成试车工作，全面检验建设工程情况，完成中间交接、联动试车、投料试车，并完成各类施工、供货等合同的结算，最终实现项目竣工验收。

【生产准备阶段管理】

（1）生产准备与试车 生产准备是为了开车和生产运营所做的准备工作，包括组织、人员、技术、资金、物资、营销和对外部条件 7 个方面。试车是对建成项目的实际测试，是对设计、制造、安装、调试存在问题的暴露与整改过程，也是生产人员岗位练兵、生产运营演练的过程，分为单机试车、联动试车和投料试车三个阶段。倒开车是指部分后续系统先行试车。

（2）生产准备原则 坚持生产准备工作贯穿于整个工程建设项目是始终的原则，同步抓好生产准备与工程建设，有专门的生产准备人员（生产工艺和技术）和工程建设人员对此项工作实施管理，并贯彻项目建设的始终。

（3）生产准备工作 生产准备是工程建设转入生产运营期的一线重要工作，通过生产准备完成项目规划、决策实施、试车的全部任务，为投产后的安全生产、运营管理奠定基础，主要包括以下七个方面的工作内容。

① 组织准备。项目前期成立筹备组，成立后按公司法设立（分、子）公司，合法经营，立项后成立项目部组织机构。随着项目的进展，及时组建生产准备机构（试车指挥、生产运营）筹备组，纳入项目管理组织机构，并逐步完善，将生产准备与试车工作纳入总体统筹控

制计划管理之中。

② 人员准备。编制定员和培训方案，人员配置、培训总体计划和分年度计划，适时配备人员和开展培训，参与和组织项目实施工作。

③ 技术准备。

a.编制试车方案。生产准备人员参与编制《项目管理手册》及管理程序，编制《生产准备工作纲要》，经审查后纳入《总体统筹控制计划》，编制各种生产技术资料，建立管理制度等。尽早建立生产技术管理系统，投料试车半年前完成《总体试车方案》的审查。

b.试车方案的编制要求。总体试车方案编制要做到"三个同步、三个配套和三个平衡"：三个同步即总体试车方案与工程建设计划和总体部署同步，与技术人员、物资准备同步，与下游装置试车进度要求同步；三个配套即公用工程配套、辅助系统配套、化工原料配套；三个平衡即物料平衡、动力和燃料平衡、产品与上下游需求平衡。

c.做好文件的衔接。在组织、人员、技术的准备过程中，要做好工程建设、生产准备与试车管理的衔接工作。

（a）工程建设人员与生产人员在项目不同阶段的主角与配角的互换与衔接；

（b）项目执行策略与《项目管理手册》《HSE 管理手册》《质量管理手册》以及配套程序文件、各类管理制度之间、项目建设期与运用期管理的衔接；

（c）项目启动后的"90 天滚动工作计划"与《总体试车方案》的衔接；

（d）工程设计、采购、施工的配合与衔接；

（e）大机组等关键成套设备试车所需要的设计、制造、安装、调试高度集成的衔接；

（f）工程建设和生产准备人员专业理论知识、实践经验、协调管理和解决问题能力的衔接。

生产准备与建设工程的最终目标是项目按期建成或投产，因此，必须将工艺技术、生产运营管理经验和需求与工程建设管理措施、工程经验和需求融为一体。

④ 物资准备。编制试车及试生产所需物资、物料计划，并签订供货协议或合同。

⑤ 资金准备。按项目概算和实际进度编制包括生产准备费用的资金使用计划。在编制总体试车方案时测算单机试车、联动试车和投料试车的费用，试车费用纳入当期损益。

⑥ 营销准备。制定营销策略和产品出厂计划。

⑦ 外部条件准备。

a.在装置投料试车 1 年前，落实好原料、水、电、汽、风等试车所需外部条件的具体时间、数量、技术参数等，根据厂外公路、铁路、中转站、工业污水、废渣等工程进度，及时开通。依托社会的维护力量及公共服务设施，开车前及早与维护单位签订维护合同，向政府相关部门办理试生产合法手续。

b.在外部条件准备中，要做好厂区内外部接口的衔接，包括试生产方案备案、特种设备使用许可证、危化品生产许可证的办理、专项验收和竣工验收等工作的衔接；跨省、地区、乡镇和穿河流、铁路、山洞管线的建成或投用工作的衔接；工程社会化、运行管理社会化工作的衔接；同步开展企业安全文化建设与培训，以满足未来工厂安全生产管理的需要。

【试车阶段管理】

（1）试车原则　试车工作遵循安全环保、合法合规、检查验收要细、单机试车要早、吹扫气密要严、联动试车要全、投料试车要稳、试车方案要优、试车成本要低的原则。中石化建设项目的开车一般都是以企业为主、专家组和开车队协助的开车组织模式，按"先外围、后主体，先公用工程和辅助设施、后工艺单元"的开车程序进行。

（2）做好项目收尾"三查四定"和问题处理　抓好试车促进工程收尾，抓工程收尾保试车。在工程结尾时，施工单位应组织力量认真清理未完工程并整改消缺，并按照生产人员拟定的试车进度安排，有侧重点地完成收尾，满足试车网络计划顺利实施。工程按设计内容施工完成后，按单元和系统分专业进行"三查四定"。生产人员应及早进入现场进行"三查四定"，提出需求和标准，配合工程收尾并参与验收。

（3）单机试车与工程中间交接　当单项工程或部分装置建成，单机试车合格后转入联动试车阶段，生产单位和施工单位要按照工程建设程序和有关规范标准进行工程中间交接。总承包（或施工）单位向建设单位办理工程中间交接，只是装置保管、使用责任的移交，并不解除总承包（或施工）单位对工程质量、竣工验收应负的责任。工程中间交接后，工程管理部门继续对工程负责，直至竣工验收。

（4）系统清洗、吹扫、试压　工程中间交接后，对生产装置要按正常生产管理程序进行封闭化管理。联动试车和投料试车期间的任何施工作业，均由生产管理部门按规定开具相应的作业票，并配备现场监督人员，没有作业票的现场监理人员不准其进场，保运、维护人员须经培训持证上岗。

生产管理人员应尽早介入并主动配合施工单位完成系统清洗、吹扫工作，施工单位进行的工程清洗、吹扫，不能代替生产工艺上的化学清洗和贯通试压吹扫。根据有关规范要求和装置实际需要，制定管道系统压力试验、泄漏性试验、水冲洗、蒸汽吹扫、化学清洗、空气吹扫、循环水系统预膜、系统置换等环节的操作法和方案。

（5）联动试车　以水、空气为介质或与生产物料相类似的其他介质代替生产物料，对装置带负荷模拟运行，单系统、多个系统或全部装置联运，机械、设备、管道、电气、自动控制系统等全部投用，以检验其除受工艺介质影响外的全部性能和制造、安装质量，验证系统的安全性和完整性，并对参与试车的人员进行演练和培训。不受工艺条件影响的显示仪表和报警装置皆应参加联动试车，联锁装置投用前，应采用审批程序以保证安全。

（6）投料试车　投料试车应建立统一的试车指挥系统，负责领导和组织试车工作。投料前按程序进行试车条件与操作运行参数（状态）确认，按部门职责组织检查并填写确认表。用设计规定的工艺介质打通全部流程并产出合格产品。

（7）试车总结　投料试车结束后应及时对生产准备与试车阶段的原始数据进行整理、归纳、分析，编写试车工作总结。

【生产考核与竣工验收】

装置满负荷连续稳定运行一段时间后，进行 72h 观察。完成对装置 72h 的生产能力、安全性能、工艺指标、环保指标、产品质量、设备性能、自控水平、消耗定量额、配套的公用工程及辅助设施能力的全面考核。

落实安全生产有关法规和制度，在试车生产期内完成固定生产实物和财务交接、专项验收等工作，组织竣工验收等工作后进入生产运营期。未在规定试生产期限内完成相关工作，需按规定程序向政府行政主管部门办理试车生产延期申请，延期不得超过 2 次。

【实践案例结语】

生产准备是确保试车阶段顺利进行的保障，试车则是项目最终完成、实现业主和承包企业利润的关键阶段。因此，生产准备和试车是项目管理的重要组成部分。

本公司经过几轮的新建、改扩建，中石化的生产规模不断扩大，管理水平不断提高。在工程建设、生产准备和试车工作中积累了丰富的经验。今后应更加注视工程设计、设备选型、制造、施工（安装）质量，进一步开展主体装置结构优化与配套、生产管理与降低操作运行成本费用方面的研究，以实现工程建设项目效益最大化。

第4篇 目标篇

第9章

进度管理

项目进度是业主对工程总承包方的基本要求，是构成建设项目合同的重要要素。在合同约定的期限内完成项目不仅关系到合同的兑现、企业的声誉，还关系到工程质量和工程成本，最终关乎业主与总承包企业双方的经济利益。为此，进度管理成为项目目标管理的重要内容之一。

9.1 进度管理概述

9.1.1 进度管理的定义与意义

9.1.1.1 进度管理的定义

《项目管理知识体系指南》中对进度管理的定义为："管理项目所需按时完成的各个过程（规划进度、定义活动、排列活动、估算活动时间、进度计划和控制进度计划）。"这是从进度管理内容角度所做的定义。

《中国项目管理知识体系》对进度管理的定义为：进度安排是根据项目的工作分解、活动排序、工作时间估计对项目各项工作展开和结束时间进行安排；进度控制就是要时刻对每项工作的进度进行监督，对那些出现"偏差"的工作采取必要的措施，以保证按照原定计划进度执行。此定义是从项目进度安排和进度控制的角度做了描述。

《建设项目工程总承包管理规范》对进度管理的定义为："根据进度计划，对进度及其偏差进行测量、分析和预测，必要时采取纠正措施或进行进度计划变更的管理。"此定义是从对项目进度控制的角度进行了描述。

综上所述，项目进度管理是指采用科学的方法或依照合同约定的进度目标，编制进度计划对进度进行控制，在与质量、费用、安全健康环保目标协调的基础上，实现工期目标，然后在该计划的执行过程中，检查实际进度是否与计划进度相一致，若发现实际执行情况与计划进度不一致，就及时分析原因，并采取必要的措施对原工程进度计划进行调整或修正的过程。

9.1.1.2 进度管理的意义

由于 EPC 项目进度管理有其特有的专业性、全周期性和集成性，研究进度管理对搞好 EPC 总承包项目有重要意义。

（1）具有主线的作用 进度管理是工程总承包项目建设中与质量、费用、安全并列的四大管理目标之一，进度管理在整个项目控制体系中处于协调、带动其他管理工作的主线地位，进度管理的好坏将直接影响项目能否实现合同要求的进度目标，也将直接影响项目的效益。

（2）可以提高企业的效益 EPC 项目进度管理主要涉及设计、采购、施工、试车四个方面，它们之间既相互影响，也紧密配合，整体进度管理的思路、方法和手段等决定了总承包商经济效益、社会效益和政治效益的最大化。基于 EPC 总价合同，工期越短经济效益越高。项目进度在很大程度上直接影响项目的效益，项目在预期内完成是衡量一个项目成功的重要方面。如果实际进度落后于计划进度，项目工期延长，不仅各项管理费用会随之加大，而且也会增加项目的协调工作。

（3）提升企业市场占有率 提前完工，提前投产，对承包商和业主均产生积极影响。由于市场因素，项目提前完工，提前投产可以使项目参与各方尽早转向其他项目经营之中，占领国内外市场，不仅可以提高企业的经济效益，而且可以提高企业自身在市场上的占有率，具有战略意义。

（4）鼓舞企业员工士气 项目进度达到预期目标，可以有效地凝聚员工士气。基于各种原因导致的设计、采购、施工、试车阶段的工期延误或拖延，均会使参建人员产生心理厌倦、斗志松懈、警惕性下降等负面影响，从而为项目质量、安全管理埋下隐患。

因此，在 EPC 工程总承包项目中，进度管理处于极其关键的地位，具有提纲挈领的作用。

9.1.2 进度管理的特点与原则

9.1.2.1 进度管理的特点

EPC 项目管理的特点，决定了项目进度管理的基本特点，主要体现在以下几个方面。

（1）一次性 因项目的内部和外部条件（时间、地点及项目占用资源配置情况）的不同，使工程的进度管理也总是有所区别，因此进度管理是不可逆、不可重复的。工程进度管理不像质量管理及安全管理那样已经形成了一个相对完善的体系，在管理过程中有章可循，有相对固定的标准，而项目进度只是针对不同容量及不同地域给出参考的工期定额。目前，施工工程的实际进度与定额目标均有明显的提前，体现出工程进度管理水平的不断提高，这也充分体现了进度管理的一次性特点。

（2）主线性 进度的提前对于建设方来说效益是巨大的，这也是建设方对进度管理较为关注的原因之一。在进度计划的编制过程中，由于对各作业所使用的资源进行加载时，综合考虑各种风险，使进度管理与其他项目管理建立起逻辑关系，使得进度管理成为工程管理的一条主线。人员、材料、机械、资金分别属于资源管理及投资管理，这几项是加入进度计划的基本资源。

在对项目进行工作分解结构时，对项目的范围也进行了分解，对项目的范围做出清晰的界定，明确项目的范围层次划分，明确完成项目总共要做哪些工作，由谁来做，与项目的范围管理充分融合。有了清晰的界线，使得责任更加明确，更加有利于进度的协调。

质量管理虽然独立性比较强，但质量管理对进度管理的制约作用较明显，主要表现在提高进度不能以牺牲工程质量为代价，即质量是进度的前提条件。在工程实施当中，由于质量不合格所造成的工程返工或返修往往是进度延误的主要原因之一。

采购与进度之间也密切关联，表现在只有明确了采购产品的交货日期，才能为进度管理提供更切实际的编制依据；货物到场是否如期，同样是影响项目进度的重要因素。

（3）动态性 只有对进度实施动态的管理，才能体现出进度管理在项目管理中的重要作用。动态管理是针对项目初期编制的进度计划进行的，在项目实施过程中将项目实际进度和目标进度进行比较，考察每一项工作进展程度与计划的偏差，并调动资源对部分工作进行调整，达到对主要里程碑实现控制的目的。

为了实现此目的，在进度的调整中可能是对正在实施的作业或未实施的作业进行调整，这些调整可能造成个别作业与原来进度计划的偏差，这种偏差只要是不影响控制里程碑的实现，应属于一种正常的动态管理范畴。基于这种现象，也反映出总承包方的进度控制管理适宜性问题。

总承包方应将这种正常的偏差交给分包商来控制，以保证分包方在资源调配上的灵活性。在实际的进度动态管理中，国内大中型建设项目通常采用3个月滚动计划。在当月的进度计划基础上，对后2个月的进度计划进行调整，以适应整体工期的要求。

（4）全周期性　由于EPC项目作为一种创造独特产品和服务的一次性活动，有始有终，从始至终构成了一个项目生命周期，其生命周期主要包括设计、采购、施工、试运行各个阶段，而项目整体进度是由设计、采购、施工、试运行各个阶段的建设速度共同决定的，而不仅仅是由施工阶段的进度决定的。为此，做好EPC项目的进度管理工作需要对各个阶段的进度进行控制。

与此同时，需要做好各个生命周期阶段相互的衔接工作。进度管理具有全周期性，这是与传统承包模式项目的进度管理相比的显著特点。

9.1.2.2　进度管理的原则

（1）融合管理　作为EPC总承包商，必须将所有参建分包商的进度管理融合到一起，制定统一的进度管理规定，编制统一的进度计划和报告的模板，将设计、采购、施工、调试单位的进度计划紧密衔接，防止互相影响、恶性循环。进度控制的目标与安全控制、质量控制、费用控制的目标是对立统一的，表面上看，严格把关安全、质量、费用会影响进度，实际上安全、质量也是进度的保障，一旦发生安全、质量事故，则对进度影响不可估量，费用控制不严导致项目亏损，进度再快也是没有意义的，所以进度管理应充分考虑四者之间的平衡，将单位、专业、目标之间的融合作为进度管理的原则。

（2）动态管理　由于EPC项目具有规模大、工程结构和工艺技术复杂、建设周期长、相关参建单位众多的特点，决定了项目进度受多因素的影响，这些因素主要包括环境影响、资源影响、技术影响、人为因素影响、风险因素影响等。影响EPC工程进度的因素见表9-1。由于这些影响因素本身是不断发展变化的，因此，要想在建设工程中对进度进行有效的管理，就必须对各种影响因素进行全面的分析和预测，采取事先制定措施、事中采取措施、事后妥善补救以缩小实际进度与计划进度的偏差，为此可见，项目进度必须实行动态控制。

表9-1　EPC工程进度的影响因素

类别	具体因素	影响示例
单位因素	政府单位	工程报批、审批出现问题，影响开工建设，影响工程进度
	建设单位（业主）	业主临时变更项目规模、功能、标准等使设计改变，影响整个工程进度
	监理单位	监理人员的责任心及管理协调能力差，下达错误指令、瞎指挥等，影响整个工程进度
	设计单位	设计阶段工期延误，由于设计图纸不合理、在施工中多次出现变更以及其他因素造成设计延迟，从而影响整个工程进度
	施工单位	施工人员技术和管理能力差、责任意识差以及各种原因造成的施工阶段的延迟，导致整个工程进度延误
	供应商	材料供应商不能如期供货导致材料设备不能及时到位，或其他各种原因造成的供货延迟，影响整个工程进度

续表

类别	具体因素	影响示例
目标因素	质量目标	工程质量不符合国家、业主的要求,造成返工,影响整个工程进度
	安全目标	安全隐患多,处理安全事故影响整个工程进度
	成本目标	加快进度,就要增加成本,成本变化将会影响施工进度
资源因素	建设资金	资金到位不及时,影响材料设备的采购,停工待料,工期延误
	人力资源	人力资源配备不足或不均衡,影响施工进度
	材料、构件	材料供应不足,导致材料无法周转,使并行工序分段施工,工期变长
	机具、设备	施工机具、设备供应过多,堵塞施工现场,影响工作面展开;施工机具配置少,施工效率下降,人员材料闲置
技术因素	施工工艺、技术	工艺技术不合理,计划不周,管理不善;对新技术规范标准等不熟悉,对施工进度产生影响
环境因素	地理位置、地形、气候、水文等	项目位于山区或交通不便地区,地形地质条件复杂,施工现场狭窄,运距较远,气候条件恶劣,影响施工进度
风险因素	政治风险	战争、罢工、内乱、拒付债务、制裁等,影响工程进度
	经济风险	延迟付款、汇率变动、通货膨胀、分包单位违约等,影响工程进度
	自然风险	地震、泥石流、海啸、洪水、飓风等,影响工程进度
	技术风险	工程事故、试验失败、标准变化等因素,影响工程进度

项目进度的动态控制应按照 PDCA 即 Plan（计划）、Do（执行）、Check（检查）和 Act（处理）这四个过程不断循环进行。首先是目标的分解和计划的编制；其次是项目对计划的执行；在执行的过程中对计划进行跟踪、比较分析；一旦实际进度与计划进度有偏差,根据其影响采取相应的措施进行纠正,在必要时,则需要重新调整计划,重新进行进度控制,循环往复。

（3）优化管理

① 资源优化。EPC 项目进度管理与资源优化有密切的关系。资源分配不平衡就会增加对进度管理的压力；而促使资源优化达到一种动态平衡时,就会减轻因资源缺乏而影响进度的某种压力,有效地提高进度管理水平。资源优化时,先要确保工程项目具备足够的资源,避免影响资源的利用率,再协调进度与资源的分配,促使两者处于高效的状态,不仅可以保证资源在工程中的利用质量,而且还能通过资源调节进度,提升进度管理的效率。

② 费用优化。工程费用是影响 EPC 项目进度的因素之一。工程费用不足或协调不当,导致工程费用与工程进度脱节,无法达到协调与优化的状态,将会直接影响工程进度。总承包单位应明确费用与项目进度的关系,综合控制费用与项目进度。例如,在某机械类工程项目中,将费用作为调节进度的方式：根据进度设计,绘制不同工期进度阶段费用的预算曲线,除此之外,还绘制了已完成的进度工作量与费用的曲线,比对预算曲线和费用曲线,得出费用与进度的关系,观察该项目是否存在消费过度的问题,及时调整费用,支持工程进度的顺利进行。

目前,在 EPC 项目中应提出进度与费用协调管理的方法,根据总承包项目的类型细化并分解工程的费用,对每个分项工程费用进行编码,应对相关的进度项目,在工程进度完成后,对比费用编码,同时采用"赢得值"技术,直观地表述进度和费用的内在联系,强化工程进度中的费用控制。该技术可以辅助管理人员权衡费用和进度的整体效益,为整合进度提供依据。

③ 标准化。进度管理标准化是指在 EPC 项目工程进度中,计算出标准的数值,利用相关的计算制定标准的管理规划。进度管理本身比较复杂,涉及大量的因素,因此在工程项目

中制定标准的进度管理体系,应融入各种影响因素,如分包管理、合同管理等,禁止遗漏任何标准化管理因素,提升进度管理的标准度。

9.1.3　进度管理模式与体系

9.1.3.1　进度管理模式

EPC 工程项目总承包企业的进度管理分为两个层次:企业级的进度管理和项目级的进度管理。

(1) 企业级的进度管理　企业级进度管理主要解决的问题如下。

① 全面掌握各项目进度关键点、关键路径计划的实施情况,提前发现各项目进度管理控制方面存在的风险并预测各项目发展的趋势。对于发现的进度风险要从总部综合平衡,重点协调资源,对进度风险进行控制,对不良的进度趋势采取措施进行纠偏,以确保项目进度目标的实现。

② 企业级的进度管理还需要关注各项目分包商的工作和自身从事的工作之间的协调与一致,因为当前国内从事工程总承包的企业主要分为两大类型:一类是以设计院为基础发展起来的总承包企业;另一类是以施工单位为基础发展起来的工程总承包企业。无论是何种类型,在项目中都普遍存在着企业自身所从事的工作与其他分包商所从事工作之间的协调与配合问题。企业级的进度管理要起到综合协调企业自身业务与各项目之间接口的作用。

(2) 项目级的进度管理　项目级的进度管理是完全站在项目的角度上,为实现合同目标,对项目实施全过程进度的计划、实施、跟踪、控制的工作。项目级进度管理是覆盖项目实施全过程和全部范围的,要从最底层的工作计划抓起,从分包商层次抓起,逐步实现项目的进度目标,确保整个工程项目按期完成。

作为工程总承包的企业在进度管理工作上要考虑上述两个层次的管理需要,每个企业都有一套自身的进度管理模式,应根据企业实际情况建立符合总承包业务的项目进度管理模式。

9.1.3.2　进度管理体系

如前所述,进度管理体系是指为实现项目进度目标,保证项目按期完成而建立的,由项目管理要素组成的有机整体,通常由进度管理组织、进度管理职责、进度管理目标、进度监控过程(流程)、资源保证、进度控制方法与技术等部分组成,项目进度管理体系应嵌入整个项目管理体系之中。

我们可以将进度管理体系归纳为两类:一类是进度监控体系,主要包括进度监控目标体系、进度监控流程体系等;另一类是进度保证体系,主要包括进度管理组织、岗位职责体系、资源配置计划、方法与技术体系等。我们先介绍进度监控体系的组成,进度保证体系将在下面节点分别介绍。

(1) 进度监控目标体系　进度控制目标是指依据合同规定,采用科学的方法确定的进度目标,并据此检查工程项目进度计划的执行情况,若发现实际执行情况与计划进度不一致,及时分析原因,并采取必要的措施对工程原进度计划进行调整或修正。制定进度目标体系的最终目的是保证工期按合同约定按期完成或缩短工期。

进度目标可以分为项目总体进度目标和各级进度控制目标。项目的总进度目标指的是整个项目的进度目标,它是在项目决策阶段进行项目定义时确定的。项目进度管理的任务就是在项目实施阶段对进度目标进行控制。总进度目标的控制是工程总承包商项目管理的基本任务。

由于进度管理实施分级管理模式,因此,总体进度目标要分解为参建单位各级的进度目标。子目标分为二级、三级、四级……进度目标。从一级总进度目标到各级进度子目标构成了一个从总目标到子目标的完整的进度监控目标体系。目标体系是控制进度的基准。

（2）进度监控流程体系　项目进度管理是为了保证项目按期完成，实现工程项目既定效益目标而提出的。工程进度管理需要建立完善的执行监控体系，采用科学的方法确定项目进度目标后，要使编制出的最优进度目标计划得到落实。使各项工作有序进行，从而按期完成工程项目。进度监控流程体系包括进度计划编制、进度计划执行、进度监控分析、进度纠偏等主要环节。

9.1.4　进度管理的内容与流程

9.1.4.1　进度管理的内容

进度管理的主要工作内容包括编制进度计划、组织进度计划的实施、对进度计划监控和对进度纠偏改进。

（1）进度计划编制　进度计划编制的主要依据是项目目标范围、工期的要求、项目特点、项目的内外部条件、项目结构分解单元、项目对各项工作的时间估计、项目的资源供应状况等。

进度计划的编制主要是为了提供对项目进度管理的基准，主要包括以下工作内容：

① 依据合同约定和项目特点，将进度目标进行 WBS 分解，编制进度计划体系、进度检测规定文件等程序文件等；

② 确定进度控制组织体系、职责分工，明确各级计划编制及进度测量方法；

③ 编制项目分级及专项计划，加载相应的资源后，绘制曲线，经项目部和业主批准后发布，作为进度监督检测的基准。

（2）进度计划实施　将进度计划传达到每一个项目参与单位，并贯彻执行。严格按照计划要求启动计划并予以实施。在进度计划实施过程中要做好总承包方与分包方关于进度的协调工作。

（3）进度计划监控　进度监控的主要任务是通过各种方法和途径，跟踪每项工作的完成情况，检查并列出进度滞后的工作；评估这些工作对项目总进度的影响，并提出合理建议。进度监控的基准是进度计划，主要包括以下工作内容：

① 实施过程中对进度进行跟踪、比较；

② 在跟踪、比较中，如发现有偏差，根据其影响程度采取相应的措施进行纠正；

③ 必要时可调整并设定新的进度目标。

（4）进度纠偏处理　项目经理根据相关人员的进度进行跟踪检查和反馈分析，召开会议分析是否需要采取赶工措施，采取何种赶工措施对进度进行纠偏，保证项目完成时间符合计划目标，必要时应调整进度计划。

9.1.4.2　进度监控流程

项目进度监控必须坚持动态控制，动态控制是按照 PDCA 四个过程不断循环进行的，包括四大部分内容：项目进度计划编制（P）、项目进度计划实施（D）、进度计划控制（C）、进度纠偏处理（A）。项目进度动态监控详细流程见图 9-1。

9.1.5　进度管理机构与职责

9.1.5.1　总承包商进度管理机构与职责

EPC 总承包商的进度管理主要由项目部的控制部门来实现，其他部门紧密配合。EPC 项目进度管理机构示意图见图 9-2。

EPC 工程总承包商管理组织机构的进度管理职责如下。

（1）进度控制部经理

① 根据项目的定义，参照 EPC 总承包商的工作分解结构体系，建立项目分解结构。

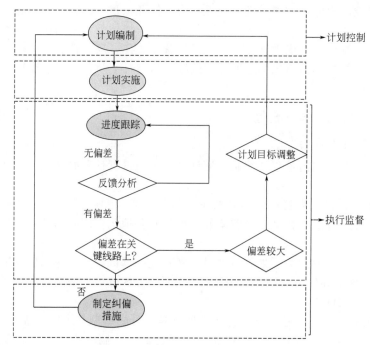

图 9-1　项目进度动态监控详细流程

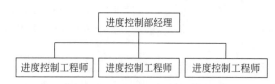

图 9-2　EPC 项目进度管理机构示意图

② 负责审核、批准、协调项目进度控制程序，包括设计、采购、施工测量程序，设计、采购、施工、进度控制程序，进度变更控制程序。

③ 审批进度工程师提交的一级、二级、三级进度计划，并上报项目经理。

④ 审批相关的进度评估报告，并将进度评估报告上报项目经理。

（2）进度控制工程师

① 负责编制和实施项目进度控制程序，包括设计、采购、施工测量程序，设计、采购、施工、进度控制程序，进度变更控制程序等，上报控制部经理审查批准。

② 根据合同要求编制一级、二级进度计划，并按照要求对二级进度计划进行更新。经项目控制经理、设计经理、采购经理、施工经理等审核后，由项目经理审核批准。

③ 收集、审查设计部、采购部、施工部以及各分包商提交的三级进度计划，保证其二级进度计划要求，并提交给项目控制经理。

④ 审查设计部、采购部、施工部进度完成的百分比，并将其分解到进度计划之中对进度进行评估，确保项目状态在每级上都是准确的。

⑤ 定期根据设计部确认和提交的设计状态记录、采购部确认和提交的采购状态记录、合同管理工程师确认和提交的分包状态记录进行汇总，并将各种可交付的设计、采购、施工进度计划文件或管理文件等报告给项目控制经理。

⑥ 根据进度评估结果，按一定的程序制定相应的措施，并督促其他部门和分包商执行。

⑦ 对项目实施过程中的变更应按照进度变更控制程序，分析其对设计、采购、施工进度产生的影响，并采取一定的措施。

（3）其他部门　其他部门是指 EPC 总承包项目部的设计部、采购部、施工部、试车部。

① 审核控制部编制的一级、二级进度计划。

②根据控制部编制的二级进度计划，按照项目工作分解结构和活动编码体系的要求，编制和更新三级进度计划，并确保三级进度计划中的每项工作能够汇总到二级进度计划中，然后经本部门经理审查、批准后报送控制部审查、批准。

③严格按照已经批准的三级进度计划实施控制。

④向控制部提供本部门控制成果的数据，并保证其精确性和连贯性。

9.1.5.2　总承包商与分包商进度管理职责划分

（1）进度计划编制的责任划分　总承包单位控制部负责一级、二级施工进度计划的编制，负责年度、季度、月度的施工计划编制，负责对各分包单位的三级、四级进度计划的审查，并负责进度计划的盘点、分析，负责工程资金的落实。总承包单位工程部负责每周计划的编制、分析和监督检查。

分包单位负责编制三级、四级施工进度计划，落实各级进度计划，并进行盘点分析，按时提出施工图纸需求计划，负责自购范围的设备材料采购计划的落实，负责设备材料的催交、到场指挥和验收。

（2）组织进度计划落实责任的划分　进度计划经过评审获批后应正式发布，使项目成员知道自己应该做什么，在何时应该做完。在项目执行过程中，及时发现影响进度计划的问题，并及时纠偏和调整进度计划。

①总承包商项目部的副经理全面负责施工进度计划管理主持工程调度会和季度、月度计划分析会，总承包单位负责落实工程调度会确定事宜；负责施工总平面图管理；负责协调现场进度方面的交叉配合以及有关进度方面出现的矛盾；开工前负责对分包单位开工条件的审查；负责施工图纸的交底和图纸的会审工作以及施工图纸的催缴工作；总承包单位的物资部门负责设备材料采购计划的落实，负责设备材料的催交工作，负责协助监督检查各分包商的设备材料采购和到场情况等。

②分包商作为进度的具体实施单位，其项目经理应参加总承包单位组织的工程调度会和季度、月度计划分析会，落实会议决定的各自范围内的工作；对到场施工图纸进行内部自审，参与总承包单位组织的施工图纸设计交底和图纸会审；负责自行采购范围设备材料采购计划的落实，负责设备材料的催交、到场组织和及时检验；负责项目开工、单位（分部、分项）开工前各自范围内的条件准备工作；按照进度计划，及时组织人力、物力和机械进场；协调内部施工交叉，协调内部人力、物力、机械的调配等。

（3）总承包商承担进度统一管理和协调的职责　总承包商作为项目建设的总负责人，要对项目的进度、质量、安全、费用进行统一协调和管理。进度控制的目标与安全控制、质量控制、费用控制的目标是对立统一的，进度管理要解决好四者之间的矛盾，既要在安全的前提下实现进度快，又要节省费用、保证质量。在协调项目过程中的进度、质量、安全和费用等工作时，总承包单位作为项目的总负责人，有责任做好与业主、监理、分包商的沟通和协调，在协调上述四者之间的关系问题上，使各方达成共识，最终达到共赢的目的。

9.2　进度管理要点

9.2.1　进度计划编制要点

（1）进度计划体系　EPC项目进度计划应按照合同约定的工作范围和进度目标进行编制，项目分进度计划在总进度目标的约束条件下根据细分的工作活动内容、活动的逻辑关系和资源条件进行编制。

由于EPC项目的复杂性，一般项目进度计划实行分级管理，从上至下一般分为四级，由总体到具体，由全局到局部直至作业单元，自上而下分级展开逐级细化。下级计划服从上级计划，各级计划都按照任务的类型（例如设计、采购、施工、调试）或者按照单位、分部、分项，依据任务的方向性、阶段性、顺序性以及衔接关系做出进度安排。

① 一级进度计划：为合同里程碑付款进度计划，根据合同签订的工期确定。该进度计划为业主考核工程总承包企业的进度计划，原则上不可更改。

② 二级进度计划：以一级进度计划为依据，结合工程总承包企业多年来工程总承包的管理经验，补充重要里程碑和关键路径上的工作，使其能够覆盖整个项目的关键控制节点，是总承包企业对其项目经理提出的明确进度要求，是企业对项目部进度考核的依据。

③ 三级进度计划：依据二级进度计划对整个项目的工作按照设计、采购、施工、调试进行分解，并建立相互间的逻辑关系，通过理清其间的工作接口关系，明确企业内项目实施的部门、项目各分包商之间的责任，实现以计划管理为核心，协调各部门、各分包商协同工作，动态控制设计卷册的交付、设备到货、施工进展，是企业各部门、项目部生产组织的依据。

④ 四级进度计划：总承包项目部依据三级进度计划进一步分解、细化，编制设计、采购、施工、调试专业进度计划。

上述由粗到细的一级到四级的进度计划，一方面对本项目实施的内容逐级进行了细化、分解，另一方面又反过来一级保证一级进度的实现，用体系管理项目进度，用体系保障项目工期目标的实现。

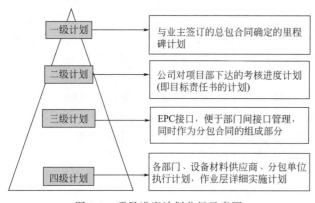

图 9-3 项目进度计划分级示意图

在多级进度管控体系中，三级进度控制是整个进度管理体系的核心，由于工程总承包项目的复杂性，项目参与方众多，相互牵制因素多，计划管理的重点应放在接口的协调。三级进度计划的本身就是一个以接口协调管理为重点的计划，是项目各参与方组织生产的依据。项目进度计划分级示意图见图 9-3。

（2）编制进度里程碑计划 在项目启动初期，根据合同确定的开工日期、总工期和竣工日期确定进度目标，明确计划开工日期、计划总工期和计划竣工日期，确定项目分部分项的开工日期、竣工日期，并编制控制性里程碑计划。里程碑计划是指将总目标分解成建设阶段目标或子目标；根据子目标制定里程碑，通过建立里程碑和检验各个里程碑的到达情况，来控制项目工作的进展和保证实现总目标。

（3）分解结构和 WBS 编码 工作结构分解（WBS）是对项目范围内的一种逐级分解的层次化结构编码。编制 WBS 的过程也就是对项目工作再次确认的过程，同时建立唯一的WBS 编码，对于一般的项目 WBS 分解层次为 4～6 层就足够了，最多不超过 20 层。

（4）进度计划编制与审批 优秀的进度计划是成功的一半，而不符合实际的进度计划会给项目带来巨大的负面影响，因此在工作分解完成后，根据项目里程碑计划以及 WBS 机构中的分层计划体系，编制设计、采购、施工和试车各项工作进度计划，并将计划提交给有关部门及领导审查和批准，然后提交给业主审批，批准后可作为进度控制目标。EPC 项目进度计划控制表见表 9-2。

表 9-2 EPC 项目进度计划编制控制表

序号	分类	WBS 结构	作业内容	控制内容
1	设计	按图纸卷册进行 WBS 划分	每个设计卷册	控制图纸的交付时间
2	分包商的采买	每个标段分包商	分包商确定时间	分包商的采买
3	设备材料采买	技术规范书的提交	技术规范书的提交时间	控制设计向采购提交技术规范书的时间
		商务合同的签订	商务合同的签订时间	控制厂家向设计提交设备资料的时间
4	采购合同执行	重要设备划分到部套,其他的按设备来划分	重要设备部套、一般设备	控制设备到达现场的时间
5	施工调试	依据验评划分单位工程、子单位工程,再结合施工工序进行细分	施工作业、调试作业	作业开工时间、作业持续时间

9.2.2 进度计划监控要点

(1) 召开进度计划分析会 每季度、月度召开计划分析会,该计划分析会是阶段性、全面性的工程进度计划分析总结会。

① 由总承包单位主持每月一次的月度计划分析会和每季度一次的季度计划分析会(与每季度第三个月的月度计划分析会合并),总承包单位、分包单位的项目经理、生产副经理、总工程师以及计划、工程、安全部门的负责人参与。

② 季度、月度计划分析会的主要内容:统计上季度、上月各类计划的完成情况,分析未完成项目的原因,统计存在的主要问题,提出解决问题的对策;下达下季度、下月各类计划。总承包单位根据季度、月度计划完成情况,奖优罚劣,协调解决存在的问题。

(2) 召开施工工作调度会 每周召开工作调度会,该工程工作调度会是进度控制过程中落实进度计划的主要管理手段。

① 总承包范围内的工作调度会由总承包单位主持,定期召开。

② 工程调度会的主要内容:以施工组织设计和已经批准的一级、二级计划以及施工单位编制的三级计划为依据,落实和实现其计划目标;协调解决现场交叉配合以及有关工作方面出现的矛盾;协调施工总平面管理方面的问题,解决施工过程中的安全、质量问题。

(3) 严格开工条件的审查 项目开工和单位(分部、分项)工程开工前的条件审查是保证施工进度的必要手段。

① 项目开工前,总承包单位应按照有关规定,组织各分包单位完成组织机构、管理体系的构建;及时编制各类技术文件;完成现场平面图布置和"五通一平"工作;确认施工控制点合格;确认施工机具、检测计量设备配备充分;确认施工图纸供应充足;确认进场材料合格;确认现场试验、检验能力具备等。

② 单位(分部、分项)工程开工前总承包单位应审查各分包单位准备开工项目的技术文件审批情况、施工图纸设计交底和图纸会审情况、施工人员和施工机具到位情况、材料进场检验情况、区域平面布置情况、加工生产能力情况、土建工程测量放线情况、现场安全措施落实情况等。

(4) 进度计划更新与调整 进度计划要根据实际情况进行更新与调整。进度控制的核心就是将项目的实际进度与项目计划进度进行不断的分析比较,不断地进行进度计划的更新和调整。在项目的执行过程中由于受各种因素的影响,经常会出现"计划赶不上变化"的情况,但进度监控就是要"赶上变化"。

(5) 赶工节点与节点奖励 在工程建设过程中,往往受到一些内外部因素影响要对工程进行赶工以期提前或者尽早完成进度节点计划,这时总承包商就要根据现场的实际情况科学合理地制定赶工计划,下发给各分包单位按照节点计划目标投入人力、机械等资源进行抢工。在制定赶工计划时,总承包单位也要积极与业主商谈赶工的节点奖励计划,下发各相关单位以激励赶工单位的抢工积极性。

9.2.3　进度管理总结要点

(1) 编制项目的进度报告　项目进度报告是进度控制和管理的一个重要环节,也是项目进行沟通的一种方式。项目报告全面反映项目实际进度状态,分析进度偏差及趋势,提出建议、措施等,使得项目人员在项目运行过程中,做到心中有数。项目报告分为月度项目进度报告、半年度项目进度报告和年度项目进度报告。

(2) 项目进度的工作总结　建设任务全面完成后,总承包商应进行项目进度管理总结,为其余项目建设不断积累经验和统计数据。项目进度工作总结应作为现有项目或将来项目持续改进工作的一项重要内容,同时也可以作为对项目合同、设计方案内容与目标的确认和验证。

9.3　进度管理策略

9.3.1　进度计划编制策略

(1) 重点关注项目的设计进度　设计是龙头,总承包商应要求设计单位尽可能早地将图纸总清册、设备技术协议清册、详细设备清单出版,项目总施工计划、设计计划、设备计划、材料计划、工程招标计划的 WBS 分解和工期确定都必须以设计进度为依据,这样才能使设计、采购、施工计划紧密相连、相辅相成,避免出现几个专业的计划详细程度不一的现象。

(2) 以三级联动进度计划体系为主线　以三级联动进度计划体系为主线的控制是整个 EPC 项目进度管理体系的核心,是实施项目进度控制的抓手与基本方法。

参与建设的相关单位,包括业主、总承包商以及各分包商(设计、采购、施工)必须设立明确的进度管理框架,设置专职计划员,计划员必须具备一定的专业生产安排经验,了解图纸、组织设计、方案等技术文件,能对项目进度动向做出预测。

① 一级计划(总控制进度计划)的制定,由建设单位牵头,经与各专业技术人员、总承包商、分包商协商后加以确定。一经确定将成为项目施工的纲领性文件,下发给参与建设的各单位。

② 二级计划(阶段性工期计划或分部工程计划)的制定,由各专业承包公司依据一级计划对各阶段、各分包项目做出进度安排。二级进度计划必须符合一级进度计划的要求,各专业分包商公司必须在正式施工前制定进度计划,并上报总承包商、监理方,经业主批准。

③ 三级计划(周计划)是各分包单位制定的施工周计划,上报总承包商,总包商上报监理、业主。周计划上报时间是每周的生产调度例会之前。

9.3.2　对分包商的选择策略

目前,在 EPC 承包项目中,一些专业项目需要通过招投标方式分包出去,由分包商去完成。总承包商与分包商并无隶属关系,仅仅是合同关系,这样在管理过程中就会出现推诿扯皮甚至合同的纠纷,必然对施工进度产生影响,增加工程按时完工的压力。因此,在对分包商进行招标时,应选择那些信誉好、资质佳、管理能力强的单位作为分包单位,以便总承包商在协调管理上有利于工程整体目标的实现。

同时，对于施工分包商的审查，要关注施工管理人员的素质。EPC 承包项目管理是多层面的，包括业主、监理、总承包、分包、分包下属的施工队，属于多元化层级管理方式，在总承包的层面上，现场的施工管理是最为重要、最具潜力的一项工作，是工程最终能否按期完成的关键所在。

作为总承包商来说，施工管理不单纯是项目管理问题，而且是技术水平问题，是工程质量、造价、进度、安全控制的核心，也是风险较为集中的阶段，是总承包成功的关键之处。施工管理人员（工程专责工程师）应该具备懂技术、懂管理、能协调、能吃苦的基本素质。

9.3.3　进度计划监控策略

（1）关注资源的协调落实　在项目建设运行过程中，进度管理重点是施工进度计划。施工进度计划是与设计、采购、分包商之间工作的综合协调结果，其中影响因素包括图纸的按期到位，设备材料的催交催运，分包单位的人力、机具、资金等资源的落实，这些方面均与施工进度计划的编制和执行有直接的联系，因此，在编制、执行进度计划时，要进行综合的协调和管理。

（2）注意进度控制信息的反馈　工程建设在运行中，环境事务总是会发生一些变化的，建设过程是一个动态的过程，因此，工程项目的进度控制也是一个动态变化的过程，如果只依循一套古板的进度控制计划进行，势必不能满足变化的需要。

在 EPC 项目中，进度控制需要考虑的内容很多，涉及的工作界面较为复杂，其进度控制受到的影响因素较多，其动态性较大，因此，必须注意实施工程中其进度控制的变化，而采用动态控制就要实时地进行反馈。在进度控制中，一旦项目的实际进度与计划进度存在差异，就应该立即分析产生差距的原因，在此基础上采取相应的措施纠偏。对于某些因素不可逆转造成进度差距过大的，要及时调整进度计划，使进度计划与项目实施进展重新协调，使项目实施重新回到受控的轨道上。因此，要实施有效的进度控制，必须加强信息反馈机制。

动态反馈的过程，往往需要经过一段路径，基层操作人员反馈给基层进度控制人员，再逐级反馈给上级进度控制人员，最终反馈给项目进度控制的主管人员。在这一反馈信息传递过程中，反馈信息会不断经过加工处理，极容易使信息失真或传递不及时。要提升项目进度控制的效率，就必须建立灵敏的进度信息反馈机制，注意进度控制中的动态信息的及时反馈工作。

9.4　进度管理方法与技术

9.4.1　传统进度管理方法

进度计划编制的常用方法有工作分解结构（WBS）、里程碑法、甘特图法、网络计划技术等。

（1）工作分解结构　以可交付成果为导向，把一个项目按一定的原则分解为一个个任务，任务再分解成一项项工作，再把一项项工作分解到每个人员的岗位之中，应将工作分解到分不下去为止。每下降一层代表对项目工作更为详细的定义，即项目-任务-子任务-工作单元-岗位。

（2）里程碑法　里程碑是项目中的一件重大事件，通常是指一个可交付成果完成的时间点，编制里程碑计划对项目的目标管理很重要，为项目的执行提供了一个指导。

（3）甘特图法　是一种用线条图来安排和控制生产与工程进度的一种方法，其内在思想简单，基本是一线条图，横轴显示时间，纵轴表示活动（项目），线条表示在整个项目期间的进度计划与实际活动的完成情况，直观地反映出任务计划应在何时开始、何时完成以及实际进展与计划安排要求的对比。

（4）网络计划技术　也是一种项目计划与控制的技术，包括关键线路方法（CPM）和计划评审法（PERT）两个重要组成部分。

（5）工期估算方法　是指根据总承包合同中显示的工程量、设计图纸、技术装备、同类项目经验等对工期进行估算，按照估算工期编制工程进度计划的方法。

（6）进度管理监测方法　进度管理监测方法的概念包括 WBS、工作包（Work Pack-age）、检测控制点和确定各因素权重等，是一种综合利用各种技术的综合方法。

9.4.2　进度管理创新——BIM 技术

（1）传统进度计划技术的局限性　传统的网络进度计划技术有着诸多不便，如网络图的复杂性，往往造成了理解的困难，即使是专业的施工人员，也未必能完全深入了解其全部含义，造成进度计划信息向下传递受阻，使基层施工人员不能准确了解项目进度计划，沟通不便，出现实际进度与计划进度相悖的状况。网络计划表达又比较抽象，不能直观地反映项目，且项目进度计划很难实现实时联动，过于刚性，难以控制。传统进度计划技术一般只能表示时间维度，反映的项目维度比较单一。

（2）基于 BIM 技术进度管理的优势

① EPC 模式下模型的建立。工程项目由可行性研究、设计、现场施工三个主要阶段构成，而 BIM 平台下的三维模型是伴随着这三个阶段成型与完善的过程。在设计阶段，三维建筑模型能够直观、便捷地展示建筑设计成果，设计部门确定工程项目的初步模型，并交付于甲方初步审核，进行调整与优化。在确定初步模型后，分别进行专业设计，根据其大数据的特点，提供详细的人、材、机各种信息，进行全过程控制。商务部、物资部、供应商、工程部能对各类信息进行统筹管理，利用 BIM 技术对施工进度进行分块模拟，包括周计划、月度计划、年度计划等，对比现场的施工实际情况与模拟情况，具体分析相关数据，找到延误状况及延误原因，形成针对性的解决方法。

② BIM 管理平台。EPC 模式下的工程进度管理覆盖范围广，涉及内容多，各部门协同管理难度大，从而导致沟通不及时、数据传输损失量大，造成工程进度延误。而采用 BIM 管理平台，能防止这方面的问题，对突发状况，通过应急预案的策划方案，进行紧急风险处理，保证进度计划正常实施。在设计阶段，通过 BIM 技术能建立完整的包含建筑材料与物理、化学信息的三维模型，还能通过 MEP 碰撞检查功能，模拟管道与管道以及管道与结构之间的冲突问题，提前解决碰撞问题。在施工阶段，计划工程师则可通过动态监测，对实际情况与计划进度进行对比分析，采用 PDCA 循环管理进行管控。在施工进度模拟系统中可以确定任意对应的时间节点，来展示那一刻的建造情况，从而与实际进度进行对比，不仅能指导延误部分的工作，还能对延误部分工作所影响的后续工作实施预备方案，使整体进度回归正常轨道，保证进度计划顺利进行。

③ 基于 BIM 进度控制的可视化管理。

a. BIM 对施工的可视化。BIM 技术最直观的功能体现在建筑模型的搭建上，是将数据转化为可视化的一种基本手段，根据建筑物自身的信息，人们可通过三维模型直观地了解建筑物未来成型后的模样。而 BIM 技术在施工中的可视化应用主要体现在建筑模型与进度计划的结合上，使得每个模型对应相关的计划工序，再通过数据层及平台中心，导出整个可视化应用，包括施工过程的模拟优化、场地布置及资源的动态管理、施工碰撞检查等，实时把控现场。

b. BIM 对于模型的可视化。在项目实施过程中，进度控制可通过模型进行可视化管理，辅助管理人员对工程进度可以进行直观控制。结合 BIM 模型，建立现场与进度控制中心相统一的 BIM 网络平台，两者依托平台进行信息集成与交换。通过时间节点的转移，对应阶段的建筑模型会呈现该阶段应实施的现状，再结合现场进行对比，能有效地控制进度情况。针对进度延误的不同情况，利用平台的大数据功能，对建筑信息、施工过程信息、管理信息进行收集、分析、处理，最终保证进度信息及时、准确，提高决策实施速度和现场工作效率。

c. 进度监控和可视化中心。首先，工程项目有效监管可以通过监控和可视化中心，依靠信息模型系统的进度管理平台实现对进度的可视化控制。其次，可通过架设在现场的录像设备实现施工全方位、全过程监控，长期保存影像资料，为后期的进度管理做充足准备。

d. 数据可视化管理。拥有建筑信息集成功能的 BIM 技术，为建筑项目的施工进度提供可靠的数据化支持，凭借 BIM 技术中的可视化功能，对各种信息进行全方位展示，解决了一些传统技术难题，为施工进度管理提供了有力的技术支持。例如，项目前期决策阶段的可行性分析、项目实施阶段的施工图纸深化设计及施工模拟建造、项目使用阶段的设施管理等，都可通过这些数据支持，实现资源合理配置和现场高效生产模式。

（3）实现 BIM 进度管理的应用软件　实现 BIM 技术进度管理的应用软件有多种，例如，采用 Revit 系列软件作为建模软件，用 MS Project 软件进行进度计划的编制，用 Navisworks 软件实现 4D 进度动态模拟，还有 Autodesk 公司及 Bentley 公司开发的一系列软件，这些软件覆盖了工程从设计建模到多维应用的整个生命周期。

9.5　进度管理实践案例

9.5.1　进度管理机制创建实践案例

【案例摘要】

以某水电站 EPC 工程总承包项目对进度管理机制建设的实践为背景，重点阐述了将全面质量管理核心思想 PDCA 循环程序融入进度管理机制创建之中的思路，并结合实践介绍了创建进度管理机制采取的一系列措施。

【案例背景】

某水电站是由中电建集团某设计院承包的 EPC 项目，装机容量为 49MW；主要由最大水闸高达 14.5m 的混凝土闸坝、长 14260m 的引水隧洞、长 521.9m 的压力管道、调压室和地面厂房组成。该项目隧洞地质条件复杂，岩层陡倾，走向与洞轴线几乎平行，薄层、破碎岩体稳定性差，地下水发育丰富，股状涌水段多，施工难度大。建设者们克服了重重困难，该项目历经三年零两个月顺利竣工。

【TQM 思想的融入】

（1）TQM 的核心理论　全面质量管理即 TQM（Total Quality Management），是指一个组织以质量为中心，以全员参与为基础，目的在于通过顾客满意和本组织所有成员及社会受益而达到长期成功的管理途径。TQM 以系统工程与管理、完善的技术方法和有效的人际关系为基础，是集系统工程、控制工程和行为工程为一体的一套管理理论。其中，TQM 的三个主要特点是全面性、全员性和全过程性，最基本的工作程序是 PDCA 管理循环。通过将全面质量管理（TQM）的全面性、全员性和全过程性的核心思想以及一切工作按照 PDCA 循环开展的工作程序融入工程项目进度管理中，进行进度计划的制定、实施和控制，形成基于 TQM 的进度管理机制。

（2）进度计划的编制

① 全面性。进度计划的编制应统筹对工程项目的进度、质量和费用三大控制目标进行

全面考虑。一般情况下，加快进度、缩短工期需要增加投资，但提前竣工为业主提前获取预期收益创造了可能性。工程进度的加快有可能影响工程的质量，而对质量标准的严格控制极有可能影响工程进度。三者之间相互影响，相互制约。因此，在制定进度计划时，应充分考虑工程质量标准和投资费用对工程进度的影响，确保在工程质量和投资可控的情况下保证工程进度。

ECP 总承包工程项目设计、采购和施工是深度交叉、相互制约的，因此，在制定进度计划时，应全面统筹考虑各环节的影响。设计方面应对人员及专业配置提出高标准要求，从根本上保证"供图计划"的实施，确保供图质量和进度而不至于影响采购进度和施工进度。在采购方面应提出完善、合理的物资供应计划并制定相应的应急措施，确保设备材料供货及时和准确，而不至于影响施工进度。在施工方面，一方面应全面掌握分包商人、材、机三要素的配置情况，确保进度计划的编制、实施和控制合理可行，另一方面土建与机械安装施工进度计划应合理有序，避免因相互干扰而影响施工进度。

② 全员性。EPC 总承包项目是一项各参建方全员参与的系统工程，横向涉及设计、采购、施工各个部门或分包单位，纵向从项目经理层到现场负责人都在进度管理中发挥着重要作用，进度计划编制应包括针对部门、分包商和个人的进度考核办法和奖励机制，通过制度上的量化考核和激励措施充分调动全员参与到进度管理中去的积极性，保证进度计划的有效执行。

③ 全过程控制。在 EPC 项目进度管理中，也能够充分发挥作为龙头的设计的优势，从设计、采购、施工、试运行等工程建设生命周期推进全过程动态的优化设计和精准化设计，以更专业的全过程服务、不断优化的资源配备，以有利于对进度的控制和把握，提高工效，缩短工期。

（3）进度计划实施程序

① 计划（Plan）。计划是执行的依据。合理、科学的进度计划是减少项目风险、顺利完成项目的保证。计划阶段需要建立工作分解结构，选择适当的进度计划编制软件，编制不同层次的进度计划，并在执行过程中不断完善。

② 执行（Do）。以编制的进度计划为依据，对参与人员进行任务委派，个人依据任务单来执行任务，在执行任务过程中，根据任务的重要性和紧急性，做好各种资源要素的配置。

③ 检查（Check）。检查阶段按照三级进度计划的安排对项目设计、采购、施工的进度情况分别进行检测，目的是比较实际进度与计划进度的差异，以确定当前的状态。检查方法包括例会、日/周/月报、汇报、询问交流或现场巡查等多种形式。

④ 处理（Action）。项目进度检测的结果可能是按照计划顺利进行，也可能与进度计划发生了偏差。对于进度偏差，应及时分析偏差产生的原因、偏差对总体进度产生的影响（即该偏差在多大程度上影响关键路线），并采取适当的纠偏措施。对于偏差情况要及时调整计划并按照改进的计划进入新的 PDCA 循环，再次进行计划、执行、检查和处理。

【进度管理机制创建措施】

在本水电站项目实践中，充分贯彻全面质量管理（TQM）核心思想，全过程按照 PD-CA 循环对进度实施管理，主要采取了以下措施。

（1）体制建设

① 计划编制。由于水电工程总承包项目的复杂性，结合 TQM 的全面性，在编制进度计划时做到全面统筹考虑，确保进度计划的客观周全、可执行性强、易操作性强。同时，对项目进度计划实行分级管理，从上到下分为三级，实现了从总体到具体自上而下分层逐级细化，各级计划按照任务的方向、阶段和衔接关系做出安排。

a.一级进度计划：根据与业主签订的工期确定合同里程碑付款进度计划，即总进度计划，以合同条款的形式对分包商实行进度管理，保证了进度计划的执行力度。同时项目部还发挥总部企业各职能部门及专家组的专业优势，明确重要里程碑和关键线路，使其能够覆盖整个项目，并明确关键控制节点。

b. 二级进度计划：依据一级进度计划对整个项目工作按照设计、采购、施工进行工作分解，并建立相互的逻辑关系，明确各部门、各分包商之间的工作接口关系，通过相互间的协同工作，促进各专业进度计划的有序展开。

c. 三级进度计划：依据二级进度计划进一步分解细化各部门、各分包商编制执行计划和作业层的短周期详细实施计划，如月/周计划，主要突出对各专业施工内容的安排和对人、材、机等资源的配置，并将任务和资源分配到每一责任单位及责任人，保证了进度计划的可操作性。

此外项目部还制定了《工地例会制度》《施工现场管理办法》《现场组织管理协调办法》等。以日常现场巡查、日/周/月报、周/月例会协调沟通等形式对进度计划实施过程中出现的问题和偏差及时进行原因分析和纠偏改进。

② 考核和激励机制。进度管理的关键在人。结合 TQM 的全员性，针对各阶段进度目标，项目部应对各部门和分包商实行节点目标考核并及时给予达到目标者奖励。其中在引水隧洞开挖阶段投入资金，开展主题为"引水隧洞早日开挖贯通"的劳动竞赛，极大地调动了参与各方的积极性，明显加快了施工进度，开挖进度提高了 15%。

③ 设计优化和现场管理。进度管理必须贯彻全生命周期，结合 TQM 的全过程性，总承包商项目部充分发挥设计专业的优势，为项目提供全过程技术服务，积极开展动态优化设计。

a. 针对引水隧洞围岩层薄、陡倾和交角小的不利情况，将隧洞断面的形式由马蹄形调整为城门洞形，调整后功效提升 5%。

b. 引水隧洞关键线路开挖施工过程中遭遇不良地质段，对施工安全、进度和成本产生较大影响。通过对地表和隧洞开挖资料、TRT 测试成果进行综合分析，并结合处理类似问题的丰富经验，项目部果断决策，对引水隧洞洞线进行调整，快速通过了不良地质段。

c. 针对闸首大坝基础防渗方式，由于工区所在地冬季时间较长，而大坝防渗墙必须在冬季施工，施工进度和混凝土质量保证率较低，若出现偏差将对整个项目的质量影响较大。通过对闸坝地质条件进行复核，调整了防渗方式，并经原审批单位审核批准后顺利实施。在确保工程质量的同时，较原方案的进度大幅度提前。实践证明：全过程中的动态优化设计在进度管理中发挥了积极的作用。

项目部还制定了日常巡查制度和报告制度，加强了全过程现场管理。通过对各个作业现场日常巡查和周/月/年报的形式，实时掌握工程进展情况，发现问题，分析原因，及时纠偏和调整进度计划，实现了全过程进度计划的持续纠偏、改进。

（2）资源优化 项目部在进度计划的执行过程中对施工资源的配置按照 PDCA 循环工作程序进行实时分析与改进。

① 针对左岸大坝混凝土施工，现场管理中发现实际进度较计划进度滞后，经分析认为主要原因是人力资源投入不足，通过与施工分包商协商及时增加了人手，保证了进度计划目标的实现。

② 引水隧洞开挖阶段，发现随着开挖工作的深入，其施工进度越来越滞后，经分析认为是由于运距增长而导致出渣设备降效所致。通过增加两台扒渣机的措施，使进度提升了10%~15%。

③ 在对主洞开挖时遇到了不良地质段，分析发现利用人工钻爆机进度慢，且安全风险高。随后，项目部要求分包商引入新设备——铣挖机。在引水隧洞不良地质段开挖中其效率

是人工钻爆机的 1.5～2 倍，且施工安全风险大为降低。在炸药停供期间也没有影响施工，在后期隧道灌底中也发挥了较大的作用。

通过对资源的不断优化，有力地保证了进度目标的顺利实现，进一步提高了项目管理水平。

（3）技术手段　在施工进度计划执行阶段，积极寻求技术手段层面的不断优化和创新，以实现对进度计划的持续改进。

① 加强对施工方案的审查，不断优化调整。以引水隧洞混凝土衬砌施工为例，通过分析发现，由于冬季气温下降带来的降效影响，小断面隧道作业面各工序相互交叉，相互干扰大，以及工期要求紧等，施工单位原定的单工作面、单台车衬砌方案将难以保证项目按期完成。因此，项目部及时与分包商协调，优化施工方案，最终采用"单工作面双台车衬砌"方案并予以实施，使混凝土衬砌效率显著提高。施工方案的优化调节可以进一步挖掘加快施工进度的潜力。

② PMIS 总承包项目管理信息系统。PMIS 总承包项目管理信息系统是一个将设计、采购、施工各子项集成包括进度、质量、费用、安全、档案等管理模块的项目综合软件管理系统。该系统为项目提供了标准化进度编制功能和周/月/年度进度计划及执行情况的记录功能，并对偏差情况以量化的数据实时汇总到信息平台上，按照统一接口及时为后方公司领导及项目经理层的决策提供基础数据依据，使进度计划的纠偏和改进效率得以提升，通过建立项目信息平台，对进度计划实时监查和检测，实现了系统化、信息化、数字化的进度管理。

最终，通过项目部对该工程的全面统筹、全员参与和全过程的进度管理，在满足工程质量和费用可控的前提下，顺利实现了按时投产发电的工期总目标。

【实践案例结语】

进度管理是 EPC 项目管理的重要组成部分，在项目实施进度管理时，要统筹好进度、质量和费用三大控制目标，梳理好设计、采购、施工各个部门以及各个分包商之间的关系，做好进度计划的编制。充分发挥全过程、动态优化设计在进度管理中的积极作用，在进度计划的管理和控制中，可以按照 PDCA 循环的工作程序，从制度建设、资源优化和技术改进方面实现对进度的持续优化改进，以保证工程总工期目标的顺利实现。

9.5.2　进度计划编制实践案例

【案例摘要】

以某海洋石油工程项目进度计划编制的实践为背景，介绍了项目进度计划编制理论，阐述了如何应用 P6 软件编制项目进度计划，最后进行了项目进度计划总结，给出了具体的建议，该实践经验为同行业项目进度计划编制提供了有益的经验。

【案例背景】

某国际海洋石油项目是中方石油建设公司承接的 EPCI 项目，工作范围包括：两座井口平台（组块约 1400t、导管架约 7000t），一个管道终端管汇的 EPCI、两条海底管线的铺设（约 32km），膨胀湾的 EPCI 和相应的连接以及老平台的改造工作。

海洋石油工程是复杂的多元化工程，需要编制比较合理的、可操作性强的进度计划，才能科学统筹安排整个项目管理工作。由于地域、政治、文化资源、管理的要求不同，国际石油项目比国内工程项目进度计划的编制更加复杂困难。本项目是该石油建设公司承接的第一个国际 EPCI 项目。

【进度计划编制理论】

（1）招标文件分析　EPC 总承包商在得到招标文件后，对招标文件做了以下的分析工作。

① 应确定招标工作范围、工作量及工期要求。工作范围方面，确定项目为 EPCI（设计、采购、施工、安装）、EPC（设计、采购、施工）、EPCM（设计、采购、施工、管理）等大的工作范围，并且对材料采办范围、施工工作界面等予以重点关注。工作量方面包括总体施工工作量，建造类项目主要考虑单体数量和每个单体吨位、尺寸、特点及各专业工作量等。工期要求方面包括：项目总体工期，各个单体施工工期计划等。

② 分析招标文件中要选取项目的外取资源，并掌握情况。

③ 利用以往经验及外取资源信息库，了解适合投标项目的多个外取资源方，并与之取得联系，根据整体投标策略选择几个重点的外取资源单位进行密切联系。

（2）进度计划划分原则　根据招标文件的要求，将投标项目进度计划划分为三级，具体划分原则如下。

① 一级计划（里程碑计划）：明确项目各阶段、各单体开始时间和完成时间，规定项目的主要里程碑点，对项目进行整体把握及监控。

② 二级计划（总控计划）：明确项目各阶段、各单体、各专业的开始时间和完成时间。二级计划需在一级计划的基础上进行细化，还要明确各专业的开始时间和完成时间。

③ 三级计划（总体计划）：按项目各阶段、各单体、各专业、各类工作进行划分，建立 WBS；明确各类工作，进行各类工作的工期估算；建立各作业间的逻辑关系，明确关键路径；加载人力资源，做出 WBS；计算各阶段、各单体的计划进度曲线及项目总体计划进度曲线；做出人力投入计划直方图；做出大型设备及工机具需求计划。

（3）计划编制总体流程　本国际海洋石油工程项目为 EPCI 项目，其工作量大，工作界面复杂，有很多分包项需要分包商支持，因此，从 EPCI 总包角度阐述投标计划编制的总体流程如下。

① 依据招标文件，明确工作范围、工期要求、工效、技术和（或）检验要求以及其他特殊要求。

② 依据招标文件要求，确定计划编制等级，例如一级、二级、三级。

③ 在分工界面的基础上，各参与分包商熟悉各自的工作范围，落实船舶、场地等主要资源可用性以及对项目工作的影响。

④ 各分包商各自编制自己的工作范围计划，由项目组计划工程师进行汇总，调整，计划时间点与各分/子公司进行沟通、调整。

⑤ 组织计划会审，同时将投标计划在项目总体汇报中向公司领导进行汇报。

（4）选择计划编制软件　项目管理工具最典型的软件是 P6（以前是 P3、P3E/C 等）和 Project。Project 属于轻量级工具，适合小团队使用。由于 Project 没有 WBS 分类，在大型进度计划编制时，很容易出现混乱。在专业管理上，Project 比较粗糙，不能充分满足大型复杂项目的需求。因此，海洋石油工程类大型项目一般选择 P6 进行进度计划的编制工作。

【进度计划的编制】

（1）本工程项目的特点分析　本项目是一个典型的平台及导管架的 EPCI 项目，经过仔细研究招标文件及工作范围说明发现，本项目有以下特征。

① 结合业主誊清，本项目需要三级进度计划。

② 受海上季风的影响，海上管道的铺设、平台安装需要在固定的时间区间进行。

③ 业主有停产施工的窗口。

（2）本项目进度计划的编制

① 确定项目时间关键节点：通过阅读招标文件并结合业主誊清分析，确定该项目有四个时间节点，见表 9-3。

表 9-3 本项目的四个时间节点

关键时间节点	里程碑事件
合同日期+6 个月	业主第一批钢材运送到现场
合同日期+7 个月	业主第二批钢材运送到现场
合同日期+19 个月	完成第一个平台的安装以及膨胀弯的完成
合同日期+22 个月	项目完工

② 项目工作分解结构（WBS）：明确项目的工作范围、工程量和工期后，考虑项目的关键时间节点，分析出项目一级结构。项目工作分解结构表见表 9-4。

表 9-4 项目工作分解结构表

序号	EPCI	一级结构
1	详细设计	WP8、WP9 导管架详细设计
2		WP8、WP9 组块详细设计
3		IP8、IP9 海管的详细设计
4		老平台改造的详细设计
5	采办	业主第一批钢材
6		业主第二批钢材
7		其他采办
8	建造	WP8、WP9 导管架建造
9		WP8、WP9 组块建造
10		组块、导管架安装运输
11	安装	IP8、IP9 铺管
12		导管架、组块安装
13		膨胀弯、管道终端管汇的安装及其连接
14		老平台改造
15	完工	WP9 完工
16		项目完工

③ 分项工作持续时间：分项工作持续时间可以根据以往类似项目经验，与分/子公司（分包商）沟通确定。分项工作的持续时间表见表 9-5。

表 9-5 分项工作的持续时间表

序号	分项工作名称	持续时间/d
1	WP8 导管架详细设计	240
2	WP9 导管架详细设计	240
3	WP8 组块详细设计	240
4	WP9 组块详细设计	240
5	IP8、IP9 海管的详细设计	180
6	老平台改造的详细设计	180
7	业主第一批钢材	合同日期+180
8	业主第二批钢材	合同日期+210
9	其他采办	220
10	WP8 导管架建造	260
11	WP9 导管架建造	260
12	WP8 组块建造	270

续表

序号	分项工作名称	持续时间/d
13	WP9 组块建造	270
14	WP8 导管架运输	35
15	WP9 导管架运输	35
16	WP8、WP9 组块运输	35
17	IP8、IP9（共 32km）铺管	35
18	WP8、WP9 导管架安装	33
19	WP8、WP9 组块安装	10
20	膨胀弯、管道终端管汇的安装及其连接	100
21	老平台改造	60
22	WP9 完工	合同日期＋570
23	项目完工	合同日期＋660

④ 项目一级计划：根据以上分析，结合逻辑关系及限制条件计算之后，发现个别作业出现负浮时，通过压缩关键路径上的工期、改变逻辑关系、增加船舶和人力资源可以消除负浮时。由于海上安装工期短，本项目使用两艘船进行海管铺设和平台安装，表面上看增加了成本，实际分析后发现该方案具有三个优点：独立作业，消除了干扰风险，缩短了海上作业工期；减少了船舶模式转换次数。结合以上的分析，消除了负浮时之后，即可得出项目里程碑计划。

⑤ 项目关键路径：应用 P6 软件进行计算得出项目关键路径，见图 9-4。

图 9-4 项目关键路径

⑥ 项目三级计划：项目三级进度计划由各分包商或分/子公司根据一级计划制定的，受海上季风的影响，海管铺设、平台安装需要在固定的时间区间进行，因此，安装公司的工作必须在某个时间内完成。为了减少项目组计划工程师的工作量，提高计划编制质量，提前与安装公司商讨论了一版三级进度计划，其他分/子公司按照此计划来制定本公司的进度计划。最后，由项目组计划工程师整合并汇总。

【进度计划编制建议】

在编制项目进度计划过程中，本项目遇到了一些问题，走了一些弯路，对在编制项目进度计划过程中遇到的问题进行总结，提出以下建议。

① 尽快梳理分包项，及时发送 RFQ（报价请求），分包商对其进行反馈需要一段时间，各分包商的能力不同，所以应尽快发送 RFQ。

② 编制汇总三级进度计划之前，应该确认分包公司各家使用的软件，以便统一。例如，在本项目实践中，各家使用的软件不统一，个别的公司使用的计划编制软件为 Project，其他各家公司则使用的是 P6，在最后整合时，项目组的计划工程师需要把使用 Project 编制的进度计划手动输入到 P6 中去，自己连接各作业之间的逻辑关系工作量大，容易造成混乱。

③ 仔细阅读业主的招标文件及工作内容，千万别漏项。EPC 项目往往工作范围较为广泛，由于业主前期准备时间紧张，招标文件可能存在模糊之处，工作范围界定不明，如果工作范围漏项，必然会影响进度计划的准确性。

④ 对于招标文件发现有疑问时，承包商应及时向业主发誊清，誊清有关问题。誊清不

仅仅是与业主的沟通问题，也体现出承包商对该项目的重视程度，彰显承包商自己的能力。

⑤ 合理分析施工时间要求。分析时间要求，分析哪个公司的工作量必须在某个时间完成。例如，在本项目中受到季风的影响及业主停产期的影响，铺管和海上安装工作要在某个时间点完成，其他分公司可以按照承包商的计划来安排自己的进度计划，这样可以大大提高整个项目进度计划的合理性、逻辑性，提高进度计划编制质量。

⑥ 项目的 WBS 及作业编号要提前统一，以减少项目组计划工程师的工作量，提高三级进度计划合成后的质量。

⑦ 项目组与各分公司多召开沟通会议，会议是获取信息、解决问题的有效方式。而对于项目进度计划的编制来说，会议提供了一个很好的有关进度计划的交流和沟通平台，通过会议沟通，提高进度计划编制的合理性和准确性。

【实践案例结语】

国际海洋石油工程 EPC 项目涉及专业广、界面复杂、管理难度大，与国内项目相比较对项目管理的要求严格，一个好的项目进度计划可以使项目有条不紊地进行，提高项目管理效率。

9.5.3　进度控制模式创新实践案例

【案例摘要】

以某电厂电源并网工程创新进度控制模式的实践为背景，介绍了通过实践得出一套以三级联动进度计划体系为主线，以 P6 软件和灵活多样的项目管理手段为依托，使设计、采购和施工之间合理交叉、相互协调的工程进度控制方法，为行业 EPC 项目进度控制提供了有益的新模式。

【案例背景】

河南省某电厂 500kV 送出输变电工程，是该地区电力发展规划的重要组成部分，由于电源并网工程项目通常跨越高速公路、铁路和电力线路等，且沿线需要大量拆迁，通道协调较为困难，施工受阻不可避免，工程组织和管理难度加大。通过创新进度控制模式，使项目按期完成，并成功并网投入使用。

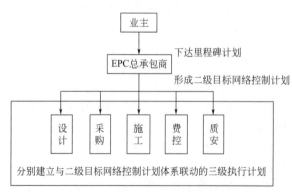

图 9-5　三级联动进度计划编制体系

（1）建立三级联动计划体系　EPC 总承包商首先接到业主下达的一级里程碑计划，据此编制项目网络进度计划并进行优化，形成二级目标网络控制计划，各参建分包商再细化为三级执行计划，将设计、采购、杆塔基础、组塔、架线及生产验收等工作进行合理的交叉，建立二级、三级进度计划联动体系，见图 9-5。

编制三级联动进度计划后，EPC 总承包商要组织设计、采购、施工等方面人员召开进度协调会，审核三级执行计划是否满足二级目标网络控制计划的要求，是否互相发生矛盾，是否切实可行。经审批的三级联动进度计划作为项目的执行基准，各分包商据此开展工作。

完成基准计划的编制后，EPC 总承包商按照三级联动进度计划的控制过程不断更新、反馈、对比、调整，见图 9-6。

（2）加强设计、采购、施工三阶段之间的融合　以设计为龙头的 EPC 总承包项目进度控制，关键在于做好设计、采购和施工界面之间的无缝搭接、深度融合。

① 将采购纳入设计程序。项目初期，要充分考虑设计对采购和施工的影响，优先安排订货周期长、制约施工关键控制点的设计工作，及时确定所涉及材料、设备的技术要求和标准，按阶段进行设计交图工作。EPC总承包商采购人员协调供货商，按照业主设计进度的要求进行设计工作，设计人员负责确认供货商图样，保证施工图样安装尺寸与到货设备一致。

② 将设计与施工紧密融合。在"以施工为客户"理念指导下，对设计进度和工程量进行周密策划和有效协调，避免窝工，节省费用。把施工经验加入设计，避免现场返工。按阶段进行设计交图工作，便于施工承包商在开工前对设计资料进行熟悉，把设计中容易产生的"错、漏、碰、缺"失误消灭在开工前，这样不仅能够减少施工过程中的返工，缩短施工工期，而且能减少材料浪费。以设计为龙头的EPC总承包项目将设计与施工的协调内部化，对现场设计问题的处理更及时、更合理，可以加快工程进度。

③ 加强采购与施工的衔接。采购工作的安排要综合考虑设计进度、施工进度、设备/材料的生产周期、供货商的供货能力和物价水平等多方面因素做出最优选择，并根据施工现场需求对设备的催交运做出调整。

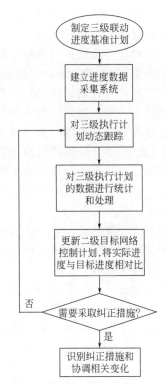

图9-6　三级联动进度计划的控制过程

（3）跟踪与统计实际进度　外部环境的不确定性决定了电源并网工程各杆塔间的搭接关系需频繁调整，此时P6软件难以单独发挥其网络计划的优势。经过不断探索，一系列行之有效的进度控制工具与P6软件配套使用，能较好地控制工程进度。

① 实际进度控制统计表。运用Excel强大的表格设计、维护功能以及函数功能，实现数据自动汇总、统计，将施工计划和通道协调计划、采购计划、停电计划、验收计划等巧妙地融合到一张表中，清晰、直观、全面地反映工程的状况，并生成可视化图表。

② 施工进度记录表。工期产生偏差可能是施工力量不足，也可能是天气、通道等原因造成，为了分析工期偏差产生的真正原因，设计出施工进度记录表，它将每一个基干塔每日的工作内容、停窝工情况展现出来，将施工进度记录表纳入日常管理中，既可以用于分析进度产生偏差的原因，又可以用来测算施工工期。

③ 日报和短报。由于工期紧、任务重、不确定因素多，所有参建人员需要快速反应，团结一致，不推诿扯皮。为了加快信息传递速度，减少中间环节，建立了日报和短报制度。

日报制度就是将当天的施工完成情况、图样出版交付情况、设备材料到货情况、下一步施工安排、存在的问题等详细汇报，通过PowerOn项目管理集成系统或电子邮件送达各参建单位联系人或有关领导。

短报制度则是基于通信工具——手机，工程师利用网络通信软件——飞信，将短报内容以短信形式发送给各参建单位项目经理、总监和有关领导。短报内容准确、简练，同时又能反映出当天的施工、材料、通道情况以及存在的问题等。实践证明，短报制度运用方便，信息传递快捷流畅，能将问题第一时间反馈给有关领导，引起重视，也能将压力迅速传递给相关责任人，起到很好的督促作用。

④ 图表上墙。为了方便管理人员日常对进度的管理，通常在项目部墙壁上设置形象进度牌，每完成一个工序就贴上一个小旗，清晰直观地反映施工进度。

（4）对比发现偏差与纠偏　将采集到的进度数据进行初步统计和处理，得到工程形象进度。同时更新 P6 软件上的二级目标网络控制计划，发挥 P6 软件的进度对比优势，将实际进度与基准进度计划进行比较，找出进度滞后的作业，加强督促和控制。如果该项作业位于关键路径上，则需要采取相关的纠偏措施。通过不断地跟踪、对比、分析和调整，及时识别影响总进度的因素，随时采取纠偏措施。

【三级联动控制模式的应用】

采用三级联动计划体系为主线的进度控制方法在本项目中的应用如下。

（1）本项目的特点分析　本项目靠近市区，所经区域地形复杂、交叉跨越较多，通道协调难度大。

（2）进度手段的综合运用　在项目的筹划阶段，项目部进行了精心策划，细致安排，编制了本项目的《项目实施计划》，对项目的进度目标、总平面布置、资源配备、三级联动进度计划进行了明确。

根据业主下达的里程碑计划，运用 P6 软件编制二级目标网络控制计划。将设计、采购、杆塔基础、组塔、架线和生产验收各阶段紧密融合，力求实现各建设阶段的无缝管理；作为二级目标网络控制计划的延伸，设计、施工单位、总承包各职能部门分别编制了三级进度执行计划，最终形成三级联动进度计划体系。

项目实施前期，通道阻工情况较为严重，原有施工部署一次次被打乱，为此项目部采取了日报和短报制度，日报以进度控制 Excel 表为主，既清晰又直观，短报则用简洁的文字将当天施工完成的情况、材料到货的情况、工程存在的问题等直接呈现到各个参建单位联系人和有关领导的手机屏幕上，既快捷又方便。

项目部每日分析施工偏差情况，查找原因，采取措施，不断调整三级进度计划，实现了进度计划的滚动控制。由于通道原因，本项目的关键工作基础施工进度缓慢，项目部一方面与业主一起征求当地政府的支持，减少通道压力，另一方面协调施工单位采取赶工措施，最终确保了工期目标的实现。

（3）进度控制效果分析　本项目通过计划、跟踪、对比、找偏差、纠偏反复循环，使设计、采购、施工、验收各个环节始终紧密衔接、深度融合，最终比合同工期提前 15 天完成，为电厂的顺利并网创造了条件。

【进度控制的要点】

① 制定三级联动进度基准计划，要加强设计、采购、施工之间的融合，将采购纳入设计程序，加强设计与施工的衔接。总承包单位要与各参建单位相互沟通，结合项目实际情况，制定出科学、合理的进度计划。

② 加强实施中对工程进展数据的采集和处理。由于计划涉及的参建单位数量较多，各单位反馈进度数据的时间接口可能不一致，因此，要加强监督和协调。加强对数据的分析和处理，及早发现偏差，及时采取措施纠偏。

③ 建立健全进度管理制度。制定《进度控制管理办法》，规范工程建设中的进度控制工作程序，明确各作业的责任主体以及考核办法，通过标准化的进度管流程，及时跟踪工程的进展情况，最终形成以三级联动进度计划体系为主线，驱动各项工作有序进行的项目管理模式。

【实践案例结语】

本项目针对进度控制的难点，以 P6 软件和灵活多样的管理手段为依托，建立由里程碑计划、二级目标网络控制计划和三级执行计划组成的进度计划联动体系，使设计、采购、施工紧密融合。同时，建立健全进度管理制度，最终形成以三级联动进度计划驱动各项工作有序进行的项目管理模式。通过此模式，可以有效地克服外部环境的不确定性给电网工程组织与管理带来的困难，是对电源并网 EPC 工程项目进度控制的一个有益尝试。

9.5.4　进度检测体系应用实践案例

【案例摘要】

以海外某 EPC 石化工程项目进度检测体系应用实践为背景，对进度管理检测体系的建立与执行进行了介绍，提出了建立进度检测体系方法，强调了进度检测体系在总承包项目实施过程中的重要性和必要性，同时找出国内总承包项目进度检测的不足和差距。

【案例背景】

该项目是由中方石化建设公司承揽的国际某石油公司 CROS 的总承项目，项目总投资 1.4 亿美元，建设周期 24 个月。工作范围包括南北炼厂改造、中转调和设施、土炼厂和油库建设。作为国际总承包项目，在合同条款中对进度款的支付作了明确和严格的规定，要求进度款的支付必须有进度检测体系做支持，其中包括设计、采购和施工三部分。

【赢得值基本原理】

EPC 总承包项目的优势在于设计、采购和施工深度交叉，相互合理衔接，并用量化控制手段在要求的工期和费用范围内完成一个项目。国际总承包项目通用的进度控制理论就是赢得值原理。所谓的赢得值原理就是引入已完工作量预算值（BCWP），用来对项目进度/费用进行综合评价，即在项目实施过程中，任何时刻已完工作量与该时刻此项工作任务的计划预算值进行对比，以评估和测算其工作进度，并将已完工作量的预算值与实际资源消耗值作对比，以评估和测算其资源的执行效果。

【检测体系的构建】

已完工作量预算值（BCWP）的统计和检测实际表现为总承包项目的进度检测体系，即在项目的任一时间内，对整个项目的进度/费用进行检测，并作为项目进度款支付的支持文件。业主批准进度检测体系做出的进度报告，也就意味着当期的进度款得到批准。

BCWP 赢得值计算有两种方法：一是按一定时段统计已完工作量，并将此已完工作量的值乘以预算单价，即可得当期的赢得值；另一种方法是用预算值乘以已完工作的里程碑加权百分数获得赢得值。采用第二种方法可将费用和进度的检测统一起来，有利于项目从整体上分析和考核项目的实际运作。赢得值本身与实际消耗的人工时和实际消耗的费用无关，它是用单价或预算值来计算已完工作量所取得的实物进展值，是测量项目实际进展所取得的效绩尺度。

EPC 总承包项目的进度检测体系建立要涵盖设计、采购和施工三个阶段。由于三个阶段费用考核的基准不同，如设计一般按人工时计算考核进度，采购部分按单价费用考核，施工部分既可按照施工人工时，又可按照施工费来考核进度。因此，为建立统一的检测体系，首先要确立统一的考核检测基准。

该 EPC 总承包项目采用权重的方式，将设计、采购和施工换算成同一基准的权重，即一个权重在设计阶段意味着完成 0.5 张 1# 图，相当于 25 个人工时；在采购阶段相当于 250 元人民币；在施工阶段又相当于 200 元人民币的施工费。在这个统一的基准下，分别建立检测体系，检测不同阶段的进度和费用，然后再按照装置、单元进行叠加，可得出整个项目的实物进展进度和实际的赢得值。

（1）设计阶段进度检测　作为总承包项目，设计阶段实施进展的好坏，直接关系到整个项目运作的成败。在设计阶段，对设计过程进展的检测就更为重要。国内项目，由于设计费的支付一般按阶段进行，即基础设计完成后，支付设计费的 30% 或 40%，详细设计完成后付 65% 或 55%，5% 留作质保金。许多项目没有进度检测体系，只是对项目进行宏观控制，不进行量化检测。本项目在设计初始阶段，就对项目将来的设计成品进行预估，然后赋予每张图纸一定的权重，按设计的不同阶段和要求建立检测体系。本项目设计阶段进度检测体系见表 9-6。

表 9-6　设计阶段进度检测体系

WBS	项目	权重	里程碑				进度/%	赢得值
			70%编制	20%校对	7%审核	3%出版		
121E0504	装置平面图	25	100	100			90	22.5
101E0302	反应器计算书	82	100				70	57.4
111E0801	DCS 询价书	68	100				70	43.6

由表 9-6 可以类推建立各个装置、单元的进度检测体系，然后再汇总，可计算出设计阶段占整个项目进度的百分比。运用该进度检测体系，在项目进展过程中可以对设计进度进行量化检测，并可达到按进度支付设计费进度款的要求。

（2）采购进度检测体系的建立　采购进度检测体系的建立，首先是确立采购要按照装置、单元分别建立，这样才能达到统一汇总的要求。尽管同类设备、材料请购单本身可能包含多个装置、单元的设备、材料，但通过 WBS 的材料编码，可以将设备、材料划分到具体装置、单元；然后，将权重预先分配到各个工作包；最后把里程碑同工作包结合起来统一计算，即可得出每个工作包的实际赢得值。本项目采购进度检测体系见表 9-7。

表 9-7　采购进度检测体系

WBS	项目	权重	里程碑				进度/%	赢得值
			订购	出厂检测	运抵现场	开箱检验		
			15%	70%	10%	5%		
121P0502	碳钢管	65	100	100	100		95	61.8
101P0302	反应器	95	100				15	14.3
111P0801	DCS	80	100			15	12	12

（3）施工进度检测体系的建立　EPC 总承包项目中的施工阶段是项目的最后一环，在保证工程质量、安全等条件下，往往还要抢进度，因此，对施工进度的准确检测就显得更为重要。施工进度检测体系面广，涉及专业较多，在建立体系前应进行很好的策划。特别是石油化工项目，施工更是复杂，同时进度和费用又要求很严，但其计算原理同设计、采购是一样的，只是其工作包的检测里程碑不同。本项目基础施工进度检测体系、设备安装进度检测体系分别见表 9-8 和表 9-9。

表 9-8　基础施工进度检测体系

WBS	项目	权重	里程碑				进度/%	赢得值
			开挖	基础垫层	基础浇筑	基础养护		
			15%	10%	70%	5%		
121C0102	构-1 基础	15	100	100	100	100	100	15
101C0502	反应器基础	25	100	100	100		95	23.8

表 9-9　设备安装进度检测体系

WBS	项目	权重	里程碑				进度/%	赢得值
			组对焊接	附件安装	吊装就位	内件安装		
			35%	10%	10%	45%		
121C0902	反应器安装	90	100	100	100		55	49.5
111C0701	容器安装	35	100	100			35	12.3

（4）设计、采购、施工进度检测体系系统建立　设计、采购、施工进度检测体系分别用 Excel 建立，然后再将它们进行连接，这样一套完整的项目检测体系就建立起来了。上述检测体系的建立，需要以下基础文件予以支持：①项目 WBS 和 OBS 编码文件；②项目实物检测里程碑标志；③项目费用估算及权重；④项目主进度计划。

【国内外项目进度检测体系的差距】

（1）基础工作差，无法建立检测体系　国外工程公司由于具有几十年的项目管理经验，已经积累了一套较为完整的技术标准和项目管理手册，有成熟的编码体系，包括工作分解、组织分解和材料编码；有科学和合理的定额，包括人工时定额、费用估算定额和材料定额。国内工程公司由于基础工作薄弱，在国内的总承包项目中很少建立系统的检测体系。

（2）强调宏观控制，忽视量化控制　随着项目管理在国内项目的广泛运用，越来越多的总承包项目开始强调控制在项目中的作用，但只是停留在宏观控制的层面，往往只是强调项目的结果，不注重项目过程的量化控制，因此忽视了进度检测体系的建立。

（3）项目环境不注重实施检测体系　国内总承包项目对工程进度款的支付要求不严，虽然都是按进度付款，但由于执行中不能严格按合同执行，使承包商不愿投入过多的人力、物力建立进度检测体系。而国外总承包项目都是严格按合同条款运作，迫使承包商必须建立进度检测体系。

（4）进度检测体系在项目中的重要性及对策　进度检测体系作为项目执行过程中的衡量尺度，既是承包商向业主申请支付进度款的依据，同时又是项目运用赢得值评估原理对项目进行科学跟踪的基础。因此，建立科学、准确的进度检测体系是保证项目在可控制条件下运作的基础。而建立进度检测体系需加强以下工作：

① 强化夯实基础工作，积累和建立完整科学的技术和项目管理标准；

② 强化计算机运用，特别是项目管理软件的开发运用；

③ 加强项目管理人员的培养，特别是项目控制人员的培养，作为控制工程师应了解和熟悉设计、采购和施工各阶段的工作程序和内容；

④ 营造良好的项目运作环境，树立契约观念，一切按合同条款执行。

【实践案例结语】

进度检测体系的建立，需要做许多细致的工作，付出大量艰苦的劳动，需要同设计、采购、施工、合同、预算各部门通力合作，它从一个方面反映出项目的综合水平。随着模式的推广和中外项目管理合作的不断深化，我国应积极借鉴外国成熟的经验和技术，尽快建立起与国际接轨的项目进度管理体系和模式。

9.5.5　基于 BIM 的进度管理实践案例

【案例摘要】

以某桥梁工程 BIM 进度管理实践为背景，首先阐述了采用 BIM 模型提取工程量进行资源估算和费用概预算，进而编制、优化进度计划；其次，介绍了基于 BIM 技术的项目进度控制方法。

【案例背景】

某桥梁工程由某工程总承包公司承建，大桥右辐工程桩号为 YK169＋596，全长 332m，采用 13m×25m 预应力混凝土小箱梁；左辐工程桩号为 ZK169＋608.5，全长 307m，采用 12m×25m 预应力混凝土小箱梁；桥墩最大高度为 11.50m，下部结构桥墩基础为柱墩式基础，桥台为 U 式台桩基础。

【基于 BIM 的进度管理意义】

在工程建设项目中引入 BIM 技术对优化项目进度管理具有重要意义。BIM 技术将工程建筑物三维模型与施工进度元素相结合，采用可视化方式展示施工模拟过程与相关数据，可在工程项目准备和施工阶段弥补传统进度管理的不足。桥梁工程通常作为道路工程中的独立项目，其涉及空间较为单一，结构设计和施工依赖于二维系统，各阶段缺乏有效的协同施工。BIM 技术具有可视化程度比较高、可模拟、数据信息高度整合等特点，可以加快桥梁工程信息化过程，将工程信息化转化为施工进度表，为项目参与人员提供便利。传统的施工进度管理方式仅对前期阶段指定进度进行优化，无法将施工中存在的问题及时展示出来。BIM 4D 技术可以进行施工过程模拟和预制构件现场布设，对可能出现的问题进行修改，并提前制定应对措施，以保证进度计划最优，达到缩短工期的目的。

本项目利用 BIM 技术可模拟性的特点进行 4D 模拟，以满足桥梁施工进度管理的需要，在建立三维实体模型的基础上，通过提取工程量，指定施工组织计划，模拟施工流程，深入开展进度管控和精准造价。

【BIM 三维模型建立】

依据设计图样等资料，以 Autodesk Revit 2016 软件为主体，Autodesk Civil 3D 2016 软件为辅助，对本项目进行 BIM 三维实体模拟。

BIM 三维实体模拟过程为：在 Civil 3D 中生成桩位图并导入 Revit 构件定位轴网，生成桩位图；采用整体族的方法创建桥梁下部结构及桥台三维模型；采用"公制结构框架-梁和支撑"的方法创建箱梁族；采用 Civil 3D 软件绘制桥面轮廓线，导入 Revit 构件，完成桥面铺装的创建；创建护栏族模型。

该桥梁模型可直接用于指导施工。在施工中若出现设计变更，需要修改模型中的参数，并随之调整整体桥梁框架，使各项数据信息能够及时更新，为工程管理人员提供参考。

【BIM 进度计划编制】

在该桥梁三维模型的基础上，编制进度计划。首先提取整体结构工程量；其次采用造价软件（本项目采用的是纵横公路造价软件），对提取的工程量进行了工程数量统计和资源消耗分析，并编制预算报表；最后，通过进度计划编制软件（本项目采用的是翰文进度计划编制软件）进行结构施工组织设计。具体步骤如下。

（1）提取工程量　以上部结构护栏为例，采用 BIM 技术将整个桥梁各个构件的信息存储在计算机内，可供随时读取，必要时进行工程量统计。当构件发生变化时，工程量随之改变，避免了纸质图样在核查工程量的过程中出现的错误。这些汇总的工程量有利于：在方案拟定阶段进行成本估算，有利于方案比选；在施工过程中，在工程量提取的基础上实行限额领料，实现材料控制；在施工结束后，最终数据可直接用于决算。

（2）资源估算和成本概预算　采用纵横预算软件进行工程数量统计和资源估算，并在此基础上编制分项工程预算表。采用软件进行资源和成本估算的主要步骤如下。

①［新建］→选择预算→［项目管理］→项目属性设置。

②［费率］→根据费率标准和具体施工情况选择费率参数。

③［造价书］→新建［项目表］→确定分项项目名称→［定额选择］→输入实际工程量，定额计算→［定额调整］。

④［供料机］→确定供料机价格，计算材料预算与机械台班价格。

在编制工程概算时，需要考虑的施工条件包括：是否有夜间施工项目；主副食运费补贴综合里程为 30km；施工队伍派遣费按 100km 计算；综合税率按 3.41% 计算；工程造价年增长率按 5% 计算；该公路工程主要建筑材料以当地市场综合所列价格为准。

（3）编制工程进度计划　按照项目工期要求，采用进度计划编制软件进行施工组织设计。

【BIM 进度计划优化】

为实现进度计划最优，需要对不同施工方案的工程量、成本、资源和进度进行权衡分析。

（1）工期-成本分析　通过三维模型工程量提取施工成本进度计划等步骤，对不同施工方案进行模拟、比选，分别编制进度计划和成本预算，将成本最低的计划工期和成本预算加以比较，明确差异，确定工期-成本最优方案。

（2）工期-资源分析　依据工期-成本最优方案，确定资源需求，将模型、工期和工程量实现关联，在后期施工模拟中确定最优施工进度计划。

【基于 BIM 的进度控制】

采用 BIM 技术进行现场控制，主要包括施工现场设施和材料布置模拟，大型构件预制、运输过程可视化和施工工艺模拟。本项目将 BIM 技术与施工进度相结合，得到空间和时间相融合的 4D 模型，有利于项目进度跟踪和控制。

（1）基于 BIM 技术的现场管控　在本桥梁项目施工准备过程中，通过 BIM 模型合理完成材料、设备的采购以及施工现场的布置。施工现场布置一般包括材料、机械、建筑物、厂房、道路、管线、照明、安全设施等布设。通过合理划分施工区域、合理布置施工现场，将各种设施、材料空间关系和相关工作结合起来，可以节省材料、节约场地、加快施工总体进度。

① BIM 三维立体可视化布设。BIM 三维立体可视化布设解决了传统平面图样画面杂乱、难以区分大量信息和线条的问题，结合三维漫游技术，使施工现场布设可视化且层次分明，降低了视图难度，提高了效率。另外，依据标准化手册中规定的信息，可以将布设细节进行全面的展示，对标准化构件进行统一放置，对其所包含的各种信息均可进行标准化管理，使场地布置更加标准化。

借助 Autodesk Navisworks 2016 软件，对桥梁结构进行施工组织动画制作并输出成果，完成施工模拟。通过大桥渲染建立三维实体模型，通过创建动画完成动画漫游、施工演示、施工现场布设、历史设施规划等，提高了现场施工效率。在整个建造过程中，通过信息采集和对比，可测试和比较不同施工方案，及时进行施工方案优化，完成工程项目进度监控。操作步骤是首先对桥梁模型背景进行设置并渲染，其次创建动画。其过程为：Navisworks→Animator→选取视图→赋予时间→生成动画。编辑处理各部分动画，采用 Adobe Premiere Pro CC 2019 软件对视频进行剪辑，输出桥梁组织施工动画。

② 对施工现场设施和材料布置进行模拟，包括管控临时设施的建设起始时间以及对场地的占用情况。对项目现场进行合理布置，可加快材料周转，便于机械使用，提高场地利用率，加快施工进度。

③ 大型构件预制和运输过程可视化。通过 BIM 技术模拟该桥梁工程预制构件的安装，记录每个构件的尺寸、规格、材质等相关标识参数，实现现场物资可视化管理。

④ 施工工艺模拟。采用 BIM 技术模拟该桥梁施工过程，可以直观、动态地展现空间位置的变化过程。在施工模拟的过程中也可以对一些重点和难点部位进行细致模拟，将 BIM 三维模型与施工方法相结合，便于施工管理人员直观、高效地组织施工，及时发现可能出现的各种问题并进行方案修正，以获取切实可行的最终方案。

（2）基于 BIM 4D 的项目进度跟踪与控制　BIM 4D 模型可以导出任何时刻节点的施工进度情况，BIM 4D 是一种先进的管理方法，是在 3D 的基础上附加了时间信息，在模拟施工的同时，引入施工进度计划，实现虚拟的施工进度控制。基于 4D 模型的进度控制流程见图 9-7。

① 发现问题阶段——进度跟踪。在施工阶段，通过 BIM 4D 可以让各方人员快速知晓进度计划的重要节点，借助智能移动终端（如 iPad 或智能手机）人工采集现场信息，及时对进度跟踪，将实时信息导入 BIM 模型，了解当前工序进展情况，并更新模型信息。将实

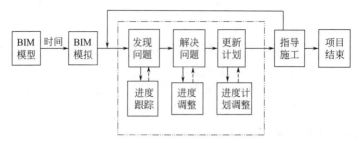

图 9-7 基于 4D 模型的进度控制流程

际进度与计划进度比较，对于没有按时完成的工序，采取不同颜色进行标注，用来跟踪工程项目总体施工进度，同时查看任意构件或单体的施工状况。

② 解决问题阶段——进度调整。在施工过程中，风险将会导致工期延误，因此，需要进行工作变更和对施工进度计划的调整。通过查看 BIM 4D 模型，项目主要相关方可以一目了然了解整个施工进展情况。根据施工实际情况，调整模型，制定更加合理的施工计划，分析各交叉工作是否有干扰，剔除不合理的施工安排。按天、周、月等单位进行进度模拟，可以进一步分析各方案的优劣，在此基础上更加精准地掌握施工进度，从而达到优化资源、缩短工期、提高质量的目的。

通过 BIM 4D 可以完成以下工作：对于已经发生的偏差，立即纠正并采取相应的措施；预测项目是否能按期完成；针对设计变更或施工图更改等情况及时更新进度计划；在项目评标过程中评审专家可以依据该 4D 模型了解投标单位针对该项目所作的施工组织设计，同时基于该投标企业采用的主要施工方法评估其总体实力和施工技术。

③ 进度计划更新。本项目采用 Navisworks 软件对桥梁施工全过程进度进行控制，在 BIM 模型中导入进度计划表，在虚拟施工过程中将空间和时间连为一体，对施工进行合理安排，且进行资源配置优化。当项目进度已经出现偏差时，可以采取以下措施调整进度。

a. 调整关键线路上工作持续时间。应注意在修改工作时间的同时，需要关注相应资源的负荷，避免产生新的矛盾，导致其他工作安排不合理。

b. 增加新的工作或取消原有工作。该措施可能导致某些工作前后衔接不上，需要改变作业方式或合理安排施工顺序，如采用流水施工或组织搭接施工，以缩短总工期。

这里需要注意的是在 BIM 4D 创建和使用的过程中，需要有具备项目管理专业知识的人员参与，同时，要制定合理的进度计划，并且能对施工方案及时进行调整。

【实践案例结语】

通过基于 BIM 技术在本桥梁项目的应用实践，表明 BIM 技术可以为项目进度管理提供以下便利。

① 在项目计划阶段，基于桥梁模型可以对整体结构进行工程量提取，准确估计资源消耗和成本估算，并在此基础上进行施工组织设计。

② 在整个施工过程中可以实现工程量、成本、材料、方案和进度模拟，通过创建动画完成动画漫游、施工现场布置等工作，节省材料，节省场地，加快总体进度。

③ 通过创建施工演示，将三维模型和施工方法相结合，便于施工人员检视并纠正问题，进行方案修正，避免进度滞后。

④ 在 BIM 模型中导入进度计划表，创建 BIM 4D 模型，完成模拟施工。在此过程中，可以掌握和调整施工进度，从而达到优化资源、提高质量、实现工程项目进度管理的总体目标。

第10章

质量管理

由于工程质量关乎建筑产品的使用功能、耐用性、可靠性、安全性、经济性以及与环境协调性等因素，因此，质量成为建筑产品的生命线。项目质量是否达标不仅关系到业主与总承包方的经济利益，同时也是一个企业整体素质的展示，是一个企业综合实力的体现。因此，必须加强工程质量管理。

10.1 质量管理概述

10.1.1 质量管理的概念与地位

（1）质量管理的概念 美国质量协会主席阿曼德·费根堡姆的定义为：为了能够在最经济的水平上并考虑充分满足顾客要求的条件下进行市场研究、设计、制造和售后服务，把企业内各部门的研制质量、维持质量和提高质量的活动构成一体的一种有效的体系。

国际标准化组织（ISO）《ISO9000 质量管理标准体系》和《国家质量体系标准》对质量管理的定义是：任何组织都需要管理；当管理与质量有关时，则为质量管理；质量管理是在质量方面指挥和控制组织的协调活动，通常包括制定质量方针、目标以及质量策划、质量控制、质量保证和质量改进等活动。

《建设项目工程总承包管理规范》的定义为：依据合同约定的质量标准，提出如何满足这些标准，并由谁及何时应用哪些程序和相关资源；在实施过程中，对质量实际情况进行监督，判断其是否符合质量标准，分析原因，制定相应措施，确保项目质量持续改进。

综上所述，质量管理是指承包方确定质量方针、目标、组织和职责，并通过对工程质量实施策划、控制、保证和改进来使其实现质量目标的一系列活动。其根本目的是保证项目能够兑现，满足对各种需求的承诺。

由于项目具有一次性、独特性以及交付物的逐步形成等特征，故其与一般工业产品的质量管理有着诸多区别。具体而言，一般工业产品质量管理是指通过持续地对质量进行管理和控制，不断发现误差而持续改善输出产品的质量的过程。而项目质量管理的核心在于过程输出阶段结果的验证和预防措施的制定及其实施，这就要求在项目启动阶段需要通过建立、完善一系列制度，为质量提供保证（QA）；在项目实施阶段，需要利用多种方式与工具，来控制工程质量（QC），而在项目评估阶段则需要对优化情况进行分析验证，并据此来完善评估体系。

（2）质量管理的地位 俗话说："百年大计，质量为本。"在工程项目管理过程中，质量管理的重要地位不容忽视。在 EPC 总承包项目中承包商需要对整个施工项目中的质量责任进行承担，工程质量关乎合同双方的切身经济利益，关乎项目业主生产、人民生命安全的头等大事。

美国项目管理学会等国际性项目咨询组织均提出了在项目管理中以项目质量为中心地位的三重制约的理论，即以质量为中心，受项目范围、时间和成本这三个因素权衡的影响。在

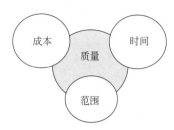

图 10-1　以质量为中心地位的
三重制约示意图

项目运作过程中，实际上除质量、范围、成本外，包括安全、进度等多种因素之间是相互制约的，如果其中一个因素发生变化，其他因素中至少有一个会受到影响。著名的三重制约观点示意图如图 10-1 所示。

因此，任何项目的领导层都不应忽视对工程质量的要求，但在实际项目管理过程中，有些领导者往往把进度或者投资作为关键因素，反而把质量放到次要位置。作为项目管理的定位，理顺各因素的关系，分清主次位置是领导层要考虑的问题。在项目管理过程中应明确质量管理的首要位置，确定质量驱动型的项目管理思路。

10.1.2　质量管理的特点与原则

10.1.2.1　质量管理的特点

由于 EPC 总承包项目一般都规模大、施工涉及面广、建设周期长，是一个极其复杂的综合过程。总承包项目的质量管理难度比传统承包项目的质量管理大得多。质量管理主要具有以下特点。

（1）全过程性　过程管理是 ISO 质量管理体系中最为重要的组成部分，其本质是属于全过程的质量管理活动，并将其制度化、标准化，使之成为质量管理的核心内容。过程管理就是对组织管理体系中的关键环节、过程中的衔接点进行控制和监督，最终实现组织目标。EPC 项目涵盖了设计、采购、施工以及试车等各个阶段，所以也就决定了质量管理涵盖了上述各个阶段。

（2）阶段性　虽然 EPC 项目质量管理涵盖了设计、采购、施工以及试车的全过程，但工程建设具有逐步形成性，需要按照建设生命周期的顺序展开，特别是设计、采购、施工三大阶段中居于上游的工作对下游的工作质量控制产生影响，故 EPC 项目质量管理需要认真完成各阶段的质量控制工作，同时，更应注意处于龙头地位的设计的质量管理工作。

（3）层次性　EPC 项目是由多层次的单位参建的项目，包括总承包商、供应商、专业分包商等，质量管理不是单纯靠总承包项目部完成的，也不是依靠某一个层次的单位所能够完成的。质量计划的制定、实施需要各层次单位密切配合、相互协调，需要多层次组织的配合参与才能将质量管理活动落到实处。

（4）协调性　如上所述，EPC 项目质量管理涉及多个部门的工作，包含工程项目总承包企业本部的相关职能部门、项目部的有关质量组织、分包单位的有关质量管理部门等。项目质量管理工作状态是相互影响的，需要有关各单位的密切合作，相互配合与协调。如果相互协调不好，将会影响整个工程的最终质量。

（5）集成性　所谓的集成管理就是一种效率和效果并重的管理模式，它突出了一体化的整合思想，管理对象的重点由传统的人、财、物等资源转变为以科学技术、信息、人才等为主的智力资源，提高企业的知识含量，激发知识的潜在效力成为集成管理的主要任务。集成管理是一种全新的管理理念及方法，其核心就是强调运用集成的思想和理念指导企业的管理行为实践。集成管理成为 EPC 项目质量管理的特点之一。

10.1.2.2　质量管理的原则

① 遵守法律法规原则。总承包项目质量管理应符合《中华人民共和国建筑法》《建设工程质量管理条例》等国家有关法律法规以及相关的质量和技术标准规范要求，如 ISO9000 族标准、《中华人民共和国国家质量管理体系标准》等。

② 总承包项目质量管理应遵循统筹策划、全员参与、预防为主、持续改进的原则。

③ 建立总承包项目质量管理体系，通过质量策划、质量保证、质量控制和质量改进，确保质量体系的有效运行，为项目的质量管理打好基础。

④ 采用 PDCA 循环管理方法，实施全过程质量管理；坚持质量标准，把好质量检验验收关；通过质量检查/审核、检测和监控，持续改进，实现质量目标。

10.1.3　质量管理模式与体系

10.1.3.1　质量管理模式

（1）企业级质量管理　企业级质量管理要解决的问题有两个方面：一是审查各个项目部的质量计划是否符合企业所建立的质量管理体系标准；二是全面掌握各项目对企业质量体系执行的情况，提前发现各项目质量管理控制方面存在的风险并预测各项目的质量发展趋势。对于发现的质量风险要从总部角度给予预警，并协调资源，对质量风险进行控制，对不良的质量趋势采取必要的措施进行纠偏，以确保项目质量目标的实现。

（2）项目级质量管理　项目级的质量管理则是站在项目的立场上，以本项目为管理对象，在项目部经理的领导下所设置的各职能部门，以质量管理部门为核心，技术部、工程部、设计部、采购部、设车部等各部门完成各自部门的质量管理职能，相互协调合作，形成合力，对项目质量实施有效的管理与控制。

同时，EPC 项目部的质量管理工作要从基层单位抓起，为此，应要求各专业分包单位相应成立质量管理机构，指派专职的质量管理人员，对本单位的工程质量实时控制，协助工程总承包商做好该分包项目的质量控制，形成上下沟通、协调的质量管理网络体系。工程总承包商要随时掌握工程质量动态，对项目实施全过程和全部范围质量的跟踪、控制工作。

10.1.3.2　质量管理体系

《质量管理体系标准》（国家质量技术监督局颁布）将质量管理体系定义为：在质量方面指挥和控制组织的管理体系。标准指出建立和实施质量管理体系方法包括以下八个步骤或称为质量管理体系的八项内容：①确定顾客及其他相关方的需求和期望；②建立组织的质量方针和目标；③确保实现质量目标必需的过程和职责；④确保实现质量目标必需的资源；⑤规定测量每个过程的有效性和效率的方法；⑥应用这些测量方法确定每个过程的有效性和效率；⑦确定防止不合格并消除产生原因的措施；⑧建立和应用持续改进质量管理体系的过程。

以上质量管理体系的内容可以分为两类：一类是质量监控（QC）体系，主要包括质量监控目标体系、质量监控流程体系等；另一类是质量保证（QA）体系，主要包括组织保障、管理职责、资源配置、方法与技术（测量）体系等。同样，我们先介绍质量监控（QC）体系，质量保证（QA）体系在下面的节点再作介绍。

（1）质量监控目标体系　质量监控目标体系是指项目部应在满足相关法律法规、标准规范要求的前提下，充分贯彻公司质量方针、战略目标，遵循可实行、可测量的原则，依据项目合同中业主对质量的要求以及其他特殊要求确立项目质量要达到的标准。目标再分为以下子目标。

① 设计质量目标：应符合哪些勘察设计标准、规范的要求，设计应达到怎样的设计深度等。

② 施工质量目标：施工中应符合国家、行业或地方的有关施工的规范、标准。

③ 验收合格目标：工程质量验收合格采用何种标准，各单元工程质量验评合格率要达到何种水平，土建、安装工程的优良率（%）应达到的目标。

④ 安全目标：对安全管理的工作目标，对工程的中等、较大、特大质量事故发生率的具体要求，控制到何种程度（次数）。

⑤ 竣工文件目标：对竣工验收文件的收集、整理、归档、移交工作的期望和标准，应达到何种程度等。

（2）质量监控流程体系　质量监控流程体系是为了使项目质量达到预期标准而建立的计划、执行、跟踪、分析和控制的过程体系，体系内容可以分为四个环节：质量计划、计划执行、质量分析和质量持续改进。

10.1.4　质量管理内容与流程

（1）编制质量管理计划　总承包单位在合同签订和项目组织机构确定之后制定质量管理计划，计划包括工程概况、质量控制依据、质量组织责任分工、质量监督程序、技术保证措施、质量检验计划等内容。

（2）执行质量管理计划　项目质量控制应以实现项目的质量目标为出发点，严格按照项目质量管理体系的要求，采取事前策划为先导，事中控制为核心，事后验证为闭环的工作模式，依靠有效的方法策略，对工程项目中的设计、采购、施工等环节，尤其是对特殊环节的工作质量进行监督和控制。

（3）实施过程质量分析　按照项目质量管理计划的要求、方法和技术，对于识别、检查出的各阶段工作开展过程中引发质量问题和质量事故的根本原因进行分析，并制定有效的改正措施。

图 10-2　质量管理 PDCA 循环流程示意图

（4）对质量工作的持续改进　及时采取针对性的纠正措施，并跟踪验证实施效果，避免已出现的不合格事件再次发生，力争实现项目执行过程的全部环节均处于受控状态，确保项目质量的不断改进。

质量管理 PDCA 循环流程示意图见图 10-2，即编制计划-计划执行-质量分析-质量改进。质量管理采用 PDCA 循环管理的方法，实施全过程质量管理；坚持质量标准，把好质量检验验收关；通过质量检查、审核、检测和监控，持续改进，实现质量目标。同时，工程有分包项目的，要把对各专业分包工程的质量纳入整个项目的质量管理与监控之中。

10.1.5　质量管理机构与职责

（1）机构设置　工程质量管理机构作为工程质量创优的组织机构，其设置合理与否，将直接关系到整个质量保证体系能否顺利运转。

工程总承包项目组织机构，应强化项目矩阵式管理模式，理顺总部和项目部的关系，理顺项目部和业主/监理、分包商的关系，使承包企业总部与项目部、项目部各职能部门之间、项目部与项目各参建方的质量职责定位清晰，质量职能设置应全面。机构应建立由项目经理领导，项目总工负责，以质量管理部为主体，设计部、工程部、采购部、试运部等部门参加的质量责任落实的质量管理体系。整个体系协调运作，从而使工程质量始终处于受控状态，形成以项目经理为首，由项目总工和项目副经理监控，职能部门执行监督，专业分包严格实施的网络化质量控制机构体系。

为保证质量监督有效，项目质量管理部可独立于项目组织，项目质量管理部经理可以直接向企业领导汇报项目的质量情况。图 10-3 为某公司项目部质量控制部门与其他职能部门的关系示意图。

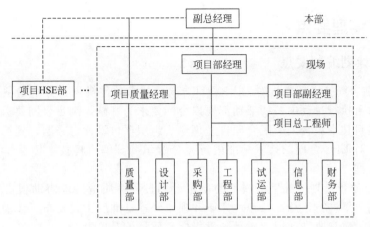

图 10-3　某公司项目部质量控制部门与其他职能部门的关系示意图
——行政线；----报告线

（2）岗位职责　EPC 项目总承包商要按照项目组织机构设置明确各部门质量管理职责，建立岗位质量责任制，使各岗位职责明确，各级人员各司其职，各负其责，确保质量控制和监督任务有效、有序地得到贯彻执行，为项目质量管理提供组织保障。表 10-1 为一般总承包项目部质量管理部及其他部门质量管理职责和接口。

表 10-1　一般总承包项目部质量管理部及其他部门质量管理职责和接口

主管部门	职责描述	协助部门	接口方式
项目质量部	建立并组织实施、维护现场项目质量，保证大纲及大纲管理程序	项目设计部、项目采购部、项目工程部、项目信息文控部	编制部门质量管理程序
项目质量部	管理现场施工不符合项、质量观察意见、纠正行动要求等质量信息	项目设计部、项目采购部、项目工程部、项目信息文控部	发布、审核、签署不符合项报告
项目质量部	接受上级单位年度质保监查，对分包商进行年度质保监查	项目设计部、项目采购部、项目控制部、项目信息文件控制部	参与质保监查、整改行动落实
项目质量部	审查、批准分包商质保大纲及大纲管理程序	项目设计部、项目采购部、项目工程部、项目信息文控部	审查、监督实施分包商大纲管理程序
项目质量部	进行现场质量管理监督、现场施工质量控制，审查分包方的质量计划（ITP），选择并出席见证点	项目工程部、项目设计部	审查检验、试验计划内容和试验先决条件
项目质量部	组织实施项目管理机构年度管理评审	项目各部门	参与部门管理评审，落实评审意见
项目设计部	按程序进行设计	项目质量组	程序审核单
项目采购部	对甲供物资、分包商采购物资的项目质量部物资接收审查单进行检查验收	项目质量组	物资接收审查单
项目工程部	审查、批准施工、调试、运行分包商工作程序及施工方案、调试大纲、运行工作规程	项目质量组	程序审核单
项目控制部	向上游组织（业主）报送质量相关信息，审核分包商的质量相关资质	项目质量组	编写质量周报和月报，参与分包商资质评审
项目 HSE 部	为员工提供专项培训	项目质量组	组织专题培训

10.2　质量管理要点

10.2.1　质量计划编制要点

① 充分识别合同技术条款。对 EPC 项目合同的技术条件辨识、分解是项目质量计划编制的关键点。项目执行过程中一切活动都要以合同要求为基础，满足合同要求是最重要的项目质量要求。项目技术负责人应配合项目经理牵头组织项目设计、采购、施工、试运行各环节的岗位领导者对 EPC 合同的技术标准进行充分辨识和分解，将技术标准作为项目编制质量管理计划的依据。

② 汇总项目质量计划的成果。项目的质量计划过程由质量经理协助项目经理对各岗位的相关质量计划成果进行汇总，并经过评审和项目经理批准后正式发布。计划成果应包括项目质量管理计划、质量改进计划、质量测量指标、质量核对单等。

③ 强化过程变更控制。鉴于 EPC 项目的复杂性及规划编制过程输入条件的不完整性和不确定性，质量管理计划的变更虽然无法完全避免，但良好、科学的计划可以在很大程度上降低变更发生的概率。项目过程中应严格控制变更的审批流程，审批通过的变更则需要获得刚性的执行和落实。

④ 在项目的质量计划阶段，质量部经理应协助项目部经理牵头组织设计、费用、采购、施工等岗位负责人对各岗位相应文件的类型和清单进行分析，并与文档管理负责人共同制定文件的格式、分类、编号、归档、检索原则，构建项目文档管理程序，作为项目质量管理计划的一部分。

10.2.2　过程质量控制要点

对 EPC 项目的管理和控制而言，设计、采购、施工各阶段各个环节的每项工作都关系到项目的最终质量，因此，项目实施过程的每一个输入和输出都应处于受控状态，以保证项目质量目标的实现。

（1）设计质量控制要点　设计质量是确保 EPC 项目的本质质量和安全的根本。在设计质量的管理和控制上，除了要精心策划、严格管理外，还要从设计输入、设计方案评审、设计验证等方面着手，使设计各环节的质量都能得到有效控制。

① 设计输入。设计工作的第一步必须有设计输入条件。设计输入条件的质量会直接影响设计输出文件的质量。为此，在设计质量管理中应规定对设计输入条件（外部和内部）必须进行评审确认，确认设计输入条件是否满足项目所需要的输入条件，是否能满足专业设计工作的需要，以确保设计输入条件的正确性、有效性、完整性和权威性。

② 技术方案评审。技术方案是决定设计质量和设计水平的关键。技术方案的先进与否、可靠与否、合理与否直接影响装置或全厂的设计质量，为此在设计过程中，对于关键的技术方案要进行相应的评审。通过评审，确定正确的技术方案，并按选定的技术方案开展设计工作；通过评审，对技术方案进行充分分析和论证，可以及时发现技术方案中存在的问题和不足，并及时采取纠正和优化措施，使技术方案得以持续改进。

③ 设计文件验证。设计文件的验证包括两个方面的内容：一是专业内的自校、校对、审核和审定（必要时）；二是专业之间根据互提资料的条件进行会签。自校是设计人在提交文件前自身进行的复核，确认是否具备提交校对的条件。校审人必须符合质量管理规定中校审人的资格，校审人在校审过程中按照设计质量控制要求和专业校审提纲逐条校审并保存相应记录。通过设、校、审对设计文件的验证，进一步确认设计文件是否符合相关设计规范的要求，是否符合设计输入条件的要求，设计内容是否完整等。会签是设计过程的最后一道工

序，也是保证设计文件质量的一项重要控制程序；通过会签，可以验证专业之间的互提条件是否被正确地体现在设计图纸中。

（2）采购质量控制要点

① 采购过程质量控制。采购过程的质量以及采购产品的质量将直接影响项目的建设周期及投资费用。项目采购过程中的质量控制环节主要包括供应商选择、合同签订、设备监造、出厂验收、到货验收、现场储存等。采购过程的质量应严格按照国家相关法律法规以及公司相关规章制度的要求进行控制，避免在采购过程中出现不符合程序的现象。

② 采购产品质量控制。在采用准确的技术要求为输入，选择合格的供应商的前提下，加强采购产品的质量控制能有效降低供应商因为各种原因而不能履行相关义务带来的质量隐患。采购产品的质量控制主要从原材料及外购件、生产过程中重要的检验或实验、出厂前产品整体验收、现场到货验收及运行跟踪等几个方面进行管理和控制。

项目部应组织各专业技术人员对工程建设中涉及的产品清单进行梳理，综合产品造价以及对工艺流程及装置安全、稳定运行的影响程度等因素，将产品按其重要性分为关键产品、一般产品、材料类产品。其中，关键产品的质量控制需针对生产全周期进行，重点加强对中间检验和出厂检验环节的管控；对于一般产品和材料类产品的质量控制，则可根据项目实际情况开展必要的中间检验和出厂验收。

针对关键产品中间检验和出厂验收环节的质量控制，结合相关技术资料梳理出具体工序，明确各工序的质量控制点以及控制要求，汇总形成产品质量控制点清单。项目部应根据职责分工，针对本专业相关产品组织开展质量检验和控制工作。技术人员可采取驻场监造、巡检监造、文件见证等方式，及时发现问题，迅速提出整改要求，并对整改效果进行审核，以确保产品出厂前的质量符合技术协议的要求。项目质量经理应定期对产品质量控制工作情况进行监督和检查。

（3）施工质量控制要点　施工阶段的质量控制是保证工程质量的关键，应采取事前施工质量控制策划、事中施工质量管控、事后施工质量验收相结合的方法，对施工质量进行严格管控。

① 事前质量策划主要控制环节包括施工质量管理体系建立、图样会审及设计交底、施工组织设计及施工方案评审等。

② 事中质量管控主要环节包括技术交底、质量控制点检查、三检制度检查等。

③ 事后质量验收主要控制环节包括隐蔽工程验收、分项分部工程验收等。项目部设置现场质量工程师和专业质量工程师，现场质量工程师主要负责对分包方施工工序是否满足规定要求，过程文件是否完备等进行监督检查。

专业质量控制工程师主要负责对本专业相关的施工质量进行监督检查。质量工程师对现场发现的质量问题应及时采取措施，并监督落实整改，以周报的形式将现场已解决和待解决的质量问题反馈至项目质量经理。

（4）试车质量管理控制　总承包商应按照工程中间交接标准完成试运行前准备工作，过程中配合业主进行联动试车、投料试车和性能考核，编制有关系统的试车方案，并提供技术支持，按照批准的中间交接申请报告中确定的完工时间完成三查四定尾项销项等工作。

投标试车具有潜在风险，以质量保安全，必须严格遵守安全规程，开车计划在任何情况下，都不得位列追求进度而忽略质量标准和安全。

总承包商需要按照合同约定为投料试车提供支持，派出代表为现场服务，及时处理现场出现的各种问题，将工程建设与生产管理有效衔接，确保投料试车一次成功。

10.2.3　质量验收工作要点

在 EPC 质量管理实践中，如何有效地落实 EPC 总承包模式下的项目验收作业，并且合理地提升工程项目的验收管理质量是 EPC 总承包模式下项目质量管理的重要问题。项目验收管理要点归纳如下。

（1）落实设计交底　从 EPC 总承包模式下的工程项目验收质量管理现状评估，落实设计交底作业，对项目施工质量的提升以及项目验收质量的提升意义重大。关于设计交底作业的实施，为提升设计交底的完善性，在设计交底作业的具体实施中应由总包方、业主方、设计方、施工方、监管方以及物料供应方进行联合设计交底作业，针对施工设计内容进行完善和优化，同时减少因前期施工设计出现问题、设计交底出现问题造成的后续施工问题及项目验收质量管理问题，最终达到提升工程施工质量、减少施工返工、合理保障各方权益的目的。

（2）完善总体验收规划　从 EPC 总承包模式下的项目验收质量管理实施程序以及逻辑控制效果方面进行分析，完善总体验收规划作业则是项目施工发展中的主要内容。从具体的实施细节方面进行分析，完善总体验收规划作业则是项目质量验收管理作业实施中的主要控制措施。在具体实施中关于总体验收规划作业的实施应由总包单位、验收单位、业主单位及设计单位基于工程施工设计、业主方的前期要求、基础验收科目进行验收科目的规划及编订，及时针对验收科目中存在的缺项进行补充，确保项目验收的完善性和客观性，提升工程验收管理质量，减少因项目验收不完善造成的质量评估客观性不足以及项目验收质量不合格的现象。

（3）提升综合验收水平　从 EPC 总承包模式下工程项目的验收质量管理实施现状进行分析，提升综合验收水平，对其验收质量管理的提升效果显著。其中在具体实施中关于综合验收水平的提升，总包单位、业主单位及第三方验收单位可通过多方面的举措进行落实。

① 实施差异化小组式的验收模式，针对不同验收项目抽调不同专业技能的人员进行项目工程的验收，从而确保其验收作业实施质量的合格性；

② 对外招聘具备专业技能的人员，进行项目工程的验收作业，以此减少因人员综合技能不达标，造成验收中出现验收质量不合格、验收不到位以及验收周期过长的现象；

③ 实施动态化的全过程施工验收监管，通过动态化的全过程施工验收监管，确保最终验收作业实施质量的合格性和完善性。

（4）强化阶段节点验收作业　EPC 总承包模式下的工程项目验收管理从施工工程的施工进度方面进行评估，强化阶段节点验收作业是工程项目验收质量管理实施中的主要控制措施。具体实施中关于阶段节点验收作业的实施可通过施工单位自检、业主单位抽检以及监管验收单位总体验收等方面进行落实。在阶段节点验收作业的实施中为提升节点验收质量，施工单位、业主单位、验收监管单位应基于工程施工设计内容、工地现状制定对应的阶段节点验收科目。以此进行相关阶段节点验收作业的实施，最终达到提升工程项目验收管理质量的目的。

（5）落实质量风险管理　按照 EPC 总承包模式下的项目验收程序进行评估，在验收作业中出现验收质量问题较为多见，因此，在实际发展中落实风险管理对项目的验收管理质量提升意义重大。在具体实施中关于风险管理作业的实施可由业主方、施工方、设计方、监管方以及物料供应方基于各方的作业方向和内容提出相关风险因素，并基于风险因素制定风险管理科目以及风险应急预案，以此减少因风险现象出现时无法及时处理造成的过大经济损失以及安全事故，保障项目工程的安全稳定发展。

总之，从当前 EPC 总承包模式下的工程项目验收质量管理发展现状以及具体实施中的作业效果方面进行考量，总承包单位、业主单位、具体施工单位、监管验收单位、设计单位及物料供应单位在实际发展中为切实有效地提升其项目施工中的验收质量管理效果，同时规避各类不良因素造成的经济损失现象，各方关于项目验收质量管理作业的实施可在提升验收综合水平、完善验收规划、实施阶段节点验收、落实风险管理以及设计交底的方向上进行发展。

10.2.4　质量改进工作要点

项目质量改进是项目质量管理的重要组成部分，质量管理是一个持续进行的循环过程。通过对项目执行的质量进行全方位、全过程的跟踪验证，识别出质量问题的根本原因，找出解决方案，推动项目整体质量水平得到有效改善，不断提高组织的市场竞争能力，增强相关方的满意程度。为进一步有效分析研究组织项目质量现状，实现持续的质量改进，可采取以下措施。

（1）建立质量评定机制　为有效解决工程项目中存在争议的重大质量问题，合理判定质量责任归属，深入剖析质量问题的根本原因，组织应按照质量管理体系的要求建立质量评定机制，保证质量责任评审鉴定工作有序开展。

质量评定申请由项目经理或责任部门提出，质量主管部门应结合争议问题实际情况成立质量评定小组，并协调组织召开质量评定会。质量评定工作需秉持定位准确、机理清楚、问题复现、措施有效、举一反三的原则，深入挖掘形成问题的根本原因，准确判断相关质量责任，有效制定整改和弥补措施，并对后续整改情况进行监督检查，实现闭环管理。通过执行质量评定机制，坚持眼睛向内，落实全面排查，监督严格整改，确保不留隐患，并积极吸取经验教训，避免重复性错误，实现技术能力提升。

（2）建立质量信息收集、反馈机制　质量信息能直观反映工程项目的质量水平，将项目质量信息收集汇总并进行分类管理是实现质量改进的有效手段。工程项目涉及的质量信息主要包括内部质量信息和外部质量信息，其中内部质量信息主要包括：因质量问题造成直接经济损失、公司声誉损失等影响的事件，质量检查过程中发现的具有普遍性的质量问题，未满足项目工程建设各环节质量要求的信息等。外部质量信息主要包括：业主、施工方及其他相关方反馈的质量信息，外部审查、评审发现的质量问题等。内部质量信息的收集渠道包括质量评定或事故调查、质量检查、设计或工程更改等；外部质量信息的收集渠道包括外部审查、业主或施工单位等的诉求和建议、工程回访等。

质量信息的收集、反馈工作由项目部全体成员承担，项目部成员在开展业务工作过程中，对职责范围内出现的质量信息应及时掌握并归纳总结，按组织相关要求实施质量信息反馈。

（3）建立举一反三机制　收集汇总的质量信息应按其内容和类型进行分类整理，并逐步建立质量问题库，为分析研究项目质量状况提供数据支撑，为项目质量明确改进方向。针对造成影响较大、涉及范围较广的质量信息，可在一定范围内进行通报，以起到警示提醒的作用。针对质量信息中的共性质量问题或难点问题，由主管部门组织相关人员进行研究攻关。

各部室针对业务范围内的质量信息，特别是暴露出来的质量问题应进行深入剖析，找出原因，提出解决方案，并总结经验教训，不断增强质量意识，提高业务水平。项目部在项目开工前，项目经理应组织项目部成员查阅并研究与本项目有关的质量信息，积极借鉴以往项目中的成功经验，同时有效避免已发生质量问题在本项目中重复出现。在实施项目质量监督时，应重点检查质量信息的落实情况，实现举一反三的目的。

10.3　质量管理策略

10.3.1　结合实际编制质量管理计划

项目质量管理计划的主要作用是为整个项目中如何管理和确认质量提供指南和方向。项目质量计划是整个项目实施方案的重要组成部分，同时，项目质量计划的编制和变更升版，也需要考虑项目管理其他相关知识领域的过程对其的影响。

　　EPC 总承包项目质量管理计划，需要严格基于 EPC 合同条件的详细分解，并在充分考虑所在地的经济技术发展水平及强制性法律法规、地域文化特色、干系方的复杂程度、组织内部的管理流程要求等多种因素的基础上，结合组织自身对项目的战略目标需要来进行编制，编制完成后应由项目经理批准发布。

10.3.2　建立驱动型质量管理的思路

　　在项目管理实践中，工程质量往往受到项目进度、成本、安全等多因素的影响，四大因素之间有内在的统一性，相互制约，相互影响，相互促进，如果一个因素发生变化，其中至少有一个因素会受到影响，片面地强调某一个目标必将以损害其他目标为代价，甚至会造成整个项目管理的失败。建立适用、高效的管理体系，正确地处理好四大因素之间的关系，使质量、进度、成本、安全控制达到相互和谐、相互促进的状态，才能确保项目顺利实施，最终得到高质量、低成本、短工期的工程项目成果。

　　从总体上讲，无论是总承包商还是业主必然会把某一因素作为项目管理的核心。虽然都不会放弃工程质量这一方面的要求，但在实践中总承包商往往把工程进度、成本放在关键位置上，而把质量放在次要位置上，为此，某些工程由于各种原因导致进度、成本、质量控制失调，不顾客观实际和技术情况，片面追求进度、降低成本。在采购中采购服从于成本的情况也时有发生，从而影响工程质量，导致运行中不断出现质量问题。因此，总承包商必须明确质量管理的核心地位，处理好质量和进度、成本、安全等影响因素的关系，应建立驱动型质量管理思路，通过质量目标来牵头，带动其他目标的实现。要用体系制度来保证工程质量，在项目策划阶段就应该提出质量管理的目标，建立质量管理体系，编制质量管理计划，划分合理的质量控制点，对质量进行阶段性验收，做好阶段性放行的控制工作，确保工程质量以及其他目标的实现。

10.3.3　用质量管理体系的方法控制

　　在 EPC 总承包模式下，建立科学的、合理的质量管理体系可以有效地规范总承包商各职能部门、专业分包商、供货商的目标、方法和行为，通过总承包商对 EPC 项目设计、采购、施工等过程的管理策划，分解各项质量目标，明确质量责任，细化质量控制程序，梳理项目质量控制关键点，分别制定关键质量控制程序，强化对质量控制关键点和阶段性检查验收的关注度，以阶段性质量目标确保项目整体质量目标的实现。

　　总承包商在建立项目质量管理体系过程中，要充分兼顾业主、监理单位固有的模式要求，充分考虑项目工程管理的实际情况，切记不能照搬照抄。各参建分包单位要在总承包商制定的质量管理的框架下，建立自己的质量保证和控制体系，对总承包商制定的总质量目标进行分解，做到职责明确，接口清晰。

　　建立一个合理的、高效的质量管理体系，体系文件的编制仅仅解决了管理的框架问题，质量管理体系的实施才是关键。在实施工程中，重点在于培训和养成，应使各专业分包商、供应商、监理单位充分了解项目质量管理的要求，通过充分的培训，使所有参建单位、参建人员养成遵守体系程序的习惯，以规范的行为确保过程控制的一致性。

10.3.4　以设计质量控制作为切入点

　　对于工程总承包商而言，在设计阶段一定要做好设计质量管理工作，只有这样从头抓起，才能对整个工程的质量进行控制，从而实现项目整体质量目标。项目部门按照审批初步设计和 EPC 合同规定的质量要求和标准等对施工图纸进行设计。以设计管理为切入点，要求各专业设计人员严格按照质量标准进行设计，减少因设计不符合要求而出现的现场修改，虽然为现场质量管理赢得了时间，但浪费了费用。充分理解业主在合同中的质量要求和标准，可以少走弯路，充分发挥设计在质量管理中的关键作用。

10.4　质量管理创新——BIM 技术

传统质量管理技术有很多，如大家所熟知的直方图法、因果分析图法（CCA）、排列图法（帕累托图法）、控制图法（质量评估图）、分层法（数据分层法）、调查分析法、流程图法等。这里我们仅介绍 BIM 技术在质量管理中的应用。

10.4.1　质量管理应用 BIM 技术的意义

项目管理的核心是质量控制。工程项目的质量方针及目标，可以通过 BIM 技术使项目质量管理中的所有职能得到实现。BIM 技术通过信息模型控制项目质量实际情况，主要包括将项目质量实际情况与信息模型作比较，确认项目质量问题或误差，分析质量问题原因，采取措施消除问题与误差等。

开发 BIM 技术在质量管理中的应用，可以丰富项目质量管理中的技术内涵，促进企业质量管理技术的发展，确保工程质量管理有效，满足质量管理工作高效开展，有效提高工程项目质量控制水平，形式上也更加科学、系统，有利于提升工作效率、节约成本，可以更好地实现项目质量管理目标。因此，质量管理中 BIM 技术的研究与应用似乎是不可或缺的内容。

10.4.2　质量管理 BIM 技术的应用

BIM 技术在工程项目质量管理中的应用主要体现在项目设计阶段、项目施工阶段、项目竣工验收阶段、项目运行及维护阶段。

（1）项目设计阶段　在项目设计阶段，利用 Revit 软件快速检测工程项目各专业之间是否有冲突，大大减少因专业设计冲突留下的质量隐患。业主、设计方、施工方可以在项目设计阶段共同参与其中，加强了项目的前期设计交流。

（2）项目施工阶段

① 施工前期质量控制。承包商在制定完相应的施工方案之后，需要施工管理人员对施工方案进行具体分析，而利用 BIM 技术来对方案进行分析，可以使该项工作做得更好。具体来讲主要体现在以下几个方面。

a. 利用 BIM 技术模拟，可将工程施工方案重新优化处理。承包商在及时获得设计部门设计的图纸并完成施工规划图纸之后，施工管理人员可以利用 BIM 技术模拟对平面布置、施工设备和具体的施工方案规划、施工设备和具体施工实施审查，并在该基础之上来评价施工方案。

b. 为了有效预防在后期施工的过程之中发生的各类质量问题，利用 BIM 技术模拟，还可以提前做好相应的防护措施。

② 施工现场质量控制。

a. 现场采集。现场采集主要是依据现场的实际情况来进行分析，可采用不同的方式。一般情况下主要有两类采集方式：一种是基础录入的方式，利用数码相机来协助拍照；另一种是在施工现场情况相对繁杂，质量信息量大以及涉及对象较多的情况下，可以利用全景扫描技术，并利用视频影像来进行协助分析。利用以上两类方式进行配合，现场的质量情况可以采用全部或是局部的方式来进行集中采集。

b. 信息录入。BIM 模型在针对施工现场质量情况进行相应的记录之后，要针对所记录的质量信息上传到数据库之中，从而很好地在原先的信息模型中加设一项新的维度——质量信息维度。在质量信息中，具体的内容、质量情况、处理情况以及时间因素是必不可少的，同时要添加现场收集的信息，最终形成一个完整的质量信息，和已构建的 BIM 信息模型进行有效的联系。

c. 材料信息库对比。在现场的施工管理人员，依据 BIM 软件提供的每一个构件的细致的质量属性数据，对施工现场的质量进行控制，其中主要包括材料的数据、规格、简图、搭接说明以及生产厂家的数据等，这一部分是对材料控制的主要依据。质量管理人员利用 BIM 模型构件，就可以得到构件在实际施工过程中的准确部位，之后再依据工序和构件部位与材料信息库进行对比，不仅可以充分保障构件的精确性，还可以很好地预防施工投料错误的现象。因为在施工过程中，一线人员在现场材料堆积、规格混乱的情况下，往往会出现材料用错的情况。因此，通过利用材料信息库进行对比分析，使得现场施工管理人员在材料应用前，可以直接点击模型之中的构件所属部位浏览各类指令属性，十分便利，从而可以及时进入现场进行对比。

（3）竣工质量验收阶段　工程竣工质量验收时，利用 BIM 技术可以使质量监督功能得到充分发挥。例如，依据模拟的 BIM 施工模型，可以将基坑质量信息输入模型之中，便于查看，及时发现问题；隐蔽工程也可以利用 BIM 技术存储工程信息，有利于信息的保存。

（4）项目运行及维护阶段　运用 BIM 技术，在项目运行及维护阶段可以利用构建的竣工项目模型，检查问题的部位，分析问题的原因，确定要采取的解决方案。根据模型中的质量信息确定质量问题的责任人，由此来加强项目质量管理工作。

10.4.3　质量管理 BIM 技术的优势

（1）改变传统的信息模式

① BIM 技术质量管理中的信息模式不同于传统质量管理模式中的信息来源和传递方式，传统管理方式中大多采用图纸记录信息，繁琐的图纸不仅管理复杂，而且不利于业主的参与。而 BIM 技术构建的模型则可以实现信息的简洁表达，便于管理和交流。

② BIM 模型作为建筑物整体和局部质量信息的载体，可以更好地实现质量的动态控制和过程控制，此外，BIM 技术中的信息协同问题可以加强项目中的质量信息交流，避免出现信息孤岛。

（2）工程项目的集成管理　BIM 技术的项目管理模式为 IPD 项目集成交付模式，通过采用这种集成管理的交付模式可以提高工程项目质量管理效果。协同项目设计与管理，便于项目参与方利用所需质量信息，更好地把握各阶段的质量控制关键点。

（3）信息的全面记录　利用 BIM 技术模型后，可以将工程材料、建筑设备、各类配件质量信息录入模型，跟踪记录现场产品是否符合质量要求，全面存储项目管理信息。构建项目质量信息记录使管理信息可视化，便于随时查询质量信息和进行质量问题校对，加大质量管理力度，从而提升质量管理效率。

（4）虚拟施工的实现　BIM 技术将 4D 虚拟施工变为现实。在项目施工之前就可以进行相关优化设计、可靠性验证等工作。施工方在建筑模型中加入时间信息，从而构建出 4D 施工模型，模拟施工顺序、施工组织，发现施工过程中可能出现的问题，降低质量风险，从而使事前质量控制成为可能。

10.4.4　质量控制 BIM 技术的要点

基于 BIM 技术的质量管理，主要控制要点是遵循 PDCA 循环，实施要点为记录、发现、分析、处理质量问题。具体表现为以下几点。

① 施工现场，监理人员拍摄相关图片，通过视频对质量信息进行记录，然后将其导入建筑模型与质量计划进行对比分析，若发现问题应及时分析原因，确定问题的来源及严重性，采取措施进行改进。问题解决之后，将改进结果再次导入模型之中。在项目运营的过程中，利用模型中的质量信息可快速对问题部位进行维修。

② 对项目的质量信息必须做到及时、准确的记录，才能及时确定质量问题。通过文字、图片和模型对施工现场的质量进行记录，监理方可以掌握具体的质量情况，业主也可以更好地表达自己的需求，使整个工程项目的沟通协调效率提升，从而更好地实现质量管理目标。

③ 构建 BIM 组织团队。由于 BIM 系统比传统的质量管理技术系统的操作难度更大，在我国的应用属于初期阶段，因此，企业需要专门构建 BIM 团队来加以实现。企业应尽快培养相关人才，构建相应的专门的 BIM 技术团队。现代承包企业要从企业长远的利益考虑，为企业的 BIM 技术应用发展打下良好的基础。

10.5　质量管理实践案例

10.5.1　质量管理体系构建实践案例

【案例摘要】

以某水资源配置 EPC 总承包项目某标的质量管理体系构建实践为背景，介绍了总承包商将工程项目质量放在首位，在完善质量管理体系以及对建设项目过程三阶段的质量控制方面的做法和经验。

【案例背景】

某水资源配置工程×标，主要承担干渠 16.705km，建筑物总长为 19.075km，包括明渠、隧洞、暗涵、渡槽、倒虹吸、水闸以及排洪建筑物、水系恢复等建筑物的土建、建筑与装修、工程电气设备采购及安装工程、金属结构安装工程、临时工程、施工期环境保护及水土保持工程等实施内容。该项目具有建筑物类型多、线路长、地下工程多、质量控制点多、涵盖专业多等特点。

【质量管理体系】

(1) 明确质量控制方针　坚持严格遵守标准、规范，履行合同承诺，保障充足投入，健全管理机制，落实目标责任，科学强力管理，持续有效改进的质量方针。

(2) 明确质量控制目标　按照 EPC 总承包合同约定，该水资源配置工程 2016 年 11 标项目的设计质量目标为合格，施工质量目标为优良标准。在此基础上，具体细化为设计成果符合相关强制性条文、规范标准要求，经第三方审查合格；施工质量按照验收标准要求，施工质量检验合格率达到 100%，单元工程评定优良率达到 90%；杜绝工程质量事故，严格控制工程质量缺陷。

(3) 建立质量管理机构　建立以 EPC 总承包项目负责人为首的质量管理组织机构，总承包项目负责人牵头负责项目的履约和目标实现，另设置设计经理、施工经理岗位，分别负责设计、施工（含采购）工作，重点把控设计和施工（含采购）的质量控制。同时，设置设计技术负责人、施工技术负责人，开展相应技术工作，解决工程施工中遇到的各种技术问题。在部门设置上，设置设计管理部、施工质量管理部两个部门，分别对设计质量、施工质量（含设备材料质量）进行管控。施工中设置专职质检员负责日常的质量控制和检查，施工班组中设置兼职质检员。质量管理机构将严格按照体系文件的要求进行运作，确保工程施工质量可控。

（4）制定管理措施和办法 工程项目开工前，结合总承包和分包双方公司质量体系的编制，完成工程质量控制措施的制定。通过对本工程项目特点、施工条件和影响工程质量因素的分析与预控措施的研究，提出工程质量管理点、工程质量控制工作流程、重点或关键部位质量控制点，完善办法、细则文件的编制，并在监理过程中贯彻和落实。先后制定了设计质量管理体系、施工质量管理办法等数 10 个质量控制相关办法，以及原材料质量控制措施、混凝土浇筑质量保证措施等 10 余个质量控制措施，这些办法和措施的制定为质量控制提供了有效的制度依据。

【设计质量控制】

设计过程中实行设计全过程的质量控制。在设计接口、设计输入、设计输出、设计评审、设计验证、设计确认和设计变更等方面均按照质量保证体系的要求执行。在设计过程中出现的质量问题，通过设计校审和验证，及时予以解决。在设计交付以后发现的质量问题，及时进行更改并采取相应的纠正和预防措施。

① 明确设计任务。总承包商负责承担该工程×标的技术施工图设计工作，包括该工程总长 16.705km，由隧洞、渠道、渡槽、暗涵、水闸、电气设备及金属结构安装等工程组成。建筑物设计流量为 $7.4m^3/s$，主要建筑物为 3 级建筑物，次要建筑物为 4 级建筑物。

② 设计质量要求施工图满足强制性条文、规程规范、初步设计文件、合同文件的各项功能和技术要求，符合设计企业的设计过程控制程序、设计产品校审程序，满足工程运行的长治久安。

③ 设计质量控制。

a. 严格审查设计方案。根据招标文件及初设文件开展施工图设计，严格审查设计方案，设计方案应符合合同中规定的或批准的主要技术原则，达到设计方案最优，材料设备选型合理，设计图纸清晰，尺寸准确。通过专业之间的会审和会签，避免错、漏、碰、撞而重复设计。

b. 严格校审程序。对设计成果严格按照公司相关程序和制度进行校核审查，确保设计的成果符合各项要求。

c. 严格控制变更的质量。督促设计人员将图纸审查意见逐条落实到色痕迹变更之中，杜绝不合理的设计变更发生，对设计、业主、图纸会审监理、施工单位等提出的设计质量问题实施闭环控制，使设计问题在施工前发现并消除，把好设计质量最后一关。

d. 认真做好设计与采购接口、设计与施工接口、设计与试运行接口的各项接口工作，做到设计与采购衔接、设计与施工相协调。

【施工质量控制】

施工阶段是将设计图纸变成工程实体的过程，施工质量管理和控制是实现工程质量的关键环节。

（1）必须按章作业 在每项工程开工前，管理人员仔细阅读图纸和相关技术要求，熟悉合同文件、规程规范等，编制并报审相关施工技术方案，对施工作业队伍及一线作业人员进行技术、安全交底和施工技术要点宣贯，让每一个管理人员明白管什么，让每一个施工人员明白做什么，让每一个参与人员明白要求是什么，有计划、有措施、有方案，按章作业是保障工程质量的基础。

（2）保障资源投入 人力、资源、物质材料等资源的充足投入是保障工程正常开展和保障工程质量的重要前提，没有充足的投入就无从谈起高效、可控的工程质量管理。本项目工程质量管理部从质量管理工程组建、质量管理人员安排、现场技术人员和施工设备及器具的配备、工程物资的采购、保管储存等方面入手，合理安排，既要满足要求，又不能造成资源浪费。

（3）加强原材料控制 原材料是最重要的质量控制基础，其好坏或符合性直接影响工程质量。首先物资部门负责核对到货与购货合同、材质证明等是否相符；其次，试验室按技术规范进行材料试验检测，技术部负责对材料性能、要求等把关；再次，质量管理部会同监理有关人员进行到场验收，验收合格后方可使用。

（4）严格三检制度　质量控制实行初检、复检、终检的三级检验，施工作业班组之间的自查、互查、交接班检查制度是质量控制的重要方法，班组的初查、技术人员的复查、质量部门的终查，层层对工程质量把关，不断加强质量控制的意识，加大控制力度，环环紧扣、步步加强使得质量有所保证。

（5）严格质量验收　质量验收是对工厂质量管理情况进行检查的总把关，是质量控制的重要环节。利用检查控制手段，对工程项目及时按单元工程、分部分项工程、单位工程等划分进行逐层次、逐项施工质量认证和质量评定工作。及时进行隐蔽工程、重要部位、重要工作的质量检查验收和签证工作以及分部分项工程的检查验收工作。

（6）监理监督检查　接受监理工程师对工程质量的监督管理。监理单位的质量控制是促进工程质量的重要方式和手段，监理单位参与工程质量控制的全过程，对质量控制起着不可替代的作用，所有工序、单元、分部单位工程质量均需要监理单位进行检查、验收和认可。项目部管理与监理管理分别开展各自职责范围内的质量控制，共同强化对工程质量的管理。

【采购质量管理】

本项目的采购主要为工程材料采购和部分永久设备采购。按照联合体的分工，采购由施工企业开展。关于工程材料采购主要是原材料的采购，其质量控制不再赘述。本项目的永久设备主要是电气设备，设备采购的质量控制主要从以下几个方面做好工作。

① 仔细研究合同，熟悉掌握合同要求。从总承包合同签订起，即已确定采购范围，过程中未发生合同变化。总承包项目负责人多次组织项目部相关部门和人员对合同进行交底、研讨，熟悉采购内容和要求，防范和杜绝不符合合同要求的设备材料进场。

② 掌握设计意图，编制设备技术要求。设计部门仔细研究初步设计文件、合同文件的要求，了解和掌握初步设计单位对电气设备等承包商采购部分的要求，进而提出切实可行的、符合工程要求的技术要求。施工经理按照设计要求进行采购，从而保证了设计、施工、采购的连贯和统一。

③ 严格选择供应商，择优选择设备产品。在采购设备过程中，主要通过施工企业集团的采购平台进行公开招标采购，通过招标广泛选取厂家，择优选用，确保设备质量。

④ 妥善保管防护，确保设备性能。设备材料采购后，运输、保管工作也是保管设备性能不变、质量可靠的重要环节，尤其是电气设备多有防雨防潮的要求，采取妥善措施，加强对设备的保管工作，避免设备因保管不当而损坏或质量发生变化。

⑤ 规范安装程序，遵守使用说明。在设备的安装过程中，严格按照相关说明和安装规程、程序进行安装，规范安装程序，确保设备安装质量。同时，在使用过程中按使用说明、操作手册使用，保证设备使用安全和运行长久稳定。

【实践案例结语】

质量是工程的生命，百年大计，质量第一。对工程质量的严格控制实现工程的长久运行，不仅是对工程本身负责，也是造福人民、利在千秋的大事。本项目通过明确的质量目标积极进行质量管理，设计与施工密切配合，优化设计，采用先进的施工设备和工艺，方可在保障工期的前提下，高效率地施工，实现建设优质工程的目标。

10.5.2　全过程质量管理实践案例

【案例摘要】

以某职工周转房 EPC 工程项目生命周期的三阶段质量管理实践为背景，从工程项目总承包商角度，对 EPC 总承包项目的设计、采购、施工的质量管理工作进行了介绍。

【案例背景】

该项目是地方政府为解决下属各级单位职工在该地区工作期间的民生工程，建设内容包括房屋、地下车库、附属工程（大门、气罐场、垃圾站）、总体。建筑面积为 150302.48m^2，房屋总套数为 1336 套，共有地下停车位 600 个，总投资 4.2 亿元。某建筑有限公司通过公开竞标方式获得了该项目的 EPC 总承包权。该项目是该省第一个采用 EPC 总承包方式的项目。

【设计质量管理】

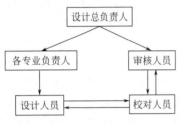

图 10-4　设计项目质量管理组织框架

"百年大计，质量第一"，工程质量管理是项目管理四项内容中最为重要的内容。本项目总承包公司对质量管理的具体做法如下。

（1）建立设计质量管理组织　该项目的设计任务按专业进行分工，并建立设计项目质量管理组织框架，见图 10-4。

① 设计总负责人：这一项目的总主持者就是设计总负责人，其作用在于组织并实现各专业设计者的工作，展开并协调他们之间的技术接口。他们在设计工程中既是总负责者，又是各专业项目所有技术问题的协调者和决策者。

② 各专业负责人：需要对自己所在项目专业和技术上的问题进行相应的协调和统一，并对相关的设计条件和文件进行审核，以实现对审核设计内容质量更好地服务。

③ 设计人员：是具体项目的设计主体，对其设计的项目质量和进度负责，并按照相应的设计大纲进行工作，更好地与其他专业进行衔接配合。

④ 校对人员：主要负责图纸和计算书的正确与否，并参与相关专业的方案设计讨论，与设计人员搞好配合，把握和掌握基本的设计原则和意图。

⑤ 审核人员：对设计大纲、方案和主要的相关技术措施进行讨论研究，并对相关的设计条件和文件进行审核，以实现对审核的设计条件内容质量更好地负责。

（2）不同设计阶段的质量管理内容

① 方案设计阶段：设计总负责人在接受项目后，需要对项目的任务书以及相关部门的批件进行认真的研究，确保对该项目内容和业主的要求有一个全面的理解，以达到方案既符合省规划部门制定的相关要求，又能满足对使用功能、环境功能的要求的目的。最后负责组织和协调各专业进行方案设计文件的编制、汇总和方案设计说明书的编写。

② 初步设计阶段：以初步设计的周期作为基础依据，进行各专业间的协调会议，从而制定出科学合理的进度表，以便更好地对各专业的质量和进度进行检查督促。完成初步设计后，各专业必须进行质量验证会签，并督促他们各自填写质量评定表并完成设计文件的归档工作。

③ 施工图设计阶段：在施工图设计过程中，设计总负责人随时对各专业的具体设计情况进行检查，以方便更及时地协助其协调解决技术问题，更好地保证设计质量。对出图后的各专业施工图要及时填写质量评定表，并要求总负责人也及时填写质量汇总评定表。

④ 施工阶段和竣工后：设计总负责人组织各专业负责人参加设计技术交底会，对设计技术交底会提出的问题，需要由各专业设计负责人进行必要的详尽说明和重点解说；对施工会审提出的修改意见、建议以及施工单位确有困难的问题，需要进行认真合理地弥补制定，最终实现设计与施工间的锁扣连接；设计总负责人要及时与各专业的设计负责人员进行工程竣工时的验收。

【采购质量管理】

（1）材料设备采购组织　本项目所需要的材料设备种类较多，数量大。总承包方针对实际需要建立了设备采购部、设备检验部、设备协调部、现场供应和仓库管理等专业机构，负责部门工程采购方面的各项具体的工作。

① 设备采购部。首先要负责具体的设备采购工作，同时还要起到协调和处理与内部各机构之间的相对应的关系和有关问题。

② 开展后的项目，则需对设备归类、如何采购、设备采购的预算、资金是否充足等进行全面周密的策划，并做出 WBS 工作图表。

③ 对于设备采购方面的工作，相关部门应以技术规格书和设计文件的要求进行采购，并确保采购的性能参数和所设计的图纸和资料相匹配。所采购的设备既要满足通用技术要求，又要满足针对性需求，不出偏差。

④ 严格按照规章制度，对设备进行接送、保管、存发管理。

（2）保证材料设备采购环节的质量管理　严抓、严管材料设备生产商的产品质量，加强从源头上的质量管理。

① 建立对各类设备供应商所生产的设备制造质量的监督制度，设备采购的相关部门应当建立随时随机的驻场跟踪，执行巡回-见证-定点-文件-生产厂测试-商品出厂检查一系列环节的监造质量管理措施。组建针对设备监造计划的小组，对设备的生产原料、元器件、各部件准备的进度和质量、生产的开始时间、制造进度、质量（工艺规程）、生产商计划的可行性测试方案、测试试验报告、出厂计划、发货运输情况、监造过程中发现的问题等，及时对设备采购部进行通报。

② 设备采购部坚持严格遵照业主机电产品、材料检查和测试所要求的特殊性制定详细的设备及系统测试内容和时间表并列入工程计划，在正式测试前 15 天进行确认并通知监理工程师进行日程安排。监理工程师对该部门提交的计划进行审核，并将其计划下发给相应的设备生产商，最后进行出厂检查验收。参加检验的监理工程师需要按照工厂一周前书面通知的内容要求进行细节测试，主要包括设备数量、铭牌的内容、外部涂层、工艺质量、正常运行试验、安全装置试验和性能试验等内容。这些均需按照相关规定严格进行标准的型式试验、单机测试，并督促设备供货商制定详细的工厂测试计划。

【施工质量管理】

施工质量管理是 EPC 总承包质量管理的最重要环节之一，有效的质量管理不仅能使工程质量防患于未然，还能控制工程质量达到预期的目标，有利于促进工程质量不断提高。本项目的施工管理主要包括以下内容。

① 做好图纸会审和技术交底，保证技术交底制度严格化。技术交底涉及施工组织的设计、分工项目的工程技术和项目使用的原材料样品及试验三项交底，其目的是确保工程中、工程后的质量，降低和消减重复性返工，坚决避免质量事故的存在和发生。

② 从本项目的特殊性、现场客观情况和工程难点出发，有针对性地在项目施工前对工程施工人员进行必要的技术和安全上岗培训，其内容主要包括地下及屋面防水、钢筋连接、钢结构、大体积混凝土施工、临时用电以及技术、新材料项目等培训。

③ 整个建设施工过程的质量控制举措。严格执行三检查：自检，对所在班组的施工工序进行自检；交接检，工长自检并对完成的工序履行检查职责；专检，项目部质检员对班组完成的工序进行检查。三项程序完成后，工长进行检验评定表的填写，经质量检验员核实确定，由工程监理最后核查。

工长、班组负责人和质检员在项目技术的组织下对隐蔽工程进行检查，并形成详细的书面记录，且这些均需监理认可签字，然后下道工序才可展开。

混凝土浇筑申请、拆模申请均由工种负责人提出，项目部申请负责人审批。对到场后的混凝土进行资料的各项检查，对混凝土坍落度进行测量，并将其到场和浇筑的时间、坍落度等进行监控记录填写。

严格各分项、分部工程以及最终的质量检验，对不合格的依照有关规定控制程序进行处置，再次复核，直到合格为止才能通过。抓好交底、检查、验收环节，实施全过程、全员的质量监督，使每道工序均处于受控状态。

地下室防水、室内防水、屋面防水、钢结构、幕墙施工、外墙保温施工等是该项目工程中具有特殊性的施工内容，相关工种负责人和班组长需要对项目部下发的特殊过程作业指导书进行认真的学习。整个工程项目做到质量责任制上岗，特殊作业操作人员必须持证上岗，质量检查员要进行过程检查和记录。

【实践案例结语】

在本项目 EPC 总承包工程质量管理的实践中，总承包单位对设计、采购、施工各阶段进行了充分、深度且合理的交叉，实现了设计、采购、施工全过程的质量管理，对今后省内其他行业参与 EPC 总承包项目的质量管理竞争奠定了基础。

10.5.3 质量管理实施策略实践案例

【案例摘要】

以某石油管道工程建设过程中所采取的质量管理策略实践为背景，从 EPC 总承包商角度出发，探讨了 EPC 总承包管理模式下，在保证工程质量方面所做的工作和所采取的管理策略。对 EPC 总承包业的质量管理具有一定的参考价值。

【案例背景】

西气东输二线是西气东输系列中的第 2 个工程，主气源为中亚进口天然气，调剂气源为塔里木盆地和鄂尔多斯盆地的国产天然气。工程主要目标市场是早先西气东输第 1 个工程未覆盖的华南地区，并通过支干线兼顾华北和华东市场。工程包括一条干线和首批八条支干线，工程全长 8704km，工期为 4 年 10 个月。

【融合不同体系，实现有机统一】

目前，管道局的质量体系以采办和施工为侧重点，而管道局设计院的质量体系是以设计为侧重点，兼顾采办和施工。虽然两者都符合《质量管理体系 要求》（GB/T 19001）以及《工程建设施工企业质量管理规范》（GB/T 50430）的相关要求，但是侧重点不同。管道局从以下几个方面对不同的质量体系进行了融合，使之成为有机的整体。

① 在工程投标时，采取管道局与管道设计院联合投标，或者以管道局设计院为龙头的投标方式，从项目投标就使三者（设计、采办、施工）融为一体。

② 在项目部成立后，由项目部负责建立符合本项目的项目质量管理体系。项目质量管理体系从建立之初就是围绕项目的设计、采办、施工而建立的，从本质上就保证了三者融为有机的整体。

③ EPC 总承包方要求各分包商按照总承包方制定的质量管理体系的要求，上报各自的质量管理文件并进行审定，又保证了各分包商建立符合总承包方质量管理要求和符合工程项目实际情况的质量管理体系。这样就从制度和组织上保证了参建各方"同举一面旗，劲往一处使"，形成 1+1＞2 的合力，共同使工程项目保质完成。

【加强策划，整体管理】

EPC 项目部成立后，要对项目整体质量工作进行策划，这一步骤是保证识别项目各种质量要求并使其融为一体、落实质量控制方法和质量责任的关键工作。质量管理策划的最终成果表现为《质量计划》，管道局所有的 EPC 项目均编制了《质量计划》，对项目建设期的设计、采办、施工各个环节的质量要求进行识别、整合、落实控制措施和控制责任部门、确定质量检查计划等。从制度流程上保证了 EPC 项目的质量管理工作要以项目整体质量为出发点。

例如，本项目西段 EPC 项目部从项目开始就发布了《工程西段质量管理计划》，其中涵盖了项目概况、质量目标、质量管理组织机构、文件、资源、产品实现全过程质量管理、测量、分析、改进等全方位质量控制和保证信息，为项目执行期间各项质量管理工作提供了制度保障。

有了制度流程，还需要建立相应的组织机构来保证一切工作按照制度流程进行。EPC 项目部成立了质量部或技术质量部来承担 EPC 项目质量管理的职能。现场质量的检查只是质量部的一部分工作，质量部的主要工作是协调和指导各方按照质量体系文件，尤其是质量计划中的质量管理流程和要求进行质量管理，并最终统一到 EPC 项目整体质量管理中来。

【以人为本，科学组织】

管道局肩负着建设国家能源通道的任务，同时也在积极开发地方能源市场，在国家建设高度发展时期，对长输管道施工质量管理提出了严峻的挑战。

（1）面临的挑战

① 工期紧、任务重，这就造成了作业面多，质量监管不到位；工人连续奋战，疲劳作业甚至是夜间作业等，会为工程埋下质量隐患。

② 技术要求高。目前长输管道普遍采用 ϕ80 及以上的高钢级、大口径钢管，这就对施工质量提出了更高的要求。高钢级、大口径钢管的屈强比高，对口困难，容易造成焊口应力集中，致使焊口失效。

③ 作业环境不理想。近年来管道局承担的 EPC 工程项目多处于山区，例如西二线东段，大口径管道穿梭于崇山峻岭之间，作业面狭窄，许多地段只能采取沟下焊接施工，由于地下焊接作业面狭窄，对于对口、焊接等工序提出了严格的要求，也对工程质量管理提出了更高的要求。这样的大环境就要求 EPC 总承包商以人为本、科学组织，主要从以下几个方面作为切入点进行质量管理。

（2）具体切入点

① EPC 总承包商加强内部资源的调配。同一项目中标段不同，进度不一，可能导致整个项目进度目标的延误时，EPC 总承包商要通过合同变更等形式，协调进度超前标段的资源协助后进标段进行赶工，确保关键线路不延后。

② EPC 总承包商合理安排时间。利用分包商空闲时间，对分包员进行质量教育和培训，加强分包商人员素质和质量自控能力，培训分包商人员的质量技能，通过培训来规范施工人员的行为。例如，西二线西段 EPC 总承包商项目部开工以来，先后在廊坊、嘉峪关、乌鲁木齐等地，分别组织了集团公司级质量管理体系内审员培训，局级质量员培训，EPC 总承包项目部冬季"三员"骨干培训，冬季施工电焊工、防腐工操作岗位质量要求培训，新版质量标准培训，小机组作业和站场土建、工艺安装的兼职质量员培训等较大规模的培训活动，累计培训近 3500 人次，其培训人员覆盖面近施工总人数的 30%。

③ 利用机械化施工和作业指导书，尽量减少施工人员自选动作，规范人的行为。例如，西二线西端 EPC 总承包项目部精心编制了冬季施工质量宣传手册，做到人手一册，牢记于心；连续下发焊接、防腐、保温措施等 10 篇冬季期间施工质量管理系列文件，警示违章，防患于未然；累计下发质量管理文件 85 份，提出要求，指导施工，并在平原段尽可能多地采用机械化施工，减少人为的不规范行为。

④ 通过质量检验程序保证不合格产品不流入下道工序。项目部在处理各类质量问题时，坚持"四不放过"原则，即事故原因不查清不放过、责任人不处理不放过、整改措施不落实

不放过、有关人员未受到教育不放过，使得每发生一次质量问题，就杜绝同类质量问题再次发生。例如，西二线西段 EPC 项目部严格执行工序的"三检制"（自检、互检、专检）。首先，操作人员自检，如电焊工、防腐工、预热温度达不到要求的，不得进行焊接、防腐；其次，上下工序互检，不合格工序不得进入下道工序施工；最后由机组质检员进行专检，对焊接工序中的预热温度、组对尺寸、焊接工艺、焊缝外观等进行必要的检查，并做好记录。另外，要求各承包商项目部质量管理人员要定期进行抽查，并做好相关检查记录。在此基础上，EPC 总承包商采取"事前不通知、随机检查"的"飞检"方式进行抽查。

【合同导向，流程保证】

按照规定 EPC 总承包商可以将一些项目分包给分包商去完成，这就需要管理多个分包商。为此，质量目标的实现需要进行分解，而分解则需要通过合同来实现。如果没有合同约束，那么对于分包商的质量就无从谈起。在管道局 EPC 总承包质量管理中对合同质量的管理一般从以下几个方面入手。

① 在分包合同中对各分包商应承担的工程质量责任提出明确的要求，其中包括三层意思：一是提出的质量要求符合分包商所承担的责任范围，不要含糊不清；二是符合工程整体质量目标；三是工程质量目标要量化可测量，杜绝笼统和不可测量的目标。

② 对分包商的质量管理提出具体要求，在制度和流程上保证分包商的质量管理融入总承包商的质量管理体系中。分包商通过合同中规定的制度和流程，成为总承包商的有机整体的一部分，与其他各部分协调一致。

③ 严格划分分包商的工作界面。由于 EPC 总承包商管理多家分包商，各分包商的工作界面要提前划分清楚，避免到施工后期再协商解决，不利于工期和费用的控制。这就要求 EPC 总承包商与分包商签订合同时，设计、采办、施工等专业人员要积极配合，从各专业的角度为合同起草提供技术支持，通过超前谋划，保证顺利实施。

④ 对分包商合同履约情况进行跟踪。分包商的工程质量直接体现在合同履约情况上，要善于利用合同手段激励分包商提高工程质量管理水平。例如，在合同中设定若干关于工程质量的奖励等条款，激励分包商对施工进行严格管理，积极开展质量管理控制活动，提高工程质量。

【重点控制，过程协调】

通过管道局多年来的 EPC 总承包管理经验，在 EPC 总承包项目中对质量管理需要特别注意以下问题。

（1）充分识别、明确业主的要求　在 EPC 项目部成立之后，第一项任务就是对业主的质量要求进行识别，此项工作主要依据与业主签订的合同、招标文件、投标文件和初步设计图纸来确定。此外，还要结合 EPC 总承包企业自身的质量管理要求来确定项目的质量管理要求，此项工作是后续工作的基础。所以项目经理及企业的相关负责人要高度重视，在项目初期尤其注意要与业主方进行有效沟通，十分重要。

在识别 EPC 项目质量要求的基础上，进行工程质量策划，编制项目质量计划和质量管理规定。质量策划要遵循全面质量管理的原则，要涵盖 EPC 的三个部分（设计、采购、施工），并且要确保项目全体人员了解合同质量目标的要求，明确各自岗位的质量责任。

（2）建立 EPC 总承包质量责任部门　采用 EPC 总承包模式对质量控制是大有裨益的。传统的承包模式，工程质量主要依靠施工方的质量自控来实现，实行 EPC 总承包模式，在施工方自控的基础上又增加了总承包方的"第二方"检查，从组织流程上进一步保证了工程项目的质量。通过管道局的实践表明 EPC 总承包方的"第二方"检查对工程质量控制起到极其重要的作用，而且依靠 EPC 总承包方的质量管理，更有利于推行先进的质量管理理念和方法。目前所有管道局新开工的 EPC 总承包项目均在总承包商的组织下进行风险分析，结合项目实际情况，对项目风险进行识别、分析、策划等，将管理关口前移。

（3）选择合格的分包商及供应商　虽然有 EPC 项目部的质量管理部门的监督和检查，但是各分包商及供应商的质量管理能力才是持续不断地贯穿于项目始终的，分包商及供应商的质量管理水平仍是项目质量的决定因素。

管道局 EPC 项目对分包商和供应商进行了严格的筛选和跟踪。依靠管道局的分包商准入制度，管道局从信誉、财务状况、工程业绩、有无重大安全质量事故等方面考虑，积累了大批合格的施工分包商，EPC 总承包方在管道局筛选出的合格分包商中进行招标工作，进一步保证了施工质量自控主体的合格。同时，管道局对准入分包商实行动态管理，通过 EPC 总承包方的信息反馈，包括合同履约情况、人员素质、机械状态等关键信息，对准入的分包商实施动态管理，确保分包商合格名录实时有效。例如西二线东段，某分包商因为在隧道施工中进度滞后，野蛮施工，EPC 项目部曾多次与其协调，仍然无效果，于是，EPC项目部决定将其清除出合格分包商名录。

（4）设计牵头，平衡考虑整体项目　设计工作决定了工程项目质量目标能否实现的70%。管道局在 EPC 管理的设计初期就对设计进行严格管理，从进度、费用、质量、安全方面综合考虑项目整体目标的实现。

① 进度方面：施工单位在设计初期就与设计方相结合，对图纸中不符合施工单位施工能力和技术水平现状的部分及性能进行修改和替换；对于施工单位掌握的新技术、新方法在图纸中尽可能地体现出来，提高工作效率；对于设计方缺少现场经验而造成的设计错误提前提醒，并给出修改建议。

② 费用方面：通过 EPC 总承包商的管理，使合同管理人员、工程技术人员、质量管理人员、设计人员有机结合在一起，对设计成果是否与业主要求相匹配进行分析。一是查找是否有不满足业主需要的地方；二是要查找是否有超过需要的设计。通过对设计成果的查漏补缺、化繁就简等优化活动，使得业主的投资更有效率，产品的价值水平更高。

③ 质量方面：通过 EPC 总承包商的统一协调，设计、采办和施工有机结合，扬长避短，提高了工程质量。施工阶段是实现工程质量的最后环节，所以设计和采办物资要尽可能地结合施工单位的技术长项和施工惯例，减少不必要的新技术和新工艺的应用。

④ 安全方面：设计方在设计时除了要遵守相关设计标准，满足工程投产使用安全要求，还要结合施工单位的施工方法，充分考虑施工安全。

（5）严格管理采办物资，提高物资使用的准确性和效率　管道局除了遵照集团公司一级物资集中采购的规定外，还通过管道局二类物资进行集中采购，通过集中采购获得优惠价格。据统计，通过管道局集中采购模式的物资比各项单独采购可以节省10%的采购费用。

为了提高物资采购效率，管道局物资装配公司作为管道局物资采购的执行单位，正在努力推行电子商务平台，待平台建成后，招投标工作均在此平台上通过互联网进行，不仅节省了大量的时间，还确保了招投标的透明度，从而保证招投标工作的公平、公正、公开。

进场原材料的质量控制是由 EPC 项目部通过材料报验单、材料合格证、材料复验报告和材料实物标识上的批号和数量核对"四统一"的原则把关，同时还要坚持"四确保"：一是确保原材料、设备性能参数满足施工需要，保证质量符合合同规定的要求；二是确保焊接材料、防腐材料等的存放和使用现所已经采取有效的防护措施；三是确保材料、构配件不丢失和损坏；四是确保各类材料的台账和相关记录齐全、准确和具有可追溯性。

建立严格的出入库制度，实行限额领料。材料发放时需核对施工工艺卡片，确定领用材料的规格、材质是否正确，做好发放台账。结合施工进度定期对领取的剩余材料进行清点，催促施工单位及时返还剩余材料，集中存放，做到工完、料清、场清。

（6）根据质量计划，合理控制各工序的检查力度　工程总承包商按照质量计划要求对施工质量进行管理，组织对承包商的施工方案和施工组织设计进行审查，重点对可能出现的问题和质量安全通病进行重点控制。在施工前和施工过程中，定期检查各类特种人员的资质及重要、大型机具的准用证，计量器具的鉴定证，确保其在有效期内。承包商按照施工质量检查计划的分项、分部、单位工程及见证点（W）、停工待检点（H）、审核点（R）进行自查、复查。总承包商组织业主、监理和承包商对检验项目进行质量验收，各项签字保留。对项目实施过程中发生的质量问题秉承"四不放过"原则进行督促、跟踪整改，形成闭合。定期组织召开质量分析会，对出现的质量问题参与调查和处理，并制定防范措施。

例如，在冬季施工期间，西二线西段在全线范围内开展了冬季施工作业，总承包商根据冬季施工重点和难点，结合《冬季施工技术方案》，加强了冬季施工的过程管理。

① 与各个分包商签署了质量责任书，明确职责，落实债务；

② 组织了1500多名焊工、防腐工进行冬季技术培训，提高技能，强化意识；

③ 精心编制了《冬季施工质量宣传手册》，做到人手一册、牢记于心；

④ 连续下发内容包括焊接、防腐、保温措施等10篇冬季施工质量管理系列文件，警示违章，防患未然；

⑤ 累计下发质量管理文件85份，提出要求，指导施工，从而为冬季施工各项措施的落实奠定了坚实的基础。冬季施工期间线路累计焊接的96048道焊口（约合1120km）无漏点，取得了骄人的成绩。

西二线项目部还采取"事前不通知，随机检查"的"飞检"方式，结合严格的质量奖惩制度加强对施工分包商日常质量管理工作的督促，使分包商充分意识到违规成本大于严格管理成本，自觉加强质量自控。

（7）注重资料的过程管理，保证竣工资料质量　工程完工后，所有的工程信息都要通过工程资料反映，因此，工程资料是质量管理中的一个重要组成部分。工程资料的收集应与工程同步。目前存在工程资料变更的情况，但是工程资料的实质内容往往不会变更。工程资料的收集应从项目开始就确定资料管理人员，明确责任和工作范围，随着工程进展随时填写、收集、整理。原始资料填写要内容翔实、字迹清楚、签字齐全。

项目机械工程完工后，由项目经理牵头，组织各分包商对各自范围内的竣工资料按照业主的要求进行整理。由于前期对资料的形成过程进行了严格的质量控制，所以后期对竣工资料的编制的主要精力应放在对全体竣工人员的填报格式的培训上，并检查各专业资料是否齐全，衔接是否良好。目前管道局正在积极协助推进竣工资料管理平台的开发，力争早日实现竣工资料的电子填报，实现数据共享，不同单位可以根据需要生成竣工资料报表格式。

【经验分享，持续改进】

管道局站在项目整体高度上，运用质量分析工具进行现场质量分析。传统的施工承包模式对于质量问题的分析往往是片面的，或者由于工作范围太小，不能形成规模基础数据，妨碍了质量分析工具的应用。

在EPC总承包模式下，由于总承包商负责工程的整体建设，可以综合分析设计、采办、施工各个环节，对全线各标段、各施工机组的数据进行汇总，从而得出更全面更真实的数据，从而指导工程总承包商进行质量预控，变被动为主动。同时，还定期举办质量分析会。

EPC总承包商要利用自身的优势组织各施工单位进行质量分享和分析会议，请设计部以及采购部派人参加，通过横向和纵向的分析找出质量问题的根源，并分享给项目全体参与方，使各方防患于未然。例如，西二线西段EPC项目部每天对各承包商质量信息、数据进行统计和分析，每周绘制全线焊接合格率走势图，每月一次质量通报。通过数据分析、走势图等对施工质量的宏观趋势进行预控，对施工质量有下滑趋势的承包商予以警示，并及时召开质量专题分析会，查找问题原因并督促落实整改，使工程质量始终处于受控管理状态之中。

西二线西段项目部在工程质量信息平台首页上设置了"三台"（警示台、曝光台、投诉台），对于有质量下滑趋势的承包商提出警示，并公开曝光违章行为，其目的是公开透明度，引起承包商管理层的高度重视，在施工中引以为戒。同时，管道局还发挥项目群管理优势，把先开工的西二线西段工程暴露出的质量问题通报给后开工的西二线东段，由于两个项目在设计、采办、施工各个环节都有很多相似之处，这种质量共享为西二线东段项目的顺利投产做出了极大的贡献。

【实践案例结语】

在 EPC 总承包模式下，总承包商的质量管理与业主方的质量管理在工程建设期是统一的，为了与业主单位建立长期的良好合作关系，总承包企业应站在业主单位的角度思考项目运行质量。总承包企业的质量管理要站在整个项目生命周期的高度加以认识，建立统一的质量管理体系、统一的质量目标，组织和协调各责任主体的质量管理活动，实现项目各项指标的协同控制，为建设项目实现增值。

10.5.4　对分包商的质量控制实践案例

【案例摘要】

以某电力勘察设计院 EPC 火电项目总承包对分包商施工质量管理实践为背景，介绍了总承包商对分包商施工质量管理的一些经验和体会。

【案例背景】

某地区电力勘察设计院是国家确定的电力行业中最早的甲级设计单位。多年来该设计院积极投入总承包事业之中，其 EPC 总承包工程规模处于国内设计咨询企业工程领先地位。多年来，该院完成了诸多总承包项目，如百万千瓦级超超临界直接空冷机组灵武项目、间接空冷机组榆能横山电厂等项目，在 EPC 总承包的实践中，对于分包商的现场施工质量管控积累了丰富的经验和体会。

【对分包商质量体系的管控】

为了对分包商实施质量管控，实现企业及合同规定的质量目标，必须通过建立和健全质量体系来完成，质量体系包括企业的质量方针、质量目标、质量组织、岗位职责、人员能力、管理流程、工作要求、资源配置等，质量管理体系按其目的可分为质量管理体系和质量保证体系。由于质量体系是一个企业长期将理念和实践结合的产物，是企业适应其生产经营活动的质量管控框架，作为总承包方来讲，原则上不应该过度干预分包商的质量体系文件的内容，但以下几点应作为管控重点。

（1）质量目标和要求的确定　分包商质量管理体系中的质量管理目标和要求必须满足：

① 业主的要求，包括业主质量管理体系要求、合同中明确的和隐含的要求、期望值要求等；

② EPC 总承包商的要求，包括总承包商质量管理体系要求、合同中的要求、相关文件的要求等；

③ 相关方要求，包括国家、地方和行业的法律法规、标准规范、民俗乡约等。

（2）对机构组织和资源配置的管控　分包商质量管理体系中的组织机构和资源配置必须满足以下要求：

① 质量管理体系中的组织机构和模式、岗位设置、岗位职责是否健全；

② 质量管理活动中配置的人力、财力、物力和技术资源是否齐备充足；

③ 相应岗位人员的资质、能力和经理是否满足项目需要。

（3）对项目质量管理程序的审查　分包商在质量管理策划过程中，一般会直接应用自己所属企业现有的质量管理程序文件。作为 EPC 总承包商，必须研究项目范围和要求：

① 确定项目质量管理需要哪些程序文件，确立程序文件清单；

② 分包商所属企业质量管理程序文件是否可以直接用于本项目，是否需要做针对性修改；

③ 分包商质量管理程序文件是否适合总承包模式，是否还需要增加业主、总承包商的相应管控环节和参与节点。

（4）质量管理方法和手段的管控　分包商质量管理活动所采用的方法一般包括数据收集、数据分析、发现问题、拟定解决方案、决策、质量改进等。常用的手段一般包括现场检测、仪器监测、实验室测试、现场调试、专家评定等。这些方法和手段是否能够满足合同要求，满足质量管控的精度要求，是否代表当今质量技术的发展主流，是否满足国家质量监督的相关要求等，也是总承包方管控的重点。

【对分包商资源配置计划的管控】

分包商在项目准备阶段为各个建设环节事前确定资源配置及投入计划，是确保工程建设项目顺利进行的保障。对分包商资源配置管理贯穿于整个工程建设的全过程，而不是一次性的，是分阶段按计划进行的。每个阶段资源配置的内容和要求是不同的，总体来看，分包商资源配置包括人力、机具、材料、资金等。为满足不同阶段的需要，对以上资源配置分包商应制定详细的投入计划，既要保证资源配置合理充足，满足进度、质量、安全等管理的需要，也要防止配置冗余，造成资源浪费。

（1）对分包商人力资源投入的管控　人力资源是工程项目建设的第一资源，包括管理人员、技术人员、特种作业人员、各工种劳动力等。EPC 总承包方对分包方人力资源投入管控的内容主要包括：

① 分包商的项目部主要管理和技术人员资质、执业资格、履历、证书等是否满足合同、国家和行业相关法律要求；

② 特种作业人员的资格证书、发证机构、有效期允许操作（试验）项目等是否满足项目要求；

③ 普通劳动力的投入数量及各工种配置的合理性；

④ 人员投入计划是否与项目进度计划相匹配。

（2）对分包商机械设备等投入的管控　机械设备、工具、仪器是项目建设资源中最重要的组成部分。EPC 总承包方对分包方机械设备、工具、仪器投入管控的主要内容包括：

① 分包商是否配备了与项目建设相适应的机械设备、工具、仪器，相对应的合格证、有效期、适用范围、检验和校验合格证明等是否满足要求；

② 分包商配备的机械设备、工具、仪器是否与施工组织设计或施工方案、作业指导书相匹配；

③ 分包商制定的机械设备、工具、仪器计划是否与项目进度计划相适应，是否实现了动态管理；

④ 分包商是否制定了机械设备、工具、仪器的保养、检验或校验计划并严格执行。

（3）对分包商负责采购物资的管控　物资是项目建设的物质基础，其物资质量是否满足项目要求直接关系到项目建设成品的最终质量。EPC 总承包方对分包方负责采购物资管控的主要内容包括：

① 严格审查分包商采购物资清单，生产厂家的营业执照和安全生产许可证，生产厂家资质和业绩证明、采购物资的质量合格证和质检资料、现场抽检合格证明材料等；

② 严格审核分包商物资采购及到场计划是否与项目进度计划相适应，是否实现了动态管理，制定科学合理的物资计划既可保证工程建设项目的顺利进行，又能降低工程成本。

【对分包商施工方案的管控】

施工方案的确定直接影响到施工质量，它是保证施工质量最基本的指导文件和重中之重，但 EPC 总承包方作为传统设计企业，在施工方案确认、审核方面经验不足。为了克服存在的短板，总承包方除需要自身加强学习外，还可借助第三方力量，比如从项目部外聘适当数量的长期从事施工管理的技术人员，重大方案请相关领域的专家进行评审等。对分包方施工方案的管控重点内容包括：

① 施工方案必须根据具体施工内容有针对性地编写；

② 施工方案编制必应依据施工组织设计、本工程合同、业主总承包监理下发的管理制度、行业和国家相关法律法规等；

③ 施工方案的主要内容包括工程概述、施工组织机构、工期计划、劳动力计划、大型施工机械和施工机具的配备、施工方案、安全健康和环境保护管理、质量管理、质量目标、项目风险预控管理核心技术应用等，严格审核施工方案编制人员的资质、签署及分包商审核流程的合规性；

④ 危险性较大的分部分项工程需编制专项施工方案，由分包商企业总部进行审核，并由分包商企业总部技术负责人签字、加盖单位公章。对超过一定规模的危险性较大的分部分项工程的专项施工方案还需组织召开专家论证会。

【对分包方强制性条文执行情况的管控】

工程建设强制性条文是贯彻执行《建设工程质量管理条例》《建设工程安全生产条例》《建设工程勘察设计管理条例》等法律法规的具体体现，是工程建设过程中参与建设各方应强制执行的技术法规，是从源头上、技术上保证工程安全与质量的关键所在。分包方在项目准备阶段必须编制《强制性条文执行计划》，树立工程项目建设过程就是执行强制性条文的思想过程，EPC 总承包方必须严格分包方强制条文执行的管理，管控的重点有以下内容。

（1）设备、材料的管控　设备、材料的采购必须符合强制性条文。设备的监造与到货验收必须对强制性条款（以下简称"强条"）的内容进行符合性检查。

（2）对建设过程的控制　在施工组织设计、专业组设计、作业指导书或专项技术方案中必须编制强条执行措施章节；技术交底要将强条规定交底于一线施工人员，交底记录中必须体现强条的具体条款；分包商每月应按照专业进行强条实施计划的检查闭环并按流程报审；分包商各个专业均应建立强条实施台账，内容包括实施计划检查落实、不符合项整改记录等过程资料。

（3）对质量验收的控制　各级质量验收人员在各质量控制点及验收过程中对强条进行符合性检查，对不符合项进行整改；在质保体系组织的周专项检查、月体系检查过程中，将《强制性条文执行计划》的落实列为重点监控项目。

【对分包商质量通病预防情况的管控】

预防和杜绝质量通病是保证工程项目质量的重要途径，根据电力建设工程质量监督站印发的《电力建设房屋工程质量通病防治工作规定》的要求，电力建设工程必须组织有效的工程质量通病防治。作为 EPC 总承包商应编制《工程质量通病防治计划》，同时对分包商工程质量通病的预防从下几个方面进行管控：

① 严格审核分包商编制的《工程质量通病防治方案及具体措施》，其内容应包括组织措施、管理措施、技术措施、实施计划、应急方案、检查与评价等几个方面；

② 严格管控分包商原材料和构配件的第三方试验、检测工作，未经复试合格的原材料不得用于工程建设；在采用新材料时，除应有产品合格证、有效的鉴定证书外，还应进行必要的检测；

③ 严格分包商工程质量通病防治方案、施工措施、技术交底和隐蔽验收等过程管理和

相关资料的归档管理工作；

④ 跟踪检查分包商根据《工程质量通病防治方案及具体措施》对作业班组进行的技术交底、样板工程等管理活动。

【对分包商成品保护实施情况的管控】

做好现场建设成品或阶段性成品的保护工作是工程质量管理的重要环节之一，也是工程质量管理工作的重要组成部分。作为 EPC 总承包商应编制《成品保护实施计划》，同时对分包商实施情况从下几个方面进行管控：

① 严格审核分包商编制的《工程成品保护方案和实施细则》，要求分包商按专业分类分别编制，专业分类不少于建筑专业、机务专业、电仪专业、保温专业、油漆专业、设备保管专业、调试专业等；

② 要求分包商将成品保护方案和实施细则有针对性地落实到具体施工方案或作业指导书中去，使其成为施工方案的一部分；

③ 严格分包商成品保护方案、实施细则在建设过程中的过程管理，例如开工前对作业班组进行技术交底，建设过程中同步实施，成品验收及成品保护验收同步进行，成品保护实施不到位不得开展下一步工作等。

【对分包商工程质量事故应急处理的管控】

为增强工程质量事故应急处理的快速反应能力，确保在发生质量事故的紧急情况下能够及时采取科学、有序、高效的应对措施，最大限度地减少事故损失，保障工程和人身安全，EPC 总承包商应编制《质量事故应急预案》，同时对分包商质量事故应急处理应从下几个方面进行管控：

① 严格审核分包商编制的《质量事故应急预案及实施细则》，其内容应包含应急组织机构、应急物资储备、应急事件分类分级、应急启动、应急程序、现场应急处理、应急通信、事故上报及信息公开、公共关系处置、应急预案演练、应急终止、事故调查分析等；

② 要求分包商制定详细的质量事故应急处理演练计划并定期进行演练，对演练中发现的问题要及时总结，对计划进行修订；

③ 由于质量事故往往会引起重大安全事故，因此，质量事故应急演练与安全事故应急演练应结合进行，形成一套行之有效的联动机制。

【对分包商建设产品质量验收的管控】

建设过程中的验收管理是质量过程管控的重要手段。火电项目要严格执行《电力建设施工质量验收规程》（DL/T-5210），本规程最新版已增加了 EPC 总承包方的质量验收管控环节，总体实现了六级验收制度。总承包商对分包商的建设成品质量验收应从以下几个方面加强管控：

① 严格审核分包商编制的各专业《验评项目划分计划》，该计划原则上遵循 DL/T-5210，同时可以根据项目特点及重要性增加部分分部分项工程的验收管控环节；

② 严格分包商三级验收制度的执行和落实，EPC 总承包商项目部专业工程师在四级验收时对此进行检查，无施工记录和自检记录的不得进行四级验收；

③ EPC 总承包商项目部严格四级验收，跟踪施工监理和建设单位的五级、六级验收情况；

④ 严格分包商专业及施工工序的交接管控，严格不同分包商之间或作业面交接管控，严格特殊过程和关键质量控制点的管控，严格建设全过程资料的齐备及归档管控；

⑤ 加强对分包商的试运行过程的质量管理，严格审核分包商编制的试运行方案，对重大试运行方案需组织外部专家进行评审，在试运行过程中应对方案的执行情况进行监督检查；

⑥ 加强竣工验评管理，要求分包商及时做好竣工预验、整理竣工验收资料、组织现场验收、及时办理竣工验收签证书等。

【对现场土建及金属实验室的管控】

项目现场第三方土建及金属实验室是由独立于业主、承包商、监理单位的具有独立法人资格的专业化检测公司承担。其采取科学的检测手段，为项目采集数据并提供评价结果，是工程质量管理的科学依据和重要帮手。EPC 总承包商充分利用现场土建及金属实验室在质量风险控制中的作用，避免发生系统风险，同时要加强对现场土建及金属实验室的管控：

① 定期检查实验室、实验人员、实验仪器的资质、资格证件、检验证明等是否合法有效及是否在规定的有效期内；

② 定期检查实验室资料的合规性及是否与工程建设同步；

③ 对实验室不具备条件的检测项目，必须监督其委托给具备相应资质的检测单位或科研机构进行。

【对分包商施工变更的管控】

EPC 总承包商应在项目准备阶段制定分包商施工变更管理制度，对施工变更进行管控，并保存相关记录文件。项目施工变更主要来自两个方面，设计方（包括业主、监理方）提出的变更和分包商提出的变更。设计方提出的变更是设计文件的重要组成部分。分包商提出的变更必须经过设计单位及相关设计人员许可。

对施工变更的管控，是项目现场质量管理的重要组成部分，EPC 总承包商应加强对施工变更的管控：

① 确定施工变更技术上的合理性及现场的可实施性；

② 确定施工变更与合同的符合性，是否存在违反合同的情况；

③ 确定施工变更是否会引起较大的费用变化，是否会引起相关费用的索赔；

④ 对变更的资料要及时整理归档，工程结束后应及时准确地反映到竣工图中。

【对分包商档案管理的管控】

为做好工程项目档案管理工作，应对整个工程项目文件进行规范化管理，充分发挥档案资料在建设、生产中的作用，确保工程档案齐全、完整、准确、系统。EPC 总承包商在工程建设过程中必须加强对分包商档案管理及档案管理人员配置的管控：

① 严格管控分包商档案管理组织机构、人员配置、人员资质、档案室建设、必备设备仪器等，确保资源配置满足档案管理需要；

② 各分包商统一标准，归档范围及内容严格按照《火电建设项目文件收集及档案整理规范》（DL/T 241—2012）执行；

③ 实施档案管理与工程建设"三同步"，即竣工文件的编制与工程进度同步，竣工文件的积累、整编、审定与工程进度同步，竣工档案的提交与工程竣工同步；

④ 要求各分包商统一档案管理软件，实现文件及档案电子信息化管理；

⑤ 加强对各分包商档案工作的指导与监督工作，定期检查分包商档案文件的分类、收集、整理、组卷的情况；

⑥ 严格检查验收各分包商移交的竣工档案，并向建设单位进行移交。

【督促各分包商打造现场质量文化活动】

在工程建设过程中，通过开展现场质量宣传、质量知识竞赛、质量自查、质量专项检查、质量培训教育等活动，营造质量气氛，宣传质量价值，打造质量文化。强化现场人员"质量为本"的核心理念，对于提高工程质量至关重要。总承包商在项目建设准备阶段，应该督促各分包商编制《年度质量活动策划》；在每年质量月来临之前，督促各分包商编制《质量月活动策划》等文件；在工程建设过程中，监督检查或协助各分包商，严格按照策划文件组织展开各项质量活动。

【实践案例结语】

对分包商的质量管理是一个系统工程，作为 EPC 总承包商及其管理人员既要熟悉国家及行业的法律法规，自身又要有一套行之有效的项目管理体系；既要有雄厚的技术背景，又要具备全面的项目管理知识；既要注重过程管理，又要突出重点管理；既要强化自身管控能力，又要充分发挥分包商自身质量管理的作用；EPC 项目既要引领现场质量管控局面，又要形成项目各参建方共同参与、协同管理的良好抓手状态。这些都是对传统的设计企业从事 EPC 总承包项目，向工程公司转型升级形势下的必然要求。

10.5.5　基于 BIM 技术的质量管理实践案例

【案例摘要】

以某干部学院建设项目引入 BIM 技术实施质量管理的实践为背景，探讨 BIM 技术在质量管理中的应用价值。通过对工程质量验收规范的研究，提出基于 BIM 技术的工程质量管理流程，实现质量管理信息与 Revit、Navisworks 软件的信息关联和更新。同时，使现场质量管理信息能及时地、准确地反馈到模型上，实现工程质量的可视化、信息化控制，提高质量管理水平。

【案例背景】

某干部学院建设工程项目是由省政府和当地市政府共同建设，位于某市东南方向 20km 的新区，一期占地面积约为 300 亩（1 亩 ≈ 666.67m^2），总建筑面积为 7.6 万平方米，主要建筑内容包括教学区、住宿区、餐饮区、图书区和体育活动中心，以及配套基础设施。其中 6 号楼是该项目的图书馆，占地面积约为 2000m^2，建筑总高度为 17.9m，结构形式为 4 层主体框架结构，由文艺阅览室、开架书库、电子阅览室、办公室和学术报告厅等多个功能办公区组成。

【基于 BIM 技术实施质量管理的思路】

传统的 PDCA 质量管理方法提供了非常清楚的思路和流程，但质量管理信息在实际操作中做到共享的难度比较大，在传递过程中也会存在信息缺失，管理困难。随着信息技术和互联网技术的快速发展，BIM 技术使建筑行业实现了建筑信息化。BIM 技术具有可视化、协调性和模拟性的特点。国内对于 BIM 技术的研究与应用大多停留在项目进度和成本模拟上，而将 BIM 技术与质量管理联系起来的则较少。近年来，BIM 技术逐步成熟，成功地运用到质量管理的各个阶段，实现了技术的运用价值。根据已有的经验，结合本项目的特点建立起基于 BIM 技术的质量管理流程，见图 10-5。在保证项目顺利实施和满足项目对质量管理使用要求的条件下，提出了基于 BIM 技术项目参数和基于 BIM 技术外接数据库的两种质量管理方法，见图 10-6 和图 10-7。将 BIM 技术应用于项目质量管理之中，实现了管理效益的最大化，提高了管理水平，同时可以给同行借鉴。

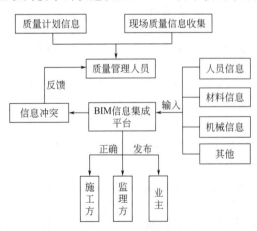

图 10-5　基于 BIM 的质量管理流程

【基于 BIM 技术项目参数的质量管理】

工程建筑项目质量的好坏决定了建筑的寿命，所以对施工阶段的严格把关是实现项目全

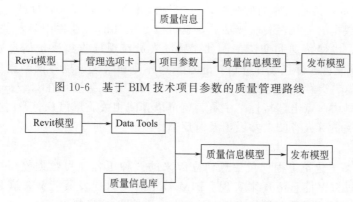

图 10-6　基于 BIM 技术项目参数的质量管理路线

图 10-7　基于 BIM 技术外接数据库的质量管理路线

过程质量控制的关键。建筑项目图纸烦冗，不同专业的设计相互独立，加上施工人员的理解水平有限，现场技术人员难以针对关键技术点进行技术交底，这些都是造成施工质量不佳的原因。同时传统的质量管理控制依靠质检员在构件完成后进行抽验，抽验结果不理想将会导致大量的构件返工。若能提前做好质量控制，严格把控，可以降低返工频率并节约成本、时间，保证建筑质量和工期。另外，在质量管控时，若质检人员对检测的梁、板、柱、砌体等构件的检测时间和检测要求不了解，将致使检测的结果不符合相关要求，反应不及时，使得建筑早期存在质量问题，影响建筑整体的使用寿命。

在质量管理中引入 BIM 技术，可以提高质量管理效率。要做好建筑项目的质量管理首先要解决的问题是准确定位构件所处的位置，然而在实际工作过程中，由于工程量体量庞大，质检人员很难确定构件的准确位置信息。借助 BIM 技术可以有效地解决这一问题。

在建筑信息模型构件中，系统自动对构件编码，形成其固有的 ID 识别码，方便工作人员在应用模型的过程中准确定位和查找。查到所需的构件后，依据《混凝土结构工程施工质量验收规范》中关于混凝土结构的质量要求做出质量是否合格的判断并记录下来。采集到相关数据后，通过技术交底把质量控制要点确定好，然后根据规范提取相关构件的相关数据和质量验收要求，通过 BIM 软件共享平台，形成一个三维模型数据库，当检查员进行质量管理时，就可以根据质量控制的要求，在检查时调用，严把质量关。

此外，质检人员也可以通过参数平台把实时检查结果输入模型中反馈给项目负责人，让其做出相应的反应，使项目顺利进行。具体操作是通过软件的"项目选型卡"打开"项目参数"，操作界面会显示参数的属性创建，根据需要可以定义参数类型等，例如可以输入质检人员、质检要求、质检评定和质检日期等。质检人员通过检查构件把检查结果输入指定参数，其结果可以保存在相应的检查构件中，方便人员阅读和共享。

【基于 BIM 技术外接数据库的质量管理】

在工程质量管理中，不同的参建主体所需要的质量信息有所不同，例如施工方主要关注的是构件的用料和制作方式方法是否符合规定要求；监理方主要关注的是构件的质量是否满足有关质量验收规范要求；而对于业主来说关注的是项目整体质量的综合情况。综上所述，在质量管理过程中，信息表达是否正确与传递是否迅速对于提高整个工程质量管理非常重要。传统的质量管理方法主要是通过现场采集照片、事后文档分析和表格整理等方式在相关人员手中传递与交流，这不仅会造成沟通不及时，而且由于资料繁杂，更容易使信息缺漏，因此对于资料的管理有待解决。基于 BIM 技术外接数据库的质量管理方法，可将质量信息保存到建筑模型属性之中，供相关人员查阅，有效提高了质量管理效率，保证了信息阅读的快速性和准确性。

基于 BIM 技术外接数据库的质量管理，主要依托 Navisworks 软件的"Data Tools"工具来实现与外部数据的关联，关联成功后，就可以在构件的特性栏中显示关联的信息内容，完成信息的存储，以便传递和交流。例如，质量人员在现场收集质量信息后，就可以利用 Excel 表格对质量信息进行整理和分析，通过工具界面和编辑链接界面新建项目，一切相关工作完成后，信息就会存储在建筑信息模型中，相关信息就会显示在 Navisworks 的"常用"选项卡的特性工具中，点击"特性"工具，就可以查阅相关质量信息，及时把带有质量信息的模型传递给相关负责人查阅，并做出及时反馈。

【实践体会】

BIM 技术是基于建筑工程项目信息建立起来的一种工程项目数据模型，将建筑工程项目的实际信息通过数字信息仿真来实现。BIM 技术顺应时代发展趋势，满足建筑工程信息化和集成化发展的要求，具有高仿真性、协调性、优化性等优势。

BIM 技术在施工过程中的推广可以促进企业管理的技术发展，有效解决质量管理信息孤岛问题与信息断层问题，提升企业质量管理能力，大幅提高生产效率。因而推广 BIM 技术已经成为企业发展的必然选择。

工程项目的质量方针及目标，通过项目质量管理中的所有管理职能来实现。项目质量管理的核心是质量控制。工程项目质量控制即监督管理项目质量实际情况，主要包括将项目质量实际情况与标准作比较，确认项目质量问题或误差，分析质量问题原因，采取措施消除问题与误差等。质量控制方法多种多样，其中 BIM 技术可以有效提高工程项目质量控制水平，形式上也更加科学、系统，有利于提升工作效率，节约成本，可以更好地实现项目质量管理目标。

【实践案例结语】

在我国虽然对 BIM 技术的研究起步较晚，但是经过近年来的努力，目前，BIM 技术在我国大多数企业已经得到推广和应用，在项目管理的各方面取得较大成效。但目前 BIM 技术在建筑质量管理方面的应用实践较少，大多数项目仍然使用传统的质量管理方法。为此，工程总承包企业应积极开展 BIM 技术在质量管理方面的研究和运用，提高项目的管理水平。

第11章

费用管理

费用管理工作直接影响着工程项目造价和利润空间。要使 EPC 项目顺利完成并取得理想的社会价值和经济价值，就一定要加强项目的费用管理工作，这是项目能否实现最大价值的关键所在。为此，费用管理成为 EPC 项目管理的四大目标之一，是工程承包商、业主以及其他参建各方一直关注的焦点。

11.1 费用管理概述

11.1.1 费用管理的概念与意义

（1）费用管理的概念 《项目管理知识体系指南》将成本管理内容划分为项目计划阶段的资源计划、成本估算、成本预算和项目控制阶段的成本控制。

《中国项目管理知识体系》对费用管理的定义是："为保证项目总费用不超过批准的预算所必需的一系列过程。"费用管理的核心过程包括资源计划、费用估计、费用预算和费用控制。

《建设项目工程总承包管理规范》将项目费用管理定义为："保证项目在批准的预算内完成所需的过程。它主要涉及资源计划、费用估算、费用预算和费用控制等。"与上述定义是一致的。

我们对费用管理概念的理解，不能单纯地理解为仅仅是项目财务方面的工作，也不能单纯理解为是经济方面的工作；项目费用管理工作是涉及组织、管理、经济、合同、技术等多方面的综合性工作。

许多人将项目费用管理的理解，误认为就是项目成本核算，这也是不准确的。项目费用管理与项目成本核算是两个概念，两者有联系，但是有区别，项目费用管理与项目成本核算比较见表 11-1。

表 11-1　项目费用管理与项目成本核算比较

名称	项目费用管理	项目成本核算
工作性质	项目管理的一部分	财务领域
工作人员	费用管理工程师	财务人员
工作时间范畴	从项目决策开始，至与项目有关的合同全部终止	在项目实施过程中积累数据，在项目完成后进行项目成本核算
工作方法论	动态控制原理	基本建设财务的方法
需要的知识	技术、经济、管理、合同、组织	财务
工作目标	实际投资＜投资目标值	计算实际总投资，并进行实际投资分析

（2）费用管理的意义 EPC 工程一般来说投资巨大，所以费用管理与控制成为工程的重点管理对象。项目所有过程如果能够在费用控制下完成，并且费用控制得到落实，这对工

程来说是满足工程项目要求的现实需要。正因为秉持着 EPC 总承包模式对费用控制的重要性，在工程实施过程中强有力地推行费用目标管理，对工程企业的生存与发展具有重要的现实意义。

① 项目费用管理是企业增加利润的有效途径之一。收入－成本费用＝利润，所以项目成本的合理降低，意味着企业利润的增加。

② 项目费用管理是企业抵抗风险的有效措施。在项目实施过程中，存在着诸多不确定因素，如原材料价格、设备租赁费、人工费的上涨及不可预见的天灾人祸等。项目成本的降低既可以增强企业的抗风险能力，同时，也可以增强企业的竞争力。

③ 项目费用管理是企业发展的基础。项目费用管理水平的高低直接反映了企业管理水平的高低，企业的管理水平又直接影响企业的发展，良好的管理水平是企业发展的基石。

④ 任何一个企业的发展和项目的建设过程中，都离不开费用控制。工程变更会导致项目费用脱离计划和预算，意外不利因素发生会导致项目费用的增加，企业发展也具有很大的不确定性，因此，企业的费用控制首当其冲。

⑤ 有利于项目在预算范围内顺利完成。加强费用管理，同时也间接地关系到业主的利益，在业主预算内完成项目，使项目按期投入使用，为业主留有更大的盈利空间。

11.1.2　费用管理的特点与原则

11.1.2.1　费用管理的特点

EPC 项目模式为费用管理提供了更多的优势，EPC 模式与传统承包模式的费用管理相比较，有以下几个方面的特点。

（1）对设计实施限额优化，掌控费用总源头　在传统的承包模式中，设计、采购、施工的执行由几个独立的承包方进行，尽管设计部门需要评估初始设计，但他们对其所设计的方案的准确性并不十分负责，大多数设计师认为设计更可靠，但容易忽略了其经济性。与传统模式相比，EPC 总承包商负责设计、采购、施工以至试车工作，为了降低成本，对整个项目实施过程中进行成本控制。例如，可以实行限额设计或限量设计；根据工程项目的特点，优化设计方案，统筹考虑与后续工作的连接，对项目设计费用进行动态、全局的控制，制约费用控制总源头。

（2）整合各级别费用控制目标，使总费用最小化　传统承包模式只是考虑各个承包级别的当前成本。例如，在设计方投标时，投标方仅考虑降低设计成本；供应方投标时，仅考虑降低投标采购费用；施工方投标时，仅考虑降低施工投标成本。彼此是各自独立的目标，当然这也有助于整个总费用的降低。但是，如果设计阶段过于注重成本降低而不考虑后续采购和施工的需求，将会导致大量设计变更，甚至需要重新设计，最终的结果会使项目总费用变高。

EPC 总承包模式可以很好地避免传统承包模式的局限性，强调整个过程的系统性、服从性，EPC 总承包模式的费用控制本身就是一个大系统，它讲究服从性，每个级别的费用控制目标服从整个系统的费用控制目标，让工程费用控制的最终目标是使项目的总费用最小化。

（3）克服了相互制约的矛盾，有利于降低内耗　传统的承包模式是分阶段发包的，先进行设计，然后采购材料和施工，相互掣肘。而在 EPC 模式中不存在相互制约，设计部门可以将施工所需的主要工序先优化出来，根据施工进度计划，采购部门可以有序制定采购计划，既可以加快施工进度，也可以节约费用，严格执行合同约定的费用、进度、质量目标，为施工单位节约支出创造更大的利润空间，同时，也为业主方在预算范围内顺利完成项目，提高其利润预期。

（4）做到权责分明，保证业主利益的最大化　EPC 总承包模式省去了业主全过程监督的成本，只需聘请监理单位进行过程监督，或者在施工接近尾声时对全局进行把控。总承包商的自由度大，可以避免由于出现质量问题权责不清，各单位之间相互扯皮，最终造成项目损失的现象。而 EPC 总承包模式管理责任主体明确，各部门之间有明确的责任分工，出现费用、质量等问题可以很好地追究责任人。EPC 总承包模式的目的也是为了在保证同等质量的前提下，合理节约成本，保证业主利益的最大化。

11.1.2.2　费用管理的原则

EPC 总承包项目费用管理工作应遵循以下四项基本原则。

（1）协同管理原则　费用管理不是一项独立的职能，而是与项目质量、进度、安全管理等目标（部分）协同进行，必须在保证管理活动不受影响的前提下降低成本，对费用实施管理与控制。

（2）协作管理原则　费用管理是一项综合性的工作，其完成需要在项目部的各个管理职能部门、各专业分包商以及预算、决算、财会等不同部门和领域实现，因此，费用管理必须坚持协作原则，才能实现项目费用控制目标。

（3）全程性原则　费用管理是一项全程、全面性的工作，需要贯穿于设计、采购、施工以及试车等所有环节，贯穿于项目整个生命周期。

（4）责权利对等原则　费用管理不仅仅是一项利益性活动，而且是一项责任性活动，需要严格规定组织领导、员工、项目等费用控制责任边界。

（5）动态管理原则　在项目费用管理中，由于项目环境、市场情况的变化而引起项目某些费用的变化，如设计变更、供应物资市场价格变化、工作量差异引起的费用变化等。总承包商应根据内外因素的变化，对费用实施动态的管理，并制定相关制度。

11.1.3　费用管理模式与体系

11.1.3.1　费用管理模式

在 EPC 项目中的费用管理模式同进度、质量管理模式一样，实施两级管理模式，即企业级费用管理和项目级费用管理，具体职责如下。

（1）企业级费用管理　EPC 工程总承包项目的企业级费用管理主要是站在企业财务角度，对费用实时监控，主要解决的问题如下。

① 审查各个项目部的费用计划是否符合国家财务有关法律法规，是否符合企业所制定的各项费用管理制度。

② 全面掌握各个项目费用的执行情况，提前发现项目费用管理控制方面存在的风险和预测各项目的费用发展趋势。对于发现的费用风险要从总部角度给予预警，并协调资源，对费用风险进行控制。对不良的费用趋势采取必要的措施进行纠偏，以确保项目质量目标的实现。

（2）项目级费用管理　项目级的费用管理是站在项目的角度上对费用实施管理，项目部是项目费用管理的执行层。

① 计划分级管理：EPC 项目部实施费用计划分级管理模式，在编制费用计划时，编制好各级费用计划，并以此为控制费用的基准。

a. 费用总计划：控制部根据项目预算、项目内容、管理目标，按照项目费用构成编制费用总计划，即费用一级计划。

b. 分项工程费用计划：在项目实施阶段，控制部根据项目费用总计划和工作分解结构，将项目按分项工程和会计科目进行费用分解，作为二级计划，是项目实施过程中费用记录、跟踪和控制的基本单元，为各分项工程费用控制提供依据。

c. 年度费用计划：根据项目进度计划、采购计划、施工计划，由控制部牵头，会同其他部门编制年度费用计划，年度费用计划由项目经理审核批准后，作为当年费用控制目标依据。

d. 季度和月度计划：根据项目年度费用计划，各个用款部门分别编制本部门的季/月度费用计划并提交财务部，由财务部门汇总并编制季/月度费用计划，以安排费用资金。各级费用计划的深度和精度应根据项目所处阶段不同而有所不同，各级费用计划的编制必须以项目进度计划为基础，并与项目进度计划相匹配。

② 职能部门的协同：在项目部经理的领导下所设置的各职能部门，以费用管理部门为核心，技术部、工程部、设计部、采购部、试车部等各部门完成各自部门的费用管理职能，相互协调合作，形成合力，对项目费用实施有效的管理与控制。

管理工作要从基层单位抓起，为此，应要求各专业分包单位成立相应费用管理机构，指派专职的费用管理人员，对本单位的工程费用实时控制，协助工程总承包商做好该分包项目的费用控制。形成上下沟通、协调的费用管理网络体系。工程总承包商应随时掌握工程费用动态，对项目实施全过程和全部范围的费用使用情况的跟踪、控制。

11.1.3.2　费用管理体系

费用管理体系分为和费用监控体系和费用管理保证体系。费用监控体系主要包括费用监控目标体系、费用监控流程体系等；费用管理保证体系主要包括费用组织机构、岗位职责、资源配置体系、费用管理方法与技术体系等。我们先简要介绍费用监控体系，费用保证体系内容将在下面节点介绍。

（1）费用监控目标体系　在 EPC 承包项目中对承包商而言，其费用管理目标是指项目成本的控制目标，作为项目费用控制的标准。除了项目整体费用的总目标外，为了从各个方面对项目费用进行全面计划和控制，还要多方位、多角度地将费用总目标分解为费用子目标，与总费用目标一起形成一个多维的、严密的费用目标体系，例如子目标为设计费用目标、采购费用目标、建筑安装费用目标等。

（2）费用监控流程体系　费用监控流程体系是指总承包商在项目实施过程中，对所发生的全部的工程项目费用以项目所编制的预算为计划基准，对项目实施过程中所产生的费用与费用计划（基准）的偏差进行测量、分析和预测，对于出现的较大偏差，采取纠正措施，使工程项目费用控制在预算范围内，最终保证项目目标利润实现的体系。必要时进行费用预算（基准）计划的变更。

11.1.4　费用管理内容与流程

（1）资源计划　资源计划是指确定项目完成全部活动所需要的资源种类和资源数量，解决项目在特定时间内，需要投入什么资料和每种资料需要多少数量的问题，以便为项目费用估算提供依据。

资源计划编制的主要依据包括工作分解结构、项目进度计划、有关历史资源、项目范围说明、项目资源说明、项目组织管理政策和有关原则等。

资源计划是费用管理的重要工作内容，是费用管理工作流程的第一步，也是费用计划编制的第一项工作。

（2）费用估算　项目费用估算是对完成项目工作所需要的费用进行的估计和计划，是项目计划中的一个重要组成部分。要实行费用控制，必须先估算费用，费用估算实际上是确定完成项目全部工作活动所需要的资源的一个费用估计值，这是一个近似值，既可以用货币单位表示，也可用工时、人月、人天等其他单位表示。

项目经理总体负责费用估算的编制；设计部、采购部提供相应的工艺设计图和采购物资清单；施工部对相应的安装、施工管理费用提供建议；财务部提供估算的本部财务工作费用，其中应包括保险、信贷费用等。控制部控制工程师负责具体估算的编制，包括对原始资料进行分析和选择，校核数据的完整性和统一性，编制相应估算类型的汇总表及细项。

对 EPC 工程总承包的费用估算可以划分为工艺设计、基础工程设计、详细工程设计、采购、施工等类别。工艺设计阶段编制初期控制估算，基础设计阶段过程中编制经批准的控制估算，基础设计完成时编制首次核定估算，详细设计完成时编制二次核定估算。一般 EPC 工程总承包项目采用固定价格合同，为此仅编制一次控制估算，经过总承包企业管理层批准的控制估算。控制估算是项目实施过程中相应各阶段费用控制的总基准价。

控制估算的审核工作是由项目控制部会同其他部门进行审核，由项目经理上报总承包企业批准备案。审核内容包括：各类费用估算是否控制在合同价格之内；是否是根据项目任务书所规定的建设规模、建设内容来编制的，编制依据是否充分；所参照的费用指标是否符合国家或行业的规定，是否有擅自更改取费标准的现象；生产能力是否符合经批准的设计任务书的规定，工艺设备是否采用了先进合理的技术。

费用估算是费用管理的重要工作内容，是费用管理工作流程的第二步，也是费用计划编制的第二项工作。

（3）费用预算　项目费用预算是一项制订项目成本控制标准的项目管理工作，是指将项目成本估算的结果在各具体的活动上进行分配的过程，目的是确定项目各具体活动的成本定额，并确定项目意外开支准备金的标准和使用规则以及为测量项目实际绩效提供标准和依据。费用预算编制主要包括以下工作内容。

① 分配总估算费用：费用控制工程师将经批准的估算费用分配到各专业项目，各专业负责人再将费用分配到工作包和工作项；费用分解结构应按照与工作分解结构相适应的规则进行。

② 制定费用曲线：费用控制工程师将每一个工作包的预算分配到工作包的整个工期中，累计计算每段时间的费用总和即形成费用控制曲线。也就是说，费用曲线是项目开始到结束的整个生命周期内费用累计的曲线，是到项目生命周期的某个时间点为止的累计费用，主要是用于测量和监控项目费用执行情况，是项目费用控制的重要依据和工具。

费用估算分配的过程就是费用计划制定的过程，费用计划是项目执行阶段费用控制和资金管理的基准，也是安排项目各阶段、各单项资金使用的基础。费用预算是费用管理的重要工作内容，是费用管理工作流程的第三步，也是费用计划编制的第三项工作。

（4）费用控制　项目费用控制是指总承包商在工程建设过程中，按照既定的费用目标，对构成费用的诸要素，监控项目费用是否在预算范围内的动态控制过程。按照执行计划、监督检查、分析比较、措施纠偏的步骤进行。对于出现的偏差应及时纠偏，控制费用超支，把实际耗费控制在费用预算基准范围内。费用控制的内容包括材料消耗费用控制、机械设备费用控制、人工成本控制等。项目部还应进行费用变更管理和定期编制费用执行报告。

费用控制是费用管理的重要工作内容，是费用管理工作流程的第四步，是费用管理最关键的一个阶段，关乎费用计划目标是否能够实现。

费用管理工作流程示意图见图 11-1。

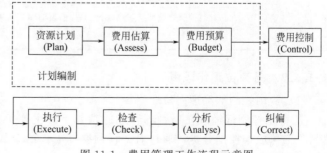

图 11-1　费用管理工作流程示意图

11.1.5　费用管理机构与职责

11.1.5.1　费用管理机构

典型的 EPC 总承包商项目部费用控制管理组织机构示意图见图 11-2。

EPC 总承包项目部经理总体负责项目费用管理工作，在项目部经理的领导下，各部门相互配合，开展对费用的管理和控制。

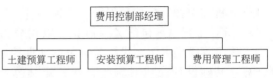

图 11-2　项目部费用控制管理组织机构示意图

11.1.5.2　费用控制部门的职责

费用控制部门的主要职责见表 11-2。

表 11-2　费用控制部门的主要职责

项目阶段	职责内容
项目准备阶段	收集整理历史成本资料、同行业造价信息和成本管理先进经验加以利用
	负责项目估算编制，分解费用控制指标，做好费用计划工作
	汇总编辑《项目成本指导书》文件，提出费用控制要点
	参与所有本项目的分包招标工作，审核、分析是否适合合作合作人
	参与分包招标项目合作方的所有考察
	主持编写投标文件、合同和分包招标文件、合同的经济部分
	……
项目实施阶段	建立维护工程造价和材料设备限价信息库
	跟踪分析计划执行情况，完成成本控制动态表并作分析
	定期或不定期进行专题或综合成本分析和方案的经济比较
	对设计变更进行造价评估和经济可行性分析
	同项目部现场工程师一同核实现场工程量部分
	对于偏离成本管理目标的进行纠偏，完成纠偏后项目造价的编制
	每月汇总所发生的分合同变更和签证总额
	……
项目收尾阶段	工程结算阶段是整个项目运作过程中成本人员工作量最大的阶段，是成本人员工作的关键阶段
	工程竣工验收合格后，根据工程部工程竣工结算资料进行工程结算
	工程结算要准确、及时、全面、有理有据
	结算应严格按照工程结算计划进行，及时向公司领导汇报
	……

11.1.5.3　各岗位工作职责

（1）费用控制部经理岗位职责

① 费用控制部经理在项目部经理的领导下，主要负责组织进行工程投标、工程预决算编制、工程成本控制分析，通过对工程预决算工作的全面管理及与各相关部门的协调配合，从而保证工程投资目标的实现。

② 认真贯彻执行公司的各项管理规章制度，逐级建立、健全成本控制部各项管理规章制度。

③ 积极主动地完成工程预决算编制及工程成本控制任务，对工程预决算编制、资金使用控制情况实施全面的管理。

④ 掌握国家及工程所在地的工程造价政策、文件和定额标准。及时了解和掌握工程造价变化信息，收集和掌握与工程造价、工程预决算有关的技术资料和文件资料，实施工程预算动态管理。

⑤ 对建设项目进行前期跟踪，组织工程投标工作，根据国家法律法规及工程所在地的相关工程造价政策文件、定额标准、招标文件内容要求、现场实地勘察结果及投标设计方案内容，组织编制工程投标商务标，汇总投标文件，参加投标。

⑥ 根据国家法律法规、工程造价政策文件、定额标准、招标文件内容要求、现场实际情况，深入研究施工图纸，研究投资方心态，组织编制工程施工图预算，对工程预算总体投资、总体成本进行全方位整体把控。

⑦ 按照公司要求及项目内容组织竞价招标，选择并确定施工队伍。

⑧ 负责基建项目的施工及设备材料采购合同的审核和有关合同的签订，并对工程的全过程行使合同管理职能并监督合同的执行情况。

⑨ 深入施工现场掌握现场实际情况和施工进度，组织办理工程施工过程中出现的各种预算变更洽商，协调办理资金调整审批的商务签证；收集汇总工程项目所有涉及造价增减的变更签证，及时把造价增减情况反映到费用管理控制系统中。

⑩ 负责签证的核对、审核，协助验收，对工程预算、结算有审核权等。

（2）土建预算工程师岗位职责　及时完成土建部分的估算、施工图预算，为决策提供支持；参加部分土建、环境等工程的招标，编写经济条款，参加招标答疑会；审核分管部分合同的进度款支付；对变更和签证进行估算和经济分析，与现场工程师一起核定工程量，定期汇总变更和签证的总金额；对分管专业项目造价变化及时反映，根据目标成本的要求，对偏离较大的项目提出应对建议；核对工程（材料设备）结算；将结算与目标成本对比分析，为后续工程提供成本建议；对不同设计或施工方案做成本比较分析，解答现场工程师有关成本方面的问题等。

（3）安装预算工程师岗位职责　及时完成安装部分的估算、施工图预算，为决策提供支持；参与相关专业工程的招标，编写经济条款，参加招标答疑会；审核分管部分合同的进度款支付；对变更和签证进行估算和经济分析，与现场工程师一起核定工程量，定期汇总变更和签证的总金额；对分管专业项目造价变化及时反映，根据目标成本的要求，对偏离较大的项目提出应对建议；与乙方核对工程（材料设备）结算，进行结算内部互审；将结算与目标成本对比分析，为后续工程提供成本建议；对不同设计或施工方案做成本比较分析，解答现场工程师有关成本方面的问题等。

（4）费用管理工程师岗位职责　收集已完工的成本构成和各项经济、技术指标，建立成本数据库；负责制定目标成本详细指标，编制《项目成本管理指导》等文件；跟踪分析目标成本计划执行情况，完成成本信息表；将结算后的项目实际投入与目标成本作比较，为后续工程提供成本建议；参与施工前的方案交底会，从成本角度对设计提出建议；参与施工前的图纸会审，对施工方提出建议；参与部分专业、设备材料的分包招标，参与编写合同经济条款；参与部分结算和预算的内部审核工作；协助完善成本管理制度等。

11.2　费用管理要点

11.2.1　设计费用控制要点

项目费用控制的关键在于施工以前的投资决策和设计阶段，在项目作出投资决策后，控制项目费用的关键在于设计。其中，在初步设计阶段，影响项目投资的可能性为 75％～95％；在技术设计阶段，影响项目投资的可能性为 35％～75％；在施工图设计阶段，影响项目投资的可能性为 5％～35％。在满足相同使用功能的前提下，技术和经济合理的设计，可降低工程总造价的 5％～20％。因此加强设计阶段的投资控制是非常必要的。设计费用控制要点如下。

（1）明确设计各阶段的特点 设计是在技术和经济上对拟建工程项目实施进行的全面安排，对工程建设进行规划的过程。因此，要明确设计各阶段对拟建项目费用控制任务的特点。设计阶段一般分为三个或四个阶段来控制费用，从方案设计阶段、初步设计阶段、技术设计阶段到施工图设计阶段，设计各阶段对项目费用控制的特点见表 11-3。

表 11-3 设计各阶段对项目费用控制的特点

设计各阶段	设计各阶段费用管理内容
方案设计阶段	进行工程设计招标和设计方案竞选，根据方案图纸，做出含有各专业的详尽的建安造价和估算书
初步设计阶段	应据初步设计图纸编制初步设计总概算，概算一经批准，即为控制拟建项目工程造价的最高限额
技术设计阶段（扩大初步设计阶段）	应根据初步设计的图纸编制初步设计修正总概算，这一阶段往往是针对技术比较复杂、工程比较大的项目而设立的
施工图设计阶段	根据施工图纸编制预算，用以核实施工图造价是否超过批准的初步设计概算；以施工图预算或工程量清单编制的标的进行投标，作为确定承包合同价的依据，同时也作为结算工程款的依据

由此可见，施工图预算是确定承包合同价、结算工程款的主要依据。设计阶段的费用控制是一个有机的整体，是一个全过程的控制。设计各阶段的费用/造价控制（估算、概算、预算）相互制约，相互补充，后者控制前者，共同组成工程费用控制体系，同时，费用控制又是一个动态的控制。从上面各阶段对费用控制的特点不难看出，设计阶段的费用控制是非常关键的。

（2）做好设计前的准备工作

① 及时掌握工程项目业主的投资意图，深入分析业主对项目投资的功能需求和使用价值要求，根据投资额和项目周期正确处理和协调好业主所需功能与资金、技术、标准之间的关系。

② 做好现场勘察与调研，掌握工程用地要求，调查区域内类似案例的水文地质条件、消防、交通运输以及生产工艺、基础设施等情况，确保设计输入条件的可靠性。

③ 对项目业主提供的资料真实性进行认真的复核，保证资料的真实性、完整性，以此来明确工程项目各方的权利、义务和责任。

（3）实行费用限额限量设计 限额设计是 EPC 总承包项目费用控制的重要措施，即按照批准的投资估算控制初步设计，再根据批准的初步设计总概算控制施工图设计，对每个专业的设计进行投资额的分配，并应当在满足其使用功能的基础上保证各个专业的设计均不突破所分配的费用额度，以确保总限额不被突破，为项目总投资目标的实现奠定基础。在已经拟定工程量清单前提下，推行限量设计，减少浪费（如肥梁胖柱等），这样既可以为总承包商创造良好的经济基础，也可以为社会节约有限的资源。

（4）实施项目设计方案优化 项目的设计方案对于项目总造价具有最直接的指导作用，一个好的设计方案可以在保证工程质量和进度的前提下最大限度地节约资金。因此，在方案设计过程中，应做到以下几点。

① 费用控制人员应与设计人员密切沟通与合作，使设计人员明确合同功能要求、技术

要求、安全要求。设计人员应当完全遵照总承包合同约定的设计标准进行方案的设计，设计方案要符合合同规定的造价目标的要求。

② 由于建设工程项目往往涉及的专业众多，各个专业的设计标准也不尽相同，因此，在实际工作中应当注意各专业标准的匹配，使之能够符合合同总设计标准的要求，并防止某个专业设计标准过高造成资源浪费。

③ 设计起始阶段应当拟定多种设计方案，充分利用价值工程原理与方法，对各个设计方案根据技术可行性和经济合理性进行科学比选，优中选优。为使 EPC 总承包商获得的利润最大化，一般情况下，在满足设计要求的情况下应当优选费用最低的设计方案。

11.2.2　采购费用控制要点

（1）健全采购制度建设　建立完善的采购制度是控制采购成本的有力保障，通过既严格又健全的采购体系及其程序，确保工业 EPC 总承包项目的采购管理人员在采购过程中依法合规，有利于规范招标环节，实现招标公开、公正以及公平的原则，同时，还能对整个采购过程进行有效监督，避免采购人员做出违法行为，进而影响企业社会信誉及造成经济损失。

建立与设备、材料价格有关的评价指标，定期对采购的设备以及材料价格的数据信息进行收集整理，以此建立与价格有关的数据库，以便在采购设备时，可以进行参考；对于较为重要的设备、材料应当不断优化，再次进行评价，同时，应当不断寻找供应商资源，对多家供应商设备价格进行比较，从而降低设备采购费用。

EPC 工程项目总承包具有以下优势：设计工作包括在整个管理中，对工程有着更全面的了解，能有效掌握工业 EPC 总承包项目中每个环节的重点以及要点内容，对有关的工艺参数及评价指标更加熟悉，因此采购结合设计在 EPC 总承包管理中发挥优势，进行设计优化，实现质量优良以及经济效益较高的建设效果。

（2）供货商的选择　EPC 工程总承包项目在采购阶段对供货商的选择直接影响着采购成本，为降低采购成本普遍的做法是采用招标的方式，即总承包单位根据合同约定的质量标准发布招标公告（或委托招投标机构代理），通过招标、评标的过程可获得尽可能低的价格，而且有利于保证材料和设备的质量。另外，项目总承包单位还可通过与材料、设备供应商建立长期合作伙伴关系，在保证高质量和低价格的同时，还可缩短采购周期，减少库存量，因此，更利于总承包单位的资金周转。

（3）科学确定采购数量　在 EPC 总承包项目中，实际施工所使用的材料量与设计文件中规定的量会有很大出入，这主要是由于设计文件上只是理论上的估计，而运输过程中、仓库储存过程中和施工过程中的材料周转以及由于工人操作原因造成的材料损耗常常不可避免，再加上可能出现的设计变更，都对采购工作提出了更高的要求。如果某种材料采购数量不足就会出现经常性的追加购买，在采购数量上没有优势，容易提高采购成本；而如果一次采购数量过多就可能导致项目结束后材料余量过多，造成浪费，对总承包单位同样造成不利影响。

（4）实行限额采购　对于某些建设工程项目来说，设备往往较为昂贵，因此，在保证设备的使用功能达到要求的前提下，应当对其实行限额采购制度。在设备采购时，每一台设备都应当根据评估和调查设置限额，而对于同类型的多台设备来说，集中采购更有利于降低采购成本。因此，此时应当以同类型设备合计作为限额标准，在采购时原则上不允许超出限额的上限标准，但实际工作中有时也会发生超出限额的情况，比如货币市场突变等，此时应当分析原因，并向上报告，供总承包单位决策。

（5）建立供应商库　建立科学合理的供应商档案管理体系，是降低采购成本的重要依据，才能从实际上降低采购成本费用。对供应商档案信息及时更新，制定严格考核程序及考核指标，对供应商进行评估，评价合格的供应商才有资格进入供应商库。

在 EPC 项目管理过程中，信息资源的有效管理对于有效开展工程项目是非常重要的。在对信息管理过程中，要实现信息功能与价值的合理调配，科学合理地控制信息流向。

在 EPC 项目管理过程中，信息管理与资源管理在本质上是不同的。在管理过程中，应当对有价值的信息资源加以处理，其中包含着多种因素，比如信息技术以及生产者信息等。在 EPC 项目管理过程中，对各种信息进行有效控制及协调，为 EPC 项目管理工作提供一定的信息支持。

（6）合理利用集成管理　EPC 工程总承包的三个环节，在缺乏设计能力和强大的采购网络情况下，通过利用集成商，可以帮助我们克服在 EPC 总承包工程实施过程中资源的矛盾。EPC 工程从项目决策、设计、采购到组织施工生产，需要大量的技术、劳务以及资金、物资和管理资源，如企业短时间内掌握所有这些资源相对困难，那么通过应用集成管理，对总承包工程项目所需资源的集成，可以使总承包所需资源达到最佳整合，优化结构，调整关系，求得整体功能上的扩张。

11.2.3　施工费用控制要点

在建设工程项目的建设过程中，安装施工阶段持续时间最长，而且涉及主体众多，因此，施工费用控制是 EPC 总承包单位费用控制的重点，也是难点。

（1）分包商的确定　充分利用市场机制，采用公开招标的方式选择分包商。通过投标人的竞争有利于选择出市场信誉好、价格低的分包商。在招标过程中，严格按照有关法律法规进行，防止串标、围标行为发生。招标有利于控制整个项目费用的支出。

（2）做好质量、进度、安全控制　在工程项目中，离开了质量、进度、安全控制谈费用控制都是毫无意义的。一旦出现质量问题会导致返工或维修费用增加；而如果项目进度缓慢就会增加大量的人工费、机械租赁费等；另外施工现场的安全隐患或安全事故，不但会导致资金赔偿，而且会给企业带来负面影响。可见施工安装阶段做好质量、进度和安全管理与费用控制是相辅相成的，保证工程质量、进度和安全对于费用目标的实现具有重要意义。

（3）严格控制工程变更　在 EPC 总承包项目中，施工过程会受到多种因素的影响和制约，例如施工现场环境、材料供应市场变化等，一旦这些与设计预期方案或要求不同时，或者需要扩大建设规模的，要尽早变更。因为工程变更对于费用控制极为不利，而对于必须发生的设计变更尤其是涉及费用增减的设计变更，应当经设计、施工、建设、监理等多方签字确认后，才能实施变更。对于可以预见的变更应尽早变更，以减少由于变更带来的费用损失。

（4）在费用控制中应用信息技术　EPC 总承包项目中的控制管理较为复杂，难度较大，随着建设规模的不断增大，传统的管理方式已经捉襟见肘。为保证费用控制的精度，使项目费用目标顺利实现，一方面应在项目费用控制中运用先进的技术来提高费用控制人员的工作效率和质量，例如，运用计算机一系列控制软件、BIM 技术等，使项目费用控制与其他控制完美结合，使工作更快速、更准确、更便捷、更形象。

另一方面运用现代网络信息技术，建立完善的信息系统，保证各单位、各部门之间的信息畅通，实现资源共享。通过信息技术，有利于监督各方主体的行为，防止因管理不善导致材料浪费、工期延误等现象的发生。另外信息管理技术可以将整个项目的费用控制过程信息记录下来，作为以后项目建设的宝贵资料。

11.3　费用管理策略

EPC 工程总承包项目是一项较为复杂的系统工程，涉及项目建设的多个阶段、多个部门，其费用控制工作与参建各部门密切相关，需要每个参与者在每个阶段都要通力合作、精打细算。对整个项目而言，对项目费用管理实施有效的策略才能保证费用管理目标的实现。

11.3.1　强化估算与预算工作

（1）做好项目费用估算工作　费用估算对 EPC 总承包方至关重要，是关乎总承包方能否中标的关键因素，是 EPC 承发包双方签订合同的价格的重要依据，也是合同签订后，总承包方制定费用目标的依据。总承包方对费用的估算一般是在项目初期进行。

EPC 总承包项目部总体负责费用估算的编制；设计部、采购部提供相应的工艺设计图和采购物资清单；施工部对相应的安装、施工管理费用提供建议；财务部提供估算的本部财务工作费用，其中包括保险、信贷等费用；控制部费用控制工程师负责具体的估算编制，包括对原始资料的分析和选择，校核数据的完整性和统一性，编制相应估算类型的汇总表及细项。

在建设项目中，根据不同的合同类型对于估算有不同的要求。开口价合同一般需要进行三次估算，即初期控制估算、批准的控制估算和首次核定估算。EPC 总承包项目一般实行总价固定合同，因此仅需编制一次估算，即总承包企业管理层批准的控制估算。控制估算是项目实施过程中各阶段费用控制的基准。

控制部应与设计部密切配合，随时掌握项目的最新设计深度，根据不同深度的色痕迹文件和技术资料，采用相应的估算方法编制项目费用估算。

（2）编制合理的项目费用预算　所谓项目费用预算是指将总估算分配到各个分项工程的过程。费用工程师负责将批准的控制估算分配到各记账码，各专业负责人将记账码的费用分解到工作包和工作项。费用分解结构应按照与工作分解机构相适应的规则进行。

预算确定后，绘制费用控制曲线。费用工程师将每一个工作包预算分配到工作包的整个工期之中去，累计计算每段时间的费用总和，形成费用控制曲线。

费用控曲线是预算的成果之一，是项目从开始到结束的整个生命周期内费用累计的曲线，是项目某个时刻点为止的累计费用，主要用于测量和监控费用执行情况，是项目费用的控制基准和执行依据。

（3）细化项目费用控制计划　项目费用控制人员在项目的起始阶段编制项目费用估算的基础上，将估算费用分配到各工作包或工作项，项目预算的分配过程，就是项目费用计划制定的主要过程（费用计划还包括费用控制总体计划和实施程序，涉及专业投资控制的重要原则和具体的工程内容等）。费用计划是项目执行阶段费用控制与资金管理的基准，也是安排项目各个阶段、各单项资金使用的基础。费用计划经项目经理批准后，下达给设计、采购、施工及开车经理作为相关部门费用控制的目标。项目费用控制人员要为该项目的设计、采购、施工管理及时提供必要的费用估算等依据资料，为设计方案比选、采购询价及评标、施工招标和评标等工作提供技术支持。

费用计划需要分级管理。控制部控制人员按照项目费用构成分解编制项目费用总计划表，包括工程费用（按分项工程依次列入）、其他工程费、预备费。项目费用总计划是工程总承包的一级费用计划，须经项目经理以及公司领导批准确认，一般不能轻易改动。分项工程费用控制计划作为项目实施过程中的费用记录、跟踪和控制的基本单元，为各分项工程费用控制提供依据。

11.3.2　重视分包合同与现场管理

（1）重视分包合同模式和条款　项目分包费用是总承包成本的组成部分，是项目费用管理的重要方面，而分包合同模式和合同条款的设置则是影响分包费用管理的关键因素，因此，总承包方必须十分重视对分包合同模式的选择及其条款设置环节的工作。

①根据项目特点，选择合适的分包合同模式。为了合理地利用社会资源，总承包方需要选择分包方，需要与分包方签订分包合同。通常分包合同有固定总价合同和固定单价合同两种。一般来说，当工程量能比较准确地计算且变化不大时，宜采用固定总价合同；如果工程量不能准确计算且后续不确定因素很多时，宜采用固定单价合同。

对于投资较大的总承包项目来说，由于工期比较紧，一般采用设计和施工合理交叉作业，边设计边施工，没等设计施工图全部完成就开始施工了，显然，项目工程量无法准确计算，工程费也无法得出。对这种工程量无法准确计算的施工安装分包项目来说，一般采用固定单价合同，这样对于分包商来说只承担价格上的风险，对于总承包方来说只承担工程量方面的风险，有利于发挥各自优势，避免工程在实施中出现不必要的分歧，影响施工的顺利进行。

②根据合同要求和具体情况，合理确定合同条款。分包合同条款对费用控制有非常重要的影响，总承包方在分包招标时，要根据 EPC 总承包合同条款及项目内容，合理拟定分包合同条款及招标工程量清单，分包方结合自身的实力、施工方案以及技术措施等自主报价。

合同条款要考虑周全，对项目实施过程中出现的各种情况有充分的预计，写到合同条款中。工程量清单中对项目特征描述的内容要清晰、准确、完整，否则在今后的项目实施和结算工作中会造成被动。分包合同中如果涉及调差等条款，应与总承包合同中的条款保持一致。

评标时应采用合理低价原则，对每个工程量清单报价的合理性都应进行评审，合同谈判和签订时，要把每个标段的总价控制在总承包方规定的目标控制价之内。

例如，在某 EPC 总承包项目中，总承包方根据不同情况，对分包合同分别采取了不同的模式。

a.场地初平土（以下简称场平）工程是最早动工的子项目工程，该子项目工程能否顺利实施并控制好投资，直接关系到后续工程的进展。场平工程每个项目的情况都不相同，对该类工程的招标一般在现场进行，其招标文件没有一个固定的模式。本项目的费用控制部门、施工部门根据设计图纸，结合自身的经验和现场实际情况进行了多次修改，对影响场平工程的各种因素进行了充分考虑，并写到招标文件中，力求使招标文件趋于完善。

场平工程经过分包投标报价和合同谈判，已经把费用控制在合理的范围内，根据已有的资料和总承包合同价，总承包方认为：鉴于场平工程的单一、工程量事先可以确定且后续变化不大，适合签订固定总价合同，这样可以大大减少现场测量和签证工作量。将施工中可能出现的各种问题（包括自然条件、测量因素、外部干扰因素）等包含在分包合同总价中有利于投资控制。

b.本项目在对建筑安装工程分包时，由于施工图设计才刚刚开始，不能准确计算该工程量，因此，总承包方和分包方签订了固定单价合同，这样有利于发挥总承包方优化设计的优势，设计优化后节约的工作量以及由此产生的利润也不会流向分包方。

（2）加强现场项目费用管理　通过对施工现场进度、质量、安全、费用的管理，从而减少因现场管理原因导致的工程变更，减少现场签证和索赔事件的发生，做到事前控制或事中控制。

①实施计划管理。在配合项目经理完成实施计划的基础上，确保项目部的费用控制工作按照审定的计划执行，使现场项目部的各项工作按照一定程序执行，满足项目实施要求。

②强化合同管理。强化合同管理包括总承包合同和分包合同，费用控制人员都要精通合同，对合同内容包括合同条款（尤其是合同价款及其调整等）、合同附件、已标价清单及

各清单项目特征描述等都要了如指掌。

③ 重视工程例会。费用控制人员要参加工程例会，加强与各方的沟通，及时做好协调工作，通过与各方的配合，减少因组织管理不到位而引起的索赔。对于分包方报送的施工组织设计和施工方案，项目部要认真组织审核以减少施工措施费，对于分包方报送的不合理部分，总承包方项目部要提出修改意见，以满足工程进度、质量、安全、费用等方面的要求。

④ 严控现场签证。现场签证是指发包方现场代表与承包方现场代表就施工过程中涉及的责任事件所作的签认证明，它是指现场实际发生的、不能在设计图纸上体现施工工作量的事件。承包人办理签证必然要增加费用，该部分费用所占比例也不小，因此，对这部分内容要严格控制。费用控制人员要和施工管理人员一起到现场去测量，核实工程量，对于不合理的签证坚决不签。

⑤ 加强市场调查。对合同中未确定的单价也能够加强市场调查，如一些特殊的工程材料合同中未确定单价，由于业主要求不同，市场价格相差较大，所以费用控制人员要会同业主和分包方代表深入到市场进行调查，货比三家，尽可能降低材料价格，以达到一个各方都满意的结果。

11.3.3　做好竣工后的结算与总结

（1）注重竣工后的结算　项目竣工后的费用控制包括与业主的结算、与分包方的结算。

① 竣工后与业主的结算：项目建设过程中业主提出增加的工程内容，费用控制人员应及时做出相应的工程预算，提交业主审核，经业主审核后将双方达成一致意见的结算作为合同总价的补充。

② 竣工后与分包方的结算：与分包方的结算包括施工图变更、设计变更、现场签证、补差等的结算。费用控制人员应按照分包合同确定的计价原则，认真编制和审核建筑安装工程项目的结算，并加强对工程结算的三级审核，避免发生差错，严格把好费用控制关。

（2）做好竣工后的总结　一个建设项目从投标到投产经历了较长的建设周期，产生了大量有关费用控制的数据和资料，要通过分析得出费用控制各项因素，建立数据库，为今后的总承包项目的投标报价和费用控制积累相关经验。一方面要总结在整个项目建设期间有效控制费用的经验；另一方面要分析自身在费用控制工作中的不足，尽可能找出影响全过程费用控制的主观原因，并加以克服。

11.4　费用管理技术与工具

费用管理技术与工具主要有赢得值法、全生命周期成本分析、资源费用曲线法、BIM技术等。由于篇幅所限，我们仅简要介绍后两种方法。

11.4.1　资源费用曲线

（1）资源费用曲线的概念　资源费用曲线（Resource Cost Curve）又称为时间成本累计图，是由项目投入总资源费用或人力等资源费用的累计额与项目进展时间的关系得到的曲线。由于资源费用曲线是一个类似于 S 的曲线，故也称为 S 曲线。资源费用曲线常用作资源费用计划和费用控制的工具。

（2）资源费用曲线的绘制

① 确定工程项目进度计划，编制进度计划的横道图；

② 根据每单位时间内完成的实物工程量或投入的人力、物力和财力，计算单位时间的费用，在时标网络图上按时间编制费用支出计划；

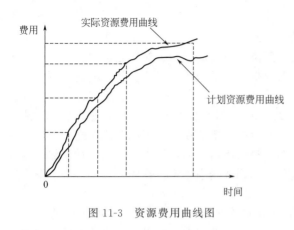

图 11-3　资源费用曲线图

③ 计算规定时间内计划累计完成的费用；

④ 按各规定时间的计划累计完成的费用值，建立直角坐标系，以其横轴表示时间，纵轴表示费用，绘制 S 形曲线。资源费用曲线图见图 11-3。

（3）资源费用曲线的作用　利用计划资源费用曲线作为费用控制的依据，判断实际费用支出是否在控制范围之内。如果实际费用支出与计划费用支出有任何偏差，对费用管理者都是一种警告，但也不是说一定出现了问题，发现偏差要及时查明原因，判断是正常偏差还是不正常偏差，然后采取措施处理。

11.4.2　费用控制创新——BIM 技术

11.4.2.1　BIM 技术费用控制的应用价值分析

在 EPC 总承包项目中使用 BIM 技术协助进行项目管理，将 BIM 技术的可视化、多专业协调、建筑信息存储全面的特点与 EPC 的设计、采购、施工、试运行一体化，与 EPC 总承包方集成管理项目质量、进度、费用等要素的特点相结合，可以提高总承包方项目管理的效率，并且可以有效地降低项目生命周期的成本，具体体现在以下是几个方面。

（1）降低项目信息流失率　可以降低项目全生命周期的信息流失率，从最开始对建筑建立三维模型后，便有了相对应的数据库。在建设的整个周期中所有的更改都要直接体现在模型上，并记录在数据库中，以确保完整的建筑信息。在设计交底、分包招标、设备采购、项目施工等阶段，全面而有效的信息有利于各参与方进行充分的沟通、有效的决策，提高项目的整体效益。

（2）有利于项目费用控制　在 EPC 工程各个阶段中应用 BIM 技术有利于费用控制，减少浪费，降低各方的费用。在设计阶段总承包商可以根据设计文件计算出项目概算以及施工图预算，在分包招标时可以给出分包合同价格，在完成施工后的施工结算时，根据项目的实际工程量给出结算价格。在整个过程中 BIM 技术软件可以准确快速地计算出工程量，或者结合实际和定额能够方便地计算出成本。在采购阶段依据建立的三维模型，有助于总承包方和业主对于需采购的设备、材料的适用性进行科学决策。在施工阶段依据 BIM 模型可以制定出合理的资源计划及工期，避免因人为因素造成的资源浪费。

（3）推动资料的信息化发展　通过应用 BIM 技术，可以推动项目资料的信息化发展，减少建设过程的图纸量，以电子化的数据库取代纸质化库。一方面可以促进技术进步和行业发展；另一方面可以减少项目过程中的大量图纸打印，降低文档管理方面的费用，是一种节能环保的管理方式。

11.4.2.2　BIM 技术在 EPC 项目中的费用控制

（1）BIM 在设计阶段的费用控制　在项目设计阶段，设计所需费用相对较少，成本较低，但是设计阶段将决定着采购阶段的具体设备以及施工阶段的 80% 的成本消耗，因此，在设计阶段做好精细化管理十分重要。借助 BIM 技术进行可视化管理，将对未来各个阶段的管理工作产生显著的影响。

传统的设计工作成果是平面的设计图纸，而借助于 BIM 技术的最终设计成果是三维模型。建立三维模型的重点就是可以在实体建筑物建设之前进行事物分析和模拟，具体包括环境影响模拟、结构分析、机电管线分析、音场和隔音效果模拟以及空间碰撞分析，通过这些模拟和碰撞分析来协助进行包括成本控制在内的各项决策。

通过节能减碳分析，可以对外壳隔热、遮阳、自然通风、室内照明进行分析，得出最适合人体需求的节能减碳的设计方案，以减少建筑物在使用过程中的能源消耗，从而降低建筑物建造成本。

结构分析目前在 BIM 技术的应用中较为成熟，运用 BIM 相关软件可以在建模后自动导出所需材料属性和结构要求，较为精确地提供施工阶段所需的人工、材料等，便于设计概算及施工图预算，大大提高了成本控制工作效率，而且避免了人工在读图和计算过程中可能造成的错误，提高了预算的准确性。

在进行机电管线分析时，传统的平面管线设计图上很多未能明确的部分，仅有示意，需要在施工阶段根据现场施工情况由施工方各自决定。应用 BIM 模型时，在空间模型上要明确所有几何形状和空间位置，这就需要设计时将一些设计及施工上的决策提前进行，以明确所有设计细节，这样可以使后续的项目管理精确、顺利地进行，并且可以有力地控制施工费用，防止因为设计中遗留较多的不确定因素导致项目成本增加。

使用 BIM 技术可以将建筑物全生命周期的多方位信息有效存储并可以进行可视化呈现，有利于参建各方信息资源共享，其碰撞效果分析可以确保协作不同专业分工设计出来的建筑、结构、机电线路系统等不会发生空间碰撞，且在施工和维护阶段不会相互阻碍，以保证后续工程的顺利进行。防止因为设计冲突导致设计变更和返工，从而使成本得到有效控制。

综上所述，应用 BIM 技术对于后续各阶段的费用控制具有引导作用。对于总承包方而言，设计、采购、施工均由其负责，因此，采用 BIM 技术，可能会增加设计工作量，但对于后续整个项目建设周期的成本控制有十分重要的作用。

（2）BIM 在采购阶段的费用控制　在整个 EPC 工程总承包项目中，采购与施工阶段是费用消耗的主要阶段，自然是费用控制的重要阶段。由于 BIM 技术具有精细化设计和精确化呈现的特点，其可视化成果中会对具体设备有大致的要求，这对于采购设备工作具有指引作用。由于应用 BIM 技术可以在设计阶段明确本项目所需的全部大型设备以及建筑材料，并结合施工进度制定细化的采购计划，可以保证采购工作的及时性和准确性，一方面可以减少因选择供应商、对比设备材料价格而产生的采购费用，另一方面可以降低因提前采购设备材料导致的存储费用。

（3）BIM 在施工阶段的费用控制　施工阶段的费用控制是整个项目生命周期的关键部分，BIM 技术对费用的控制贡献主要体现在协助制定施工进度安排、结算费用计算、施工技术模拟及可视化等。

应用 BIM 建模后，结合施工方案可以明确建筑物在建设过程中的所有程序及所涉及的设备材料，可以整合各个专业的详细施工方案，将施工进度进行深度细化，对各专业进度进行统筹细化，保证整个项目顺利进行，为项目节省因为赶工或窝工导致的多余费用。

对于阶段性结算以及阶段性工程款支付，或者进行最终结算及完成项目收尾，BIM 软件都能快速、精确地导出目前实际的工程量，结合合同中的价格，就可以轻松得出结算的价格，实现对建设成本的有效控制。在施工阶段的任何时期，可以快速导出任意建筑构件或任意施工内容所需要的材料设备，方便施工人员的领取，从而降低因为人工估算不准导致的材料设备领取过多或过少造成的资源浪费或费用增加等。

在施工过程中，施工方或业主方根据施工现场的实际状态对于指定施工方案或设计方案要提出任何修改时，应用 BIM 相关软件模型可以实现模拟和分析，以论证对应技术和方案的可行性，这样既可以减少因为施工试验而增加的费用，也利于提高各方在进行讨论时的沟通效率，降低管理成本。

总之，BIM 技术具有集成化设计、可视化呈现等特点，在 EPC 项目承包模式中，设计阶段对后续的采购、施工阶段具有引导与限制作用，使用 BIM 技术可以通过相应的软件实现对建筑物的三维建模，便于设计以及其对后续的采购、施工阶段进行有效的费用控制。

11.5　费用管理实践案例

11.5.1　费用计划编制实践案例

【案例摘要】

以某水泥工程 EPC 总承包项目费用计划编制的实践为背景，介绍了如何编制费用计划，确定工程项目费用目标，包括对总承包项目的土建施工成本、设备及安装主材成本、安装施工费用以及其他费用的计划。

【案例背景】

某 EPC 工程总承包商承揽建设某水泥有限公司 4600t/d 水泥生产项目，年产水泥 231.7 万吨，承包模式为 EPC 模式，项目总投资为 68939.97 万元，建设工期为 15 个月。

【费用计划编制总体思路】

水泥工程总承包项目通常包括工程设计、设备采购及运输、土建施工、安装施工、调试、试运行及最后工程移交业主商业运行整个过程。工程总承包项目成本管理是在保证满足工程质量、工期等合同要求的前提下，总承包项目管理部对项目实施过程（设计阶段、采购阶段、施工阶段、调试及试运行阶段）中所发生的费用，通过计划、组织、控制和协调等活动实现预定的成本目标，并尽可能地降低成本费用的一种科学的管理活动。

编制费用计划最为核心的依据就是工程总承包合同，将总承包合同总价扣除风险准备金（此部分费用包含了总承包的利润和风险，一般由公司的决策层在非常时期动用）后的价格即为总承包项目部进行项目费用管理的总目标。

首先，要针对总承包合同规定范围内的工作，对总承包费用目标进行分解，也就是进行 WBS（Work Breakdown Structure）分解，WBS 分解就是对总承包工作范围中大的可交付成果（工作）按结构层次逐步划分为较小的更容易管理的工作包（Work Package），通常按照图 11-4 的结构来进行费用分解。费用计划的编制实际上是每个工作包价格的计算和汇总的工作。如果在总承包合同谈判前将投标报价的深度做到图 11-4 中最小的工作包价格，那么费用计划的编制就只剩下根据合同条款进行局部修改的工作了。

【土建施工费用计划编制】

为便于以后的费用控制，编制土建施工费用计划要考虑土建施工的标段划分。一般水泥生产线厂区可划分为 3～4 个标段，原料破碎及储存（不含钢结构网架）、原料制备、烧成系统为一个标段；水泥制成系统（从原料配料站到水泥包装及散装）为一个标段；几个预均化堆场的钢结构网架为一个标段；如果工程设计有桩基础，那么全场打桩工程为一个标段。

根据图 11-4 可知，土建施工最小的工作包就是分部分项工程。相对于《建设工程工程量清单计价规范》（GB 50500—2013）的分部分项工程项目的划分深度，该企业采用的是扩大的分部分项工程，如 "C30 钢筋混凝土独立基础（深 2m 以内）子目"，承包企业规定的综合工作内容为 "土石方、C30 钢筋混凝土独立基础、100mm 厚 C10 混凝土垫层"，其中土石方定义为："基础垫层底设计标高以上土石方开挖，运至坑槽边合理的临时堆放地，槽底处理回填夯实，余土（石）外运至发包商指定地点；还包括坑基边坡处理，挖土石方时和垫层、基础、地坑、水池、地沟等在常水位以下的设施在施工中可能发生的排水；土石方的比例根据地质报告综合确定。"企业定额的一个子目综合了《建设工程工程量清单计价规范》

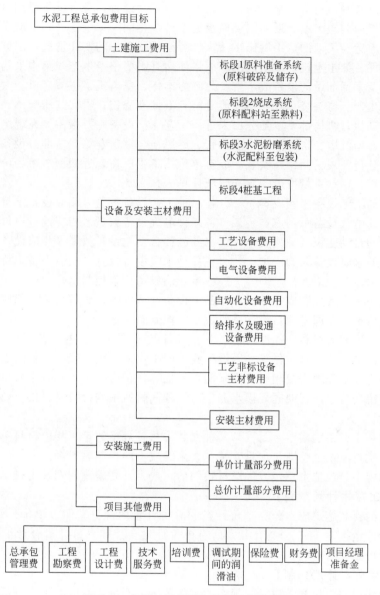

图 11-4　水泥工程总承包费用目标分解图

中若干个相关子目。

　　承包企业首先根据收集来的工程所在地的生产要素市场价格以及工程的相关信息对企业定额进行组价，编制成该项目的分部分项工程综合单价表（此综合单价包含分部分项工程费、措施项目费、规费和税金）。由于设计施工图还未开始，每个车间的分部分项工程量由企业设计部根据同规模水泥生产线相同车间技术资料估算修正后提供。单位工程的土建成本 = $\sum$（各分部分项工程量 × 相应的综合单价）。

　　将各标段单位工程费用汇总即为各标段的费用控制目标，所有标段费用汇总即是项目土建工程费用的控制总目标。

　　【设备及安装主材费用计划编制】

　　由图 11-4 可知，设备及安装主材采购工作分解为工艺设备、电气设备、自动化设备、给排水以及暖通设备、工艺非标设备、安装主材等几个大类。工艺设备、电气设备、自动化设备、给排水以及暖通设备的采购，按车间分解到单台设备，每台设备费用由报价部根据总包合同设备供货商的短名单、近期同规模水泥生产线相同厂家设备采购价或设备制造商的询价等资料并考虑运至工地的费用后修正计算。考虑采购工作的实际情况，部分单台设备还要细分到大的组件。如主电机、主减速机、大稀油站等需要整条生产线集中采购，所有含主电机、主减速机及大稀油站的设备成本就要分解为本体、主电机、主减速机、大稀油站等；还有窑尾袋式收尘器、窑头袋式收尘器一般分解到本体和滤袋；管磨的研磨体、堆取料机的轨道、阀门的电动执行机构都要单独分出来等。工艺非标设备主要指需要在现场加工制作的设备，如预热器、增湿塔、窑头罩、三次风管、旋风筒、钢料仓等。这部分设备主要是采购钢材后交由安装分包商现场制作并安装。成本单价按工程所在地近期钢材市场价并考虑运输到工地的费用计算，钢材重量按设备制造图纸计算。

单位工程的工艺设备采购成本＝∑（各品种工艺设备数量×相应设备单价）

单位工程的电气设备采购成本＝∑（各品种电气设备数量×相应设备单价）

单位工程的自动化设备采购成本＝∑（各品种自动化设备数量×相应设备单价）

单位工程的水暖设备采购成本＝∑（各品种水暖设备数量×相应设备单价）

将各专业单位工程成本汇总即为全厂各专业的设备成本控制目标。

全厂工艺非标设备采购成本＝∑（各品种设备制造图纸计算钢材量×相应单价）

所有专业成本汇总即是项目设备采购成本的控制总目标。

安装主材分为耐火材料、保温材料、非标准件及工艺管道、电缆及桥架、钢管、扁钢、烧成窑尾钢结构塔架、零星主材等。因设计施工图工作未开始，安装主材的工程量主要是由设计部根据同规模水泥生产线相同范围采购资料估算修正后提供。安装主材单价根据品种按工程所在地的市场价格或近期同规模水泥生产线相同材料采购价或材料供应商的询价等资料修正计算。

全厂各安装主材采购成本＝∑（某品种安装主材各规格数量×相应材料单价）

所有安装主材成本汇总即是项目安装主材采购成本的控制总目标。

如果土建施工分包拟由总包方供应材料的话，成本计划编制同安装主材。

【安装施工费用计划编制】

水泥行业的安装施工成本分为单价计量和总价计量两部分费用。单价计量按表11-4分类计算，总价计量按表11-5分类计算。所有单价计量合计和总价计量合计汇总，即为项目安装施工费用控制总目标。

【其他费用成本计划编制】

工程其他费用需要根据承包合同规定的工作范围来明确，一般的工程总承包需要承担的费用包括总承包管理费、工程勘察费、工程设计费、技术服务费、培训费、调试期间的润滑油费、保险费、财务费、项目经理准备金等。

（1）总承包管理费　总承包管理费是指从合同生效开始，直至移交业主运行为止的全部过程管理所需要的费用。费用内容主要包括工作人员的基本工资、工资性津贴、社会保险费、住房公积金、职工福利费、劳动保护费、办公费、会议费、差旅交通费、固定资产使用费、零星固定资产购置费、技术图书资料费、职工教育费、分包招标费、合同契约公证费、法律顾问费、咨询费、业务招待费、临时设施费、完工清理费、交工验收费、结算审计费、各种税费、安全生产管理费、竣工验收费和其他管理性质的费用。

总承包管理费的测算主要分为两部分：人力资源耗费和非人力资源消耗费。人力资源耗费根据总承包项目实施计划拟投入的人力资源数量及工作周期、公司财务部门提供的该部分工作人员的月均人力资源费用综合计算；非人力资源耗费根据类似工程费用指标并考虑具体费用项目综合计算。

表 11-4　安装施工成本单价计量部分

序号	计价项目名称	工程量计算规则	综合单价确定	备注
1	工艺设备安装	工程量以设备重量（t）计算。成本计划编制时，设备重量按设备材料表数据计算；分包商结算时以设备的铭牌重量为准；如无铭牌重量的，则以有效的产品目录、样本、说明书所注的设备净重量为准。研磨体重量不计入设备重量，装机工作计入工艺设备安装单价中	成本计划编制时，根据工程所在地的市场价格安装及当地计价规范，参考近期同规模水泥生产线安装工程结算单价等资料修正计算；分包商结算时，按中标的合同单价计算	指总包合同范围内的所有工艺设备（不包括工艺非标设备）的检查、安装及调试工作
2	非标准件及工艺管道制作安装	工程量以非标准件的净重量（t）计算。成本计划编制时，重量按设备材料表数据计算；分包商结算时按施工设计图纸上标明的尺寸和设计说明计算，不分部位和钢材品种均套用全厂非标制作安装综合单价		指非标准的溜子、管子、罩子、小型钢构件等（包括钢烟囱、工艺管道、管件及支架）的制作、安装
3	筑炉工程	工程量以耐火砖、流注料及硅酸钙板的净体积（m³）计算。成本计划编制时，体积按设备材料表数据计算；分包商结算时按施工设计图纸上标明的尺寸和设计说明计算，不分部位和材质均套用全厂筑炉安装综合单价		指总包合同范围内的所有窑炉砌筑工程
4	保温工程	工程量以保温材料的净体积（m³）计算。成本计划编制时，体积按设备材料表数据计算；分包商结算时按施工设计图纸上标明的尺寸和设计说明计算，不分部位和材质均套用全厂保温安装综合单价		指总包合同范围内设计需要保温的工艺管道和设备的保温工程，不包括给排水、暖通管道的保温，后者计入总价计量部分
5	工艺非标设备制作安装	工程量以设备重量（t）计算。设备重量按设备制造图所示尺寸计算		指安装单位现场制作加工的非标设备的制作、安装和调试工作
6	窑尾钢结构塔架制作安装	工程量以钢结构重量（t）计算。成本计划编制时，重量按设计部估算数据计算；分包商结算时按施工设计图纸上标明的尺寸和设计说明计算		指烧成窑尾钢结构塔架的制作及安装工作

（2）工程勘察费　对于总承包商来说，工程勘察费主要是指工程地质详勘费用，有些地质条件下，可能还有桩基超前钻的费用。工程勘察费按国家关于《工程勘察设计费的规定》，并参照近期水泥厂生产线同规模项目工程勘察费结算价格计算。

（3）工程设计费　工程设计费按总承包设计分项价计列。

（4）技术服务费　技术服务费根据总承包工程实施计划拟投入的人力资源数量和工作周期以及各专业人员人力费用综合计算。

（5）培训费　培训费根据总承包工作培训计划综合计价。

（6）调试期间的润滑油费　调试期润滑油费参照近期水泥厂同规模生产线调试期间润滑油消耗量计算。

（7）保险费　保险费的依据是国际咨询工程师联合会颁布的《设计采购施工（EPC）/交钥匙工程合同条件》和住房和城乡建设部颁布的《建设项目工程总承包合同（示范文本）》规定。保险类别主要包括：建筑工程一切险、安装工程一切险和第三者责任险（一般约定由发包人负责投保并承担保险费）以及双方另行约定的保险；采购设备材料等货物的运输险，由承包方负责投保（运输险的费用成本计算在设备材料运输费之内了）；承包方人员及其分包方人员的意外伤害险分别由承包方和分包方负责投保。总承包人员的意外伤害保险费根据计划投保人数量和工作周期按保险公司询价计算，分包商人员的意外伤害保险费已经在土建、安装等分包工程费里综合考虑，不另计列。

表 11-5 安装施工成本总价计量部分

序号	计价项目名称	总价确定	备注
1	电气设备安装	成本计划编制时，根据工程所在地的市场价格及当地计价规范，参考近期同规模水泥生产线安装工程结算等资料修正计算；分包商结算时，按中标价计算	指总包合同范围内的电气设备安装、仪器仪表安装、通信系统安装、管线敷设等和调试工作
2	自动化设备安装		指总包合同范围内的自动化设备安装、仪器仪表安装、信号系统安装、管线敷设等和调试工作
3	照明及防雷接地工程		指总包合同范围内的所有室内照明工程和所有保护接地、建(构)筑物防雷保护系统等
4	室内给排水工程		指总包合同范围内所有室内给排水安装工程
5	暖通设备安装		指总包合同范围内各有关车间的采暖、通风、空调系统的安装及调试工作
6	总承包商供应设备、材料的装卸车、运输、保管费		指总承包商供应设备和材料由销售商运抵安装现场后的卸车、卸车后运至仓库以及自仓库运至安装现场指定堆放地点的搬运和保管费用
7	大型机械进退场及场外运输、安拆、基础及轨道铺设费		—
8	无负荷联动试车配合费		指从单机试运转验收合格后至无负荷联动试车合格的过程中安装分包商必须在技术、机具及人力等方面配合的费用(不含所用水、电、气、油、燃料的费用)
9	有负荷联动调试配合保驾费		指为确保整条生产线达标达产安装分包商必须在技术、机具及人力等方面配合的费用(不含所用水、电、气、油、燃料、材料的费用)

（8）财务费 财务费是指总承包商为筹集资金而发生的各种费用。有些发包人要求总承包人提供投标保函、预付款保函、履约保函等，总承包商从银行开具这些保函是需要支付一定的费用；有些总承包合同规定的付款方式不同，业主对总承包商的付款进度滞后于总承包商向分包商付款的进度等都会产生财务费用。银行开具保函的费用根据不同银行和承包商信用等级而各不相同，一般每季度按保函金额的 1‰～1.5‰ 收取；国内付款方式由银行直接转账，发生的费用基本可以忽略不计；国外工程分信用证（L/C）支付、电汇（T/T）等不同付款方式，产生的财务费用各不相同；付款进度比例滞后于总承包商支付分包商的进度比例时，总承包商要局部垫资从而产生财务费用，这部分费用需要根据垫资额度及垫资周期、同期贷款利率综合计算。

（9）项目经理准备金 项目经理准备金包括两项费用：一是项目实施过程中可能发生难于预料的支出，需要预留的费用（主要指设计变更以及施工过程中可能增加的工作量产生的费用）；二是项目在建设期内设备材料上涨，引起投资增加，也需要事先预留费用（但不包括汇率浮动风险，汇率浮动风险一般由发包人承担）。这部分费用一般由业主按比例测算，准备金计提后，由项目经理根据项目实施情况综合调度。

将土建施工费用计划、设备及安装主材费用计划、安装施工费用计划及工程其他费用计划汇总后，即编制完成了工程总承包整个项目的费用计划。

【实践体会】
① 费用计划的编制是费用管理的重要工作内容之一，是实施费用管理的基础性工作。编制成本费用计划是承包企业按照国家有关规定，通过市场调查和自身实际，结合项目特点

确定的项目费用目标，是承包企业不断降低费用的重要手段。通过编制费用计划，为项目立项和项目费用控制提供了重要的基准和依据。因此总承包企业对于费用计划的编制要给予高度重视。

② 充分了解本企业的经营特点。了解企业的组织机构、施工特点、项目管理模式，只有在充分了解本企业经营特点的基础上，才能在划分费用要素时更有针对性。

③ 提高基础信息收集资料的准确性。信息对于费用计划的编制十分重要。注重对企业历年来经营信息的收集和整理，还要注重对近年来其他行业同类型项目费用信息的收集和整理，这些信息是编制费用计划的重要依据和参考资料。

④ 应熟知费用要素的特性。费用计划是项目部开展费用管理工作的指导性文件，因此，编制费用计划时应充分了解组成费用各要素的特性，在此基础上才能使编制出的费用计划更有指导意义。这里的特性是指各个费用要素受企业管理水平的影响程度及费用要素在总费用中所占的比重。

⑤ 费用计划编制的层次性。项目部应先编制整个项目费用计划，再编制分部分项费用计划；先编制年度费用计划，后编制季度、月度费用计划。

【实践案例结语】

工程总承包企业费用计划的编制依据各企业管理的特点不同，编制的方法也各不相同，但一个科学的费用计划的编制，必须在对各要素特性充分了解以及对本企业和其他类似企业有关费用信息的掌握的基础上才能编制出来。

11.5.2　采购费用管控实践案例

【案例摘要】

以某海外沙漠水管线项目采购费用管控的实践为背景，介绍了在该项目实施过程中的采购方式和采购费用控制经验。

【案例背景】

海外沙漠水管线工程项目是中方某石油建设公司承接的国际性 EPC 总承包工程。该项目贯穿撒哈拉大沙漠，自然条件恶劣，施工难度大，管道总长为 875km，管道直径为 700~1400mm，合同金额为 8.37 亿美元，总工期为 36 个月。

【采购费用控制措施】

在该沙漠水管线项目中，其设备材料占了整个项目总价的 50%~60%，采购管理工作对整个工程的工期、质量和成本都有直接影响。由于设备材料类别品种多、技术性强、涉及面广、工作量大，对其质量、价格和进度都有着严格的要求，更具有较大的风险性。加上采购形式多样、采购责任众多以及采购业务接触面广、工作地点多等特点，项目采购管理如何在有限的资源条件下既保证所购设备材料的质量，又可提高整体效率？针对降低采购管理费用这个目标，采购部实行以下的工作程序和流程：①编制采购计划及采购进度计划；②接收请购文件；③明确合格供货厂商；④编制询价文件；⑤报价评审；⑥供货厂商谈判及签订合同；⑦调整采购进度计划；⑧催交催运；⑨设备材料检验；⑩包装运输及清关；⑪现场报验及发放工作。

同时，在该项目启动、实施、收尾各阶段，采购部采取了一系列的相关措施，有效降低了采购管理成本。

（1）项目启动阶段　由于各国实际情况不同，针对该项目，需要作详细的国内外前期市场调研，尤其是海外项目所在国家的调研。

① 国外前期市场调研主要包括但不限于：项目所在国和其他周边地区国的经济状况、相关的法律法规及文化风俗；主材（钢管及阀门管配件）及其他材料的供应能力、价格情况

和交货期；项目所在国办理进口许可的时间；外币的管制及汇率波动；海、陆、空运输及清关能力及时间和价格；第三方检验的要求；项目所在国当地的办事效率和节假日；项目所在国当地的保险费率；通货膨胀的存在及港口罢工情况。

②国内前期市场调研主要包括但不限于：施工所用的大型设备机具及施工手段用料和工器具的供应价格；各种车辆设备的配件供应能力；主材料（钢管）的价格情况；出口商检及关税和原产地证书；办理进出口退税的规定；第三方检验的要求；海、陆、空的运输价格及运输时间；各种货物保险。

在该沙漠水管项目启动前，采购相关人员就分别在国内和第三国全方位、有条件地针对水管线项目所用到的设备材料进行广泛的调研，尤其是考虑到水管线战线长，沙漠地带风沙多，气温高，有针对性地调研各种适合沙漠地带的设备车辆（如要求带沙尘空滤以及沙漠型的）和各种施工工具及劳动保护用品。

（2）项目实施阶段

①采购预算与估计成本。采购预算是项目的一种费用控制机制，也是采购策略的一种延伸方式。制定采购预算是在具体实施采购之前对采购成本的一种估计和预测，是对整个项目资金的一种理性规划，预算可以优化项目采购管理中资源的调配，达到降低和控制采购费用的目的。

该项目部在项目实施之前，召开材料设备招议标会议，在各专业人员、商务人员、纪检人员与合同审核人员的参与下，对各供应商提供的设备材料密封标进行技术和商务评分，同时进行了民主评议，综合测算，采购了一批性价比高的设备材料，节省采购费用 800 万元人民币。

②协调好与各方的关系。

a. 与设计部门的协调。设计是建设工程的龙头，采购的依据就是设计提供的已批准的采办文件。在设计过程中，采办人员就应该与设计部门有关人员沟通，在符合合同约定、规范的前提下，争取采用较低标准的大众化的设备材料。这样有利于采办部门及时采购到质优价廉的产品。如在通风排气管采购中，设计要求的是采用无缝管，经协商，可以采用普通的直缝焊管或螺旋钢管代替，同时也要尽量减少壁厚，从而大大降低了采购钢管的费用。

b. 与施工部门的协调。随时与施工部门联系，明确哪些材料设备需要及时到场，避免因为材料设备不能及时到场而造成窝工损失。协调施工部门提供的工程施工的设备工具型号、规格和数量，避免错误采购造成的浪费和重复采购而占用资金。采购部门还专门编制了材料采购申请单，对于施工部门的申请材料，需要专业工程师、计划控制部、现场采购办公室和现场项目经理汇签。

c. 与财务部门的协调。为财务部提供每月、每季度等各类资金预测需求表。采购的实施与资金是分不开的，至于采用何种方式（如采用电汇、汇票、现金、信用证等）支付货款，需提前与财务部门沟通，尤其是采用信用证和保函的方式，在哪个银行办理很重要，因为各个银行有不同的费率。

本项目采购过程中，对于每个标段的钢管，采购金额均达到上亿美元，对于各银行提供的各种保函，采购部会同财务部调动外部相关力量，对保函的开具银行进行调研，以确保保函的正确性和执行力度。

d. 与试运行部门的协调。在项目试运行过程中，相关设备厂商派出技术服务人员到现场调试，需要与试运行部门及时交流和沟通，避免供应厂商派出的服务人员提前进场或延迟进场，造成技术服务费用的浪费。

e. 与业主和监理的协调。一般业主会提供一些材料设备供应商的名单，也就是 Vendor List。一般来说业主提供的供应商都是国际上知名的厂商，材料设备的质量方面一般是没有问题的。但在交货期和价格上，这些供货商提供的主设备材料的要求是较高的。为了避免单一的供货商，在沙漠水管线项目中，推荐了两家阀门管配件供货商。同时积极与业主和监理方搞好各种关系，尽量做到一次性验收，避免反复到供货商的公司验收设备材料，从而减少采购成本。

③ 供应商的选择与过程管理。选择合适的供应商是采购的重要任务，而对供应商实施有效的过程管理，则是项目实施过程的中心工作。

a. 供应商的选择。

供应商的数量：供应商的数量确定要避免单一，同时还需要注意所选供应商货源的充足，更要争取与供应商商谈价格的优惠，从而降低货物价格，减少采购费用的支出。一般来说在沙漠水管线项目中，供应商的数量均为 3 家及以上。

选择供货商的方式：采购部综合考虑供应商在资金、信誉、经营方式和行业内的业绩，根据业主提供的供应商名单和总承包方推荐且已被业主批准的供应商名单中进行选择。根据实际情况，可采用招（议）标形式或非招标形式，这有利于提高采购效率和质量，从而降低采购的总成本。

货源的选择：同类设备材料有许多国家或多家厂商生产以及众多的代理商经销，不同的品牌和规格，其质量和价格差别很大。在符合设计规范的前提下，采购部都会综合考虑进行选择，包括价格、交货期、付款条件等。

b. 供应商的过程管理。采购部应严格对供应商的过程管理：各种合同的签订仅仅意味着前期采购的延期，其间会涉及很多方面，如设计材料图纸的最终批复，审核供应商提供的预付款保函或履约保函，预付款或进度款的及时办理，设备材料制造进度的监控，催缴催运，包装的类型检查，设备材料的验收和签发释放函，货物的集港和保险、海运等相关手续的办理。

④ 采购设备材料的综合成本。综合成本不仅与设备材料的型号、规格和质量有关，还随着订货数量的多少、交货方式、运输方式、付款条件及各种服务要求的内容不同而变化，同时，受国际市场需求、货币值汇率的变化等影响。

除上述之外，综合成本还与采取的运输方式和运输公司、清关代理公司、商检、税率和保险息息相关。例如，A 国设备关税征税率是 5%，材料的征税率是 30%。关于保险，本项目钢管均进行了海运投保，其中有一次在一整船钢管的运输途中，船因发动机出现故障无法行驶，后经他国协助，最后将船拖到安全的地方，为此，造成了一定的经济损失，按照"共损原则"，分摊到本项目上的损失金额超过 17 万欧元，由于该项目投保，此笔费用由保险公司承担。

本项目采购的大宗货物主要是钢管，水管线项目分为 2 个标段，分别为 LOT1 及 LOT3，2 个标段钢管长度总计 800 多千米，钢管总重量达到 25×10^4 t。为了降低采购成本，采购部向各国有意向的钢板、钢管生产公司进行了询价和谈判，包括国内的马钢、沙钢、金州钢管以及其他等国家的公司，最终与在价格、交货期、付款方式、综合实力等占有优势的 T 国某钢管厂签订了钢管供应合同。

（3）项目收尾阶段　项目收尾阶段也是采购管理较为困难的阶段，针对一些设备材料上的问题，如各种原因造成的一定数量上的短缺，采购部采用紧急空运等方式，把损失降低到最小的程度。

同时，采购部对于设备供应商施工现场服务人员的进场时间等，统一编制好计划，和施工部门及时沟通。一般来说，欧盟和其他西方国家的供应商现场服务人员的费用为 800~1200 欧元/天，同时还要承担来往机票和食宿费用。

【实践案例结语】

通过本项目采购费用控制的实践，深深感到 EPC 项目是一个完整的系统工程，设计、采购、施工相辅相成，是不可分割的整体。采购费用管理与其他部门的管理工作密不可分，必须要得到其他部门和各方的配合。另外，通过实践感到一个项目采购管理工作的成功，需要设计的支持；要求有一批合格的、懂外语的并且有相关采购经验的、具有吃苦耐劳和团队精神的人员；需要有一套工程设备材料和成套施工设备的完善的国际采购网络和渠道；项目上更应该有足够的工程总承包的协调能力（尤其是与业主和监理方的沟通）、完善的项目管理体系以及强有力的技术支撑等。只有这样才能实现采购管理的顺利进行，降低采购成本，为整个项目创造更大的经济效益。

11.5.3　施工费用管控实践案例

【案例摘要】

以某 EPC 高速公路项目对施工费用管理实践为背景，首先介绍了费用控制的整体思路，然后分别阐述了设计、采购、施工各环节的管控措施，特别是对施工阶段的费用控制措施有详细的介绍。

【案例背景】

某 EPC 高速公路主线全长 83km，全部采用双向四车道高速公路标准，设计速度为 100km/h，桥涵设计负载为一级公路，交通公路及沿线设施等级为 A 级，服务水平为二级。全线采用 BOT＋EPC 建设模式，某中铁公司作为总承包单位，全线共分 8 个土建标、2 个路面标、1 个机电标、1 个房建标、1 个绿化标，总投资 94 亿元，工期为 4 年。

【费用控制思路】

（1）进行分阶段控制　高速公路项目建设一般分为可行性研究、初步设计、招投标、施工图设计、施工与验收等阶段，相应的费用控制目标是投资估算、初步设计概算、招标控制价、施工图预算、变更预算、竣工结算。因此，高速公路费用控制是分阶段的，不同阶段有其不同的费用控制目标。

（2）实施全面性控制　全面性控制是指高速公路总承包商对项目进行全过程费用控制、全员参与费用控制、全部费用要素控制。全过程费用控制是指从项目立项、勘察设计、招投标、施工到竣工验收全生命周期的费用控制。全员参与费用控制是指，此项目工作不单纯是一个控制部门或合同部门的事情，而是整个项目部领导和各个部门的共同目标，需要全员参与其中。全部费用要素控制则是指不仅包括建筑安装费，也包括材料费、设备费、勘察设计费以及其他费用等全部费用要素的控制。

（3）以总进度为主线进行费用控制　EPC 高速公路总承包工程一般投资巨大，业主在确保质量和安全的前提下，对项目进度比较关心，在建设过程中支付总承包商工程款的主要依据、项目工程费用控制的关键在于以项目总体进度为主线，将费用控制与项目进度相结合考虑，编制费用计划和指标，并分解到设计、采购和施工等各个环节中，使各个环节在费用控制的纽带下相互配合、有效衔接。

（4）以主动费用控制为主进行动态管理　影响 EPC 高速公路总承包商费用的因素很多，费用控制不仅仅是在费用控制目标确定后，对实际费用进行跟踪监控，及时发现实际费用与计划费用的偏差，分析原因并采取纠偏措施，更是要强化费用事前控制、事中控制，以主动控制主，提前采取预防措施，对工程费用进行动态控制。

【设计费用控制措施】

设计环节作为 EPC 高速公路项目分析处理工程技术和经济的关键环节阶段，起着龙头的作用，是费用控制最为有效的阶段。本项目设计环节的费用控制主要采取了以下措施。

（1）实施限额设计　推行限额设计，即以上一阶段的造价（费用）来控制下一阶段的造价，在造价不变的情况下，达到使用功能和建设规模最大化。将投资额和工程量分解，下达到各设计专业，具体落实到各单位工程和分部工程，是设计阶段进行技术和经济分析、实施费用控制的一项重要措施。

（2）优化方案，减少变更

① 运用价值工程方法对技术方案进行比选，在保证安全可靠和不降低功能的条件下体现先进适用、经济合理的优势，优化设计方案，控制投资。

② 运用全生命周期费用法进行技术经济比较，既要考虑与工程建设有关的一次性投资费用，还要考虑工程交付后经常发生的费用支出，如维修费、设备更新费等。该方法考虑了资金的时间价值，是一种动态的价值指标评价方法。

③ 严格控制设计变更。在建设过程中，总承包商以及设计者应多听地方政府和业主的诉求，统筹考虑设计、采购、施工全过程，减少由于设计"差、错、漏、碰"引起的变更，从而控制造价。

（3）概预算编制审核控制　设计概预算文件是高速公路建设全过程费用控制、考核项目经济合理性的重要依据。概预算编制必须依据国家、地区、行业的相关法律法规，从现场实际出发，进行充分的调查，把当地的人、材、机价格和运杂费等基础资料了解清楚，与施工方案相结合。要以批准的初步设计项目概算作为费用控制的上限，应重点做好以下几个方面的工作：

① 概算编制必须具有合法性、时效性、范围适用性；

② 确定正确的概算编制范围和深度；

③ 确定正确的编制内容，包括编制方法，计价依据，人、材、机价格，定额，取费标准、费率，其他费用；

④ 定额套取应结合施工方案、施工工艺、施工措施；

⑤ 严格概算成果校审制度，采取多种方法进行概算审查，对总概算投资超过批准投资估算 10% 的，应进行技术经济论证，需重新上报原审批单位进行审批。

【采购费用控制措施】

高速公路建设项目的材料设备费用一般占工程造价的 60%～70%，具有类别品种多、消耗量大、技术性强等特点。做好材料采购费用控制工作是总承包单位实现利润的重要环节之一，具体可以采取以下措施。

（1）采用招标方式择优采购　EPC 工程总承包商要对工程所需材料设备作充分的调研，采用招标方式确定供应商。在确保工程质量、数量和时间要求的前提下，货比三家，择优采购，选择合适的供应商，以期获得物美价廉、来源可靠的物资及相关服务。同时可以与供应商保持长期合作的关系，确定合格的供应商名录，建立信用评价考核机制，做好供应商的准入和退出，为与承包企业长期合作奠定基础，有利于新项目的费用管理。

（2）加强材料设备的采购管理　成立物资设备部，配备合格人员、专职人员，做好物资台账的管理。在采购过程中，采购人员要根据施工图所需要的准确材料量，考虑设计可能发生的变更以及施工、安装、运输过程中的消耗量，并留有适当的富余量，综合确定采购数量。此外还要定期分析市场情况，做好价格走势预测，提前制定采购计划。在最合理的时间节点完成材料采购，以节省费用。

【施工费用控制措施】

施工环节是高速公路实体形成、使用价值形成的主要阶段，也是费用消耗最大的阶段，是费用控制的关键环节。在本项目中总承包商在施工阶段的费用控制方面采取了以下措施。

（1）通过招标选择施工分包商　在本项目中总承包商充分利用招标方式，择优选择施工分包商。招标不设标底，而采用招标控制价。依据《建设工程工程量清单计价规范》规定，国有资金投资的工程项目招标，必须编制招标控制价，不仅包括总控制价，也包括分部分项工程量清单综合单价。招标控制价编制得是否准确、合理直接关系到投标人的报价，进一步关系到合同金额，对费用控制至关重要。招标控制价要在招标文件中公布。

（2）加强施工阶段费用控制措施　从组织、技术、经济、合同四个方面采取措施，加强费用控制。

① 组织措施：成立项目计划合同部，并赋予相应职权，确定职责。制定工作考核标准，有奖有惩，以挖掘潜力，改进工作；配备造价工程师，对有关人员进行培训；加强相互沟通，将费用控制作为整个项目部的共同目标。

② 技术措施：对施工组织方案进行审查，对主要的施工方案进行技术经济比较，采取技术措施，节约费用，保证质量和工期。

③ 经济措施：费用控制人员要收集、加工、整理与项目相关的工程造价信息，对资源、财务进行可行性分析，对各种设计变更进行技术经济分析；编制资金使用计划，分解费用控制目标，对施工付款做好预测与分析，做好投资动态监控与考核。

④ 合同措施：计划合同部作为归口部门，全程参与合同条款拟定、合同谈判、合同签订；要实行合同审核制度，规避合同风险，处理合同执行过程中的问题，尽量避免或减少索赔。

（3）做好 0 号台账的审核　本项目采用的是工程量清单单项合同，清单中所列的工程数量是初设数量，作为投标报价的基础，不作为最终结算和支付的依据。施工图下发后，由业主、设计、监理、承包人共同对施工图和工程量清单数量进行校核，对工程量清单数量进行增补或扣减，形成工程量清单 0 号台账，并以此作为最终结算和支付的依据。因此，对 0 号台账的审核至关重要。本高速公路项目 0 号台账金额（不含增补清单）减少 5.5 亿元，增补清单增加 3.6 亿元，合计最终减少 1.9 亿元，费用可控。

（4）合理编制并分解费用计划　费用计划是总承包商控制总进度计划和支付工程款的依据，是控制费用的主要手段之一。本高速公路项目费用计划包括总体费用计划、年度费用计划、总包费用计划、分包费用计划、季度/月度费用计划等。

项目管理部根据业主制定的总体费用计划、年度费用计划，分解编制季度费用计划和月度费用计划，每月 25 日将月度费用计划下达到各标段，各标段据此组织编制实物工程量计划。考虑到标段的实际情况，允许各标段各章节费用计划和总承包商下达的费用计划有适当出入，只要求总费用计划相同即可。

（5）按合同做好中期计量支付工作　中期计量支付工作是总承包商费用控制的核心，总承包商取得业主的工程款后，要按照合同约定及时对各分包商进行计量支付，总承包商利用中期计量支付来约束和控制各分包商的履行合同义务，以保证工程合同全面履行。

计量支付工作由项目部的计划合同部门牵头，设置专职人员从事计量支付工作，保证计量支付工作的质量，控制各子项目的计量数量，建立完善的计量支付台账，加强计量支付分析，其涉及安全质量部、工程部、财务部等多部门的工作，需要相互配合完成。

本高速公路项目共 8 个标段，实施季度计量。每季度月末 25 号前各标段将计量资料报送总承包商项目部，项目部对需计量数量的质量以及安全生产费进行审核；工程部依据 0 号台账和计量规则对需计量数量的工程完成情况进行审查，然后，将审查后的 8 个标段数量汇总，提交合同部；合同部将汇总的数量乘以总承包合同清单合同单价，得到对业主总承包计量工程款金额，再根据总承包合同要求，加上价格调整和索赔金额，扣除预付款质量保证金、暂扣金、激励考核金等，得到对各标段实际分包支付的工程款；待财务部收到业主工程款后，再支付各标段工程款。

（6）加强工程费用动态监控　总承包商必须做好工程费用动态监控工作，及时发现偏差，分析原因，并采取措施进行纠偏。目前，解决费用和进度偏差的主要方法是赢得值分析法（EVM），也称挣得值分析法，通过计算已完工的计划费用、已完工的实际费用、计划完工的计划费用三个参数得到费用和进度偏差。

例如，本高速公路项目，在某处需挖土方 $3000m^3$，已标价清单合同单价为 15 元$/m^3$，根据施工进度计划 15 天完成，每天挖方 $200m^3$，开工后第 9 天早晨上班后，EPC 总承包商项目部计量人员前去检查费用和进度完成情况，得知已经完成挖方 $1500m^3$，已经支付给施工单位的工程款累计 24500 元。

EPC 总承包商项目部计量人员现场计算：已完工的计划费用＝15 元$/m^3$×$1500m^3$＝22500 元，然后，查看进度计划，开工第 8 天结束时，施工单位应得到的工程款累计＝$3000×15×8÷15=24000$（元）（开工前已编制完成）。于是，进行以下计算。

费用偏差＝$22500-24500=-2000$（元），表明费用已超支 2000 元。

进度偏差＝$22500-24000=-1500$（元），表明进度已拖延相当于 1500 元工程量的时间。$1500/(200×15)=0.5$（天），所以施工单位进度已经拖延 0.5 天。

费用超支，进度落后，总承包商按照合同规定对施工单位进行了相应的惩罚，并要求采取赶工措施。

（7）做好工程变更单价的确定　高速公路项目复杂，工程变更引起的合同价款调整难以避免，本项目采用的是单价合同，因此，正确确定变更综合单价至关重要。变更工程已标价的工程量清单包含以下三种情况。

① 有适用子目时的综合单价的确定。对于已标价清单中有适用于变更工程项目的，采用该项目的单价，但变更导致工程量偏差超过 15％时，应按照表 11-6 的公式调整结算分部分项工程费。

表 11-6　调整结算分部分项工程费的方法

序号	条件	公式	字母含义
1	$Q_1>1.15Q_0$	$S=1.15Q_0P_0+(Q_1-1.15Q_0)P_1$	S 为分部分项工程结算价；Q_1 为实际工程价；Q_0 为招标工程量清单的工程量；P_1 为已标价工程量清单的综合单价
2	$Q_1<1.15Q_0$	$S=Q_1P_1$	

以 15％的工程量偏差为临界点主要是考虑：当实际工程量较清单工程量增加较多时（超过 15％），完成超出 15％部分单位工程量要考虑边际成本效应；边际成本效应一般远小于单位成本，故综合单价应适当降低，反之要提高。

② 有类似子目时的综合单价的确定。对于已标价清单中无适用但有类似子目的，可在合理范围内参考类似子目的综合单价，由总承包商与各标段有关人员商量确定或由监理工程师按照下列办法确定：直接套用，对于相近的变更位置，标高、基线等对综合单价无影响的，可以直接套用；间接套用，对于仅为材料发生变化的可以通过抽换的方法，抽出替换的材料，加入换入的材料。如结构混凝土由 C30 变更为 C35，重新组价。如仅改变结构尺寸的，需对变化部分的人工、材料、机械台班进行调整，重新组价。

③ 无适用也无类似子目时的综合单价的确定。

无适用无类似子目时的综合单价＝承包商报综合单价×下浮率

承包商报价下浮率＝（1－中标价/中标控制价）×100％

从上述公式可以看出，承包商报综合单价和下浮率是确定综合单价是否正确与合理的两个关键因素。如果承包商报综合单价中因主观或客观原因存在偏差，则需要调整定额，人、材、机单价，费率等，将承包商报价调整到一个处于社会平均水平的定额价。

（8）加强施工分包商的索赔管理　工程索赔是工程费用管理的重要内容，应尽量减少索赔。对于费用索赔要尽量搞清索赔的原因，特别要注意对于窝工情况的索赔管理：人工费不能按工日单价计算，要按窝工补贴计算；机械台班费不能按台班单价计算；对于自由设备可按折旧摊销；对于租赁设备，可按租赁费计算。总承包商要按照合同规定的程序，根据现场资料，客观公正地做好索赔工作。

例如，本高速公路工程总承包项目某标段，施工现场由承包单位租赁了一台机械台班，单价为 400 元/天，租赁费 150 元/台班，人工工资 45 元/工日，窝工补贴 15 元/工日，以人工费为基数的综合费率为 35%，施工过程中发生如下事件：①出现恶劣天气导致工程停工 4 天，人员窝工 20 个工作日；②由于恶劣天气导致场外道路中断，抢修道路用工 30 个工作日；③场外大面积停电，停工 3 天，人员窝工 15 个工作日。计算总承包项目部支付施工单位的索赔金额是多少，各事件处理结果如下。

对于事件①，异常恶劣天气导致的停工，施工单位不能进行索赔；对于事件②，抢修道路用工索赔金额＝30×45×（1＋35%）＝1822.5（元）；对于事件③，通电导致的索赔金额＝3×150＋15×15＝675（元）。因此，总承包商最多应赔偿施工单位的索赔金额＝1822.5＋675＝2497.5（元）。

（9）做好竣工结算的编制和审查　本项目的竣工结算分为单位工程竣工结算、单项工程竣工结算、项目竣工总结算。单位工程竣工结算书由各承包单位编制，总承包商审核后报建设单位审查；单项工程竣工结算、项目竣工总结算书由总承包商编制，建设单位审查，审查依据的是施工合同约定的结算方式，对于采用工程量清单计价方式签订的单价合同，应审查施工中各个分部分项的工程量及价格，并对设计变更、工程索赔等调整内容进行审查。

【实践案例结语】

将费用管理的上述措施应用于本高速公路项目实践，保证了各级费用控制目标的实现。实践证明，以设计为龙头的总承包是设计院增强综合实力，实现积极转型、有序发展的经营方向；企业只有转变观念，熟悉和掌握总承包的规律，在设计、采购、施工各个环节采取有效的控制措施，尤其是在施工环节把握好 0 号台账的数量审核关，做好中期计量支付，编制合理的费用计划，并及时纠偏，尽量减少设计变更和施工单位的索赔，做好竣工结算工作，就可以有效地控制住费用，实现为业主提供满意的工程的同时，实现总承包商的利润最大化。

11.5.4　基于 BIM 的费用控制实践案例

【案例摘要】

以国内某城市文化中心项目费用控制实践为背景，介绍了 BIM 技术在费用控制中的应用。依据成本动态流程，结合该项目的土建相关数据，说明 BIM 技术为该项目带来的收益。

【案例背景】

国内某城市文化中心项目（简称 W 项目）包括图书馆、美术馆、艺术馆、配套公建以及地下车库，图书馆建筑面积约为 $32000m^2$，美术馆建筑面积约为 $15000m^2$，艺术馆建筑面积约为 $30000m^2$，配套公建面积约为 $220000m^2$，地下车库建筑面积约为 $90000m^2$，其中地

上建筑面积约为 $220000m^2$，地下建筑面积约为 $170000m^2$，总建筑面积 40 万平方米。该项目采用 EPC 总承包模式，由某设计院牵头的联合体中标。由于工程项目设计复杂，工期较短，参建方众多，成本控制难度较大，所以承包商决定采用 BIM 技术进行费用管理控制。

【BIM 技术在 W 项目中的应用】

鉴于 W 项目的复杂性和重要性，在签订合同时，业主就要求总承包单位交付 BIM 成果模型，标准是要求模型能够进行施工指导和定位，同时业主要求的工期较短，这意味着在较短的工期内需要最大的技术支撑。

总承包单位引入了 BIM 数据库技术，实现了数据信息在 Autodesk Revit AutoCAD Architecture、CAITA、Autodesk Revit Structure、Autodesk Revit MEP 等软件之间的快速互换。在具体设计中，以 Autodesk Revit 软件为基础，建立建筑、结构、设备、电气等各专业的三维模型。同时，利用三维信息模型辅助设计，来完成各专业分析和计算。然后，将三维信息模型与舞台机械、建筑声学等专业顾问的意见相结合，以提高设计质量。另外，BIM 模型能够提供大量的数据信息以及报表（如构建信息、材料用量报表等），这十分有利于项目成本的有效控制。

在深化设计过程中，结构、电气、设备等专业需要分别应用各自专业的分析软件对建筑设计方案进行定性分析和定量计算，BIM 模型可以与其他各专业的分析软件的文件进行格式转换，因此，能够将模型中所涵盖的大量数据信息与其他各个分析软件实现数据互动，消除了传统设计过程中需要建立各种文件格式建筑模型的重复性工作的弊端，提高了设计师的工作效率。应用 BIM 技术可以进行三维管线碰撞检测，可以实现普通的二维设计无法实现的功能，设计师可以合理地对空间进行布局，在虚拟的三维环境下快速找出设计中的碰撞冲突，对错综复杂的管线进行准确的布置，在很大程度上减少了施工阶段的返工现象，为总承包单位赢得了时间，节约了成本。

应用 BIM 技术可以将编制的进度计划与 BIM 模型数据进行集成，从而在时间、空间维度进行四维控制，能够对 W 项目按照天、周、月来实时掌握实施进度，并依据情况进行实时调控，合理布置施工现场，最大限度地优化施工资源，深入分析各种施工方案的优劣程度，从 W 项目的整体上考虑优化方案，最终达到资源、进度、质量的统一管理和控制的目的。

在 W 项目中利用 BIM 技术对项目施工过程中的重点和难点进行施工模拟，进行信息化的三维模型技术交底，形象地展示各个难点工程具体的施工工艺流程，同时对施工现场整体布置与各项施工指导措施进行形象模拟与具体分析，从而实现施工过程的管理优化。

在 W 项目中利用 BIM 模型记录的建筑物及构件与设计的尺寸、材质等各种信息，可以迅速、准确地得到实施过程中的各项工程基础数据，从而可以得到各种材料、设备的需求量，为合理制定采购计划和实施限额领料提供数据支撑。这也使 W 项目管理者对成本控制做到心中有数。

【W 项目数据分析与成本动态控制】

下面仅以图书馆土建工程数据分析为例进行说明。W 项目图书馆土建工程工期 10 个月竣工顺利完成。首先，通过工作分解结构（WBS）图将图书馆土建工程分解为分级工作包，并对各个工作包进行编码，见图 11-5。然后利用 BIM 模型，结合各工作包的逻辑关系编制进度计划和成本计划。同时，在此基础上分析各工作包工作量的大小，编制出劳动力需求计划表、材料需求计划表、机械设备需求计划表，分别见表 11-7～表 11-9。

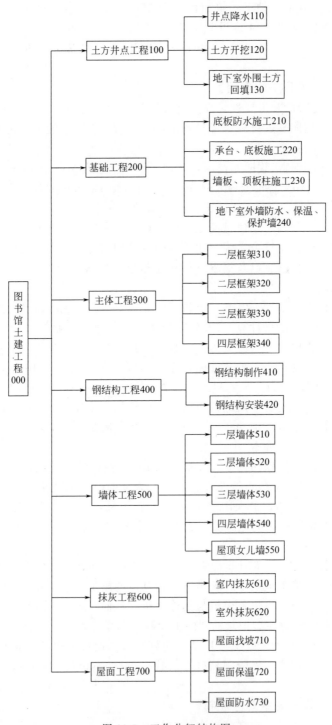

图 11-5　工作分解结构图

表 11-7　劳动力需求计划表

序号	名称	单位	各月劳动力计划需求量										
			6 月	7 月	8 月	9 月	10 月	11 月	12 月	1 月	2 月	3 月	4 月
1	电焊工	个	5	5	5	5	5	5	5	5	5	10	5
2	防水工	个	15	15	15						20	5	5

续表

序号	名称	单位	各月劳动力计划需求量										
			6 月	7 月	8 月	9 月	10 月	11 月	12 月	1 月	2 月	3 月	4 月
3	钢筋工	个	5	80	90	90	90	90	20	20	5	5	
4	混凝土工	个	10	30	40	40	40	40	40	30	5	20	20
5	脚手架工	个	5	10	10	10	10	10	10	10	6	5	5
6	模板工	个	50	80	90	90	90	9	40	30	5	5	9
7	挖土工	个	30	20	10	10	10	10	10				
8	泥工	个	50	5	5	5	5	5	10	5	30	6	5
9	安装工	个					20	25	5				

表 11-8　材料需求计划表

序号	名称	单位	各月材料计划需求量										
			6 月	7 月	8 月	9 月	10 月	11 月	12 月	1 月	2 月	3 月	4 月
1	中砂	t	302				207	420	305	280	300	160	106
2	碎石 5～16mm	t	90	40	32	20	50	82	39	20	60	95	60
3	碎石 5～20mm	t	110				130	122	123	51	23	15	15
4	碎石 5～40mm	t	15			65	66	55	26	55	56	55	20
5	蒸压粉煤石砖	百块	150				1589	1565	1456	652	185	204	44
6	多空砖	百块						152	156	35	20		
7	混凝土空心砖	m^3					300	530	665	120	50	10	10
8	挤塑板	m^3									220		
9	水泥 32.5 级	t	150	50	60	350	550	745	656	456	150	200	130
10	商品混凝土 C20	m^3					650	1202	354	201			35
11	商品混凝土 C30	m^3		2526	2125	2252	2956	858	801	601	703	320	45
12	商品混凝土 C40	m^3					1469	215					35
13	商品混凝土 C40 S6	m^3		750		452							
14	周转木材	m^3				59	152	35					
15	复合木模板 18mm	m^2				3486	5258	5248					
16	型钢	t				369	129						
17	钢筋(综合)	t		80	120	69	126	245					
18	钢筋(综合 2)	t		250	390	410	385	160				32	
19	冷拔钢丝	t		3								6	
20	钢支撑(钢管)	t	280	580	780	800	910	765	800	600	500	100	10
21	脚手钢管	t			320	360	380	310	320	250	150	150	15
22	底座	个	30	20	21	21	21	21	5	15	18	21	42
23	扣件	百个			800	900	1000	720	740	665	452	120	

表 11-9　机械设备需求计划表

序号	名称	单位	各月机械设备计划需求量										
			6 月	7 月	8 月	9 月	10 月	11 月	12 月	1 月	2 月	3 月	4 月
1	电动夯实机	台	1	1	1	1	2	2	2	1	2	1	1
2	汽车式起重机 5t	台				2	2	2	2	2	2	2	2
3	载货汽车 4t	台	5	4	2	5	10	5	2	2	2	2	2
4	载重汽车 4t	台	7	5	2	3	4	2	2	2	2	2	2
5	机动翻斗车 1t	台	4	6	1	1	1	5	2	2	2	2	2

续表

序号	名称	单位	各月机械设备计划需求量										
			6月	7月	8月	9月	10月	11月	12月	1月	2月	3月	4月
6	电动单筒快速卷扬机 50kN	台				2	2	2	2	2	2	2	2
7	灰浆搅拌机 200L	台	2	2	2	2	2	2	2	2	2	2	2
8	钢筋调直机 φ40	台			2	2	2	2	2	2	2	2	2
9	钢筋切断机 φ40	台			2	2	2	2	2	2	2	2	2
10	钢筋弯曲机 φ40	台			2	2	2	2	2	2	2	2	2
11	木工圆锯机 φ500	台				2	2	2	2	2	2	2	
12	剪板机 12×3000mm	台				2	2	2	2	2	2	2	
13	型钢剪断机 500mm	台				2	2	2	2	2	2	2	
14	刨边机 12000mm	台				2	2	2	2	2	2	2	2
15	电动单机离心清水泵	台	2	2	2	2	2	2	2	2	2	2	2
16	潜水泵 100mm	台	2	2	2	2	2	2	2	2	2	2	2
17	对焊机 75kV·A	台				2	2	2	2	2	2	2	
18	交流电焊机 30kV·A	台	2	2	2	2	2	2	2	2	2	2	2
19	交流弧焊机 30kV·A	台	2	2	2	2	2	2	2	2	2	2	2
20	塔式起重机 60kN·m	台	1	1	1	1	1	1	1	1	1	1	1

　　然后通过利用 BIM 模型计算得到各工作包的计划费用汇总表，见表 11-10，也就是得到了图书馆土建工程预算成本，即建立了测量基准 BCWS（计划工作预算费用）。

表 11-10　W 项目图书馆土建工程各工作包计划费用汇总表

序号	任务名称	人工费/万元	材料费/万元	机械费/万元	合计/万元	持续时间/天	日产值/万元
1	井点降水	2.15	2.45	10.75	15.35	100	0.15
2	土方开挖	3.68		20	23.68	10	2.36
3	地下室外围土方回填	2.16		12.8	14.96	5	2.99
4	底板防水工程	4.97	23.65	2.48	31.12	20	1.55
5	承台、底板施工	19.90	94.52	9.95	124.37	13	9.56
6	墙板、顶板柱施工	48.54					
7	地下室外墙防水、保温、保护墙	3.09	14.68	1.54	19.32	14	1.38
8	一层框架	42.9	204.02	21.47	268.45	20	13.42
9	二层框架	10.14	190.66	20.07	250.88	16	15.68
10	三层框架	41.44	196.88	20.72	259.06	16	16.19
11	四层框架	34.45	163.68	17.22	215.37	20	10.76
12	钢结构制作	14.20	67.48	7.10	88.79	30	2.97
13	钢结构安装	7.69	36.53	3.84	48.07	20	2.40
14	一层墙体	3.28	15.58	1.64	20.50	15	1.36
15	二层墙体	3.05	14.53	1.56	19.14	10	1.91
16	三层墙体	16.9	80.37	8.46	105.73	10	10.57
17	四层墙体	15.28	72.61	7.64	95.55	10	9.55
18	屋面女儿墙	6.08	28.92	3.04	38.04	8	4.75
19	内墙抹灰	16.38	77.65	8.17	102.18	48	2.12
20	外墙抹灰	13.81	65.61	6.90	86.33	36	2.39
21	屋面防水	14.6	69.71	7.33	91.64	15	6.11

续表

序号	任务名称	人工费/万元	材料费/万元	机械费/万元	合计/万元	持续时间/天	日产值/万元
22	屋面保温	18.09	85.94	9.04	113.09	8	14.1
23	屋面细石混凝土刚性防水层	21.16	100.52	10.58	132.26	20	6.61

　　根据 EPC 成本动态流程，接下来就是进行实时的测量并统计挣得值。利用 BIM 模型实时掌握工程进度情况，得到各个时间点上的工作进度状况，并计算得到挣得值 BCWP（已完成工作量的预算费用）。2012 年 10 月 W 项目图书馆土建工程的挣得值表见表 11-11。该工程的工期是从 2012 年 6 月 1 日至 2013 年 4 月 30 日。总承包方在每月月底设定检查点，依据上述方法可以得到各个检查点的挣得值表，见表 11-12。而在图书馆土建工程实施过程中有专人对每天的各项费用进行记录，统计可得各检查点的实际成本 ACWP（已完成工作的实际费用）。

表 11-11　W 项目图书馆土建工程的挣得值表

项目名称：W 项目图书馆土建工程			日期：2012 年 10 月	
项目编号：000			估算人：	
任务名称	完成工程量百分比	形象进度	工作包费用/万元	工作包挣得值/万元
井点降水 110	100%	已完成	15.5	15.5
土方开挖 120	100%	已完成	23.9	23.9
地下室外围土方回填 130	100%	已完成	15.1	15.1
底板防水工程 210	100%	已完成	31.4	31.4
承台、底板施工 220	100%	已完成	125.5	125.5
墙板、顶板柱施工 230	100%	已完成	306.13	306.13
地下室外墙防水、保温、保护墙 240	100%	已完成	19.5	19.5
一层框架 310	100%	已完成	265.8	265.8
二层框架 320	100%	已完成	248.4	248.4
三层框架 330	100%	已完成	256.5	256.5
四层框架 340	50%	模板结束钢筋完成 1/3	213.24	106.62
钢结构制作 410	90%	主构件基本制作完毕	87.32	78.59
钢结构安装 420	25%	安装完成 25%	47.6	11.9
一层墙体 510	45%	完成 1~6 轴墙体	20.51	9.23
累计完成工程量/万元				1514.07
项目挣得值/万元				1514.07

表 11-12　各检查点的挣得值表

序号	检查点（年、月、日）	挣得值/万元
1	2012.6.30	152.5
2	2012.7.31	485.6
3	2012.8.31	541.83
4	2012.9.30	1190.3
5	2012.10.31	1514.07
6	2012.11.30	1985.9
7	2012.12.31	2158.5
8	2013.1.30	2298.4

续表

序号	检查点（年、月、日）	挣得值/万元
9	2013.2.28	2497.6
10	2013.3.31	2619.7
11	2013.4.10	2708.6

综上所述，可以得到图书馆土建工程的挣得值评价表，见表 11-13。

表 11-13　W 项目图书馆土建工程的挣得值评价表

时间（年、月、日）	PV（计划工作量的预算费用）	AV（已完成工作量的实际费用）	EV（挣得值）	$CV=EV-AV$（费用偏差）	$CPI=EV/AV$（费用绩效指数）	$SV=EV-PV$（进度偏差）	$SPI=EV/PV$（进度绩效指数）
2012.6.30	156.6	153.5	152.5	−1	0.993	−4.1	0.973
2012.7.31	487.7	475.6	485.6	10	1.021	−2.1	0.995
2012.8.31	560.51	635.15	541.83	−93.32	0.85	−18.68	0.967
2012.9.30	1180.9	1165.3	1190.3	25	1.021	9.4	1.007
2012.10.31	1505.9	1500.2	1514.07	13.87	1.009	8.17	1.005
2012.11.30	1959.92	1963.9	1985.9	22	1.011	−2.2	1.013
2012.12.31	2180.7	2175.5	2178.5	3	1.001	−2.2	0.999
2013.1.30	2303.2	2299.4	2298.4	−1	0.999	−4.8	0.997
2013.2.28	2484.1	2488.6	2497.6	9	1.003	13.5	1.005
2013.3.31	2597.8	2608.7	2619.7	11	1.004	21.9	1.008
2013.4.10	2687.45	2682.6	2708.6	26	1.009	21.15	1.007

根据表 11-13 统计数据，可以得到项目在实施过程中任何一个检查点的成本—进度的具体情况。费用偏差 $CV<0$，表示费用超支，进度偏差 $SV<0$，则表示工期拖延，据此判断总承包方可以对项目成本实现动态控制。例如，2012 年 8 月 31 日时，$CV=-93.32<0$，$SV=-18.68<0$，表明成本超支较多，并且工期拖延较久。W 项目部对 2012 年 8 月 31 日检查点情况的原因进行分析调查，结果如下。

主要原因是 8 月份气温较高，导致工作效率低下。因此，项目部迅速采取措施，将之前的上午 6：30～11：00、下午 13：00～17：00 的工作时间调整为上午 5：00～9：00、下午 15：00～19：00。同时，为防止工人在高温下中暑，提供了凉茶和防暑药品。

对于工期拖延原因的调查结果是因为部分工人回乡务农，导致现场劳动力远远低于实际的劳动力需求量，对此，项目部马上组织人员补充新的劳动力，从而使情况得到了有效控制。由于采取了一系列措施，通过表 11-13，我们可以看到 2012 年 9 月的项目进度明显加快。

为了查明成本上升的原因，项目部对 2012 年 8 月所完成的各项工作进行了多级挣得值分析，发现导致成本上升的根本原因是地下室顶板柱、墙板施工工作包中混凝土工程出现费用超支，其结果见表 11-14 和表 11-15。通过查看当时的人工、材料、机械消耗记录，与计划消耗量比较发现成本支出预算的根本原因是混凝土的用量超量，对地下室顶板厚度测量发现大多都超厚，由于模板的平整度和标高偏差较大，保证最低点板厚度时，混凝土超重了。查明情况后，项目部立即采取措施，对模板的平整度与标高进行修正，并调用部分符合标准规定的模板施工，发现混凝土不再超量，成本不再上升，从而实现了成本动态控制。

表 11-14　2012 年 8 月各主要分项工程挣得值评价表

分项工程名称	PV	AV	EV	$CV=EV-AV$	$CPI=EV/AV$	$SV=EV-PV$	$SPI=EV/PV$
井点降水	15.36	16.73	20.73	4	1.23	5.37	1.35
土方开挖	23.68	22.68	23.68	1	1.04	0	1
底板防水施工	31.12	26.56	29.56	3	1.11	−1.56	0.95
承台、底板施工	124.38	122.13	123.13	1	1.008	−1.25	0.990
墙板、顶板柱施工	303.42	314.5	282.18	−32.32	0.89	−21.24	0.93

表 11-15　墙板、顶板柱施工各工序挣得值评价表

工序名称	PV	AV	EV	$CV=EV-AV$	$CPI=EV/AV$	$SV=EV-PV$	$SPI=EV/PV$
墙板、顶板柱施工	57.7	56.38	58.28	1.9	1.033	0.58	1.01
墙板、顶板柱钢筋绑扎	149.92	141.22	142.42	1.2	1.008	−7.5	0.94
墙板、顶板柱混凝土浇筑	95.8	116.9	81.48	−35.42	0.697	−14.32	0.85

同时，从表 11-13 中还可以分析出 2012 年 9 月到 2012 年 11 月的成本绩效指数 CPI 的数值相对较大，说明该段时间内其成本控制状态良好；而 2012 年 12 月至 2013 年 2 月其数值相对较小，说明其成本管理相对松散，控制力度不够，应分析原因采取措施，对成本做进一步的控制。

通过表 11-13 中各月的成本绩效指数 CPI，可以预测出在目前的成本控制水平下，工程完成只是所需的总成本 EAC＝整个工程的预算费用/CPI。以 2013 年 4 月底为例，完工成本为 $EAC＝2687.45/1.009＝2663.48$（万元），低于预算费用，说明依据目前的成本控制水平，图书馆土建工程的最终成本管理预测结果是好的。

【实践案例结语】

加快 BIM 技术在 EPC 项目中的应用，必将给项目成本以及其他管理带来诸多好处。总承包方通过数据积累建立 BIM 大数据信息平台，可以成为项目管理以及成本控制的重要支撑。

挣得值分析（EVM）法是项目控制的常用分析方法，在实践中被广泛使用。将 BIM 技术运用到 EVM 实践之中，将信息模型与 EVM 法完美结合，BIM 可以快速、便捷、准确地提供管理者需要的相关数据，便于实时地分析、判断项目成本-进度的状态，针对不同时间、不同工序进行多位对比，达到对成本进行严格管控的目的，为提高成本控制效率提供有力的支撑。

同时，采用 BIM 技术方便不同建设参与主体（业主、总承包商、分包商等）和不同专业（设计、采购、施工等）的成本管理人员相互沟通，对于提高成本控制水平具有重要意义。

第12章

安全管理

安全管理与工程的质量、施工人员的生命安全、施工进度乃至企业利润和行业信誉度息息相关，为此，安全管理是工程项目管理的重点工作之一。由于 EPC 承包模式较传统承包模式更具有复杂性，所以安全管理工作更加凸显其重要意义。

12.1 安全管理概述

12.1.1 安全管理的概念与特点

12.1.1.1 安全管理的概念

《建设项目工程总承包管理规范》对安全管理的定义为："对项目实施全过程的安全因素进行管理，包括制定安全方针和目标，对项目实施过程中的人、物和环境安全有关的因素进行策划和控制。"

具体来说，项目安全管理是指应用现代科学知识与工程技术去研究、分析在项目建设系统和作业中各个环节固有的、潜在的不安全因素，进行定性与定量的安全性及可靠性评价，进而采取有效的对策进行控制，以消除隐患，有效地对系统进行安全预测、预报和预防，以实现人、机、环境的和谐，获得最佳安全生产效果的研究与实践活动。

安全管理研究的对象是工程项目建设过程中或投入使用后的企业员工或项目用户的人身安全和财产安全。其目的是减少和控制危害，降低和控制事故，尽量避免生产过程中由于事故造成的人身伤害、财产损失、环境污染以及其他方面的损失。

12.1.1.2 安全管理的特点

由于 EPC 项目承担工程项目的设计、采购、施工、试运行服务等工作，并对承包工程的质量、安全、工期、造价全面负责，最终是向业主提交一个满足使用功能、具备使用条件的工程项目，因此，具有与传统模式的安全管理不同的特点。

（1）管理的复杂性　传统承包模式的安全管理，呈现专业的单一性、安全管理的单一性，而 EPC 包括设计、采购、施工、试运行多阶段过程，具有专业多元化的特点，使得安全管理的范围、方式以及管理技术比传统承包模式的安全管理要复杂得多，需要各个专业的管理人员的密切配合。

（2）监督工作难度大　由于建设企业发展趋于多样化，参与 EPC 承包的主体多样化，同时项目的建设规模逐步大型化，参建单位众多，参建单位少则几十个，多则成百上千，致使 EPC 建设项目管理日益复杂，因此造成 EPC 工程总承包项目安全管理异常复杂，管理难度加大。

（3）安全责任的连带　传统的承包模式中承包主体承担安全责任。EPC 项目部分工程可以实施分包，各分包方对其承包项目实施安全管理，并承担相应的责任，但 EPC 工程总承包方，既不能"以包代管""以罚代管"分包单位的安全管理，亦不能放任分包单位的管理，工程总承包方要对整个项目的安全生产负总责。分包单位不服从管理导致生产安全事故的，由分包单位承担主要责任，但并不能免除工程总承包单位的安全责任。

12.1.2　安全影响因素与安全管理原则

12.1.2.1　安全影响因素

EPC 项目现场施工安全的影响因素除了传统承包模式所具有的自然环境因素、人为因素、物的因素、组织管理上的因素外，应特别注意以下三方面因素对安全产生的影响。

（1）组织协调因素　组织协调因素是指组织结构、工作流程、任务分工和管理职能分工、组织之间的协调、人际关系处理等方面的不科学，导致整个的施工过程出现混乱局面，不但容易引起质量事故和安全事故，而且极容易造成进度拖延、成本增加。

（2）对外关系处理因素　EPC 项目工程建设不但涉及总承包单位、建设单位、分包施工单位、监理单位和供应商，而且也可能会涉及政府有关部门及相关的一些单位，因此，对外协调关系很重要，尤其是应处理好与分包单位的关系，因为关系处理不好会导致项目部提出的许多安全制度的落实比较困难。

（3）专业技术因素　专业技术因素是指在工程建设中专业分包单位在技术领域的能力不足对安全产生的因素，尤其是伴随着现代技术科学的发展，由于采用新技术经验不足，或采用该项技术中可能产生的影响工程项目安全目标实现的因素。其主要因素为技术力量欠缺、新技术不成熟以及设计失误等。

12.1.2.2　安全管理原则

（1）遵守法律法规原则　在工程安全管理工作中，EPC 总承包商应按照国家安全生产法的要求和"管行业必须管安全，管业务必须管安全，管生产经营必须管安全""谁主管，谁负责"的原则，贯彻落实国家一系列有关安全的法律法规、标准规范，如《国家安全生产法》《建筑法》《建设工程安全生产管理条例》《建筑施工安全生产管理办法》《安全生产许可证条例》及《建筑施工企业安全生产许可证管理规定》等涉及 EPC 项目的各专业标准规范及技术规范等。

（2）满足业主需求原则　每一个项目因其不同的设计、不同环境、不同的承包商、不同的业主就会有不同的需求，项目部应清晰而专业地确认业主合同中对项目实施的各个阶段关于安全管理的要求。例如，业主在项目实施过程中的各个阶段对安全资源投入的要求不同，项目部就应该在策划阶段进行识别，在项目管理计划及安全管理计划中进行明确的划分，在现场实施过程中协调各施工单位合理调配资源，制定安全措施，确保满足业主的差异化需求。

（3）领导参与原则　在项目安全管理中，领导的作用十分关键，项目经理是安全管理的灵魂，承担项目安全管理的主要责任，包括项目部所属的安全管理团队，主导项目安全事务，确定安全管理目标，协调解决项目所产生的安全问题。同时项目部也应该请公司主管部门的领导定期到现场进行安全培训与指导，这将给予安全管理工作极大的支持和鼓励。领导参与成为安全管理的原则之一。

（4）协调管理原则　EPC 项目参建单位众多，这些参建单位既是工程建设的实施主力，也是其所在区域、专业领域安全管理的责任主体，总承包商不可能替代各参建单位的安全管理资金的投入和安全措施的落实，为此只能通过沟通、协调、监督各单位的安全管理工作，通过各分包单位贯彻总承包商制定的安全管理制度达到安全管理的目标。沟通、协调、监督成为总承包商安全管理的一个原则。

（5）全员参与原则　《建筑法》规定："建筑安全生产管理必须坚持安全第一，预防为主的方针，建立健全安全生产责任制度和群防群治制度。"施工现场的安全管理离不开现场全体人员的参与，项目部在安全管理中应以全员参与为原则。作为EPC总承包方，需要整合施工分包商各个单位及人员，建立健全的全员安全管理责任制并将在现场的所有单位作为安全管理的子项，对现场的每一个安全管理措施加以策划，确保各个区域主管安全的人员对影响范围内的安全管理负责与实施。总之，现场安全人人有责，处处体现人人重视安全的意识。

（6）全过程管理原则　EPC总承包商应对项目实施的各个阶段、各工序作业活动的安全管理的策划、实施和改进等全过程进行安全识别，清晰各过程中的需要和资源配置，并制定有效措施加以落实。将安全管理贯穿于整个项目建设的全过程。

（7）系统管理原则　EPC总承包项目是一个相互联系的过程所组成的体系，纵向上由事前预防、事中控制、事后总结组成，横向上由各个参建单位构成，形成一个纵横交错的系统。总承包商要对系统的多对象、多专业交叉管理，就必须梳理各专业间的结合点，同时根据项目的进度计划纵向形成管理流程，横向形成交叉部分，分析和预测存在的危险因素，从局部到整体的衔接方面对整个建设过程实施安全控制。

（8）持续改进原则　持续改进的关键在于改进的持续和循环。在管理过程中应利用教育、检查、分析等方法识别和确认改进的需求，实施相应的预防和纠正措施以消除实际或潜在的不符合安全要求的因素，防止问题发生或再次发生。

12.1.3　安全管理模式与体系

12.1.3.1　安全管理模式

与其他项目目标管理一样，EPC总承包企业的安全管理可分为两个层次：企业级安全管理和项目级安全管理。

（1）企业级安全管理　企业级安全管理解决的主要问题是：①制定安全生产方针、制度，构建安全生产标准化体系，为各个项目部的安全管理提供指导性文件，确保项目安全，审查各个项目部的安全计划是否符合企业所建立的安全管理标准；②全面掌握各项目对企业安全管理制度的执行情况，提前发现并指导控制项目的安全风险源，预测各项目的安全生产发展趋势，对于发现的安全风险要从企业角度给予预警，并协调资源，对安全风险进行控制，对不良的安全趋势采取必要的措施进行纠偏，以确保项目安全目标的实现。

（2）项目级安全管理　项目级的工程总承包安全管理工作可以分为以下两个方面。

① 设计安全管理工作：包含对设计本质安全的管理和人身健康的安全管理，设计安全管理工作主要是保证设计成品的本质安全设计，确保设计出的产品符合国家法律法规以及各类标准的要求，以确保产品的运行安全可靠，避免安全事故发生。其安全性能一般在运行生产后体现出来。设计安全管理工作基本是由项目经理组织协调各专业设计人员来完成。

② 现场安全管理工作：包括施工安全管理、设备试运行安全管理及必要的采购安全管理。总承包项目部的现场安全管理工作即对现场施工和试运行过程中的安全管理，遵循"计划-实施-检查-处理"的PDCA模式进行安全管理。

项目部的安全管理应在项目部经理的领导下，以安全管理部门为核心，设计部、工程部、试车部以及采购部等各职能部门，相互协调合作，形成合力，对项目安全实施有效的管理与控制。同样，现场安全管理工作是在项目经理的领导下，由安全总监和安全工程师进行管理。

12.1.3.2　安全管理体系

我们先简要介绍安全监控体系，安全保证体系在下面节点再做介绍。安全监控体系＝安全监控目标体系＋安全监控流程体系。

（1）安全监控目标体系　安全监控目标是实现项目安全化的行动指南和努力的方向。安全监控目标应包括安全事故监控目标、安全生产隐患监控目标以及安全生产文明施工监控目标等。安全监控目标必须围绕施工企业生产经营目标和上级对安全生产的要求，结合施工生产的经营特点制定，使目标的预期结果做到具体化、定量化、数据化，如安全事故发生率、人员负伤率、施工环境标准合格率等指标。

（2）安全监控流程体系　安全监控流程体系是安全管理体系中最为重要的体系，是指为达到安全监控目标而制定的一套安全监督与控制的工作流程，包括安全管理工作计划、计划的执行落实、安全监督检查、对安全问题的处理。

12.1.4　安全管理内容与流程

12.1.4.1　安全管理内容

安全管理工作范围涉及面较广泛，包括项目实施方案以及项目建设过程中各阶段的安全管理，贯穿于项目整个生命周期。安全管理工作范围示意图见图 12-1。

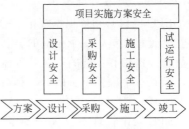

图 12-1　安全管理工作范围示意图

（1）实施方案安全　制定招标文件中关于建立安全生产管理体系方案；制定对投标单位的关键阶段和区域的安全技术措施；制定危险性较大的项目的专项施工方案；明确设计、采购、施工质量安全标准；明确对施工期间安全生产（包括消防、治安、交通）的要求；明确安全生产管理组织和职责。

（2）设计安全　包括质量安全、人身安全和健康安全；严格执行有关安全的法律、法规和工程建设强制性标准；防止因设计不当而造成安全事故等。

（3）采购安全　对采购的材料、设备等物资是否符合国家标准与合同的质量安全要求的一系列管理工作。

（4）施工安全　编制现场施工安全管理方案；对现场实施活动进行指导与监督；建立现场安全事故应急机制；对安全事故进行分析和处理等。

（5）试车安全　编制试车内容、组织机构、工作原则、程序等；组织业主和各参建方核查在试车、操作、停车中的安全；试车阶段的紧急事故处理等。

上述安全管理工作的内容中，重点在于设计安全和施工安全（现场施工安全、必要的采购安全、设备试运行安全管理工作）。工程总承包的设计安全基本上由项目部经理组织协调各方面的专业人员来完成（或通过分包招标选择设计单位来完成）；现场安全管理工作是由在项目部领导下的安全总监和安全工程师来完成的。

12.1.4.2　安全管理工作流程

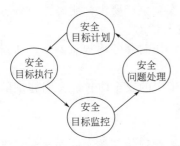

图 12-2　安全管理工作流程

安全控制工作主要流程包括安全目标计划、安全目标执行、安全目标监控、安全问题处理。安全管理工作流程见图 12-2。

（1）安全目标计划　为了达到国家行业以及建设单位的要求，总承包商应制定安全管理的预期目标，提高生产经营成果。各分包单位应制定与项目部安全管理目标相一致的分目标，从而形成以项目部为中心的完整的安全管理目标体系。

（2）安全目标执行　形成完整的安全管理目标体系后，当目标转入执行过程时，项目部应与各区域主管人员、分包商就实现各种具体安全目标的内容、方法、措施和条件达成安全协议。项目部经理应根据项目实现目标的需要授予相应区域主管人员一定的自主权,以便主动、及时地处理问题。

(3) 安全目标监控　监控执行效果,通过各种形式进行监控,如平日检查、专项检查、综合检查等形式,认真对建设过程中的项目危险源进行检查、评价并得出结果,将执行结果与预期目标进行比较。

(4) 安全问题处理　对于项目各种危险源要及时采取必要的措施,进行认真的整改。对安全管理工作进行经验总结,正确的应加以肯定,总结成文,针对问题应修改管理规章和安全标准。对于整改后效果还不符合安全要求的一些措施,应反映到下一个循环中去解决。

12.1.5　安全管理机构与职责

12.1.5.1　安全管理机构

EPC 项目必须要根据规范、合同要求逐层设置合理、有力的安全管理机构,配置精干的安全管理人员,赋予相应的责、权、利。每个专业的参建单位也必须按照要求设置健全的人员管理机构和完善的安全管理制度,充分利用安全管理组织体系,实施分级管理、分级控制,做到每个施工点、面、片都有专人负责,每个施工工艺、流程都有章可循、有人负责、有人监督。

EPC 安全管理不仅仅是安全部门的事,而且与其他部门如设计部、采购部、施工部、试车息息相关。总承包方与建设方、监理方、分包方四位一体形成安全管理机构的组织体系。EPC 项目部安全管理组织结构示意图见图 12-3。

12.1.5.2　安全管理职责

(1) 安全部经理岗位职责

① 认真学习和贯彻执行国家关于安全生产的方针、政策和法令以及公司的决议,全面完成公司下达的文件、安全生产计划和各项安全技术指标,对项目的安全、环境、职业健康目标、指标的完成负有直接责任。

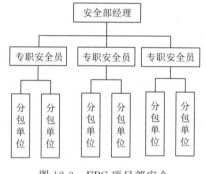

图 12-3　EPC 项目部安全
管理组织结构示意图

② 负责制定、建立本项目的安全生产管理体系和计划,编制年度安全生产措施计划;协调各分包单位的安全工作,督促他们贯彻执行项目部关于安全、环境、职业健康的管理体系,在项目中有效执行落实。

③ 定期负责策划、组织工程质量、重要环境和重大危险源的检测活动,对查出的安全隐患采取纠正与预防的措施,防止质量、环境污染、职业健康等重大事故的发生。

④ 提高全员参与持续改进,满足总承包企业、项目部的安全生产要求,明确并监督各分包商以及现场各类人员严格履行安全、环境、健康运行制度与活动。

⑤ 全面组织检查、落实本项目专职岗位安全人员的安全责任制和各项规章制度;加强安全、文明施工制度等基础工作。

⑥ 参加项目部内施工组织设计、施工方案的讨论,对施工中的安全防护、文明施工的编制提出具体修改意见,审核各类具体方案。

⑦ 参与施工安全生产事故调查与分析工作。

⑧ 组织开展项目范围内的各项安全生产活动,做好安全生产宣传、教育、评比、交流等工作。

⑨ 建立健全项目部安全管理网络体系,负责项目部施工全过程的监督控制工作。

⑩ 完成项目部经理临时交办的各项工作。

（2）专职安全员岗位职责

① 认真学习和贯彻国家安全法规和政策法令，建设行政部门的安全生产规章和规范，坚持"安全第一，预防为主"的方针，并督促分包单位落实总包企业制定的安全生产制度。

② 协助部门经理建立项目安全生产管理体系，编制项目年度安全生产措施计划、安全操作规程、制度和施工现场应急预案。

③ 对参建单位和人员进行安全生产宣传教育，并及时督促检查各分包商的安全生产教育的实施情况。

④ 参与组织施工现场应急预案的演练，熟悉应急救援的组织、程序、措施及协调工作。

⑤ 结合施工现场情况，指导分包单位的安全员开展工作，合理布置生产中的安全工作。

⑥ 负责深入施工现场，对安全生产进行现场监督检查，发现违规违章作业和安全隐患，立即提出改进措施。

⑦ 做好安全生产中的资料记录、收集、整理和保管工作。

⑧ 参加生产安全协调会，报告每周安全生产情况。

⑨ 完成安全部经理临时交办的各项工作。

12.2　安全管理要点

12.2.1　设计安全管理要点

① 设计必须严格执行有关安全的法律、法规和工程建设强制性标准，防止因设计不当导致建设和生产安全事故的发生。

a. 设计应充分考虑不安全的因素，安全措施（防火、防爆、防污染等）要严格按照有关法律、法规、标准、规范进行，并配合业主报请当地安全、消防等机构的专项审查，确保项目实施及运行使用过程中的安全。

b. 设计应考虑施工安全操作和防护的需要，对涉及施工安全的重点部位和环节要在设计文件中注明，并对防范安全事故提出指导意见。

c. 采用新结构、新材料、新工艺的建设工程和采用特殊结构、特种设备的项目，应在设计中提出保障施工作业人员安全和预防安全事故的措施建议。

② 设计人员应在各阶段设计和施工图方案设计的适当阶段，由政府主管部门、业主或第三方组织的外部评审对设计成果进行评审确认。

③ 设计人员对相关变更应获取有关单位的书面确认文件。

④ 设计技术交底由设计经理负责与施工方或建设单位具体落实，按交底要求向施工或制造单位介绍设计内容，提出施工、制造、安装的要求，接受施工或制造单位对施工图设计或设备设计的质疑，协调解决交底中提出的有关设计技术问题。

⑤ 当建筑施工质量达不到设计的安全要求时，设计人员应对加固补强措施进行确认，或者根据实际情况对结构进行核算，确保满足原设计要求。

12.2.2　采购安全管理要点

造成采购安全事故发生的原因很多，由于对采购的要求标准不严格，会造成采购回来的设备设施、原料材料存在不符合相关要求的情况，特别是特种设备、消防设备等缺乏相关资质或资料不全的情况，给安全管理工作带来困难或隐患。采购安全管理要点如下。

① 工程项目的设备、材料供应商必须具备与其提供产品相适应的能力和资质证明文件，证明文件应在有效期限内。

② 必须依据设计人员编制的设备、材料采购文件要求实施采购任务。采购特种设备、

消防设备、防爆电气设备，应符合合同中约定的检验要求，并应提供设备安装结束后的验收、办证资料。

③ 采购进口设备必须在合同中约定提供证明其制造厂（地）的文件资料（如出厂证明、报关材料等），在设备验收时应同时查验合同约定的证明文件。

④ 采购超大、超重、异形等超过道路通行规定的产品，应按照设计文件的提示要求，与供应商约定运输方式和安全防范措施。

⑤ 如需设备、材料供应商提供现场服务，应与供应商签订现场服务安全协议，进入现场服务的人员必须经过相应的安全教育。

12.2.3　施工安全管理要点

工程项目进入正式施工后，安全管理工作也进入了重点管理阶段，这一环节容易发生安全事故，造成安全事故高发的原因有施工方案危险系数高、施工单位缺少相关资质、施工人员不按要求作业、施工设备老旧不达标、施工单位安全意识淡薄、安全文明施工经费投入少及项目日常安全管理不力等，这些因素都应该进行严格监管和检测，以防给后期的工程安全管理埋下隐患。施工安全管理要点如下。

（1）编制现场施工安全管理实施方案　建设工程施工是一项辅助的生产过程，在施工现场需要组织多工种、多单位协同施工，需要严密的计划组织和控制。针对工程施工中存在的不安全因素进行分析，应从技术上和管理上采取措施，因此要求项目部在施工前编制现场施工安全管理实施方案，实施方案编制要素包括：①工程概况及特点；②编制依据；③安全管理目标；④安全管理组织体系（含联系方式）；⑤安全保障体系要素及职能分配；⑥项目部各项安全管理制度和应急预案；⑦施工计划安排；⑧危险源与环境因素识别及重大危险源的管控；⑨环境及生产设施和安全管理；⑩安全考核评价。

（2）施工单位（包括分包单位）资质审查　审查内容包括建设工程施工中标通知书、企业法人营业执照、资质证书、安全生产许可证、企业法人委托书、项目经理岗位证书、项目经理任命书、技术负责人任命书、三类人员安全生产考核合格证书、企业的安全管理网络。

（3）施工人员资格审查　施工总承包、专业分包或劳务分包单位必须与施工人员签订劳动合同。分包企业应从进入工地之日起必须为其施工人员办理工伤保险或综合保险，在政府部门办理从事高处作业的施工人员健康证、特种作业操作证。

（4）特种设备进场审核　审核内容包括制造许可证及产品合格证、设备监督卡和属地建设机械编号牌、属地建设工程施工现场机械安装验收合格证、建筑机械安装质量检测报告（确认检验单位资质）、建筑机械安装质量检测报告中不合格项的整改合格资料。

（5）危险性较大的分部分项工程安全管理　编制危险性较大的分部分项工程专项方案，超过一定规模的、危险性较大的分部分项工程需要经过专家论证，专项方案需经过审批；在施工作业前方案编制人员或项目技术负责人应向现场管理人员和作业人员进行安全技术交底；施工单位应当指定专人对专项方案实施情况进行现场监督并按规定进行监测，施工单位技术负责人应巡查专项方案实施情况；对于按规定需要验收的危险性较大的分部分项工程必须组织有关人员进行验收。

（6）安全生产检查与监控

①安全教育；②安全技术交底；③危险源辨识与告知；④分包单位安全管理；⑤非常规作业，包括拆除作业、高空作业、高温区域施工、脚手架安装拆除作业、起重吊装作业、施工连续作业、施工临时用电；⑥文明施工检查，包括总平面图布置、办公生活设置管理、现场防火管理、卫生管理、粉尘噪声管理、治安保卫管理等。

12.2.4　试运行安全管理要点

试运行阶段是对整个 EPC 项目的设计、采购、施工和管理工作的综合验收，直接决定着项目是否达到安全、环保、可靠和高效的标准，往往是安全事故高发时段。人们往往对试运行风险认识不足，造成安全事故发生，小到"跑、冒、滴、漏"，大到发生火灾、爆炸甚至人员伤亡等一系列重大问题。试运行安全管理包括设备与系统安全、人员安全、编制程序和规定的安全性、试运行物料安全等。试运行安全管理要点如下。

① 编制试运行工作计划，明确试运行内容、组织、工作原则和程序。

② 制定试运行安全技术措施，确保试运行过程的安全。

③ 组织业主、施工分包商、供货商，从试运行角度来检查安装质量，核查在试车、操作、停车、安全和紧急事故处理方面是否符合设计要求，对发现的问题列出清单并进行修改，最终达到设计要求。

④ 组织协调各参加调试人员，明确调试区域及范围，做好调试期间发生电气设备着火、突发意外停电、功能性误操作、爆炸、中毒及其应对措施等方面的安全教育工作。

⑤ 检查建设项目的安全生产"三同时"制度的落实，必须按照国家有关建设项目职业安全卫生验收规定进行，对不符合职业安全卫生规程和行业技术规范的，不得验收和使用。验收合格正式投入运行后，不得将职业安全卫生设施闲置不用，生产设施和职业安全卫生设施必须同时使用。

⑥ 总承包方与业主方共同审查和签署试运行及考核情况报告，明确项目的工艺性能、保证指标、经济指标达到合同要求的情况。

12.3　安全管理策略

12.3.1　选择安全管理现代模式

（1）实现安全管理的系统化　EPC 总承包商进行安全管理必须遵守国家、行业的相关法律、法规、规章制度，因此要求相关安全管理人员及其他管理人员都应该熟知国家行业的有关规定条文，并根据相关规定开展安全管理工作。EPC 总承包商应综合考虑项目的特点、施工环境和工期进度等因素，组建项目安全管理机构，配置专职的安全管理人员，制定完善的安全管理规章制度，规范施工人员行为，提升安全管理系统化水平；明确各分包商和岗位的安全职责，并签订相关的安全管理协议，做好对安全管理人员的监管工作，明确各专职安全管理人员的职责，做好相关的安全技术交底，保证项目安全管理的系统化、安全管理工作的专业化和精细化。

（2）采用安全级别化的管理　EPC 工程总承包商应根据项目的特点、施工难度、危险源辨识等要素，根据施工危险源的级别，实施相关的安全管理，合理地划分现场的施工区域。例如钢筋加工区域、钢管堆放区、钢结构材料堆放区等，使用工具化围栏隔离，并分别标识危险等级等措施，同时，标注区域内作业注意事项、应急援助等相关内容。在施工过程中，总承包商应不定期开展安全检查，评估安全危险源等级，制定科学的方案来指导实施，按轻重缓急来处理危险源。

12.3.2　明确各方主体安全责任

（1）总承包商的安全责任　依据国家行业有关安全法律、法规、规章制度，EPC 总承包商的具体安全责任范围一般可界定为如下内容。

① 保证项目勘察设计质量。

② 对设计变更和为变更设计提供服务。

③ 采购合格设备材料，负责货物交接前的安全。

④ 提供安全投入，组织现场安全监督，保证现场施工合法合规。

⑤ 对公众、邻接土地的所有人、占有人实施保护。

⑥ 提供可能的临时工程（道路、围栏等）。

在 EPC 工程总承包项目中，总承包单位对施工现场的安全生产负总责，是整个项目安全生产的第一责任人，而 EPC 项目的安全工作一般采取的是分级管理模式，因此，加强对分包商的安全管理是重中之重。EPC 总承包商对分包商应做到以下关键性安全管理工作。

① 要认真审查分包商安全生产的能力，并在与分包商签署分包合同时，明确各自在安全生产方面的权利、义务。

② 总承包商应要求分包单位严格执行安全生产责任制度，并负责整个项目的安全管理和协调工作，对分包商的安全管理进行控制、监督。

③ 建立安全生产考核制度，对各分包单位安全管理组织、安全岗位职责、安全制度建设、安全教育计划等进行考核，并通过奖励、惩罚等方式处理。

（2）分包商的安全责任　分包商的安全责任一般可作如下界定。

① 负责组织施工组织设计、施工方案和施工措施的编制、报批和实施。

② 明确施工安全措施，合理部署施工，优化施工方法，严格控制施工工序，确保施工安全。

③ 全面遵守合同条款，承担合同中明确的安全文明施工、环境保护、卫生健康责任。

④ 服从管理，接受监督，及时纠偏。

施工分包商是现场安全生产管理的直接责任人，对施工安全生产负有直接的安全管理责任。为此，一方面 EPC 总承包商除在与分包商签合同时可以签署安全生产协议书，还应对合同中有关各方的安全责任进一步确认和细化，进一步明确双方的安全责任、义务；另一方面 EPC 总承包商要监督其对安全协议的落实，对于发现的问题要及时提出建议和整改意见，确保施工现场作业安全。分包单位应当服从总承包单位的安全生产管理，分包单位不服从管理导致生产安全事故的，由分包单位承担主要责任。

（3）监理方的安全责任　监理方的安全责任一般可作如下界定。

① 审查设计体系履行安全责任的情况，发现问题后应及时督促解决问题。

② 审批单位工程开工报告，对分包人提交的施工组织设计、施工方案和施工措施等进行审批和监督实施。

③ 审查重大项目、重要工序、危险性作业和特殊作业的安全施工措施并实施监督，维护工程安全。

④ 审查分包人的安全保护工作程序、大中型起重机的安全准许使用证、安装（拆卸）资质证等，并对安装、使用、维修等过程进行监督。

⑤ 协调解决各施工分包商的交叉作业和工序交接中影响安全的问题；严格监督控制施工各阶段所应具备的安全文明施工条件。

⑥ 负责现场安全监督，维护现场安全秩序，保证现场施工合法合规。

监理方是业主邀请的，对项目安全、进度、质量以及技术等方面进行监督的机构，对于项目安全事故承担连带责任。总承包商应与监理方协调合作，相互配合。总承包商应积极配合现场施工，对监理方审批的施工组织设计、施工方案、施工措施等文件进行审查，保证施工安全；并接受监理方的监督，对监理方发现的安全问题积极整改并落实各项安全措施。

12.3.3　健全安全管理机制与体系

（1）创建安全检查常态机制　在 EPC 工程总承包项目安全管理过程中，对于安全问题应当以常态化的方式进行。在开展安全管理之前，EPC 总承包商应与业主交底，审查、评估合同内容，对于合同中涉及安全管理的条款作进一步重点讨论，形成对本项目安全管理的系统认知。在此基础上根据项目开展的实际情况，着眼于安全管理需要，对项目施工进行周期性检查，对项目施工进度按照相关数据进行抽查，在抽查过程中，进行专项检查，应当突出抽查重点，将抽查与日常巡查结合起来。例如要对施工的脚手架、塔吊等重点施工设备进行监督，尤其是在这些重点设备处在安装、拆卸环节，确保相关操作的安全性，以减少施工过程中出现差错率。同时，对涉及用电、用水、高空作业、机械设备操作等进行循环检查。借助这种循环检查，实现对项目各个环节存在的安全隐患予以及时排除。在循环检查中应以记录的方式将安全隐患的类别以及存在的位置、严重程度进行储存，便于后续复查活动的进行，实现项目安全管理的效率。

（2）建立完善应急援助体系 提升安全管理水平，离不开一支业务精通、作业过硬、人员稳定的安全管理队伍作保障，通过建立完善的应急援助体系，积极应对可能发生的安全事故，减少安全事故造成的损失。提高安全意识，就要充分认识救援安全工作的重要性。建立总承包商与分包商的应急指挥沟通联络和响应系统，要求加强与当地政府的应急救援、医疗机构的协调联动和快速响应机制，加强项目应急预案的编制，加强应急组织、应急人员、应急预警值班、应急物资储备等工作。针对重点部位或安全风险工序组织开展演练，应把班组应急安全管理纳入项目应急预案体系之中，通过班前会实施安全风险和应急安全分析，落实班组安全应急控制措施，最大限度地避免事故的发生。一旦控制措施失败，造成事故发生，要通过建立的项目安全应急机制，积极实施救援，尽可能地降低事故损失和人员伤亡。

12.3.4 坚持安全管理技术创新

（1）安全管理工作形式的创新 在安全管理环节，总承包商应不断创新安全工作形式，在安全业务领域内转变工作思路，强化安全宣传。例如，在安全宣传方面，项目总承包商可以采取更为多元化的宣传形式，如举办安全生产月主题、专项安全生产主题宣传，举办安全知识比赛等活动，使参与建设的各方工作人员都能通过各种生动活泼的形式牢固树立安全意识，提升安全意识，将日常安全管理与多种安全活动很好地结合起来。持续进行安全管理工作形式的创新，以提升工程项目总承包的安全管理效率。

（2）安全管理技术的创新 当今社会，科学技术高速发展，总承包商应不拘于传统的安全管理技术，要积极将国内外先进的安全管理技术融入安全管理实践，不断提升安全管理的科学性和有效性。例如引进安全技术理念，应用先进的安全采购方式和平台，积极引入 BIM 技术应用于项目安全管理等。

12.4 安全管理技术与工具

危险源的识别与监控是安全管理的重中之重。目前，用于安全评价的方法有很多，如检查表法、类比法、风险评价指数矩阵、事件树分析法（ETA）、故障树分析法（FTA）、ICI 蒙德法、预先危险分析法、风险评价指数矩阵、格雷厄姆评价法（LEC）、BIM 技术等。我们主要介绍后两种方法。

12.4.1 格雷厄姆评价法（LEC）

格雷厄姆评价法（LEC）是当前应用最为广泛的现代化方法，更贴近建筑施工现场的实际情况，LEC 是一种简便易行的衡量人们在某种具有潜在危险的环境中作业的危险性评价标准。

（1）格雷厄姆评价法公式　该评价法是由美国安全专家格雷厄姆（Benjamin Graham）提出的评价法，由于该方法使用与系统风险有关的三种因素指数（L、E、C）的乘积来评价操作人员伤亡风险的大小，因此，也称为 LEC 法。这三种因素分别是：L 表示事故发生的可能性，E 表示人员暴露于危险环境中的频繁程度，C 表示一旦发生事故可能造成的后果。给三种因素的不同等级分别确定不同的分值，再以三个分值的乘积 D 来评价作业条件危险性的大小，即

$$D = LEC$$

D 值越大，说明该系统危险性越大，需要增加安全措施，或改变发生事故的可能性，或减少人体暴露于危险环境中的频繁程度，或减轻事故损失，直至调整到允许范围内。

（2）事故发生的可能性 L　事故发生的可能性 L（Likelihood）值用概率来表示时，绝对不可能发生的事故概率为 0，而必然发生的事故概率为 1。然而，从系统安全的角度考虑，绝对不发生事故是不可能的，所以人为地将发生事故可能性极小的分值定为 0.1，而必然要发生的事故的分值定为 10，以此为基础，将介于这两种情况之间的情况指定为若干个中间值，见表 12-1。

表 12-1　事故发生可能性 L 的分值

分值	事故发生的可能性
10	完全可以预料到
6	相当可能
3	可能,但不经常
1	可能性小,完全意外
0.5	很不可能,可以设想
0.2	极不可能
0.1	实际不可能

（3）人员暴露于危险环境的频繁程度 E　人员暴露于危险环境的频繁程度 E（Exposure）即人员暴露于危险环境的时间越多，受到伤害的可能性越大，相应的危险性也越大。规定人员连续出现在危险环境的情况定为 10，而罕见地出现在危险环境中定为 0.5，将介于两者之间的各种情况规定为若干个中间值，见表 12-2。

表 12-2　人员暴露于危险环境的频繁程度 E 的分值

分值	人员暴露于危险环境的频繁程度
10	连续暴露
6	每天工作时间内暴露
3	每周一次暴露
2	每月一次暴露
1	每年几次暴露
0.5	罕见暴露

（4）发生事故可能造成的后果 C　发生事故可能造成的后果 C（Consequence）即事故造成的人员伤害和财产损失，其范围变化很大，所以规定分值为 1～100。把需要治疗的轻微伤害或较小的财产损失的分值规定为 1，把造成多人死亡或重大财产损失的分值规定为 100，其他情况的分值在 1～100 之间，见表 12-3。

表 12-3　发生事故可能造成的后果 C 的分值

分值	事故发生可能造成的后果
100	大灾难,许多人死亡
40	灾难,数人死亡
15	非常严重,一人死亡
7	严重,重伤
3	重大,致残
1	引人注目,需要救护

（5）危险性等级划分标准 D　在建筑施工领域，L、E、C 的取值与其他行业取值相同。危险性等级划分标准 D（Danger）的取值及危险等级划分见表 12-4。

表 12-4　D 的取值及危险等级划分

D 的取值	危险程度	危险等级
>320	极其危险	5
160~320	高度危险	4
70~160	显著危险	3
20~70	一般危险	2
<20	稍有危险	1

注：危险等级 4、5 属于重大危险源。

依据上述方法，通过计算 D 值的大小，来判断是安全还是危险，并采取相应措施应对。LEC 风险评价法在建筑施工安全生产管理中的作用显著，该方法简单易行，危险程度的级别划分比较清晰，具有很强的灵活性和适用性，可以为施工的安全管理提供相应的参考依据，使施工人员可以主动发现施工中潜在的危险因素，可以及时制定控制措施和应急预案进行预防，从而提高建筑施工的安全性和可靠性。

LEC 风险评价法主要是根据个人知识和经验来确定三种因素的分值，尤其是 L 值，因此，这种方法具有一定的局限性，要求评价人员要有较深厚的理论知识和丰富的实践经验。也正因为如此，造成该环节受个人水平高低和主观认识的影响，导致同一个项目由不同的人评价，产生的结果会有偏差。可以通过成立评价小组，综合评价结果，从而减小误差。

12.4.2　安全管理创新——BIM 技术

12.4.2.1　BIM 在安全管理中的作用

（1）可视化　BIM 技术以网络计算机为载体进行虚拟操作，通过 BIM 信息模型的构建，使各类设计、施工信息等更加清晰。依据三维空间模型，及时判断建筑施工管理过程中存在的各类安全风险，提前控制，规避各类安全事故和质量问题，达到良好的建筑施工安全管理效果。

（2）动态化　BIM 技术又一大优势在于依托已创建的 BIM 模型，对各环节的工程信息、资源、实施过程等进行集成，并对施工设备行走路径、吊车半径范围等施工过程加以模拟，灵活调整 BIM 模型中的相关数据，便于风险源判定。

（3）模拟性　BIM 技术具有仿真特点，可以确保工程实践过程中的信息安全，还能够借助三维工程模型直观展示现场安全情况，明确不良安全状况等，增强了工程管理者及施工人员的安全意识。

12.4.2.2　基于 BIM 的安全管理体系

在这里，我们仅就 BIM 技术在建筑施工阶段的应用展开讨论。保证施工安全的关键在于在施工作业前能够正确识别所有可能导致安全事故发生的危险因素，并有针对性地制定相应的安全防范措施。

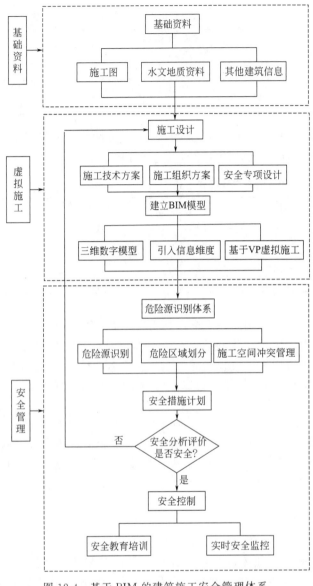

图 12-4　基于 BIM 的建筑施工安全管理体系

充分利用 BIM 的数字化、空间化、定量化、全面化、可操作性、持久化 6 大特点，结合相关信息技术，实现项目参与者在施工前进行三维交叉式全过程施工模拟。在结构清晰、易于使用、通用和兼顾项目特有信息的模拟平台上，项目参与者可以更为准确地识别潜在的安全隐患，更为直观地分析评估现场施工条件和风险，制定更为合理的防范措施，从而改善和提高决策水平。

同时，利用 BIM 技术在施工中还可以动态识别现场安全管理隐患，并及时调整施工方案。构建 BIM 技术安全管理体系分为三大块，即资料基础模块、虚拟施工模块和安全管理模块，其构成框架见图 12-4。

在建筑施工安全管理体系中应用的 BIM 技术是数字化的基础，还有虚拟原型技术（VP）、虚拟现实技术（VR）、智能监控技术等都属于全新的信息化技术。安全管理模块的技术要点和作用如下。

（1）危害因素识别　BIM 系统中包含了建筑各构件信息及施工进度计划，而进度计划包含了一切活动信息形成了 4D 模型，可以非常有效地识别潜在的施工现场危害因素。例如 H. Yang 等提出了一个基于 BIM 的危害识别系统以用于施工现场的安全管理和事故规避。

（2）危险区域划分　在动态施工模拟过程中，根据危险源辨识结果，在工程的不同阶段利用可视化模型对区域的危险程度进行划分管理，并将相应的评价结果（包括影响区域和影响程度）反馈到模型界面，以红、橙、黄、绿 4 种颜色来描述区域危险程度以指导施工，并指定每种安全等级下禁止的施工活动，这样可以有效地减少由于危险区域不明确导致安全事故发生。例如，在施工过程中，针对每级挖土规定相应级别的影响区域及禁止进行的工序和行为，如不可堆载、不可站人、不可停放机械等。

（3）施工空间冲突管理　在施工现场的有限空间内集中了大量的机械、设备、材料和人，同时由于建筑工程的复杂性，在相同的工作空间会经常发生不同工种之间的工作冲突，造成安全事故频发，因此，提前预测并且合理地安排施工活动所占据的空间，制定计划，有效地运用工地资源和工作空间对缩短工期、减少成本浪费、减少安全事故都具有非常重要的意义。

BIM 技术可以静态检查设计冲突，动态模拟各工序随进度变化的空间需求和边界范围，很好地解决了施工空间冲突管理与控制的问题，有效地减少了物体打击、机械伤害等事故的发生。

（4）安全措施制定　在基于 BIM 技术的集成化安全管理系统中，可以自动地提出安全措施用来保护建筑活动或者避免已识别危害的发生，这些措施是从 SOP（Safe Operating Procedures）中提取出来的。SOP 是由安全管理人员根据安全专项方案，通过 BIM 的安全管理平台独立制定的，可以根据施工现场的变化和需求持续动态更新。

（5）安全评价　在虚拟施工中辨识的危害因素和制定的安全防护措施，可以利用层次分析、蒙特卡罗、模糊数学等安全评价方法进行安全度分析评价，如果可靠则可以执行，如果超过安全度将返回安全专项设计，重新规划安全措施，并调整 BIM 施工模型，再次进行安全评价直至符合安全要求才能进行下一步工作。

（6）安全监控　以虚拟施工模型为核心，结合现有的视频智能监控技术，总承包单位、施工单位、监理单位、建设单位以及政府部门都可以进行可视化施工组织管理。在实时监控中，通过对比实际完成的安全活动与需要完成的安全活动可以得到安全执行情况，并以此来进一步调整建筑施工计划，使其更能够有效地满足安全施工的需要。

（7）基于 BIM 的数字化安全培训　BIM 提供的信息不仅可以帮助施工管理者解决项目实施过程中可能出现的问题，而且由于 BIM 具备信息完备性和可视化的特点，将其作为数字化安全培训的数据库，安全管理人员可以在这种多维数值环境中认识、学习、掌握特种工序施工方法、现场用电安全操作以及建筑项目中大型机械使用等，实现不同于传统方式的数字化安全培训。这不仅可以提高安全培训的效果，而且可以提高安全培训的效率，减少因为培训低效所产生的不必要的时间成本和资金，对于一些复杂的现场施工其效果更为显著。有行业专家对这种基于 BIM 数字化的培训效果进行调查，结果显示无论施工人员的年龄、教育背景和技术素养如何，合适的培训模式和培训课程内容都可以改善工人施工行为的安全性。

12.5　安全管理实践案例

12.5.1　安全管理体系构建实践案例

【案例摘要】

以某 EPC 火电站工程项目安全管理体系构建实践为背景，总结了总承包商在该项目建设过程中安全管理体系的构建和落实安全管理体系所采取的具体措施，为行业项目构建安全管理体系提供了有益的经验。

【案例背景】

某 EPC 火电工程项目，建设规模为 $2 \times 660MW$ 的高效超临界、间接空冷燃煤发电机组。项目成功应用主厂房两列式布置，联合侧煤仓、四塔合一、辅机单列式布置填补了国内空白，薄壁混凝土脱硫吸收塔属世界首创。由于众多新科技的应用，增加了工程项目的安全风险。两台机组按期完成，工程结算单位造价为 2845 元/kW。满负荷试运行期间各项经济、技术指标均达到或优于设计值，主要性能指标达到国内同类型机组最优水平，圆满完成了 EPC 总承包公司"三同两优一稳定"的工程建设目标。

【安全管理体系构建】

（1）安全管理组织结构　以 EPC 合同为纲领性文件，按照建设单位负责安全生产监督责任、监理单位负责安全生产监管责任、总承包单位负责安全生产主体责任的要求，建立和落实安全生产责任制，搭建安全管理组织架构，清晰界定三方权责，从设计、采购、施工、调试、信息、竣工达标验收管理等 11 各方面明确管理接口界面。三方之间既分工明确，又相互协作，共同确保施工现场安全可控、在控。

（2）安全风险预控体系　安全管理在一个安委会统一下推行风险预控管理体系，实施安全生产标准化，以《安全生产法》、风险预控管理体系、EPC 总承包合同等法规、文件为依据，建立以建设单位为牵头的安健环管理委员会，完善安委会领导下的安全生产保证体系和监督体系。确定以危险源辨识和风险评估为基础，以风险预控为核心，以人的行为管控为重点，以管理对象、管理标准、管理措施的改进为手段，按照 PDCA 循环闭环管理风险预控体系。自工程招标开始，就明确开展安全生产标准和现场文明施工的相关要求，组织参建各方宣贯培训，统一思想，统一标准，突出监理核心作用，依照法律法规和工程建设的强制性标准实施监管，推进风险预控体系建设和安全生产标准化落地执行，达到"人、机、料、环、管"的最佳匹配和现场安全管理水平的提升。

（3）推行两层三级管理制度　从建设单位和 EPC 总承包商两个层面优化安全管理流程，完善三级安全管理制度，促进风险预控管理体系运行。融合建设单位和 EPC 总承包单位安全管理文化，发挥 EPC 总承包单位自身工程管理优势，减少管理层级并将监理单位纳入建设单位管理体系之中，对管理流程进行优化，减少管理层级，提高管理效率，由建设单位牵头编制完成管理手册、程序文件和制度标准，将管理行为固化为流程表单，做到现场安全管理有法可依、有标可查。

【安全管理过程】

（1）安全文化是安全管理的灵魂　工程建设中坚持"以人为本、生命至上、风险预控、守土有责、文化领先、主动安全"的安健环思想工作方针，通过"三一行动"将安全文化在项目管理过程中逐步渗透，使全体参建人员逐步形成安全管理目标的认同。将安全文化建设要素与风险预控体系运行相结合，统一实施安健环文化宣示系统，建设安健环通道、安健环文化园、"五牌三图"等营造安全文化氛围，结合开展安健环知识宣贯、培训，不断提高施工人员的自我安全保护意识和相互安全的保障意识。

（2）风险预控是过程安全的保障　在工程项目建设过程中全面贯彻"基于风险、超前控制，过程管理、责任落实，闭环管理、持续改进"的风险管理理念，运用风险管理技术，以风险识别为基础，风险预控为核心，采用技术与管理综合措施，以潜在风险源来控制事故，从而实现"一切意外均可避免""一切风险均可控制"的风险管理理念。

根据勘察、设计、采购、施工、试车中存在的安全风险确定风险管理内容和重点，对设备故障、生产区域和工作任务进行风险评估，编制风险等级划分表。作业人员、监察人员根据风险等级划分表对每项作业确定管控级别，制定相应的控制措施，在实施过程中结合以下三项主要管理手段落实。

① 利用网络信息化管理。推行网络化安全管理，构建现场安全管理基础网络，落实安全文明施工管理责任。根据工程的总平面布置特点，将现场划分为 10 个安全网络区域，各区域的负责人按照风险预控管理体系和现场标准化建设要求，单独策划责任区域的安全文明施工方案，在报批后执行，促进各标段施工单位安全网络区域自主管理。

② 创建标准化工地。按照由建设单位牵头组织编制的《标准化工地建设实施规划》，将标准化工地建设工作纳入《施工组织总设计》统筹策划，建设单位组织监理单位对 EPC 总承包项目的部分阶段进行风险预控体系执行情况检查，从各方面找出差距、短板，通过持续不断改进，促进安全管理水平。

③ 组织"三个一次"活动。"三个一次"活动是指主要管理人员和监察人员每月参加一次承包商班组安全学习、进行一次安全技术交底、进行一次有计划任务的观察三项活动，促

进安全保证和监控体系的顺畅运行。各单位主要管理人员直接面对一线班组和工人，了解现场施工情况，发现安全管理存在的问题，调整布置工作重点，越级调查，逐级管理，确保项目安全生产顺利进行。

（3）业务保安是本质安全的基石

① 从设计安全抓起。安全管理以设计为源头，对安全风险进行防范，确保工程设计本质安全。同时，将设计安全与施工安全有机地融合在一起，使设计、施工两类工作人员充分交流，相互参与，以杜绝重大安全隐患，防范安全事故的发生，保证项目安全顺利进行。

② 严抓设备监造安全验收。严抓设备质量和安全装置验收管理，防范试运行设备安全风险。在设备招标、设备选型、设备建造、设备到货验收四个环节加强管理，邀请第三方监造，生产准备人员要参与主要设备厂验收以确保设备质量，为调试奠定良好的安全基础。

③ 优化施工组织设计。通过优化施工组织设计，提前化解施工过程中的重大安全风险。建设单位组织专家对施工组织总设计从组织、规划、协调、控制等方面进行评审优化，统筹兼顾，抓主线，控制关键线路，合理组织调配资源，稳健推进土建、安装、调试等工作。

④ 规范深度调试验收管理。以深度调试促系统、环境完善，保证设备、人身安全。发挥调试"纳总"的作用，将调试工作关口前移，在分系统调试阶段以高标准对深度调试进行总体调试，坚持"三票三制"，把好调试条件确认关，确保"六个一次"成功。

⑤ 基建生产一体化。基建、生产专业技术人员协同制定技术措施，防范新技术应用安全风险。在本项目中，运用了25项"六新技术"，成立攻关组进行技术方案、设计图纸论证审查，预防和化解了新技术安全风险。

（4）突发事件应急体系建设 为应对突发事件，应构建应急体系。本项目以项目部为主构建应急体系，明确组织机构职责、响应程序，编制了1个综合预案、10个专项预案、1个处置方案。坚持每月一项主题，现场开展消防、大型机械防风、防倾覆、防恐防暴等应急演练活动，有效地提高了对突发事件的应急处置和员工自救、互救能力。

【安全管理改进方向】

（1）安全管理链条的改进 从本项目安全管理实践来看，建设单位到施工单位执行班组之间信息传递需要经过五个层次之多，信息传递效率不高，管理力度欠缺。因此应进一步优化安全管理链条，将施工监理进一步靠前，直接与现场各分包商对接，将安全管理链条控制在三级。向施工分包商和项目部同时下发监理通知单和处理意见，提高安全管理效率。

（2）对层层分包的安全风险防范 对于EPC总承包单位分包给分包单位的工程往往因为分包商的能力不足或资质原因又分包给其他分包单位来完成，这样带来了层层分包的安全风险。因此，要明确规范分包资质和分包范围，杜绝层层分包，防范安全管理弱化风险。对EPC总承包工程项目中分包范围，EPC总承包商在招标前应进行仔细分析研究，在招标文件与合同中对相关规定进行明确，对分包范围中需要特殊资质分包的，总承包商应单独招标，防止出现多层分包。对于EPC总承包单位来说，除主体工程不得分包外，附属标段划分及分包时（含劳务分包）均必须得到建设单位对分包单位的资质能力的认可。

（3）处理好安全、进度、质量、造价的关系 以"安全为基、质量为本、进度合理、组织高效"为工程建设思路，实现安全、质量、进度、造价之间的合理平衡。在EPC合同签订后，建设单位更多的是强调安全和质量，总承包商则更多的是考虑进度和造价。在EPC模式下的造价管控的重点应该前移，放在可行性研究、初步设计阶段，充分进行方案论证和设计优化，在EPC招标时对项目建设目标、建设标准予以明确，这样可以更好地处理安全与进度、造价的辩证关系。

【实践案例结语】

本项目的安全管理工作以风险预控为核心，完善监控体系和保证体系，建立了一套比较完整的安全管理体系、机制、流程和措施，在整个工程建设过程中未发生人身轻伤及以上安全事故，未发生设备、调试等质量安全事故，安全管理取得了较好的效果。本项目的实践为国内火电工程建设项目采用 EPC 模式下的安全管理提供了具有特色的成熟的经验。

12.5.2　项目设计安全管理实践案例

【案例摘要】

以某市城市中心文体公园项目设计安全管理实践为背景，主要介绍了在项目安全管理中设计与安全管理的结合，为后续施工阶段的安全管理工作提供便利的经验（不包括设计本身失误而对安全带来的影响）。

【案例背景】

城市中心文体公园是某市重点 EPC 市政工程项目之一，规划用地 1733 亩，总建筑面积约为 58.4 万平方米，预计总投资为 44 亿元，由文化艺术中心、市民奥体中心、城市规划展示中心、会议会展中心、后勤服务中心及城市森林公园组成。

文化艺术中心由大剧院、文化馆、美术馆、电影院四部分组成，建筑总面积为 112686.09m²。市民奥体中心由体育场、体育馆和游泳馆组成，是整个项目工程量最大的建设场馆，建筑面积共 189242m²。城市规划展示中心包括图书馆、规划展示馆、科技馆，总建筑面积为 68102.1m²。会议会展中心由会展部分和会议部分两种功能组成，总建筑面积为 102615m²。后勤服务中心包括公共服务区和住宿区，总建筑面积为 55379.75m²。城市森林公园由休闲广场和森林植被两种结构组成，整个公园建设周期约为 2 年。项目将建设该市新客厅、文体新地标，形成集全民健身休闲、体育竞技、市民文化体验与休闲、会议会展商务、游憩休闲娱乐于一体的综合性城市文体公园。

【转变安全管理理念】

传统承包模式下，安全管理集中在项目的施工管理过程中，主要是通过分析安全隐患、发现安全危险源等采取针对性管理手段以降低安全事故发生率。

EPC 承包模式下，则要求安全管理在设计阶段提前介入，重点是对影响后期施工的安全危险源进行识别，通过设计途径加以处理。在源头上降低施工阶段的安全风险和危险源。

例如高空坠落一直是现场安全管理的重点和难点，传统的安全管理主要从制度和技术两个方面入手，制度管理主要是通过健全安全管理机制、制定规章制度、加强安全意识教育等措施，约束规范作业行为；技术方面主要采取"三宝"防护、临边和洞口防护措施等。在 EPC 总承包模式下，加强设计安全管理理念，在设计阶段通过召集设计、施工、安全、分包单位组织安全隐患处理团队，对高空坠落危险源进行归纳，并通过设计途径解决隐患问题。

例如，本项目中的会议会展中心结构形式为大跨度钢结构支撑＋钢桁架屋面，考虑在钢结构梁、柱等各种构件上设计一系列孔洞，便于施工人员将安全带系在上面；或在载人施工电梯、屋檐、钢梁、脚手架等各种施工附件上设计类似配件以便安全带的系扎。通过对建筑实体设计的改进，排除高空作业的危险，保证施工人员的安全。

【对设计安全风险的认识】

EPC 总承包项目生命周期主要包括项目建议书、可行性研究、设计、采购、施工、试车等几个阶段，而各个阶段是相互联系、相互影响的，如项目建议书决定着项目的体量指标，而工程施工反过来对项目建议书起着制约的作用。安全风险不会凭空而来或消失，前期安全风险没有得到有效控制或消除，必将累积到施工阶段或试运行阶段发生，并且蕴含着更大的破坏力，安全保护的措施所需成本也会更高。因此，每个阶段的安全风险具有连续性和累积性的特点，越是累积到后期，安全风险累积的效应越突出，处理难度越大。因此，在设计阶段及时识别安全风险十分重要，设计安全是项目各阶段危险源控制的源头。

【设计安全风险控制措施】

国内 EPC 项目的设计管理侧重于与施工管理、采购管理、试车管理、商务管理相融合，而设计与安全管理并无成熟的施工成果和经验。经过查阅相关文件和资料，结合本项目文体公园的实践，总结了设计阶段安全风险防范措施，见表 12-5。

表 12-5　设计阶段安全风险防范措施

序号	设计安全风险防范措施
1	在混凝土梁柱、型钢梁柱等构件上设计孔洞等用以连接安全带，并在施工图中详细标注其位置、数量等
2	预制混凝土构件、箱形房及其他现场临时设施设置预埋件，用以在吊运时起到固定作用，防止高空滑落
3	本项目中的文体公园项目用地内存在两栋烂尾楼(酒店)，设计阶段对其进行安全评估，并设计采用相应安全防护措施
4	本项目中的文体公园项目用地内存在两栋烂尾楼(酒店)，若进行拆除改造，对其结构受力进行分析，确保其在拆除或改造中不会发生坍塌或侧翻等危害
5	对周边既有建筑物、构筑物进行安全风险评估，并将各项安全风险因素标注在施工图纸上
6	将施工现场上空或周边的高压线、变压器等具有电磁辐射的设施设备标注在施工图纸上
7	开工前对项目周边电路进行重新规划设计
8	对建筑物、构筑物的屋顶设计永久性护栏等装置，对施工和后期维护起到保护作用
9	适当地在建筑物、构筑物上设计永久性孔洞和预埋件等，便于后期工程维护时安装护栏等安全装置
10	在钢结构、屋面桁架、金属屋面等大型构件设计时应充分考虑现场施工工艺和吊装设备选型，避免使用超高难度或危险系数高的施工工艺或机械设备

【设计安全风险控制难点】

(1) 理念难以接受　EPC 项目安全风险控制要在设计阶段提前介入的理念对于设计人员、施工人员和分包商人员来说难以接受。虽然目前国内的 EPC 承包模式项目逐步增多，但是由于总承包单位需要同时具备设计、施工两方面的能力，而大部分承包商仍是设计院或施工承包单位担纲承揽，为此，仍大量运用传统的安全管理模式，即将设计和施工阶段完全割裂、属于平行关系的管理模式的习惯很深，对安全管理提前介入设计阶段的理念难以接受。

(2) 相关人员素质不高　安全风险管理在设计阶段提前介入，需要在设计之前召集设计人员、施工现场人员和安全管理人员对项目生命周期的各个阶段的安全风险点和风险源进行分析和辨识，这就要求设计人员对施工、试车各阶段的施工技术和施工工艺具有丰富的现场经验，对施工过程中的风险源和安全控制点有透彻的了解；同时又要求现场安全管理人员和现场施工人员对设计内容进行充分的理解，并能针对风险源和风险管控点进行有效的分析并提出合理化建议。而在实际操作的过程中，由于施工图的设计人员、现场安全管理人员、施工人员存在从业时间短、施工经验浅的情况，在设计阶段无法对项目生命周期的各个阶段的安全风险点和风险源进行分析而提出建议。

(3) 部分风险难以评估　设计阶段对项目生命周期的各个阶段的安全风险点和风险源难以进行全面分析和评估，主要表现在以下两个方面。

① 并不是所有的风险源在设计阶段全部都能得到有效的处理，如施工中的人工操作、指挥失误、机械设备老化失灵，以及施工人员的技术熟练程度和其他不可控灾害、灾难等风险。

② 没有与设计阶段安全风险分析配套的理论和分析工具，没有行之有效的分析方法，国内相关方面的研究资料和成果很少，所以很难形成准确有效的风险评估结果和结论。由于无法进行定性和定量的分析，以至于无法提出有效的设计改进建议。

【实践案例结语】

在 EPC 承包模式下，原有的安全风险管理模式已经不能满足新形势发展的要求，因此，如何在工程总承包模式下控制好安全风险，把安全风险降到最低变得尤为重要。在工程项目全生命周期中，设计阶段是控制安全风险的源头，而施工阶段是安全风险管理的重点，因此，对设计阶段安全风险管理的研究和实践具有重要的现实意义。

12.5.3　施工现场安全管理实践案例

【案例摘要】

以某 EPC 博物馆项目施工安全管理实践为背景，对 EPC 工程总承包项目施工安全管理面临的问题进行分析，同时，对 EPC 施工安全管理体系建设的思路和关键环节进行论述。

【案例背景】

我国南部某省博物馆工程项目，总投资约为 10 亿元，建筑面积约为 6 万平方米，该工程项目使用的是 EPC 总承包方式。因为承包范围和运作方式与单纯的建筑工程施工具有差异性，EPC 总承包企业在项目安全管理中有效实施和健全安全管理体系的同时，更加注重监督和管控施工承包商安全管理体系的有效实施。

【施工安全管理面临的难题】

EPC 总承包工程建设初期，施工现场安全管理与建设单位、EPC 总承包商的管理要求存在一定差距，安全预防和控制措施标准低，施工承包商之间交叉作业多，施工人员习惯性违章频发，安全、文明施工执行不规范。在调动与发挥承包商的安全生产积极性方面，EPC 总承包商面临以下安全管理难题。

（1）施工单位之间协调难度大　本项目施工环境、工艺复杂，工序协调难度较大，博物馆项目施工工期短，人员设备机具密集，交叉作业和高危险作业频繁，常需多工种及多台机械设备配合、参与；同时，由于专业、工艺系统的划分及施工工期紧等原因，多家施工承包商同在一个施工区域施工，面临交叉作业的配合协调问题。

（2）施工单位安全管理投入少　施工承包商的安全管理投入少、标准低，管理要求落实不积极，施工承包商以利润最大化为出发点组织施工，现场安全管理人员以兼职安全管理人员为主，专职安全管理人员配备不足，现场安全措施投入少、实施标准低；同时，施工承包商的安全管理往往不能做到预先控制，常处于被动管理状态，即"推一步，做一步"。

（3）施工单位安全管理意识淡薄　施工承包商的施工作业人员整体素质偏低，特别是土建施工承包中的劳务分包队伍不成建制、自我保护能力差；同时，施工承包商对建设单位及 EPC 总承包企业的安全管理要求不熟悉；施工承包商部分管理人员存在"安全措施设置拖累施工进度"或"赶紧干，干完就没隐患，不用设置安全措施"等错误认识。

（4）施工技术不规范　特种作业人员作业不规范，施工承包商不重视施工方案交底，施工方案编制人员与指挥施工的人员缺乏沟通和配合，导致方案中的安全技术措施不能充分落实；同时，现场作业的特种作业人员存在缺乏操作证、作业不规范的问题，现场临时配电和用电设备、脚手架搭设等也存在安全隐患。

【施工安全管理体系构建思路】

针对博物馆建设项目施工区域存在的以上问题，为确保项目安全目标实现，同时达到建设单位安全管理标准，EPC 承包商通过总结并结合项目实际，提出项目安全管理思路，具体为：完善从 EPC 总承包商、施工承包商、施工班组直至作业人员的安全管理组织机构和职责，实现安全管理体系化；规范落实各项安全程序，实现安全管理规范化；区域重点突出，施工专业强化，实现安全管理专业化；安全管理监控与整改有效结合，实现安全管理的预防性；提升安全管理和安全生产意识等。

【施工安全管理体系构建重点】

（1）做好安全管理机构策划　合同签订工作结束之后，工程总承包商要建立一支项目管理部门，管理部门应具有专业性强和管理水平高的特点，并且严格根据项目总体建设要求，运用科学合理的措施实施管理。此外要有效结合设计、采购和施工，落实总承包商的投资、质量、进度工作，实现工程总体目标。本项目选用综合素质高的人员组建总承包项目部，同时，使用红头文件的方式任命项目经理、副经理。通过调配人力资源，在项目部组建管理能力、执行能力好的安全管理组织机构，为安全工作提供组织保障。

（2）实施安全管理系统化　本项目的总承包商充分考虑建设单位的情况，同时充分考虑承包公司的安全管理体系，综合考虑项目特点、施工环境、工期进度等因素，对项目安全管理体系、安全实施计划以及管理制度进行修订，明确项目各岗位及施工承包商的安全职责，签订协议，并在墙上进行明示。加强安全监管人员队伍的工作，按照人员专业安全进行职责范围划分，布脚手架作业、临时用电作业、机械及起重机作业、高空作业、安全培训教育工作，实行专业化安全管理，这样，不但可以保障专职安全管理人员实施精细管理，而且又能够保障各项安全措施满足建设单位的需要，进而实现安全管理目标。

（3）开展级别化安全管理　项目部对施工区域、施工特征、危险源辨识等要素进行综合考虑，根据作业的危险级别，实施区域、区块安全管理工作。合理划分现场施工区域，如土建施工区域等，使用栏杆分区、竖立危险源等措施，对评价标牌进行辨识，对区域内作业的注意事项、应急救援措施放置位置、逃生路线等进行明示。同时有效监管施工单位统一区域吊装、焊接等不同作业划分区块，不定期检查其布设的设备设施、操作规范、监管人员等。针对检查不过关的作业，要立马令其停止施工并且实施整改工作。

（4）开展安全检查常态化　项目部应使安全检查作业朝着常态化和高频率的方向发展，要根据项目实施计划编制项目检查计划。在项目实施过程中，要根据计划等穿插结合专向检查和综合检查作业。每个月实施重点检查工作，每周实施专项检查工作，每天实施常规检查工作。此外，在平常的检查工作中，项目部要循环检查脚手架搭设和拆除、施工用电、高空作业、临边洞口作业、机械设备操作、起重机吊装等危险性较大、习惯性违章频发的作业或者区域，及时要求整改在检查中发现的隐患，要记录隐患详细情况，保证有效地控制安全隐患。

（5）加强安全理念创新活动　项目部不定期举办安全主题教育活动，提高施工人员安全生产意识，达到实施安全宣传的目的。项目部要有效地开展"年度安全工作表彰和总结大会""安全月""安全巡展参观"等各类安全与文明施工动员会，开展的次数要保证超过 5 次，利用全员参与、施工承包负责人表态等方式，项目部将对施工承包商和作业人员的安全管理落实到位。

【实践案例结语】

通过对本项目的安全管理工作，体会到项目安全管理贯穿于整个 EPC 项目施工的全过程。EPC 项目安全管理的重点是对施工承包商安全管理体系的运行进行组织和监管。项目部通过对安全管理体系的构建和落实，利用科学化、程序化以及动态管理等措施，对施工承包商的防护措施不到位、安全文明施工标准低等被动的安全管理体系运行和被动的安全管理局面进行改善，以此达到安全生产的目的。

本项目在工程安全管理过程中，得到了建设单位的配合与支持，建设单位高度认可了施工现场安全管理的规范和安全作业标准，项目安全管理实践操作具有较强的操作性，为别的 EPC 项目安全管理工作提供了有益的经验。

12.5.4　实施安全标准化管理的实践案例

【案例摘要】

以某 EPC 水资源配置工程总承包项目实施安全标准化管理的实践为背景，系统介绍了安全生产标准化管理的实施要点和方法，通过对项目实施有效的安全风险控制，对安全生产标准化管理的实施效果进行了评价和经验总结。

【案例背景】

某 EPC 水资源配置 11 标工程总承包项目，是某省"一号水利工程"水资源配置工程的一部分，该项目线路整体先后穿越多个城市、县，线路总长度为 269.67km，输水干渠设计流量为 $1.8 \sim 38.0 \mathrm{m}^3/\mathrm{s}$，进口新建取水塔控制闸后水位为 147.7m，干渠终点水位为 100.00m。工程主要建筑物由取水建筑物（新建取水竖井前）、明渠、暗涵、隧洞、倒虹吸、渡槽和节制闸、分水闸、检修闸、退水闸、放空闸阀、排洪建筑及扩建水库等组成，工程规模为 Ⅱ 等大（2）型，主要建筑物级别为 2 级或 3 级，次要建筑物为 3 级或 4 级，工程总投资为 2.86 亿元，其中安全生产措施费按 2% 计提，约为 550.6 万元。

【安全生产标准化管理】

（1）安全标准化的概念　安全生产标准化体现了"安全第一、预防为主、综合治理"的方针和"以人为本"的科学发展观，强调企业安全生产工作的规范化、科学化、系统化和法治化，强化风险管理和过程控制，注重绩效管理和持续改进，符合安全管理的基本规律，代表了现代安全管理的发展方向，是先进安全管理思想与我国传统安全管理方法、企业具体实际的有机结合，有效提高了企业安全生产水平，从而推动了我国安全生产状况的根本好转。

安全生产标准化主要包含目标职责、制度化管理、教育培训、现场管理、安全投入、安全风险管理控制、隐患排查治理、应急管理、事故查处、绩效评定、持续改进等方面。

（2）安全标准化作用　通过安全生产标准化管理，推进工程建设各阶段安全管理工作的标准化作业和目标要素的交叉管理，可以高效有序地推进工程建设，保证工程的质量和安全，降低实施风险，最终为业主带来优质的产品与服务，并促进水利行业总承包项目安全管理的水平进一步提高。

安全生产标准化就是将项目的安全工作进行标准化管理，对项目安全的要求用标准化的形式加以实现，将项目的安全目标和安全工作内容，以及项目整个实施流程中每个环节的安全要求、目标和操作方式等制度化、规范化、标准化，达到预防或减少事故以及消除或控制事故后果的目的。安全生产标准化管理的作用表现在以下几个方面：

① 使项目参与各方的安全生产主体责任更加明确，有利于项目安全目标的实现；
② 显著提高工作效率，有效降低管理成本；
③ 通过预先识别和分级管理控制，显著降低工程实施安全风险；
④ 减少管理过程中的冲突，提高项目参建各方的满意度；
⑤ 通过安全标准化管理将团队的安全工作与目标有机地结合起来，确保项目成功；
⑥ 过程中的监督和考核实现制度化与数据化，避免了考核的随意性；
⑦ 持续地提高项目安全管理水平。

【安全标准化管理实施要点与方法】

本工程是由两个单位组成联合体共同参与建设，每个单位都有自己的安全管理体系。不能单独照搬单个体系套用于现场安全管理，而要从项目出发，建立符合项目实际的安全管理体制。因此，项目部遵循"安全第一、预防为主、综合治理"的方针，以《企业安全生产标准化基本规范》的核心要素为基础，参考水利行业安全生产标准化评审标准，编制了《项目安全生产标准化实施方案》，主要从安全生产目标、组织机构和职责、安全生产投入、法律法规与安全管理制度、教育培训、生产设施设备、作业安全、隐患排查和治理、重大危险源监控、职业健康、应急救援、事故报告、调查和处理、绩效评定和持续改进等方面进行安全体系建设。

采用"策划、实施、检查、改进"动态循环的模式，结合项目自身的特点，建立并保持安全生产标准化系统，通过自我检查、自我纠正和自我完善，建立安全绩效持续改进的安全生产长效机制，从而实现项目"组织机构标准化、管理制度标准化、现场管理标准化、过程控制标准化"的管理模式，并在整个项目实施过程中，依此来指导工程总承包方的安全工作，降低工程安全风险。

（1）组织机构标准化　一个项目的成功、有效实施不仅要依靠专业的设计人员，更需要有丰富经验的工程管理人员，项目部通过 4 个方面实现组织机构标准化：①通过科学设置实现组织机构的标准化，满足管理要求；②合理配备人员，明确责任，细化工作职责；③委托专业安全技术团队，由专业人做专业事，负责指导现场开展安全管理工作；④结合实际定期组织讲解项目管理理论，并分享项目安全管理实践经验，不断提高人员的素质和技能水平。

（2）管理制度标准化　管理制度标准化的目的在于通过"要求统一化、流程制度化、表单标准化"使各项工作程序清晰、有章可循、责任明确。根据项目特点，项目部组织编写了项目安全管理的操作文件，从设计、采购到施工各个实施阶段，覆盖了项目安全管理的各层面和环节，为深化安全管理和确保项目成功提供了坚实的基础和制度保障。

（3）现场管理标准化　针对现场人员流动大、交叉作业多、存在较多安全风险的特点，项目部制定了安全管理制度，使现场管理工作的内容具体化和制度化。例如安全例会制度、安全检查制度、隐患排查制度、危险源识别制度、现场用电安全制度等。

（4）过程控制标准化　过程控制标准化是指根据上述标准化管理规定，对建设过程安全管理实施有效监控的整个过程，包括危险源辨识标准化、分析标准化、整改标准化等，也就是将安全标准化管理最终落到实处。过程控制标准化是实现项目安全目标的关键环节。项目部始终坚持全员参与、全过程管理的思想，规范设计、采购、施工等各个阶段的安全管理，形成"事先有计划、事中检查、事后有反馈"的闭环控制状态，同时制定了纠正和预防措施，积极复查，推动闭环管理，避免问题反复。

【建立安全标准化体系的收获】

（1）责任落实　在 EPC 项目中安全管理的主体众多，总承包方的安全管理责任是最为重要的，通过安全生产标准化体系的建立和实施，可以从安全生产责任制、安全生产投入、安全文化建设、风险管理和隐患治理、事故应及救援体系的建立等几个方面明确安全生产主体责任的内容，保障安全生产规定责任的落实。

（2）风险受控　安全管理工作是建设项目的第一要务，总承包方要始终按照安全标准化工作的要求管理现场。在由施工经理组织，业主、监理单位参与的安全周例会上，针对目前施工状况提出安全管理难点、重点并对本周安全工作进行点评、考核。总承包方定期组织对现场开展安全检查和隐患排查，现场中施工用电、脚手架搭建等专项作业要严格遵照安全规范，各种材料分区摆放，悬挂标识牌，对危险源分级管控，对所排查出的隐患建立台账，对安全管控的状况进行分析并做出预测、警告等。

（3）事故预防　通过全员参与和安全生产标准化体系的创建和实践，大大提高了全员安全意识，从根本上降低了安全事故的发生率。从源头预防事故发生，通过隐患排查及时发现问题，通过隐患整改解决安全问题，通过应急措施应对突发事件，从而降低了安全事故发生的概率和损失。

（4）效率提高　在安全生产标准化体系的创建和实践中，形成了统一的安全管理标准和检查标准，专业性强，但通俗易懂，既可用于员工业务培训，又方便检查人员快速上手，尤其是对岗位上的新员工来说，可以马上为己所用，让管理人员有更多的精力投入到执行上去，进而提高了工作效率，形成"同一事务、统一标准"，即"一个人做一件事，一百次结果都一样；一百个人做一件事结果也是一样"的效果。

（5）做法总结　在国内水利行业已实施的总承包项目中，能够有组织、成体系地推行安全生产标准化管理的不多，本项目安全生产标准化管理的实施，不仅为水利行业提供了相关实践经验，也为其他行业总承包项目安全生产标准化管理提供了可借鉴的经验。本项目实践得到了参建各方、建设单位以及主管部门的高度评价，现将经验做法总结如下。

① 从项目策划阶段开始，就确定了安全生产标准化体系的指导思想和 PDCA 管理模式，并贯穿于项目实施全过程，这是项目成功实施的有力保障。

② 对项目的组织机构、人员信息、设备设施等信息进行摸底，成立专门的安全生产标准化组织机构，明确人员职责，项目经理应为第一领导者，负责组织召开动员会议进行全面部署、协调、实施、公开表明态度，以确保实施力度。

③ 项目安全生产标准化管理必须融入项目管理体系。安全作业是项目管理体系的重要一环，需要进行持续的培训，并在实践中不断地反馈。

④ 安全生产标准化管理的最大困难在于企业内部、合作伙伴、业主的认同。多年来，在总承包实践中，不同的企业项目已经形成了符合自身特点的经验和做法，由于参建各方在企业文化、地域等方面的差异，给安全生产标准化管理建设带来一定的阻力，只有从企业内部开始，统一对安全生产标准化管理的认识，逐步获得合作伙伴和业主的认可，才能最终促进行业项目整体安全水平的提高。

【安全标准化管理的改进】

（1）国家法律法规尚未完善　目前，国家关于工程总承包合同示范文本等需进一步完善，各行业的合同文本尚未形成统一制式，各单位总承包合同文件差异较大，建设单位、总承包单位、分包单位的安全责任、权力不够明确，安全生产标准化建立的依据仅针对建设单位、施工单位、项目法人，尚未出台关于工程总承包安全生产标准化的规范性文件，EPC工程总承包单位建立安全生产标准化缺乏充足的依据。

（2）项目各方安全管理责任需明确　在EPC工程总承包的实践中，业主尚不能完全摆脱传统的承包模式，不能充分认识到EPC工程总承包商在实践中的作用和职责，仍按照传统模式管理项目，造成项目管理混乱。在施工过程中监督检查，发现现场不符合或违反安全的施工，提出整改要求时，不直接面对专业责任人，致使管理中出现总承包商管理单位指令不能迅速落实的情况。

【实践案例结语】

安全生产标准化是防范事故发生的有效手段，是未来企业生产的发展趋势。水利行业普遍存在着周期长、管理粗放、风险难以控制的特点。近年来，安全生产标准化管理在一些总承包项目中不断推广且取得成功的实践表明，通过安全生产标准化管理，对于企业项目管理水平的持续提升和项目绩效的改善具有非常显著的效果。当今社会发展和市场经济下，企业规模不断扩大，工程项目的规模不断增大，数量逐步增加，项目安全管理难度随之加大，安全管理是否形成标准化，管理标准是否日益提升并且得到贯彻，对总承包企业在未来的行业中占据领先地位将产生决定性的影响。

12.5.5　基于BIM的安全管理实践案例

【案例摘要】

以某塔楼建设项目基于BIM技术安全管理实践为背景，介绍了BIM技术在项目安全管理实践中的运用过程，为BIM在项目建设的安全管理中的应用提供了经验。

【案例背景】

W项目为原址重建项目，总建筑面积为494075.00m²，工程综合投资为138亿元，占地面积为32802.50m²，其中地下车库5层，规划建设三座塔楼，配置裙房。塔1功能为五星级酒店和精品办公楼，钢筋混凝土框架核心筒结构41层。塔2为5A级写字楼和五星酒店，钢筋混凝土框架核心筒＋钢框架结构73层，塔顶设对外开放的艺术中心、观光层。塔3为高级公寓，钢筋混凝土剪力墙结构54层。

该工程地处某市黄金海岸线核心地段，东西两侧紧靠高层建筑物，地处居民区、办公区和海岸风景区集中地；南北紧邻的主干道的人员和车流量大，同时，项目受海洋季风影响较大。

【危险源分析】

① 建筑楼层高：拟建楼层最高达369m，交叉作业点多面广，高差大，交叉作业多；高空坠物的打击范围大，坠物能量高；高度超过100m后完全依靠自身消防能力。

② 周边超高层密集：塔楼最近间距只有55m，起重设备密集，工作范围内多台设备将存在干扰；建筑物达到一定的高度后，塔司完全依赖指挥信号；各塔楼之间因节点安排不同存在高差，外立面装修随进度跟进，与主体施工存在交叉作业现象。

③ 临近干道：距离东海路仅55m，距离香港路仅35m，存在高空坠落、水泥浆和油污飞溅的安全隐患。

④ 大风天气多：据统计该地区每年超过5级风的天气达到103天，高空风速更大，可能存在高空坠落、水泥浆和油污飞溅、扬尘等，成为危险源。

⑤ 基坑深：基坑最深处将达到27m，极易造成塌方或堆积土上马路；坑边施工，堆载易发生坠落。

⑥ 施工场地狭小：坑边距离红线最宽为5m，最窄为3m，协调用于施工的绿地只有1000m²，坑边堆载，大量周转材料需要从坑边转入坑内，对基坑支护造成不利影响。

【项目BIM建模】

(1) 项目BIM组织框架

① 业主BIM团队：协调所有参与建设的单位和提供BIM技术服务的单位，按照事先的规定使用BIM，包含规定和统一参与各方使用的BIM标准，在招投标文件中对BIM的要求进行规定，规定参与建设各方和提供BIM技术服务的单位按照何种标准对完成结果进行检验；收集内部需求，确定各阶段BIM应用场景，与BIM咨询顾问一起审定各应用工作流程；审核、发布本项目的BIM技术标准和工作程序，并监督BIM顾问和各参与建设方按要求执行；负责在BIM系统运行过程中协调各方，包括业主、设计方、BIM咨询顾问、分包方等多渠道全方位的沟通。

② BIM咨询：制定BIM项目级标准；建立施工图和各阶段的建筑、结构、机电专业模型，并应用模型生成各类应用报告，提交业主审核；指导工程总承包商对BIM的应用，审核工程总承包商的BIM模型；辅助业主对工程总承包方的BIM成果进行审核；协助业主保证各参与方的BIM应用符合BIM标准。

③ 设计联合体：负责初步设计和施工设计；负责提供各类设计文档以及设计交底；负责建模前的图纸审查，配合建模团队建模；依据业主通过的BIM优化建议进行设计调整。

④ 监理单位：检查施工实际与BIM模型的一致性；审查承包商提交的BIM施工进度计划模拟、BIM专项方案模拟等成果，提出修改意见，并监督实施；在各分部分项项目验收工作中需依据BIM模型出具相应的检查报告和验收结论；竣工验收时，对最后的交付模型进行提取并核查模型是否符合实际，同时在移交BIM模型时，给出对模型的验收结论。

⑤ 总承包方：按照BIM施工标准规范和BIM技术标准，组织内部BIM实施体系，配

备专业人员；负责接收业主和设计团队的施工图和设计阶段 BIM 模型，管理更新各参建方的 BIM 模型成果，最终形成竣工模型；在 BIM 模型的基础上，采用 Navisworks 等软件进行施工模拟；总负责施工阶段的 BIM 应用，对所有参与 BIM 应用的分包商进行管理和协调。

（2）BIM 模型的建立

① 建模软件：本项目所应用的软件见表 12-6。

表 12-6　项目 BIM 软件

软件名称	功能用途	版本
Revit	创建 BIM 模型、深化设计、导出 BIM 信息等	2016
Navisworks Manage	进行碰撞检查、施工进度模拟、三维漫游展示	2016
Fuzor	三维漫游展示	2017
CAD	建筑平面图设计与绘制	2014
Project	编制项目施工进度计划	2010
Photoshop	图片的处理和编辑	CS6

② BIM 建模：将 CAD 图纸导入 BIM 建模软件，生成基本模型。

（3）基于 BIM 的施工场地布置

① 施工场地的布置：由于建筑体量大、场地狭小，场地合理布置十分重要，所以在场地布置之前，将临建、材料堆放处、安全通道、钢筋加工区通过 Revit2016 与建筑模型融合，形成本项目场地布置模型，通过观察发现安全通道布置不足，及时增加了安全通道，确保了应急行走疏散通道，确保了人员安全。

② 交通运输模拟：在地下室大体积混凝土浇筑过程中，由于场地受限，一次性浇筑方量大，对现场的交通能力、留管排布以及浇筑泵的位置布置是一个极大的考验，容易出现施工安全问题，因此，在混凝土浇筑之前，项目利用 BIM 技术，将浇筑设备按照 1:1 的比例与基本模型结合，结合跳仓法施工工法，通过 Navisworks 进行了混凝土浇筑平面布置模拟，发现问题，通过改进浇筑方案，最终实现了 36h 完成 1.2 万立方米 C60 标高混凝土一次性浇筑。

③ 场地交通分析：在平面施工图设计的永久道路的基础上，综合考虑基坑外边线位置，场内运输材料需要布置临时道路，因地基和基础施工阶段与主体结构施工阶段的厂区布置特征不同，故根据两种不同的特征来分别布置临时施工道路。

利用 BIM 技术提前模拟规划，保证场内交通顺畅，发现和避免出现机械之间的碰撞，并提出改进意见，施工场地内主要的车辆有土方车、混凝土车、泵车、挖掘机等。根据车辆的长度、宽度等有关参数数据，将所有车辆和道路模型导入 Navisworks 软件中进行漫游，利用 BIM 技术的 Navisworks 仿真运输车辆出入场地，包括各种车辆在道路上的行驶线路和卸装货物位置，模拟不同的车辆进行会车的过程。运用 Navisworks 进行多次调整得到最合适的交通线路，避免了车辆相互碰撞等安全问题，解除了安全隐患。

（4）基于 BIM 的施工模拟

本项目在施工高峰期需要安装 8 台塔吊，由于不同施工阶段展示的模型工况以及各楼栋竣工的时间不同，塔吊安装时间不同，各塔吊覆盖面积不同，相互间交叉区域较大，因此防止塔吊间、塔吊和建筑物间发生碰撞是首先要考虑的问题。

在项目前期方案中，用传统的 CAD 平面图对塔吊进行了布置。项目实施前期运用技术对群塔进行建模及动态模拟，将塔吊控制在 8 台，不但减少了塔吊前臂之间的交互面积，使群塔作业的整体安全管控难度减小，还使建材堆放处的规划得到了进一步提升。

具体操作过程是首先利用 Revit2016 建立建筑模型"rvt"文件；在此基础上建立塔吊模型，形成群塔机模型，通过文件导出器保存为"nv"文件，利用 Revit2016 的"Time Liner"功能，"Time Liner→数据源→添加→MS Prolect"，将进度计划文件导入"Time liner"工具；结合编制的施工组织计划和进度计划对施工过程进行模拟，确定初装高度；再次进行碰撞检查、安全模拟，确定群塔机顶升加节合理的高度。

当检测到问题时，立即对原有施工方案进行修改，重新进行检测，直到问题解决为止。通过建立好的模型进行各阶段的碰撞检测，确定群塔机初始安装高度及施工过程中随着楼层的不断升高、施工工况变化塔吊顶升的合理高度。

此外，对 BIM 模型中常见危险源进行标识，利用建模软件迅速添加防护措施，再通过漫游功能对此安全隐患进行复查，从而使防护布置更加全面完备。

（5）基于 BIM 的安全教育培训

本项目现场施工人员普遍素质较低，对于以往的安全责任人面对的安全交底形式接受程度比较低，对在施工现场一些比较危险的工作也只是进行简单的口头交底，这就使施工人员比较难以理解或留下的印象不深刻，无法引起他们的高度重视，使得安全教育失去意义。同时，对于新进场的人员，对于施工现场环境比较陌生，接受培训教育也相对比较困难，施工作业中受到伤害的危险性增大。

本项目中实施了比较理想的方式，结合 BIM 技术，通过建立局部模型，模拟上述容易发生危险的隐患源，做第三人漫游，以动画的形式，向现场施工人员进行展示讲解，告知他们在此处进行作业时应注意的安全事项。

此外，本项目还建立了 VR 体验馆，在 VR 体验馆中，能够体验到触电、高处坠落、塌方、安全帽冲击、使用灭火器等项目，与传统的安全教育培训体验相比使人更容易理解，还能够进行机型互动交流。通过在虚拟环境中的切身体验，使施工人员能够从内心深处理解和记住自己在作业时可能遇到的危险状况，从而产生一种发自内心的防范心理，真正起到警醒作用。

【实践案例结论】

通过本项目对识别危险源、动态虚拟施工、安全教育培训方面利用 BIM 技术进行了介绍，可以看出在利用 BIM 技术进行项目安全管理方面具有以下优势。

① 施工前利用建筑信息进行建模，依据辨识的危险源，能够模拟施工过程，处于逼真的虚拟状态下，有利于准确辨识可能出现的安全隐患，从而制定出相应的防护措施。同时，通过 BIM 模拟施工，针对重点部位进行安全检查，并及时针对隐患部位对施工方案进行修改，并提出安全建议。

② 通过对危险源的辨识，模拟建造过程，对工人进行安全教育培训。把施工人员置于虚拟的现实状态下，有助于增强他们的安全防范意识，从根本上减少安全事故发生，确保施工人员的生命安全，提高工作效率。

第5篇 要素篇

第13章

风险管理

EPC 项目具有不同于传统承包项目的特点,其技术要求较高,建设规模庞大,参建单位众多。随着我国 EPC 工程承包模式的不断推广,已成为建设市场的主要承包模式,其数量逐步增加多,其风险因素也越来越多,无论是总承包单位还是业主,都日益认识到进行项目风险管理的必要性和迫切性,为此,风险管理成为现代项目管理要素中人们讨论的重要话题。

13.1 风险管理概述

13.1.1 风险管理的概念与意义

（1）风险管理的概念 《中国项目管理知识体系》中将风险管理定义为:是指在项目风险进行识别、分析和评价框架的支持下,对项目风险进行应对,做出科学的决策,同时,在实施过程中进行有效的监督和控制的系统过程。项目风险的目标是增加项目积极事件的发生率和影响程度,降低项目消极事件的发生率和影响程度,在风险成本低的情况下,使项目风险产生的总体影响达到使项目利益相关者满意的水平。

《建设项目工程总承包管理规范》基本采用了上述定义的表述,将风险管理定义为:对项目风险进行识别、分析、应对和监控的过程,包括把正面事件的影响概率扩展到最大,把负面事件的影响概率减少到最小。

依据上述定义可知,项目风险管理是指项目主体通过风险识别、风险分析等方法来发现项目风险,并以此为基础,使用多种专门方法和手段,对项目活动涉及的风险实施有效的应对和监控,对出现的偏差及时采取措施,妥善处理风险事件造成的不利后果等全过程的一系列活动。

EPC 工程项目风险管理的对象是 EPC 实施过程中的各类风险,风险管理的主体是 EPC 总承包企业、建设单位、分包商、监理单位等。

（2）风险管理的意义 随着 EPC 项目的推广,所承揽的工程项目规模变大,技术更加复杂,持续时间长,参与单位多,与环境接口复杂,所以 EPC 项目被人们称为风险型模式。风险管理作为项目管理有机整体的一部分,对于项目的顺利完成具有十分重要的意义。EPC

项目风险管理的意义主要体现在以下几个方面。

① 工程项目风险管理能促进项目实施决策的科学化、合理化，有助于提高决策的质量。工程项目风险管理利用科学的、系统的方法，管理和处置各种工程项目风险，有利于减少因项目组织决策失误所引起的风险，这对项目科学决策、正常经营是非常必要的。

② 工程项目风险管理能为项目提供安全的经营环境，确保项目组织经营目标顺利实现。工程项目风险管理为处置项目实施过程中出现的风险提供了各种措施，从而消除了项目组织的后顾之忧，使其全身心地投入到各种项目活动中去，保证了项目目标的实现。

③ 工程项目风险管理能促进项目经营效益的提高。工程项目风险管理是一种以最小成本达到最大安全保障的管理方法，它将有关处置风险管理的各种费用合理地分摊到产品、过程之中，减少了费用支出；同时，工程项目管理的各种监督措施也要求各职能部门提高管理效率，减少风险损失，这也促进了项目经营效益的提高。

13.1.2　风险管理的特点与原则

13.1.2.1　风险管理的特点

(1) 联系性　工程项目风险管理工作必须与该项目的特点相联系，包括项目的复杂性、系统性、规模、新颖性、工艺的成熟程度等；项目的类型、项目所在领域、项目所处的地域如环境条件等应一起考虑分析。

(2) 深入性　风险管理需要大量地收集信息、了解情况，要对项目系统及系统环境有十分深入的了解，并进行预测，所以不深入实际、不熟悉情况是不可能进行有效的风险管理。

(3) 人的能动性　在整个风险管理过程中，人的因素影响很大，如人的认知程度、人的精神、创造力等。为此，在风险管理中，要注重对专家经验和教训的调查分析，这不仅包括他们对风险范围、规律的认识，而且包括他们对风险的处理方法、工作程序和思维方式，并在此基础上，将分析成果系统化、信息化、知识化，用于对工程风险决策的支持。

(4) 综合性　风险管理在项目管理中，属于一种高层次的综合性管理工作，它涉及总承包企业管理和项目管理的各个阶段和各个方面，涉及项目管理的各个子系统，所以必须与合同管理、成本管理、工期管理、质量管理连成一体。

(5) 理智性　风险管理的目的并不是消灭风险，在工程项目中尤其是在 EPC 项目中的多数风险是不可能由项目管理者消灭或排除的，而是有准备地、理性地实施风险管理，尽可能地减少风险的损失，利用风险因素有利的一面。

13.1.2.2　风险管理的原则

风险管理的原则是以管理原理为依据，考虑管理者、管理对象、管理环境及管理任务的要求而制定出来的进行管理活动的原则。为有效管理风险，组织在实施风险管理时，应遵循以下原则。

(1) 控制损失、创造价值原则　以控制损失、创造价值为目标的风险管理，有助于组织实现目标、取得具体可见的成绩和改善各方面的业绩，包括人员健康和安全、合规经营、信用程度、社会认可、环境保护、财务绩效、产品质量、运营效率和公司治理等方面。

(2) 融入项目管理整个过程原则　风险管理不是独立于组织主要活动和各项管理过程的单独的活动，而是组织管理过程不可缺少的重要组成部分。

(3) 管理要支持决策过程原则　组织的所有决策都应考虑风险和风险管理。风险管理旨在将风险控制在组织可接受的范围内，有助于判断风险应对是否充分、有效，有助于决定行动优先顺序并选择可行的行动方案，从而帮助决策者做出合理的决策。

(4) 利用系统结构化方法原则　系统的、结构化的方法有助于风险管理效率的提升，并产生一致、可比、可靠的结果。

（5）坚持动态管理原则　风险是变化的、动态的、迭代的和适应环境变迁的。风险管理是适应环境变化的、复杂的，随着内部、外部环境的变化会产生新的风险，而有些风险则会消失，因此，管理者应以动态化管理为原则，对风险实施管理。

（6）注重以信息为基础原则　风险管理过程要以有效的信息为基础。这些信息可通过经验、反馈、观察、预测和专家判断等多种渠道获取，但使用时要考虑数据、模型和专家意见的局限性。因此，风险的各个过程中不仅要收集大量的信息，还要考虑信息来源的可靠性并且对此加以分析利用，不能盲目采用。

（7）建立广泛参与沟通渠道原则　组织的利益相关者之间的沟通，尤其是决策者在风险管理中适当、及时的参与，有助于保证风险管理的针对性和有效性。利益相关者的广泛参与有助于其观点在风险管理过程中得到体现，其利益诉求在决定组织的风险偏好时得到充分考虑。利益相关者的广泛参与要建立在对其权利和责任明确认可的基础上。

利益相关者之间需要进行持续、双向和及时的沟通，尤其是在重大风险事件和风险管理有效性等方面需要及时沟通。

（8）持续不断改进原则　风险管理是适应环境变化的动态过程，其各步骤之间形成一个信息反馈的闭环。随着内部和外部事件的发生、组织环境和知识的改变以及监督和检查的执行，有些风险可能会发生变化，一些新的风险可能会出现，另一些风险则可能消失。因此，组织应持续不断地对各种变化保持敏感并做出恰当反应。组织通过绩效测量、检查和调整等手段，使风险管理得到持续改进。

实施项目风险管理的根本目的在于：降低风险，实现企业目标，增进企业价值，实现可持续经营。

13.1.3　风险管理模式与体系

13.1.3.1　风险管理模式

由于 EPC 项目具有参与建设的单位众多的特点，为此，实施建设工程项目的风险管理模式采用分级管理、企业层和项目层风险管理相结合的管理模式。企业层的风险管理是支持、指导的职能，而项目层风险管理主要是风险监督控制的职能。

（1）企业层风险管理　企业层的风险管理是通过设立三道防线来管理与控制实现的，具体流程与职能见图 13-1。

（2）项目层风险管理　项目层的风险管理是指从微观层面对大型工程项目进行的管理，即对项目风险从识别到评价乃至采取应对措施等一系列过程。为了使项目获得良好的经济效益和社会效益，应做好健康、安全与环境风险管理，从实施细节，特别是从项目本质安全风险方面加以保证，并在业主的苛刻条件下和建设市场的激烈竞争中做好项目，获得盈利，即正确地做项目。

13.1.3.2　风险管理体系

风险管理体系可以分为两类：一类是风险监控体系，包括风险监控目标体系、风险监控流程体系；另一类是风险管理的保证体系，包括风险管理组织体系、岗位职责、资源保证、风险管理方法与技术体系等。我们先对风险监控体系做简介，风险保证体系将在下面节点再做介绍。

（1）风险监控目标体系　风险监控是一种有明确目标的控制活动，只有有明确的目标，才能有有效的管理，否则，无法评价其效果，风险管理就会流于形式，也就没有实际意义。

对 EPC 工程项目进行风险控制，最重要的目标就是以最小的成本获取最大的安全保障。它不只涉及一个安全生产的问题，还涉及 EPC 项目四大管理目标的有效控制，即对项目的造价、质量、工期、安全实施的有效控制。风险监控目标服从于工程项目总目标，是和工程

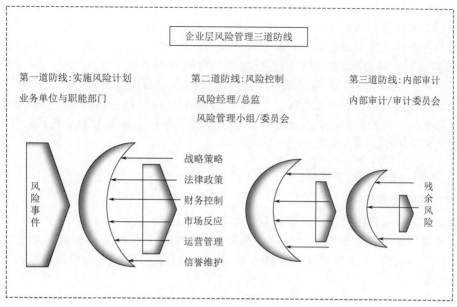

图 13-1　企业层风险管理模式示意图

项目总目标相统一的。工程风险管理过程是使项目实施顺利进行、处于良好受控状态的过程，通过对 EPC 项目进行风险管理，减少了项目不确定环境或项目本身给项目实施带来的风险，提高了项目管理水平，同时能够有效确保项目获得成功，使竣工项目的效益更加稳定。

风险管理目标体系可以分为损前目标体系和损后目标体系。

① 损前目标体系：包括经济目标（以最经济的方法预防潜在的损失）、安全状况目标（将风险控制在企业可承受的范围内）、合法性目标（确保项目各种活动的合法性）、履行外界赋予企业的责任目标（例如按照国家法规要求企业设立安全防护设施；要求承包方投保，设立保险保障机制等）。

② 损后目标体系：包括生存目标（维持企业生存和确保人员生命的目标）、经营连续性目标（风险发生带来经济损失，必将影响企业持续经营，要保持项目经营的连续性）、社会责任目标（风险发生后会给相关利益者带来一定影响，尽量减少他们的利益损失）。

由于项目风险的管理目标很难用标准及量化表述，因此，项目风险管理具体目标总体定位是："尽早识别，尽力避免，尽量降低，尽责总结"。风险一旦发生，将风险的损失降低到项目可承受的范围之内。

（2）风险监控流程体系　风险监控流程体系是风险监控体系中极其重要的体系，是风险监控工作的重要工作内容，包括以下几项内容。

① 风险识别：系统地、持续地鉴别、归类和分析建设项目中潜在的风险活动。在建设的 EPC 工程项目中，总承包商应对可能遇到的各种风险源或风险因素进行识别、判断分析，以便对工程项目所存在风险进行评估、处理和控制。

② 风险评估：风险评估是指项目风险管理人员在项目风险识别的基础上，通过建立项目风险的系统评价模型，对项目风险因素进行综合分析和权衡，并依据风险对项目目标的影响程度进行风险分级排序，对项目所有阶段的整体风险水平，各种风险之间的相互影响，相互作用以及对项目的总体影响，项目主体对风险的承受能力等都进行综合的分析，这一对风险分析与评价的过程称为风险评估。

③ 风险监控：项目风险监控是指在整个工程项目过程中，根据项目风险规划、识别、

应对全过程的监视与控制，从而保证风险管理能够达到预期目标。具体来说，风险监控是指追踪已识别的风险和观察清单中的风险，识别、分析和规划新生风险，重新分析现有风险，监测应急触发条件，监测残余风险，审查风险应对策略的实施，并评价其效力的过程。

④ 风险应对：项目风险应对措施是指根据项目风险识别和度量的结果，针对可能的项目风险提出项目应对措施，并制定项目风险应对计划的项目风险管理工作。风险应对策略有：风险规避，通过避免受未来可能发生事件的影响而消除风险；风险预防，利用政策或措施将风险降低到可接受的水平；风险转移，将风险转移给资金雄厚的独立机构；风险自留，维持现有的风险水平。

13.1.4　风险管理内容与流程

13.1.4.1　风险管理内容

工程项目风险管理按照一些标准划分为以下内容。

（1）按项目生命周期划分　按照项目全生命周期划分，风险管理包括：①投标阶段风险；②设计阶段风险；③采购阶段的风险；④施工阶段风险；⑤试运行阶段风险；⑥运行维护阶段风险等。

（2）按风险成因划分　按照风险成因划分，风险管理包括以下内容。

① 政治风险：项目所在国战乱、动乱；国有化、征用、没收外资；所在国法律法规发生变化、汇兑限制、国际关系反常、专制行为等。

② 自然风险：由自然环境如气候、地质、水文、地理位置等构成障碍或不利条件产生的风险。

③ 经济风险：经济领域潜在或出现的各种可能导致承包商企业遭受厄运的风险，如汇率浮动、通货膨胀、平衡所有权等。

④ 道德风险：业主不付款或拖延付款，分包商故意违约，承包商管理人员不诚实或有违法行为，业主筹措资金能力不足等给承包商带来的风险。

⑤ 技术风险：承包商技术薄弱，缺乏技术人才和经验、新技术新标准的应用等。

⑥ 管理风险：例如决策失误，招标信息失误或失真，报价过高等；缔约和履约不力；职业技术人员过失等。

⑦ 组织风险：合同各方关系的协调能力不够，公司领导对项目部不太重视，项目班子内部缺乏团队精神所产生的风险等。

（3）按系统性质划分　按照项目系统性质划分，风险管理包括以下内容。

① 环境系统风险：自然环境和社会环境的变化导致的项目风险。

② 行为系统风险：由于参与者的主观行为失误而导致的项目风险。

③ 技术系统风险：设计难度较大、新技术的应用、施工难度大等产生的风险。

④ 管理系统风险：管理组织、机制、制度不健全导致的风险等。

（4）按风险对项目的影响划分　按照风险对项目的影响划分，风险管理包括以下内容。

① 成本风险：是指由于风险的存在和风险事故发生后人们所必须支出的费用和减少的预期经济利益的风险。

② 工期风险：是指由于承包商的原因，如管理不善、分包违约等，致使工期拖延，导致承包商将接受业主罚款的风险。

③ 质量风险：是指工程项目存在缺陷或瑕疵，对承包商带来经济利益上的负面效应和消极影响的风险。

④ 安全风险：是指发生事故造成人员伤亡或重大财产损失的风险等。

（5）按风险对经济实体的影响划分　按照风险对经济实体的影响划分，风险管理的内容如下。

① 系统风险：又称为市场风险，指由于某些因素给市场所有的经济实体（承包商或承包项目）都带来经济损失的可能性，如政治风险、经济风险、环境风险等。

② 非系统风险：又称为公司特别风险，是指某些因素对单个经济实体造成经济损失的可能性，如投标风险（报价风险、技术风险等）、履约风险（合同风险、组织管理风险）等。

13.1.4.2　风险管理流程

在 EPC 工程项目中，由于一个承包企业或项目所面临的风险是多种多样的、大量存在的，并随着企业、项目、地点的不同而不同，其风险往往盘根错节、交错复杂，因此风险管理就需要一个有序的过程，采取系统的风险管理步骤，按照一定的科学方法进行，这就是风险管理的流程/程序，包括系统地识别、评估、应对与监控风险，以期在项目的全寿命周期内取得最优的消除、转移和控制风险的效果。风险管理工作流程示意图见图 13-2。

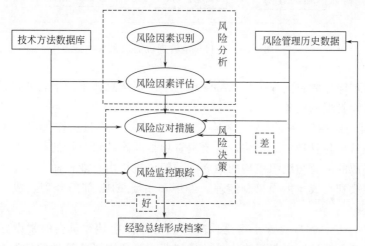

图 13-2　风险管理工作流程示意图

由图 13-2 可以看出，在 EPC 项目的风险管理过程中，风险分析具体分为风险识别、风险评估两阶段。风险分析过程是一个系统的过程，最主要的工作是调查研究和资料的收集、归纳，有时还要进行必要的实验和模拟。只有认真分析研究项目内部和实施环境及其两者之间的关系，在风险管理过程中，才能有效地对风险进行识别和评价，为风险决策提供可靠的依据。

风险决策又可分为两个环节，即风险应对和风险监控。风险应对部分归属于风险决策阶段，只有在科学有效的风险分析基础上才能实行对风险的有效应对或处置。同时，系统工程理论已是一门比较成熟的学科，具有相对完善的体系和成熟的理论方法基础，因此，在风险管理过程中，可以有效利用系统分析的方法和手段来指导风险管理的主要工作环节。

13.1.5　风险管理机构与职责

（1）风险管理组织机构　风险管理组织机构主要指为实现风险管理目标而建立的企业层和项目层的管理层次和管理组织，即组织结构、管理体制和领导人员。没有一个健全、合理和稳定的组织结构，风险管理活动就不能有效地进行。项目风险管理机构示意图见图 13-3。风险管理组织机构嵌入企业和项目管理机构体系框架之中，形成整个企业的风险管理组织系统，发挥风险管理的组织作用。

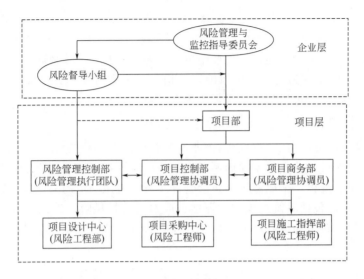

图 13-3 项目风险管理机构示意图

（2）风险管理岗位职责　在工程风险管理的组织机构总体框架下，通过设置以下主要岗位职责来实现风险管理的任务。

① 风险管理与监控指导委员会：风险管理与监控指导委员会作为项目风险最高决策机构，是企业对项目风险管理的决策层，主要负责项目风险政策方针的制定与战略决策，同时保证风险管理资源的配置与组织机构的建立。一般该机构由企业任命一名主任，主任是企业的总裁或副总裁级别，成员由项目总经理、经理和主要 EPC 部门经理组成，直接向联合体督导委员会汇报。

② 风险督导小组：风险督导小组是风险管理与监控指导委员会的常设办事机构，主要负责项目风险政策方针的制定与战略决策的贯彻落实；负责风险管理的日常事务；定期报告风险管理工作的开展情况；负责落实、督办指导委员会的决定事项；指导各工程总承包项目开展风险管理工作并定期检查；汇总归档风险管理信息与报告；对指导委员会的决策提供技术支持。

③ 风险管理控制部：项目风险管理控制部是全面风险管理的执行层，完成项目风险管理的总体规划与程序文件，协调项目各部门的风险管理流程与界面，保证风险管理工作的有效实施与持续反馈；提供风险管理技术支持，监控项目风险状况与更新，整理风险管理月报与总结报告；组织协调项目重大风险评估会议等；协调风险管理的沟通、培训与风险文化的建立。

④ 风险管理执行团队：在风险管理控制部经理的领导下，按照风险监控实施流程（图13-2）开展项目全面风险管理的日常工作，其中具体工作有：以国际项目管理标准之一的《项目管理知识指南》（PMBOK）以及国家有关标准中的风险管理知识体系为方法论，建立包含风险管理指南、流程与计划的风险管理手册等风险管理实施文件，应用 RBS 开展风险辨识工作，建立风险管理信息系统和应用软件。

⑤ 风险协调员与风险工程师：作为各个业务部门的风险管理专家，配合风险管理控制部协调风险管理工作，主要是辨识、分析与处置所发现的风险，确定风险提交者与风险责任人。

13.2　风险管理要点

13.2.1　启动风险管理要点

　　EPC 工程项目启动风险控制主要是对合同研究不够、对条款理解不深导致发生后续管理环节所带来的风险。例如，对合同中业主对项目功能的要求理解不准确，导致技术准备不足；对项目承包范围划定认识不全面或范围扩大，导致资源准备不充分或过剩；对合同付款条款误解，造成项目资金准备不足等，都可能成为后续管理工作的风险源。项目启动阶段的主要风险源及控制要点见表 13-1。

表 13-1　项目启动阶段的主要风险源及控制要点

阶段	风险类别	风险源	风险后果	风险控制要点
1	合同承包范围风险	对承包范围合同未能具体明确或项目承包人对其理解有误,造成业主与承包人的理解差异	资源准备不足或过剩,实施过程将产生合同争议和纠纷	认真对有关合同范围、付款条款等进行研读和深刻理解,对于业主未详细说明的应及时与业主沟通,达成一致意见
2	合同业主要求风险	对合同功能、标准要求把握不准、理解不深或业主对功能、标准要求描述模糊	设计标准选择不当,技术准备不足,甚至执行后产生变更,以致延误工期和增加费用	对合同中的业主要求部分进行认真研读和理解,对于业主要求表述不清晰、含混或有疑问的要求条款应与业主进一步沟通
3	合同责任条款风险	风险责任条款不清、模糊,导致责任主体缺位或职责不清;或承包商对合同责任条款理解有误	职责不清,将导致遇到问题时相互推诿,项目管理效率下降,甚至延误工期和质量	项目部在项目启动时需要认真、仔细地检查分析合同责任有关条款,明确合同各方的责权利、承担责任的比例等
4	合同付款风险	未充分理解合同付款方式或业主订立的付款条款有漏洞	项目流动资金紧张	认真对有关合同付款条款进行研读和深刻理解,制定付款风险应对
5	项目经理选择风险	项目经理资格、资历与项目复杂程度、规模不符合	项目管理工作面临着领导不力的局面	按照管理规范标准条件要求,结合项目特点选择项目经理和组建项目部
6	项目特点风险	自然、人文、市场、环境、社会等风险	导致项目安全、价格、工期质量难以控制,甚至造成项目的失败	实施全面风险管理策略,运用风险技术对项目的风险进行识别、评估并针对项目特有的重点风险制定相应的风险防范措施

13.2.2　设计风险管理要点

　　设计阶段的风险主要表现在设计人员对合同条款内容没有深入了解,造成设计内容与合同约定不一致而导致的风险,设计工程量也可能超出合同工程量。

　　根据我国 EPC 总承包企业多年项目管理实践,特别是对设计分包管理的经验,通过系统地分析设计、采购、施工和投产全过程的设计风险,工程项目设计的主要风险源风险后果及风险控制要点见表 13-2。

表 13-2　工程项目设计的主要风险源、风险后果及风险控制要点

阶段	风险源	风险后果	风险控制要点
初步设计	设计分包商不符合资质条件	导致施工组织不周密,工程质量存在隐患,投资失控,投产运行后成本过高	总承包商应严格引入竞争机制,通过公开招标形式,根据项目特点选择相应资质和经验的设计单位
	业主提供的设计条件不充分		加强与业主的沟通,开展设计的基础资料交流活动,全面收集有关设计资料
	设计人员对资料研究不透彻,出现较大疏漏		对外组织设计人员对设计资料进行研究,在设计合同中细化设计单位的权利义务,要明确设计的要求;对内责任到人
	工艺流程不合理,规范采用错误		认真研究所在地及行业的规范和工艺流程等,通过组织专家初步审查,解决工艺不合理、对规范理解不深或者采用错误措施的问题
	设备材料选择不当,设计成本考虑不到位		既要保持设计上的先进性,又要适度控制工程造价,按照业主要求,使业主满意;关注初步设计规模是否与可行性报告、设计任务书一致,有无夹带项目、超规模、超面积、超标准现象
施工图设计	设计没考虑施工、运行的可行性、方便性	导致技术方案不能得到有效落实,影响工程质量,或造成工程变更,发生重大经济损失	加强施工和试运行总结,总结经验教训,另外提前让施工和试运人员介入图纸审查,尽早提出设计改进合理化建议
	设计失误,出现较大疏漏		让经验丰富的设计人员参加设计或审图,且专业配套,安排他们对施工图举行专业自审和会审,可以最大限度地解决设计错漏碰问题,保证设计质量
	图纸审查不到位		通过合理的合同条件,来约束设计分包商严格按照合同执行设计项目
	对设计合同没有约束		
	设计预算严重脱离实际,超概算,投资失控		建立严格的预算编制与审核制度,如发现施工图预算超过初步设计批复的投资概算规模,应对项目预算进行修正,或申请对概算进行调整,并经过批准
	设计概算有遗漏		组织专业人员或委托中介机构对概算进行审核或通过类似工程项目进行类比估算来解决概算漏项问题,发现问题应及时申请对概算进行调整,并经过批准
	工程设计与后续施工未有效衔接或过早衔接		加强设计单位与施工单位的沟通与协调工作,定期召开协调会议,相互沟通各自工作信息
	设计进度制定得不合理		加强设计专业之间输入输出条件、设计和厂家之间的资料管理及设计进度管理工作
			派设计管理人员到设计分包商处,同时合理安排图纸设计、出图计划
	设计单位进度滞后		
	设计管理不到位,管理混乱,沟通不畅		选派具有一定的设计知识和协调管理能力的人员来承担EPC设计管理工作,或可以引入设计监理,提高设计质量

13.2.3　采购风险管理要点

采购阶段从工程项目采购实施开始直至项目结束,可划分为采购订货阶段和物流运输与仓储阶段。采购订货阶段的主要工作是根据采购合同完善前期设计,编制详细计划,实施采买工作,包括催交、检验、运输以及获得相应支付等。采购阶段的常见风险源、风险后果及风险控制要点见表 13-3。

表 13-3　采购阶段的常见风险源、风险后果及风险控制要点

阶段	风险源	风险后果	风险控制要点
采购订货阶段	设计人员对合同文件的理解与业主的设计理念可能存在差异	延长设计文件编制、业主审核和最终批准的时间，特别是如果该采购设计处于整个项目的关键路径上，会强烈影响后续的采购乃至施工活动，对项目工期和成本造成大范围变动	认真审查合同要求，正确理解业主意图，避免由于文件不合格造成的反复修改；另外要积极与业主进行沟通，争取缩短业主审批设计文件的时间
采购订货阶段	在设计时，采购的货物标准过高或者设计余量过大	可能导致实际采购价格远远高于概算和预算价格，形成较大的风险	优化采购设计组织，规范设计人员行为，不得随意提高设计标准和增加设计内容，加强设计审核工作
采购订货阶段	业主要求变化或者前期设计错误而造成的重大设计变更	同样会引起整个采购计划变更，并使采购成本发生大幅度增加	对于重大设计变更，应事先向业主提出澄清或者向业主声明，得到业主批复后再进行详细设计工作，并及时保留与索赔相关的依据
采购订货阶段	供应商选择不理想，其生产规模、能力有限，诚信度欠缺	导致所采购的货物材料质量降低，供货时间延长，影响工程质量和进度	①对于从未合作过的供货商，承包商要加强对其资金、信誉和供货能力方面的调查了解；②与供货商签订完善的供货合同以制约其行为；如在支付、违约、质量检验和索赔争议等条款中详细列明双方的责任义务，并要求供货商提供质保金；③加强督办、驻厂监造、第三方检验以及运输管理等工作，杜绝不合格设备材料到达现场
物流运输与仓储阶段	对工程货物运输有关规定、流程及货物到达地的选择等了解欠佳	运货物到达时间过长，造成设备材料无法及时运抵施工现场，进而影响整个工程项目的进度，同时可能因运输方式选择不佳，导致设备、材料的损坏、腐蚀、丢失	加强前期调研，充分了解运输相关法规及操作流程
物流运输与仓储阶段	选择的运输代理公司经验及实力不够		制定总承包商要根据各种物流模式的特点、优势和劣势，并在项目实施过程中与代理公司保持联系沟通，共同制定合理高效的物流运输方案
物流运输与仓储阶段	运输方案设计不佳，影响路线及运输周期等方面		
物流运输与仓储阶段	仓储方式选择不佳，仓储管理不到位		根据货物特性选择仓储方式，在货物单上明确仓储要点，防止仓储过程中货物材料的损坏，同时做好防盗保护

13.2.4　施工风险管理要点

施工安装是将设计蓝图变为现实的过程，EPC 项目在施工过程中存在许多不确定因素和风险，会影响到其进度、质量、成本和安全目标的实现，施工安装阶段的主要风险源、风险后果及风险控制要点见表 13-4。

表 13-4　施工安装阶段的主要风险源、风险后果及风险控制要点

风险类别	风险源	风险后果	风险控制要点
分包风险	施工安装分包商的实力不强，施工队伍人员素质、组织管理、协调配合不够	无法满足工程实际需要，影响施工的质量、进度和安全；总承包商将面临进度、质量和安全的风险	严格审查项目分包单位的资质和能力，要与业主协商选取施工安装单位，如果有证据证明分包企业无法按要求完成施工任务，应尽快对其终止合同关系
不可预见风险	社会与自然环境因素，如行业政策、地质条件、气候条件的变化	风险将导致总承包商遭受进度、成本的损失	提前做好不可预见风险的防范工作，严格落实风险防范计划，做好应急物资储备和应急人员的安排，与此同时，要随时做好不可预见风险发生的索赔和理赔前期准备工作

风险类别	风险源	风险后果	风险控制要点
技术交底不够	设计或总承包方对施工安装方的交底不及时、不规范,力度欠缺	导致施工安装方不能深刻领会施工要领和质量控制要领,带来质量、进度、成本风险损失	明确施工要领和质量控制要领,并向施工安装方提供纸质要领书文件,且审查其施工方案,对不合格的要提出修改意见
沟通风险	业主及相关部门的沟通协调方面常常存在思维方式和沟通方式的差异	导致业主与总承包商经常在施工方案、项目验收、试车等具体问题上出现扯皮现象,如果处理不当,将导致已完成工程结算款迟迟无法取得,造成总承包商在实施过程中困难重重,面临业主拖欠款的风险	对于在施工安装过程中出现的问题,应积极采取各种措施,尽快与业主沟通协调加以解决,尽量达成双方一致,并对确认的意见做好会议纪要,按照纪要做好工程调整工作
边界风险	由于合同约定项目边界模糊或业主临时进行变更等原因,使得施工阶段的工程量发生较大变化	容易造成工期拖后,导致工程项目成本增加,总承包商将面临工期、成本风险	合同签约前应通过誊清等方式,确定项目边界。实施中要以合同为依据,遵从惯例,争取做好双边关于项目的边界谈判工作,誊清事实,争取达到一致的认识;同时,对于工程变更,积极向业主提出索赔,避免工期、成本造成的风险损失
安全健康环境风险	违反国家、地区有关安全健康环境规定,如安全措施不到位、没执行有关行业健康规范、造成污染等	在施工安装过程中出现问题,处理不好,将导致设备损坏和人员伤亡、停工整顿的后果	采取有效监控手段,促进各承包商做好危险源、环境因素的识别和评价工作,编制HSE管理系统计划,实施动态管理

13.2.5　试车风险管理要点

在 EPC 项目实践中,人们往往对试车风险认识不足,造成安全事故发生,小到"跑、冒、滴、漏"影响试车的进度,大到发生火灾、爆炸甚至人员伤亡等一系列重大问题。为此,总承包商应高度重视试车风险。试车阶段的主要风险源、风险后果及风险控制要点见表 13-5。

表 13-5　试车阶段的主要风险源、风险后果及风险控制要点

风险类别	风险源	风险后果	风险控制要点
设备与系统风险	设备与系统是项目运行和调试的主体,如设备与系统发生故障、出现安全事故等风险	设备与系统出现问题将造成试车延误,还有可能对环境产生影响,以及对试车人员的人身安全造成威胁	进行系统调试作业前,应全面了解系统设备状态;对与运行设备有联系的系统进行调试,应编制调试方案,采取隔离等措施,并设专人监护
程序和规定的风险	编制的程序与实际情况不匹配,使操作人员在调试过程中面临无适当程序使用的困境	①操作人员在调试过程中会面临无适当程序使用的困境;②导致试车无法正常进行,延误试车计划,致使试车成本增加	依据设计资料、设备的特点等进行程序的编制;建立临时性操作程序和标准化操作程序机制,标准操作程序是由临时操作程序中修改变化而来
人员风险	在试车阶段由于操作人员知识、经验、背景的不同往往出现野蛮操作、违规操作,导致风险事故发生	造成试车期延误,甚至造成机毁人亡,对承包商产生工期、费用成本的增加	①对操作人员的有关方面进行培训,持证上岗;②制定试车计划,确定试车目标,在试车中出现问题应及时解决;③建立操作巡视制度
物料风险	试车阶段所产生的废料产生的影响,如有毒、有害气体,存在对环境、人体损害的风险;试车需要使用电力、动火设备,而"电能火源"等危险能源对人体存在损害风险	①对环境造成污染,产生不良社会影响;②危险能源对人体造成伤害,增加项目试车成本	①建立对废料的检测、监控制度,及时发现问题,及时处理;②建立上锁挂牌制度、动火作业制度,为控制危险能源风险而建立最低的操作要求、使用流程制度

13.3　风险管理策略

13.3.1　重视组织建设与风险计划

（1）加强组织框架流程建设　我国 EPC 模式的实践和风险管理的开展历史较短，时间不长，许多企业机构设置还是沿用过去的模式，并未将风险管理结构融入项目管理机构之中，为此导致风险管理存在缺陷，其主要原因还是组织架构和管理流程缺失或不到位所造成的。

① 构建的组织框架和管理流程设置要强化整体意识，不能单纯地考虑前端设计，而忽略了后续阶段风险管理的实施，应该统筹整个项目生命周期。

② 应重视对各分包单位的风险管理和控制，对分包单位实施有效管理机制、风险控制制度和流程，EPC 总承包商应随时了解各分包单位的风险管理工作的开展、实施情况，以利于对项目整体风险状况的详细把握。

③ 组织构架和管理流程的制定要设有反馈机制，要让业主能够及时了解项目进展和风险管理动向，建立分包单位向总承包单位反馈风险动向机制，做到上下相互沟通，形成风险管理信息的网络体系。

（2）重视风险管理计划工作　大多数工程项目都要受一系列计划的指导，这些计划规定了一系列合理和预定的过程，经过这些过程，项目得以执行。"七分策划、三分执行"充分说明了策划工作的重要性。风险管理计划是这一系列指导文件的敏感部分，这种计划可用于公布风险管理规划过程的结果或最新状态。

在项目开始前，项目风险管理人员就应制订项目风险管理计划，并在项目进行的过程中，实行目标管理，进行有效的指挥和协调。项目风险管理实质上是整个组织全体成员的共同任务，没有广大群众的参与，是无法实现目标的。因此，实行风险目标管理要求自上而下层层展开，又要求自下而上层层保证风险管理目标的实现。在管理实践过程中要积极发挥执行者的作用，开发他们的潜在积极性和能力。

项目风险管理计划并没有固定的模式，风险管理应根据项目的具体情况自由构思这个计划。最初可以考虑从如下几方面来指导构思项目风险管理计划的内容。

① 风险管理提要：主要包括项目的目标、总要求、关键功能、应达到的使用特性、应达到的技术特性、总体进度以及应遵守的有关法规等。这部分内容和其他各种计划一样，应为人们提供一个参考基准，以了解项目的概貌，还要说明项目组织各部门的职责和联系。

② 风险管理主要途径：主要包括与项目有关的技术风险、经济风险、自然风险、社会风险等的确切定义、特性、判定方法以及对处理这些项目风险的合适方法的综述。

③ 风险管理实施准备：包括对项目风险进行定性预测与识别、定量分析与评估的具体程序与过程，以及处置这些项目风险的具体措施，并做好项目风险预算的编制。

④ 风险管理过程总结：对项目风险管理过程进行总结，并记录有关资料、信息的来源，以备查证。对周期很长的重大工程项目，在制订风险管理计划时，还应有短期与长期之分。短期计划主要是针对项目的现状而制订，而长期计划则具有战略性，是围绕风险回避、风险控制、风险转移、风险自留等而作的综合性行动预定。

⑤ 注意与其他相关计划的协调：在制定项目风险管理计划时，还应注意与其他相关计划的协调关系。如工程项目管理计划、综合后勤保障计划等对项目风险的各种问题都有涉及，它们本来不是从风险角度出发编制的，但是留心项目风险问题的人阅读它们时，从中可以获得有价值的信息。

在制订了项目风险管理计划后，便要在项目运行过程中予以实施。具体实施过程中，应对实施情况进行跟踪监测，做好信息反馈。只有这样，才能及时调整风险管理计划，以适应不断变化的新情况，从而有效地管理项目风险。

13.3.2　强化风险识别与风险评估

（1）强化风险识别的可靠性　风险识别是风险管理与控制的"三要素程序"的首位环节，而风险识别的可靠性至关重要，关乎风险管理工作的效率，为此，总承包商在风险管理中应提高、强化风险识别的可靠性。强化风险识别的可靠性策略可通过以下途径实现。

① 必须将项目作为一个整体来识别，而不能将各个阶段、各个环节分割开来进行。因为各个阶段、各个环节是相互关联的，不同的风险因素往往存在一些内生关系，不能独立地考虑某一风险因素，这样做会导致对风险的认识不全面。

② 建立风险识别核查机制来提高风险识别的可靠性。可建立初步风险清单组和专家核查组。初步风险清单组由具备相当的项目管理与技术经验的人员组成，通过对项目整体进行初步的风险识别，建立风险清单；专家核查组则由项目内部专职风险管理专家和外部风险管理专家组成，进一步完善、补充、剔除风险类别因素，提高风险识别的可靠性。

③ 风险识别的可靠与否，最终取决于人的认知程度，所以强化项目人员的风险意识，开展风险教育活动是必不可少的策略。尤其是风险管理人员，必须不断加强对他们的职业素养和技能培训，才能更好地提高风险识别的可靠性。

（2）完善风险评估体系模型　风险评估方法很多，有定性评估模型，也有定量评估模型。定性评估模型具有操作简便、节省时间的优点，但是其主观性较强，如专家调查法；而定量评估模型的评估结果较为客观、稳定，但其计算繁琐，较为麻烦，如层次分析法。EPC项目的规模越来越大，投资越来越高，技术错综复杂，新工艺、新技术不断翻新，单靠一种评估方法难以客观、全面地做出对风险的判断，只有建立科学的风险评估体系，定量与定性并用的评估体系，才能避免对风险评估的片面性和主观性。

13.3.3　实施项目风险闭合管理

一个完善的风险管理系统需要监督和反馈系统（见图13-2），从而使管理系统形成完整的闭合回路。特别是在复杂多变的情况下，监督和反馈系统更加重要。人们的认识不是一次完成的，正确的决策也不可能一次完成，领导部门经过慎重研究决策后，除了督促执行外，还要十分重视来自执行部门的反馈信息。监督和反馈系统是对组织活动实行监督和反馈的组织，它的职能是把决策执行情况和出现的问题及时反馈给决策系统，以便决策系统进行调整和修正，以保证管理实际活动及其成果与预期的目标相一致，从而有效地实现管理的目的。它根据决策系统的指令，对组织的活动进行监督，把决策指令执行的情况和问题，及时反馈到决策中心，以便进行调整、修正和追踪，从而逐步逼近决策目标。监督和反馈系统是组织中不可缺少的组成部分。

13.4　风险管理方法与技术

13.4.1　风险识别方法与技术

用于EPC的风险识别方法与技术有多种，常用的有系统分解法、工作分解结构法、流程图法、工作-风险分解法、情景分析法、风险核对表法、专家调查法、文献分析法、实地考察法等。

在实践中，针对不同类型的工程项目，采取的风险识别方法与技术也不相同。对于项目风险仅仅采用一种方法进行风险识别是远远不够的，一般采用两种或多种风险识别方法综合考虑才能取得较为满意的结果。常用的 9 种风险识别方法与途径适用比较见表 13-6。

表 13-6　9 种风险识别方法与途径适用比较

序号	风险识别方法与工具	适用范围	适用阶段	定量或定性	优点	缺点
1	系统分解法	普遍适用	项目开发阶段	定量与定性结合	简便易行,不增加工作量	不能动态地对项目进行风险识别
2	工作分解结构法	普遍适用	项目开发阶段	定性	按工程计划进行,不增工作量	无定形模式
3	流程图法	普遍适用	项目开发阶段	定性	方法简单,使用工程进度图即可	总体风险状况不能反映风险损失的大小
4	工作-风险分解法	普遍适用	项目整个生命周期	接近定量	应用广泛,识别风险较全面、客观	方法复杂,对使用者要求高
5	情景分析法	大型工程项目	项目的概念开发和实施阶段	定量	能够把握风险因素对未来发展情况的影响	依赖大量数据,数据的全面收集有时困难
6	风险核对表法	有过类似和相关经验的项目	项目整个生命周期	定性	简单易操作	受项目可比性限制
7	专家调查法	普遍适用,尤其是新技术无先例项目	项目整个生命周期	定性	简便易行,对风险的识别较为全面	结果的科学性受专家水平和人数的影响
8	文献分析法	传统、同类、具有可比性的项目	项目整个生命周期	定性	操作性强,效率高,客观性较强	相类似项目的资料收集有时较困难
9	实地考察法	各类项目普遍适用	项目整个生命周期	定性	简便易行,结果客观、真实、可靠	受地域性限制,需花费一定人力、财力

13.4.2　风险评价方法与技术

风险评价方法与技术有很多,如专家评分法、层次分析法、故障树法、风险价值法、风险矩阵法、贝叶斯网络法、风险因子法等。由于篇幅所限,本节主要介绍风险矩阵法和风险因子法。

(1) 风险矩阵法　风险矩阵法 (Risk Matrix Method) 是由美国空军电子系统中心在 1995 年提出的,该方法是根据风险对项目的影响程度和风险发生的概率,将两者量化,用两者的乘积作为衡量风险的大小 (风险等级＝可能性×影响度),并通过矩阵的形式直接表现出评价的结果 (风险矩阵示意表,见表 13-7)。在该方法中各个风险因素的影响程度和发生的概率一般通过专家小组合理的评判来体现。该方法简单、直观、易操作,但其准确性要依赖于各位专家评判的客观性。

表 13-7　风险矩阵示意表

风险等级		风险对项目的影响程度				
		影响特别重大(5)	影响重大(4)	影响较大(3)	影响一般(2)	影响很小(1)
可能性	Ⅰ极有可能发生(5)	25	20	15	10	5
	Ⅱ很可能发生(4)	20	16	12	8	4
	Ⅲ可能发生(3)	15	12	9	6	3
	Ⅳ不太可能发生(2)	10	8	6	4	2
	Ⅴ基本不可能发生(1)	5	4	3	2	1

（2）风险因子法　风险因子法（Risk Factor Method）是以风险因子为衡量标准的评价方法，利用公式计算得出不同种风险因素的风险因子。这种方法把已经识别出的风险分为低、中、高三类。低风险指对项目目标仅有轻微不利影响，发生概率也小（＜0.3）的风险；中等风险指发生概率大（0.3～0.7），且影响项目目标实现的风险；高风险指发生概率很大（＞0.7），对项目目标的实现有非常不利的影响的风险。风险因子计算公式如下。

$$R_f = \begin{cases} P_f + C_f - P_f C_f & (P_f \neq 0, C_f \neq 0) \\ 0 & (P_f = 0,1 \text{ 或 } C_f = 0) \end{cases} \tag{13-1}$$

式中　R_f——风险因子；

　　　P_f——风险因素发生的概率；

　　　C_f——风险因素对项目的影响程度。

一般规定，$R_f < 0.3$ 为低风险，$0.3 \leq R_f < 0.7$ 为中风险，$R_f \geq 0.7$ 为高风险。风险因子示意图见图13-4。

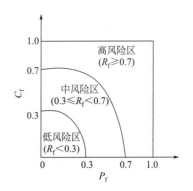

图13-4　风险因子示意图

13.4.3　风险监控方法与技术

（1）风险监控方法　目前，工程项目的风险监控还没有一套公认的、单独的方法可供使用。风险监控的基本目的是以某种方式驾驭风险，保证工程项目可靠、高效地达到工程项目目标。常用的风险监控方法包括风险预警系统、定期风险审核、风险指标分析等。

（2）风险监控技术　在项目风险监控中，有许多可利用的风险监控技术，常用的技术有直方图法、因果分析法、挣得值法、表格表示法、综合控制系统分析法、帕累托法等。

13.4.4　风险应对方法与技术

（1）风险回避　风险回避（Risk Avoidance）也称为风险规避，是指在完成项目风险识别与评价后，承包商对于某些风险，考虑影响预定目标达成的诸多风险因素，结合决策者自身的风险偏好性和风险承受能力，从而做出的中止、放弃或调整、改变某种决策的方案，从而避免可能产生的潜在损失的处置方式。

（2）风险预防　风险预防（Risk Prevention）也称为风险减轻，是指在损失发生前为了消除或减少可能引发损失的各种因素而采取预防措施，以减小损失发生的概率以及损失程度的一种风险的应对策略。

（3）风险转移　风险转移（Risk Transfer）也称为风险分担，当有些风险无法回避、必须直接面对，而以自身的承受能力又无法有效地承担时，风险转移就是一种十分有效的应对策略。风险转移是指通过某种方式将某些风险的后果连同风险应对的权力和责任转移给他人，但是风险本身并没有减少，只是风险承担者发生了变化，项目管理者不再直接地面对被转移的风险。在项目实施过程中，可能遇到的风险因素众多，承包商不可能样样自己面对。因此，适当、合理的风险转移是合法的、正当的，是一种高水平管理的体现。

（4）风险自留　风险自留（Risk Retention）也称为风险自担或风险承担，是指承包企业自己非理性或理性地主动承担风险，即指一个企业以其内部的资源来弥补风险所造成的损失的一种风险处置方式。保险/担保和风险自留是承包商企业在发生风险损失后采取的两种主要的应对方式，都是重要的风险管理手段。目前，风险自留在发达国家的大型承包企业中较为盛行。

13.5　风险管理实践案例

13.5.1　风险管理体系构建实践案例

【案例摘要】

以 W 建设工程公司集团构建风险管理体系实践为背景，介绍了该公司集团全面风险管理体系的构建，详细分析了其全面风险管理体系的过程及相关的几个重要方面，可供 EPC 工程总承包企业构建风险管理体系时参考。

【案例背景】

W 工程集团具有国家一级建筑施工资质综合能力的集团公司，公司经营范围涉及建筑施工、房地产开发和建筑产业工业化等多个板块，下设多个分/子公司。

近年来，公司在国内外承担了大量工程总承包项目，风险管理体系的建立提上了日程。该公司推行安全环境健康管理体系后，顺利通过了安全环境健康管理体系认证。该公司在项目开工之前，都会由安全部门牵头组织项目部及相关部门人员进行风险识别，编制风险清单，分析风险发生的可能性及后果等，编制风险登记表。

从以往该公司的风险管理工作可以看出，该公司已经具有了很强的风险意识，并且已经开展了风险管理的部分工作，但同时也存在不足之处。安全部组织的风险管理主要是从施工安全的角度进行风险识别，没有从项目的全生命期去考虑。对于工程总承包项目，仅对施工阶段进行风险管理是不够的，设计阶段以及投标都存在很大的风险，涉及设计部门、采购部门、市场经营部等关键部门，这些部门也应参与到风险管理之中去。

【风险管理体系建立的总目标】

要解决公司在风险管理方面存在的不足，正确应对工程总承包项目中的各种风险，必须建立系统的风险管理体系。风险管理体系应该涉及企业的各个部门，涵盖项目的整个生命周期是一个系统工程，其总体目标如下。

（1）在最大效益与风险承受度之间做到平衡　在公司的工程总承包项目全过程推进精细化项目管理理念，提高项目风险意识，在实施中获得最高项目效益，树立国际市场信誉，最终目的是使风险处于企业风险承受度范围之内，并为项目的实施提供合理保证。

（2）全过程风险管理　对工程总承包项目的全过程建立风险识别、风险评估、风险应对与处置、监控以及涵盖风险信息沟通与编报总结的完整风险管理体系，应用 PDC 循环控制方法，不断改进与完善风险管理工作。

（3）提高全员管理水平　不断提高公司全体员工对工程总承包项目的风险意识和精细化项目管理的能力，在实践中提高工程总承包项目风险管理和整体项目管理水平。

【风险管理组织体系的构建】

风险管理组织主要指为实现风险管理目标而建立的内部管理层次和管理组织，即组织结构、管理体制和领导人员。没有一个健全、合理和稳定的组织结构，风险管理活动就不能有效地进行。公司采用如图 13-5 所示的风险管理组织结构。

（1）风险管理领导小组　风险管理领导小组是公司风险管理的领导和决策机构，负责研究制定风险管理制度，批准风险管理工作计划，审定各类风险管理原则和对策，对重大风险进行评估决策，研究重大风险事故的处理事项。

（2）风险管理办公室　风险管理办公室负责风险管理的日常事务，定期报告风险管理工作开展情况，负责落实、督办风险管理小组的决定事项，指导各工程总承包项目开展风险管

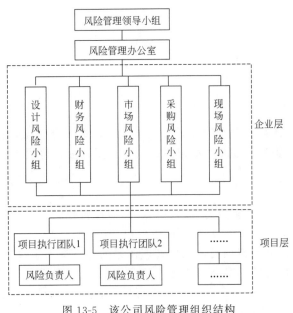

图 13-5　该公司风险管理组织结构

理工作并定期检查，汇总归档风险管理信息与报告，对风险管理领导小组的决策提供技术支持。

（3）风险专业小组　风险管理办公室下设五个风险专业小组，各专业小组在日常工作中应广泛、持续不断地收集与工程总承包项目风险和风险管理相关的各种信息和资料，做好风险管理基础与准备工作，与企业的其他相应管理部门做好协调。

（4）项目执行团队　主要负责实施过程中的各种工作，对实施过程中的风险及时监控和管理，按时编制风险动态月报，对识别的风险提出处置计划。

（5）风险责任人　由项目经理指定合适的人员作为风险责任人，执行通过审核的风险处置方案，对其相关风险发展情况负责。一个项目可有多个风险责任人，并且根据项目的进行情况以及风险的发展情况而改动。

除上述部门与管理人员外，风险管理还涉及分包商、供应商等其他团队。这些团队在项目运行过程中，按照项目负责人要求，支持和贯彻风险管理领导小组的决定。具体工作包括：技术可行性与预期效益等方面的风险全面评估，准备项目复审与评估，协助风险专业小组进行风险识别和分析，准备各个专业风险管理预案与处置方案，编制项目风险动态月报。

【风险评估标准的建立】

建立风险管理组织后，就要确定风险管理对象，对哪些风险进行管理。为此，首先要确定风险评估的标准，为风险因素划分等级，然后确定要对哪些风险做评估。风险评估标准一定要在风险管理工作开始前确定并在风险管理过程中要不断完善。根据公司的项目经验，建立如表 13-8 所示的风险评估等级标准。

表 13-8　W 公司风险评估等级标准

风险因素	发生概率	进度影响	成本影响
很高	＞70％	＞40 天	总造价的 1.00％
高	＞50％	＞20 天	总造价的 0.50％
中等	＞30％	＞10 天	总造价的 0.10％
低	＞10％	＞5 天	总造价的 0.05％
很低	＜10％	＜5 天	总造价的 0.01％

【项目风险识别体系】

为了对工程总承包项目风险管理提供指导，该公司综合头脑风暴法、风险清单分析法以及专家调查法三种方法，针对公司所进行的工程总承包项目进行了问卷调查。通过问卷调查，一共识别风险 368 条风险，经整理汇总对其中的 105 条风险进行了重点调查和分析。公司将风险清单划分为：环境风险（自然环境、人文环境）、技术风险（设计、工艺及其他风险）、管理风险（组织协调、施工现场风险）、商务风险（合同风险、金融风险）、特殊风险（运营风险）三层风险清单。在具体项目的风险管理中，可以参考该风险清单进行风险识别。公司部分（技术与商务）风险识别清单见表 13-9。

为了使风险管理的方法顺利实施，通过对企业组织结构以及风险管理组织结构的深入了解，公司建立了规范的风险识别流程。

① 组织相关部门进行风险识别。

② 识别信息、市场、报价策略、技术、设计及施工中的健康安全环境、履约及项目管理、经济效益等方面的风险。

③ 形成风险登记表、风险等级划分、风险预警等。

④ 审核并通过风险识别结果。

⑤ 持续不断地识别风险，更新风险登记表。表 13-10 为该公司风险识别阶段各部门的工作重点。

表 13-9　该公司技术与商务三层风险识别清单

序号	编号	一层	二层	三层
1	10101	环境风险	自然风险	洪水、地震等不可抗拒风险
2	10102			恶劣气候风险
3	10103		人文风险	项目所在地政治局势、对外关系
4	10104			约束性法规
5	10105			法律规章的变化
6	10106			政府部门廉政、工作效率
7	10107			战争、骚乱、罢工
8	10108			社会风气与宗教习惯
9	10109			项目所在地遭受经济制裁或禁运
10	10110			国有化、取消、扣押或没收
11	10111			项目供应输送途径(如电网、水、气管等)中断
12	10112			通信设施和网络限制
13	10113			海运禁令
14	10212			恐怖主义活动
15	10213			军事管制
16	10214			对中国公司、公民的态度
17	20101	技术风险	设计风险	设计缺陷、错误、遗漏、版更频繁
18	20102			技术标准发生变化
19	20103			设计获得批准的不确定性
20	20104			技术规范不明确或不合理
21	20105			设计对地质条件、水文气候条件重视不够
22	20106		工艺风险	工艺无法达到要求性能指标
23	20107			应用新工艺、新方案的困难
24	20108			应用新工艺、新方案失败
25	20109			初次采用某种先进技术
26	20110		其他技术风险	设备状态(维护)
27	20111			项目管理软件选择
28	20112			数据安全
29	20113			缺乏工具和设备仪器
30	20114			运输技术问题
31	20115			知识产权问题

序号	编号	一层	二层	三层
32	30101			代理人风险
33	30102			组织机构内部分工、授权风险
34	30103			与业主的关系
35	30104			与项目所在国政府部门的关系
36	30105			与项目所在地海关的关系
37	30106			与国内相关政府部门的关系
38	30107			与分包商和设备供应商的关系
39	30108			分包商与劳工的关系
40	30109			当地合作公司破产
41	30110		组织协调	业主融资不到位
42	30111			分包商经济实力
43	30112			第三方提供义务与责任不明确
44	30113			供货商风险
45	30114			合作各方的不同管理习惯和方法
46	30115			组建联合体/第三方关系
47	30116			公司高层支持力度不够
48	30117			没有针对性的沟通关系
49	30118			项目组织机构不合理
50	30119	管理风险		高层管理人员变动
51	30201			考古和历史文化的保护
52	30202			工程延误风险
53	30203			工作范围变更的风险
54	30204			工作范围不清
55	30205			设计变更、错误
56	30206			现场运输条件限制
57	30207			施工安全措施不当
58	30208			施工现场临时设施布置不合理
59	30209			现场进度安排和调度不合理
60	30210			施工设备、材料供应和工作状况
61	30211		施工现场	适量事故
62	30212			施工对周边环境的影响
63	30213			业主对施工的消极影响
64	30214			政府部门对施工的消极影响
65	30215			施工许可的风险
66	30216			语言障碍
67	30217			当地文化与生活工作习惯
68	30218			安全法律法规的影响
69	30219			环境许可发布不及时
70	30220			工伤事故
71	30221			特殊作业安全
72	30222			项目所在地劳力保护限制
73	30223			熟练劳动力和特殊工种数量不足
74	30224			劳动力队伍不稳定性

续表

序号	编号	一层	二层	三层
75	40101			合同条款遗漏
76	40102			合同纠纷
77	40103			合同变更
78	40104			保函的风险
79	40105			保留金风险
80	40106		合同风险	支付方式的风险
81	40107			翻译带来的风险
82	40108			违约
83	40109			违反融资合同
84	40110			业主、分包商和供应商的索赔
85	40111			移交变更
86	40112	商务风险		合同管理不到位
87	40201			国家宏观经济政策、行业政策调整
88	40202			通货膨胀
89	40203			汇率变化
90	40204			银行贷款风险
91	40205			项目所在国税收变化
92	40206			外汇管制
93	40207			市场动荡
94	40208			资金短缺
95	40209		金融风险	国内人工成本提高
96	40210			劳资争端
97	40211			收费收益不足
98	40212			证券价格风险
99	40213			融资成本风险
100	40214			成本预算不准
101	40215			国际采购的特殊税务和费用
102	40126			资金的可利用性
103	40217			资金转移困难
104	50101	特殊风险	运营风险	需求变动的风险
105	50102			收费现值的风险

表 13-10　该公司风险识别阶段各部门的工作重点

部门	工作重点
信息部	信息来源是否准确;中间人是否可靠;代理人是否可靠;业主咨询情况;项目是否得到落实;项目资金是否有保证
市场经营部	市场方面:工程所在国别风险,如政治、经济、商务、社会以及自然风险等;竞争对手情况;自身实力是否能够满足要求;业主评标是否有倾向性
	报价决策方面:市场物价是否稳定;工程技术难度;是否有后续项目;合同是否有保值条款;投标是否有制约;有无汇率保值条款
技术发展部	是否有难度大的应用性技术、工艺方法;是否有专利使用问题;是否有先进应用软件要求;是否有专业要求等
财务部	合同条款方面:支付条件是否苛刻;法则是否苛刻;合同是否需上级审批;工期是否过短;有无条件保函;有无保护主义条款;项目成员在合同中的责任、义务是否明确;合同条款有无遗漏;资金是否到位;费用控制措施是否完备
	经济效益方面:报价过低;索赔很难;避税可能性不大;强制保险;利润难以转移;税收繁重

部门	工作重点
信息部	业主提供的基础资料是否充分、准确；业主的要求是否明确；自身的设计人员是否满足要求；设计内容是否齐全；有无缺陷、遗漏、错误；是否扶额和规范要求；是否考虑了施工的可能性
QHSE部	施工现场的质量、安全、健康、环境风险
工程项目部	业主的履约能力；现场监理工程师情况；水文地质资料是否相符；现场管理的各种风险
风险管理办公室	各专业风险小组负责协助、指导相关管理部门进行风险识别

【风险评估和步骤】

该公司的风险评估方法一般采用专家打分法。针对具体项目，在风险清单的基础上进行广泛的调查问卷，对风险的发生可能性和产生的综合影响进行统计。

对风险进行评价时，重点采用半定量的风险分析方法，这一方法综合了层次分析法、专家调查法、模糊数学法等多种方法。评估步骤具体如下。

① 选定评价因素，构成评价因素集。对风险识别阶段形成的风险清单进行整理汇总，构建评价对象的因素集。

② 根据评价的目标要求，划分等级，建立备择集。备择集是专家利用自己的经验和知识对影响项目目标的因素做出的各种可能的评判结果，将可能发生的概率和产生的影响分别分为很高（VH）、高（H）、中等（M）、低（L）和很低（VL）。

③ 对各个风险要素进行独立评价，建立判断矩阵。邀请具有工程总承包项目经验的工程师和高校风险管理专业的专家及教授对风险进行定性评价。每项风险的得分，等于风险发生概率和产生的影响的乘积。

④ 建立风险评价模型，即PI矩阵。根据项目的具体情况，风险PI矩阵中数字可以是线性分布的，也可以是非线性的。非线性值可以反映在项目中，回避高风险影响，挖掘高风险影响机会的愿望（即使其概率很低）。风险PI矩阵中低、中等、高风险分数的分界，要根据管理层对风险的承受度以及风险偏好，由企业高层领导或风险管理领导小组确定。根据风险概率和影响的组合将风险评为高风险（红灯状态）、中等风险（黄灯状态）或低风险（绿灯状态），从而得到风险等级评定的分数分界线。如图13-6所示，1～5分为低风险，6～22分为中等风险，23～72分为高风险。

⑤ 对风险进行排序，得到风险优先清单。风险评价的输出结果是风险的优先清单。根据风险优先清单可以识别影响项目目标实现的重大风险，这些项目重大风险需要集中资源优先采用风险解决方案进行处置。

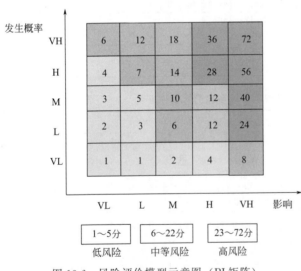

图13-6　风险评价模型示意图（PI矩阵）

【项目风险应对体系】

风险应对是指根据风险估计与评价结果，执行风险行动计划，以求将风险降至可接受程度。W公司针对风险应对着重强调了以下方面。

①　对触发事件的通知做出反应。得到授权的个人必须对触发事件做出反应，适当的反应包括回顾当前现实以及更新行动时间框架，并分派风险行动计划。

②　执行风险行动计划。应对风险应该按照书面的风险行动计划进行。

③　对照计划，报告进展。定期报告风险状态，加强风险管理组织内部交流。

④　校正偏离计划的情况。有时结果不能令人满意，就必须换用其他途径，将校正的相关内容记录下来。

建立风险应对流程是应对风险的重要方法。该公司风险应对的工作流程图见图 13-7。

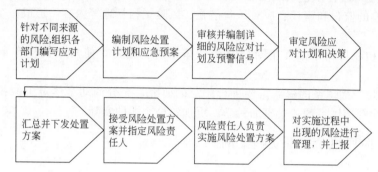

图 13-7　风险应对的工作流程图

【全面风险监督和审核】

风险具有动态的特征，风险管理也必须是一个循环的过程。在这一过程中，风险监督与审核是重要一环。该公司对风险监督和审核流程及工作的说明：

①　密切跟踪各项目已识别的风险；

②　识别新出现的风险；

③　审核更新的风险登记表，研究应对策略；

④　细化更新风险登记表，消除或减轻风险；

⑤　定期分析项目目标的实现程度；

⑥　密切关注风险因素的变化和风险应对措施实施产生的效果；

⑦　定期审核风险管理计划的实施情况；

⑧　整改工作，直至满意。

【风险管理沟通计划与文件管理】

要针对风险本身和管理建立一个沟通的机制，并且要有互动的机制。沟通计划针对的是风险管理的执行人和决策人之间的交流。及时发布信息和风险报告可为风险管理提供信息，同时可以为有效地制定决策打下良好的基础。W 公司将信息发布与风险报告的时间、格式、递交流程等以文件的形式确定下来，形成统一的报告流程。各相关方根据职责要求定期发布信息并递交风险报告。

风险管理的每一个过程都应该存档。文档管理应该包括假设、方法、数据来源和结果。

（1）文档管理的目的

①证实管理的过程是正确的；②提供系统风险识别和分析的证据；③提供风险记录，方便企业知识管理；④为决策提供书面的依据；⑤提供责任人绩效关联制度和方法；⑥提高审计的依据路径；⑦信息共享和沟通。

（2）文档管理流程

①编制项目风险动态月报；②汇总并编制项目风险管理动态月报，汇总异常风险事件；③审核风险动态报告与建议；④审定风险动态报告决定；⑤汇总并反馈风险小组意见和决定

及其他函件；⑥风险报告整理归档。

【实践案例结语】

项目风险管理体系是控制项目风险、保证项目顺利进行的根本保障。在风险管理体系建设中，应遵循以下原则。

① 应坚持全面性原则，建立全面的风险管理组织体系，不能针对项目的某一阶段风险情况构建，而是要考虑 EPC 项目各个阶段的风险，以适应 EPC 项目管理的需要。

② 项目风险管理体系包括风险管理目标、风险管理流程的固化、风险识别与评价程序的规范、对风险的监督和审核、应对风险措施、风险文档管理等内容，形成一个完整的体系结构。

③ 在企业和项目两个层面上对风险管理体系进行构建，使两级机构有章可循，责任明确。

④ 项目风险管理体系的建立需要进行广泛的研究，充分调动全体员工的积极性参与其中，使项目风险管理体系的建立更加科学，更加符合企业的实际。

13.5.2　设计阶段风险管理实践案例

【案例摘要】

以某 EPC 综合住宅区项目设计阶段的风险管理实践为背景，介绍了对设计阶段风险的识别、评估以及采取的应对措施的做法、经验和体会。

【案例背景】

某 EPC 综合住宅区净用地面积为 $82444.95m^2$，总建筑面积为 $145565.12m^2$，其中地上建筑面积为 $97461.52m^2$，地下建筑面积为 $48103.60m^2$，项目共建 45 栋高层住宅楼以及配套建筑物管、社区卫生站、社区用房、养老服务用房、公厕等公共设施，可入住 571 户。EPC 总承包商的设计方案需要分包，通过设计竞标确定，规划设计条件为容积率 3.5，道路红线 45m，绿线 5m，限高 60m。

【设计风险识别】

项目风险主要是由于不确定性造成的，风险产生的主要原因有人的认识能力有限、信息的滞后特征、管理水平低等。设计风险的分类方法主要有按照风险发生的概率划分、按照风险产生的后果严重程度划分、按照风险发生的原因划分和按照专业划分等。

设计风险有较强的独特性，主要表现在单位时间内风险比较集中、比较隐蔽，多种风险因素相互关联影响以及风险会在下一个建设阶段中爆发等方面。因此，其管理是一个比较特殊的领域。对于总承包商而言，设计风险清单见表 13-11。

表 13-11　设计风险清单

序号	风险点	内容
1	相关政策	国家、行业、地方法律法规政策与设计规范的变化
2	设计单位	设计信誉、设计水平、技术服务的高低
3	专业设置	各专业设计能力的强弱以及是否匹配
4	设计人员	项目设计人员水平的高低，有无同类建筑设计经验
5	设计费用	设计费的高低
6	设计时间	设计的起止日期，时间长短
7	突发事件	不可抗力、战争等

【设计风险评价】

风险评价是对风险进行定性分析，并依据风险对项目目标的影响程度，对项目风险进行分级排序的过程。但在实践中，人们希望尽可能地将风险定量化，这种量化包括尽量确定各种结果发生的概率。风险发生的概率和风险对项目目标的影响程度是风险评价的两个关键内容。结合本例项目，依据设计风险清单，介绍对风险评估的操作过程。

对于相关政策变化风险点，通过邀请或咨询熟悉这方面的人员，采用召开会议访谈或问卷等方式对该类风险进行评估。人员数量可根据工程项目的规模大小和复杂程度来确定，多则几十人，少则几个人即可。本案项目由于复杂程度不高，选择了3位专业人员进行评估。三位专家认为，规划设计条件中的容积率、限高、道路红线是影响设计的首要因素，对项目目标的影响大，而相关政策变化发生的概率较小。

设计单位风险点与专业设置、设计人员、设计费用等风险点是相互联系的，如设计单位综合实力强、相关专业人员设计水平也高，设计费用肯定也高，对总承包商来说，选择高质量、高水平的设计单位，对规避设计风险十分重要。但是，应依据所承包项目的具体情况来确定，不一定非要选择综合实力强的设计单位，对于规模小、简单的工程，信誉好、具备相应资质即可。当然对于规模较大、复杂的工程，最好是选择实力雄厚的设计单位，但相关专业一定要强，如电力工程，选择实力强的民用建筑设计院就不合适。

另外，任何设计单位，其设计人员的设计水平也会高低不一，所以设计分包商具体分派何人设计，对总承包商委托的工程至关重要。虽然设计图除了设计人，还会有校核、审核等，甚至审图公司把关，但这些人主要是检查建筑结构是否合适，是否违反有关政策规定，是否违反强制性条文等。对于涉及是否方便施工，是否碰漏，经济指标是否合理等这些比较隐蔽的问题，主要是依靠设计人员自身的水平去控制。

对于设计费用风险点，EPC总承包商往往喜欢选择费用比较低的设计单位，这样会带来一定的风险。收费低，自然设计深度就会打折扣，施工期间往往会出现较多的问题，带来更多的风险。但也有例外，如正好这家设计分包单位要借这个工程设计树立品牌或创优设计等，可能设计费用低一些。但总的来说，选择合适的设计分包单位，一定要考虑设计分包商的合理利润，而不是费用越低越好。

为了控制这几个相关联的风险点，该项目的总承包商选择了5家实力强、信誉好的设计分包商来参加竞标，在邀请招标文件中，对各专业设计人员的资格和业绩做了详细的要求，并对设计费用设置了合理的浮动范围，避免低价中标而影响设计质量。

设计分包商、专业设置、设计人员和设计费用等风险点，一般情况下发生的概率属于中等，影响程度中等。

关于设计时间风险点，设计时间风险点有两层含义：一层含义是指设计的起始时间，这个时间段设计分包商是否任务饱满，能否在这个时间段组织精兵强将来完成设计任务；另一层含义是指时间的长短，一个工程设计可能需要两个月，加班加点有时一个月也可以完成。时间的长短对设计质量有直接的影响。同一个设计人员设计同一个建筑，正常工期定额下，设计出的图样比缩短工期设计出的图样质量要高，存在的风险也小，通常情况下，设计工期越短，风险则越大。

对于本案项目而言，由于总工期的要求，已经确定了设计的开始时间，因此，对设计时间风险点的评估，只有设计工期，没有设计的起始时间。根据当地设计市场情况，设计时间风险点发生的概率高，影响程度中等。

突发事件风险点对于设计而言，突发事件风险点一般表现为不可抗力造成设计工作无法完成，如发生地震、设计人员伤亡等；对于国际工程而言，还应考虑政治局势紧张的国家爆发战争造成的设计工作无法进行。突发事件风险点一般发生的概率较低，但影响程度大。本项目根据当地实际情况，没有对突发事件风险点进行评估。

综合上述分析，将该项目风险点评估结果汇总见表13-12。

表 13-12　风险点评估结果汇总表

序号	风险点	概率	影响程度	风险值	优先级
1	相关政策	小	大	中低	6
2	设计分包商	中	中	中高	2
3	专业设置	中	中	中低	5
4	设计人员	中	中	中高	1
5	设计费用	中	中	中	4
6	设计时间	高	中	中高	3

【设计风险应对】

项目风险应对是指在整个项目实施过程之中，依据风险评价的结果和项目实际发生的风险及变化所开展的各种控制活动。项目风险控制是建立在项目的阶段性、渐进性和可控性基础上的一种项目风险管理工作。

项目风险控制的依据是项目风险管理计划，项目风险管理计划主要内容包括责任人、风险应对措施、所需费用和时间。根据风险评估的结果表，本例项目设计的风险管理计划表见表 13-13。

表 13-13　本项目设计的风险管理计划表

序号	风险点	责任人	应对措施	所需时间
1	相关法律政策规范	项目部经理	收集相关政策、规范和信息,经常去相关政府部门了解最新动态,咨询专业	多
2	设计分包商	专业人员	通过招标选择信誉好、技术服务好的分包商,优先选择同期创优工程设计分包商实地调研	少
3	专业设置	专业人员	通过招标文件要求分包商企业各专业设计能力匹配,本工程专业的设计能力要优,实地调研	少
4	设计人员	专业人员	通过招标文件要求,设计人员必须有相关专业的设计资质证书,近期有连续三年以上的设计经历,设计质量口碑好,同期无影响设计进度的考试或其他事件,有同类型工程业绩,实地调研	中
5	设计费用	项目部经理	符合国家和设计协会的规定,符合当地设计收费的惯例,设计费用应该使设计分包商有合理的利润	少
6	设计时间	项目部经理	应根据工程的规模、复杂程度,设计人员有无同类项工程设计经验等合理确定设计时间	少

一般情况下，根据风险应对措施来减轻和预防风险。在特殊情况下可以转嫁风险。例如，工程设计复杂，采用新技术、新工艺、新材料多，总承包商又缺乏具有设计方面管理经验的人员，可以将这部分风险转移给有关保险公司，花些保险费用还是值得的。

工程设计实施中，经常出现没有控制好的设计风险，表现为设计人员的综合能力不太令人满意，设计图纸深度不够以及无法按期完成设计任务。实际上这几个风险相互关联，设计人员的综合能力高，自然设计的速度和质量就高，当然，设计工期也要相对合理。

【实践案例结语】

通过对本项目设计风险的探讨和分析可知，对于 EPC 工程总承包商而言，预控设计风险最好的办法就是安排有设计经验的风险管理者，因为他们熟悉设计原则和方法，了解项目所在国、地区设计市场以及设计人员的综合素质，可以事半功倍地正确选择设计分包商单位和设计人员来参加设计竞标，避免大部分设计风险。

预控设计风险的另一个好办法，就是要给设计分包商一个合理的设计工期。EPC 工程总承包商应积极与设计分包商保持有效沟通，要监控设计分包商设计进度的落实，发现问题配合设计分包商及时解决，齐心协力处理解决出现的问题，千方百计地满足工程建设各阶段、各环节的进度要求，确保工程按期顺利投产运行。

对于不同的工程项目，必须具体情况具体分析，特别是有近期同类工程项目设计风险清单的资料，EPC工程总承包商可以借鉴使用，以便在设计风险识别、评估以及所采取的设计风险控制措施方面，可以节省时间和相关费用。

13.5.3　施工阶段风险管理实践案例

【案例摘要】

以柴油加氢项目对施工阶段风险管理的实践为背景，阐述了总承包商对该项目施工阶段可能遇到的风险进行识别的过程；在识别出的主要风险的基础上，详细介绍了风险评价的过程；在评价出主要风险因素后，运用风险因子法对造成主要风险的具体原因做了进一步的分析；依据风险分析结论采取了有效控制风险、减少风险因素的措施。

【案例背景】

某石化公司承揽60万吨/年柴油改质加氢装置，以催化和直流柴油为原料，采用国内成熟的柴油改质工艺和催化剂，生产优质柴油产品。本装置由某设计院设计，某建设公司施工，某监理公司监理。工程管理模式为项目经理部领导下的项目经理负责制，项目部设置12个专业组：物资组、安全组、设计组、资料与档案、计划与预算、财务、技术、土建与设备专业组、工艺、电气、仪表、质检，各组对项目部经理负责。

本柴油加氢项目装置结构紧凑，需要分工种交叉作业，同时，工艺流程复杂，易燃、易爆、有毒，加之柴油加氢装置由于高温、高压及氢气的存在，施工技术要求远远大于其他石油化工项目。在项目建设施工阶段其主要特点是设备到位难度大，工艺管道安装难度大，火灾危险性大，设计变更较多，管道及设备试压难度大。由于设计、承包商、供货商等的影响，对工程质量、进度、投资及安全会造成很大风险。为此，总承包商对本项目施工中可能遇到的风险进行了识别、评价并采取了相应的预控措施。

【风险清单的建立】

本项目主要通过问卷调查方法，对4位石化行业知名专家、5位柴油加氢项目的著名的设计院专家以及2个有丰富经验的建设承包商单位的6位专业技术人员共计15位专家进行问卷调查。问卷内容包括可能存在的何种风险、可能引起损失的原因、可能损失的金额、风险概率的估计。风险管理人员对15位专家回馈的信息进行了整理和归纳，建立了本项目施工风险清单，见表13-14。

表 13-14　本项目施工风险清单

序号	风险种类	典型风险事件
1	质量风险	设备基础施工质量不合格
2		钢结构安装质量不合格
3		建材、设备质量不合格
4		工艺管线及设备安装质量不合格
5	进度风险	业主改变施工内容导致工期延迟
6		恶劣天气影响工程进度
7	费用风险	分包商索赔使成本增加
8		设计变更使成本增加

续表

序号	风险种类	典型风险事件
9		坠落物伤人
10	安全风险	火灾
11		管道及设备试压伤人
12		大型吊装吊车翻车人员伤亡

从表 13-14 中可以看出，柴油加氢项目风险有 12 项，其中一些风险因素会对以后项目的装置造成非常大的影响，如建材、设备质量不合格会对以后装置生产带来非常大的影响。例如，某石化公司因为一个小配件不合格，造成装置泄漏，爆炸起火，造成 6 人死亡、装置报废的严重后果；又如，大型吊装吊车翻车人员伤亡，上海某石化公司曾发生事故，造成人员伤亡；再如某项目承包商由于前面工期的延误，造成土建基础施工以及地下管网施工的严重失误，造成上千万元的费用损失等。

【施工风险损失调查】

为了对上述风险清单所列风险做进一步的分析，需要掌握哪些风险可能造成损失和发生概率的资料，因此风险管理者根据国内已建成的柴油加氢项目的规模大小选择了 10 套装置，对施工过程中的实际情况进行了调查。主要是依据上述编制的风险清单，对有柴油加氢项目建设经验的 10 家典型企业发函或电话咨询施工阶段风险事故发生的频率和损失情况并汇总，其汇总结果见表 13-15。

表 13-15　本项目建设施工过程中风险损失统计表

风险 项目代号	损失/万元	质量风险				进度风险		费用风险		安全风险			
		设备基础施工质量不合格	建材、设备质量不合格	钢结构安装质量不合格	工艺管线及设备安装质量不合格	业主改变施工内容导致工期延迟	恶劣天气影响工程进度	分包商索赔使成本增加	设计变更使成本增加	火灾	坠落物伤人	管道及设备试压伤人	大型吊装吊车翻车人员伤亡
大庆公司	平均损失	0.00	2.15	0.20	1.01	0.41	0.34	0.05	1.50	1.43	0.15	0.31	0.11
	发生概率	2	1	1	2	0	2	2	24	4	3	4	2
镇海公司	平均损失	0.00	3.22	0.30	1.15	0	0	0.31	0.26	2.03	0.18	1.32	0.20
	发生频率	0	8	1	2	0	0	1	18	5	1	2	1
上海公司	平均损失	0.15	1.16	0.40	0.20	0.15	0.14	0.21	1.25	2.11	0.23	0.33	0.30
	发生频率	1	4	2	1	1	2	1	26	7	3	3	3
茂名公司	平均损失	0.07	1.08	0.80	0.00	0.00	0.78	0.13	0.48	2.01	0.08	1.10	0.40
	发生频率	2	6	1	0	0	1	2	22	4	1	2	1

续表

项目代号	风险 / 损失/万元	质量风险				进度风险		费用风险		安全风险			
		设备基础施工质量不合格	建材、设备质量不合格	钢结构安装质量不合格	工艺管线及设备安装质量不合格	业主改变施工内容导致工期延迟	恶劣天气影响工程进度	分包商索赔使成本增加	设计变更使成本增加	火灾	坠落物伤人	管道及设备试压伤人	大型吊装吊车翻车人员伤亡
咸阳公司	平均损失	0.00	0.31	0.30	0.35	0.50	0.00	0.11	1.37	1.35	0.07	0.00	0.00
	发生频率	0	4	1	1	2	0	2	28	6	2	0	0
燕化公司	平均损失	0.23	1.60	0.0	0.00	1.01	0.00	0.28	0.14	1.87	0.09	0.61	0.10
	发生频率	1	9	0	0	1	0	2	29	4	2	3	1
齐鲁公司	平均损失	0.15	0.94	0.0	0.00	0.70	0.00	1.01	0.27	1.21	0.00	0.31	0.05
	发生频率	1	5	0	0	2	0	3	28	2	0	2	2
金山公司	平均损失	0.30	0.85	0.10	0.13	0.22	0.23	1.05	0.42	1.68	0.18	0.38	0.16
	发生频率	1	6	2	2	1	2	1	23	3	1	1	3
乌石公司	平均损失	0.12	1.23	0.0	0.00	0.03	0.14	0.08	0.36	2.27	0.00	0.04	0.00
	发生频率	2	2	0	0	3	1	2	18	4	0	3	0
大连公司	平均损失	0.43	2.50	0.10	0.00	0.09	0.00	0.02	0.43	0.83	0.00	0.62	1.10
	发生频率	1	4	3	0	2	0	2	26	4	0	1	1
合计	损失均值	1.64	97.7	2.9	4.12	4.87	2.34	5.94	160.2	75.9	1.9	10.06	4.34
	频次	9	50	11	8	15	8	18	242	44	15	21	14

注：损失均值＝（∑10公司损失）/10。

【施工风险评价】

项目风险的大小，一般可以通过对项目风险发生的可能性大小以及项目风险的后果的严重程度进行定量分析，风险量的计算公式为：

$$R（风险量）＝P（发生的概率）q（潜在的损失均值）$$

根据上述的风险识别及调查结果做进一步定量评价，从而找出本项目施工阶段的主要风险，为该项目风险控制提供依据。本项目运用专家调查法对风险发生的概率（P）以及风险后果的严重程度（q）进行定量分析，计算出风险清单识别出的12项风险量。其中，可将表

13-15 中的所有风险发生的频次相加（455），然后用每一风险发生频次去除以此数得到该风险发生的概率。将表 13-15 中同一风险损失量相加填入表 13-16 中，下面举例说明风险量的具体求法。

例如，"设备基础施工质量不合格风险"的风险量 $= Pq = 0.02 \times 1.64 = 0.032$；"建材、设备质量不合格风险"的风险量 $= Pq = 0.112 \times 97.7 = 10.94$。

表 13-16　本项目施工阶段各个因素风险量

风险种类	风险	发生概率/%	潜在损失/万元	风险量/万元
质量风险	设备基础施工质量不合格	0.020	1.64	0.032
	建材、设备质量不合格	0.112	97.9	10.96
	钢结构安装质量不合格	0.024	2.9	0.096
	工艺管线及设备安装质量不合格	0.015	4.12	0.062
进度风险	业主改变施工内容导致工期延迟	0.033	4.87	0.161
	恶劣天气影响工程进度	0.017	2.34	0.039
费用风险	分包商索赔使成本增加	0.039	5.94	0.231
	设计变更使成本增加	0.532	160.16	85.205
安全风险	火灾	0.097	75.92	7.36
	坠落物伤人	0.033	1.90	0.063
	管道及设备试压伤人	0.046	10.64	0.489
	大型吊装吊车翻车人员伤亡	0.031	4.34	0.134

从表 13-16 可以看出，风险量 R（行业风险量控制标准为 0.1）较大的是设计变更（$R = 85.205$）、材料和设备质量不符合要求（$R = 10.96$）、火灾（$R = 7.36$）。三项风险成为柴油加氢项目施工阶段主要面临的风险。通过以上评价，整理得出本项目施工阶段风险高低排列表，见表 13-17；风险划分表见表 13-18。

表 13-17　本项目施工阶段风险高低排列表

序号	风险	发生概率/%	潜在损失/万元	风险量/万元
1	设计变更使成本增加	0.532	160.16	85.206
2	建材、设备质量不合格	0.112	97.9	10.96
3	火灾	0.097	75.92	7.36
4	管道及设备试压伤人	0.046	10.64	0.489
5	分包商索赔使成本增加	0.039	5.94	0.231
6	业主改变施工内容导致工期延迟	0.033	4.87	0.161
7	大型吊装吊车翻车人员伤亡	0.031	4.34	0.134
8	钢结构安装质量不合格	0.024	2.9	0.096
9	坠落物伤人	0.033	0.12	0.63
10	工艺管线及设备安装质量不合格	0.015	4.12	0.062
11	恶劣天气影响工程进度	0.017	2.34	0.039
12	设备基础施工质量不合格	0.020	1.90	0.032

表 13-18　本项目施工阶段风险划分表

级别	内容
主要风险	设计变更导致费用增加
	建材、设备质量不合格
	火灾

续表

级别	内容	
一般风险	管道及设备试压伤人	分包商索赔使成本增加
	业主改变施工内容导致工期延迟	大型吊装吊车翻车人员伤亡
	钢结构安装质量不合格	坠落物伤人
	工艺管线及设备安装质量不合格	恶劣天气影响工程进度
	设备基础施工质量不合格	

【施工风险原因分析】

经过上述分析得知本项目施工阶段的主要风险有：设计变更导致投资增加；材料和设备质量不符合设计要求；火灾。那么三类主要风险可能是什么原因造成的？下面做进一步详细分析，以采取应对措施。

（1）设计变更风险的原因分析　对设计变更产生原因的分析主要应用风险因子法。首先，根据专家调查绘制出设计变更产生原因的系统分析框架图，见图 13-8。

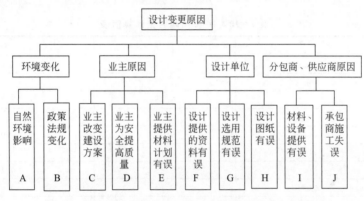

图 13-8　施工阶段设计变更产生原因的系统分析框架图

由图 13-8 可知，设计变更可能是由 A、B、C、D、E、F、G、H、I、J 这 10 种原因产生的。为了找出这 10 种原因中的主要原因，从表 13-15 中选择设计变更损失（频次×平均损失）最大的 5 个单位，针对 10 种风险因素做进一步的详细调查，将这 5 个单位的调查结果整理得出表 13-19。

表 13-19　设计变更各种风险原因调查表

风险频次单位	A	B	C	D	E	F	G	H	I	J	频率	损失/万元
洛阳	0	1	2	1	2	4	9	6	0	3	28	38
大庆	2	0	2	1	1	4	7	4	1	2	24	36
上海	1	1	1	1	0	6	5	7	0	4	26	33
大连	0	1	3	0	1	7	6	2	0	6	26	19
乌石	3	0	1	1	0	6	4	5	2	1	23	9
频次合计	6	3	9	4	4	27	31	24	3	16	127	
损失合计	5.0	3.3	10.0	4.5	4.9	21.8	35.0	25.9	2.3	16.9		135

利用风险因子评价法，对表 13-19 中的各种风险进行评价，利用风险因子公式（13-1）计算出各种事件的风险因子 R_f，再与风险因子图（图 13-4）进行比较，划分出各种风险因素等级。风险因子具体的求法如下。

以自然环境影响因素（A）的风险因子求法为例：A 风险发生的概率为 P_{fA}，可用被调查的 5 个单位风险发生的频次之和与所有风险发生频次相除即为 A 的发生概率，即 $P_{fA}=6/127\approx0.05$。A 的损失程度可用被调查的 5 个单位 A 的损失量之和与所有损失量之和相除，即 $C_{fA}=5.0/135\approx0.04$。再利用风险因子计算公式（13-1），求出 A 的风险因子：

$$R_{fA}=0.05+0.04-0.05\times0.04=0.09$$

同理，可计算出其他风险因素的风险因子：

$$P_{fB}=3/127=0.024$$
$$C_{fB}=3.30/135=0.02$$
$$R_{fB}=0.024+0.02-0.024\times0.02=0.04$$
$$P_{fC}=9/127=0.07$$
$$C_{fC}=10.9/135=0.08$$
$$R_{fC}=0.07+0.08-0.07\times0.08=0.14$$

……

将上述计算结果填入表 13-20 中。

表 13-20　10 种风险因素计算值表

风险因素	P_f	C_f	R_f
A	0.05	0.04	0.09
B	0.024	0.02	0.04
C	0.07	0.08	0.14
D	0.03	0.03	0.06
E	0.05	0.04	0.06
F	0.17	0.16	0.30
G	0.24	0.26	0.40
H	0.19	0.19	0.41
I	0.02	0.02	0.04
J	0.13	0.13	0.24

计算结果按风险因子大小进行排列，风险因子由高到低排序结果见表 13-21。

表 13-21　风险因子由高到低排序表

风险因素	P_f	C_f	R_f
H	0.19	0.19	0.41
G	0.24	0.26	0.40
F	0.17	0.16	0.30
J	0.13	0.13	0.24
C	0.07	0.08	0.14
A	0.05	0.04	0.09
E	0.03	0.04	0.07
D	0.03	0.03	0.06
B	0.02	0.02	0.04
I	0.02	0.02	0.04

将表 13-21 中每一项的风险因子与风险因子图中的各区域相比较，按风险因子 $R_f<0.3$ 为低级，$0.3\leqslant R_f<0.7$ 为中级，$R_f\geqslant0.7$ 为高级进行划分，10 种风险因素的等级就可以划分出来了。其中，中级风险为设计图纸错误（$R_{fH}=0.41$），设计选用规范有误（$R_{fG}=0.40$），设计提供的资料有误（$R_{fF}=0.30$）；其余风险因素都为低级风险（$R_f<0.3$）。

综合上述各项分析得到 10 种风险因素分类表，见表 13-22。

表 13-22　10 种风险因素分类表

分类	内容			
中级	设计图纸错误	H	设计选用的规范有误	G
	设计提供的料单有误	F		
低级	承包商施工失误	J	业主为了安全提高质量	D
	业主改变建设方案	C	政策法规变化	B
	自然环境影响	A	材料、设备供货有误	I
	业主提供材料计划有误	E		

从以上分析可以看出，施工阶段的设计变更产生的主要原因是设计图纸有误，其次是设计选用的规范有误，再次是设计提供的资料有误，全部是由设计单位造成的。

（2）建材、设备质量不合格的原因分析　对材料建材、设备质量不合格的原因分析主要采用帕累托图法。从表 13-15 中查出 10 个项目材料、设备质量不符合要求事件共发生 50 次，对其产生原因做进一步调查与分析，并按照可能引起材料建材、设备质量不合格的风险因素进行分类。这 10 种因素按照各因素的频率大小进行排列，得出表 13-23。

表 13-23　材料设备质量不合格风险因素频数和频率统计表

序号	风险因素	频数	频率/%	累计频率/%
A	设备未按施工图制造	17	34.0	34.0
B	不按总包材料计划供货	12	24.0	58.0
C	供货商管理水平低	6	12.0	70.0
D	施工单位施工有误	5	10.0	80.0
E	设计方案失误	3	6.0	86.0
F	设计提供料单有误	2	4.0	90.0
G	业主提供资料有误	2	4.0	94.0
H	总包材料计划有误	1	2.0	96.0
I	技术交底不明	1	2.0	98.0
J	检查验收不认真	1	2.0	100.0
	合计	50	100	

依据表 13-23 的数据，绘制各项风险因素的帕累托图，见图 13-9。

由图 13-9 可知，累计频率在 0～80％之间的风险因素为设备未按施工图制造、不按总包材料计划供货、供货商的管理水平低、施工单位施工有误，这四种风险因素是材料、设备质量不合格的主要风险因素。累计频率在 80％～90％之间的风险因素为设计方案失误、设计提供料单有误，这是材料设备质量

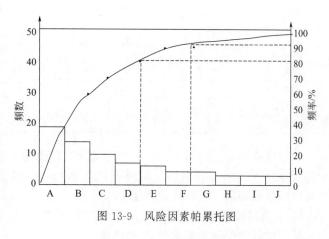

图 13-9　风险因素帕累托图

不合格的次要风险因素。累计频率在 90％～100％之间的其他风险因素则为一般风险因素。

材料、设备质量不合格的风险因素分类汇总见表 13-24。

表 13-24　材料、设备质量不合格的风险因素分类

分类	内容	
主要风险因素	设备未按施工图制造	不按总包材料计划供货
	供货商管理水平低	施工单位施工有误
次要风险因素	设计方案失误	设计提供料单有误
一般风险因素	业主提供资料有误	总包材料计划有误
	技术交底不明	检查验收不认真

（3）施工引起火灾事故的原因分析　对施工引起火灾风险因素进行分析的方法是风险因子法。首先，风险管理者根据调查资料及本身多年的施工管理经验，对柴油加氢项目施工阶段引起火灾事故的原因进行了系统分析，列出框图，见图 13-10。

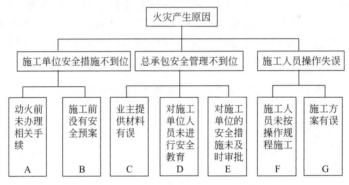

图 13-10　火灾风险因素分析框图

从表 13-15 中选择出火灾损失（频次×平均损失）最大的 5 个单位进行调查，并对调查结果进行整理，得出表 13-25。

表 13-25　火灾风险因素调查结果表

风险 频次 单位	A	B	C	D	E	F	G	频次	总损失/万元
上海	4	0	0	1	0	2	0	7	14.77
乌石	3	0	0	0	0	1	0	4	10.88
镇海	3	1	0	1	0	0	0	5	10.15
咸阳	3	2	0	0	1	0	0	6	8.10
茂名	2	0	1	0	0	1	1	5	8.04
频率合计	15	3	1	2	1	4	1	27	
损失量	30.7	4.7	2.0	4.1	1.3	8.9	2.1		51.94

利用风险因子法对表 13-25 的火灾风险因素做进一步分析。首先，利用风险因子评价法的公式（13-1），计算出各种风险因子 R_f，再与风险因子图（图 13-4）进行比较，划分出各个风险因素的高低。具体风险因子的求法如下。

以 A 的风险因子求法为例：A 发生的概率 P_{fA} 可用 5 个被调查单位风险发生的频次之和与所有风险发生频次相除即为 A 的概率，即 $P_{fA}=15/27\approx0.56$。A 的损失程度可用被调查的 5 个单位 A 的损失量之和与所有损失量之和相除，即 $C_{fA}=30.7/51.94\approx0.59$。

利用公式求出 A 的风险因子

$$R_{fA}=0.56+0.59-0.56\times0.59\approx0.82$$

其他各种风险因素的风险因子都用此方法求出：

$P_{fB}=3/27\approx0.11$　　$C_{fB}=4.7/51.94\approx0.09$　　$R_{fB}=0.11+0.09-0.11\times0.09=0.19$

$P_{fC}=1/27\approx0.04$　　$C_{fC}=2.0/51.94\approx0.04$　　$R_{fC}=0.04+0.04-0.04\times0.04=0.08$

……

将计算结果填入表 13-26 中。

表 13-26　风险因子计算结果汇总

风险因素	P_f	C_f	R_f
A	0.56	0.59	0.82
B	0.11	0.09	0.19
C	0.04	0.04	0.08
D	0.07	0.08	0.14
E	0.04	0.025	0.06
F	0.154	0.171	0.3
G	0.04	0.04	0.08

按照风险因子值的高低进行排列出的火灾事故风险因子高低排列表，见表 13-27。

表 13-27　火灾事故风险因子高低排列表

风险因素	P_f	C_f	R_f
A	0.56	0.59	0.82
F	0.154	0.171	0.3
B	0.11	0.09	0.19
D	0.07	0.08	0.14
C	0.04	0.04	0.08
G	0.04	0.04	0.08
E	0.04	0.025	0.06

结合图 13-4 的风险因子划分要求，可知上述风险因素的等级，按照风险因子划分规定：$R_f<0.3$ 为低级，$0.3\leq R_f<0.7$ 为中级，$R_f\geq0.7$ 为高级。影响火灾风险发生的风险因素等级划分表见表 13-28。

表 13-28　火灾风险因素等级划分表

类别	内容	
高级	动火前未办理相关防火手续	
中级	施工人员未按操作规程施工	
低级	施工前没有安全预案	业主提供材料有误
	对施工单位未进行安全教育	对施工单位的安全措施未及时审批
	施工方案有错误	

由表 13-28 可知，产生火灾风险的因素主要是动火前未办理相关防火手续。总承包商对此应重点防范。

【施工风险应对】

根据前面对柴油加氢项目施工阶段的风险识别、分析与评价，找出了项目主要的三大风险因素，即设计变更风险、材料设备质量不合格风险、火灾风险，为项目风险采取应对措施提供了依据。在项目施工阶段本项目总承包商采取了以下应对措施。

（1）对设计变更风险的应对　根据前面的风险分析可知，设计变更的主要原因是设计单位的漏项、图纸错误、选择设计规范有误、设计单位提供的料单有误。为此，该项目部加强了对设计单位提供的图纸在施工前的详细审查工作。

① 加强施工前设计交底与施工图会审制度。其目的有两个：一方面是使施工单位和各参建单位熟悉设计图纸，了解工程特点和设计意图，找出需要解决的技术难题，并制定解决方案；另一方面是可以有效地减少图纸差错，站在实施方立场上看图纸表达上存在的漏、缺、误，经过交底和会审使图纸存在的问题消灭在萌芽之中，避免设计变更。

② 加强对设计的监督或监理。承包商派有丰富经验的设计管理人员或委派监理公司人员对设计过程进行跟踪监督，对其设计质量进行监控；同时，要求投保工程设计责任保险，由于承保人有对投保人设计公司产品的设计质量进行监督的责任，为此，保险公司也会派员协助设计单位把好设计质量关。

③ 严格设计变更审查制度。无论是设计单位，还是施工单位或其他参建方提出的设计变更，都应经过总承包商认可，并由设计单位出示正式设计变更文件，分清设计变更责任，详细分析设计变更后的费用增减。对设计变更严格控制。

（2）对材料、设备质量不合格风险的应对　根据前面的风险分析可知，材料、设备质量不合格的主要原因是设备未按照施工图制造、未按总承包商材料计划供货、供货商的管理水平不高。本项目采取了以下应对措施。

① 选择信誉高的供货商。根据实际情况（信誉高的厂家，由设计人员推荐，由相关部门推荐）确定供应商。签订合同时，在合同中严格明确质量责任和协议终止的条件以及双方的权利、义务、责任等内容。

② 实施招投标制度。对于大型设备材料采购，坚持招标制度。在招标过程中，由物资部门组织招投标，相关职能部门参与，使其了解整个采购过程。物资部门根据使用单位提供的技术资料制作标书，对投标厂商的资格进行审查，并对外发布招标信息，专家组按照公平、公正、公开的原则确定供应厂商。

③ 采用监理制度。邀请设备监理公司对设备、材料采购的全过程监制及检查，采取驻场监制、平时检查及关键点控制的办法，提高设备、材料的供货质量。

④ 把好设备、材料的进场关。设备、材料到货后，由项目部牵头，相关车间、监理单位、施工单位共同验收，对于钢材、耐火料等物资由有资质的检测站进行理化实验检测。在关键设备、器材制造过程中加强监造力度及验收工作；进场材料、设备严格把关，不合格产品坚决予以退回；在设备安装、试运行中发现问题应及时与供货商沟通，采取措施。

（3）对火灾风险的应对　根据前面的风险分析可知，火灾风险发生的主要原因是动火前未办理相关防火手续，这一问题已通过强化施工安全预案管理来加以控制。每个作业施工项目必须有施工安全措施，并且经过施工单位、施工组织单位、安全部门联合审批。另外，由于总承包商是工程项目安全生产的第一责任人，为此，为了降低火灾风险，消灭火灾隐患，总承包商应对施工现场进行巡视，指导安全工作。另外，保险是有效防范风险事故损失的有效途径。通过缴纳一定的保费，投保火灾险，当火灾发生时能够得到一定的费用补偿，减少火灾风险事故发生后的经济损失。

当然，除上述应对措施外，建设工程施工阶段还应做好其他工作，如加强对分包商施工过程的监控。

① 制订监督计划。每一项工程都编制了监督计划，交代了监督工作内容、重点和方式，明确各选派的监督员以及联系方式，对设计机构安全和重要实用功能的关键控制点做出详细

的监督计划并将监督计划下发给各施工单位，严格按照计划开展工作。

②　监督交底。监督计划书下发后，总承包商应对各个施工分包商分别召开监督交底会议，向分包施工单位解释监督计划，明确各方责任、监督依据、监督内容、监督方式、监督重点和关键部位质量控制点等。

③　现场监督。对各种原材料、构配件、设备进场进行严格检查，不合格的坚决退回；对停检点、必检点、重要隐蔽工程的验收实施监督，不合格的不能进入到下一个工序；监督到位率应达到 100%；对主要分项工程、分部工程、单位工程的验收实施监督，若不符合相应工程质量验收标准，则责令其返工和重新评定；坚持现场巡查，对发现质量问题的及时发整改通知书或罚款通知书，对重大质量问题发质量通报，并要求限期整改；检查监理公司的人员配备、检测设备是否齐全，对现场监督情况，要求定期上报监理周报和监理月报。

④　邀请监理公司全过程监控。采用全过程监理制度，邀请专业监理公司对施工过程实施全过程监理制度，能够对施工整个过程全方位监理，有效控制风险，从而减少不必要的经济损失。

【实践案例结语】

本项目通过采取上述措施，在施工过程中的各种风险发生次数以及损失程度都好于被调查的 10 单位的平均水平，特别是对三项主要风险方面，风险事件发生的次数以及损失程度明显减少。材料、设备质量不合格次数由 50 次减少到 4 次；设计变更的次数由 242 次减少到 32 次；火灾的发生次数由 44 次减少到 3 次。材料、设备质量不合格的损失金额由 97.7 万元减少到 2 万元；设计变更的损失金额由 1160.2 万元减少到 32.1 万元；火灾的损失金额由 75.9 万元减少到 1 万元。实践说明所采取的风险措施是十分有效的，使施工过程中的风险得到较好的控制。

对本案例实践经验的体会如下。

①　总承包商必须对施工阶段的风险给予与高度重视，事前做好风险调研、分析工作。本项目主管人员在开工前多次到国内已建成的同类装置进行实地调研，了解可能发生的风险，并组织人员制定风险防范措施，形成严密、完整的风险控制系统。

②　总承包商应对施工阶段实行全面的监督与控制，通过巡视、旁站、平行检查等方式，对工程质量进行监督，严把质量关；采用各种方法对工程进度进行监控，及时采取措施纠正进度误差；加强审计核算工作，将成本控制在合理范围之内，有效的全面监控能够保证工程的顺利实施。

③　选择保险转移风险。工程保险是转移施工风险的有效途径，通过购买建筑工程一切险、雇主责任险、设计责任险等途径，可以转移施工阶段的各种风险，一旦发生被保风险事故，造成的损失则由保险人承担，从而降低了工程损失。同时，保险人有到现场指导防控各类风险的义务，可以增强对风险防范的能力。

第14章

资源管理

项目资源是支撑 EPC 总承包项目建设的物质基础，是工程项目得以完成的重要生产要素，资源管理的成败直接影响工程的建设周期、工程质量以及项目费用。因此，资源管理是 EPC 工程总承包商项目管理的重要管理要素之一。

14.1 资源管理概述

14.1.1 资源管理的概念与意义

（1）资源管理的概念 《中国项目管理知识体系》将资源管理定义为：对生产要素的配置和使用所进行的管理，其最根本的意义在于节约活劳动和物化劳动。

《建设项目工程总承包管理规范》将资源管理定义为：确定项目所需资源并对资源的供应配置进行适当的控制，以保证项目实现目标的需要；项目资源管理应在满足实现总承包工程的质量、安全、费用、进度以及其他目标需求的基础上，进行项目资源优化的活动过程。

可见项目资源管理是指在满足工程质量、安全、费用、成本需要的条件下，为了降低项目成本，而对项目所需的人力、设备、材料、机具、技术、资金等资源所进行的计划、组织、指挥、协调和控制等一系列活动。

那么什么是"项目资源"？在《中国项目管理知识体系》中，用生产要素的概念代替资源的概念，将生产要素定义为：生产力作用于项目的各种要素，如人力、材料、设备、资金等。

《中国项目管理知识体系》中对于项目资源也做了相同的定义：所谓项目资源是指直接为项目建设所需要的人力、物力、设备、材料、机具、技术、资金等构成的生产要素，并具有一定开发利用的选择性资源，是工程项目建设活动中人力、物力、财力的总和。

项目资源具有以下特征。

① 有用性：施工资源必须是直接为项目建设活动所需要的资源，是形成各种生产力的要素。

② 稀缺性：项目资源必须是稀缺的，其需求量与供应量存在一定的差距，并非取之不尽用之不竭。

③ 替代性：项目资源是可以选择的，具有一定程度上的替代性，如劳动力与机械设备之间，各种机械设备之间存在一定的替代效应。

（2）资源管理的意义 项目资源管理的意义就是节约活劳动和物化劳动，具体来说可以在以下几个方面体现。

① 项目资源管理就是将资源进行适当、适量的优化配置，按比例配置资源并投入到项目施工活动中去，以满足建设活动对各种资源的需要，确保工程顺利进行。

② 对项目资源优化组合，从经济学的角度来讲，项目资源是项目的生产要素，项目资源管理就是对项目生产要素的管理。通过各种资源管理的方法、技术、工具对资源进行有效

的管理、控制，即对投入到项目的各种资源搭配适当、协调，使之更有效地形成生产力，以提高项目的生产效率。

③ 在项目建设过程中，资源管理与控制是动态的，通过对资源实施动态管理，可以根据项目设计的变更以及其他因素引起的变化，及时补充、协调、纠正资源配置。一方面保证项目变化对资源的需求，使项目顺利完成；另一方面可以对资源利用中存在的问题及时纠偏和优化资源的配置，以确保项目达到预期目标。

④ 在项目建设过程中，通过资源管理可以合理、节约地使用资源。项目资源费用占总费用的比例较大，节约资源是节约成本的主要途径。项目资源管理的任务就是要在确保满足项目需求的前提下，减少由于各种原因造成的资源浪费以降低项目成本的消耗。

项目资源管理是项目管理的重中之重，是达到项目预期的前提条件。资源管理不仅仅是对施工阶段而且对整个工程建设过程都具有十分重要的意义，一个优质工程的完成，离不开资源管理。

14.1.2　资源管理的特点与原则

14.1.2.1　资源管理的特点

EPC 项目的资源管理不同于传统项目承包模式的资源管理，具有以下特点。

（1）项目资源需求量大　项目所需要的资源需求量大、种类繁多。一般来说 EPC 项目规模较大，技术复杂，所需的设备材料种类繁多，人财物投入较多。

（2）资源需求量不均衡　EPC 建设工期一般在 2 年以上，由于建设周期较长，因此，在建设过程中，其对资源的需求呈现出非均衡性的显著特征。项目生命周期典型的资源投入趋势见图 14-1。

（3）资源供应受外界影响大资源供应受外界影响大，具有复杂性和不确定性。如项目所在地位置、交通状况、所在地市场情况、经济发展状况等因素的制约，情况复杂，可变因素较多。

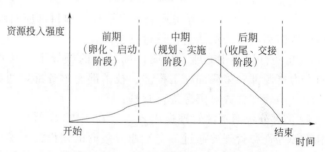

图 14-1　项目生命周期典型的资源投入趋势

（4）资源需要可协调性　例如，对于人力资源，由于 EPC 项目周期长，建设周期阶段对资源需求的非均衡性，为节约资源成本，提高人力资源效率，人力资源具有流动性，可以在多个项目中加以协调。

（5）资源对成本的影响较大　资源在建设项目成本中占有较大的比例，例如材料设备的费用大约占项目总成本的 $50\%\sim60\%$，甚至更高。优化资源，提高资源利用率，对于降低项目成本无疑意义重大。

14.1.2.2　资源管理的原则

在项目建设过程中，对资源的管理应该着重坚持以下四项原则。

（1）编制计划的原则　编制项目资源管理计划的目的，是对资源投入量、投入时间和投入步骤做出一个合理的安排，以满足施工项目实施的需要。对项目建设过程中所涉及的资源，都必须按照项目准备计划、项目进度总计划和主要分项进度计划，根据工程的工作量，编制出详尽的需用计划表。

（2）按需供应的原则　按照编制的各种资源计划，进行优化组合，并实施到项目施工中去，保证项目施工的需要。

（3）节约使用的原则　这是资源管理中最为重要的一环，其根本意义在于节约活劳动及物化劳动。根据每种资源的特性，制定出科学的措施，进行动态配置和组合，不断地纠正偏差，以尽可能少的资源满足项目的使用。

（4）进行核算的原则　进行资源投入、使用与产生的核算，是资源管理的一个重要原则，坚持这一原则，便可以使管理者心中有数。通过对资源使用效果的分析，一方面是对管理效果的总结，另一方面又为管理提供储备与反馈信息，以指导以后的管理工作。

14.1.3　资源管理模式与体系

14.1.3.1　资源管理模式

（1）企业级资源管理　企业级资源管理主要是站在企业的角度，企业的相应资源管理职能部门对各个项目的资源实施管理，主要解决的问题如下。

① 收集、审查各个项目部编制的资源管理计划是否符合国家、行业资源管理的有关法律法规，是否符合企业所制定的各类资源管理方针、制度。

② 全面掌握各个项目资源执行情况，提前发现资源管理控制方面存在的风险和预测各个项目的资源发展趋势。对于发现的资源风险要从总部角度给予预警，并调整各类资源，对资源风险进行控制，对不良的资源趋势采取必要的措施进行纠偏，以确保整个项目顺利完成。

（2）项目级资源管理　项目级的资源管理是站在项目的角度上对本项目的资源实施管理，主要任务如下。

① 对 EPC 项目资源实施全过程管理。项目部应对设计、采购、施工、试车阶段涉及的项目资源和项目资源活动进行过程管理。

② 实行程序化管理。在项目部经理的领导下，与资源管理有关的项目部各职能部门，如人力资源部、采购部、工程部、技术部、财务部，通过资源计划的编制、配备、控制和调整闭环的管理方式对资源进行管理。

③ 对分包商资源管理提出要求。在 EPC 项目中，如人力资源、施工机具（自有）、技术管理等资源管理要通过各个专业分包商的建设活动实现。因此，应要求各专业分包单位设有相应的资源管理专职机构或负责人员，对本单位使用的工程资源实施控制，协助工程总承包商做好该分包项目资源控制，形成上下沟通、协调的资源管理网络体系。工程总承包商应随时掌握工程资源动态，对项目实施全过程和全部范围的资源使用情况进行跟踪、控制。

14.1.3.2　资源管理体系

资源管理体系由资源管理监控体系和资源管理保证体系构成。资源管理监控体系包括资源管理监控目标体系和资源管理监控流程体系。资源保证体系包括风险管理组织体系、岗位职责、资源保证、风险管理方法与技术体系等。资源保证体系在下面节段分别介绍。

（1）资源管理监控目标体系　资源管理的目标是在满足项目需求的前提下，以尽量少的消耗获取产出，达到减少支出，节约物化劳动和活劳动的目的。资源管理的目标如下。

① 对生产资源进行优化配置，即适时、适量、比例适宜、位置适宜地配置资源，并投入到建设过程中，以满足项目建设需要。

② 对资源进行优化组合，即对投入项目的各种资源在使用中搭配适当、协调，使其更能够有效发挥作用。

项目资源管理监控目标体系应具体到项目资源管理计划之中，与进度计划、成本计划、质量计划紧密联系。

（2）资源管理监控流程体系　资源管理监控流程体系包括资源计划、资源配置、资源监控、资源调整环节。

14.1.4 资源管理的内容与流程

14.1.4.1 资源管理的内容

按照对建设工程项目资源的划分,资源管理的工作内容包括以下几个方面。

(1) 对人力资源的管理 在所有资源中,人力资源是项目建设的第一资源。人力资源是指组织中具有智力和体力两方面能力的人的总称。人力资源具有社会性、时效性、能动性和再生性的特点。人力资源管理的内容包括对人力资源计划的编制,对技术人员、管理人员的配置和对分包单位的组织。在工程建设中,人力资源管理要充分利用行为科学,从劳动力个人的需要和行为的关系观点出发,充分激发职工的生产积极性。它的主要环节是任用和激励,通过有计划地对人力资源进行合理的调配,使其发挥积极的作用。

(2) 对材料设备的管理 材料设备是项目建设的物质基础之一。项目的材料是对土木工程和建筑工程中使用的材料的统称,可划分为结构材料、装饰材料和某些专用材料,又可划分为主要材料、辅助材料和周转材料。工程设备是指用于实现一定功能的机械设备,用于工程中,施工完成后属于建设单位的资产,如变压器、配电柜、锅炉等。材料设备管理工作内容包括对各种物资材料的需求计划编制、报批审核、采购运输、清点归类、进场存放、存储保管、发放使用和清理回收所进行的一系列有组织、有计划的管理工作。其特点是设备材料供应的多样性和多变性,材料消耗的非均衡性,对运输方式和环节影响较大。

(3) 对施工机具的管理 机具是工程项目建设的又一物质基础。机具是指项目所需要使用的各种大型机械,如挖掘机、推土机、自卸工程车、打夯机、吊塔等,以及施工过程中作业者使用的手工或电动工具、测量仪表、器具等,如电焊机、电动磨光机等。正确使用和管理机械设备,以机械设备施工来代替繁重的体力劳动,最大限度地发挥机械设备在施工中的作用。其特点是施工机具的管理体制必须以施工企业组织体系为依托,实行集中管理为主、集中管理与分散管理相结合的办法,提高施工机械化水平,提高施工机具的完好率、利用率和效率。施工机具的来源主要分为以下四种渠道:企业或分包企业自有,企业或分包企业市场租赁,企业或分包企业为项目专购,分包施工机械任务等。资源管理人员对施工机具的管理工作主要是对机具的配置、周转、维护等实施管理的过程。

(4) 项目技术管理 技术资源是工程项目达到预定目标的有力手段,包括操作技能、工作手段、参建者素质、生产工艺、试验检验、项目管理程序和方法等。技术管理是指在项目实施过程中对各种技术活动和技术工作中的各种资源进行科学管理的总称。技术管理工作的主要内容包括技术管理基础性工作、项目实施过程中的技术管理工作、技术开发管理工作、技术经济分析与评价工作等。

(5) 项目资金管理 资金是由投资者认缴的出资额。资金是一种比较特殊的资源,在工程建设的过程中一方面表现为实物形式的物资活动,另一方面表现为价值形式的资金运动。建设中的设备材料、机具和人力三种资源都离不开资金,是三种资源采购和工程建设的前提和保障,是工程建设的经济保障。承包商的资金管理就是通过对资金筹措、资金使用,资金收入管理、支出预测,资金收入对比,资金配置及奖金计划等方法,不断地对资金流进行分析、对比、计划、调整和考核,以达到降低成本的目的。

14.1.4.2 资源监控流程

图 14-2 为项目资源监控流程示意图,资源监控具体流程如下。

(1) 资源计划 C-PMBOK 对于资源计划有如下描述:"资源计划涉及决定什么样的资源以及多少资源将用于项目每一阶段工作的执行过程之中,因此,它必然与费用估算相对应"。也就是说,资源计划是根据工程项目的性质、工程量、进度、质量和现场等,通过分析和识别项目的资源需求,对资源的数量、资源的空间位置布置和协调进行统筹安排。资源

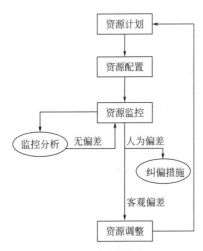

图 14-2　项目资源监控流程示意图

计划是资源管理与控制的依据。

（2）资源配置　资源配置就是对项目所需要的资源执行、落实配置计划的过程。按计划将资源适时、适量、按比例配置地投入到工程建设中去，以满足项目需要，有效地形成生产力。

（3）资源监控　加强过程监控是优化资源配置很重要的环节，对投入的各种资源的使用状态、有效性、计划偏差等实施有效的监控，坚持"资源用到哪里，监控就到哪里"的监控思想。对于人为、管理等因素造成的偏差，应积极采取各种措施，纠正偏差。对于因项目本身、市场因素而发生的资源偏差，应积极对资源计划进行调整。

（4）资源调整　资源调整是指依据对资源监控的结果，对项目各类资源需要的增减进行及时的调整、安排、处理的过程。通过各种调整措施，充分发挥资源的利用率，减少建设过程中的浪费和损耗，保障项目变更等对资源的新需求。对于项目本身发生的变化或不可抗力等因素而造成的偏差，且偏差较大，要及时修改，变更资源计划。

14.1.5　资源管理机构与职责

14.1.5.1　资源管理机构

项目资源管理涉及多个部门，包括人力资源部、采购部、工程部、技术部、财务部等，各自负责相应人力资源、设备材料、施工机具、技术、资金资源的管理工作。将资源管理职能嵌入项目管理的相应部门之中，即资源管理组织机构。项目级资源管理主要机构示意图见图 14-3。

14.1.5.2　资源管理岗位职责

（1）人资部职责　负责项目人力资源开发管理的规划与计划，包括员工招聘，绩效管理与考核，员工培训，薪酬福利管理，员工劳动关系管理，人事管理制度的建立、实施与监督等。

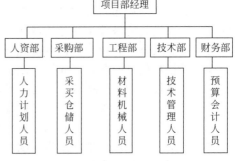

图 14-3　项目级资源管理主要机构示意图

（2）采购部职责　采购主管负责从接受请购文件到签发采买合同、催交、检查、运输直到货物运抵现场入库前的全过程的工作；仓库主管负责从货物运抵库房起，至货物出库后整个过程中对货物的管理工作等。

（3）工程部职责

① 材料员：熟悉施工图纸，对所需材料做到心中有数，进货应与进度同步进行；所购材料、构件、设备的质量、规格、型号必须符合设计要求；由于采购、保管原因造成材料设备不符合标准要求，进而影响施工质量，发生质量安全事故的，材料员应承担经济、法律责任；负责向资料员提供材料设备的质保资料。

② 机械管理员：负责项目工程生产设备机械的管理工作，根据施工进度计划，保证施工生产需要；负责编制机械、机具进退场计划，记录并参与实施；负责机械设备的进场验收工作；监督机械操作人员严格执行操作规程，填写运转记录，掌握运转动态；做好各种机械设备运转、维修、保养记录资料；负责特种设备的备案管理工作等。

（4）技术部职责　在技术负责人的领导下，负责工程技术管理和工程技术人员的管理；负责组织对工程的难点技术以及重大技术问题的研究工作；负责项目的工程设计开发、施工图会审工作；负责承包合同补充协议；负责标底的编制和审核；负责技术档案和技术资料的管理等。

（5）财务部职责　在项目部与公司财务部门的领导下，负责项目部的财务资金管理工作，严格财务制度，协助项目经理做好财务核算工作，及时做好表册及财务核算；严格手续，做好工资发放及支票领取工作；配合材料员审查进货情况等。

14.2　资源管理要点

因为技术、资金管理在其他章节已经涉及，为此，本节仅就人力资源、设备材料、施工机具三部分内容进行介绍。

14.2.1　人力资源管理要点

14.2.1.1　人力资源管理程序要点

（1）明确管理目标　项目部应充分协调和发挥所有项目干系人的作用，通过组织规划、人员招募、团队开发，建立高效率的项目团队，以达到项目预定的质量、进度、费用、安全等目标。

（2）编制需求计划　项目部应根据项目特点和项目实施计划的要求，编制人力资源需求和使用计划，经公司批准后，合理配置项目相关人力资源。

（3）建立成本评价机制　项目部应根据市场经济和价值规律以及企业的人力资源成本评价机制，确定人力资源的市场价值，包括基本工资、补贴、变动收入和福利等。工资、补贴对应的是人力的责任；变动收入对应的是人力对工作的努力程度，对应的是业绩；福利则对应的是员工的归属感，对应的是忠诚度。

（4）制定沟通管理程序　项目部应根据项目特点将项目的各项任务落实到人，确定项目团队的沟通、决策、解决冲突、报告和协调人际关系的管理程序，并建立总承包商与业主的报告和协调机制。

（5）确定人才激励机制　人力资源对组织来说是一种特殊的资源，有一种复杂的人性和心理活动状态在里面，需要有一套系统的机制进行绩效考核。项目管理部应根据总承包单位的人才激励机制，通过对人力资源的绩效考核和奖励措施，提高项目绩效。

14.2.1.2　人力资源管理过程要点

（1）项目启动阶段要点

① 选拔合适的项目经理。项目经理是项目的第一责任人，全面负责项目的管理工作，负责调配资源，合理组织施工，控制工期、质量和成本，全面履行合同，因此选拔合适的项目经理是实现项目目标的重要保证。首先要制定项目经理素质模型，完善项目经理评价和选拔程序，变"相马"为"赛马"。推行项目经理竞争上岗制，建立项目专家委员会，负责面试、甄选项目经理。根据业务特点和公司人力资源现状，扩宽项目经理选拔渠道，从企业发展战略高度，充分利用人才市场配置资源。

② 编制人力资源规划。

a.组织结构设置：结合工程项目的特点，提升项目部组织的运行效率，选择项目部的组织结构，国内后方 E、P 责任部门及其他国际业务职能管理部门一般按照弱矩阵或平衡矩阵原则成立项目组或由相关人员兼职，国外现场项目部按强矩阵原则配备角色分工明确、功能完整、运转协调高效的组织体系和专职管理人员，注重考核主体和责任主体的统一。

b.岗位职责设置：利用工作分解结构（WBS）和组织结构（OBS）分解原则，将项目可交付成果分解为各部门的工作包；运用责任分配矩阵（RAM）工具，定义各岗位角色和职责；根据责任分解和定义，编制岗位说明书，明确各岗位职责、职权、接口和任职资格。

c.编制人员配置计划：综合分析项目东道国的签证政策、劳动用工政策、人才市场状况、分包商资源和能力、成本收益以及项目履约等因素，编制人员配置计划。

（2）项目执行阶段要点

① 建立项目团队：从各个途径物色项目团队成员，根据岗位设置编入项目团队，明确各自的职责分工、各角色应分担的责任、诸角色的相互关系，建立项目管理模型，尤其强调各角色之间的相互协作配合。

② 人员配置：根据人力资源配置计划，选拔、招募符合条件的员工是项目顺利执行的根本保证；根据岗位任职条件选配身体健康、具备沟通能力、专业能力强、心理健康、适应项目环境的人员；根据总承包商人力资源的现状，可采取内部调配及外部招聘（项目合同）的方式招募人才或分包商；保持员工队伍的数量精干、结构合理、素质优良。

③ 人工成本控制：人工成本控制是人力资源管理的重要方面，也是国际项目成本控制的重点之一；根据中外员工配置计划及资源日历，完善人工成本的编制，并作为考核目标；严格人工成本控制考核及奖惩机制，确保人工成本可知、可控和受控，尽量避免通过增加人力资源投入来弥补项目管控能力的不足；采取对内加强培训、轮岗等多种形式培养复合型人才，提高员工的胜任能力和资源整合能力，逐步降低对人力资源的依赖。

④ 项目团队培养：组织需要对聘用人员明确其岗位任务和培养其业务能力，以便他们能更好地履行、胜任他们的岗位职责；在这一阶段需要向项目团队人员宣传项目目标，公布项目的范围、质量标准、进度计划和限制，使每个成员有共同的愿景；明确每个成员的角色、主要任务和基本技能的要求，提高他们的业务能力，这可以通过正式的教育和在职培训来完成。

⑤ 项目团队建设：团队建设活动旨在促进团队成员更加有效地协同工作，是实现项目管理目标的重要保证。项目部应做好以下工作，以达到提高团队协同配合的能力，保持团队的相对稳定性，促进项目团队顺利运转。

a.目标引领与凝聚：运用目标管理工具，逐级分解目标到部门和岗位，确保上下同欲、步调一致，在成本范围内按期保质交付成果。

b.纪律保证：严肃工作纪律，严格外出及外事交往纪律，严明员工行为规范及违纪处理。

c.高效沟通：健全、完善各种正式和非正式沟通机制，建立信任和协作工作关系。

d.有效激励：建立健全考核激励机制，奖优罚劣，赏罚分明，树立导向和正能量。

e.团队学习：结合项目管理短板及员工职业发展目标，构建持续学习型机制，提供项目履约能力。

f.丰富业余生活：提高员工工作生活质量，组织多种形式的文体活动，舒缓员工压力，营造健康快乐、积极向上、团结友爱的团队氛围。

⑥ 风险管理：对项目属地的人力资源管理法规和政策、人力资源市场和风险事件收集、整理和研究，识别、分析、评估本项目人力资源可能存在的风险，建立人力资源风险清单，制定应对策略，完善风险管理机制。

（3）项目结尾阶段要点

① 员工的撤离和安排：精心策划、科学制定员工撤离计划，及时组织完成项目角色的人员有序撤离现场；确保所负责工作的关闭、资料及办公资产移交等工作顺利；签证项目合同人员，依据合同约定及时终止并开具项目验收证明；鉴于经过项目历练的员工是企业建设

的骨干力量，企业需要重视对撤回员工的工作安排，重视撤回员工的职业发展需求及职业生涯安排。

② 分包商合同关闭审查：项目临近结束，分包商离场关闭合同，潜在的合同风险极易爆发，无论是从企业履行社会责任，还是从防范纠纷风险角度看，都应加强对分包商合同关闭前的审查，主要审查分包商劳务工资支付情况、社会保险缴纳情况、劳动工伤（亡）赔偿金落实情况、劳务遣散程序、补充支付以及其他法定义务的履行情况等。分包商需提供政府主管部门出具的无拖欠证明。

③ 项目知识管理：EPC 项目执行过程中所产生的经验和智力成果随着员工的离职面临着流失、散落的风险，项目的经验和智力成果一旦流失、散落时间久远，将很难得到恢复。由于经验和智力成果是除利润和品牌影响力外的最为重要的价值，为此，项目部应高度重视项目的知识管理。要通过系统的管理手段，收集、建立共享知识库，有效地转化为公司制度、流程和知识体系，为企业的后续项目所运用。

14.2.2　设备材料管理要点

14.2.2.1　前期阶段管理

（1）编制设备材料计划　企业中标之后，项目部（预算部门）应根据工程量清单、施工图及预算定额编制工程材料总计划，经上级主管部门审核后报材料管理部门，总计划是材料管理部门进行材料限量供应的唯一依据。随着工程施工的开展，项目部（预算部门）应根据工程实际进度及时对材料总计划进行调整，经上级主管部门审核通过后报材料管理部门。

项目部工程管理部门根据施工组织设计进度计划，编制施工材料需用计划，经上级主管部门审核通过后报材料管理部门，需用计划是材料供应及时、准确的重要保证。在实际应用中，一旦出现材料需用量超出总计划的情况，项目部应对超出总计划的原因进行分析，并及时补报，增补资源总计划。

（2）建立设备材料对比台账　根据材料管理制度，材料管理部门应及时建立健全物资材料对比台账，通过对材料总计划、需用计划及实际进厂量的数据比较分析，严格控制材料进场。项目部材料管理人员应及时建立健全的材料流水台账，及时准确记录材料实际进场时间、材料名称、规格型号、计量单位、数量及质量标准、环境和职业健康安全管理要求等信息；还应建立健全的库房管理台账，及时登记、核减采购入库材料，掌握计划完成情况，避免出现超储积压货停工待料。

14.2.2.2　采购阶段管理

（1）确定采购厂家　设备材料采购过程对项目施工质量以及施工成本影响较大，所以当前在设备材料采购过程中，企业要提高重视。要合理选取物资材料供应方，保障各类材料能满足施工技术应用要求。为了全面提升物资材料整体质量，采购部门要对材料供应方资质进行审查，建立相应管理档案。

（2）制定采购权限　要对设备材料购置权限进行设定，要对各类设备材料基本性质进行分析，设定采购权限。在工程项目施工建设中如果要应用数量较多以及体积较大的材料，需要拟定针对性购置方案。如果项目材料需求量较为集中，可以对原有的购置方式进行调整，结合市场基本变化需求来购置材料。针对各类零散的设备材料，项目部门要做好市场调查，收集相关信息之后进行采购，对比市场中各类材料性价比以及成本情况。

（3）运输管理　设备材料市场化购置结束之后，要结合工程项目施工进度将材料运输到项目施工现场。针对物资材料运输方式的选取，相关管理人员要对材料种类进行划分，对设备材料安全性以及运输距离、运输成本等影响要素进行分析，选取最佳的运输方式。

（4）验收管理　物资材料抵达施工现场之后，在入库之前，要对设备材料进行合理验收，供应商要及时提供设备材料质量合格证明以及产品质量说明书，补充提供相关证件。各方面要求达标之后，项目有关人员要共同参与其中对设备材料采购合同以及进货单等进行分析，考察材料数量、基本类型等，判定其能否满足管理合同相关要求。如果材料没有特殊要求，可以对材料进行抽样复检。

（5）入库存放管理　设备材料各方面性能检测合格通过验收之后，要将设备材料入库管理，在入库管理过程中材料基本类型、种类、规格、质量等要合理划分，并且补充标识牌，以便于施工部门领取物料。设备材料管理人员要定期对材料质量与数量进行检测，及时做好材料保养措施，在检查过程中如果发现材料存在锈蚀、积压等问题，要及时采取应对措施，避免设备材料受到大面积损坏。各类设备材料需要放置在通风干燥位置，组织人员进行管理，避免发生各类安全事故。

14.2.2.3　施工阶段管理

（1）现场验收管理　如上所述，设备材料进场前，项目材料管理人员需协同监理人员、甲方人员及其他相关人员一起进行设备材料进场验收，设备材料验收依据为材料采购合同及进货单。同时，设备材料供应方还应提供材料出厂合格证或产品质量说明书，提交证件经验收符合要求后，检查材料数量、种类、型号、类型是否与合同及进货单要求一致，有特殊要求的材料，供应商还需提供材质证明和抽样复检情况，经验收合格后材料方可进场使用。

（2）材料现场管理　设备材料经验收合格后方可用于施工，设备材料管理人员根据施工进度计划要求安排物资材料的进度计划以满足现场施工需要。工程现场需用的材料种类较多，设备材料管理人员应合理安排各种材料的堆放，同种材料、同种型号、同种规格的放在一起，不同材料、不同型号、不同规格的设备材料分类堆放。

（3）采取保护措施　对现场设备材料做好遮盖等保护措施，降低设备材料保护不当造成的损失。

设备材料现场验收是进行材料现场管理的重要组成部分，项目设备材料管理人员应结合施工项目特点制定材料的消耗方案，班组长在领用材料时严格执行限额领料制度，设备材料管理部门应确保材料适时、适地、保质、保量地供应，项目部应制定材料消耗制度，促使设备材料的合理使用，最大程度减少设备材料损耗，降低设备材料成本。

14.2.2.4　收尾阶段管理

工程完工前，物资管理人员应严格控制材料进量，减少现场设备材料积压，对因涉及变更造成材料积压的，在合理的时间内提出索赔，减少设备材料成本损失。同时，物资管理人员应对施工余料、废料进行分拣、回收和利用，减少材料浪费，节约资源。

工程竣工后，对于设备材料质量满足使用要求且可用于其他工程项目上的结余材料，应及时完成现场材料的调拨。多角度多层面减少材料成本损失，提高项目收益。

总而言之，工程项目设备材料管理对工程项目建设发展具有重要影响。物资材料管理工作难度较大，各项工作较为复杂，相关管理人员要提升材料管理能力。定期对工程项目施工进度进行分析，结合施工现状补充材料供应计划，完善材料采购、验收、存放管理以及后续的回收工作。

14.2.3　施工机具管理要点

14.2.3.1　前期阶段管理

（1）编制计划　制定施工机具需求计划。根据施工机具配置原则和施工组织设计，调查并确定主要施工机具的主要来源。安排进场时间，编制项目部的《主要施工机具配置计划》，包括配置计划和进退场时间安排。项目部经理签字确认，报上级有关部门批准。

配置计划是动态的。应根据施工进度、设计变更等情况，及时对施工机具配置计划进行增减调整和方案优化，以满足施工的实际需要。

（2）机具配置　对项目施工区域的施工机具资源进行调查，掌握市场拥有情况，并提出优化建议；对于专业分包单位拥有的施工机具情况进行调查，将其纳入工程项目施工机具配置计划之中；根据施工机具配置计划、总承包机具调剂情况、专业分包机具情况、机具市场情况等编制机具需求报告，报上级部门审核、批准。

14.2.3.2　现场阶段管理

（1）进场检验　项目部应对所有进场的施工机具进行检查和验收，检查类型、规格、数量、生产能力、安全性能以及证书是否符合要求。

（2）建立施工机具的台账　"台账"由施工机具管理人员进行统一管理，项目部管理人员每天对机具进行日常安全检查，维护保养并定期对机具进行保养维修。

（3）操作人员持证上岗　施工机具操作人员持证上岗，定人定机，并严格按照机具安全操作规程进行操作。管理人员在机具使用前应对操作人员进行技术交底，确保机具正常、安全使用。

（4）机具的维修保养　要建立维修保养制度，定期检查、定期保养、及时维修，明确相关部门的责任。对于大型机具应配备专职维修人员，对其进行专业检查和维修，以确保施工安全和施工进度，并做好维护记录存档。

14.2.3.3　收尾阶段管理

① 严格按照制定的机具退场顺序进行退场。项目部应根据工程需要和工程进度总体安排及时向大型机具权属单位提出退场申请，由具有拆除资质的单位负责实施。

② 收集施工机具资料。注重对有关施工机具资料的收集、整理、归档，如主要机具配置计划、大型机具进场计划、机具设备台账、租赁设备台账、特种机具台账、机具租赁合同、机具技术资料、特种机具资质、符合性证明资料等。

14.3　资源管理策略

14.3.1　人力资源管理策略

（1）建立科学的人力资源配置体系　借鉴国外先进人力资源配置管理理念，结合 EPC 项目管理实际，创建合适的人力资源配置体系。

① 优化人力资源配置机构，加强人力资源动态管理。在项目组织机构中设置人力资源配置管理部门，强化人力资源管理职能。部门的任务就是对项目需要的人力资源的优化做出合理安排，对人力资源状况进行监测，根据反馈信息进行调整和培训，使其在自己的工作岗位上保持最佳的工作状态，达到人力资源配置的最佳效果。

② 引入人力资源核算制度，优化人力资源配置结构。项目的组织管理最终要落实到经济效果上，因此，企业应采用先进的核算方法，核实与人力资源管理有关的一切经济指标，使人力资本明显化。对人力成本进行核算时，除了从员工工资、酬金、培训费等方面进行核算外，更要突出人力资本对经济效益高低的贡献，并根据核算结果，对相应的人力资源配置机构进行优化，达到提高人力资本效率，增加项目收益的目的。

（2）加强人力资源配置的专业性　利用信息系统，加强人力资源配置的专业性。企业对项目管理人员应进行专业化的分类管理，针对不同项目进行合理的人力资源配置。严格做到人员和项目专业上的一致性，杜绝外行指导内行的现象出现。

① 根据能级对应原理，建立信息库，对企业项目管理、技术人员的相关信息进行管理。

② 根据要素有用原理，人力资源部门要管好、用好组织中的每一个人员，把他们配置在适合发展其能力的岗位上，并随时根据项目的具体要求进行优化，做到有的放矢，让"正确的人，做正确的事"。

③ 根据要素有用原理，得到并保持一定数量具备特定技能、知识结构和能力的人员，合理充分地利用现有人力资源。

④ 根据区域的不同进行地域分类，针对不同区域，把有类似经验的人派往那一地区指导工作，根据项目规模大小配备人员；并在项目中建立一套培训体系，对项目管理人员进行培训和再教育，使之适应新技术、新知识发展的需要。

⑤ 加强对企业内部的人才培养，减少组织在关键技术环节对外部招聘的依赖性。

（3）树立人力资源管理系统理念

① 树立系统理念，强化人才培训开发力度。工程项目中的人力资源配置管理包含两方面的内容：一是人力资源的合理配置，即包括招聘、岗位分析、人力需求规划制定等内容；二是配置管理，是指项目人力资源配置管理部门，通过及时有效的信息反馈，对人力资源配置存在的问题进行及时的解决，对项目人力资源配置状况进行调整。同时依据科学的管理方法，指定相应的绩效评估和激励方法，对项目人员进行有效的管理。

项目部往往追求项目利润的最大化，项目部工作人员疲于应付项目部下达的各种指标，极大地压抑自身的创造性和聪明才干的发挥，因此企业应采取以人为本的双重目标，在项目组织中创造一种宽松的工作环境，充分发挥项目人员的才干，不断提高员工的满意度。

在人力资源配置管理中，由于人力资源配置具有时效性、动态性和市场性，只有加强项目人员的培训开发，才能适应项目动态管理。而且在人力资源配置管理中多采用培训和教育相结合的方法，提高项目人员的自律意识和工作能力，更大地提高人的能动性，发挥人力资本的效益。

② 加强对分包商人力资源的监督和管理。在工程总承包项目下，许多分项专业工程需要分包商来完成，因此，加强对分包商人力资源的监督与控制十分必要。

a.严格把握门槛，精选有资质的分包队伍。总承包企业要对拟使用的分包商的资质进行审查，要严格审查其所配置的经理以及主要技术人员的资历、经历、业绩等，要通过公开化的投标报价渠道、公平的竞争机制，根据投标结果择优选择分包单位。

b.强化过程监管，严禁以包代管。现行建设行业总承包一级以上的企业基本上有自己的内控体系，ISO9000 管理体系和 HSE 管理体系。总承包商要在现场管理中把分包商的管理融入自己的管理体系之中，在管理体系中设立组织机构时，把分包队伍作为作业队或班组，质量手册和 HSE 作业指导书要及时下发到分包商队伍中并进行培训和指导。

c.加强教育、培训和控制工作。按照"谁主管、谁负责""谁使用、谁管理"的原则，将分包商的人力资源管理列入本单位的重要议事日程，严禁以包代管。开工前，对进入项目的分包商的员工，应先组织集中学习，进行入场教育，并给考核成绩合格者发教育合格证，提高人力资源配置的作用。

d.为分包队伍提供技术支持和培训支持。要从分包队伍员工的专业培训做起，并把经验和技术向他们传授，使分包队伍技术操作技能不断完善，协调配合及规范作业意识不断增强，队伍整体素质不断提高。例如，中油六建在对分包队伍培训支持上做了大量工作，他们利用每年冬休时期，把分包队的电焊工集中到其公司焊接培训中心进行轮训，大大提高了焊工的技能水平。

e.帮助分包队留人，促使其相对稳定。在 21 世纪的今天，人才市场和劳动力市场逐步成熟和完善的时期，劳动力大量流动已成为趋势，要想留住人才，保持队伍稳定，就必须有自己的核心骨干。由于企业性质和实力，分包单位不可能有大量固定的人力资源，但根据其实力稳定一定比例的骨干是可行的，也是其发展壮大所必需的。总承包商在用分包单位的同时，一是要对单位中的骨干力量建立档案，对其年龄构成、知识结构、施工经历、技术水平等有一个比较详细的了解和记录；二是要在分包单位任务不饱满，骨干人力资源处于较长时间待命的情况下，要想办法给些任务，以便分包单位留住人才。

f.要进一步增强以人为本的理念。分包队伍与总承包商一样，也都是舍家撇业，为了工程建设聚在工程项目工地，虽分工不同，但性质是一样的。目前，他们吃、穿、住、行等各方面的待遇，还远不如总承包商，但他们也是人，也需要关心和帮助。在创建和谐社会的今天，总承包商有责任、有义务关心和帮助他们。诸如在特殊情况下，解决资金困难、材料供应、设备维修等问题；为他们安排好一点的住房，帮助解决诸如看电视的条件，组织他们参加总承包商的业余文体活动；利用节假日给分包队伍送慰问品，在夏季给分包队伍送清凉，冬季送温暖，既有利于拉近双方之间的距离，又能增进彼此之间的感情与沟通，进而达到促进工程建设顺利进行的目的。

g.要激发员工积极性，公正公平对待。在项目施工高峰期，项目部在组织各分包单位进行劳动竞赛和评先选优时，各分包单位要与总承包商单位一起参与评比，并按照标准一视同仁，在评分时要公正公平，不能厚此薄彼，使分包单位的员工感觉到自己受到尊重，以提高其工作的积极性和主动性。

（4）重视人力资源配置规划　重视人力资源配置规划，为企业发展积蓄人才。人力资源配置管理是一项科学性很强的系统工程，需要在充分调研、认真评估的基础上做出科学、合理、系统的规划，工程人力资源配置的目标是实现项目目标的最大发展，因此，人力资源配置规划的含义应是确保项目在适当的时期和相应的岗位获得适当的员工并促进项目和个人获得共同平衡及长期效益的过程。

① 在项目内形成项目管理层，人力资源配置科学化。项目经理大部分来自于企业内部，企业要形成一个项目管理层，为项目建设提供有力的人力资源保障。在选择核心管理人员和关键技术人员方面采用企业内部调配与外部招聘相结合的策略，在项目内部引进竞争机制，公平竞争，招聘上岗，有利于人才脱颖而出。不拘一格地选拔人才，提拔使用，避免条条框框，论资排辈，做到"三及时"，即出现各种岗位及时招聘、与岗位不匹配的及时调换、优秀人才及时任用。要对项目管理人员进行选拔和培训，在实践中锻炼人才、培养人才、发掘人才，充实到项目管理的队伍中。

② 重视外部人才市场，加强人力储备。随着市场经济的发展与成熟，企业在项目人力资源配置上的眼光应放高点、远点，不要仅仅局限于内部人员，这样既不利于项目高效管理，也不利于项目管理的创新，应采取内、外部人才相结合的用人策略，重视从外部人才市场引入人才，为企业输入"新鲜血液"。企业要在招聘上打破单一的合同人员用工机制，在不同的岗位上采取不同的用工形式，如采取劳务合同形式引入部分工程师和技术人员，以短期合同形式引入临时工岗位和季节性岗位等。通过外部人力资源配置吸收项目管理人员，充实项目管理队伍。

14.3.2　设备材料管理策略

（1）健全管理制度，提高执行力　建立健全的管理体系和管理制度是加强设备材料管理的基础。采取"谁经手、谁负责""谁审批、谁承担责"的追究制度，使每个采购人员有高度的责任心，少出差错，有效地开展物资采购工作，更要加强材料计划审核申报管理制度，坚持满足生产需要和性能价格比的最优原则，避免造成物资闲置。

（2）实施对供应商的动态管理　供应商的选择是项目物资采购管理中的一个重要组成部分。采购时应该本着"公平竞争"的原则。供应商的投标价并不是越低越好，合理的价格才能得到合适的产品。这样就从源头上确立了一批质量好、服务优、价格低的稳定供货单位，为确保采购物资质量和提高施工工程质量打下了良好的基础。

① 与供应商的合作关系：双方本着"利益共享、风险共担"的原则，建立一种双赢的合作关系，使采购方在长期的合作中获得货源上的保证和成本上的优势，也使供应商拥有长期稳定的大客户，以保证其产出规模的稳定性。这种战略伙伴关系的确立，能给采购方带来长期而有效的成本控制利益。

② 对供应商行为的绩效管理：在与供应商的合作过程中应该对供应商的行为进行绩效管理，以评价供应商在合作过程中供货行为的优劣。例如，建立供应商绩效管理的信息系统，对供应商进行评级，建立量化的供应商行为绩效指标等，并利用绩效管理的结果衡量与供应商的后续合作，增大或减少供应份额，延长或缩短合作时间等，对供应商以激励和奖惩。这样能促使供应商持续改善供货行为，保证优质、优价、及时地供货。

③ 货款支付的影响：在具体的工程实施过程中，由于各种原因往往会造成业主对工程款的滞后支付，这样就会使项目部流动资金紧张，拖欠供应商货款的情况也会时有发生。若短时间拖欠货款，可以通过协商解决；若长时间拖欠货款，采购方应该采取积极应对措施，根据资金情况按轻重缓急尽快解决货款支付，否则，采购方的信誉度将大大降低，材料的及时、低价采购以及赊欠的能力也随之降低，将会给工程项目的运作带来极大的不便。这也是在对供应商管理的过程中值得注意的问题。

④ 实行动态管理：对已备案的合格供方、经销商队伍全部实行动态管理，不定期对入围经销商和合格供方进行考核评价，实行优胜劣汰，避免假冒伪劣物资材料流入。通过对供应商的管理，一方面可以通过长期的合作来获得可靠的货源供应和质量保证，另一方面又可在时间长短和购买批量上获得采购价格的优势，对降低项目采购中的成本有很大的好处。

（3）严把项目材料使用控制关　物资发放工作，是项目成本管理的重点。控制量的发放，是项目物资成本核算的重要依据。严格执行物资发放程序，采取以下三项管理措施。

① 根据上级关于项目物资管理方面的要求，结合项目物资管理的实际情况，制定出"四人（采购员、验收员、管库员、发料员）分权制"的岗位职责和管理办法，明确其责任。

② 严格执行限额领料制度，建立单项工程限额领料台账，对单项作业队使用材料进行数量上的控制。

③ 在日常管理中与技术部门积极沟通，根据工程变更及时更新相应的单项工程限额领料台账中的需求量，月底及时更新单项工程限额领料台账，做到对单项工程的实时监控。

（4）合理划分总承包与分包的责任　在 EPC 项目中对一些专业项目需要进行分包，工程的设备材料不可能都由总承包商亲自实施管理，因此，对于设备材料的管理，总承包商与分包商的责任应进行明确的划分。一般来说，其责任可以划分如下。

① 对 EPC 总承包商采购的设备和材料，分包商负责到货后的定置管理工作，并保证符合设备材料的存储和保管要求。

② 对分包商采购的材料，由分包单位按照总承包商的要求进行存储、保管和发放控制。

③ 分包单位人员负责材料库内设备的保管、储存和维护工作。

④ EPC 管理部门和监理单位定期对设备的定置管理以及存储和保管状况进行监督检查。

14.3.3　施工机具管理策略

14.3.3.1　完善健全机具管理体制与规章制度

① 建立并完善机械设备管理机构，实行统一规划，专人负责，进行全面的综合管理。努力做到专业管理与群众管理相结合，明确专管和群管人员的职责与权限，充分发挥各级职能人员的积极性。

② 项目实施过程中所需各种机械一般可以采取承包企业调配、租赁、购买及分包商自带等多种方式。企业应针对施工机械的来源不同，制定相应的机械管理与监督制度。

③ 贯彻执行定机、定人、定岗位责任的"三定"制度，让每台机械都有专人负责保管、检修、操作。由于"三定"制度是机械化施工生产和设备管理工作的基础，其执行的好坏将直接影响企业劳动生产率、施工安全、机械的完好率与使用率，因此，在执行过程中除应配备相应人员外，还需注意其工作岗位的稳定性，以免影响对机械设备性能的了解与掌握程度。

14.3.3.2　注重机具作业规范化和维护科学化

随着现代机械设备技术含量的不断提高，对使用者也提出了更高的要求，培养一支技术过硬、规范操作、作风顽强的施工队伍是完成项目责任、消除事故隐患的可靠保证。也就是说，在机械的合理使用中人是起决定作用的。机械设备的正确维护管理，不但能保证机械设备的正常运转，还能促进整个项目工程的科学管理，确保工程进度和质量，降低成本，促进经济效益的稳步增长。

严格按照设备的操作规程及使用说明使用设备，要技术性与纪律性并重，实行定机、定人、定岗责任制，坚持持证上岗，严禁非岗位人员操作。

为消除一切对机械设备安全不利的因素，避免事故发生，要以多种形式进行安全教育，增强对事故的预见、防范和应急能力。

日常点检的周期可视设备的具体情况而定，以日常点检标准化的形式规范检查工作，真正实现动态管理。实践证明，设备的大多数故障如能在日常点检中尽早发现并及时采取措施，就能有效地防止突发故障。

14.3.3.3　加强机具配置的经济化和专业化

机械设备合理使用的两个主要标志为经济性与高效性，这首先取决于施工组织设计阶段的施工方案及具体机型的选择。

(1) 施工方案优选化　施工方案的经济计算可以在不同方案之间进行优化选择，依据工程量大小、工期决定设备的规格、型号、数量以及进出场时间，以达到工程进度与设备使用的协调一致与有效控制。

(2) 配套设备效率化　解决好机械化组列内部的合理配套关系。

① 以组列中的主要设备为基准，其他配套设备以确保主要设备充分发挥效率为选配标准。

② 组列数量最小化原则，即尽可能选用一些综合型设备以减少配套环节，提高组列运行的可靠性。

③ 次要并列化原则，即在可能的情况下适当注意组列中的薄弱（运行可靠性低）环节，实现局部的并列化。

(3) 现场布局合理化　机械设备进场后如何合理布局非常重要，除充分考虑流动性大的设备的进出口通道、作业场所外，经常性设备要尽量做到一次性布局到位，避免频繁迁移。另外，还应注意以下三方面。

① 设备布置应尽量远离其他工种作业区及居民点，以减少噪声和环境污染的影响。

② 注意设备安置现场的通风情况，降低环境温度的不良影响，以提高工作效率，减少事故隐患。

③ 注意设备作业半径内的光通量，在全面照明不足或局部照明过强时应采取措施予以调整。

(4) 机具管理人员专业化　形成科学有序的机械设备管理体系，为此应确定分管设备的领导、设备施工所需的管理岗位并配备相应的专业技术人员，提高处理一般故障和突发事件的能力。机械设备的运作实质上是资金的运作，那么掌握设备的单位产量及其费用就非常重要，要加强统计管理，进行量化分析、经济对比，以达到提高效率、减少开支的目的。

14.3.3.4　重视培养机具管理优秀人才的培训

（1）培养综合管理人才　随着现代科技的不断发展，机械设备也在不断更新换代，其自动化程度将越来越高，技术含量也越来越高。它要求管理者要有全新的思想、全新的观念，科学地对机械设备的购置、安装、维修、更新改造等进行有条不紊的综合管理。因此，施工企业要想从根本上提高全体管理和维修人员的专业技术素质，就应采取"走出去、请进来、集中培训"的方法，加大技术培训力度，选拔和培养一批懂技术、会管理、会核算的"一专多能"型人才，以满足企业今后的发展需要。

（2）采取多种途径开展培训　施工企业也可以有重点地组织由设备管理、维修、操作人员共同参加的设备管理研讨会，大家集思广益，出谋献策，形成学技术、钻业务的氛围。并根据施工的具体情况，采用示范表现、专题讲座、参观学习等形式，及时推广、宣传有实效的经验体会，以点带面，逐步提高企业各级人员理论知识水平和实际操作技能。

职业道德，不仅是个人修养的问题，它与企业的经济效益也息息相关，可以说是一种无形的资本。当前施工企业设备使用与管理上存在的野蛮操作、缺乏保养、随意浪费、马虎维修、以劣充优等行为，都是缺乏职业道德的表现。因此，施工企业仍需不断加强政治思想和职业道德教育，让广大职工树立爱惜设备的良好风气，使机械设备发挥最佳效能。

14.4　资源管理方法与技术

14.4.1　资源负荷图

（1）资源负荷图的概念　资源负荷图（Resource Load Diagram）是反映某一种特定资源在项目生命周期过程中分布状况的图示工具。它实际上是一种修改了的甘特图（Gantt Chart），它不是在纵轴上列出活动，而是列出某些特定的资源。横轴表示时间，以条形图的方式很直观地显示该资源在时间上的分布情况，反映在某个时间点上的资源的计划情况和实际消耗情况，通过检查负荷图中的负荷情况

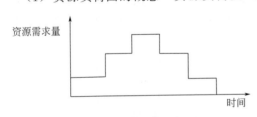

图 14-4　资源负荷示意图

，可以使管理者明了哪些资源是满负荷的，哪些资源未得到充分使用，还可以加载工作量。负荷图可以使管理者计划和控制生产能力的利用情况。资源负荷示意图见图 14-4。

（2）资源负荷图示例　资源负荷图示例见图 14-5。

从图 14-5 中可看出，在相当大的一部分时间内，该项目的资源是处于一种超负荷的状态。超负荷状态是指在特定的时间分配给某项工作的资源超过它计划使用的资源。

资源负荷图可以直观地表现出对一种资源需求的变化情况，通过调整非关键工序的开工时间，就能缓和资源的供需矛盾，平缓需求高峰和低谷，即"削峰填谷"满足资源的限制条件。

14.4.2　资源管理创新——BIM 技术

在大型的建筑项目中，传统的劳务资源、材料、设备管理多依赖管理人员的经验，难以

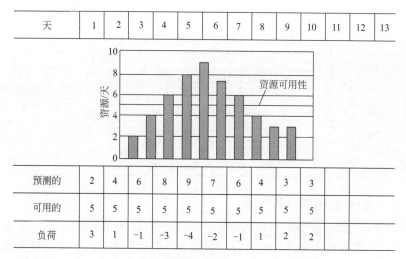

天	1	2	3	4	5	6	7	8	9	10	11	12	13

预测的	2	4	6	8	9	7	6	4	3	3
可用的	5	5	5	5	5	5	5	5	5	5
负荷	3	1	-1	-3	-4	-2	-1	1	2	2

资源负荷图示例

图 14-5   资源负荷图示例

实现动态管理，而采用 BIM 平台可以减少人为操作，增强资源管理的准确性，提高工作效率。

14.4.2.1   BIM 资源管理总述

（1）BIM 技术应用范围   BIM 技术在资源管理上的应用范围可包括（但不限于）劳动力资源、材料设备资源、施工机械资源的管理工作。

（2）BIM 技术运用要求   资源管理 BIM 技术的应用应根据项目的特点、资源供应要求、招标文件、合同要求拟订好资源配置使用初步计划，从而确认劳动力、材料设备、施工机械等资源所需投入的时间和数量。

（3）动态管理的要求   在 BIM 应用过程中，根据施工现场的各类资源特性，结合实际情况开展动态模式的管理。

（4）BIM 技术具备的功能   BIM 所具备的功能包括附加或关联资源信息，生成资源计划表、资源消耗曲线，支持生成资源需求量、消耗量，生成相应的数据记录表等。

14.4.2.2   基于 BIM 的人力资源管理

（1）BIM 应用内容   施工劳动力管理的内容包括劳动计划管理、劳务合同管理、教育培训管理、现场动态管理、劳务工资发放管理等。

（2）劳动力模型建立要求   可基于施工组织设计文件、施工专项方案、企业定额和上游模型拟定劳动力计划，生成劳动力计划表，将劳动力计划表附加至施工图设计模型、深化设计模型、施工过程模型等上游模型后，创建劳动力模型，实现劳动力的动态管理。

（3）对劳动力管理优化   依据相关类似工程的施工经验，结合企业施工内部编制定额、施工进度计划和实际进度情况，对施工现场劳动力计划进一步优化；结合作业层面积、单人所需工作面，模拟施工现场劳动力分布情况，以指导施工。

（4）建立劳动力数据库   可利用身份证号码作为识别码采集劳动力基本信息，建立劳动力数据库，借助 BIM 或互联网管理平台，录入并存储劳动合同、安全教育、考勤、工资发放等信息，实现劳动力的精细化管理。

（5）BIM 模型内容   BIM 模型包括施工图设计、深化设计、施工过程、劳动力计划、劳动合同、教育培训等信息（模型内容见表 14-1）。

（6）BIM 技术成果交付   劳动计划表、劳动合同库、培训记录表、出入施工现场记录表、劳动力分布图、劳动力实际消耗曲线、考勤表、工资发放记录表等。

表 14-1　BIM 劳动力管理模型内容

序号	模型元素内容	模型信息
0	施工图设计	施工图设计模型及其他元素或相关信息
1	劳动力计划管理	劳动力基本需求计划、使用时间、初步计划投入量
2	劳务合同管理	姓名、性别、身份证号码、合同编号、技能工种等
3	教育培训管理	三级培训教育、班前强制教育、安全技术交底等
4	现场动态管理	现场劳动力分部情况、实际消耗量、窝工人数等
5	劳务工资管理	考勤表、工资发放记录等

14.4.2.3　基于 BIM 的设备材料管理

（1）BIM 应用内容　在设备材料管理中的应用内容包括材料设备计划管理、材料设备运输管理、材料设备验收入库、材料设备分类存放、领料管理、材料设备核算等。

（2）设备材料管理建模要求　基于施工组织设计文件、施工专项方案、企业定额和上游模型拟定设备材料计划，生成设备材料计划表，将设备材料计划表附加到施工过程模型等上游模型后，创建材料管理模型，实现材料的动态管理。

（3）对设备材料的调整　BIM 在材料管理的应用中，可基于材料核算结果，调整材料投入计划，应按周或月定期进行核算，即将材料使用信息与材料计划进行比较，并根据对比结果采取适当的纠偏措施。

（4）对设备材料的技术优化　可以通过 RFID 技术对涉及安全、质量、进度的关键材料、特殊部位材料实施全程的跟踪、监察。

（5）设备材料的进度信息和成本信息　在进度信息集成时，为每个构建模型元素附加进度信息。在成本信息集成时，为每个构建模型元素附加成本信息。

（6）对设备材料方案的策划　BIM 可对设备材料方案进行策划，方案策划包括施工图设计、深化设计、施工过程、材料计划、材料跟踪、材料验收等，具体内容见表 14-2。

（7）BIM 技术应用成果交付　BIM 技术成果交付包括材料投入计划表、材料采购记录表、材料质量证明文件、材料存放分布图、材料的领料记录、材料消耗分析报表。

表 14-2　BIM 设备材料管理模型内容

序号	模型或相关信息类型	模型的相关信息
0	施工图设计等信息	施工图设计相关元素或信息
1	材料设备计划管理	几何信息，包括规格、型号、数量等
2	材料设备跟踪管理	非几何信息，包括特制或自带的条形码（二维码）、RFID（电子标签）等
3	材料设备验收入库	非几何信息，包括产品"三证"、名称、数量、入库时间等
4	材料设备分类存放	几何信息，包括名称、规格、数量、存放位置等
5	领料管理	非几何信息，包括领料申请单、领料记录表等
6	材料设备核算	非几何信息，包括计划消耗量、实际消耗量等

14.4.2.4　基于 BIM 的施工机械管理

（1）BIM 施工机械管理应用内容　应用内容包括计划管理、平面布置、安装与拆卸、日常检查与维护保养。

（2）BIM 施工机械管理要求　可基于施工组织设计文件、施工专项方案、企业定额和上游模型拟定施工机械计划，生成施工机械计划表，将施工机械计划表附加到施工过程模型等上游模型后，创建施工机械模型，实现施工机械的动态管理。

（3）对施工机械管理的优化　施工现场所使用（或计划使用）的施工升降机、塔式起重机等大型机械应附加到模型中，模拟大型机械的放置位置、现场安装、顶升、使用完毕后的拆卸等过程，解决多塔作业、交叉作业造成的安全、进度问题。

（4）可以实施动态管理　可借助 BIM 或互联网管理平台，对施工机械日常检查和维修保养进行动态管理。

（5）BIM 模型内容　模型内容包括施工图设计模型、采购计划、平面布置、安装与拆卸、检查与保养等信息，见表 14-3。

（6）施工机械的进度信息和成本信息　在进度信息集成时，为每个构建模型元素附加进度信息。在成本信息集成时，为每个构建模型元素附加成本信息。

（7）BIM 应用成果交付　BIM 成果交付包括施工机械投入计划表，施工机械布置图、安装、验收、拆卸记录表，材料质量证明文件，日常检查、保养、维护记录表。

表 14-3　施工机械管理模型内容

序号	模型或相关信息类型	模型的相关信息
0	施工图设计等信息	施工图设计相关元素或信息
1	计划管理	几何信息，包括规格、型号、数量等
2	平面布置	几何信息，包括位置、标高、半径等
3	安装与拆卸	非几何信息，包括安装、顶升、验收等记录表
4	日常检查、养护与维修	非几何信息，包括保养、维修记录

14.5　资源管理实践案例

14.5.1　人力资源管理实践案例

【案例摘要】

以中方水建集团承揽的非洲某国 BV 项目部的实践为背景，对国际劳务人力资源管理进行探讨，总结了实践中的不足，并提出相关建议，以期为其他企业在研究国际工程劳务管理等相关问题及制定决策方面提供有益的经验。

【案例背景】

BV 项目是中方水建集团在海外承接的第一个大型 EPC 水电工程项目，用工量大，工种齐全是项目部用工的一个基本特点。项目部正式开工以来，高峰期的当地劳务用工量曾超过 2100 人，第三国劳务用工量超过 100 人。因此，除完成中方人员人事管理工作外，当地劳务和第三国劳务的管理成为人力资源管理工作的重心。为合理控制劳动成本，充分挖掘项目所在国人力资源市场，项目部招聘了大量的当地普通劳务和技术工种。由于该国人才市场发展的滞后，一些特殊工种奇缺，严重影响了工程建设的进度，故通过引进第三国劳务作为用工辅助，形成了独特的"BV 用工模式"。现就在"BV 用工模式"实践中存在的问题进行分析，并提出建议，以期为国际工程劳务人力资源管理提供一定的借鉴。

【BV 用工模式存在的问题】

① 劳务人力资源岗位的规划不够细致。

人力资源岗位规划是人力资源管理的一个重要前提，它遵循"因事设岗"的原则。清晰的人力资源规划体系是招聘、薪酬管理、劳动合同管理、裁员等环节顺利开展的必要前提，同时对劳动成本的严格管控也能起到良好的促进作用。

在平时的用工管理中，通常是工区或部门向人力资源部门提供用工计划表，经分管领导审核后，再报项目经理批准，最后人事部门方可进行社会招聘。从此程序上来看，并无大的问题。但从人力资源岗位规划的概念仔细斟酌，就会发现一张用人计划表就代替了人力资源规划的作用，未免太过于粗放。人力资源的规划体系应该是随着项目部工程建设进度不断调整的，首先要建立一个完整的岗位规划体系，这需要人力资源管理部门、工程管理部门以及前方作业工区相互配合才能完成，待摸清了工程量以及具体的施工需求，就可以确定所需工种的种类以及相关岗位数量，形成一张清晰、动态的人力资源规划体系。而本项目则对这一步骤并未实行。

② 部分中方管理人员的语言能力及素质有限，在管理当地劳务时容易出现沟通及执行力上的偏差。

BV 项目部是中方水建集团驻该国的代表性企业，同时也是中方水建集团在非洲开拓市场的先驱，应该把自己定位成一个国际工程施工管理企业，而不是单纯的施工企业，这就对中方管理人员的素质提出了较高的要求。

作为该国的外企，集团的中方员工在语言能力上应该达到较高的水平。但从实践的状况来看，部分中方人员在语言能力上还达不到相应的工作要求，他们与自己所管辖的劳务人员仅能做简单基本的交流。因此，项目部下达的一些有关劳务人员自身利益的政策也不能很好地传达到劳务人员本人。沟通不善的代价是非常大的，原本正式的沟通渠道由于中方人员的语言障碍受到堵塞，取而代之的是非正式的沟通渠道。一些别有用心的劳务人员就会充当他们中间的信息传播者，将歪曲后的政策信息传达给其他劳务人员，有时甚至会造成恶性的阻工事件。

另外，由于境外项目的特殊性，中方人员进场后需尽快完成从工人到管理者的角色转变。部分中方人员进场后并未清晰地认识到自己在工作中的定位或者未能成功地完成角色的转变，忽略了自己的管理职责，缺乏大局观，这在关键时刻会影响到项目部战略目标的实现。

③ 地方劳务人员管控与班组建设有待加强。

地方劳务的管理效果是直接影响项目能否顺利实施的重要因素之一，直接影响项目履约问题。项目部要求各用工单位必须下大力气做好此项工作。BV 项目部目前对当地劳务人员的管理实行严格细化的班组管理，每个劳务人员的管理责任落实到具体的中方人员，保证有问题后可以迅速找到劳务人员本人进行处置，提高劳务人员管理的效率。

BV 项目部在施工高峰期的用工量非常大，经过几轮的裁员后，用工量仍保持在相当的数量，大批量的用工带来的问题就是管理及沟通上的难度。而细化的班组是解决这一问题的良好途径。一是通过实施"一岗双责"的方式加强中方人员对劳务的监管，管现场必须管劳务，防止"只用不管"现象的出现；二是将部分管理职责下放给当地职员，提高沟通的效率。对于 BV 项目来说，班组管理的作用已显而易见，但仍有许多功能有待开发利用，如班组建设的灵活性、裁员方式、目的的明确性。

④ 当地劳务人员的筛选、培养、留用评价体系有待完善。

劳务人员的招聘、筛选、留用是国际项目运行的重要保障，但项目所在国的工业化水平较低，成熟的产业工人十分少见，大多数劳务人员在进入 BV 项目部之前没有大工业生产的经历，因此他们在技术水平、安全意识、团结协作等方面与国内工人存在较大差距。为解决用工中的实际困难，项目部着手在劳务的筛选、培养等方面建立了一套自己的体系。

首先，每个新招聘的劳务人员都会有三个月的试用期，在试用期内，除了对劳务人员进行必要的安全、技术培训外，各部门也会对劳务人员的出勤率、执行能力、团队精神、个人品德、技能等方面进行严格的考察，待试用期结束后决定其去留。

其次，对于表现优异、无不良记录的员工，项目部会以提级或转岗的方式作为对其个人能力的肯定，增加员工的荣誉感和对项目部的忠诚度。

最后，对于长期为项目部工作、对工程建设有较大贡献的员工，以评选优秀员工的形式作为嘉奖，增加员工对于企业的认同度，同时也在其他员工中树立良好的榜样。建立一个严格的劳务筛选、培养、留用制度对于维护项目部劳务队伍的稳定性具有重要意义。

虽然这一体系解决了劳务人员的招聘及留用，但对于如何评价劳务人员的工作绩效，如何对培训、选拔效果进行衡量等仍然有待完善。

【BV 模式对劳务管理的一些合理化建议】

（1）强化和改善以班组为核心的管理模式　坚持贯彻实施"谁用工，谁管理"的当地劳务人员使用原则，以中方班组管理人员为主导，同时将每个班组选定的当地工工长作为管理的辅助，采取以"当地工带当地工、教当地工、管当地工"的模式，这一模式可以形象地比喻为"母鸡带小鸡"的劳务管带方式，首先培养了大批懂管理、高技能的项目所在国职员，再由这些职员去管理、带动普通劳务。这样职员的地位得到提升，他们从普通劳务变成了管理者，自信心和责任心得到加强，给予他们一定的权力，鼓励他们行使职权，易于与普通劳务人员沟通，普通劳务人员也易于接受。中方管理人员应注意自身的行为表率，要通过管理制度来明确可为和不可为的界限，规范地进行现场管理。项目部制定了当地工管理相关规定，并以中、英两种文字印发成员手册，供员工学习使用。在双方充分了解制度的前提下进行管理，可以增加制度的实际运行效力。

（2）加强沟通交流，提升管理水平　除了定期对中方员工进行必要的语言培训外，项目部也应经常召开雇用工管理座谈会。各用工单位结合用工中积累的经验以及人力资源管理流程中出现的问题进行有效沟通和反馈，针对当前出现的棘手问题积极献言献策，最后项目部将有价值的建议或管理方式形成制度文件向所有单位推广实施。各单位在现场管理中也应注重中方员工管理水平的提高，以严格、严谨和人性化为原则，严禁粗暴式、简单化的管理方式，在管理过程中逐步建立良好的合作关系。同时，各用工单位应及时向项目部层面或者相关职能部门反映招聘、考勤、劳动纪律、工资发放等现场管理中所出现问题，以便及时更正。只有通过项目层、作业层的通力配合，方可将劳务管理这盘棋下好。

（3）实施滚动式班组定额编制管理，合理控制劳动成本　人力资源规划是一个长期、系统、全面的动态管理过程，需要项目高层管理者、人力资源部门、工程管理部门、作业工区、班组等多方、多级参与管理。随着工程量的逐步减少，人员冗余，劳动成本居高不下，人浮于事等问题纷至沓来。为了解决上述问题，项目部对部门、班组的劳务人员编制采取滚动式考核方式，分期进行劳务人员安排。BV 项目自开工至完工移交当地政府，项目部共进行了共 20 余次有计划、有策略的人员精简分流，在项目收尾工期的提质增效中起到重要作用。

实际运行过程中由人力资源部门牵头，每季度召开一次人力资源岗位规划会议。会议中人力资源部门记录工程管理部门、前方工区关于岗位规划的意见。综合各单位意见后报项目经理审批，再予以执行。在每次人员分流过程中，需要注意安抚分流人员的情绪，及时办理与员工切身利益相关的事宜，切勿在短时间内安排员工集体办理退场手续，防止因大量矛盾积压而产生严重的劳资纠纷。

（4）不断探索人性化、本土化的当地劳务管理模式　项目部在当地用工管理上，应积极探索当地人性化、本土化的管理方式，通过规范制度、树好文化、融入本土等方式，走出一条可持续发展的海外人力资源管理的道路，为企业长期扎根海外奠定了坚实的基础。

①　入乡随俗，尊重当地风土人情。项目所在国居民信奉基督教、伊斯兰教，了解宗教活动也是与人力资源管理息息相关的，比如遇到穆斯林较为盛大的节日，项目部都要根据节日的日期做好放假安排、工作轮换以及薪酬发放。

②　树立以人为本的管理理念。关注员工的思想动态、个人诉求，帮助他们解决实际困

难，及时干预、疏导员工团体中出现的不良情绪。另外利用员工中较有威望的职员或工长做好政策的宣传以及舆论的导向也是十分必要的。建立奖惩制度，通过鲜明的奖惩对比，引导员工认同企业管理制度，做到以理服人。

③ 要充分发挥劳务中骨干人员的作用，培养一批中坚力量，充分发挥当地职员、工长的传、帮、带的优势，请劳务骨干出面化解矛盾和纠纷，在骨干的带领下提高工作效率。

【实践案例结语】

BV 项目部自开工以来，使用当地劳务人员达到了 7000 人次左右，项目部根据项目所在国劳动市场的实际状况因地制宜，正确面对劳务管理中的难度，全员参与管理，通过 10 年时间的用工管理探索，不断总结经验，化解劳资双方较大的矛盾，同时不断改进和完善招聘、考核、薪酬、激励、裁员等多个程序，提高了劳务队伍的质量以及稳定性。目前，项目部使用的当地工人发挥了应有的作用，对项目部按期交钥匙起到了积极的作用。同时，项目部积累了当地工招聘、管理、使用等多方面经验，为企业在项目所在国的可持续、本土化的发展打下制度基础。

14.5.2　设备材料管理实践案例

【案例摘要】

以某大型炼油化工项目设备材料管理实践为背景，阐述了设备材料管理在 EPC 项目中的地位和作用，分析了在项目建设过程中设备材料管理普遍存在的问题，并介绍了针对上述问题所采取的措施，为同行业管理者提供了设备材料管理的经验。

【案例背景】

某大型炼油化工一体化工程，是我国企业作为总承包商与当地工程公司组成联合体承担的具有世界级规模的项目。工程包括 12300 万吨蒸馏、300 万吨加氢裂化等 10 套炼油装置，200 万吨乙烯、80 万吨聚乙烯、55 万吨聚丙烯等 8 套化工装置以及公用工程。总投资近 30 亿欧元，工期为 52 个月。通过招投标激烈的竞争，某企业获得 EPC 总承包权，负责该项目的前期技术 FEED 设计、初步设计、详细设计、设备和材料采购、施工安装服务。

【设备材料管理的作用地位】

EPC 总承包项目是指按照合同约定，雇主委托承包商对工程的勘察、设计、采购、施工、试运行（竣工验收）等实行全过程或若干阶段承包的项目。EPC 总承包项目设备材料管理包括：设备材料的采购、制造厂检验、货物到场的开箱检验及报验、现场入库及维护、设备材料施工跟踪、设备材料完成安装报验、余料及废料的退库管理等工作；从设计清单发出请购单到安装调试工作之后，构成实体工程项目的设备材料的控制过程。设备材料的控制工作通常包含设备材料的计划制定、采买、催缴、中间检验、出厂检验、运输、到达现场检验、入库、出库、退库等方面工作，设备材料管理以其周期长、环节多、品种杂、涉及面广、要求高而成为 EPC 总承包项目的管理的难点，也是 EPC 总承包项目管理的主要目标，是一项必须引起各参与方重视并应致力于做好的工作之一。

对 EPC 总承包项目设备材料的全过程、个体与整体的系统管理，有利于实现工程项目设计、采购、施工管理的整体优化，有利于项目目标的实现。设备材料管理是 EPC 总承包项目管理的组成部分，与 EPC 总承包项目建设全过程有着密切的联系，它为 EPC 项目提供了可靠的物质基础，是实现设计意图的重要保证，实现项目费用、进度、质量控制的要求和结果。

依据国外众多项目对工程总承包合同价款构成内容的分析，设备材料的总价款在工程总承包合同价款中所占比例为 70%～80%，而且具有类别品种极多、技术性强、涉及面广、工作量大的特点。设备材料管理对工程项目质量、价格和供应时间周期都有严格的要求，同时有较大的工程风险性，稍有失误就会影响项目目标的实现，造成极大的损失，甚至导致项目的失败。提高对设备材料管理重要性的认识，加强对设备材料工作的领导，认真执行设备材料的要求和规范，切实跟踪设备材料的采购、安装、报验等环节，对于 EPC 总承包项目的顺利实施具有重要意义。

【设备材料管理问题分析】

设备材料是工程项目建设的物质基础，它直接影响工程的建设周期、质量及费用。设备材料管理是 EPC 总承包商项目的重要管理内容之一。对于 EPC 总承包项目而言，更是项目管理关注点和主要工作内容之一。目前总承包项目的设备材料采购都制定了大量的文件，制定了严格的审批程序和控制计划，依次检查设备材料控制的实际情况以及审查确定剩余设备材料的处理方案，强调必须按照施工进度计划要求适时地组织设备材料的供应，按照实际需求准确地确定采购数量，加强对设备材料的综合管理和检测。提高效率，减少损耗，降低风险，保证工程项目以最少的资源、最低的成本获得最好的经济效益。但是由于 EPC 总承包项目涉及设计、采购、施工等多个环节，以及参与人员素质等问题，导致众多总承包项目的设备材料管理失控。

（1）请购单数量与实际用量偏差大　由于项目进度较紧，对外接口多，边设计边施工，容易造成设计部发出的请购单数量（特别是散装材料）与最终设计确定文件的实际用量偏差大，导致现场应急采购工作量较大。其主要原因是专业工程师材料统计存在偏差，导致设备材料准备不足；库房管理部门与设计部门没有及时沟通，在施工安装时才发现设备材料不足，库存的设备材料也不能满足现实需要，从而提出紧急增补采购计划，导致补充采购。且很多紧急采购计划无法满足加工周期和供货周期，导致采购成本大量增加。总承包商供货如果没有在规定的时间内满足分包单位的需要，还要受到分包单位的索赔。

（2）专业工程师对需用材料计划核定偏差　分包商为了确保施工工期，应对下料失误、过量消耗以及突发的设计变更，往往要求总承包商超量进货，扩大需用材料的数量，加之总承包方专业工程师对需用计划的核定偏差，导致库存材料数量大大超过实际需求量，造成材料的极大浪费。对于剩余材料的处理比较麻烦，不但要找到合适用途，而且要花费大量的人力、物力寻找合适的存放地点，有的业主则将全部剩余材料无偿予以回收，对项目造成无法估量的经济损失。

（3）没及时掌握库存量、实际需要量和即时采购量　由于总承包商的库存空间有限，大量材料存放在分包商的仓库或施工现场，其管理工作又由分包商或二级分包进行，库存信息在三个层面往往是不对称的。而且当分包商发现库存没有满足要求的材料时，只要求进货，而不分析缺货的原因，仓库管理人员也很少到附近的库房进行盘查，在此种情况下，总承包商无法准确掌握分包商的真实库存量和真实用料情况，只能被迫进货。直到总承包商定期进行库存盘点时，甚至到竣工时才发现许多材料设备一直闲置于库房之中，这不仅给采购增加了负担，而且造成了极大的浪费。

（4）不能及时跟踪、统计设备材料的消耗量　因为总承包商现场管理人员配备不足、工作任务繁重等原因导致总承包商对于施工现场全面管理的力度不够，现场施工管理和材料节约的具体措施的执行全靠分包单位来完成。即便总承包商参与现场的管理，也只是通过重要的标志性的施工阶段来粗略地加以指导、控制。即使动员专业人员反复分析核算，由于影响因素多、库存信息不准等原因，也只是估算，这些都是导致材料节约完全依赖于分包商的管理，极易造成总承包商的成本失控。

（5）未能有效地制约分包单位对供料的浪费　在总承包商与分包商双方签订的合同关于材料设备浪费处罚条款中，往往只对材料设备浪费的处罚办法进行约定，并对超领总量进行界定，但并无有效遏制浪费和破坏的措施，因此对分包商承担材料成本的责任影响不大。当总承包商发现浪费或破坏时，造成的大量损失往往无法弥补。尤其是在很多抢工期的工程以及施工中的重要阶段，总承包商已明明知道材料已经超供，但鉴于项目阶段的重要性等原因，仍然要保证材料的进场，具体如何分担超领的材料费，只能到结算时再定夺。

（6）对分包商将总包供料错位使用控制不力　由于分包单位将总承包单位供应的材料和分包自购的材料都放在现场，总承包商对出库的材料又缺乏有效的管理和控制，分包商往往将总承包商所供材料当成自采的材料使用，甚至有些分包商将总承包所供材料运到其他工地项目使用。

（7）分包超领材料费总承包商难以控制　因为总承包商无法判断当月分包商是否超领材料，也不能因为分包领用的材料费用较高就拒付施工费，因此，只能到结算时才能核定分包超领的材料总额和超领的全部费用，此时分包的超领费用已经占到非常大的比例，而合同中超领的惩罚措施往往无法落实，大量的超领损失只能由总承包商承担。甚至有的分包商还以此作为竣工结算的谈判筹码，对于合同中承诺的费率分成总承包商不得不一再降低，对总承包商又会造成一定的损失。

（8）施工单位野蛮作业造成的材料损失无法估计　由于分包单位现场管理混乱，施工人员素质不高，进行野蛮施工，造成总承包供货设备材料大量损坏，由于赶工期，对分包商损坏的设备材料都是先由总承包商进行维护或补采，这不但造成费用损失，而且极大地影响了工期，给项目造成的损失无法估计。

【设备材料管理措施】

EPC总承包商在与业主签订了本项目合同之后，采购应及时紧密配合项目施工部门有计划地进行设备、散装材料的采购并及时供货到现场，保证工程项目的顺利实施；督促设计部门根据采购进度要求完成请购单的申请、审批和发布；采购部门对库存、采购进行动态跟踪管理和控制，保证库存量在合理的水平之内，既不能使工程因设备、散装材料供应不及时而造成窝工损失，也不能盲目采购，造成积压、胀库和占用较多资金的现象发生。因此，必须对设备、散装材料的交货进度和数量进行跟踪控制，对库存周期进行优化。由此可见，设备、散装材料的采购进度会直接影响项目目标的实现，绝不可以掉以轻心。为了有效地控制EPC项目设备、材料的库存和仓储数量，本项目采取了以下措施。

（1）规范设计部门与其他部门的接口关系　在EPC总承包项目中设计部门与采购部门的接口关系处理对于设备材料的控制非常重要，所以本项目首先明确了设计部门与采购部门的接口关系。

① 设计部门负责编制采购设备表以及技术规格书，并据此编制出设备请购文件，经过控制部门将设备采购计划提交给采购部门。设计部门负责编制各专业的散装材料表（包括技术要求），由项目材料控制工程师汇总，并据此编制项目的散装材料请购文件，提交给采购部门。由采购部门将这些资料、相应的商务文件汇集成完整的询价文件，向供货厂商发出询价。

② 设计部门负责对供货厂商报价的技术部分提出评审意见，排出推荐顺序，提供给采购部门以备确定供货厂商。此外，设计部门派人员参加由采购部门组织的厂商协调会，负责技术及图纸资料方面的交流和谈判工作。

③ 采购部门汇总技术评审和商务评审意见，进行综合评审，并确定出拟签订货合同的供货厂商。当技术评审结果与商务评审结果出现较大偏差时，采购经理应与设计经理进行充分协商，争取达成一致结果，否则可提交给项目经理裁定或提出风险备忘录。

④ 由采购部门负责催交供货厂商应提交的先期图纸（ACF）及最终确认图纸（CF），提交设计部门审查确认后，及时返回给供货厂商；若有异议，采购部门应要求供货厂商提交修正后的图纸资料，以便重新确认。

⑤ 在编制装置主进度计划时，对于所有设备、散装材料的采购控制点，按项目合同的要求进度，由采购部门分类提出采购进度计划方案（包括请购单提出的时间，经设计部门认可计划的可执行性后，提交项目经理批准）。

⑥ 在设备制造过程中，设计部门有责任派人员处理有关设计或技术的问题。

⑦ 根据订货合同规定，需由供需双方共同参加检验、监造的环节，采购部门要派人员参加，必要时可请设计人员参加产品试验、试运转等出厂前的检验工作。

⑧ 由于设计变更引起的设备材料采购变更，由设计部门提出设备材料采购变更清单并交给控制部门，经过项目控制部经理制定的采购计划，签字后提交采购部门进行采购，并要求按照引起变更的责任方进行归档，以便于项目进行相关方面的协调和变更结算。

（2）加强设备材料预控计划的执行力度　本项目的 EPC 工程总承包商要求专业工程师认真审核、复核设备材料数量，落实设备材料管理制度，加强设备材料计划管理，组织监督设备材料进场验收、保管、发放、使用环节的管理工作，责成设备材料管理人员认真实施材料限额领用，降低材料消耗，及时进行材料退库。为加强控制计划的执行力度，本项目采取的措施如下。

① 设置设备材料控制工程师岗位。为加强本项目对设备材料的总体控制能力，防止供应链脱节而给整个项目造成窝工，减少项目窝工造成的损失，本项目在控制部门内设置了设备材料工程师的岗位，通过设备材料控制工程师对设备材料的供应不间断地检测和报告，力争使控制的实际情况与控制基准之间的偏差减小到最低限度，以确保设备材料得到有效控制。

② 对设备材料采购范围进行分包。由于设备材料采购对总承包项目的成本、质量和安全控制有显著影响，本项目由总承包商自主负责采购项目的关键设备和材料。对专业化和市场化程度高的各类材料交由专利商打包采购，或向施工分包商分包。对易损耗材料向施工分包商进行分包。对合同规定由业主提供的设备材料要有明确的进场检验办法。总承包商可以将建筑工程的所需材料及照明、避雷、给排水、梯子平台、保温防腐等材料向施工分包单位分包。采购材料的分包原则应保证现场材料交接界限明确、清晰，保证材料易于管理维护，同时要考虑整个工程的统一性要求。

（3）严格审查施工分包商情况　对施工分包单位的选择对总承包项目的设备材料管理也非常重要，选择施工分包单位不仅要看其投标报价，还要综合分析其工程业绩、经验、技术力量、管理水平、人员素质、财力和信誉等方面，选择经验丰富、员工素质高、企业信誉好的分包单位可以避免不必要的返工，设备材料的损坏少，消耗率低，工程施工质量有保证。

（4）控制材料库富余存量　材料库富余存量由设计、采购、施工根据承包企业有关规定确认，采购依据经验确认材料的库存计划富余量，报项目控制部门确认后进行采购，且将采购中已考虑的库存富余量予以说明。

（5）采用按节点限额领料　限额领料是指根据施工材料定额，由施工管理人员核定施工任务书和实际验收工作量，技术部门提供的技术参数和技术节约措施以及配料表等技术资料，制定材料数量的消耗定额，并且依据限额进行收发料的一种材料管理方式。实行限额领料不但能够掌握分包单位的真实库存和工程实际需要，而且能够真正做到设备材料的过程控制。

（6）严格设备材料的催交制度　对于处在项目关键线路上的重要设备材料，本项目部派有关采购部门进驻工厂，随时掌握生产计划安排，制造实际进度以及外协件的供货情况等，发现问题及时解决，同时对产品质量进行过程监控检验。

（7）严格设备材料的检验制度　设备材料的检验工作分为制造厂检验、海关检验和现场检验。制造厂检验是在制造厂按照买卖双方合同要求的产品性能、外观、包装等进行实体检验；海关检验是货物在进、出关地的国家检验部门进行的商检；现场检验包括开箱检验、运行检验等。在现场检验合格后方可解除供货商物资质量保证责任。

（8）严格设备材料的运输管理　设备材料的运输管理包括从供货厂商交货到运抵现场仓库的全过程，包括出口地仓库的交接和保管，出关、运输和保险、入关、内陆运输、现场交接等多个环节。本项目编制了货物的运输计划，明确了货物的发运集中地和运输方式，对超高（宽）、超长、超重和有特殊运输要求的制定了相应的措施。物资运输工作可以按照采买程序择优选择专业分包单位承担。国际运输的难点在于入关手续的办理。

（9）严格设备材料的库存制度　项目库存管理是设备材料管理的重要环节，项目经理应建立动态库存管理系统，使用计算机管理，库存管理的关键是通过对设备材料库存管理清单、详细采购进度计划和仓库实际库存情况的对比分析，及早发现设备材料供应中的问题，严防设备材料供应中断的情况发生。物资仓库的管理应在项目采购部的控制之下，具体的实施可以分包给施工单位。

（10）严格设备材料的出库流程　在项目建设过程中，施工分包单位向施工管理部门提交货物出库申请单，施工管理部门审查出库申请，至少应满足以下几个条件。

① 施工分包单位提出的出库申请要符合施工工序要求。

② 设备材料已经具备安装条件，并已经做好安装前的准备工作。

③ 施工分包单位有能力对设备材料进行报关和维护。

施工管理部门根据采购提供的有关库房的信息，确认提前进行部分货物的交接，在与施工分包单位协调后可直接向施工分包单位提出出库要求。

出库申请在通过施工管理部门人员审查后，由施工经理签字确认，并将确认的出库申请提交给项目设计部；设计部门根据设计图纸、有关变更、采购部提供的月库存货物报告以及施工现场的实际安装需求，审核出库申请，在核实完成后由设计部门经理或其授权人签字后再提交给采购部；经采购部经理签字后，交库管人员执行。

（11）实行设备材料控制报告制度　在保证施工所需设备材料的前提下，尽量减少库存的富余量。本项目建立了设备材料的领用计划、库存和补订报告制度，将库存富余量降到最小。

① 施工报告制度（逐周、逐月）。施工部门应根据施工进度三周滚动计划、三月滚动计划，明确设备材料的领用计划，以上施工滚动计划和设备材料领用计划应由施工管理部经理签署，施工报告应在每周末、每月末向项目部、设计部、采购部发布。

② 采购报告制度（逐周、逐月）。采购部每周末发布本周到货清单一览表、出库货物一览表，月底进行累计、统计，编制采购到货、出库、库存报告，并向项目经理、项目设计部、项目施工部发布。

③ 设计报告制度（随机）。设计应根据采购、施工周期、月报告，对已经采购的货物进行清查，确认采购量已经满足施工的需要，保证有充足的库存。如果设计发现已购的库存不能满足施工的需要或发现遗漏采购时，应由设计部门及时提出采购技术规格书，经设计经理确认后，发送采购部门，由采购启动相应的应急采购程序。

（12）加强出库材料的控制　该项目由于库区空间有限，为了减少施工单位的搬运，项目中采购的管子和管件全部放在现场，并通知施工单位使用时去取，结果施工单位总是说某种规格的管子和管件没有，或者为图方便用其他规格替代，或为找某一规格的材料花费了很长时间。最后项目部派人和施工单位负责人到现场将所有管子和管件进行整理统计，并正式移交施工单位，明确已经移交的材料由施工单位负责。施工单位派专人负责管理，结果后续施工进展十分顺利。工程总承包单位在施工阶段，一方面要加强领料和退库制度的执行力度，另一方面要求各专业负责人根据领料单，经常检查是否已经施工或施工是否需要。

（13）严格控制合同变更　设备材料合同履约中的变更控制是一项复杂的系统工程，其变更控制涉及建设管理部门、监理单位、设计单位、施工单位和供应商各方的利益。工程类项目设备材料采购合同在执行中，如果遇到必须调整的项目，现场管理部门必须及时上报，经技术部门、造价控制等部门现场核实后重新采购或与原供应商签订合同（补充合同），这是强化采购合同监督管理的重要举措。

（14）保证采购管理的人力资源　实施专业采购、专业检查，保证采购货物和入库检查的质量。在采购的前期即对采购过程中的专业问题进行明确的界定和制定统一的规定，保证货物采购和制造厂检验符合设计请购单的技术要求，或将制造厂商的变更及时通报给设计部门，完成设计文件的升版，保证到货与设计文件要求一致。在现场货物交付完成后，由采购专业工程师组织厂商、分包商完成对货物的入库检验，及时消除不合格产品，保证到货质量。

【实践案例结语】

设备材料供应直接影响 EPC 总承包项目的建设工期、质量和费用。对设备材料供应的管理是项目管理的重要内容之一。随着 EPC 总承包项目的规模越来越庞大，结构功能日趋复杂，使得设备材料采购量大、种类多、规格杂、费用越来越多，建设周期不断缩短，项目各阶段的交叉程度越来越深，工程项目设备材料失控的现象日趋严重，工程项目的风险愈来愈大，所以设备材料显得尤为重要。

EPC 总承包项目的设备材料管理是从设计出发，即从设备材料请购清单要求开始，到项目试车验收结束，伴随着整个项目生命周期，是一个系统性、动态性的过程。根据每一个项目的具体情况其设备材料管理的任务也不尽相同，管理难度较大。为此，如何对工程项目设备材料管理进行深入研究，如何采用系统的、动态的方法对工程项目设备材料进行全面、精细的管理，需要结合行业实际进行更为深入的研究。

14.5.3　特种机械管理实践案例

【案例摘要】

以某公路工程特种机械管理实践为背景，对现场特种施工机械的安全管理以及重要性进行阐述，同时，对于特种施工机械管理优化的策略进行了有益的探讨，旨在为特种机械的安全管理提供借鉴，提升对特种施工机械的管理水平。

【案例背景】

某 EPC 高速公路工程项目设计为里程为 K61＋555～K68＋020，路线长 8.723km，主要工程量为：路基长度 2408m，路基挖方 452.3 万立方米，路基填方 13.8 万立方米，路基弃方 352 万立方米；桥梁 4263m/12 座、特大桥 1735.4m/2 座、大桥 78.5m/9 座、……、桩基础 794 根、预制梁 1523 片、涵洞 77.71m/1 座、停车区 1 处。在施工过程中动用了龙门吊、架桥机、塔吊等多种特种施工机械辅助施工。

【特种机械管理的特征】

在建设工程施工中，特种机械管理工作较为复杂，首先要制定对特种机械作业的管理制度及其相关措施，这需要结合生产实际情况进行全面考虑，确保特种机械的安全管理及维保工作有制度的引导。

特种机械作业属于高危作业，许多方面涉及安全管理工作，在施工过程中由于现场工作人员安全意识缺乏、安全教育的重视程度不够、安全责任模糊以及机械维护工作缺位等因素，同时，施工过程中交叉作业普遍、作业种类多、流动性也强，极有可能引起较大安全事故，所以特种机械管理显得十分重要。

【特种机械管理存在的问题】

（1）安全控制不合规范　近年来，虽然我国相关管理部门制定了关于特种设备检验检测工作的安全管理制度和措施，但是，还会涉及一些细节问题，需要各个单位根据自己的情况进一步完善。目前，各单位根据自身的实际情况已经制定出了相应的补充政策，但是，由于一些单位对安全问题不重视，在关键节点上存在漏洞，检查存在走过场的形式主义的现象，使特种设备的使用造成了一定的安全隐患。在一些站段对安全管理措施没有有效落实的前提下，并没有实现标准化作业，使特种设备管理制度成为摆设。相关工作人员在工作的过程中，只是延续原来工作的思路和方法，违章现象普遍存在，特别是负责人没有起到带头作用，这种不能根据相关安全管理规章制度完成的工作，就不可避免地出现安全事故。

（2）对相关作业人员的资质监管尚不到位　作业人员可以说是特种设备运营过程中的中坚力量，而作业人员的操作指令在很大程度上决定了设备运行的安全保障。因此，只有操作人员具备了一定的专业素养及安全意识，才能给特种设备的安全使用提供基础性保障。但是从目前的行业现状来看，合格的特种设备操作者并没有随特种设备的使用频率增加而增加，反而是在大量的需求之下暴露出行业大量人才缺口的问题，同时，缺乏必要的实操培训及资质考核。产生此问题的原因是多方面的，其中最主要的就是多数企业自身还没有对特种设备的安全管理引起重视，同时又受到成本制约，因此，才形成行业内部大多数企业存在特种设备操作人手缺乏及人员培训制度不够成熟的现有局面。

（3）特种设备质量参差不齐　由于施工现场所涉及的机械设备有可能来自于不同的单位及制造生产商，不同的企业对自身生产的机械质量的要求有所差距，从而形成机械设备质量参差不齐的情况。比如一些特种设备，一部分出自生产经验、技术力量、工艺装备较差的工厂，有些是出自技术能力雄厚的企业，还有一部分是生产能力、生产技术一般的中型企业出产。根据不同的设备租赁需求，所选择的设备质量也有所不同，在此方面目前仍没有较为明确的限制措施。

【特种机械安全管理途径】

在本项目中对于特种机械设备的管理做了以下工作。

（1）落实安全责任制度　我国当前的安全生产责任制度是确保安全生产的关键，这是确保特种设备作业安全的重要基础以及参考文件。在实际的生产过程中要保证特种作业设备的安全运行，就需要积极落实安全责任制度，确保每一个操作人员都可以尽职尽责，防止事故发生后出现责任不清、人员相互推卸的现象，从而引起生产、劳动安全事故导致项目不能够顺利进行。

本项目针对现场的管理工作，建立了一套自上而下、全面系统的管理制度，提高特种设备安全生产的合理运行，特别是现场管理人员需要将安全责任制度落实到具体的每一天、每一件事以及每一步操作上，有力地保证了现场特种设备的合理运行。

（2）提高安全检测人员的素质　特种设备检验检测人员应当具备丰富的工作经验，在掌握较高技术能力的同时，还应当具备扎实的基础理论，才能够有效地提升特种设备检验检测工作的质量。在本项目中严格要求，定期筛查不具备技术能力的工作人员，对没有资质和没有能力的人员进行淘汰。随着现代化的检测设备工作的升级，要求检验检测工作人员提升自身素质，并提升工作技能责任心，从而保证检验检测工作的质量。

（3）提高对设备维护保养的重视程度

① 建筑企业及管理人员必须提高对起重类特种设备日常检查保养的重视程度，在本项目中一方面重点监督使用单位，确保其能将相关规章管理制度作为根据，做好每天的班前检查与维护工作；另一方面，管理人员也要按照工程施工计划，结合起重类特种设备的使用频率，制订保养计划并保证其合理性与完善性，此时再与专业能力强、信誉度良好的起重类特

种设备维护保养资质公司建立合作，对设备展开月度、季度、年度的专项维护保养。

② 在本项目中建立了月、季检查规划和制度，设备月度与季度检查规划的制订是关键工作之一，这是强化设备安全隐患排查的重要基础；应遵循内部监督、外部维护的原则划分责任，确保设备安全检查能真正发挥其核心作用，达到安全隐患及时发现、研判、预警、消除的目的；最后，应按照安全检查方案对起重类特种设备进行日常维护与定期安检，在将设备技术状态与安全状态检查作为重点的基础上，使安全隐患从根本上得到清除。

（4）特种设备的信息化管理　随着信息技术的不断发展，特种设备管理人员应积极运用信息化技术来提高管理质量。施工单位需要建立完善的特种设备信息网，研发符合施工实际情况的管理软件，加强领导和规划，在开展该项工作的同时加大资金投入，进一步落实特种设备的统一管理，实现快速反应、资源共享的目标。通过信息技术手段，将整个特种设备全程管理的信息连接起来，规范特种设备的使用、维护、保养以及设备改造等方面的工作。将风险评估技术引入特种设备的安全管理中，能够有效降低安全事故的发生。

随着多种特种设备的使用愈加普遍，早期投入使用的设备已经到了事故的高发阶段，针对这些陈旧设备需要进行全面的安全评估。近年来各施工企业越来越重视安全评估，在开展这项工作中给予了支持。该项工作的开展已经初见成效，在施工作业中安全事故发生率明显降低，特别是运用应急技术以及预警监控系统，能够实时发现事故隐患，避免经济财产的损失。

【实践案例结语】

随着社会发展的需求，特种机械应用范围不断增加，由于特种机械具有较大的危险性，因此，在生产过程中不仅需要加强现场的安全管理，还要确保操作人员的安全防范意识以及突发事件的应变能力，从各个方面提高特种机械作业的安全系数，确保特种机械的运行合理。

14.5.4　基于 BIM 的资源管理实践案例

【案例摘要】

以某市银沙洲某项目实践为背景，介绍了通过 Autodesk Revit、广联达 BIM 5D 平台实现对该项目可视化的进度模拟，据此生成物料需求计划和劳动力需求计划，通过与现场物料验收系统和劳务管理系统的统计数据对比纠偏，实现项目资源的智能动态化管理。

【案例背景】

该项目为某市的综合办公楼，项目总占地面积为 $36481m^2$，总建筑面积为 18 万平方米，项目共有 6 栋塔楼和一层裙房，塔楼地下 1 层，地上 18 层。该项目主要面临的问题是工程量大、施工复杂、交叉作业频繁、资源投入集中、工期紧迫，在这种条件下，项目管理人员经过决策使用 BIM 技术实现施工现场的智能管控。

【模型建立标准】

为了确保不同专业的 BIM 模型可以正确集成并应用于后续施工管理，建立符合项目要求统一的 BIM 规范可以避免各专业建模人员各自为政。BIM 规范明确了建模精度和深度，统一的构件色彩可视化表示标准以及构件编码规则，为资源管理阶段生成构件相关报表提供了基础。

【BIM 资源管理】

该项目的进度和资源管理主要通过 Autodesk Revit、广联达 BIM 5D 平台和施工现场布置的广联达软件实现。Revit 用于对结构和建筑信息模型的创建和修改；广联达 BIM 5D 平台可以整合各专业模型，将 Revit 模型导入后与施工进度信息相关联，实现施工进度模拟，再将进度信息与工程量、劳动力需求量结合，进而实现物料和劳务的智能化管控；BIM 场布软件主要用于优化物料场地堆放。

（1）基于 BIM 的进度控制　传统的项目总进度计划多通过文字编写，复杂的项目有上百个工作任务，不能与模型相联系，其逻辑关系较难理清，抽象的进度计划很难知道实际工作情况，也难以实现复杂项目的动态管理。

在 BIM 5D 平台中，可以导入 Revit 3D 模型信息，将模型中的构件与工作任务分解和对应的时间相连接，实现模型、工作任务和时间三者联动，关联完成后还可以通过动画设置形成 4D 施工进度模拟，实现进度计划的可视化。施工模拟的优势主要体现在：可视化是一个虚拟建造的过程，管理人员可以直观形象地识别进度计划的关键节点，并判断流水施工段的划分和进度安排的合理性；在施工过程中，将模型与实体建造的进度进行比较，有利于发现施工差距，及时对差距进行纠偏；此外，各专业还可以在同一云端平台上实现信息共享和进度的协调管理，极大地提高了沟通和管理效率。

（2）基于 BIM 的物料管理　物料成本占总工程造价的 70%以上，其库存影响着流动资金的占用。传统的物料堆放位置多根据平面规划的技术人员的经验所得，由于每个施工场地都具有特殊性，尤其是大型工程项目的现场协调比较复杂，往往会有布置不合理的地方，导致现场材料堆放杂乱。另外对于传统的物料管理无法准确划分施工工序以及每道工序在对应时间的需求量，导致物料的过剩存储和供应短缺时有发生。而本项目通过 BIM 技术应用可以实现物料的信息化管理。

① 优化材料堆场。本项目施工场地狭小，各专业交叉占用场地频繁，施工总平面布置难度大，针对此种情况，本项目利用 BIM 技术进行现场总平面规划，对各专业各阶段的加工厂、材料堆放进行布置。

传统的场地布置是静态的二维图纸，难以发现运输、使用过程中人车等动线的不合理处，而通过现场布置软件实现对仓库和材料堆放现场的三维布置，设置路径漫游模拟现场环境，可以通过动画 360°观察整个场地情况，对场地不合理的地方进行改造，减少二次搬运等现象，从而控制物料搬运成本以及延误工期造成的成本浪费。

② 物料智能管控。在进度模拟的过程中，进度信息已经与构件相联系，从而可以基于 BIM 模型统计每种材料在不同时间的需求量，生成材料需求量计划，管理人员根据需求量计划采购各种材料，减少了由于现场物料存储过剩或供应短缺而造成的成本增加。在现场使用物料验收系统，通过地磅检测供应量是否与采购量对应，防止供应商缺料，保证材料真实入库，而且可以方便地统计出项目每个月的过磅数据，将其与材料需求计划中的数据进行比较，从而实现物料智能管控。

【基于 BIM 的劳务管理】

劳务管理对成本也有较大的影响，各工种的劳务人员的入场时间和人数应当与项目进度相协调。传统的劳务管理由劳务公司管理人员以及班组进行安排，如果进场时间过早、人数过剩会造成窝工损失，入场过晚、人数过少会造成工期延误，同样造成损失。另外劳务人员的技术水平直接影响整个工程的质量，传统方式是用书面和口头结合的方式交底，多流于形式，效果微乎其微。本项目运用 BIM 技术实现劳务智能管理和可视化交底，大大提高了劳务管理的效果。

（1）劳务智能化管控　合理的进度计划是优化劳动力分配的前提，根据 BIM 技术制定的进度计划，可以辅助管理人员安排各工种的劳动力投入，再运用 BIM 5D 平台生成每月劳动力需求计划，避免由于窝工造成的人力成本增加，也可以避免由于劳动力供应短缺造成的工期延误。另外现场使用劳动力管理系统，在现场安装智能考勤设备，通过闸机或 RFID 考勤设备，将工人的打卡记录实时上传至劳务管理系统，劳务人员的身份信息已事先录入系统，因此，可以输出各工种每日、每月的实际劳务出勤情况，将现场劳务管理系统的每月考核表同 BIM 生成的劳动力需求计划进行比较，可以根据偏差分析合理安排各工种入场人数。

（2）智能化培训管理　项目安全教育和技术交底直接影响现场安全管理和质量控制，因此，保证每个人参加培训，并且真正获得培训效果，使每个现场施工劳务人员都能认识到安全的重要性和掌握正确的施工技能是非常关键的。

本项目利用 BIM 技术制作相关工艺流程的三维视频，例如对砌砖的工艺进行步骤分解制作成视频，在样板间砌墙的位置设置了相应的工艺视频播放按键，施工劳务人员按播放按键，就可以观看相应工艺展示视频，同时，在按键旁设置了数字库，统计受过教育的劳务人员人数。劳务人员在进入样板间进行培训前，需要持卡签到，在劳务管理系统中可以生成系统签到表，对劳务人员受教育情况实施监控。对未达到培训目标的员工设置黑名单，在持卡通过闸机时发出警报，限制或禁止进入施工现场。

【实践案例结语】

本项目将 BIM 技术成功地运用到现场施工阶段的资源管理之中，通过 Revit 建立建筑模型，将模型在 BIM 5D 平台中与进度信息关联，从而实现可视化的进度模拟，优化项目进度计划的编制。另外在项目实施过程中，可对现场进度和计划进行比较，实现了进度的动态纠偏管理。资源管理在进度模拟的基础上，通过生成物料需求计划和劳务需求计划与现场物料验收系统和现场劳务统计对比，及时分析偏差原因，大大提高了资源管理的效率，降低了成本。

第15章

沟通管理

EPC 项目建设是一个复杂的系统工程，需要参与各方密切合作才能顺利进行，而沟通与协调是总承包方对项目各方面进行管理的纽带与手段。有效的沟通与协调能促进 EPC 项目管理过程中团队内部及各参与方之间互相理解，达成共识，为既定目标任务的完成创建条件，为企业创造更多价值和财富。为此，项目沟通管理是现代项目管理的重要要素之一。

15.1 沟通管理概述

15.1.1 沟通管理的概念与意义

15.1.1.1 沟通管理的概念

《项目管理知识体系指南》认为：沟通管理就是保证项目信息及时、适当地产生、收集、发布、存储和最终处理所需要的过程，它提供了项目成功所必需的人、思想和信息之间的重要联系。

《建设项目工程总承包管理规范》认为：工程总承包企业应建立项目沟通与信息管理系统，确定沟通与信息管理程序和制度；应利用现代信息及通信技术对项目的全过程信息进行管理；项目部应根据项目的规模、特点与工作需要设置专职或兼职的项目信息管理和文件管理控制岗位。这是从组织、程序、手段的角度对沟通管理进行了具体的诠释。

《现代项目管理导论》中的表述：沟通管理就是确定利益相关者的信息交流和沟通的需要，确定谁需要信息，需要什么样的信息，何时需要信息，以及如何将信息分发给他们。

基于以上论述，沟通管理的概念包括以下几个方面的含义。

（1）项目沟通管理有明确的目的性　项目沟通管理是服务于项目管理的，沟通管理是进行项目管理的重要手段，通过沟通，达到相互协调一致、团结合作的目的，最终实现工程项目的完成。

（2）项目沟通管理具有计划性、规范性　项目沟通管理是指项目组织及其管理者为了实现项目的目标，在履行管理职责，实现管理职能过程中的有计划性的、规范性的职务沟通活动和过程。

（3）项目沟通管理有明确的职责　项目沟通管理就是保证项目信息及时、正确地提取、收集、传播、存储以及最终处置，以保证项目班子内部信息畅通。

（4）项目沟通管理是一个管理的全过程　承揽工程项目目标的确定，施工方案的编制、执行和调整，采购阶段和试车阶段等各个环节都需要进行沟通管理。

（5）项目沟通管理的研究对象是"沟通"　项目沟通管理的研究目的是项目部组织如何提高项目沟通的有效性和沟通的效率，其研究范围涉及与项目有关沟通的全过程。

15.1.1.2 沟通管理的意义

（1）沟通管理可以提高沟通效果　沟通管理就是保证项目信息及时且适当地产生、收集、发布、存储和最终处理所需要的过程。沟通需要提高效率和有效性。通过沟通管理，项目组织建立起一系列的沟通制度和机制，可以使沟通的项目信息更加准确，程序更加科学，行为更加规范，传递的信息更加及时，对于提高沟通效果具有重要的作用。

（2）沟通管理可以减少沟通成本　项目管理是有成本的，而沟通则是项目管理的重要方法和手段，项目管理离不开沟通，沟通是项目管理的要素，没有沟通项目管理不可能顺利进行。有效的沟通可以提高项目管理的效率和水平，从而减少项目管理的成本。

（3）沟通管理有助于项目目标的实现　项目管理必须有明确的计划，包括总目标、分目标，要使计划落实和目标实现，就要让项目部内部人员、参建单位都要对目标计划有一个清楚的了解，明确干什么、怎么干、何时干等问题，积极参与目标实现的活动之中，这就需要与各方进行有效的沟通，使项目团队向同一个方向努力工作，最终实现总体目标。正如国际学者弗兰克·塞沃恩（H. Frank Cervone）所认为的："项目的有效沟通可以帮助项目团队成员清楚地认识学习项目的目标，让每个成员都知道自己不是旁观者，而是项目目标实现者之一。"学者卡琳·布莱克（Carlynn Black）和阿金托拉·阿肯托耶（Akintola Akintoye）则认为："有效的沟通是项目实现双赢或多赢的重要影响因素之一，制定良好的沟通机制有助于项目目标的实现。"

15.1.2　沟通管理的特征与原则

15.1.2.1　沟通管理的特征

（1）复杂性　每个项目部的建立都与大量的企业或单位（分包商、专业分包商、供应商、监理单位、业主等）、居民和政府管理等组织机构有关联，而且这些关系都是由于项目部成立而形成的，具有临时性，一般来说，彼此之间没有合作的经历，因此，项目部必须协调各组织、部门以及各组织和部门之间的关系，沟通管理相当复杂。

（2）系统性　项目是一个开放的复杂系统，这一系统的确立将全部或局部地涉及组织的政治、经济、文化等方面，对项目产生或大或小的影响，这就决定了沟通管理必须从整体利益出发，运用系统的思想和分析方法，全过程、全方位地进行有效的管理。

15.1.2.2　沟通管理的原则

（1）统一原则　项目沟通管理秩序本身就是为整个项目工程建设统一运转管理模式而建立的，从信息的产生、传递、接收到信息的反馈过程必须与整个项目的运转管理模式相一致，它与项目建设有关的规定、说明、报告及规范操作办法一起构成了项目管理制度体系，虽然该体系也需要随着项目的进展与经验不断充实、调整与完善，但是该项目管理制度体系的存在必然成为沟通管理所遵循的参照体系，体现出沟通管理与整个项目管理体系的统一性。

（2）必要原则　项目沟通管理是要付出成本的，如果因为过度的沟通工作或繁琐的文档规定使得整个项目管理效率低下，那将是得不偿失的。因此，项目沟通的时机与频率的把握至关重要。在沟通管理工作中，应坚持一切要以"必要"为准绳，严格沟通的必要性分析，有必要则沟通，非必要则少沟通或不沟通。在项目建设过程中，项目管理者应把握好沟通的时机，例如项目某阶段工作的开始时、关键环节出现问题时、某项工作结束时、各方需要统一目标时等对必要问题开展沟通工作。

（3）准确原则　准确是沟通管理的基本原则和要求。在沟通中，只有当发送的信息表达方式、语言、文字等能够为信息接收者所理解时，沟通才有效。在实际工作中，由于接收方对发送方的信息未必能完全理解，导致沟通失误的情况有之，白白浪费沟通成本，影响工程进度或质量。为此，发送方应将信息加以综合并力求用容易理解的方式来表述，这就要求发送方具有较高的语言表达能力并熟悉下级、同级和上级所用的语言、文字，如此才能克服沟通过程中的各种障碍。因此，准确原则成为沟通管理工作的重要原则之一。

（4）逐级原则　在开展向下沟通和向上沟通（纵向沟通）时，应尽量遵循逐级原则。在向下沟通时，由于项目经理下面还有职能部门的主管，主管下面还有管理人员，项目经理应设法使主管位于信息沟通的中心，尽量鼓励发挥主管的核心作用。但在项目管理实际工作中，项目经理往往会忽视这一点，而越过下级主管而直接向管理人员或一线人员发号施令，这可能会引起许多不良后果。如果确实要这样做，项目经理也应事先与下级主管进行沟通，只有在万不得已的情况下（如紧急动员完成某项工作）才可以越级沟通。在向上沟通时，原则上也应该遵循逐级原则（项目经理一般直接向企业的项目管理总部报告工作），在特殊情况下（如在提建议、出现紧急情况等情形下）才可以越级报告。因此，逐级沟通是沟通管理工作的重要原则。

（5）及时原则　信息沟通只有得到及时反馈才有价值。在沟通时，不论是向下传达信息，还是向上提供信息或者与横向部门沟通信息，项目经理都应遵循及时原则。遵循这一原则可以使自己容易得到各方的理解和支持，同时可以迅速了解信息接收者的思想和态度。在沟通管理实际工作中，沟通常因信息传递不及时或接收者重视不够等原因而使效果大打折扣。及时沟通、及时反馈才能够及时使问题解决得更加圆满。及时原则是沟通管理工作的又一原则。

15.1.3　沟通管理模式与体系

15.1.3.1　沟通管理模式

沟通管理模式同其他管理要素一样，实施两层次管理模式，即企业层管理和项目层管理相结合的管理模式。

（1）企业层沟通管理　企业层的沟通管理主要是各职能部门之间，通过会议、文件等多种形式进行沟通交流；另一方面从企业整体角度出发，通过企业职能部门对外（包括政府、上级、社会等的汇报、宣传、招标）进行沟通和协调。

（2）项目层沟通管理　项目层的沟通管理模式是以项目经理为核心，从项目经理部角度出发，与所有项目干系人分层次实施沟通管理的模式。按照项目部与项目干系人利害关系程度，可以分为两个层次进行管理。

① 项目经理部与内部干系人之间的沟通联系，主要包括项目经理部与组织管理层、项目经理部内部的各部门（设计部、采购部、施工部、试车部、控制部、安全部、信息部等）和相关成员之间的沟通与协调。第一层次的组织内部沟通与管理应依据规章制度、项目管理目标责任书、控制目标等进行。项目部内部沟通可采用授权、会议、文件、培训、检查、绩效报告、思想教育、考核与激励及电子媒体等方式进行。

② 项目经理部与项目外部干系人之间的沟通协调，主要包括项目经理部与企业总部的沟通、与业主的沟通、与监理咨询单位的沟通、与联合体单位的沟通（因属于外单位）、与政府主管部门的沟通等。

项目外部沟通应由组织或项目相关方进行沟通。组织外部沟通应依据项目沟通计划、有关合同及合同变更资料、相关法律法规、伦理道德、社会责任和项目具体情况等进行。项目外部沟通一般可以采用电话、传真、召开会议、联合检查、宣传媒体、绩效报告等方式进行沟通。项目经理部的沟通管理模式示意图见图15-1。

15.1.3.2　沟通管理体系

沟通管理体系由沟通监控体系和沟通保证体系组成，EPC项目沟通监控体系由沟通监控目标、沟通监控流程两部分组成（沟通保证体系在下面介绍）。

（1）沟通监控目标　成功的沟通对工程项目极为重要，有效的沟通管理是为了实现以下目标。

① 使项目参与者对项目总目标达成共识。项目经理是组织实施项目、全民履行合同的责任人，他一方面要研究业主的总目标、期望以及项目成功的检验标准，另一方面要通过有效的沟通，使得项目参与各方把总体目标作为行动指南，以便在行动上保持一致，共同实现项目的总目标。

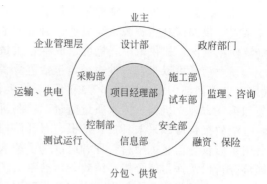

图 15-1 项目经理部的沟通管理模式示意图

② 有效激励工程项目参与各方的积极性。不同的项目参与方分析问题的角度不同、经验不同、专业不同、经历不同，因此，可能各自形成的目标也并不相同，难免存在一些组织矛盾和纠纷，这些矛盾和纠纷会影响总体目标的实现。通过有效的沟通可以加强各方相互之间的理解，建立和保持良好的项目合作精神。

③ 提高项目组织内部的信任度和工作效率。组织内部各职能部门是项目管理的主体，一个项目的成功离不开各职能部门的相互配合，而能够做到相互配合的前提条件是相互信任。通过有效的沟通可以提高组织内部的相互信任度，进而提高管理者的工作效率。

④ 增强情况透明度以提高解决问题工作效率。在项目施工过程中，肯定会遇到各种情况，如成本严重超支、进度严重滞后、意外事故发生、遇到困难等情况，通过有效的沟通，可以增强项目情况的透明度，便于发动各方参与人员查找原因，提出解决方案，有利于提高解决问题的工作效率。

总之，沟通监控目标体系的建立，应是围绕着项目总体目标而形成、进行的。

（2）沟通监控流程 沟通监控流程是项目沟通管理体系中的主要部分，也是项目沟通管理的主要工作内容，是沟通管理的主要流程。沟通监控流程体系包含沟通计划、信息发布与反馈、绩效报告、沟通收尾环节。

15.1.4 沟通管理的内容与流程

15.1.4.1 沟通管理的内容

沟通管理是项目管理的核心，贯穿于项目管理始终，据统计项目经理的沟通工作时间占其全部工作时间的 $75\% \sim 90\%$，项目管理者的沟通工作时间一般占其全部工作时间的 80%。

沟通管理主要工作内容：沟通管理计划编制、信息发布与反馈、沟通绩效报告和沟通收尾工作。

（1）沟通管理计划编制 项目部还要编制信息沟通的技术支持系统建设计划，应根据信息传递和沟通的需求，配备沟通人员、沟通设备、沟通器械等，以计算机、网络通信、数据库、云计算等作为技术核心，为项目全过程所产生的各种信息及时准确高效地进行集中管理奠定技术基础。

（2）信息发布与反馈 信息发布是指按照沟通计划，把所需要的信息及时提供给利害关系人，包括对项目的某特定部门存在的问题所进行的信息交流、对项目某些干系人预料之外的信息索取要求项目部所做出的反应等。信息可以通过项目会议、书面文档复印件、共享电子网络数据库、传真、电子邮件、语音邮件、电视会议和项目内部网等方式发布，应从信息的迫切性、项目环境的可能性等方面综合考虑确定发布方式。在沟通时要及时收集信息接收者的反馈，对来源于项目内、外部的各种建议、意见和诉求要及时做出分析，并及时予以协调解决。

（3）沟通绩效报告　绩效报告是指对所有项目干系人收集和发布绩效信息，以便向利害关系人提供如何利用资源来完成项目目标的绩效信息。绩效信息包括实现项目目标而投入的资源使用情况，提供范围、进度、成本、质量、风险和采购等实际发生情况的信息。

绩效信息可以来自多种途径，包括监督者（如监理工程师）的记录收集、其他职能部门（如质量管理部、成本控制部等）的记录收集、被监督者（如分包方、供应商等）的记录收集和第三方独立机构（国家质量监督、检测机构等）的记录收集。

绩效报告可以采取日报、月报、召开阶段性会议、汇报等方式，提供有关范围、进度、费用、质量等信息。项目管理者可以基于绩效报告的有关信息进一步展开相关的偏差分析、趋势分析以及挣得值分析。绩效分析通常会产生对项目某些方面变更的要求。

（4）沟通收尾工作　沟通收尾是指对项目所有沟通结果文档的形成、归档工作。沟通的客体是信息以及有关文件等。因此，对沟通结果信息的收集与文件整理、归档是沟通管理工作的应有之义。同时，对在沟通中符合项目规范的保证、承诺等要有全面的记录，对项目的顺利进行有重要意义的沟通效果及沟通中取得的教训进行分析、总结。

15.1.4.2　沟通管理流程

项目沟通管理工作流程示意图见图 15-2。

图 15-2　项目沟通管理工作流程示意图

绩效分析的目的在于当项目出现变更后，需要进一步确定和测量期望绩效与当前绩效之间的差距，也属于沟通管理的内容

15.1.5　沟通管理机构与职责

15.1.5.1　沟通管理组织机构

沟通管理组织机构的设置各企业有所不同。企业层面的沟通管理机构一般设置公关部、人事部等。近年来随着社会和经济的发展，许多现代化企业都把沟通职能部门提升到企业组织的最高管理层次，这一高级职能部门在传统的人事部、公关部、宣传部等的基础上拓展了一些分支机构，进一步细化了工作职能，以适应不同的沟通对象（如政府、媒体、供应商、业主等）和不同的沟通任务。这些分支机构隶属于企业级沟通部，由沟通部门统一管理、统一分工，各有特长。这种管理机构设置能够使沟通部门的决策层具有战略意义，有利于企业统一的整体形象。

项目部层面的组织沟通与协调机构主要是项目经理部，由项目部的各个职能部门配合沟通执行。

15.1.5.2　沟通管理岗位职责

（1）项目经理部沟通职责　项目经理部的沟通与协调工作职责如下。

① 项目经理部应根据工程具体情况，建立沟通与协调管理系统，制定管理制度，并及时预见项目实施过程中的各阶段可能出现的各种问题，制定沟通计划，明确沟通内容、方式、渠道和所要达到的目的。

② 项目经理部负责建立沟通的清单，分析沟通需求。

③ 项目经理部负责落实信息沟通的技术支持系统计划。

④ 项目经理部应利用上述各种先进设备、方式、方法，在项目实施全过程中与相关方进行充分、准确、及时的交流与沟通，并针对项目各阶段出现的问题，调整和修正沟通计划。

⑤ 沟通与协调内容涉及近外层关系、远外层关系等方面的所有信息，尤其是关于项目进度、质量、费用、内部关系等需要在各方相互共享的核心信息，应编制绩效报告予以公布，以及时指导项目工作。

⑥ 对项目实施全过程形成的沟通协调信息进行汇总、整理，形成完整的档案资料，使其具有追溯性。

（2）各职能部门沟通职责　项目部的各个职能部门在项目沟通中的职责如下。

① 负责项目部下达的各项政令、决议、计划、精神的下达与执行。

② 负责职能部门在项目实施过程中遇到的难以解决的问题的呈报。

③ 负责本部门责任范围内有关单位的合理化建议、投诉、举报、重大问题的反馈及其他必要信息的下情上传。

④ 负责落实本部门职责范围内与业主等单位相关的项目建议的收集、传递、处理和反馈。

15.2　沟通管理实施要点

15.2.1　项目启动期

在项目启动期，EPC 工程总承包商与业主有两个沟通关键点是中标后总承包商应与业主洽商和沟通。

中标后的沟通是指投标单位中标后与业主就在招标、投标时没有涉及的、需要进一步说清楚的或无法定量的内容，包含技术、商务的问题，做进一步细致的确认。双方需要进行准确、有效的中标后的商洽谈判。标后谈判是一种正式的、双向的、口头式的沟通方式，沟通的依据是招投标书、合同文件等。

15.2.2　项目实施期

项目实施期的沟通可分为设计阶段的沟通、采购阶段的沟通、施工阶段的沟通和试车阶段的沟通。下面仅就项目实施期的设计阶段的沟通、采购阶段的沟通、施工阶段的沟通的要点加以介绍。

15.2.2.1　设计阶段的沟通

在设计阶段，EPC 项目部要与业主积极沟通，因为工程本身的功能、标准要满足业主的要求，设计能力要符合业主的投资目标，设计形式要注重业主的喜好和愿望。在设计阶段，项目总承包项目部要积极主动地了解业主的各种信息，以招标文件（关于业主要求部分的文件）为沟通依据，并对该类信息进行过滤、筛选，再与设计部门进行有效沟通。

在设计阶段，项目部主要以正式、双向沟通为主，采用书面工具同设计部门进行交流，以便设计部门对业主和总承包商的设计意图充分理解。全部设计基础数据和资料经设计经理检查和验证后，报业主确认。对于分歧较大的设计单元，双方应进行充分、广泛的协商，避免因沟通不充分、不到位而引起日后的矛盾。设计部门或单位也应建立设计协调程序，并按总承包商有关专业（采购、施工等）之间互提条件的规定，积极与各专业之间进行信息沟通，达到协调的目的，避免因设计与实际脱节产生的矛盾。

15.2.2.2　采购阶段的沟通

在EPC设备材料采购过程中，EPC工程总承包商和业主、供应商之间需要做大量的沟通工作，从采购准备、实施直到交货验收、运抵现场。保持工程总承包商和业主、供应商、职能部门之间的有效信息沟通是采购工作取得成功的基础。

（1）总承包商与业主之间的沟通　EPC项目业主一般不具体深入参与，但在某些方面业主还是需要参加一定的项目活动。通过工程总承包商与业主的沟通，能够使设备材料产品更好地符合业主的要求，实现项目目标。在采购过程中，工程总承包商与业主之间的沟通重点表现在以下几个方面。

① 工程总承包商向业主传递采购计划资料，请业主对项目所需采购的设备、材料进行确认。

② 在采购准备阶段，工程总承包商负责采购计划的编制并按照计划开展采购工作，当业主提出项目变更而导致采购计划变更时，就需要EPC总承包商与业主及时进行有效沟通，准确传递变更相关信息，对采购计划进行调整。

③ 工程总承包商在设备的监造、催交过程中，要及时与业主沟通，通报监造、催交进展情况，征询意见和建议。

④ 在设备材料交货验收过程中，业主应参与现场检验验收，并签署验收意见。

（2）总承包商与供应商之间的沟通　采购过程中总承包商与供应商之间的信息沟通比较集中，沟通量也比较大，双方信息沟通的重点主要发生在供应商的选择、签订采购合同到采购合同的控制几个方面。

① 在对供应商的选择过程中，总承包商通过与供应商的沟通才能选择出最佳的供应商。例如，在投标人名单确定和批准时，采购部门根据设计文件和以往合作过的供应商，确定投标人名单；如果没有合作过的供应商，则需要与其沟通，了解其情况，以便确定投标人名单。同时向每个潜在的供应商传递资格预审文件，进行审查并最终形成投标人正式名单。

② 在投标答疑期间，采购部门将招标文件及有关资料发送到经过预审合格和业主批准的投标人手中。投标人发现文件有不符、条文意图或含义模糊的，经投标人的质疑，采购部门进行誊清或修正，将有关誊清更正的资料、答复文件汇总并传至每个潜在的投标人。

③ 在评标、定标与合同签订时，通过评标、定标确定中标人，供应商与工程总承包商可以就某些细节和所关心的问题进行沟通、谈判协商，签订中标合同。

④ 在设备监造过程中，工程总承包商设备监造人员与制造厂商之间通过沟通和信息传递，保证按照生产计划和质量要求制造、运抵施工现场、进行安装调试。主要沟通内容：一是通过各种月报、简报、检验联络会、出厂验收会议以及日常的驻厂监造周报、工作日志和各方面的信息交流，了解制造动态，及时发现问题；二是根据交货时间段，编制设备年度质量抽验计划，由采购部门组织相关专业人员对重点厂、重点设备实行不定期检查与督导，对重点和突出问题随时掌握，及时协调解决；三是及时与业主沟通，通报监造进展，征询业主的意见和建议。通过深入分析和总结，不断提高监造的主动性和预见性。

⑤ 在运输和交货过程中，工程总承包商根据合同编制设备运输计划并实施，需要与供应商就包装和运输有关问题进行沟通协调；对于超限和有特殊要求的设备运输，制定专项运输方案，并委托专门的运输机构承担；对于国际运输的设备，应与报关、商检及保险机构沟通落实；设备运至指定地点后，接收人员对货物设备进行逐项核对清点，在签收时确认设备状态及其完整性，及时填报接收报告并归档。对于不符合规定的设备，与供应商沟通协调，及时对出现的问题进行处理。

（3）采购职能部门与其他各职能部门的沟通　EPC项目采购是项目建设的中心环节，如果采购与设计、采购与施工、采购与控制等项目部内部各部门信息交流不畅，将导致各阶段的关系失控，影响项目进度、质量和成本。采购职能部门与项目部其他各部门之间的沟通内容如下。

① 采购部与设计部的沟通。在 EPC 工程项目中，将采购工作纳入设计程序，设计与采购合理交叉、密切配合。设计完成后图纸需要标明采购哪些设备材料以及采购的种类、数量标准的依据，设计与采购之间的主要沟通内容如下。

a. 设计部门应负责编制采购清单和技术规格说明书，向采购部门分期分批提交设备材料请购文件。

b. 设计部门应负责对制造商或供应商报价中的技术部分进行技术评审。

c. 采购管理部门应向设计管理部门提交关键设备资料，设计部门负责审查确认制造商的先期确认图（ACF 图）和最终确认图（CF 图），并返回给制造商。

d. 在设备制造过程中，设计部门可以视情况派相关工程技术人员处理设计和技术问题，与制造商交流沟通。

② 采购部与施工部的沟通。

a. 通过采购进度与施工进度的沟通协调，施工部门依据施工进度递交审核的设备材料计划，采购部门负责将设备材料按时运抵现场，满足施工需求。

b. 设备材料运抵现场，采购部应及时通知施工部门，施工部门应参加采购部组织的设备开箱验收，两部门就有关问题进行相互沟通。

c. 施工过程出现产品质量问题需要处理时，施工部门应及时与采购部门沟通，采购部门及时与供应商联系，找出原因，采取措施。除此之外，采购部门与施工部门还有大量的信息需要沟通。

③ 采购部与试运行部的沟通。

a. 采购过程中，采购部门与试运行部门之间对试运行所需要的设备材料和备品备件的规格、数量进行沟通并确认，保证试运行顺利完成。

b. 试运行过程中，采购部门应参与试运行前的检查，对检查的相关工作进行联系沟通。

c. 试运行过程中，对于设备材料出现与质量相关的问题，试运行部门与采购部门及时进行信息沟通，协商解决问题的办法，保证试运行目标的实现。

④ 采购部与控制部、财务部的沟通。

a. 对合同签订前的审批和合同执行过程各阶段的信息反馈，诸如设备制造进度、到货情况、材料消耗量等与进度和费用控制相关的信息。

b. 与采购相关的变更处理，应由控制部门确定变更所需的费用与预算，采购部门依据变更的范围和影响，确定变更的实施过程，并向控制部门反馈相关信息。

c. 合同发票的相关事宜、合同款收支情况、设备材料仓储管理中涉及金额的数据等信息，均应与财务部门的一致。

⑤ 采购部与安全部的沟通。

a. 采购实施文件应与安全部门沟通，并在质量安全部门的监视和控制下执行。保证在工程实施中始终贯彻安全与质量计划，满足质量管理的要求。

b. 采购部门编制的采购检验计划、检验报告应按时提交给质量安全部门，同时，质量安全部门提出的质量安全计划应与采购部门沟通，采购部门执行该计划。

⑥ 采购部与信息部的沟通。

a. 采购部应按照项目部的规定，就利用网络、通信、系统软件、服务器、信息平台等系统过程中遇到的问题进行交流沟通。

b. 采购部门应按照项目部的统一要求，对采购过程中的各种信息、文档按照统一的规定进行标识和归档，上交信息部。

15.2.2.3　施工阶段的沟通

（1）总承包商与政府部门的沟通

①　总承包商应与政府部门及有关单位进行有效的沟通，向政府管理部门提交工程总承包合同备案、施工用水和用电开户审批、办理施工许可证所需的相关资料等，并了解相应部门的最新管理信息，按照其要求办理相关手续，以便于取得其行政许可审批及相关部门的信任、支持。

②　总承包商应与行业有关质检机构进行沟通协调，如材料试验检测机构、桩基础检测机构、边坡处理和基坑围护监测单位等，向这些机构提交申请和相关资料，进行信息交流，以便签订各种监督技术合同等。

③　在施工过程中，总承包商应积极主动地与当地公安、城管、交通、环保、市政、消防、档案等部门取得联系，向相关部门汇报相应的工程实施情况，听取其相关意见和建议，创造良好的外部环境，保证项目顺利进行。

（2）总承包商与业主的沟通　定期向业主单位汇报施工安全及工程进度、质量、费用等方面的情况，使业主单位及时了解项目进展情况。

（3）总承包商与施工分包商的沟通

①　在施工过程中，应严格执行各部位的施工流程，使各专业工序相互协调施工，采用书面形式进行工序交接，明确相关人员的责任；协调各专业对机电安装的交付时间，并做好隐蔽工程验收工作，确保产品保护及后续工序的顺利进行。

②　在施工中，由于业主原因提出的工程变更要求，总承包商应及时通知相关部门或施工分包商，做好项目施工变更与协调工作。

③　在施工中，总承包商应及时收集、整理施工档案资料，按照规定归档。

（4）总承包商内部各部门的沟通

①　施工部与采购部的沟通。施工部与采购部在施工阶段的沟通请参见 15.2.2.2 节中采购部与施工部的沟通所述内容。

②　施工部与控制部、财务部的沟通。

a.在施工过程中，施工部对于发现的质量问题，应及时向控制部汇报、沟通，并虚心听取质量部的意见和建议，研究质量问题的处理办法，确保工程质量。

b.在施工过程中，施工部应定期向控制部汇报工作完成情况，以便于业主对工程进度及时掌握。

c.在施工过程中，对于工程的某些变更应根据实际情况按程序办理工程洽商、变更手续；经项目经理审批后，向财务部申报。

③　施工部与安全部的沟通。

a.施工部应编制安全专项方案、施工方案、安全技术措施，并全部提交给安全部留底。因为一旦发生安全生产事故，各种方案是唯一的依据，调查人员会首先检查编制方案和实际实施方案是否相同。

b.所有危险性较大的专项施工方案都需要经过专家论证，提供方案和论证表，并下达技术交底，相关资料需安全部留档备案。

c.提供使用新技术、新工艺、新材料、新设备相应的安全技术措施、安全操作规程，交安全部留底。

d.对各种方案的验收工作需由工程部牵头，安全部参与，最终出示验收合格文件，并要有签字手续备查，由安全部留档。

e.在施工过程中发生安全事故，施工部应及时与安全部沟通，做好事故处理工作，并采取相应安全措施。

④ 施工部与设计部的沟通。设计人员作为项目管理人员要到现场指导、服务，发现问题及时解决，保证工程顺利进行。

15.2.3　项目收尾期

项目收尾阶段是项目管理的最后阶段，也是沟通管理的收尾阶段，主要工作包括围绕竣工收尾、项目验收、结算决算、保修回访、管理考核评价等方面的沟通管理内容。

（1）总承包商与业主的沟通

① 竣工验收前期：EPC 工程总承包商要编制项目竣工计划，与上级主管部门沟通，并在批准后予以执行。

② 竣工验收申请阶段：EPC 工程总承包商完成设计图纸和合同约定的全部内容后，向业主申请验收，信息沟通的内容包括工程竣工自验收记录报告、竣工报告、书面验收申请、监理单位评级报告等。

③ 竣工验收初验阶段：EPC 工程总承包商参与建设单位、勘察设计、监理等单位预先制定的验收方案的落实；交流讨论各单位的工作报告和质量监督部门对工程质量的评价意见等；提出竣工验收的建议日期；对验收检查记录签字。

④ 竣工验收合格后：EPC 工程总承包商接收由发包人签发的单位（子单位）工程验收证书，移交档案资料。

⑤ 工程结算期间：EPC 工程总承包商按照承包合同和已完工程量编制工程结算文件并递交业主，总承包商与业主就有关结算信息进行交流沟通，业主对结算文件进行审核、批准。

（2）总承包商与分包商的沟通

① 在项目收尾阶段，EPC 工程总承包商应与施工分包单位进行沟通协调，落实施工质保期内的保修以及服务工作具体事宜，并签订保修合同。

② 在对分包单位的结算期间，EPC 工程总承包商与分包单位就有关工作量清单、工程变更等方面的问题进行积极沟通，做好确认工作。

15.3　沟通管理策略

15.3.1　重视沟通、树立服务业主的理念

（1）从战略上重视沟通管理工作　资本和信息技术的全球化已经使每个公司面临着更大、更广阔的商机和更加复杂多变的市场环境，公司具备更大的灵活性、更快的效率、更完善的形象来开展经济时代的商务，人际、单位之间的关系显得尤为重要，而且这种人际、单位间的关系作用不仅仅局限于一个项目上，而是会长远地影响企业的发展，甚至是企业的生死存亡的大事。因此，项目部必须从长远的角度，站在更高的位置上去看待这种关系，这就需要公司从战略上重视沟通管理，建立有效的沟通机制，与内外界保持良好的沟通。

（2）坚持为业主服务的沟通理念　要加强与业主的沟通，认真处理好与业主的关系，使业主对施工总承包管理中的一些工作给予支持。树立"急业主所急，想业主所想，做好为业主的服务工作"的基本理念。通常业主方存在建设管理制度不完善、整体协作能力较差、人员缺乏大项目管理及施工现场管理经验等问题，与项目部的工作沟通存在一定的难度，这就更需要承包商始终不忘为业主服务的理念，在建设过程中对于发现的问题要及时、主动、耐心地与业主沟通，与业主协商，争取业主的支持和认可。

15.3.2　注重沟通管理计划的编制

项目沟通计划是沟通工作的纲领性文件，是项目前期的一项重要工作，要明确项目的沟通对象、沟通方式和途径。在编制、实施项目沟通计划时应注意以下几点。

① 项目沟通计划应与项目管理的其他各类计划相协调。

② 项目沟通计划应包括信息沟通方式和途径、信息收集归档格式、信息的发布与使用权限、沟通管理计划的调整以及约束条件和假设等内容。

③ 组织应定期对项目沟通计划进行检查、评价和调整，而本过程的结果在项目进行中（如有需要）也会时常被复查和修订，以确保计划持续的应用性。

沟通计划的大部分工作是作为项目启动阶段的一部分来完成的，项目沟通计划应由项目经理部组织编制。

15.3.3　健全内外沟通管理机制

15.3.3.1　健全项目内部沟通协调机制

项目部内部的沟通与协调是整个项目沟通成功的基础和关键所在。强化内部沟通应采取以下策略。

（1）要强化项目部的内部沟通　将项目部各职能部门的思想统一到服务业主、全力以赴完成项目目标上来。作为总承包企业，无论 EPC 前期的咨询、设计，还是后期的管理，项目部向业主提供的都属于服务，根据合同的约定为业主提供优质服务是总承包项目部的根本任务，组织部门管理人员通过对合同的学习、项目例会和专题会议等各种会议、周报月报、会谈约谈等形式进行内部信息沟通，统一团队思想。

（2）建立和完善项目部内部沟通机制

① 明确各部门的职责范围：各部门的分工是项目建设实际需要的，各职能部门的划分也是必需的；明确各职能部门的职责范围，并同时分清哪些属于各部门的协作范围，从而更有利于有针对性地解决问题；同时在部门之间形成相互沟通协作的概念，而不是只强调自己部门的重要性。

② 有效整合各部门的目标：由于各职能部门的划分可能致使其目标在整体上的不一致性，由于部门利益的存在部门之间甚至会出现矛盾，应整合各部门各自为政的目标，在整体利益最大化的前提下，合理调整各部门的目标，保证项目管理目标的大方向，达到各部门协调的效果。

③ 改变绩效考核模式标准：改变绩效管理模式和考核标准，将经常出现的一些沟通与协调方面的问题纳入绩效考核指标，完善绩效考核体系，从而有利于各部门的相互沟通与协调工作。

（3）树立全员全过程的沟通意识　沟通协调不仅仅是项目团队领导者的事情，作为工程总承包企业的项目团队成员，时常要与项目部内外人员打交道，独立处理相关问题，尤其是对外信息交流活动，代表着工程总承包企业的形象。倡导全员学会沟通与协调，既可锻炼团队成员自己的综合能力，又可体现团队精神，提升团队战斗力。

15.3.3.2　完善项目对外沟通协调机制

（1）加强与业主、监理单位的沟通　工程总承包商与工程监理单位积极沟通联系，能够对检验批、分部、分项工程以及隐蔽工程进行及时的验收，减少不能因为验收而耽误工程进度的事情发生。

（2）加强与分包商、供应商的沟通　工程的顺利完成，除工程总承包商的努力外，还需要各分包商的通力合作，所以与分包单位的沟通协调是十分重要的。例如，积极与设计分包商沟通联系，尽量减少双方对施工内容的变更，如遇到确需变更的，工程总承包商要积极主动地沟通协调，使变更工作及时进行。

（3）加强与政府相关部门的沟通　EPC 项目实施过程中，EPC 总承包商与政府相关部门的沟通是创造项目外部良好环境的基础。在实践中某些项目部领导对于与政府打交道并未给予足够的重视，其实与政府相关部门的沟通是十分重要的。

① 表明企业遵纪守法的态度，对于建设工程项目国家、行业出台了许多政策规范，有些政策规范是强制性的，对于强制性的政策规范，总承包商一定要遵照执行。

② 通过与政府的沟通可以进一步吃透政策规范的精神，增加政策底气。特别是政策规定的基本指导思想和所指对象的基本条件，凡易引起歧义的地方都可以向权威部门咨询清楚。

③ 以坦诚、实事求是的态度介绍项目及总承包企业的实际情况，可以取得政府相关部门的理解和支持，赢得企业的合法利益。

（4）把握沟通协调文件中的责任尺度　项目部沟通管理者应根据有关责任的分权原则，对各种工作以合理与适当的文件沟通形式进行沟通协调。除合同条款外，可对沟通协调文件按责任大小做如下规定：单独设计或者提供参数以及会议记录的整理方，应承担全部责任；共同签署类文件，如共同设计、会签等，各方承担相应责任；会议、通知的接收方承担有条件责任，即根据合同接收文件在一定期间内不提出异议的视为认可。

（5）讲究沟通技巧和协调艺术　在与项目外部单位沟通时，应遵循国家行业的法律法规、社会公共道德、公司授权范围，以合同为依据，提高沟通效率，做好外部的沟通工作。在沟通协调过程中，要注意沟通的技巧，如果发生争执和矛盾，要有艺术性，将原则性与灵活性结合起来。

15.3.4　充分发挥项目信息中心职能

企业/项目部应专设信息中心或部门、信息主管，配备适应现代项目管理要求的自动化、智能化、高技术的硬件、软件、设备、设施，建立包括网络、数据库和各类信息管理系统在内的工作平台，提高项目管理效率和创新沟通管理的发展模式。

企业信息中心或部门具有信息沟通协调的职能，负责与企业/项目内部的沟通协调工作，为各部门提供信息技术支持，对企业/项目的信息资源进行管理和控制，负责内外部信息资源的开发和利用，负责信息的收集、汇总、分析，研究，负责相关信息的发布、开发和宣传等。

由于信息中心/部是具有信息分析、反馈的职能部门，所以它是对内外联系的重要窗口。沟通管理者应充分发挥信息中心/部的职能作用，加强对信息的输入、输出、处理和存储的管理，做到程序化、制度化。要使项目参与者在项目起始就清楚应从何处取得信息，清楚组织内由谁负责对信息的处理和存储，信息管理人员应清楚谁需要自己提供信息和控制点。

15.4　沟通方式与方法

15.4.1　沟通方式

沟通方式是指沟通所采取的形式、途径、手段或工具，在沟通中沟通者应选择合适的沟通方式进行沟通。沟通方式有以下几种。

15.4.1.1　正式沟通与非正式沟通

根据项目沟通的严肃程度，沟通方式可分为以下两种。

（1）正式沟通　正式沟通是指依据组织正式结构或层次系统、组织规章制度明文规定的原则和渠道进行的沟通。例如，组织间的公函来往，组织内部的文件传达、发布指示、指示汇报、会议制度、书面报告、一对一的正式会见等。正式沟通的效果较好，但沟通的速度较慢。

（2）非正式沟通　在正式沟通以外的信息传递与交流就是非正式沟通，是通过正式系统以外的途径进行的，包括各种各样的社会交往，如员工私下交谈、聊天等。非正式沟通可以弥补正式沟通渠道的不足，传递正式沟通无法传递的信息。由于非正式沟通是基于双方的感情和动机上的需要而形成的，所以这种途径较正式途径具有较大弹性。非正式沟通速度快，比较方便，但信息往往不够准确。

15.4.1.2　上行、下行与平行沟通

根据沟通的指向，沟通方式可分为以下三种。

（1）上行沟通　下级向上级反映情况是上行沟通，主要是下属依照规定向上级所提出的正式书面或口头报告。除此以外，许多公司企业机构还采取某些措施以鼓励向上沟通，例如，意见箱、建议制度以及由组织举办的征求意见座谈会或态度调查等。有时某些上层主管采取所谓"门户开放"政策，使下属人员可以不经组织层次向上报告，因此，上行沟通又可分为越级反映和层次组织传递两种形式。但据研究分析，这种沟通也不是很有效，而且由于当事人的利害关系，往往使沟通信息发生与事实不符或压缩的情形。

（2）下行沟通　下行沟通是上级向下级进行的沟通，这是在传统组织内最主要的沟通流向。一般以命令方式传达上级组织或其上级所决定的政策、计划、规定之类的信息，有时下发某些资料供下属使用等。如果组织的结构有多个层次，则通过层层传达，其结果往往使下向信息发生歪曲，甚至遗失，而且过程迟缓，这些都是在下行沟通中所经常发现的问题。

（3）平行沟通　项目部各级部门之间的信息交流是平行沟通。主要是同层次、不同业务部门之间的沟通。平行沟通具有以下优点：节省时间，有一定的沟通深度，沟通效率高；加强各部门之间的相互了解和协调，消除相互误解和矛盾，促进团结，培养集体主义精神。缺点是如果沟通频率太高，信息量大，易引发对项目部指示理解不同而产生意见分歧，反而造成思想混乱。

15.4.1.3　单向沟通与双向沟通

根据沟通的信息流向，沟通方式可分为以下两种。

（1）单向沟通　单向沟通是指一方只发信息，另一方只接收信息，这种沟通叫作单向沟通。当发送信息者不打算得到接收者的反馈时，如报告会、讲演、宣读政策、规章文件等就形成了单向沟通。这种沟通方式速度较快，但是准确性较差。单向沟通中的意见传达者因得不到反馈，无法了解对方是否真正收到信息，而接收者因没有机会核对其接收的资料是否准确，因此内心易产生抗拒心理，从而埋怨传达者。同时，单向沟通需要较多的准备。

（2）双向沟通　双向沟通是指当信息接收者被允许或实时提供了回答得到的信息时，即形成双向沟通。双向沟通是双方互为信息的发送者和接收者，双向沟通的例子比较多，如项目例会、研讨会、商业洽谈、技术交流、征询建议等。

双向沟通的优点是这种方式有利于易激发信息接收者的积极性，参与度高；因为有反馈的存在，可以起到沟通的作用，信息准确性较高，有利于增进各方了解，建立良好的人际关系。但其也有缺点，传达者在双向沟通中所感到的心理压力较大；因为随时可能受到信息接收者的批评或挑剔；因随时可能遇到各种质询，所以无法预先制定一套定型的计划。

15.4.1.4　口头沟通与书面沟通

根据沟通采用的工具，沟通方式可分为以下两种。

(1) 口头沟通 口头沟通是指沟通和交流用口头语言表达的方式进行传递信息，如说话、交谈、演讲、项目例会、报告会、审查会议、工作汇报会、班组会议等都属于口头沟通。口头沟通方式比较灵活、速度快、较为自由。

(2) 书面沟通 书面沟通是用书面形式传递信息，在组织沟通中的书面沟通一般采取管理文件、绩效报告、会议纪要、施工记录、备忘录、公告板、工作说明、电子邮件、海报、员工手册、布告栏、手册、笔记等方式传递信息。书面沟通方式比较正式、准确。

15.4.1.5 语言沟通与非语言沟通

根据沟通所借用的媒介的不同，沟通方式可分为以下两种。

(1) 语言沟通 语言沟通是指以语词符号为载体实现的沟通，主要包括口头沟通、书面沟通和电子沟通等。语言沟通更擅长传递的是信息。

(2) 非语言沟通 非语言沟通是指不以语词符号为载体的沟通，可以分为体语沟通、副语言沟通和物体操纵沟通三类。

① 体语沟通：体语也称肢体语言，使用的是非语词性的肢体符号，包括目光、面部表情、身体运动与触摸、姿势、装饰、身体间的距离等这类显性行为。体语虽然无声，但却具有鲜明而准确的含义，身体语言更适合传达人的情感。

② 副语言沟通：是指用非词汇的声音信号进行的沟通，如说话音质、说话音量、说话速度、哭、笑、停顿、字面字体的变换、标点符号的使用以及印刷艺术的使用等。

③ 物体操纵沟通：是指通过物体的变化进行沟通的方式，如不同颜色的运用、环境布置（光线、噪声）、空间利用（座位、谈话距离）、时间安排（日期的选择）等。

综上，项目沟通者应根据信息的特点和环境选择合适的沟通方式，以有利于沟通的有效性。沟通方式类型见图 15-3。

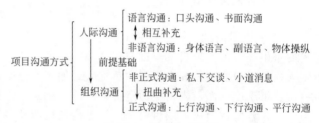

图 15-3 沟通方式类型

15.4.2 会议沟通形式

在项目组织沟通中，项目负责人和项目干系部门之间除了非正式会谈外，更多的是举行经常性的正式会议，通过正式会议进行双向沟通。

正式会议计划在合同开始后确定。项目部可在执行合同过程中，计划在何时召开会议，会议解决何种问题。重要会议应定期举行，为了保证沟通的连续性并为以后做好记录，项目部举行的常见正式会议包括以下内容。

(1) 动员会 项目动员会又称项目启动会，项目动员会由项目负责人主持，由设计部、采购部、工程部、市场部、安全部等部门及外包的单位和材料设备供应的单位参加，其目的是增进参与各方的相互了解，设置团队目标，介绍项目状态，公布项目计划，提出项目中可能存在的问题，确立各方的责任和义务并协调各方关系，得到参建各方的承诺。

(2) 周例会 周例会是参与各方在项目实施过程中进行例行沟通的重要手段，周例会一般由项目部经理主持，办公室主任记录，项目部经理不在时则由办公室主任主持并记录。

周例会由参与建设的项目业主、工程总承包商、监理方、分包方等各利益相关方参加。通过例会交换彼此的问题、意见、可能承担的风险，讨论一周来项目完成情况、未完成计划的原因、本单位不能独自解决需要与其他单位协调解决的问题、下周工作思路和想法。周例会的流程为：准备召开会议工作，举行周例会，编写会议纪要和发布周例会信息。

（3）质量控制会议　质量控制会议是指针对工程出现的质量问题进行报告、讨论的不定期会议，根据国家、行业规范与合同标准，提出解决质量问题的方案，并明确落实改进方案的责任人和期限。质量控制会议一般由项目部经理或质量职能部门经理主持，由相关职能部门和各分包单位参加。有时在会议上也会对业务部门或分包单位提交的施工方案进行审查批准。

（4）定期进度会议　进度会议就是报告项目任务进展情况的会议，属于例会，定期召开（每周、每月或每季度召开一次），根据任务、性质不同而有所不同。进度会议的主要议题是报告项目进度，并根据实际进度对原有进度计划进行调整，使与会者对项目任务的进度有所了解，以免使工作失控、失衡。

进度会议一般由项目部控制部门经理主持召开，由各分包单位的具体负责人和项目部相关职能部门人员参加，会议情况将上报上级主管部门。有时进度会议可随部门会议、经理会议或其他会议一起召开。

（5）安全生产会议　安全生产会议是安全工作信息沟通的一种形式。以安全生产为主，会议主要议题包括以下几个方面。

① 安全信息的反馈：了解项目前段时间安全生产情况，针对存在的问题研究对策，提出整改的具体要求等。

② 安全信息的传达：学习安全生产标准、安全规章制度、安全操作规程等知识，传达上级部门的有关文件精神。

③ 安全工作的奖惩：惩处安全不良现象和不安全行为，表扬遵章守纪先进事迹。

④ 对安全事故的处理进行研究讨论。

安全生产会议由项目部经理或安全部门经理主持，由安全部安全工程师、相关职能部门负责人、各分包商有关安全管理的负责人参加。安全生产会议属于例会的一种形式，可以每月一次、每季度一次，视情况而定。

（6）各方协调会议　项目协调会议是指项目涉及多个不同隶属关系、不同行业单位（如消防部门、水电部门、质量监督部门、环境保护部门等），为了完成项目任务所召开的沟通会议。协调会的目的主要在于寻求出一个合理的、有效的解决方案或者统一步伐，从而使项目顺利开展，使参会各方承担各自工作的责任。协调会议一般由项目部经理或企业层负责人参加。协调会议组织难度较大，需要做好各方面的准备工作。

（7）合同收尾会议　合同收尾会议是指项目完成后，项目负责人及其他干系部门负责人和分包单位所举行的会议。会议沟通协调的目的是对所有遗留问题如合同变更、回款开票及最终支付数额等达成协议。

（8）其他特殊会议　除去一般性的会议外，还有些特别的会议，如职工代表大会、员工意见讨论会、记者招待会、开工典礼、竣工典礼、项目发布会、电视电话会议等。特殊会议按照需要进行安排，视需要解决的问题决定参加会议者。

15.5　沟通管理实践案例

15.5.1　沟通协调体系构建实践案例

【案例摘要】

以境外某石化工程 EPC 项目沟通管理体系构建实践为背景，介绍了沟通管理的重要意义，重点阐述了该项目外部、内部的沟通管理工作，为项目全面沟通工作提供了有益的经验。

【案例背景】

某国海外石化 EPC 承包项目包括：新建 243 万吨/年催化裂化等联合装置及其相配套的

公用工程、厂外设施等，其主要目的是提高石油加工深度，增加高辛烷值汽油及柴油、航空燃料的产量，并使汽油符合欧 5 标准的要求；共计 60 个单元，其中工艺装置（含改造）13 个单元，系统及配套 47 个单元。

【沟通管理的重要性】

目前，EPC 项目承包方式是国内工程建设公司主流的工程项目管理模式，近年来，我国建设项目的数量和规模日渐庞大，与国外工程建设公司以及国外业主的接触和合作的机会也越来越多，这就让我们更加注重项目实施过程中管理的重要性，而沟通管理作为项目管理中一个重要的组成部分，也越来越多地被重视。信息沟通的不畅和不对称，对 EPC 项目的进度、质量、费用等都会带来影响，而信息沟通的及时和高效成为了工程公司应对市场竞争的重要手段。

所谓沟通就是信息交流，对于项目来说要科学地组织指挥、协调、控制项目的实施过程就必须进行项目信息的沟通，沟通的目的是保持项目进行、识别潜在风险、征求意见和改变项目绩效。如果项目在开发、设计过程中，没有把握好沟通这道关，可能会产生意想不到的项目问题，甚至导致项目的失败。而一个具备良好的沟通素质的团队就能够使项目取得事半功倍的效果。

从近几年的工程项目情况看，项目管理的成效与项目管理人员的素质、组织协调能力有直接关系。尤其在海外 EPC 项目中，项目组织机构复杂，各方有不同的任务、目标和利益，他们都不可避免地直接或间接指导、干预项目的实施过程。项目中组织利益的冲突比企业中各部门的利益冲突更为激烈和不可调和，甚至会产生很多跨国家、跨文化的问题，而项目管理者必须使各方协调一致、齐心协力地合作，这就显示出项目管理中沟通管理的重要性。

【本项目的沟通管理】

在海外 EPC 项目中，业主和承包商以及联合体代表不同国家的利益，双方文件的来往以及在会议上的交流，均使用合同语言，这就要求项目在开始阶段就做好充足的准备，做好设计优化，加强材料管理，强化合同、成本和文件控制管理，同时做好项目的索赔工作。

（1）组织机构　本项目的施工图设计是由中方公司、项目所在国 K 公司组成的联合体共同完成。中方公司作为联合体的 LEADER（牵头人），作为合同中规定的承包方负责对合同的实施进行全面管理，对业主承担全部合同责任，就业主提出的任何索赔单独承担责任。项目所在国的 K 公司作为项目联合体负责 24 个单元的 EPC 工作。

（2）项目设计部职责　中方公司设计部的根本职责是通过有效的计划和控制，使参加项目设计的相关专业达到最高的工作效率，保质保量完成合同目标，并使公司获得良好的效益。

（3）项目外部沟通　中方设计部对外沟通的主要对象是业主、FEED 文件编制商、审图商以及联合体。

① 同业主的沟通。由于项目所在国国家标准与我国国家标准以及国际标准有很大的差异，同时由于国家文化差别、翻译理解偏差，都为项目组与业主的沟通带来许多困难。

② 同 FEED 文件编制者和审图商的沟通。FEED 文件是施工图设计的基础，但由于 FEED 文件的深度和质量差异较大，整合性差，不可避免地为设计工作带来诸多问题，也使设计方案发生改变或具有多选性，若无法与 FEED 文件编制商进行快速而有效的沟通，就会造成项目执行进度的缓慢或延误，甚至得不到审图商的审批，进而使问题上升到合同层面的纠纷之中。

③ 同联合体的沟通。K 公司作为项目联合体也承担了部分单元的施工图设计任务，是整个项目组的一分子，但因其属于外单位而且是海外工程公司，无论是在设计边界接口方面，还是行政功能要求方面，甚至是语言交流方面，与 K 公司的沟通和协调显得不易。

（4）项目内部沟通　中方公司设计部内部沟通主要包括设计部与业务部门的沟通、设计人员与设计管理人员的沟通、设计人员之间的沟通。

① 设计部与业务部门的沟通。

a. 设计部与合同部的沟通。国际 EPC 项目合同内容比国内 EPC 项目合同内容复杂，合同中对技术方案甚至工程量清单都会做出详细明确的规定，但多数情况下，具体的设计人员一般不会参与合同谈判，对合同中的要求和限制条款等了解得并不充分，容易沿用设计习惯而偏离合同准则，甚至会造成进度偏差、费用浪费等情况，进而成为业主方进行索赔的依据。而合同部向业主反索赔或发起索赔，其索赔（反索赔）申请（辩诉）的大量基础数据来自于设计部门、设计人员。

b. 设计部与控制部门的沟通。在这里主要探讨设计部门与费用、文档部门的沟通关系。

在详细设计中，设计人员要树立费用控制理念，与费用控制管理人员保持积极有效的沟通。同时，也要求费用控制部针对设计工作提出明确的要求（例如深度、格式等），以免出现各专业在深度、格式等方面的不统一，而得不到业主的认可。

对于设计部来说，与文档部门的沟通主要体现在设计同业主、FEED 文件编制商、审图商、专利商、联合体以及制造厂等来往文件的传输和管理上，这些信函的来往、审图意见的往返、资料的返回等都是相当繁琐的过程，有些资料的收发时间甚至可以成为项目索赔的依据，文档人员除了将其精细化分类和管理外，更应向设计人员宣传和解释文档管理体系与要求，在大家沟通顺畅、合作有效的方式下使项目顺利进行。

c. 设计部与采购部的沟通。不同的设计方案会影响采购策略的选择，而不同的采购策略又会影响设计方案的执行，因此，设计部门应与采购部门相互沟通，相互进行信息交流，将设计工作与采购工作融为一体，采购部门也应做好资料的接收发等工作，与设计部保持信息畅通、密切沟通。

② 设计人员与管理人员的沟通。设计人员与管理人员的沟通应该是最为紧密且频繁的，无论是在设计初期参与设计计划的编制和发布，还是解决设计过程中出现的问题和矛盾，或是在设计收尾阶段与项目其他部门的工作配合，设计管理人员都扮演着设计人员同其他部门信息交流的纽带角色。

③ 设计人员之间的沟通。设计人员往往具有不同的学历背景、经历和实践经验，掌握的信息量有所不同，各有长处。在设计过程中，相互之间进行信息沟通，相互取长补短是十分必要的。因此，设计人员之间要尽早沟通、主动沟通，实践证明这是十分关键的。

【沟通注意事项】

① 海外项目成员需要认识到文化差异存在的客观性，要树立对文化和技术的差异的包容意识，努力提升自身专业素质以适应业主等方面的状况。学习、熟悉国际沟通方式，以取得跨文化沟通效果。

② 设计人员应设置个人联络台账，应培养自身的文件管理意识，形成自身的文件管理习惯，而不能过分依赖于项目文档。

③ 要搭配选择沟通的工具，发挥各种沟通工具的优势互补性。例如避免仅依赖书面的沟通，书面沟通当然是项目沟通不可缺少的沟通工具，但在此基础上还应进行快速有效的口头沟通，这样才能更加提高解决问题的效率。

【实践案例结语】

随着时代的发展，国际化项目日益增多，且越来越复杂，在大型工程项目管理中，沟通管理的重要性日益突出。为保证项目各项管理工作的顺畅和高效运行，项目部必须建立合理的沟通机制和制度，加强对全员沟通管理意识的教育，并采取相应的手段和措施，使沟通管理在整个项目管理中发挥更大的作用。

15.5.2 外部沟通协调管理实践案例

【案例摘要】

以某国大型污水处理厂 EPC 项目的外部沟通协调管理实践为背景，从关键利益相关方的管理、冲突的管理、结果导向的制定、谈判策略等方面论述外部沟通协调管理策略。

【案例背景】

海外某国污水处理厂 EPC 项目，处理规模为 50 万吨/天，项目资金源于中国提供的全额贷款，由中国进出口银行负责实施。该项目为该国重点民生项目，是"一带一路"倡议的经济走廊的重点工程。

【外部沟通协调的意义】

该项目参建方众多，形成了复杂的项目组织和利益相关方，各方有不同的任务、目的和利益，积极或消极地影响、干扰项目实施过程。项目中各方组织和利益相关方的冲突要比企业中各部门的利益冲突更加激烈和不可调和，而项目外部沟通工作可能直接或间接地影响项目经营成果和履约进度，因此，必须采取有效的沟通协调策略，做好项目外部沟通协调工作，使各方能够协调一致、齐心协力地合作，这就显示出国际项目外部沟通管理的重要性。

【外部沟通协调的特征】

（1）诉求差异大 由于沟通协调的对象类型较多，包括高层、中层和下层等不同层次，例如业主和咨询方、分包单位、公司各职能部门、监理单位以及当地政府部门各类单位，因此，诉求差异大。

（2）文化差异大 沟通协调的对象来自不同国别，例如，业主和咨询方有孟加拉人、韩国人、印度人等，文化差异大。这种跨文化的沟通，往往会因为社会文化、思维方式、语言和非语言、风俗习惯、道德规范、宗教信仰等差异造成沟通不畅，甚至误解等问题，进而影响项目各项工作的开展。

（3）沟通工作量大 项目沟通对象繁杂，且彼此关系盘根错节，需要及时了解背景；沟通内容又涉及各个领域、各个专业，问题覆盖面广泛，所以沟通工作量大。

（4）风险因素多 各相关方利益冲突可能相互交织、相互影响，在公共关系的维护过程中必须谨慎调和，尽力避开彼此的"雷区"，稍有不慎就可能产生分歧，甚至发生难以顾及各方利益而产生不良后果的情况。

【外部沟通协调管理策略】

（1）合同利益相关方的识别 对利益相关方的管理是保证项目顺利进行的关键。国际大型 EPC 项目的履约涉及专业多、设备多且环境复杂，加之国外咨询工程师的严格审查等情况，提前对项目利益相关方的策划、识别和提早采取措施是确保项目顺利进行的关键。本项目实践从对项目"影响程度"和"支持程度"两个维度、正面和负面两个方向对利益相关方进行分析识别，合计为 21 类。根据排序，核心利益相关方的角色与关系见表 15-1。

表 15-1 核心利益相关方的角色与关系

组织机构	协调角色	协调关系
业主方	业主项目经理	监管
	三位执行工程师	协作
	助理工程师	配合
业主代表咨询工程师	监理总监	监管
	其他咨询工程师	协作
	国际业务副总经理	监管

续表

组织机构	协调角色	协调关系
EPC 项目总承包方	公司分管副总经理	监管
	分公司分管总经理	监管
	项目管理部（PMO）	监管
	设计分公司或部门	合同/协作
EPC 项目建安分包方 1	项目经理	合同/协作
	其他项目管理工程师	协作
EPC 项目建安分包方 2	项目经理	合同/协作
	其他项目管理工程师	协作
工艺电气设备 42 个厂家	厂家代表	合同/协作

（2）核心利益相关方的求同存异策略　对于分析识别核心利益相关方，应采取求同存异的沟通协调策略。一方面明确各方的相同点，相同点（目标）是打造样板工程获得高质量的项目交付成果，满足污水处理厂的功能和排放要求；另一方面详细分析、罗列每一个核心利益相关方的差异点，并对差异点可能带来的冲突，通过以下两个层面来进行改善。

① 组织层面：从组织上，通过项目团队的建立，明确所有部门和成员的职责、权力，明确各项工作中的具体工作流程，并在团队成员之间进行沟通，让所有成员明晰自己在团队中的位置。这种举措有利于团队成员了解自身在团队中的定位，并根据定位明确地提出自己的诉求，或调整自身的诉求，这就更利于让团队目标最终实现一致化，充分调动团队成员的积极性和主动性。

② 措施层面：在措施上，建立求同存异策略的措施支持体系。

a.明确培养目标：鼓励并支持项目团队骨干参与项目执行、熟悉项目工作，将其培养成为水务领域的行家或专家。

b.完善激励机制：定期总结团队成员的工作情况，提交公司总部，并对优秀团队成员进行表彰，带动激发团队全体成员的工作积极性。

c.强化宣传工作：通过月会、周会等交流会形式，结合网络等渠道，在团队、公司、行业、社会上对项目经验及优秀人员的先进事迹进行宣传、推广。

d.采取积极培育措施：不断地培训、学习，开展各种教育活动，实现共同成长的目标。

e.实行考核制度：结合公司的考核体系制度，制定项目团队的薪酬考核体系，并将其在团队中公开，调动团队成员的积极性。

f.建立汇报制度：对每一阶段的工作成果及时进行总结汇报，并与各分包方进行广泛的沟通。

【冲突的管理】

（1）冲突类型　在项目建设过程中，利益相关方的冲突主要来自于以下两个方面。

① 项目资源冲突。该项目在 2018～2019 年两年执行中，属于项目履约的高峰期，在项目现场多个分包方、参建方以及业主、作为业主代表的咨询工程师等同时开展工作。由于工期紧、任务重，对于项目管理而言，设备资源、施工机具资源、人力资源以及语言环境的资源配置等均面临着冲突风险，而化解这种冲突风险是项目顺利进行的关键。

② 应用标准冲突。在国际工程项目中，无论是污水处理厂项目，还是水力发电站项目，或其他工程项目，都会遇到标准冲突的问题，中国技术和设备的出口会不可避免地与欧标、美标、英标以及其他国家应用的技术标准产生冲突。作为项目总承包方，需要出面负责处理

冲突标准的誉清解释、对标，以及获得国内方面的技术支持等工作。对于项目管理者来说，在项目启动阶段就应该对此问题的解决进行组织和准备，否则，在项目履约阶段再解决就会出现返工，从而耽误时间。

（2）解决冲突的措施　基于上述境况，项目部针对不同的冲突，采取了不同的措施。

① 资源冲突应对措施。对于资源冲突情况，首先，要进行综合分析、提前策划、合理分配。人、材、机的资源配置计划应与整个项目的总进度计划密切结合，并在总进度计划中进行量化表现、分类细化，做到人、材、机的合理优化配置。其次，在项目启动初期，需要对国外履约环境进行深入调研，结合国外项目的特殊履约背景进行全面分析，充分考虑各种不利因素，做到有备而战。

通过提前策划、合理优化配置资源，高效地解决了整个项目履约过程中的资源冲突问题，同时能够有效避免资源过剩而带来的项目成本增加的现象。

② 标准冲突应对措施。面对应用标准冲突问题，应采取的主要措施如下：在项目启动阶段，项目部应提前就有关标准进行策划，对项目涉及的全部标准进行梳理，并有针对性地主导应用中国标准。

在项目履约过程中，尤其是在主要工艺方案确定和详细设计开展初期，业主代表（监理工程师）应全面介入，项目部应加紧与业主代表进行沟通，组织全体设计人员现场设计，全天候无缝对接，并在第一时间对需要对标的工作进行对标，及时将标准细化到设计工作中，最大限度地获得业主代表对应用标准的接受和认可。

【结果导向的制定】

国际项目履约过程中，目标实现的不确定性一直是项目执行的最大问题。业主、作为业主代表的咨询工程师的能力以及对方案设计的严格程度，分包商的能力和质量控制水平，当地履约的政治、经济和社会环境等因素，都会造成目标成果的变化或使其可控性受到影响，导致项目目标整体发生变化。

在这种情况下，保证项目的顺利执行并使目标实现是项目经理的首要任务。作为实体工程，运用 WBS 分解法，将整个项目目标进行分解，每一项工作的具体考核标准基本上实现量化，可以为项目质量、进度的控制和整个目标的实现减少不少障碍。

首先，通过项目目标分解，获得项目的整体规划，为保证项目各阶段的状态受控，将每个工作通过 WBS 分解为可以交付的成果，以明确团队目标以及每个目标达成的可衡量的关键成果。可以将成果细化到周、月，使每个团队人员都清楚自己的工作职责以及需要实现的阶段目标。

其次，在此基础上，项目团队要跟踪已明确的分解目标及其阶段性完成情况，定期进行阶段性自查自省，找出阶段目标的偏差值。当发现与阶段目标产生偏差时要及时上报，并进行分析研讨，找出阶段目标偏差的原因，采取纠偏措施，协调并集中精力于下一阶段的目标，使得实现最终目标处于正确的轨道上，以便确保整个项目目标（结果导向）的顺利实现。

例如，定期（每季度、每半年、每年等）组织专题会，邀请业主、业主代表和集团相关管理部门进行项目最终目标偏差分析和讨论，找出产生偏差的原因，并在后续工作中进行改正，如需调整还应及时处理，使得整个项目具有明确、清楚的结果导向，以满足项目最终目标的实现。

【实施商务谈判策略】

作为国际大型的 EPC 项目，在整个项目实施过程中，各种谈判很多，而且谈判过程也异常艰巨。谈判一般包括项目主合同项下的总承包方与业主的谈判、与业主代表——监理工程师的谈判，分包合同项下总承包方与分包方之间的各类变更谈判，总承包方与其他 42 个各类设备供应商之间的供货合同的谈判。

这三类谈判的重点和难点各不相同，需要团队人员进行分析和策划，分阶段落实谈判的内容、重点、负责部门和明确责任人，使谈判做到有的放矢，提高谈判的工作效率，以顺利完成各阶段的谈判工作。

制定详细的谈判方案。根据谈判对象的不同，明确谈判的重点内容和谈判策略，对于谈判中可能遇到的难点制定应对措施。同时，对谈判的参与单位、人员、时间、地点、会场布置等做出详细安排。

把控谈判的节奏、气氛和技巧。谈判需要运用一定的技巧。对于与业主和咨询方的谈判要始终保持融合的气氛，以结果导向为主，坚持原则的同时，不破坏谈判关系，达到本方目的的即可。对于与各分包方和设备供应方的谈判，在维护 EPC 工程总承包方利益的同时，既要占据主导地位，还要兼顾考虑对方利益，实现双赢的局面即达到目的。在谈判前，应确定"红脸"和"白脸"的角色，项目经理在谈判中可灵活采取"大会说小事，小会说大事"的策略，促进各类谈判顺利进行并取得成功。

【实践案例结语】

在执行海外 EPC 总承包项目时，经常面临社会环境、法律规章、价值观念、项目管理文化等外部因素与国内存在巨大的差异，而处置这些差异的手段就是沟通协调，对于这类沟通如果不能有计划、合理地进行，不能及时处置差异问题，将会导致利益相关方的冲突和矛盾，可能最终造成项目执行极端困难，费用超支，工程拖期，安全质量等问题频发，个别项目甚至发生效益严重亏损、业主拒收等重大问题。因此，总承包方对于国际 EPC 项目的外部沟通管理应给予高度重视。

污水处理项目总承包方通过实践摸索出了国际项目外部沟通协调的工作经验，从国际项目沟通协调工作的特征出发，从关键利益方的沟通管理、冲突的管理、结果导向的制定和谈判策略等方面论述了外部沟通管理的策略，使各方能够协调一致、齐心合力地合作，从而积极影响项目成果，推进项目履约的实现。对承包企业的国际化外部沟通协调工作提供了借鉴与启发。对于提高整体国际化工程管理和项目执行水平，尽快实现与国际工程先进管理水平接轨，有着极其重要的指导意义和作用。

15.5.3　设计管理中的沟通实践案例

【案例摘要】

以 XQDS 天然气管道二线项目的设计管理沟通实践为背景，就该项目设计管理中的沟通与协调管理的做法与经验进行了介绍和总结，对做好设计管理中的沟通与协调工作有一定的借鉴意义。

【案例背景】

XQDS 天然气管道二线项目，总长度为 9102km，管径为 $\Phi 1219$，设计压力为 10MPa，设计输送量为 $300 \times 10^8 \mathrm{m}^3 / \mathrm{a}$，是一条连接中亚进口气源和我国中西部地区、华东、华南等用气市场的重要能源通道，该项目实施 EPC 承包模式。

【项目组织机构】

项目施工图设计由国内四家甲级勘察设计公司组成的设计联合体完成，该工程项目由某管道工程公司总承包。为了保证项目设计理念在整个施工图设计中得到充分贯彻和体现，根据 EPC 总承包项目部的要求，由总承包商选派经验丰富的管理人员组成设计管理部。项目部的组织结构示意图见图 15-4。

【部门职能与沟通关系】

设计管理部的工作专业性强、涉及面广，不仅要在项目部统一领导下做好设计管理工

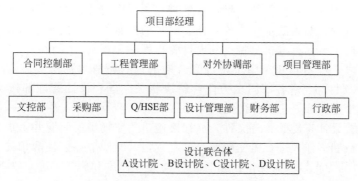

图 15-4　项目部的组织结构示意图

作，还要和其他部门（横向纵向）进行立体沟通协调，做好设计、采购、施工等过程的技术支持、协同工作，同时要对设计联合体进行直接管理，并对设计单位与施工单位之间的设计指导和技术支持的过程进行监管。

设计管理部的职责是：设计计划管理、设计文件质量管理、设计运行管理、施工前准备工作、设计现场服务、变更管理、配合采购工作、配合评标工作。设计管理部与各方的关系示意图见图 15-5。

如图 15-5 所示，设计管理部面临着众多的业务接口和信息接口，如果不具备完善的沟通协调方式、得当的沟通方法，极易导致内部混乱和与外部关系失衡。例如，沟通不足会出现对总体目标欠理解、自身定位不准，将导致工作方向不清，部门功能难以发挥；系统流程和相关责任不明确，易导致各行其是、南辕北辙；信息

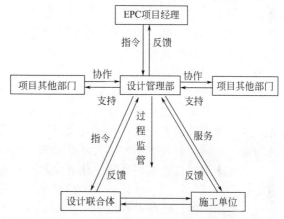

图 15-5　设计管理部与各方的关系示意图

流通不畅，上级精神传达受阻，易导致团队精神缺乏，整体执行力下降；沟通渠道不规范，信息标识不清晰，易导致信息传递混乱，缺乏可追溯性；沟通方式单一，缺乏协调技巧，易导致信息滞后、矛盾扩大；沟通不及时、不主动，易导致工程质量下降、指挥失灵。

【沟通与协调的措施】

为避免上述情况的发生，设计管理部从以下几个方面加强了沟通协调工作。

（1）通过有效的沟通明确项目目标　设计管理部首先应深刻理解项目总目标和 EPC 项目部的意图，在项目设计工作开始前就组织相关管理和设计人员认真学习相关合同和项目任务文件，了解项目的构思基础、起因、出发点，了解项目设计和决策的背景，形成完整的设计思路，并将其贯穿于整个设计过程。

同时，设计管理部应充分利用工作汇报或召开项目协调会等信息交流途径，向项目部和其他职能部门充分表述整个设计管理的工作思路与总体计划，使他们更加深入地理解设计工作和设计过程，避免由于沟通不充分而造成不必要的误解，从设计角度为项目经理的决策和各部门的工作提供依据和支持。

（2）完善沟通程序，及时进行沟通　合理完善的工作流程、明确细致的岗位职责是设计管理高效、有序展开的前提。项目伊始，设计管理部根据本项目的特点就编制发布了书面文件，如设计管理程序、设计协调手册、现场服务手册、线路施工图设计交桩程序、施工图设

计交底程序、设计现场服务控制等一批设计管理控制程序文件，供有关人员学习把握。比较完备的管理工作流程、明确的工作岗位责任、清晰的信息沟通方式和渠道以及信息反馈的时效性等规定，形成了一套符合自身特点的设计管理程序和规则。

项目施工阶段，17标段由于施工现场磨合期出现的典型问题较多，从而影响整个项目后续施工。EPC项目部要求各部门全力配合解决相关问题。设计管理部按照管理文件和管理工作流程中对于重要和紧急事件的处理方案，对现场涉及设计工作的每一个问题采用了全程实时跟踪，需要设计答复的所有文件，从接到施工单位提出的问题并上报文件之日起，就开始对每个时间点和责任人进行紧密跟踪，并在规定的时间节点前提醒相关责任人，直至正式回复EPC项目部为止，从而保证了紧急事件的处理速度和施工质量，为项目的后续施工和设计工作中出现的类似问题提供了相应的借鉴。

（3）保持内部融合，建立反馈机制 本项目中的设计管理部设置的各岗位人员的选派以工作经验、工作技能、专业优势为原则，从EPC总承包单位选派出的优秀人员，相互之间比较熟悉，彼此了解，大大减少了工作组合上的摩擦。设计管理部设置了较为公正、公平的工作业绩考核制度，定期客观、慎重地对设计管理部的每一位人员进行业绩考评，并向成员原派遣单位进行信息反馈。

（4）规范沟通渠道，统一文件标识 为确保沟通渠道的规范和畅通，项目中所有与设计有关的信息均以设计管理部为出入口，由设计管理部负责接收和备案，以保证所有信息传递的准确性和可追溯性。

本项目的设计工作由四家设计院组成的联合体完成，在以往的项目中各设计院已形成了自己的设计管理文件和技术文件的标识、模板和编码方式，为了保证各类设计文件形式上的整齐一致，设计管理部依据项目部的文件控制程序和文件编码程序，规定了设计文件和通信函件的统一标识，并规定了技术文件的档案号编码方式。

（5）实施沟通方式的多样化 建立设计管理内外通报制度，规定设计联合体定期向设计管理部提交周报、月报、设计进度阶段总结等，用以掌握设计文件状态、设计进度变化等内业情况。要求派驻现场的设计负责人及时提交现场日志、周报、月报、现场服务性总结等，为迅速解决现场的实际问题提供支持。

运用会议制度，以项目定期例会和不定期技术会议、设计进度执行情况和阶段性设计成果审查会、设计评审会议等形式发现问题、解决问题。对施工单位集中反应的设计问题，及时组织设计人员集中予以誉清。

在施工期间，由于各标段的施工单位对站场屋面彩钢瓦的采购和安装条件与要求理解不同，设计管理部及时组织召开设计誉清会，当面予以讲解和誉清，一次性解答了施工单位的疑问，保证了采购和安装顺利进行。

建立走访沟通制度。设计管理部定期组织相关人员深入施工现场，就现场出现的施工、采办等问题进行沟通、交流和服务；针对现场的突发事件，建立快速反应机制，确保第一时间赶赴事件现场开展相关工作。

（6）加强与设计承包商的沟通 设计管理部在设计交底、图纸会审、设计洽商与变更、地基处理、隐蔽工程验收和移交验收等环节与设计单位紧密配合，同时，接受EPC项目部和监理单位对双方分歧的协调。设计部重视与设计联合体的沟通，对设计中存在的问题应主动与设计联合体磋商，积极支持其工作，同时，也争取设计联合体对设计管理部工作的支持，以便于设计管理工作的实施。

设计管理部应加强协调施工与设计工作，及时处理各种变更，避免返工和浪费。例如，在施工过程中，业主和运行单位要求项目部对站场房屋面的装修方案进行调整，但此时个别的装修作业已经开始，装修方案的调整将涉及采购、施工等各个环节。设计管理部接到通知后，一方面及时通知相关专业人员尽快落实最新要求，尽快提出设计变更；另一方面与控制部沟通，及时通知有关施工单位对相关作业进行调整，以避免在设计提出变更这一时间内施工单位仍然按照原施工图纸施工，造成浪费。

【实践案例结语】

在本项目的设计管理工作中，设计管理部由于十分重视设计管理过程中的沟通协调，结合该项目设计管理涉及面广泛、质量要求高的特点，采取了相应的沟通方式和措施，使设计管理整个工作过程中信息流畅，并及时准确到位，从而确保了设计管理工作顺畅，使得设计工作在整个项目实施过程中的先导作用得以发挥。

15.5.4　施工现场沟通管理实践案例

【案例摘要】

以某有机废弃物综合利用 EPC 项目的施工现场沟通管理实践为背景，阐述了总承包商的现场沟通协调管理经验，分析了在现场管理中所涉及的组织接口，并在组织接口分析基础上，同时介绍了现场沟通协调管理采取的主要举措。

【案例背景】

某有机废弃物环保综合利用 EPC 项目，总投资 1.5 亿元，建设内容为工艺生产装置和公用及辅助工程。工艺生产装置包括秸秆堆场、预处理及固液分离单元、厌氧发酵单元、沼液池、沼气净化单元和有机肥车间。公用及辅助工程包括锅炉房、空压站、地面火炬、变电所及发电机房、汽车衡、泵房及水池、全厂供电外线及道路照明、电信外线、装置管廊、总图、地中衡、门卫和综合楼等。

本项目 EPC 总承包商直接负责勘察设计、采购工作，施工通过招标分包单位完成，由总承包单位的项目管理部负责实施。其中，设计、采购在后方，由总承包企业完成，其余工作则在施工现场完成。

该项目涉及单位多，有业主、总承包商、监理单位、分包商等，此外还有政府主管部门（如质监局、安监局、规划局、土地局、环保局、园林局、交通局、供电局、建委、消防局、街道办等）相关单位。所以，总承包商需要沟通的界面比较多，各环节相互制约、环环相扣，项目的沟通协调难度较大。

【现场沟通接口分析】

本项目 EPC 总承包商在总承包项目部的框架下成立了现场项目部，其主要作用是组织项目的实施。在实施过程中，协调是重要的管理方式，具体体现为与业主、政府相关部门、项目部内部、各参建单位（含各分包单位）的协调及控制。归纳起来，现场项目部需要进行协调或控制的关系有对外部分、现场项目部内部、各分包单位、后方总承包项目管理部四个方面。

（1）现场项目部对外部分　现场项目部对外管理主要涉及四个方面，即以项目业主、监理单位为主，以当地政府相关主管部门和项目周边村镇为辅的管理。

（2）现场项目部内部管理　现场项目部内部成员之间是共同配合、协调工作的关系。内部成员在做好各自工作的同时，还要积极去配合其他成员的工作或解决工程中遇到的问题。因为本项目涉及土建、水电、管道、设备、仪表等多个专业，施工中往往需要内部各个专业管理人员通力合作，因此，各成员之间的信息传递和衔接显得尤为重要。在工作中，具体体现为各成员不仅要各司其职，还应在工作交界面的处理中发挥积极的协同作用。

（3）对分包单位的组织与协调　作为 EPC 总承包现场项目部，在现场管理中需要协调的分包单位包括土建施工单位、罐体施工单位、设备仪表安装单位、供货单位等。在现场管理中，现场项目部的作用在于调动各分包单位的积极性，使其发挥其职责范围内应有的作用。重点在于协调各分包单位的利益，促进各分包单位之间的配合，整合所有力量，保证所有分包单位都能在项目推动中充分发挥作用。

（4）与后方总承包项目部的关系　现场管理只是整个项目管理的一个核心环节，是整个项目的执行过程。在 EPC 项目中，现场与后方的设计、采购工作联系甚多，本项目以项目部为中心，以公司级部门为基础，运用强矩阵管理模式，在现场实施阶段采用强直线式管理。现场项目部成员将需要后方解决的问题汇总到项目经理处，现场项目经理根据工作需要，随时保持与后方项目部的联系，保证信息传递及时和准确。

【现场沟通的主要举措】

（1）建立高效团队，统一项目目标　在综合考虑项目特点、合同约定、业主要求、施工单位配备等诸多因素后，公司工程管理部抽调了公司精干人员组建了现场项目部，由经验丰富的资深管理干部担任现场项目部经理，设置了质量工程师、土建工程师、水电工程师、设备工程师、仪表工程师、设备材料工程师、HSE 工程师、计划工程师、设计代表（土建、工艺）、资料员等岗位。项目部其他设计岗位人员将在公司工作。项目部人员无论来自公司哪个部门，都必须接受现场项目部的统一管理。由现场项目部经理根据各阶段的工作情况安排具体工作，实行动态管理。现场经理根据工作需要，开展了多次对内部人员的培训工作，提高了项目部人员的业务技能。

同时，严格控制分包单位派驻现场人员的业务素质和职业素质，随着工程进度的推进，分包单位派驻现场人员的不断进场，项目部除了严格控制分包单位派驻现场人员的业务素质和职业素质外，还建立了对相关分包单位进场人员的准入考核机制，保证了分包单位进场人员的质量，从而形成了一个高素质的团队。

在整个项目管理体系中，无论是业主、监理单位，还是总承包商、分包商，大家都处于同一管理链条之中，形成上游和下游的关系，而不是上级和下级的关系，没有孰重孰轻之分，都是项目顺利运转不可分割的一部分。大家都以顺利实施项目为目标，及时沟通协调，处理相互之间的工作矛盾和问题，树立了"一个项目、一个团队、一个目标"的管理意识。

（2）项目部自觉定位，树立服务意识　现场项目部每一位成员都清晰了自己的定位，摆正了自己的位置。自身的位置不是一成不变的，要根据工作中面对的不同对象，及时调整位置。面对政府，现场项目部是总承包商，需要借助业主的人脉和资源与政府保持一个良好的外部关系，为项目顺利运行创造一个良好的项目外部环境；面对业主，现场项目部是总承包商，是乙方，是责任主体方；面对监理单位，现场项目部与监理单位相互之间又是一种监理、被监理的关系，同时都是项目管理方；面对施工单位，现场项目部是总承包方，是甲方。为此，在现场工作中，说话做事首先要摆正自己的位置，自己定位清楚，做自己职责范围的事，说符合自己岗位的话。

现场项目部的工作本质是服务，落脚点也是服务，不仅服务于业主，同时也服务于分包单位，现场所有工作都属于服务层面，携手业主和分包单位，将项目向前推进。总承包商现场的质量、安全等方面的管理活动成效最终要通过分包单位得以体现，所以总承包商的管理要基于对分包单位的管理，将服务意识融入其中。

（3）多种措施并举，促进沟通管理工作　项目部进场后制定了项目沟通管理计划，明确了原则、内容、对象、方式、途径、手段和所要达到的目标，在实际工作中根据出现的矛盾和问题调整沟通计划。项目部执行日碰头会、周例会、月度总结会、年度总结会、专题会、周报、月报等制度，其中例会和报告制度是 EPC 总承包项目最好的管理手段，也是团队与团队相互沟通协调的一种主要方式。

在本项目现场施工阶段，现场项目部召开周例会 50 次，各类专题会 145 次，HSE 月度总结会 9 次，总承包内部会议 16 次，编写周报 51 期，月报 13 期。此外，现场项目部还参加了业主主持的每月召开一次的业主协调会18次，监理单位组织的工程例会52次。

特别是碰头会和专题会，在土建、安装等施工高峰阶段，基本上每2天召开一次，由业主代表、总承包商相关管理人员、分包单位队长或工长以上人员参加，会议就是当日存在的问题，对今后3天内需要解决的问题进行逐一摸排、落实，将施工计划真正分解到每一天，且对下一步工作做好前瞻性和预控性预案。可以说碰头会和专题会对项目顺利实施、少走弯路起到非常重要的保障作用。

（4）利用现代通信手段，建立信息沟通平台　本项目具有规模大、参建单位多的显著特点，决定了现场项目部在项目管理过程中面对的需要处理的信息量非常大，涉及的参建单位和人员众多，信息传递是一个时间较长的过程，往往会影响信息传递的及时性和准确性，因此，现场项目部利用现代互联网和通信技术手段，建立了各参建单位主要管理人员的QQ群和微信群，联系业主建设指挥部的信息网络；也联系公司OA办公系统，及时获得上级的指令，为他们提供了直接了解现场项目部工作状态的网上通道；横向联系各参建单位项目信息中心平台，群内人员可以在此信息平台上及时发布消息，实现各单位之间的信息资源共享，加快了信息传递速度，保证了信息反馈的时效性和准确性。

【注重沟通协调结果的落实】

人们常说工作布置在于落实，工作布置得再好得不到落实的话等于零。在项目管理中，EPC总承包现场管理不是实际操作层，不是每件事都要亲力亲为，而是通过总承包单位建立的管理模式，使分包单位工作到位、管理到位，规范分包单位的各类行为。因此，对现场项目部沟通所传递的信息协调结果，一定要及时跟踪落实，再准确、及时的沟通协调结果，如果不能够落实执行，那么这种沟通协调就失去了根本的意义。本项目中，现场项目部利用PDCA的管理思路，对项目沟通协调结果的落实采取了以下措施，以确保沟通协调目标得到落实。

① 将沟通协调的结果作为新的管理目标，并对此目标进行细分，分解成若干个小目标，再将其具体分摊到分包单位和责任人员，促使其落实。

② 对沟通协调目标予以跟踪检查，监督赋予分包单位的目标是否予以落实。同时，对于分包单位在落实目标过程中遇到的各类问题要求及时沟通并予以反馈，因为在落实目标的过程中，情况是动态变化的，只有及时沟通才能符合实际。

③ 配以必要的奖惩措施。为了保证沟通协调目标的落实和提高工作效率，总承包单位可以借助现场项目部制定的工程项目奖惩制度的有关条款，对沟通协调及时到位的分包单位予以一定的奖励，对迟缓落实或不落实的予以惩罚。

【实践案例结语】

现场沟通协调是EPC沟通协调的核心组成部分，为做好现场的沟通协调管理，首先要进行清晰的自我定位，理清现场管理的组织接口，将服务意识贯穿于项目整个沟通协调过程；其次要采取有力措施，充分发挥沟通协调工作在现场施工组织管理中的重要作用，及时解决各环节的问题，才能保证项目的顺利完成，给业主一份满意的答卷。

15.5.5　沟通协调工作内容实践案例

【案例摘要】

以某EPC原水工程项目沟通协调工作实践为背景，明确了本项目沟通协调工作的重点、难点，在阐明市政工程建设的沟通管理后，重点介绍了本项目具体的沟通协调工作内容，为市政工程承包单位的沟通协调管理提供了一定的经验。

【案例背景】

某原水工程由一座规模为20万立方米/天的原水增压泵站和12.76km长的DN1400原水管线组成，原水管线10km左右采用顶管敷设，其余采用埋管敷设。原线共设顶管井28

座；穿越河道 40 条，部分河道涉及通航河道、高铁、高速公路等铁路、公路、市政道路和桥梁，穿越了轨道交通线、规划地铁线、磁浮线路等。

【重点与难点分析】

① 该项目为总价合同，盈亏自负，由于本项目施工线长、工程量大、工期紧且多数为地下工程，不确定因素较多，因此，通过沟通协调使前期投标方案与现场实际施工方案相一致，采用合理的成本控制措施是整个项目成功的重点之一。这就要在投标过程中沟通协调投标小组按照图纸实地进行踏勘，保证图纸符合现场实际情况。特别是在中标后，初步设计编制深度应达到施工图阶段，便于初步设计概算上报时，对每项报价认真核算，减少实施阶段的设计变更，确保项目总价可控。这就更需要有关方的相互沟通和协调。在签订合同时，要与业主就有关未尽事宜等进行充分沟通和协调。

② 原水管线施工工作属于线性工程，沿线穿越河道防汛墙、桥梁、地铁等构筑物。由于顶管施工需要设置的顶管井选址大多位于农田、码头、厂房和绿化带内，沟通协调涉及部门、单位和私人承包方众多，主要涉及水务、航道、铁路、公路、地铁、绿化等政府和行业主管部门，同时还涉及管线权属单位、码头承办单位和村委会等，沟通协调工作点多面广、纷繁复杂，可谓是千头万绪。因此，项目沟通协调的进展与项目的实际进度交叉配合一致是本项目成功的另一重点和难点。根据以上项目沟通协调特点，总承包商需要依据合同要求，明确各方责任，抽调设计、采购、施工相关人员，组建项目协调小组，这些就需要反复与企业的有关部门、人员进行沟通和协调。

【沟通协调分类与策略】

根据以往类似工程的经验，对项目的沟通协调按照沟通的难易度进行梳理分类，可以分为对外沟通协调和对内沟通协调两类。

（1）对外沟通协调　对外沟通协调又可以分为三类。

① 针对涉及政府和行业主管部门的沟通协调。按照各自行业要求手续流程办理，时间节点相对可控，项目进度计划可先安排施工。

② 针对五大管线权属单位的沟通协调。除顶管施工需要对涉及的管线办理监护绿卡以外，还需要对部分与顶管位有冲突的管线实施搬迁。由于此类沟通协调涉及管线搬迁费用的协商、搬迁协议的签订和现场管线的搬迁施工，因此，协调时间较长，项目进度节点计划可安排在第一种情况之后进行施工或交叉施工。

③ 针对村委会、厂房、私人承包码头、居委会等的施工配合沟通协调。此类沟通协调无依据可循，需要多次上门沟通、协调、协商，沟通协调结果不确定，相对不可控，需要作为沟通和协调的难点和重点公关，在项目进度计划安排上涉及此类沟通协调的施工计划应放在最后统筹安排。

（2）对内沟通协调　对内沟通协调是指对设计人员与分包商的沟通协调。根据项目沟通协调的重点和难点分析，做好项目的设计沟通协调工作，使项目前期设计阶段方案可行，总体成本可控。在项目开工后的实施阶段，根据管线施工现场实时沟通协调督促设计人员对管位、顶管井等施工图进行可行性、经济性的比较分析，尤其是对明显无法协调和实施的管位、井位方案进行调整优化，选择技术上可行、经济上合理的优化方案。

对分包商的沟通协调，一方面严格依据建设程序和相关管理流程，选择资质、业绩优良的分包单位；另一方面在 EPC 总承包项目管理过程中，协调分包单位共同配合现场放样和实施方案的制定，一旦场地沟通协调完成，要督促分包商及时跟进，完成施工现场围挡和"三通一平"等工作。

沟通协调分类一览表见表 15-2。

表 15-2　沟通协调分类一览表

分类		沟通协调内容	难易程度	时间长短	施工进度安排	备注
对外沟通协调	政府和行业主管部门	办理政府和行业主管部门批文	易	可控	先期安排施工	—
	五大管线权属单位	办理管线监护绿卡,签署管线搬迁协议和管线现场搬迁	较难	相对可控	中期安排施工	对取得一致的管线先行搬迁
	村委会、码头、厂房等	签署场地租赁协议,签署经济补偿协议	很难	不可控	后期安排施工	—
对内沟通协调	设计人员	根据现场施工实时与设计人员沟通协调并对设计方案进行优化调整	易	可控	与进度综合调整	—
	分包商	根据前期沟通协调结果,与分包商沟通协调,合理组织施工	易	可控	与进度综合调整	—

【本项目沟通协调工作】

（1）对外沟通协调实践

① 与政府和行业主管部门的沟通协调。针对政府部门，例如，水务局河道管理范围内施工申请办理、航道局水上水下施工许可申请办理、绿化市容局绿化搬迁申请办理等均有相关的法规和规定，可通过查询相关单位的网站，按照办事流程准备相关资料报窗口审批。在审批过程中主管部门会委派相关技术人员现场踏勘，召开现场协调会，因此要随时与具体经办人保持沟通联系，及时提供补充资料等，争取在审批时限内获取批文，避免因提供资料不及时而造成审批滞后或重新申请上报等不利后果，对项目工期产生不利影响。

按照项目所在市水务局的相关规定，河道管理范围内的施工申请办理分为建设项目的审核和施工方案的审核两个阶段。针对本项目共穿过的 14 条河道分为市管河道和区管河道的特点，在具体沟通协调过程中应注意以下三个方面。

a.项目前期委托有水利工程设计乙级资质以上的设计院编制《工程施工对穿越河道的防汛墙影响论证报告》，上报水务局评审通过后作为设计依据和办理河道建设项目审核的依据。

b.征询区河道管理所在区水务局，取得区水务局就本项目一并进行审批的委托书，节省分开办理审批的时间和步骤。

c.在初步设计概算编制过程中列支防汛墙评审和改造费用，避免今后实施时由于缺项造成该笔费用无法支付。

对铁路、公路、市政署、铁道交通、磁浮等行业主管单位，按照其行业管理办法办理相关申请审批之前，协调建设单位组织规划管理部门和各行业主管单位召开项目实施配合专题沟通协调会，并做会议纪要，会议纪要明确项目选址、范围和涉及的单位名称，记录各单位对项目的要求和注意事项，请求给予大力支持等。

在具体沟通协调阶段，以此协调会议纪要为依据，按行业管理办法征询实施意见，部分主管单位若无审批流程，如穿越城市道路、规划磁浮线路等，通常用咨询函或逐一召开协调会等方式征询行业主管部门的意见，编制施工保护方案取得对方同意，并留下书面记录。在本项目中，原水管线穿越 A 河桥前，以建设单位名义发函至 A 区公路署，取得该公路署的同意并调阅桥梁图纸，调整管位，避让桥墩桩基，以确保顶管施工安全，也保证了桥梁的安全。

② 与五大管线权属单位的沟通协调。在本项目的管线板桥沟通协调工作中，原水管线管位设计和地下管线采取搬迁或保护的依据均为物探报告。物探报告对非金属管线的探测误差比较大，而现状是地下管线如电力、信息等小管径管道多采取非金属套管穿越后再进行穿管施工，施工工艺多采用拖拉管施工的缺点是竣工图纸标的高度与实际高度的误差比较大。设计人员在物探报告的基础上，采用保守的误差范围设计原水管位，造成误差范围较大，很

多管线无法避开，管线搬迁工作量很大，造成沟通协调工作量的增加和工程成本的增加。因此，顶管施工前需分段对物探报告进行现场复核，确定合理的、最优的原水管线管位设计方案，从而确定最优的管线搬迁及保护方案。

管线搬迁及保护方案的重点是选择有管线搬迁经验的专业单位在物探报告的基础上进一步对管线进行排摸，除采取与五大管线单位联系调阅相关图纸的方式外，必要时对无法探明的地下管线采取开挖样洞的方式确定标高，沟通协调设计人员优化设计方案，避开搬迁难度大、周期长、费用高的地下管线，对原水管线进行调整，确定合理的搬迁和保护方案。

在管线搬迁及保护方案确定的前提下，对与原水管线有冲突的管线逐步进行搬迁，其中部分管线为永久搬迁避让原水管线；部分管线属于临时搬迁，待施工完毕后再进行恢复。具体工作由管线搬迁单位落实，与搬迁管线权属单位签署搬迁协议，按照施工节点要求逐步完成管线搬迁工作；对施工过程中需要保护的地下管线办理管线监护绿卡，管线监护绿卡的办理需要在施工前召集五大地下管线运行维护单位召开管线施工配合沟通交底会。沟通会一般是由施工单位介绍施工保护方案，由第三方监测的单位介绍地下管线监测方案，再由管线运行维护单位提出具体的保护要求。会后凭会议纪要和五大地下管线运行维护单位签署管线保护协议，协议签署后方可办理管线监护绿卡，并在施工前告知管线运行维护单位，进行现场监护。

③ 与村委会、居委会和码头承包方的沟通协调。由于管道选址在河道北岸 $10\sim15\mathrm{m}$ 敷设，该河道为航运河道，当地居委会或村委会将空地承包给私人作为砂石码头经营建材运输，由于条件限制，本项目部分顶管井选址位于砂石码头内，占用码头的沟通协调工作除了涉及土地的租赁，还涉及对码头的正常经营造成影响，需要关停部分吊车，占用砂石堆厂和进厂道等。此类沟通协调的最大难点在于双方在顶管施工期间对码头正常经造成的经济损失难以达成一致，沟通协调难度较大。由于私人承包的码头往往拿不出码头实际财务数据，私人承包方又不接受第三方评估单位的评估报告，使码头陷入沟通协调的僵局。

EPC 项目部采取了双管齐下的策略：一方面坚持与码头承包单位进行借地沟通；另一方面实施以下方案逐步突破。

a. 取得村委会的支持，请村委会对码头土地租赁到期的承包方进行清理。

b. 请水务执法部门对部分无证经营的码头进行执法整顿。

c. 对部分要价特别高的码头采取取消顶管井、加长顶管长度的施工措施，虽然会带来一定的施工安全风险，但相比码头借地发生的借地费用和沟通谈判陷入僵局带来的工期风险，这项施工措施属于无奈且合理的选择。

通过上述沟通协调策略的实施和不懈努力，最终在施工节点前完成了此项工作。特别注意的是为避免沟通协调完成后，因赔偿金额不均造成码头承包商反悔，由总承包方、村委会和码头承包方三方签署经济赔偿协议书，且类似情况的赔偿标准应予以公布，保持一致。

（2）对内沟通协调实践

① 与设计人员的沟通协调。与设计人员的沟通协调管理是 EPC 项目管理中非常重要的工作环节，贯穿于整个项目方案阶段、基础设计、详细设计、现场配合等建设的全过程。本项目对设计人员的沟通协调有以下三个方面的要求。

a. 协调方案阶段要留有"余地"，设计深度应加深加细，如工程可行性研究阶段的深度应达到初步设计的深度，以便使项目工程可行性研究报告具有更高的准确度和可操作性，以保证在方案设计阶段的工程造价有一定的富余量。例如在原水管线方案阶段，EPC 管理人员应对管线全线进行踏勘，对原水管线实际可采取埋管方式的区段采用顶管方式设计，对顶管井的设置增加一些富余量；对施工方式暂未确定的区段，如顶管穿越河道，河道两边有防汛墙，且防汛墙下桩基情况不明时采取保守的方式穿越河道，又如采取管桥或者加深顶管井的设计方案，增加土建的工程量，确保项目的实施有优化空间。

b.协调设计人员在施工图出图前对设计方案进行优化，保证施工图设计质量，减少设计变更带来的直接费用或间接费用支出的风险。线性工程施工过程中容易出现边设计、边出图、边施工的特点，实际施工中往往会出现图纸与现场不符的情况，造成施工人员无法按图施工，需要设计人员重复设计，不仅会浪费设计人员的精力，甚至还会影响项目的实施。因此，项目管理的重要任务就是要求设计引领施工，同时还要做到施工指导设计，相互补充。通过与施工方在施工前期对现场的放样，详细调查项目周边环境和地下地上管线，一旦发现与图纸不符，及时反馈给设计人员，优化设计方案，减少设计变更次数，保证设计质量。

c.协调设计人员与施工人员的相互配合。EPC 总承包项目管理的优势就是可以将设计和施工无缝衔接，由设计引领施工。本项目在施工前期因管线较长，地下情况不明，存在着大量需要设计优化的地方，例如，为避让地下管线对管位标高进行局部调整，因借地无法落实对顶管井位的调整等。设计人员要根据现场情况，及时做出设计变更，便于前期协调，降低施工成本。如在原设计方案中部分区段位于市政一类绿化带内，总长 3.4km，采用埋管施工方式，根据项目所在市绿化相关管理条例规定，绿地易地补偿费为 800 余万元，该笔费用由建设单位承担。通过设计方案优化将该区段埋管方式改为顶管方式，增加顶管井 2 座，对顶管井位的绿化进行搬迁，增加费用为 200 余万元，由建设单位发出书面指令签证，节省了工程造价，又简化了绿化搬迁手续。

② 与分包商的沟通协调。与分包商的沟通协调应充分贯彻"工程分包商向总承包商负责"的精神，对工程质量的保证能力和施工水平进行考核和评价，择优选择具有满足工程项目要求的合格分包商，并对分包商进行质量控制。

由于本项目是线性工程，战线较长，分包单位较多，存在各分包商交叉施工，如顶管井土建分包商施工不能完成，势必对顶管施工、后续管道防腐施工造成影响，从而会造成整体进度节点的滞后。因此，不但要按时召开工程例会，加强沟通，还需要站在分包商立场上合理安排施工节点，保证分包之间的施工流程合理衔接，避免因作业面过早开设人、料、机造成施工浪费、施工后的索赔。

【实践案例结语】

在 EPC 项目管理中，及时做好沟通协调工作，既能促进方案优化设计，对项目投资成本进行有效的控制，又能有力地推动项目的建设进度，为项目最终竣工奠定基础，真正与建设单位实现社会效益、经济效益的双赢。值得注意的是在 EPC 项目管理过程中，沟通协调需要有协作精神和交流意识，充分认识沟通协调在管理中的作用，牢固树立沟通协调意识，在管理实践中，相互配合，主动联系，对项目信息的传递及时汇总、分析、核对和利用，并做出决策。沟通协调是项目成功的保证。

第16章

合同管理

合同是承包商履行项目责任的法律文件，也是承发包双方发生纠纷进行索赔的法律依据，认真研究 EPC 合同，加强合同管理，才能顺利达到项目预期目标，同时可以有效地规避各种合同风险。在总承包市场的实践中，人们越来越清楚地认识到合同管理在工程项目管理中的特殊地位和作用，成为工程项目管理领域的重要要素之一。

16.1 合同管理概述

16.1.1 合同管理的概念与作用

16.1.1.1 合同管理的概念

《中国项目管理知识体系》对合同管理的定义为：合同管理是管理与卖方的关系，保证承包商的施工工作满足合同要求的过程。在使用多个承包商的大项目中，合同管理的一个重要方面就是管理各承包商之间的关系。合同关系的法律性质要求项目管理班子必须十分清醒地意识到管理的同时采取各种行动所产生的法律后果。

《建设项目工程总承包管理规范》做了如下描述："工程总承包企业的合同管理部门应负责项目合同的订立，对合同的履行进行监督，并负责合同的补充、修改和（或）变更、终止或结束等有关事宜的协调与处理。"这是从合同管理部门的职责角度对合同管理定义的描述。

由此看出，合同管理是指在 EPC 工程总承包实践活动中，总承包方对自身为当事人的合同依法进行订立、履行、变更、解除、转让、终止以及审查、监督、控制一系列行为的总称，其中订立、履行、变更、解除、转让、终止是合同管理的环节，审查、监督、控制是合同管理的手段。

16.1.1.2 合同管理的作用

建设市场经济是法治经济、契约经济，项目合同作为建筑商品的经济产物，是建筑商品交换的法律形式，建设工程企业经济往来主要是通过合同形式进行的。所以，项目合同管理是建设企业管理的重要制度之一。

(1) 项目成功的保障 合同是履行责任和义务的依据，项目合同管理通过审查、监督、控制手段，能够对项目的进度控制、质量管理、成本管理起到总控制和总协调的作用。同时，合同管理也可以通过监督其他项目干系人的履约责任，加强沟通与合作，保证合同顺利完成，达到合同管理目标。没有合同管理，各方行为无据可依，项目就不可能顺利运行，项目的四大目标就无法达到预期。因此，合同管理在工程建设项目管理过程中正在发挥越来越重要的作用，成为项目管理的灵魂与核心。

(2) 企业的利润之舟 当今的建设市场呈现投资结构多元化、利益多元化等特征，合同条件日趋苛刻，使工程建设合同利润逐渐减少，而合同风险不断增大。EPC 总承包方要想在顺利完成项目的同时获得合理、预期的利润，维续企业的发展，就要加强合同管理工作。合同如果出现问题而导致风险，必然会影响企业的利润和企业今后的发展，为此，合同管理已成为企业发展战略及生产经营和管理活动的核心内容，企业的一切行为都必须围绕合同来进行。

（3）企业对市场的承诺 从建设市场来说，合同管理的重要性在于：实现总承包企业对市场的承诺，承担社会责任，体现总承包企业的诚信，提升企业的品牌和形象，使总承包企业更牢固地立足市场，实现可持续发展。

（4）企业维权的护身符 如今的建设市场竞争激烈，僧多粥少，在以买方为主导的建设市场中，业主往往居高临下，利用各种借口向总承包方发起索赔，从而引发双方争议纠纷，甚至诉至法律。合同作为经济契约，是当事人双方履约的法律依据，通过企业对合同实施有效管理，可以预防、控制纠纷的出现，从而在维护企业权益中发挥重要的作用。

16.1.2 合同管理的特征与原则

16.1.2.1 合同管理的特征

（1）合同管理实施风险大 由于 EPC 工程总承包项目所在地区的自然环境、经济环境、地理环境等各自不同，承包商承担着很多不可控制和不可预测的风险。相对地，业主则占有得天独厚的地理、环境优势。因此，承包商在工程总承包合同的实施过程中困难重重，风险很大。

（2）合同管理工作周期长 EPC 项目一般建设周期都比较长，加上一些不可预见的因素，致使合同完工一般都需要两年甚至更长的时间。执行层面的合同管理工作必须从项目启动开始直到合同关闭，长时间内连续地不间断进行。

（3）合同变更索赔任务重 EPC 总承包工程大多是规模大、工期长、结构复杂的工程项目。在合同执行过程中，由于受到水文气象、地质条件变化的影响以及规划设计变更和人为干扰，在工程项目的工期、造价等方面都存在着变化的因素。因此，超出合同条件规定的事项可能层出不穷，这就使得合同管理中变更索赔任务很重，工作量较大。

（4）合同管理参与人员广泛 EPC 合同文件一般包括合同协议书及其附件、合同通用条款、合同特殊条款、投标书、中标函、技术规范、图纸、工程量表及其他列入的文件。在项目执行过程中所有工作已被明确定义在合同文件中，这些合同文件涉及部门众多，是整个工程项目工作中的集合体，同时，也是所有管理人员工作中必不可少的指导性文件，是项目管理人员都应充分认识并理解的文件。因此，合同管理具有全员参与性。

（5）合同管理更多的是协调 EPC 项目往往参与的单位多，通常涉及业主、总承包方、合作伙伴、分包方、材料供应商、设备供应方、设计单位、运输单位、保险单位等十几家甚至几十家。合同在时间上和空间上的衔接和协调极为重要，总承包商的合同管理必须协调和处理各方面的关系，使相关的各个合同和合同规定的各工程之间不相矛盾，在内容上、技术上、组织上、时间上协调一致，形成一个完整的、周密的、有序的体系，以保证工程有秩序、按计划地实施。

（6）合同管理实施过程复杂 合同管理执行过程中，从项目局部完成到整体完成，往往要管理几百个甚至几千个合同文件。在这个过程中如果稍有疏忽就可能导致前功尽弃，造成经济损失。所以总承包商必须保证合同在工程的全过程和每个环节上都顺利完成。正是由于总承包工程合同管理具有风险大、任务量大、实施过程复杂、需要全员参与和更多的管理协调的特点，决定了 EPC 合同管理要有自己的特点。

16.1.2.2 合同管理的原则

（1）依法管理的原则 合同管理应以法律为依据，只有以合法为前提进行合同管理，才能切实保障业主的根本利益，促进工程的顺利建设。与建设工程合同管理密切相关的法律概括起来有两类：一类是民事商事法律，如合同法、物权法；另一类是经济法，如建筑法、招投标法。合同管理人员应熟知以上法律并能够较为熟练地应用，以保证合同条款的合法性，从而才能保证条款的有效性。

（2）科学管理的原则　合同管理应以建设工程的实际情况为出发点和突破点，保证建设工程在实现质量、进度、成本、安全四大目标的前提下顺利竣工并投入使用。合同管理应根据建设工程的实际情况制定出科学的合同管理计划方案，并且在工程质量、进度、成本方面的目标应以合同为管理工作的纲领，任何违反合同条款的计划方案都是不科学的。

（3）预防为主的原则　合同管理应以预防为主，减少甚至避免索赔、争议纠纷以及其他合同风险的发生。提前发现、提前预防是进行合同风险控制的有效方法之一，承包商应综合考虑项目管理过程中的各种风险，并尽可能制定出相应的风险控制方法并体现在具体合同条款中。同时，应确保合同条款的明确、具体，避免歧义和含糊。

（4）保障权利义务的原则　最大限度地将建设工程参建各方的权利、义务及责任纳入合同管理的范围中，使参与项目建设的任何一方都能以合同为依据，享有权利，履行义务，共同保证建设工程的顺利竣工和投入使用。

16.1.3　合同管理的模式与体系

（1）合同管理的模式　承包企业对合同的管理一般采用多层管理模式，即企业高层、职能部门、项目部的相互配合。企业高层主要侧重于对合同的组织、协调和公关。职能层的主要工作是：在招投标阶段，以投标、技术部门为主，侧重于投标的各项工作；在合同谈判阶段，以合同部、投标部、技术部组成的谈判小组为主，负责合同谈判、合同签订工作；合同签订后，以合同部为主，侧重于对项目部进行合同交底和合同实施的策划、监督、检查。项目层的合同管理工作属于合同执行层面的管理，项目部的主要工作侧重于：按合同规定要求制定并执行项目计划，对项目进度、质量、安全、成本等实施控制；按照合同规定执行对合同的变更处理；对分包单位、供应商合同的具体落实、管理与监控等。

（2）合同管理体系　合同管理体系可以分为两部分，即合同管理监控体系和合同管理保证体系。合同监控体系分为合同监控目标体系、合同监控流程体系；合同管理保证体系包括合同管理组织、职责体系、监控方法技术体系、资源保证体系等。我们先介绍合同监控体系，合同管理保证体系在下面节点另作介绍。合同监控体系＝合同监控目标体系＋合同监控流程体系。

① 合同监控目标体系：一般包括对合同管理应遵循的法律法规；承包企业对合同管理的规定要求；对合同规范的编制、订立、审核的要求。合同监控的预期目标包括：达到业主的满意度、合作方的满意度；对合同责任事故发生率的限制，对合同纠纷、索赔解决处理的原则和程序等。

② 合同监控流程体系：包括合同管理计划（明确项目合同管理目标、制定合同管理程序等）、合同监督检查（运用各种方法对合同执行过程进行监控）、纠偏处理（对于违反合同规定的行为、结果及时纠偏）、合同收尾环节（合同结算、资料整理归档等）。

16.1.4　合同管理内容与流程

（1）合同管理内容　GB/T 50358 对合同管理的内容指出："接收合同文本并检查、确认其完整性和有效性；熟悉和研究合同文本，了解和明确项目发包人的要求；确定项目合同控制目标，制定实施计划和保证措施；检查、跟踪合同履行情况；对项目合同变更进行管理；对合同履行中发生的违约、索赔和争议处理等事宜进行处理；对合同文件进行管理；进行合同收尾。"

从项目管理工作范畴角度，合同管理内容可以归纳为几个方面：①合同管理计划编制；②合同交底；③合同索赔管理；④合同变更管理；⑤合同终止管理；⑥合同文件管理；⑦合同后评价等。

从 EPC 合同特点角度考虑，合同管理内容可以划分为两个层次：①作为项目的总承包商与项目业主之间的合同管理，即主合同管理，这时总承包商为承包人，业主为发包人；②总承包商与分包单位之间的合同管理，即总承包商对分包的合同管理，这时总承包商是发包人，分包单位是承包人，具体工作内容是拟定分包计划，选择分包商，对分包合同履行过程的监督、分析、协调和报告，处理分包合同变更和分包合同纠纷，执行分包合同履行期间或合同结束后与顾客的联络、沟通等。

（2）合同管理流程　EPC 总承包商合同管理工作流程图见图 16-1。

图 16-1　合同管理工作流程图

① 计划编制：编制合同管理计划，包括合同目标体系、合同管理制度、合同工期计划、质量管理计划、合同费用控制计划等。

② 监督检查：将合同管理计划传达到各职能部门、项目相关方，在工程实施过程中，创造条件，认真落实合同管理计划；运用各种监督检查手段、方法，对合同执行情况进行全过程的监督检查；发现问题及时进行分析。

③ 纠偏处理：对于偏离合同约定的现象或行为，采取一定的措施，实施控制纠偏，确保合同在控制范围内等。

④ 合同收尾：主要包括工程验收（按照合同验收条款，对合同标的物进行验收）、合同结算（对发包人需要支付承包方的工程款进行结算）、合同归档（对所有合同文件进行整理、归档、交付）等工作。

16.1.5　合同管理机构与职责

（1）合同管理机构　合同管理是整个项目管理的核心，合同管理的任务必须由一定的组织机构和人员来完成。要提高合同管理水平，必须使合同管理工作专门化和专业化，尤其是在大型 EPC 项目中应设立专门的合同部和合同人员负责合同管理工作。

合同部的内部组织结构无论采用何种方式都是依据项目实际的需要而定的。最重要的是为合同管理部门创造良好的外部环境，使得合同事件、文件的传达在项目管理内部得到很好的沟通，提高应对能力和反应速度。

合同经理应该作为项目管理组的核心成员参加与业主的合同谈判和签署工作，并在合同签署后配合项目经理做好合同交底和项目组全体人员合同学习的组织工作。项目实施后，合同部将成为项目经理直接管理的一个重要的核心职能部门。

合同管理是一项系统工程，需要各个职能部门配合做好职责范围内有关合同管理的协同工作。

（2）岗位职责　合同管理部的岗位设置应根据企业和项目的实际需要而设置。合同部一般设有合同部经理、预结算员、投标管理员、资料管理员、合同管理员，各岗位职责见表 16-1。

表 16-1　合同管理部各岗位职责表

序号	岗位	职责
1	合同部经理	对外联系,及时掌握招标信息评价是否参与投标,向主管部门领导汇报
		协助领导做出决策,协调与其他部门的联系,确保工作的顺利进行
		负责投标文件的编制、合同评审、合同签订、工程竣工结算工作
		负责工程结算款的追收,编制工程款收支一览表
		配合工程部做好资料管理工作以及工程变更的预算,指导完善资料记录
		完成企业或项目部领导交付的其他工作
2	预结算员	广泛收集工程招标信息,积极参与投标工作,参与项目的预算决算工作和招标文件投标报价的工作
		负责审核工程设备、材料价格,控制工程成本
		负责与业主进行有关预算决算工作的沟通与联系
		协助部门经理做好工程成本的清理核算,完工后编写成本分析报告,报送部门经理
		归档预算决算的文件资料
		配合其他人员的工作,并完成部门领导交付的其他工作
3	投标管理员	广泛收集工程信息,并进行整理、归档,供领导参考;积极参与项目的投标工作
		负责投标的全过程工作,包括由投标报名到标书的编制、投标书的提交送达、接收中标通知书等整个过程的工作
		负责对投标工作的统计和投标情况的记录
		配合其他人员的工作,并完成部门领导交付的其他工作
4	资料管理员	负责技术规范、规程、标准图集、施工图、施工方案以及相应资料的收集、整理工作,并保持其有效性
		做好图纸会审准备工作,作业指导书的整理收集,及时准确地提供资料
		及时做好投标资料、投标技术资料和结算资料的归档
		负责编制文件的目录和一览表,对文件进行标识,及时回收作废文件,按规定程序处理并保存记录
		配合其他人员的工作,并完成部门领导交付的其他工作
5	合同管理员	参与项目合同、专业分包合同、材料供应商合同的签订,负责对合同的管理、归档
		负责组织对分包商的资格预审、评审,建立合格的分包方名录
		负责对分包商的合同交底,并做好相关记录
		参与工程变更洽谈、资料收集,定期检查合同的履约情况,进行统计分析,及时发现问题、解决问题
		对于在监督分包商履约中发现的问题,及时向业主、监理单位、分包单位送发涉及合同的备忘录和索赔单
		收集、整理、保存合同履约中的各种资料
		配合其他人员工作,完成部门领导交付的其他工作

16.2　合同管理要点

16.2.1　主合同管理要点

16.2.1.1　合同启动管理要点

① 接受合同文本,并检查确认合同的完整性和有效性。要检查合同正文条款以及有关附件是否对合同相关内容有遗落,是否完整;检查合同依据的法律是否有效,以及合同的生效期限是否明确等。

② 熟悉研究合同文本,了解和明确发包人的要求。合同文本是合同管理的重要法律依

据，项目部应认真研究、逐一理解合同条款，尤其是业主对项目的技术要求，如对质量的规范、标准要求、验收条件以及工期要求和其他要求。同时要了解和明确承包的工程范围、承包商与业主的责任范围界限，了解和明确合同文件效力优先次序条款等。

③ 明确工程范围是进行合同管理的前提条件，总承包商常常因不能透彻理解合同中对工作范围的描述而产生合同风险。总承包合同中对工作范围描述的特点往往是仅对项目的主要部分进行描述，起到定义项目的作用，但未说明这些主要部分所包含的细节内容，因此对于这些细节内容总承包商在合同文本研究时应作进一步的考虑。

④ 项目部应根据承包企业的相关规定，结合项目特点，建立合同管理程序。对于项目合同的管理流程包括合同启动阶段的管理流程、合同履约阶段的管理流程和合同收尾阶段的管理流程。

⑤ 确定合同控制目标，制定实施计划和保证措施。合同控制目标，如达到业主的满意度，合作方的满意度，对合同责任事故发生率的限制，对合同纠纷、索赔解决处理的原则和程序等。在此基础上制定实施计划，将上述目标具体落实到各参建单位的质量、进度、成本、安全等各个方面，并制定各项目标实现的保证措施。

16.2.1.2 合同履约管理要点

合同履约过程中的合同管理与控制是合同管理的重要环节。整个工程建设的总目标确定后，将其分解到项目部、分包商和所有参与项目建设的人员，就构成了目标体系。分解后的目标是围绕总目标进行的，分解后各个小目标的实现及其落实的质量，直接关系到总目标的实现，控制这些目标就是为了保证工程实施按预定的计划进行，顺利地实现预定的目标。

（1）合同交底　EPC 工程总承包项目合同签订后，EPC 的总承包商首先应该明确主合同确定的工作范围和义务，项目的主要管理人员要向项目的具体执行者进行合同交底，对合同的主要内容和潜在的风险做解释和说明，并根据合同要求分解合同目标，实现目标管理。使项目部所有人员熟悉合同中的主要内容、规定及要求，了解作为总承包商的合同责任、工程范围以及法律责任，并依据合同制订出工程进度节点计划。

按照节点计划，项目各部门负责人随即对各自部门人员进行较详细的分工，即将每个节点作为一个小目标来管理，当每个小目标都实现的时候，那么总的目标也就实现了。克服在传统工程管理中只注重按图样来划分工作范围，而忽略了以合同交底的工作。合同交底意义重大，只有明确了合同的范围和义务才能在项目实施过程中不出现或少出现偏差。

（2）合同控制　合同控制是指双方通过对整个合同实施过程的监督、检查、对比引导和纠正来实现合同管理目标的一系列管理活动。在合同的履行中，通过对合同的分析、对自身和对方的监督、事前控制，提前发现问题并及时解决等方法进行履约控制的做法符合合同双方的根本利益。采用控制论的方法，预先分析目标偏差的可能性并采取各项预防性措施来保证合同履行。

（3）变更管理　合同变更指任何对原合同的主体或内容的修改。合同变更会引起工期、费用的变化，无论是工期变更，还是合同条款的变更，最终往往都有可能归结为费用问题。处理不当最容易引起双方争议和纠纷。合同中通常会规定合同变更的费用处理方式，合同管理人员可以据此计算变更的费用。

（4）索赔事件处理　建设工程实践经验表明，成功的索赔成为承包商获取收益的重要途径，很多有经验的承包商常采用"中标靠低价，赢利靠索赔"的策略，因而索赔受到合同双方的高度重视。在合同履行过程中，承包商的合同管理人员要对合同规定的条款了如指掌，随时注意各种索赔事件的发生，一旦发现属于业主责任的索赔事件，应及时发出索赔意向通知书并精心准备索赔报告。总承包商还应尽量保证分包文件的严密性，保证设计质量，尽量减少设计变更，减少分包单位的索赔机会。

（5）保险担保管理　保险担保管理是合同管理的重要内容之一。在合同履约阶段，往往发生保险事故，总承包商应积极应对保险索赔事件。保险的基本职能是分散风险和经济补偿，分散风险是前提条件，经济补偿是分散风险的目的。了解保险公司理赔程序，理解相关保险法规和保险原则，是风险事件发生后，充分利用保险的损失补偿职能，及时获得赔偿的重要条件。

（6）争议纠纷处理　EPC 项目产生纠纷的原因有很多，双方的行为均可能导致在履约过程中产生实质性纠纷，处理纠纷事件是合同管理部门的一项重要工作。在纠纷处理过程中，合同管理人员应坚持能协商的就协商，能调解的就调解，能不通过仲裁的就不通过仲裁，能不诉讼的就不诉讼的原则。

16.2.1.3　合同收尾管理要点

合同收尾是在合同双方当事人按照总承包合同的规定，履行完各自的义务后，应该进行的收尾工作。就是说，如果总承包商按合同要求为业主所建设的工程项目竣工，那么合同可能在工程交付结束后终止。在合同收尾阶段合同管理要点如下。

（1）合同结算　合同结算的依据一般包括分包合同及其组成部分、招标文件、施工图设计变更、现场签证等。在结算过程中，当对结算意见出现不一致时，合同文件的解释顺序为：合同有约的从其约定，合同无约定的按相关归档资料执行。这就要求项目合同管理人员熟知合同对分包范围的约定，确定结算内容是否属于合同约定的工程范围。属于确定的范围是获得签证的前提，对于超出合同范围和变更部分的一律不予签证。同时，对于索赔应按照有关法律法规对分包商的索赔时限和资料的要求严格把关，防止分包商利用索赔作为结算的一个砝码。

（2）文件归档　工程总承包项目建设周期长、涉及专业多、面临的情况复杂，在经过一个长时间的建设过程之后，很多具体问题都需要依靠相应的资料予以解决。为此，做好资料整理归档工作，不是一个简单的文档管理问题，应有专人负责到底。在总合同签订后，合同管理人员就应该将合同文件妥善保存，并做好保密工作；在合同进入收尾阶段后，要对合同文件进行逐一清理，主要是清理合同文本和双方来往文件，发现与合同不一致的情况要及时进行沟通，需要进行合同变更的要及时进行合同变更。另外要加快合同管理信息化步伐，及时运用信息化管理手段，改善合同管理条件，提高合同管理水平。

（3）合同后评价　EPC 总承包合同在执行过程中可能存在许多问题，执行完毕后要进行合同后评价，及时总结经验教训。在这一阶段进行总结，不仅是促进合同管理人员的业务水平，也是提高总承包企业整体合同管理水平的重要工作。合同后评价主要对以下三个方面进行总结：合同签订过程的情况的评价、合同履行情况的评价、合同管理情况的总评价。

16.2.2　分包合同管理要点

对分包合同的管理是 EPC 工程合同管理中的另一个重要方面，是 EPC 总承包项目主合同管理工作的延续，为此，对分包合同的管理应定位于总承包项目合同履行过程中一系列的后续工作。

16.2.2.1　分包合同签订准备要点

（1）编制分包计划　拟定项目分包计划，初步确定分包范围、数量、开竣工时间等。确定合同范围，便可对分包工程进行合同内容确定。制定分包计划的好处：一是可以将项目的工作进行细化管理；二是便于送业主审核和协调指定分包；三是能在前期了解项目成本，分包计划应与项目进度计划紧密结合。

（2）选择分包商　对分包商的选择是 EPC 总承包的重要一步，决定着项目质量、投资及进度，所以在满足经济效益的同时，也要考察分包单位的实力，不仅是资质，更重要的是分包商的专业实力，做到真正的强强联手。对于 EPC 项目来说，对分包商的选择可以不通过公开招标进行，但选择结果应报业主批准。

16.2.2.2　分包合同履约管理要点

在合同履约过程中，加强对分包合同的管理与有效控制，是对主合同实行控制的重要内容。

（1）实施跟踪和监督　在工程进行的过程中，由于实际情况千变万化，导致分包合同实施与预定目标发生偏离，这就需要对分包合同实施进行跟踪，要不断找出偏差，调整合同实施。作为总承包商要对分包合同的实施进行有效的控制，就要对其进行跟踪和监督，以保证承包主合同的实施。此外，作为总承包商有责任对分包商工作进行统筹协调，以保证总目标的实现。

（2）加强信息管理　加强合同实施过程的信息管理，尤其是要加强对分包商的信息管理。总承包商必须从三方面着手：一是明确信息流通的路径；二是建立项目信息管理系统，对有关信息进行对接，做到资源共享，加快信息的流速，降低项目管理费用；三是加强对业主、总包商、分包商等的信息沟通管理，信息发出的内容要有对方的签字，对对方信息的流入更要及时处理。

（3）分包合同变更管理　与对主合同管理一样，分包合同管理也包括对分包合同的变更管理。分包工程内容的频繁变更是工程合同的特点之一，也是分包合同管理的难点。由于设计图纸的遗漏和现场情况的变化，设计变更和现场签证是不可避免的。分包工程变更是分包方向总包方索赔的重要依据，因此，总包方应设置严格的变更签证审批程序，加强对设计变更的工程量和内容的审核监督，先确认变更价格后再施工。这样才能在施工过程中对合同价格的变化做到心中有数，每完成一项变更都要对该项进行分析对比，分析单项设计概算与施工图预算在工程量上的差别。如果是由于业主原因引起的设计变更，还应该在分包变更审核过程中收集依据和资料，及时向业主提出索赔。

16.2.2.3　分包合同收尾管理要点

分包项目合同履行完毕后，应及时签署合同关闭协议，即确定双方权利义务已经履行完毕的书面证据。一旦发生纠纷必须早发现、早处理，避免不必要的诉讼。按照分包合同中规定的节点、条件和程序及时准确地关闭分包合同是规避潜在或后续分包合同风险的重要环节。

（1）分包合同结算　对分包方的结算，应严格按照分包合同办理，对于工程预算外的费用严格控制。对于未按图纸要求完成功能的工作量，及未按规定执行的施工签证一律核减费用；凡合同条款明确包含的费用，属于风险费包含的费用，未按合同条款履行的违约等一律核减费用。

（2）分包合同关闭　分包合同内容完成后，应在最后一笔进度款结清前，对分包商工作范围、工程质量和 HSE 执行状态，支付或财务往来状态，变更索赔、仲裁诉讼状态等进行全面验收，如发现问题，应及时要求分包商按照整改检查单的内容进行整改，验收合格后，形成合同预关闭报告，释放进度款。

（3）分包合同索赔与反索赔处理　对 EPC 总承包商来说，要利用分包合同中的有关条款，对分包商提出的索赔进行合理合法的分析，尽可能地减少分包商提出的索赔。对由于分包商自身原因拖延工期和不可弥补的质量缺陷及安全责任事故要按合同罚则进行反索赔。同时，要按合同原则公平对待各方利益，坚持"谁过错，谁赔偿"。在索赔与反索赔过程中要注重客观性、合法性和合理性。

16.3　合同管理策略

16.3.1　主合同管理策略

（1）构建"三级三全"合同管理模式　建筑企业的合同管理涉及经营、估价、法律、工程管理、公关等多方面的知识，专业性很强，必须有专门的人员、专门的机构负责这项工作，而构建合同管理体系，使合同管理专业化，是解决合同管理问题的前提。

①"三级"是指三级合同管理体系，即企业高层、职能部门、操作层（项目部）对合同进行多层次管理，各层侧重点不同，充分发挥各自专业优势。高层合同管理重点：组织、协调和公关。职能层合同管理重点：在招投标阶段，以投标、技术部门为主，侧重于投标的各项工作；在合同谈判阶段，以合同、投标、技术部组成的谈判小组为主，负责合同谈判、合同签订工作；合同签订后，以合同部为主，侧重于对项目部进行合同交底和合同实施的策划、监督、检查。操作层（项目部）合同管理重点：对项目进度、质量、安全、成本进行控制。

②"三全"是指三级合同全面的管理体系，即对项目进行全过程、全方位、全员的合同管理。全过程指从资格预审、招投标、预中标谈判、合同评审、合同签订、合同履约到合同结束，从设计、采购、施工、试车的全部过程的管理。"全方位"指项目管理在技术、进度、成本、质量、安全、物供、设备、财务、公关、环保与职业健康、农民工的管理等方面进行全方位的管理。"全员"主要指在合同履约阶段，项目部全体人员必须具备合同管理意识，树立合同大局，全员参与合同管理。

"三级三全"管理体系是众多企业在实践中形成的典型经验，是合同组织管理体系建设模式的最佳选择，应成为企业实施合同管理体系建设的重要策略。

（2）分解合同责任，实行目标管理　项目部是履行合同的操作层，是向业主按时、按质提供建筑产品的直接实践者和责任者，项目部实行的责任目标管理是实施合同管理的有效策略。合同责任实行目标管理就是将合同责任目标分解到每一个项目干系人来完成。这就要求项目部以及项目所有管理者认真学习合同条款，对合同进行认真分析，对合同内容即存在的风险做出解释和说明，使项目部所有人员熟悉合同中的合同责任、工程范围以及法律责任，依据合同制定进度节点计划，每个节点作为一个小目标来管理，每个小目标实现了，那么总目标也就达到了。这种方式改变了以往只注重按图样来划分工程范围，而忽略了以合同为主作为实施手段的传统做法。采取合同责任实行目标管理策略，是保证合同目标实现的有效方法。

（3）完善合同索赔与反索赔管理体系　索赔与反索赔活动贯穿工程建设全过程，与工程建设的各项活动息息相关，涉及方方面面，如人的行为和参与，以及不同层次、不同部门的配合。同时，索赔活动又是一种多层次、多学科综合运用的复杂过程。因此，总承包商企业如何运用管理理论建立起一整套索赔与反索赔管理体系就显得十分重要。实践证明，索赔与反索赔管理在索赔实践中起着非常关键的作用，一个成功的总承包企业，必须要建立完整的索赔管理体系，加强索赔管理工作。

对总承包商而言，索赔涉及两个方面：一方面是与业主的关系，另一方面是与分包方的关系。总承包商一方面要根据合同变化的情况，向业主提出索赔要求，减少工程损失；另一方面要利用分包合同中的有关条款，对分包商由于违反规定造成工程损失的事件提出索赔。同时，要建立反索赔的管理体系，对于业主向总承包商、分包商向总承包方提出的索赔应进行合理合法的分析，尽可能减少总承包商的赔偿损失。

（4）搭建合同管理信息网络平台　项目管理的信息网络是现代科学技术发展的成果之

一，它的出现使工程管理发生了前所未有的变化。合同管理信息化的内涵是合同管理人员利用先进的计算机技术、通信技术、信息技术和软科学技术，通过各种信息设备和人机信息系统来完成对合同管理的任务。合同管理信息网络化的实现使得合同管理人员的工作流程规范化、标准化，大大提高了合同管理的工作效率。

信息网络现代化管理系统与传统的管理系统最本质的区别是信息存储和传输的媒介不同，传统的管理系统利用纸张记录文字、数据和图形等，这些都属于有形存储介质，所利用的各种设备之间没有自动的配合，难于实现高效率的信息处理、检索和传输，存储介质占用的空间也很大。在信息网络现代化管理系统中，利用计算机和网络技术使信息以数字化的形式存储和流动，软件系统管理各种设备自动地按照协议配合工作，使人们能够高效率地进行信息处理、传输和利用。从合同起草、合同签订、文本管理、结算安排、执行进展、合同变更到实际结款以及对合同结款情况统计分析进行全方位管理。因此，发展合同管理的信息化、网络化，搭建合同管理信息网络平台，成为建筑企业在合同管理中采用的重要策略。

16.3.2　分包合同管理策略

16.3.2.1　对分包合同实施事前控制

（1）建立完善的分包招标投标制度　总承包商应将分包合同招标投标管理纳入分包合同管理之中。完善的招标投标管理是分包合同管理的前提和基础，是做好分包合同事前控制的重要手段。完善的招标投标管理包括招标计划的制订，招标文件的编制，资格预审，标书发售，标书的澄清和答疑，评标议标及授标等内容和程序。招标计划阶段必须做好标段的划分，标段划分应界面清晰合理，避免各分包合同间的错漏与重叠。招标文件编制应坚持"公开、公平、公正"原则，评标议标的标准、办法要科学、合理、具备可操作性，标书的澄清、答疑要客观、准确、实事求是。结合 EPC 工程项目实际，通过招标投标管理，最终确定中标人。选择合格的分包商，对分包合同管理将起到积极的作用。

（2）严把分包合同签订评审关　分包合同签订前的合同评审，其目的是全面和正确理解招标文件和合同条件，为制定合同实施计划、签订等提供依据。要求针对合同的合法性，基于招标投标文件、谈判结论等合同状态的准确性，合同条款的完备性，合同各方的责任、权益、范围等的合理性，标的、服务的特殊性，合同的风险性等进行全面评审。严格、专业、科学的评审是分包合同与项目总体质量、费用、进度、安全等目标统一的保证。

16.3.2.2　树立现代合同管理理念

（1）加强分包合同系统性管理　EPC 工程项目是复杂的系统工程，项目本身投资大、周期长、涉及专业多，同时分包合同种类多、个性差异大、数量大的客观特点对分包合同的系统性管理提出了要求。实现 EPC 项目目标，必须对不同专业之间、不同分包合同之间、不同分包方之间的关系进行系统的协调和管理。每个分包合同有其主体部分，同时又有配合的内容，通过不断调整、修正、补充使合同靠拢目标，准确把握合同状态。对于不同分包合同间的工作界面，内容的平行、交叉、关联部分，要保证工作内容不重复、无缺漏。对于 EPC 工程项目分包合同的系统性管理，采取集中式的管理更易于处理相互关联的不同项目间的接口，这是实现系统性管理的积极做法。

（2）实施分包合同的动态管理　对于 EPC 工程项目全过程、各个环节、所有工程的分包合同实施动态管理，保证工程质量的实现，工期的实现，投资受控。合同交底是动态管理的主要环节，有利于落实和明确合同责任。合同动态监督，对于特殊要求的设备、材料和服务，可以委托有资质和能力的第三方进行监督、监造和检验。合同跟踪诊断，对合同进行差异的原因分析、合同差异责任分析、合同实施趋向预测。及时通报合同实施情况及问题，提出合同实施方面的意见、建议或警告。制定动态管理措施，防止合同问题的扩大和重复。分包合同动态管理有利于及时解决合同变更的相关问题、索赔问题等。

（3）构建分包信息化管理系统　EPC 工程项目分包合同涉及信息量庞大，传统的信息管理手段无法适应工程实际的需要，必须实施现代化的信息管理系统。通过建立分包合同信息管理模式和制度，充分利用现代计算机技术、通信技术、成熟的网络、先进的专业化软件系统，建立科学的、可以实现信息共享和快速信息交流的信息系统，及时、准确、真实、有效的分包方信息管理对项目运行效益的提升意义重大。

16.3.2.3　注重分包合同后的评估工作

各分包合同按约定履行结束，合同即告终止。分包合同的后评估是对合同管理工作的总结，及时做好合同后评估工作有着极其重要的意义。切实总结分包合同签订、执行、管理等方面的利弊得失、经验教训，分析研究对 EPC 工程项目运行有重要影响的合同条款，对可预见及不可预见的重要因素重新标识，制定预防措施，作为以后类似工程分包合同管理工作的借鉴。

16.4　合同管理方法与技术

16.4.1　合同管理的常用方法

（1）合同分析的方法　合同分析是指承包商对合同协议书和合同条件等进行深入分析和深化理解的工作。合同分析不单是许多人认为的只是在合同实施前承包商需要对合同进行分析，作为项目管理的起点，实际上在合同的实施过程中，许多地方也都需要采取合同分析的方法进行合同分析。例如在索赔中，索赔要求必须符合合同规定，通过合同分析可以提供索赔理由和根据；合同双方发生争执的原因主要是对合同条款的理解不一致，要解决争议就需要进行合同分析；在工程中遇到问题等，也都需要进行合同分析。按合同分析的性质、对象和内容，它可分为以下几种。

① 合同总体分析：合同总体分析的对象是合同协议书和合同条件，通过合同总体分析，将合同条件和合同规定落实到一些带全局性的具体问题上去。

② 合同详细分析：为了使工程有计划、有秩序地按照合同实施，必须将承包目标、要求和合同双方的责权利关系分解到具体工程活动中去，这就是合同详细分析。

③ 合同法律扩展分析：在工程承包合同的签订、实施和纠纷处理、索赔（反索赔）中，有时会遇到重大法律问题，例如，对干扰事件的处理，有的合同并未规定，或已经构成民事侵权行为，需要进行合同的扩展分析。

（2）合同解释的方法　合同解释是指对合同及其相关资料所作的分析和说明。合同解释的客体是体现合同内容的合同条款及相关资料，包括发生争议的合同条款和文字、当事人遗漏的合同条款、与交易有关的环境因素（如书面文据、口头陈述、双方表现其意思的行为以及交易前的谈判活动和交易过程）等。合同解释的方法可分为以下几种。

① 合同出现错误、矛盾的解释：可采取条文字面或以业主征询意见答复或从合同整体层面解释的方法。

② 合同出现二义性的解释：可采取合同优先次序或对起草者不利、或合同中没有明确规定的解释方法。

③ 合同中没有明确规定的解释：可采取按照工程惯例、公平原则和诚实信用原则、按照合同目的解释的方法。

（3）合同控制的方法　合同实施控制是合同管理的重要方法和手段，是指承包商的管理组织，立足于现场，加强合同交底工作，为保证合同所约定的各项义务的全面完成及各项权利的实现，以合同分析的成果为基准，运用合同监督、合同跟踪、合同诊断、合同措施等方法和手段，达到总协调、总控制的作用。

（4）绩效评价方法　合同管理绩效评价是通过对建设项目的各方面进行评价和分析，协调、指挥、处理工程建设各个阶段中出现的重大经济、技术问题，调解、仲裁各种纠纷，化解矛盾，提高效率的重要方法，是建设工程合同管理方法体系中较为重要的一种管理方法和手段。

合同管理绩效评价过程复杂，其指标体系是动态的，结果绩效是可进行定量评价的，而行为绩效的评价则需要用定性指标定量化的方法进行评价。合同管理绩效评价的方法是多样化的，目前，对建设工程项目合同管理绩效评价的常用方法有调查问卷法、德尔菲法、鱼刺图法、成熟度理论、层次分析法、模糊数学法等，对建设工程项目合同管理的绩效进行综合、定量的分析评价。

16.4.2　合同管理创新——BIM 技术

16.4.2.1　BIM 应用的可行性分析

建筑信息模型（BIM）是兼具项目物理特性和功能特性的数字化模型，该模型能够为项目从概念设计、采购、施工和运营维护整个生命周期过程中的决策提供可靠的共享信息资源。在一个项目中，BIM 代表信息的管理，对于参与方是一种项目交付的协同过程，而对于设计方，建筑信息模型能够集成化设计，优化设计方案。目前这项创新技术已经广泛应用到项目管理的各个领域。

建筑信息模型（BIM）通过对数据信息的利用，以信息资源管理平台的模式，实现对工程合同的管理。BIM 技术是一种用于工程设计建造管理的数字化工具，通过对参数信息的把握，实现对工程合同的管理目标。

（1）便于对信息的共享　传统的建筑工程合同管理涉及众多部门和单位，工程合同信息的输入和输出常常出现滞后的现象，阻碍了整个项目的顺利进行，导致信息孤岛。BIM 技术的核心是数据共享和转换，建立一个 BIM 建筑信息平台，该平台集成了广联达、Tekla、MagiCAD、Revit 等 BIM 工具软件建立的模型，以及 Project、Word、Excel 等办公软件的数据和各个参与方自身软件数据的接口，因此，合同管理部门能够直接从数据库中提取合同有关的信息，并且该数据会随着原始数据的改变而改变，数据能及时更新，从而实现合同目标管理。

（2）降低合同管理风险　在建设工程中引入 BIM 技术能够对工程全生命周期产生跟踪和预测的作用，传统的合同风险分配采用的是可预见性的风险分配原理，没有充分考虑双方对风险的偏好和能力，无法理性有效地分配风险，那么就很难实现降低成本、减少风险的目标。BIM 技术的不断完善使得在信息的掌控和资源分配方面逐步得到提高，及时获得有效的资源，不断加强对风险的处理，促进各参与方的利益平衡。

（3）实现合同动态管理　工程项目建设是一个动态化的过程，不仅需要对施工现场的信息及时跟踪、采集和处理，还要在综合所有施工信息的基础上能够对下一步的施工过程做出预测和判断，帮助决策者做好规划。BIM 技术利用 3D 可视化表达、4D 的时间、5D 的效果和多维的功能表现，对项目进行实物控制和精确控制，增强合同管理者对项目的掌控，从而减少工程变更。

（4）优化合同条款　目前，在国内还没有形成工程合同管理的 BIM 标准，都是以附件的形式在合同条款中做出补充，以描述 BIM 技术在工程项目中的应用。因此，以合同形式明确项目参与各方之间的权利和义务关系以确保项目的顺利进行，也有助于业主对项目的监督，有效应对在 BIM 项目应用中产生的实际问题。BIM 技术可以根据项目的实际情况，在工程合同管理中进行仿真模拟，在对项目进行模拟仿真的基础上制定责任明确、各种方案优化的合同条款。

16.4.2.2　在合同管理中 BIM 应用的障碍

（1）缺乏统一的 BIM 标准　由于 BIM 在我国起步较晚，所以项目的各个阶段缺乏 BIM 应用的相关标准合同语言，这也是 BIM 技术在我国建筑行业全面应用存在的问题。与国外相比，BIM 在不同阶段的应用，各参与方没有一套完善的 BIM 管理工作流程，特别是在合同管理方面，基于传统的工程合同文本无法做到对 BIM 技术应用的规范化管理和对相应合同条款规定的落实。要解决 BIM 在国内应用的障碍，必须根据国情制定相应的 BIM 标准化工程合同管理体制。

（2）对 BIM 缺少统筹管理　BIM 技术应用遭遇协同困境，建设工程项目需要多方参与协同，沟通管理复杂，BIM 在国内应用过程中缺少协同设计，项目不同阶段、不同专业及参与方的信息缺少统筹管理。BIM 技术软件涉及不同专业，因此，BIM 为设计提供了新的平台，是否对项目进行协同设计，对充分实现 BIM 的价值至关重要。

（3）专业技术人才匮乏　建设工程合同管理是全过程的、动态的、系统的，本身就具有复杂的特性，需要大量的高素质、专业的人才来实施合同管理工作。在当前应用 BIM 的工程建设项目中，从事工程合同管理的人员大部分都不是专业的 BIM 人员，不具有专业的技术知识、法律知识和造价管理知识等，这种情况往往不利于项目的顺利开展。

16.4.2.3　BIM 合同管理实施建议

（1）建立全国统一的 BIM 标准　依据我国建设行业发展的情况，相关部门应根据国情制定出适应我国建设行业的信息化标准体系。在国外，美国所使用的 BIM 标准包括 NBIMS、COBIE、IFC 标准等。不同的项目可以选择不同的标准，目的是为利益双方带来最大效益。因此，我们可以借鉴国外的 BIM 标准，在传统的建设工程合同的基础上以附件的形式阐述 BIM。

（2）明确项目各阶段参与方的责任　在项目准备阶段，应在合同条款中合理划分各个参与方的角色和责任。首先明确各参与方相应信息提交的要求，包括提交信息的方式（纸质的或电子的），说明提交信息的时间和信息的创建者，注明信息是否被修改等；其次，确保各方清楚每个过程中的输入信息和输出信息，同时设置有保证信息的完整性和准确性的责任条款以及相关知识产权归属条款，并对信息保密。

（3）国家应大力培养 BIM 技术人才　由于 BIM 技术的迅速发展，建设行业对 BIM 技术人才的需求急剧增加。而 BIM 技术涉及学科较多，对综合性技能要求较高。因此，高等院校本科教育、硕士教育可增设 BIM 专业方向，大力培养 BIM 专业人才；建设企业也应该加大 BIM 技术应用人才的培养和引进力度；BIM 软件商也要大力开展 BIM 商业培训；政府更应该积极引导 BIM 技术人才的培养，并提供环境支持。

建设工程合同管理贯穿于项目整个生命周期，是项目管理的主要部分。通过 BIM 技术可以和项目各个阶段相关联，确保各个阶段顺利实施，不仅有利于解决传统合同管理所存在的一系列问题，还能充分发挥 BIM 技术的效用和价值。随着我国 BIM 技术的不断规范，标准体系的完善，BIM 技术必将发挥更大的作用。

16.5　合同管理实践案例

16.5.1　合同管理组织构建实践案例

【案例摘要】

以某双线电气化铁路 EPC 工程项目合同管理组织建设实践为背景，分析了该项目合同架构的特点，合同管理组织安排和合同管理制度建设的做法，同时，对分包合同管理工作进行了全面总结，为同业者的合同管理工作提供了有益的经验。

【案例背景】

境外某国修建一条长 170km 的双线电气化铁路的 EPC 工程，业主为该国铁路管理局，该项目投标工程量为土方 3242 万立方米，单孔双线隧道 22 座共长 16.50km，正线铁路桥 75 座共长 21.70km，新建车站 5 座，以及全线所有的铺轨、电气化、通信信号工程。标价约为 17.28 亿欧元，该工程工期为 48 个月。项目由一家中方公司和一家土耳其公司联合体中标，土耳其公司负责隧道工程施工，其他工作由中方公司负责，中方公司为联合体牵头公司。

【本项目合同架构特点】

该项目按照框架合同加六个分期应用合同的模式实施（第一期为所有设计加临建工程；第二期为索道工程；第三期为其他土木工程；第四期为铺轨工程；第五期为电气化工程；第六期为通信信号工程）。在业主授标后可进行框架合同以及第一期应用合同的谈判和签订，其他五期应用合同则需要在完成初步设计后谈判和签订。

由于项目所在国是原法属国，其法律与法国一样，属于大陆法体系，与普通法体系 FIDIC 的 EPC 项目合同条件完全不同。在该项目的合同条件下，框架合同包括了投标书、签字说明、特殊行政管理条款、招标技术细则、承包商投标时设计的投标方案、框架合同条件、应用合同模板、包干价格表、单价表、工程量清单、质量保证示意图等 11 个分文件。

各期应用合同还包括经签署的应用合同、每期应用合同的设计与施工图纸、详细的工程量估算单、书面材料、设计/施工进度计划等文件。以上文件顺序也同时体现了文件的优先顺序。从合同结构与合同文件可以看出，该项目 EPC 的合同文件比 FIDIC 编制的 EPC 合同文件要复杂得多。

在该项目的框架合同文件中，特殊行政管理条款是重要的合同文件，它约定了项目的管理程序，包含四章 83 条合同条款，涉及项目的目的、施工、工程估价模式、最终条款等四大部分；框架合同条款也是非常重要的合同文件，它包含了总则、管理条款、财务条款、最终条款等四大部分 57 条合同条款；各期应用合同则包括了四章 29 条合同条款，对每期应用的特殊事宜进行了补充。在框架合同的各个合同文件中，均多次提到合同文件的编制是依照工程所在国的《公共合同法》以及适用于公共工程的《通用条款》编制的，这里更多考虑了该国的法律环境。

与 FIDIC 编制的 EPC 合同文件相比较，该项目增加了投标书、投标技术细则等合同文件，而且这些文件处于非常优先的位置。在组织模式上，该项目处于 FIDIC 编制的银皮书、新红皮书和新黄皮书之间，引入了工程师的角色，但是业主代表的权力更大，通常是由业主代表做出工期和费用变更的决定。同时，为了平衡隐蔽工程给承包商带来的巨大风险，在该项目中，隧道工程采取单价，但基于投标设计工程量确定其他土木工程为包干价格，该项目的风险仍然比一般的 EPC 项目风险要大。

【管理组织制度建设】

（1）构建合同管理架构　按照中方公司与土耳其公司联合体协议的约定，该联合体为松散的联合体，由中方公司牵头履行联合体职责。为保证该大型 EPC 项目的实施，中方公司融合各方面资源，构建后的项目实施组织架构如图 16-2 所示。

在图 16-2 中，协调领导小组成员由中方公司母公司领导兼任，实施领导小组成员由中方公司当地分公司及中铁 A、B、C 局主管领导兼任。由于联合体为松散的联合体，因此，联合体项目部的功能是由中方项目部实施的。中方项目部的组织结构如图 16-3 所示。

在图 16-3 中，合同成本部是合同管理的主管部门，合同成本部由商务副经理和项目经

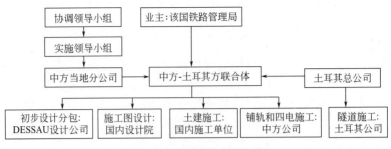

图16-2　项目实施组织架构

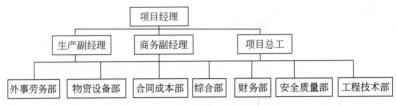

图16-3　中方项目部的组织结构

理直接领导，商务副经理和项目经理从宏观上进行合同决策，把握合同谈判、验工计价和变更索赔的主方向。

（2）明确各部门合同管理的责任　项目组织结构确定后，项目经理确定了合同成本部主要管理的五方面工作：合同管理、合同变更管理、风险管理、成本管理以及验工计价。合同成本部在合同管理、合同变更管理和风险管理这三方面的职责规定如下。

① 合同成本部合同方面的管理职责。

a. 负责合同起草和审查工作；参与项目的合同审查、谈判和签订工作，履行合同的报批手续。

b. 协助项目领导组织重要合同的谈判，做好合同签订的各项准备工作，研究合同的法律依据，并提出规避合同风险的意见。

c. 建立合同管理台账，督促合同的履行，汇总并按季度反馈联合体及各个合作单位的关于合同履约的情况，并就合同补充、修改和变更等事宜提出处理方案。

d. 负责监督各分部的合同管理工作，做好与各分部的合同交底和解释工作，定期组织合同检查，协助办理授权委托、主合同相关材料认证手续。

e. 负责牵头收集与本项目相关的法律法规，进行识别和辨认，并传达到各分部和相关部门。

f. 负责组织联合体的合同学习和培训工作，制定合同培训计划，定期组织合同培训，提高联合体全体人员依照合同办事的能力和风险防范意识。

g. 制定并监督落实联合体的合同管理办法，明确各部门及各分部门的合同管理责任。

② 合同成本部变更索赔的职责。

a. 负责业主、合作单位反索赔的防范工作。

b. 协同工程技术部做好合同边界的管理工作，确保项目设计、实施内容的工程边界在合同规定的范围内；对于超出合同范围内的工作内容，提出明确的处理意见。

c. 负责项目对业主的变更索赔工作，做好现场变更索赔资料的收集工作，确保现场资料的积累满足变更索赔工作的需要；按期收集、整理与分析变更索赔资料，为项目领导提供决策依据。

d. 负责审核各协作单位的变更索赔申请，通过友好协商解决问题。

③ 合同成本部风险管理的职责。

a. 负责做好风险防范工作。结合国内外经营环境和项目特点，重点收集合同、财务、政治风险相关资料，对项目实施过程中可能遇到的风险进行识别、衡量，提出风险应对策略，为项目领导提供决策依据。

b. 负责风险的监控工作。通过对风险相关资料定期或不定期的汇总，对应对风险策略进行修正，并对风险管理的效果实施监控，不断细化和改进风险管理计划，及时将相关信息反馈给项目领导。

c. 负责项目的保险办理和出险后的保险、理赔工作。

由于 EPC 项目合同非常复杂，成本部门的工作需要其他部门的协同，尤其是工程技术部、财务部等部门的协调和配合。在合同成本部职责明确后，通过合同成本管理部制定并由项目经理部签发《合同管理办法》，在办法中规定了项目其他部门在合同管理方面的职责如下。

（a）工程技术部：负责月进度报告中与工程技术相关部分的撰写工作；负责施工日志和施工记录的提供，尤其是在恶劣天气中的施工情况；负责工程施工范围的确认工作，及时向成本管理部提供超出合同范围的设计和施工的依据；提供劳动力、机械设备和材料的使用消耗记录。

（b）财务部：负责财务相关法律法规的收集对比工作；及时提供各种票据和财务支付记录。

（c）物资设备部：负责材料、设备关税的统计工作；收集海关关税调整的法律法规。

（d）安全质量部：负责工程安全及人员财产有关资料的采集工作，及时反映项目不可抗力事件的发生及处理经过。

（e）各项目分部：负责施工现场施工日志的采集以及工程量清单的确认工作。

（3）建立健全合同管理制度　合同成本管理部成立后，根据项目的特点及人员配备情况，迅速制定了项目合同管理办法及相关的风险管理办法、变更索赔管理办法，成立了风险内控管理小组；在合同管理中充分坚持责任明确、群策群力的原则，对所有合同相关事宜明确责任部门和责任人，同时也明确协办人；建立了较为实用的收发文件处理制度，确保重要文件得到主要管理人员的审核确认；建立了合同台账，随时握各种合同的状态；建立合同评审制度（项目部的合同评审表见表 16-2），确保所签署的合同得到充分的讨论，消除了各种可能的风险。

通过对以上制度的落实，有效地保证了项目合同管理工作的顺利进行，项目开工以来，从未发生过合同管理的重大失误。

表 16-2　项目部的合同评审表

合同成本部制表　编号

合同名称		
合同拟签订时间		
评审要点		
承办部门		
评审时间		
评审地点		
承办部门负责人意见		
参加评审单位	评审意见	签名
工程技术部		
安全质量部		

续表

合同成本部		
外事劳务部		
财务部		
综合部		
合同专项管理部门审查意见		
分管领导意见		
总工程师意见		
生产副总经理意见		
商务副总经理意见		
总经理批示		
合同编号	合同档案号	
登记时间	备注	

注：1. 合同基本内容部分由承办部门填写；

2. 本表作为合同档案与其他合同资料一并保存。

（4）加强合同管理培训，提高项目全体人员的合同、风险、索赔意识　针对本项目大部分人员第一次出国工作，并且从来没有接触过类似的 EPC 项目的实际情况，项目领导一开始就制定了全员学习合同的计划，以提高全体人员的合同、风险、索赔意识。具体的合同管理培训由项目合同成本管理部组织，各个学习阶段的主要形式如下。

① 第一阶段（合同概况的学习）：学习目的是使全体人员对项目合同的大概情况有所了解。学习采取全体人员集中学习的形式，由合同主管通过 PPT 的形式放映，听课与讨论相结合，每周两次，共学习了六周。

② 第二阶段（专业模块学习）：第二阶段的学习目的是专业模块的学习，加强对合同条款进行更为深刻的理解和有关问题的研究，由各个专业负责人对本专业或所负责的相关领域的合同条款进行培训，通过幻灯片的形式讲评，共 8 位负责人进行了讲评。

③ 第三阶段（考核测试）：对全体学习人员进行考核测试，其目的是对前两阶段的学习成果进行考核测试，由合同成本部自编题目。测试成绩（及格率 60％以上）表明前期的培训学习有了较为明显的效果。

④ 第四阶段（专家讲座）：邀请专家开展讲座，共邀请当地的合同专家进行了两次讲座，讲述了合同管理的实战经验。

⑤ 第五阶段（经验交流）：开展合同管理经验交流，由合同管理的骨干人员开展与本单位其他项目和兄弟单位的合同管理经验交流。

（5）建立证据收集和文件管理制度　由于本项目合同复杂，关系众多，对外信函、会议纪要等书面材料来往频繁，鉴于书面证据在项目管理中的重要性，项目一开始就非常重视文件管理和证据收集工作，专门出台了项目部的公文处理办法，有专人负责文件的收发和整理工作。据统计，项目开工三年来，项目对外（业主、监理、设计分包、联合体伙伴等）收发文件超过 3000 封。尽管文件繁多，但是由于建立了有效的文件管理制度，使文件的收发和管理工作有条不紊，各业务部门在此基础上整理了本业务相关的文件专档，收集相关的证据。通过文件专档，各负责人能够迅速掌握与该义务有关的所有事件，掌握这些事件的前因后果、来龙去脉，为相关事件的迅速处理提供了有力依据，为日后的索赔和谈判工作积累了必要的证据。项目开工仅三年，共建立了线路优化相关、封顶价相关、2 号补充协议、详细的 APS 设计、营地审批、设计审批、二期应用合同谈判等 20 余个专档。有效的文档管理制度和证据收集习惯不仅有利于提高各项工作的效率和工作准确度，丰富有力的证据，出色的文件管理能力，也赢得了业主和监理的信任和尊重。

（6）邀请合同和法律顾问　大型国际工程项目对合同管理的人才要求较高，既要求综合能力强，也要求语言、专业、法律等方面非常出色，这些标准要集中到一两个合同管理人员身上，几乎是不可能的，尤其是对当地法律研究以及办事程序领域更不可能在短时间内培养出这方面的人才。通常的做法就是邀请当地的或长期在当地工作的合同、法律专家协助做好合同管理方面的工作。本项目邀请了一位当地的合同专家、一位当地的法律专家和一位欧洲索赔专家。事实证明，三位专家在项目管理中发挥了重要的作用，尤其是在信函的书写、重大会议的出席以及会议纪要的起草、索赔谈判中发挥了积极的作用。

（7）合同管理的原则与技巧　在项目的合同管理中，灵活运用以下技巧非常重要。

① 注重书面证据的留存，一切以书面证据为准。

② 不轻信谎言，不轻信承诺。

③ 有函必复，避免因遗漏导致的责任。

④ 提高信函写作能力，做到直接、简洁、有依据，不随意发挥。

⑤ 在合同谈判前做好充分准备，以掌握谈判的主动权。

⑥ 复杂的事件不明朗的时候要静观其变，切记冒进处理。

⑦ 在项目管理中，要很好地平衡合同条款约定、双方信任程度、自身博弈能力三者的关系，据此调整自己的管理行为。

⑧ 在国际工程项目中，中国推崇的"关系"管理法已经越来越受到重视，在合同管理中充分使用我国的传统关系和西方管理理论。

⑨ 关注大型项目对当地居民的影响，改善与当地居民和政府的关系，争取有利的舆论导向。

【对设计分包合同的管理】

在大型 EPC 项目中，设计是决定成本的重要因素，一般而言设计能够决定成本的75%，因此对于总包商而言，对设计分包合同的管理是合同管理的重要组成部分，应该引起总包商的高度重视，下面将对总包商对设计分包合同的管理问题进行简要探讨。

（1）设计分包策略的制定　在我国企业承揽和实施国际 EPC 项目工程中，一般都将设计分包，根据以往的实践，设计分包策略的制定需要考虑以下几个方面的因素。

① 宏观因素：包括业主的要求、市场环境和法律限制等内容。要分清项目是业主和当地政府主导、市场主导还是承包商主导的类型，充分考虑当地法律对分包商的资质、人员入境、环境保护方面的限制，选择熟悉当地审批程序的设计分包商。

② 微观因素：包括总包商自身的承包能力、投标策略、工作界面等内容。总承包商要认清国际类似工程的承包能力，制定适当的投标策略以及明确工作界面。例如，我国某公司在波兰的一个高速公路项目的设计分包商选择上，就出现了以下三个偏差。

a.总包商在投标时，原打算将设计和施工实施工作全部由中国人来做，结果发现由于签证问题这种做法根本行不通。

b.前期邀请的中国设计公司由于不熟悉欧洲的设计标准，根本无法进行相关设计，而不得不转向邀请欧洲设计公司来担任，欧洲设计出的方案工程量比投标预计的工程量大幅增加。

c.在选择中方还是当地人员问题时，总承包商出现摇摆，忽视了当地要求参与项目的工程师必须是注册工程师，造成项目进度的严重滞后。

③ 合同的类型：我国企业签署的国际承包工程合同一般都不是标准的国际通行的合同条件，大多数都是由业主自己编制的，对于承包商极为不利。在进行分包时一定要根据业主编制的合同类型，制定相应的分包合同类型。比如业主的主合同为固定总价合同，设计分包

合同也应该是一个总价合同。因为如果这时分包合同为单价合同，总承包商可能因为地质条件改变而造成工作量的增加导致设计分包商的索赔。对于设计分包商策略的制定，总包商最好能够在投标和市场调查阶段，摸清当地市场条件，摸清设计分包商的实力，在投标阶段就与设计分包商签署适当的设计分包合同。

（2）设计分包合同的谈判和签约　设计分包合同的谈判和签约应该注意以下几个问题。

① 合同文本：应尽量采用 FIDIC、AIA、JCT 等国际权威组织出具的设计分包合同文本，在采用这些合同文本时应注意其中在实践中证明过的细微差距。

② 界面的划分：对于设计分包合同，工作范围、价格和工期是分包合同的核心内容。对于工作范围，如果承包商在设计方面能力不够强的话，最好的方法是和设计分包商签订一个"背靠背"的合同，而价格和工期的选择往往与选择分包商的时机有关，选择得越早，工期就会越充裕，价格也可能越低。

③ 支付条件：应尽量与承包商从业主取得支付相挂钩，保证承包商在设计方面的现金流。

④ 合同保函：尽量要求设计分包商出具当地最优信誉银行开具的见索即付的保函。

⑤ 不可抗力、法律适用、不良地质条件、争议解决的相关条款应明确。

（3）对设计分包合同的管理技巧　在该项目中对设计分包合同的管理要点如下。

① 选择当地市场认可的设计分包商。在阿尔及利亚市场，活跃着许多西方设计公司，最终承包商在业主的推荐下选择了加拿大某设计公司作为投标方案的设计单位，并与其签署标前协议，承诺在中标后将初步设计工作按照该设计公司此前的报价，交给该设计公司承担。

② 工作范围以"背靠背"的形式签署协议。EPC 总承包商与设计公司的设计协议中约定的工作范围以业主招标文件中约定的内容为主，同时明确如果设计协议中的设计范围与招标文件相违背，将以后者为准。

③ 加强对设计过程的控制。尽管该设计公司在语言、标准和获准方面优于我国设计公司，但由于该设计院所从事类似条件的铁路项目的设计工作经验有限，尤其是选线方面属于该公司的弱项，因此，总承包商多次派出国内顶尖铁路选线专家参与到初步设计中，又组织设计公司到我国参加该项目选线的评审会，评审会邀请国内多个专业的知名专家参加评审，真正做到技术与经验相结合。实践证明这种做法相当好，选线的正确性经得起监理的验证。

④ 建立施工分包与设计分包的有效沟通机制。EPC 总承包单位建立了施工分包与设计分包的定期会晤机制，同时约定重大设计方案需首先得到施工分包的认可，以最大程度上确保设计方案的可靠性和经济性，以及施工工艺的可行性。

【实践案例结语】

EPC 工程项目的合同是复杂的，尤其是在 EPC 国际工程实践中，在并不完全按照标准合同签订时，业主往往会给总包商构成很大的风险负担。因此，总承包商要十分重视合同的管理工作，做好 EPC 的合同管理。首先，要针对项目特点构建项目组织架构及合同管理架构，明确各部门的合同管理责任，建立健全各项合同管理制度。其次，总承包商应充分认识到，设计是工程的龙头，设计成功与否是项目成败的关键，因此，总承包商在对分包合同的管理中，对设计分包合同的管理给予了充分的重视、加强和决策时需要的慎重。

16.5.2　合同变更索赔管理实践案例

【案例摘要】

以某 EPC 天然气管道工程项目合同变更索赔实践为背景，详细分析和探讨了该项目合同变更及索赔管理的条款，结合实践对变更索赔的原因、基础、依据、方法逐一进行了分析和研究，对合同变更与索赔管理工作中的疑点与难点做出分析并提出了合理的解决方案。

【案例背景】

境外中亚天然气管道工程单线全长 1833km，已建成 A、B、C 三条线。本案管道项目作为该天然气管道项目的一部分，工程建设均采用设计、采购和施工 EPC 总承包合同模式，共签署 10 多个 EPC 合同，涉及不同国家的多家承包商，合同执行过程中出现很多合同变更和索赔项，签署了多个变更索赔的补充协议。本天然气管道项目采用国际通用的 EPC 工程项目合同模式及文本，具有典型的国际 EPC 工程项目特点。

【合同变更管理依据】

EPC 合同和项目所在国法律法规是合同变更与索赔管理的依据，不能抛开合同及项目所在国的法律来谈索赔，否则要么直接失败，要么陷入没有结果的争议之中。为此，合同双方都要认真熟悉合同及项目所在国法律法规，才能做好合同变更与索赔管理工作。

（1）EPC 合同条款的分析　该 EPC 天然气管道项目所使用的 EPC 合同条件涉及变更与索赔的主要条款有以下内容。

① 本合同第 1.1.1 款 3.4.1、3.4.3："承包商应审核辨析业主提供的资料和数据，业主不对所提供的资料和数据引起的错误和遗漏负责，承包商应该充分考虑到因为资料和数据不准确带来的成本增加风险。"

该条款明确界定了业主对招标文件中的初步设计文件和勘察资料的责任，承包商在投标时应充分考虑初步设计文件和勘察资料可能存在的错误，组织投标技术团队进行详细的审核，进行风险评估并在投标报价中予以考虑。比如，因为现场勘察资料的不准确导致承包商土方量的增加，如果承包商提出变更索赔申请，这种索赔就容易陷入争议，难以成功。如果初步设计文件中存在明显的错误与不合理，在施工图设计阶段予以纠正导致与初步设计文件相比较工程量增加，这类变更索赔也很难成功。

② 第 1.1.2 款 3.9.1："承包商必须熟悉并在任何时候遵守及服从所在国和地区适用的法律、法规、命令、规范，包括过去的、现在的及在合同执行期间颁布的。"这一条款在双方合同索赔谈判中也往往引起争议。

争议一：承包商在投标报价时未考虑地方主管部门对有关设计标准的强制性规定，而且该规定在初步设计文件中也没有体现，在合同执行时承包商发现如果按照地方强制性规定执行则必须对设计进行变更，将导致工程量和成本增加，从而向业主提出索赔。这类争议，承包商提出的索赔往往很难获得业主同意。

争议二：在合同执行期间颁布的法律法规及规范，引起设计变更和工作量增加，承包商就此向业主提出索赔。在合同中只明确要求承包商遵守和服从合同执行过程中颁布的法律法规及规范，但对于谁承担可能增加的费用并未明确规定，因此，这类索赔只能由双方协商解决。

③ 第 1.1.3 款 3.13.3、3.13.4："承包商必须充分了解现场施工及周边环境，包括天气、进场施工条件、周边水电气接入条件、仓储条件、劳动力条件等，任何因为对现场条件不够了解造成的后果由承包商自己负责，也不能作为变更索赔和工期延长的依据。"实际变更索赔谈判中，围绕这一条款的应用也有很多争议。

合同执行过程中，承包商发现施工进场道路的工作量远远超过了预计工作量，因此，承包商对增加的工作量向业主提出索赔。承包商的理由是业主提供的现场信息不够准确导致其投标时估价过低，因此，业主也应承担责任。

对这类索赔，合同条件描述得十分清晰明确，而且也没有图纸作为审核工作量的依据，承包商的索赔也很难获得批准或者获得批准后在价格上很难达成一致意见。

④ 第 1.1.4 款 3.2.2："变更单及额外工作。"这一条款主要说明了变更的审核流程、变

更索赔的费用构成及变更索赔需要的文件支持。

这一条款规定：对于额外工作业主补偿的费用主要由四部分组成，即直接劳动力费用、该工作需要的材料费用、机械设备费用和分包工作费用。该额外工作经业主批准后还可由承包商分包给第三方完成。这一条款还规定：对于额外工作除了按合同中规定的方法进行工程造价测算外，还可以由双方根据合同条款进行协商确定一个固定价格。

⑤ 第 1.1.5 款 5.3.2："承包商在合同生效日后 30 天内，应书面通知业主初步设计文件中存在的错误和遗漏，若在 30 天内承包商未书面通知，视承包商为完全接受业主初步设计文件并对初步设计文件负责。"该条款仅在部分 EPC 合同文本中出现。

这一条款中，承包商需要在合同签订后 30 天内对初步设计进行誊清。相对条款 3.4.1而言，承包商有更充分的时间在合同价格确定后对初步设计进行誊清，对承包商更为有利。由此带来的争议是，在合同签订后初步设计文件誊清可能导致设计文件的修正、设计变更和工程量增加或减少，而此时固定总价合同已经签订，由此发生的索赔与反索赔如何处理很难界定。在实际执行中，这类索赔与反索赔只能靠双方协商解决。

⑥ 第 1.1.6 款 5.4.1："在承包商施工图纸设计阶段，初步设计文件中的工程量是可以修改的，承包商应保证自己在提交投标报价前已经了解工程量和现场条件。所有施工图设计中完成工作所需要的工程量，都被认为已经在合同报价中考虑。"

实际变更索赔谈判中，是否适用这一条款，在合同双方及业主内部均引起很大争议。来自业主方的一个主要观点是：从完成工作最终目标，倒推引起相应的设计变更和工程量的增加，均应适用于这一条款，承包商不能进行索赔。来自承包商方的有两个观点：一个观点是这些设计变更是因为业主要求的工作范围发生了变化，是因为业主提出了在原合同外的工程目标而导致，因此，业主应该为增加的工作量进行补偿；另一个观点是有些设计变更是来自业主的要求，如果不实施该项设计变更并不会影响最终工作目标实现，比如压缩机站的工程建设目标，可能并不会受到一个用于工作生活的建筑的面积增加的影响，但面积增加确实会增加成本，承包商应该得到费用补偿。对此类争议，需要双方综合考虑 FIDIC 条款，仔细分析变更性质，双方协商解决。

（2）以合同条款为依据　该天然气管道工程项目中，承包商来自不同的国家，具有不同的投标背景；业主方是中国和项目所在国组成的 50：50 的合资公司，合同管理和索赔谈判的专业人员来自不同国家具有不同的工程建设体系和文化背景，各项目管理关系方有着各自的判断标准和认识。

对于这样一个复杂的合同变更和索赔管理的背景，既不能用中国的标准和惯例，也不能用其他国家的标准和惯例，只有 EPC 合同以及国际工程建设惯例才能成为各方都能接受的变更索赔谈判的平台和沟通讨论的基础。这就要求业主和承包商认真学习领会 EPC 合同条款、国际工程合同条款和所在国的法律法规，一旦发现变更和索赔，就要找到合理的依据提出索赔和进行索赔审核。

（3）以文档资料为支撑　由于国际工程项目工作环境的复杂性，合同变更和索赔原因也非常复杂，变更索赔涉及的工作界面也很多，不管是业主还是承包商，提出索赔和审核索赔都需要有依据。合同只是基础和原则，有效的索赔还需要有大量的文档资料做支撑，为此，资料管理和文档管理是做好索赔管理的关键。

除合同文件之外，变更索赔还需要的依据有初步设计文件、施工图设计文件、补充协议、会议纪要、来往信函、采办合同及其凭证、现场施工记录、环境资料等，很多索赔因为缺乏现场资料、现场工作记录而失败。

在做好文件管理的同时，合同变更与索赔工作人员还要认真研究技术规范和来往信件，从中找出可供索赔与反索赔的机会和依据，从而使索赔和反索赔增加成功的可能性。

【变更与索赔的关系】

探讨合同变更与索赔产生的主要原因有两个方面的意义：一是在合同签订时，对变更与索赔的处理有一个可操作性的安排；二是便于在合同履行中的管理，防止由于程序不清带来管理过程中的失误与争议。在此仅讨论费用索赔。

（1）引起变更的主要原因　在工程建设中，从类型方面可划分为业主变更和承包商内部变更。业主变更是指业主发出指令的变更，其中既包括因为业主直接发出的变更，也包括由于承包商方面的原因导致业主发出的变更。而承包商内部的变更则属于承包商内部管理范畴，不构成合同变更，当然即使是承包商内部变更也要得到业主的认可。事先必须履行一定的合同手续。

在该 EPC 合同项目中，业主变更主要分为工程范围的变更和工程量的变更两类，具体归纳如下。

① 工程范围变更。

a. 额外工程，如本案例的 A、B 线中，因为改线导致增加的工程；因为承包商的工作能力和进度要求对承包商工作范围的调整等。

b. 附加工程，如 A、B 线中因为需要为 C 线工程预留接口增加的工程及在站场工程中为未来工程预留的借接口等。

c. 工程某个部分的删减，如 A、B 线中，因为承包商破产关闭而删减其部分设备材料采办工作，由业主直接完成采购。

d. 配套的公共设施、道路连接和场地平整的执行办法与范围、内容等的改变，如在 A、B 线中，将部分伴行路调整为沥青路，增加沥青进口道路等。

② 工程量变更。

a. 技术条件（如工程设计、地质情况、基础数据、工程标高、基线、设备尺寸等）改变。

b. 质量要求（包含技术标准、规范或施工技术规程）改变。

c. 施工工序改变。

d. 业主供货的范围、地点和装卸条件的改变。

e. 试运行和运行服务范围的改变。

f. 进度加快或减缓。

（2）引起索赔的主要原因　引起索赔的原因是多方面的，可能是业主的原因，也可能是承包商的原因。在 EPC 合同中，一般把承包商向业主的索赔称为"索赔"，把业主向承包商的索赔称为"反索赔"。引起索赔的原因有很多，但 EPC 工程总承包合同对业主和承包商的责任进行了明确的界定和划分，由此避免了许多索赔和反索赔的麻烦，该项目中引起索赔的主要原因有以下三种情况。

① 合同变更引起的索赔。在 EPC 合同索赔管理中，多数索赔都是因为变更所引起的。对于由于工程范围引起的变更，如果是额外的工程量而引起的索赔，双方很容易达成一致，争议主要是索赔价格的高低。对于工程量变更引起的合同变更，由于各自立场不同，往往对合同条款的理解不一致，在变更索赔谈判时会发生很大的争议。

② 违反约定引起的索赔。对于这类索赔，尽管合同中对双方的责任和义务有界定和描述，但是并没有对如何赔偿进行详细的描述，而且对因为对方违反合同造成己方损失进行量化也是个难题。因此，这类索赔也一直是谈判过程中的难点。比如，业主对承包商工期延误提出反索赔，承包商就能够提出许多工期延误的理由，每一个理由都需要双方投入大量的精力核对与沟通，最终都很难说服对方。再比如，承包商对进度款延期支付向业主提出索赔时，业主往往会指出是因为承包商的进度款发票及支持文件存在问题，这类索赔也很难达成

一致意见。

对于这类索赔，因为涉及违反合同规定导致受罚，就必然存在责任部门，责任部门就一定会尽力反驳，最后即使能够获得索赔成功的结果，但在其他方面可能被对方找回损失。与其投入大量人力、物力，不如能够避免就尽量避免。在实际操作中，这类索赔往往成为其他变更索赔谈判的筹码，也就是策略性的索赔，很少成为索赔的主要目标，而变更索赔谈判的重点往往是合同变更引起的索赔。

③ 窝工、赶工引起的索赔。国际工程建设项目受项目所在国的政治、经济和法律环境的影响，这些环境的变化会给合同双方带来很大的风险。中亚天然气项目在建设过程中，就遇到因为法律变化导致管材供应长时间滞后，因劳动配额问题导致总承包商人力调遣困难，这都导致了总承包商的严重窝工。而为保证工期消除窝工的影响，EPC 总承包商往往需要采取各种赶工措施。

关于窝工索赔，虽然在一些合同中明确规定了窝工不能进行费用索赔，只能对工期延长进行索赔，但实际上严重窝工会给承包商带来巨大的经济损失。国际项目不像在国内工程，机具和人员一旦被迁过去，几乎不再可能来回调遣或是调剂给其他项目使用。从某种程度上而言，窝工风险是总承包商一个很大的成本风险，是承包商在投标报价阶段和合同管理中需要重点考虑的一个因素。

关于赶工索赔没有可以依据的核算标准和体系，很难对赶工费用进行准确的计算，理论上赶工费用主要由赶工人员动迁费、赶工人员加班费、夜间施工降效调节费、冬季施工降效费、冬季施工增加的管理费、营地设施费等组成。但实际上很难准确计算出非关键路线施工活动的赶工资源数量，很难准确地将合理调节施工活动得以充分利用的资源与索赔中涉及的赶工资源区分开来，这需要合同双方的控制工程师具有丰富的工作经验和沟通技术，对各种进度计划和大量的工作记录、工作报告、统计数据进行分析，反复沟通，合理让步，才有可能最终达成一致。

【变更索赔的处理方式】

从事合同管理的人都知道，变更索赔需要通过正式文件来进行，如何提交、审核、执行这些都应由合同规定的程序来界定，因此，为了规范变更与索赔管理，减少争议，在 EPC 合同中就应该明确规定变更与合同管理的主要程序，在合同签订后，合同双方根据合同中规定的主要程序，制定变更与索赔管理的工作流程。

处理索赔一般有协商、调解、仲裁和诉讼四种方式。实际执行过程中一般都采用协商解决。合同双方在合同的基础上，本着合理、双赢和面向未来市场开发的原则进行协商处理，是做好的方式。但对于某些无法协商的情况，比如承包商因为破产倒闭（在本案中亚天然气工程中就出现过这种情况）引起的变更索赔，则需要通过法院判决解决。

【变更索赔的计算】

合同变更索赔谈判的最终目标是对合同金额进行调整，合同变更索赔工作的核心是价格谈判。在项目实践中，有以下几种索赔报价方法，在实际中可根据实际情况和需要，选择合适的索赔报价核算方法，可能采用一种，也可能综合使用多种方法。

（1）按照实际投入的人、材、机核算　一般来说，工程建设费用是由人、材、机等资源费以及附属设施费、其他费用、管理费用、税费及利润等核算而成，因此按照人、材、机进行核算的这种方法，是国际合同文本中较为常见和较易得到认可的方法。索赔报价一般由以下三部分组成。

① 直接人工费用：指直接参与工作的人工费用，但不包括经理、质量管理人员、监督检察人员、安全管理人员、日常管理人员。

② 材料费用：用于变更工作中的材料。

③ 机械费用：用于变更工作中的机械设备，但不包括小型工具。

人工单价及机械设备单价作为合同价格的重要组成部分，一般由合同谈判双方在合同谈判中确定，作为合同执行阶段索赔费用核算的依据。

合同双方每天在现场对每一项变更所投入的人工时和机械时进行核实和记录，并由双方代表在记录单上签字，有时业主会要求第三方监理在工作单上签字，这些现场签单将成为变更索赔工作量审核的依据。

这种核算方法有两个问题：一是当合同变更项较多（多于30项）时，业主现场代表或第三方监理很难准确地分辨哪些资源适用于合同额外的工作部分，哪些适用于合同原工作范围内的部分，对于合同额外工作部分的人工和机械数量很难准确核算；二是由于EPC国际工程环境的特殊性和复杂性，在实际操作过程中，很多变更性质在得到业主批准时，该工作已经完成，这种情况也不可能有现场签单，遇到此类问题时，只能选择其他方法。

（2）按原合同价格表中的单价核算 对于能够在原合同价格表中找到对应的工作项或参照工作项的合同变更，合同双方可通过协商按照合同价格表的单价进行核算，这种核算方法简便易行，比较容易在合同双方和各方内部达成一致。

如原合同中有某建筑物价格为 A 美元，面积为 B 平方米，现经合同变更增加面积为 C 平方米，则新增面积对应费用 D 为（A/B）C 美元。比如增加的土方量，增加的阀室，增加的一定长度的线路施工，增加的穿越，增加的伴行路或进场路等，均可按照这种核算方法进行。

（3）按照工程量清单报价的方法核算 对于工作活动比较多的合同变更项，可以按照工程量清单报价的模式进行核算，通过施工图纸计算出工程量，再根据合同中的工作活动单价计算出相应的费用。工作活动的单价一般由合同双方在合同谈判时确定，作为合同执行阶段索赔费用核算的依据。

（4）按照项目所在国的工程概预算指标核算 按照项目所在国的工程概预算指标或工程造价管理软件对合同变更索赔费用进行核算，这种方法一般容易获得当地业主或当地占有一部分股份的业主的认可予批准。

若采用这种核算方法，首先应通过项目所在国的工程造价管理软件测算出完成变更索赔工作项所需的人工时、机具时及施工材料数量（设备材料数量按照施工图和采购合同测算）；再根据合同中确定的人力资源、机械设备的单价确定资源价格；最后确定变更索赔价格。

这种核算的难点是：一是来自中国的部分工程建设企业不熟悉、不了解项目所在国的工程造价管理体系和工程造价软件，操作起来比较困难；二是对于人工时和机具时的单价选择上，是选择项目所在国的单价还是选择合同中的单价，容易产生争论，各方都会选择对自己有利的单价。

（5）按照中国的工程概预算指标核算 按照中国工程概预算指标或工程造价管理软件对合同变更索赔费用进行核算，是中国工程建设企业比较熟悉的方法，这种核算方法与项目所在的中亚地区的概预算核算方法相同。

这种核算的难点是：一是当地公司或是合资公司的当地伙伴不了解、不熟悉或根本不愿意接受中国工程造价管理模式和工程造价管理软件，存在抵触心理；二是中国工程造价软件对应的是国内的人工时和机具单价，如果采用国际EPC合同中的索赔单价，有可能产生明显高出原合同水平的价格，从而得不到业主的认可。

（6）其他索赔核算 以上索赔核算主要是针对工作范围变更进行索赔的核算，对于违反合同条款的变更索赔，比如工期索赔、进度款延期支付索赔、合同责任履行索赔等，则主要是通过合同条款、当地法律法规及国际惯例由双方协商谈判解决。

【实践案例结语】

合同变更与索赔管理工作是合同管理的重要组成部分，对额外工作和损失进行索赔是合同双方的合理权利，为此总承包商在合同管理中应高度重视对变更的管理工作，同时做好变更引起索赔的准备。

加强变更与索赔管理工作，合同各方必须都应该建立完善的合同变更和索赔管理体系，建立和完善变更和索赔处理的组织、制度、流程，为快速处理这类工作提供基础。

总承包商应认真分析项目所在国的政治、经济、法律和行业环境，选择合理的索赔报价或索赔报价审核方法，才能被业主所接受，提高索赔效率，总承包商才能有效地保护自己的合法权益。

16.5.3 合同全过程管理实践案例

【案例摘要】

以某自备电厂 EPC 总承包项目对合同全过程管理实践为背景，从 EPC 总承包项目的特点出发，对总承包项目部的合同履约、合同变更、合同索赔、合同收尾等方面进行了分析，并结合该项目提出了加强合同管理的经验，总结了合同管理实践的体会。

【案例背景】

某自备电厂 EPC 总承包项目涉及的相关合同类型包括总承包合同、勘察设计分包合同、施工分包合同、调试分包合同、设备材料采购合同、保安服务合同、造价咨询委托合同、临建工程合同、租赁工作合同。合同管理工作包括合同履行管理、合同变更管理、合同违约索赔管理、合同收尾管理。

【合同履约管理】

履行阶段的合同管理是指总承包项目部在合同正常履行过程中的管理工作，包括合同主要内容的整理、承发包范围及责任划分管理、合同工期管理、合同费用管理等工作。

（1）合同条款的梳理 合同签订后，双方负责执行合同的项目人员需要全面熟悉合同要求。从全员参与管理合同的角度，要求项目部所有人员熟悉合同，并掌握合同中自身岗位所负责的工作。项目部根据合同的约定建立了合同管理流程，并将合同目标分解，分阶段、分项目落实。项目部梳理合同的重点如下。

① 分析、统计合同工作范围，包括合同双方从合同生效到终止的责任划分及其对应工作内容，将范围内的工作汇总成清单，明确界限划分，便于在过程中管理。

② 分析、理解工期要求，将所有工期要求汇总成清单，然后分解到每个单位工程，建立工程进度控制计划。

③ 熟悉合同工作目标及检验标准，包括质量优良率等质量控制目标、消防设施器材完好率等安全控制目标。

④ 统计、汇总合同中所有的罚则条款。

⑤ 对合同金额、结算规则、付款条件及付款方式条款的梳理。

由合同管理人员将上述收集的主要合同条件进行汇总，并填入统一格式的表格内，如内容较多，可以附件的形式附在主表后面。每份合同都建立了一份上述主要条件的台账，由合同管理人员保管，用作项目计划制订和结果检查的依据，便于查阅和过程管理。

（2）合同承发包范围、责任划分管理 由于合同内容不一定详尽，合同执行过程中也可能发生双方对具体范围理解的分歧，需要双方进一步明确。可以说合同范围管理及责任划分贯穿合同管理的整个过程，对最终合同结算额和工程建设的顺利进行有重要影响，需进行科学、规范的管理。

① 总承包合同：总承包合同属于固定总价合同，对应着固定的工作内容、总承包范围，所以总承包合同的工作范围必须明确，应附有分项价格表。

项目实施前，项目部与业主代表沟通，明确合同范围，有助于双方正确理解合同约定。

由于初步设计的详尽程度不高，所以部分外部接口位置可能分界不明确，因此在施工图设计时与业主依据合同责任划分原则对具体范围进行了明确，以会议纪要等书面形式予以确定。

在合同执行过程中，业主经常提出增加一些工作，项目部依据明确的总承包范围立即确定变更的工作量，以书面形式由双方进行确认。对于业主提出的工作量增加，承包商应迅速做出反应，及时与业主沟通达成书面一致。增加的工作量完成后，立即以书面方式报业主，形成业主验收意见。对于大范围的变更应以补充协议的形式确定，如本案自备电厂的输煤总承包补充协议、化水系统变更协议。

② 分包合同：对于大型的总承包项目，往往会有多个分包标段，需要签订多个分包合同，包括设计、施工、调试、咨询等。本案自备电厂 EPC 总承包项目签订了 36 个分包合同、协议，其中设计 2 个、勘察 2 个、咨询 1 个、临建 5 个等多个合同在时间、空间上相互关联。分包合同范围管理的难点是分包合同间的界限确定及执行过程中责任的划分，如土建与安装间关于设备基础的验收移交、保管，管道接口的划分等。在每个分包合同签订前必须明确与其他合同的分界和责任划分，如规定后施工一方负责管道整体清扫等。划分范围和责任应与预算定额规定相对应，否则无法核算费用划分，如应理解设备基础误差是否包含在安装垫铁施工定额中。

合同执行过程中会发生交叉施工等现象，难免会出现分包方关于责任划分的分歧。在后执行的合同签订后，项目部组织相关分包方进行了交底，依据分包合同明确了范围、责任划分，如施工区域内的主要单位负责施工垃圾的清除管理和成品保护，辅助施工的单位负责费用分摊。对于合同中有遗漏的项目，组织办理了合同变更或另行委托。

减少分包合同间责任分歧的关键是科学、有效地划分标段。如将建筑和装饰分开分包，将容易出现装饰单位的装修质量问题责任难以界定、装饰单位将建筑物破坏、建筑单位导致装饰单位窝工等问题。应尽量将建筑、装饰、小安装分包给一个单位，将一个系统的安装工程分包给另一个单位。

分包合同的范围应于执行过程中进一步明确，便于验收和结算。在施工图发放时，通过通知单的形式将合同范围对应的图样进行了明确，详细到卷册内的每张图样，减少了范围分歧。

③ 物资合同：物资合同是总承包单位的一个重要分包合同，采购物资数量多、类型多，范围管理工作量较大。物资合同范围管理中易出现问题的地方是设备配件、设备间的接口划分。本案自备电厂 EPC 总承包项目的设备供应商经常以"合同分项价格表中未计列"为由拒绝提供相关配件，导致出现紧急采购情况，影响了工期和质量。对于该类问题，在合同签订时就应明确合同价格所包含的范围，尤其是设备外部接口位置，对于供货加安装的物资合同尤为重要。除在设备招标时认真复核供货范围外，项目部还应在合同签订后组织盘点合同漏项，及时组织采购。

（3）合同工期管理　总承包合同一般实行里程碑节点控制，并依据里程碑完成情况支付总包款。每个里程碑节点完成后，立即向业主申报里程碑证书，形成里程碑付款的直接依据。总承包项目部将分包合同各节点的实现事件及时予以记录，并组织双方进行了书面确认，作为工期进度的记录文件予以保存。记录中说明了工期提前或滞后的原因。

（4）合同费用管理　本自备电厂 EPC 总承包项目部在费用控制方面的主要措施是：按期催要总包款，保留滞付依据；以进度款支付周期为节点，定期核算分包已完成的工作量和增加的签证费用，注意扣减相应扣款，杜绝进度款超付；定期整理、归档合同结算所需资料；根据实际，适当调整付款比例；在允许的范围内，合理安排工程、物资等分包的付款时间，尽量避免集中付款，使月度净资金流量始终保持为正值。

【合同变更管理】

由于合同签订时的设计深度和合同管理的水平原因，合同变更是不可避免的。合同变更需要在一定条件下进行，否则合同变更不发生法律效力。为了能够有效维护当事人的法律权益，需要掌握合同变更的条件及转让后的法律效果。合同变更分为约定变更和法定变更。工程建设中发生最多的是约定变更（约定变更是双方事先协商一致的可能发生的变更）。本项目自备电厂 EPC 总承包项目共发生约定变更 32 个，其中总包 4 个、分包 7 个、物资 21 个。

EPC 工程总承包合同易发生工程合同变更的方面包括范围、质量标准、性能要求；分包合同易发生工程变更的方面包括范围、质量标准、单价；物资合同易发生变更的方面包括供货数量、供货进度。合同变更依据包括合同范围、工期、目标、性能要求、合同单价、报价清单（工程量清单报价）、费用结算依据等。

EPC 合同变更应按照程序执行。项目部根据合同及相关规定制定了详细的项目合同变更管理程序，用于指导、规范合同变更管理，并将管理责任落实到了项目部各岗位。合同变更后应更新合同台账，将最新变更附在台账的后面，保持台账时刻符合实际情况。

【合同索赔管理】

工程建设过程较长、较复杂，容易产生违约现象，所以违约索赔及争议处理是合同管理中处理最多的工作。

（1）违约定义依据　一方是否违约是依据合同对该方的工作要求定义的，所以项目部应首先组织研究、理解合同中对双方的要求。

（2）违约证据收集　发生违约事件时，应立即收集所有相关证据，尤其是书面证据。就国内工程而言，根据《最高人民法院关于民事诉讼证据的若干规定》第 11 条的规定，违约证据应遵循优先提供原件或者原物的原则。相关证据应尽量为书面、图片等直观形式的，应保存好原件，并应尽量保证是由监理等第三方予以见证违约事实的资料，例如签证审核意见，提高违约证据的有效性。总承包项目部在与业主的联系文件中加入了监理审核栏，通过监理见证事实。

总承包商面对的违约事件较多，应注意全面收集证据。收集完后应分析证据的有效性，对证据进行分类，对重要的证据应加强保管，尽量采用存档的形式保管，有利于保证索赔和反索赔工作的效果。违约证据应全面反映违约行为，包括违约的时间、数量、费用等，提高违约证据的有效性。

如为了全面规范地收集物资合同履约情况，本案总承包商设计了"某某项目物资供方人员现场服务记录单"，将系统调试过程中物资供方人员到场指导及消缺情况予以记录，将时间、事件、人员情况形成统一格式的书面记录，并由相关方签字确认。本表格应在设备厂加工代服务结束或阶段性服务结束后办理，主要由项目物资部人员落实填写，各方会签确认后移交项目物资部存档。

（3）合同抗辩权　我国《合同法》规定，合同双方都可以履行抗辩权，包括同时履行抗辩权、先履行抗辩权和不安抗辩权。抗辩权是对抗辩权人的一种保护措施，应合理、有效利用。对于总包合同，总承包方可能遇到总包合同款支付无保障的问题，这时要使用不安抗辩权，如 2008 年业主付款严重不足，总承包商为躲避风险减缓了施工进度；针对分包方未执行合同要求的，总承包商可以用先履行抗辩权，不支付相关费用；针对预付款支付后分包方未遵守合同要求的问题，总承包商可用不安抗辩权，暂停付款，并扣留履约保证金。要行使抗辩权，必须注意先期沟通，并留有书面依据。项目部要特别注意保留第三方证据，如经业主、监理等第三方签审的联系单等。

（4）索赔时效问题　根据《中华人民共和国民法通则》的有关规定，诉讼具有时效性，通常普通诉讼时效为 2 年。FIDIC 编制的银皮书中规定，索赔通知应于事件发生后的 28 天内提出，如未能按时提出索赔，就失去了就该事件请求补偿的索赔权利。所以，发生违约事件或变更通知时，项目部一般于 2 日内以书面形式提出索赔通知。

【合同收尾管理】

因为合同费用对应着合同要求的工作，所以每个合同执行完毕后都应有关于合同执行情况的评价。人们一般重视最终验收，却忽视中间验收和最终评价，导致出现合同分歧，结算缺乏依据。承包商认为，对合同执行结果的评价不分合同大小，不分阶段，只要承包方在某个位置、系统的工作结束，就对其工作结果进行检验、评价，如设备基础交安装验收、建筑交装饰验收等。总承包商将合同中相关要求的执行结果予以汇总，形成了合同标的物及工作的评价，既是合同履行阶段工作的关闭，也是合同价款结算的直接依据。

验收、评价要形成书面文件，应能全面反映标的物的质量、性能、状态（如缺陷清单、照片等）。因此，本案总承包商设计了《物资供方合同执行情况记录单》，组织项目人员对物资供应合同的履行情况进行了评价，对存在的问题进行了说明，并附上证明文件，提交给公司采购部作为后期付款调整的证据。

【实践案例结语】

本案自备电厂总承包商项目部在合同管理中，紧抓重点，实行规范管理，使众多分包合同能够有序实施，结算及时、准确，取得了较好的管理效果。随着市场经济规则逐步渗透到经济生活的各个方面，合同的依据作用越来越重要。EPC 工程总承包项目部的管理应以完成合同目标为出发点，抓住各合同管理的重点，制定配套管理措施，实行规范管理，才能有效地管理好总承包项目的众多合同。

第6篇 收尾篇

第17章

收尾管理

EPC 工程总承包项目的收尾管理是整个项目管理过程的最后一环，工程总承包方只有负责完成收尾的所有工作，才能最终将项目移交给业主，这直接关乎工程款是否能够及时收回的问题。因此，收尾管理是项目管理不可或缺的组成部分，应引起 EPC 总承包管理者的高度重视。

17.1 收尾管理概述

17.1.1 收尾管理的定义与意义

17.1.1.1 收尾管理的定义

《项目管理知识体系指南》中对于结束项目的定义："结束项目是指终结项目和合同的全部过程。本过程的主要作用是存档项目信息、完成计划工作、释放组织团队的资源以展开新工作。结束项目工作仅开展一次或仅在项目规定的预定点开展。"

《中国项目管理知识体系》对于项目结束阶段的定义："项目成果完成后进行交接并结束项目的过程。项目结束阶段的起点通常是面对项目成果的各项任务结束，完成项目交付成果；终点是项目成果的最终移交或进行项目清算，并解散团队。"

《建设项目工程总承包管理规范》对于项目收尾的定义："项目被正式接收并达到井然有序的结束。其始点是项目在业主被正式接收，承包商要将已经完成的项目移交给业主时，项目正式进入收尾阶段。收尾阶段一经完成，标志项目的结束。"

项目生命周期四阶段示意图见图 17-1。

我们说的收尾管理是指在项目的收尾阶段中，对收尾工作所进行的计划、组织、管理和控制的活动。收尾管理工作结束的标志是《项目总结报告》，收尾阶段完成后项目将进入维护期，保修阶段的管理工作也可以纳入项目收尾管理范畴之中。

17.1.1.2 收尾管理的意义

中国流行有几句俗话："编筐编篓，贵在收口""成功的撤退比成功的进攻更困难""上山容易下山难""奋力前行易，平安退位难。"说明做事在结束阶段的重要性。收尾阶段管理也是一个道理，其管理的重要性主要体现在以下几方面。

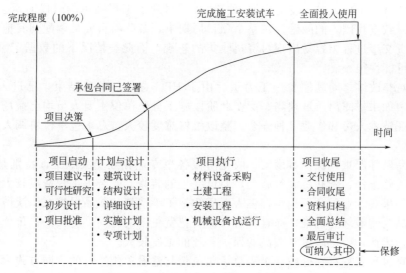

图 17-1 项目生命周期四阶段示意图

（1）项目的重要评审点 项目经理应按照事先安排好的收尾管理计划工作，收集项目的最新信息和数据，并将这些信息和数据与项目计划加以比较，来判断项目的绩效：进度是提前还是滞后，费用是结余还是超支，质量是否符合要求，项目工作是否按照计划进行的，业主对工程项目是否满意等。同时，项目经理也是通过收尾阶段的管理来预测项目完工绩效，及时发现项目存在的或潜在的问题，及早采取措施予以纠正。

（2）承包商与业主进行沟通的好时机 在项目收尾阶段与业主一起对前一段工作进行总结是十分必要的。一方面可以及时了解业主在前一段时间对项目的满意程度；另一方面，对于前一段时间由于工作忙，可能存在未能及时签署的文件，这时尽可能让业主予以签字确认。

（3）收集项目资料的最佳时机 在项目收尾阶段，负责该项目的项目管理人员都保留有工作记录，将其收集起来非常容易、方便。如果时间久了，有些项目管理人员可能负责其他项目，有些可能离职，到那时再收集工作记录就不容易了，有些记录可能再寻找就会十分困难。为此，在项目收尾阶段是收集工作记录的最佳时机。

（4）为项目提供真实可靠的数据 由于项目接近尾声的各项数据的形成、统计时间不长，因此，在项目收尾阶段的数据才是最真实、最准确的数据，这些数据能够客观地评定项目最终的绩效，并总结经验教训。项目经理认真对待收集、整理、归档这些工作，对于项目的延续性具有非常重要的意义。

（5）为维护期工作做好转换 通过项目收尾工作，对于项目存在的问题要及时进行整改，在整改中对于项目的薄弱环节做到心中有数，为维护期工作提供信息，有利于维护期工作的开展。

17.1.2 收尾管理的特点与原则

17.1.2.1 收尾管理的特点

（1）项目组人员流动性较大 EPC 项目大体分为四个阶段，即项目启动阶段、规划设计阶段、实施执行阶段（采购、施工）和收尾阶段。项目组人员数量呈现倒 U 形趋势，实施执行阶段人员数量达到高峰，进入收尾阶段人员数量会急剧下降。为此，收尾阶段具有项目组人员流动性较大的特点。

（2）工程资料易缺失，管理混乱 EPC 工程项目进入收尾阶段，必然会产生大量的工程资料，如图纸、工作记录、变更申请等。这些资料到了工程结束的时候时常会出现缺失、管理混乱，以致查找困难的问题。在整个项目周期中，某些项目成员调配到其他项目组，或者离职，权责交接过程中容易出现对资料收集的忽视，而此类情况下的数据记录一旦丢失，重新找回的可能性很小。

（3）针对整改维修问题缺少施工力量　由于 EPC 总承包项目结束，已进入收尾阶段，在收尾过程中如果暴露出质量缺陷，而在此阶段施工分包单位主要人员均已撤场，剩余部分人员很难保证技术人员和作业工种齐全，整改维修难度较大，总承包单位协调人员整改难度随之增加。

（4）成品破坏严重，保护难度大　收尾阶段各个专业相互交叉施工，特别是漏水处理、管道维修、线路维修、管井吊洞等施工，对已完工的装修、安装等工程造成较大的破坏，每施工一处，如果各专业配合不到位，工人对后续施工不清楚，成品保护意识淡薄，均有可能造成施工成品受到破坏、污染，而且很有可能要花费更多的时间、更大的代价处理这些成品破坏的部位。因此，收尾阶段对成品的保护管理的难度较大。

（5）结算过程普遍存在分歧　工程总承包单位与建设单位签订的合同方式大多采用固定总价，由此造成在工程阶段双方对合同外的工程内容存在争议和较大分歧，一般都是各执一词，很难达到意见统一的情况。

17.1.2.2　收尾管理的原则

（1）坚持到底的原则　项目到收尾阶段，项目需要的人员就会越来越少，在人员减少的情况下，容易产生怠慢、敷衍、放慢工作步伐的思想和行为，项目经理必须高效地完成各项收尾工作，必须有坚持到底的精神，遵守坚持到底的原则。

（2）前瞻计划的原则　收尾阶段是一个相当常规的过程，虽然收尾是项目生命周期中的最后一个过程，但并不意味着项目收尾的各项活动拖延到此阶段才开始进行。应遵循前瞻计划的原则，例如对收尾阶段的剩余人员的撤离安排等问题，需要提前做好计划和舆论工作。

（3）认真负责的原则　项目是临时性的，但是承担项目的企业以及项目成果对业主及企业的影响则可能是长期的。因此，项目收尾必须做好，坚持认真负责的原则，不留后遗症，以免企业需要已经解散的项目组来处理那些尚未解决的活动事项以及面对那些过时的信息。

17.1.3　收尾管理内容与流程

（1）收尾管理的主要内容　PMI-PMBOK 对项目收尾所进行的行政活动内容概括为（不限于此）：①为达到项目完工所必须进行的行为或活动；②为关闭合同所必须开展的活动；③为完成信息、资料记录归档、总结经验所进行的活动；④为下一阶段或向生产运营部门移交项目产品、服务或成果所开展的行动或活动；⑤收集关于改进或更新组织政策和程序的建议并发送至相关组织部门；⑥测量相关方对项目的满意度等。

C-PMBOK 将项目结束阶段的主要工作内容概括为：①项目资料验收；②项目交接或清算；③费用决算；④项目审计；⑤项目后评价等。

《建设工程总承包项目管理规范》将项目收尾管理具体内容概括为：①依据合同约定，向发包人移交最终产品、服务或成果；②依据合同约定，配合发包人进行工程验收；③项目结算；④项目总结；⑤项目资料归档；⑥项目剩余物资处置；⑦项目考核与审计；⑧对项目分包人及供应商的后评价等。

综上所述，我们可以将工程项目总承包收尾工作内容大致划分为两项：一类是合同收尾工作；另一类是管理收尾工作。

合同收尾是针对项目部对外的收尾工作，是指完成对业主、外分包、供应商等的所有合同的结算，结束项目所有合同的尾款收缴和支付工作，同时，还要解决由于合同纠纷所遗留的事项。简单地讲就是"梳理合同、结清账目"，达到合同关闭条件。

管理收尾又称行政收尾，是对项目部内部而言的收尾工作，是指最终完成项目移交过程所开展的管理活动。具体涉及项目资料验收、项目工程验收，收集项目记录，确保项目产品满足商业需求，并将项目合同文件、设计文件、采购往来文件、施工记录等信息整理归档，还包括对项目的审计，维修、保修事宜也可以归纳到管理收尾范畴之内。

（2）收尾管理工作流程　依据上述收尾管理工作的主要内容，项目收尾管理主要工作流程示意图见图 17-2。

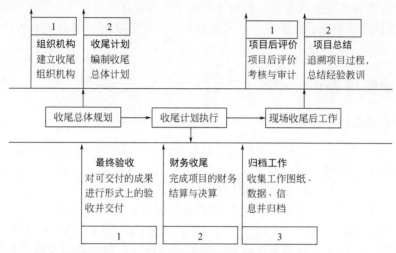

图 17-2　收尾管理主要工作流程示意图

17.1.4　收尾管理机构与职责

（1）收尾管理机构　成立由企业的项目管理中心、人力资源部、财务管理中心、商务部、物资供应中心等职能部门为组员的项目收尾领导小组。在小组领导下，收尾管理具体工作由项目经理负责，工程总承包项目部各专业组负责人根据工程进展情况，执行、落实项目收尾管理。

在项目收尾阶段，项目部应制定项目收尾工作计划，明确项目部各组的分工和职责，明确项目验收交付、项目结算、项目资料归档、项目总结、项目纠纷处理的直接负责人；同时，项目部还要协助有关部门建立项目保修台账、制定回访计划；依据项目绩效考核和奖惩制度对项目部人员进行考核；根据企业对项目分包人、供应商的管理规定，对项目分包人、供应商进行后评价；制定落实措施报企业各对口职能部门审核；根据总承包企业有关规定配合项目审计工作并接受企业各对口部门对收尾工作的指导和管理。

（2）项目部下属各部门的职责

① 项目经理：负责编制项目总结报告和项目完工报告。

② 综合部：负责办公设施收缴与处理。

③ 施工部：负责项目移交、项目档案归档移交，负责编制施工项目报告。

④ 计划控制部（或合同管理组）：负责项目结算工作，并参与项目决算；负责审核项目结算。

⑤ 采购部：负责项目剩余物资清理、调配、回收和处理工作，负责现场、集中物资采购合同结算工作，负责编制物资采购总结报告。

⑥ 安全部：参与项目验收交接、工程资料以及档案移交工作，编制安全健康环保总结报告。

工程项目由收尾阶段转入项目保修阶段后，仍然要明确保修阶段的负责人（原则上安排原项目经理或原项目负责人）。

（3）企业领导、职能部门的职责

① 企业副总经理：负责主持项目收尾考核工作，负责对项目总结报告的审核、批准。

② 企业监察审计职能部门：负责组织对项目的审计工作。

③ 企业各对口职能部门：应按照工程总承包合同和业主、接管使用单位的要求，督促工程总承包项目部尽快满足项目收尾条件；确认项目满足收尾条件并填写项目移交、撤消审核表后，交企业项目管理中心汇总，提请企业领导批准项目终结。

④ 企业项目管理中心：负责组织项目的保修、回访等工作，督促项目保修负责人落实完成。

17.2　收尾管理要点

17.2.1　收尾工作启动要点

（1）制定收尾阶段总体计划　项目进入收尾阶段时，项目部应编制收尾阶段总体计划，其中需包含收尾阶段的所有工作内容，包括竣工验收、资料移交、剩余资源处理、工程结算、遗留问题处理等，并明确各项工作责任人。

（2）建立权责明确的管理组织结构　收尾阶段同样需要权责明确的管理，事事有人负责，保证每个岗位的任务都能正常运行，权责明确。项目部自行承担所在项目收尾的具体工作，包括尾项整改、竣工资料编制及移交、投产试运行、工程结算、工程验收等全部工作，并对所在项目的收尾成果负全责。

（3）建立收尾计划监控制度　项目部人员在项目收尾期间应根据现场实施情况建立收尾计划监督制度。如每周定期编制收尾周报，将各项工作进展情况填写在周报中，并写明各项工作的制约因素。编制完成后提交给公司主管部门，主管部门人员每周要分析项目收尾工作进度，发现工作滞后或暴露问题后要及时上报主管领导，制定解决方案等。

17.2.2　收尾工作过程要点

17.2.2.1　项目验收管理要点

① 工程总承包项目竣工验收由建设单位负责组织实施，总承包单位参与验收，并接受建设单位、质量监督部门等验收人员对项目是否符合规划设计要求以及建筑施工和设备安装质量进行全面检验。在工程竣工验收过程中要查出工程实体中潜藏的问题，同时，还要求施工方实际落实合同条款，积极解决有关问题。

② 在工程移交过程中，除通过工程验收外，还要注意接收部门的工作需求，如工程设备停放地、管理用房等，而上述种种可能会被参建各方所忽视。因此在之后的工程中，施工方应当事先和业主进行沟通，让接管方提早介入，并尽量让一些问题能够在项目完工之前就得到解决。

③ 项目符合整体工程验收条件后，项目部应及时向业主单位提出整体竣工验收申请，并配合业主完成整体验收工作。竣工验收中的重要事项，须向承包企业主管领导汇报。

17.2.2.2　竣工资料收集管理要点

① 对竣工资料的收集整理是项目收尾管理的重要内容。根据相关要求，工程资料要和工程实体在同一进程，不过在具体的施工中，管理人员通常将重心放于质量、安全、施工进度上，忽略了工程资料的编写，且这种现象并非个例。

② 项目收尾竣工资料的管理不只是收尾阶段要做的内容，还涉及项目建设的各个阶段、各个环节，要及时收集资料，为此，在工程建设过程中，专职或兼职资料员还应多与各方沟通，以便能在第一时间对相关资料进行收集。

③ 工程管理方应指派专人来进行竣工资料的编写与管控，且在收尾阶段不可临时换其他人接管。在项目开工时就要与甲方和各政府机构充分沟通，落实竣工资料需要包含的项目及其次序，以及各方对于资料所提出的格式要求。

④ 承包方根据竣工资料对收尾阶段先进行自查，然后再让档案馆管理层予以审查，并根据整改意见进行调改。

⑤ 承包商应按照国家、行业有关工程档案资料的规定和业主的要求进行收集、整理、归档、汇编成册，交付业主。

17.2.2.3　竣工结算管理要点

(1) 熟悉理解合同文件　先要认真阅读、熟悉合同文件及相关合同条款，尤其要注意弄清楚合同条款中对在工程施工期间的材料价格是否可以调整，具体调整材料的范围以及方式，工程变更通知（签认）的程序和工程变更计量的方法，合同规定的有关奖励费用，如提前赶工奖、赶工措施费、质量奖、风险管理基金的返还及兑现方式等。熟悉和了解合同条款，不仅能够提高个人的工作能力，而且能减少和避免计量失误，提高合同的履约率，同时提高工程资金的利用率。

(2) 做好结算资料收集　一份完整而丰富的竣工资料不仅可以保证结算编制内容的完整性和准确性，而且可以避免审核时产生过多的疑问，保证结算审核工作的顺利进行。尤其应十分重视工程变更资料的收集，例如在工程建设过程中，业主对合同约定的项目功能、设计标准进行变动，就可能引起结算额的增加。结算资料主要包括工程承发包合同、图纸及图纸会审记录、投标报价、变更通知单、工程停工报告、施工组织设计、施工记录、有关定额和费用调整的文件规定等。资料的积累和收集必须注重其时效性，如现场监理的签证必须有甲方工地负责人的签章并征得设计人员的认可。

(3) 做好结算策划　加强结算策划工作，包括总承包商对业主和分包商的结算策划，两手抓，两手都要硬。核实工程实际成本，包括对分包分供的结算成本，做到盈亏心中有数，这样为对外结算奠定基础，为领导层结算决策提供依据。

(4) 重视变更、签证　变更、签证、索赔是编制预决算的重要依据，在某种意义上讲，一个工程盈利的高低，变更、签证起着决定性作用。工程总承包的变更主要来自于业主的变更或设计分包商的变更，无论来自哪方面的变更都要及时做好签证收集工作，同时注意签证质量。

(5) 把握结算技巧　在报结算书时，结算卷的顺序应将计算准确的部分放在前面，对审计单位的审计过程要抓住重点，摸清审计重点，灵活编排。对于数量大、价格高的项目存在纠纷的，要坚持原则，据理力争；对于一些数量少的项目而存在争议的问题，则可以适当做些让步。

17.2.2.4　剩余物资处理要点

(1) 剩余物资处理计划编制　应做好剩余物资的鉴定和清单工作，编制剩余物资处理工作计划。工程剩余物资是指工程项目完工后还具有一定使用价值的物资。剩余物资包括主材、低值易耗品。

承包商可按照下面分类的方法对项目剩余物资进行清理统计：工程变更导致的材料替换或减少的物资；工程停工造成的剩余物资（如业主原因或不可抗力导致的时效性物资）；工序完成后，因为了确保工序收尾等原因产生的剩余物资；因施工工艺原因产生的节约剩余物资等。

　　工程废旧物资是指工程回收没有使用价值，但是可以废旧回收通过处理能够获得部分残值的物资（如包装物、边角余料、破损没有修复价值的工器具、拆除物等）。处理计划经企业有关领导批准后，项目部按照计划进度，将剩余物资进行处理。

　　（2）项目部应明确岗位责任　项目经理应负责对现场剩余物资的处理工作实施有效的管理和监督。现场施工部门、仓库管理部门、财会部门应有明确的分工。

　　（3）剩余物资处理原则　对于项目部收尾阶段剩余物资的处理首先应坚持优先企业内部调配为原则，由项目部提出调拨需求，经企业主管部门批准执行，将剩余物资调拨到其他项目中使用；其次是修旧利废，项目部积极组织相关技术人员，对剩余废旧物资进行修旧利废，保持、恢复或提高剩余物资的使用价值，达到节约企业成本的目的；再次是变卖，对于工序完工后或竣工后剩余物资无法达到调配要求的，可以进行变卖。剩余物资变卖时，有关部门和领导应进行监督。

17.2.2.5　落实项目保修与回访制度

　　项目保修与回访工作也可以纳入项目收尾执行过程之中。在收尾执行过程中应按照合同质量保证期内进行保修工作，落实相关事宜的具体工作。需要注意的是保修期结束后，应及时向业主申请质保金退回工作，并建立工程项目的质量回访制度。

17.2.3　收尾工作结束要点

　　（1）项目工作总结要点

　　① 项目结束后，项目部经理应组织各专业人员从各个专业角度，对项目执行工作经验教训进行总结，并编制项目总结报告；

　　② 项目总结报告完成后提交企业有关领导，得到批准后，由企业有关部门归档，作为项目考核依据之一。

　　（2）项目管理考核验收

　　① 项目结束后，企业工程管理部组织有关职能部门依据项目管理责任书，对项目管理工作进行验收、考核；

　　② 项目管理考核验收的结果作为项目人员的考核依据。

　　（3）项目部撤销及相关工作　项目部收尾工作完成以后，工程项目部可予以撤销。工程项目部撤销期间，企业相关部门应根据项目具体安排，组织好项目部人员的离任与调配工作，如项目账号清理与注销，项目部经理印章、项目部财务公章、合同专用章、项目部各科室用章等予以销毁。项目部对上述工作应予以配合。

　　（4）项目后评价工作　项目后评价（Post-project Evaluation Method）是指项目竣工投产并运营一段时间后，对立项决策、设计、施工、生产经营等全过程进行系统评价的一种经济活动，是项目生命周期第四阶段的一项重要内容，通过项目后评价可以达到肯定成绩、总结经验、研究问题、吸取教训、提出建议、改进工作、不断提高项目管理水平和投资效果的目的。

17.3　收尾管理策略

17.3.1　提高对收尾管理的重视程度

　　收尾阶段的管理是树立企业形象、保证工程效益、完成项目交付的重要组成部分，同时也是总承包方项目管理不可或缺的内容。当主体工程竣工，进入收尾阶段后，工作人员的情绪也逐步松弛下来，但是由于工程尚未实际交付，仍有许多收尾工作需要完成，而管理层一旦对收尾工作缺乏全面认知，盲目让相关单位撤离现场，并将主要管理人员调到其他项目上，致使收尾工程未能很好地落实，竣工验收申请、竣工资料编制、项目移交、对外结算等工作受到影响。因此，项目部应高度重视收尾阶段工作的重要性，做好收尾阶段工作的计划，适当配备材料、设备、劳务人员，并安排有经验的管理人员，使收尾工作得到落实。

17.3.2　加强组织管理控制施工成本

EPC 项目工期一般比较紧张，项目需要在合同规定的时间内交付使用，因此，在编制收尾阶段的组织计划时，不仅要配备充足的设备、材料、人员，还要对所剩余工作进行精确的了解和详细的把控，从而能够在规定的时间内将项目进行交付。既不能不符合剩余工程实际地将人、材、物随便撤离现场，也不能将人、材、物原封不动地加以全面保留，应按照收尾阶段的计划进行，避免反复进场造成资源浪费，以降低项目成本。

收尾工程通常比较散杂，且管理层的能力不等又肩负进度压力，因此，可能忽视对工程质量的监控。例如排水管与伸缩缝等，而恰巧这些部位在项目交付后易出现问题，如"跑、冒、滴、漏"，项目交付后再解决这些问题也会在很大程度上提高成本。因此，项目经理在关注工程进度的同时，还应强化提高员工对收尾工程质量意识的培养。

17.3.3　强化收尾工程安全管理

在项目收尾阶段，根据以往的经验来看，由于管理和施工人员的安全意识下降，作业人员点多面广、交叉作业多，具有不确定性、偶然性、隐蔽性，非施工性的不可控因素增多等原因，造成安全事故多发，因此，采取强化安全管理策略是项目部的必然选择。应注意做好以下几个方面的安全工作。

① 梳理剩余工作量。组织各专业人员整理、核实剩余工作量，掌握作业环境情况，明确管理人员责任，落实安全技术措施，并对施工人员进行有针对性的安全技术交底。

② 安全危险源第二次辨识。要求各专业安全员和各专业技术人员进行一次安全隐患大排查，查找危险因素，及时发现工伤事故苗头，采取防控措施。

③ 对管理人员和全体施工人员进行安全教育，提高管理人员的责任心和全体施工人员的安全意识。

17.4　项目后评价与评价方法

17.4.1　项目后评价概述

17.4.1.1　项目后评价的目的

项目后评价工作是项目管理活动中很重要的环节，它是对项目管理行为、项目管理效果以及项目管理目标实现程度的检验和评定，是公平、公正反映项目管理的基础。通过考核评价工作，使得项目管理人员能够正确地认识自己的工作水平和业绩，并能够进一步总结经验，找出差距，吸取教训，从而提高企业的项目管理水平和管理人员素质。

17.4.1.2　项目后评价的任务

根据项目后评价所要回答的问题和项目自身的特点，项目后评价主要研究任务：

① 评价目标的实现程度；

② 评价项目的决策过程，主要评价所依据的资料和决策程序的规范性；

③ 评价项目具体的实施过程；

④ 分析项目成功或失败的原因；

⑤ 评价项目的运行效益；

⑥ 分析项目的影响和可持续发展；

⑦ 综合评价项目的成功度。

17.4.1.3　项目后评价的原则

（1）现实性原则　工程项目后评价是对项目投产后一段时间所发生的生产情况的一种总结评价。它分析和研究的是项目的实际情况，所依据的数据资料是现实发生的和重新预测的，总结的是现实存在的经验教训，提出的是实际可行的对策措施。项目评价的现实性决定了其评价结论的客观可靠性。而项目前评估分析只是对项目的预测、估计，采用的数据都是预测数据。

（2）公正性和独立性原则　项目后评价必须坚持公正性和独立性原则，公正性标志着后评价和后评价者的信誉，避免在发现问题、分析原因和做结论时避重就轻，受项目利益的束缚和局限，做出不客观的评价。独立性标志着后评价的合法性，后评价应从投资者、受援者或项目业主以外的第三者的角度出发，独立进行，特别是要避免项目决策者和管理者自己评价自己的情况发生。公正性和独立性应贯彻于后评价的全过程，包括后评价项目的选定、评价计划的编制、任务的委托、评价者的组成、后评价过程和后评价报告。

（3）可信性原则　后评价的可信性取决于评价者的独立性和经验，取决于资料信息的可靠性和评价方法的实用性。可信性的一个重要标志是应同时反映项目的成功经验和失败教训，这就要求后评价者具有广泛的阅历和丰富的经验。同时，后评价也提出了"参与"的原则，要求项目执行者和管理者的参与，以利于收集资料和阐明情况。为增强后评价者的责任感和信任度，后评价报告应注明所用资料的来源或出处，报告的分析和结论应有充分可靠的依据。后评价报告还应说明评价所采取的方法。

（4）全面性原则　工程项目后评价的内容具有全面性，不仅要分析投资过程，而且还要分析其生产经营过程，不仅要分析其经济效益，而且还要分析其社会效益、环境效益等，另外还要分析经营管理水平和项目发展的后劲和潜力。

（5）透明性原则　透明性是后评价的另一个重要原则。从可信性来看，要求后评价的透明度越大越好，因为后评价往往需要引起公众的关注，对投资决策活动及其效益和效果实施更有利于社会的监督。从后评价成果的扩散和反馈的效果来看，成果及其扩散的透明度也是越大越好，让更多的人借鉴过去的经验教训。

（6）反馈性原则　工程项目后评价的目的是对现有情况的总管理水平的总结，为以后的宏观决策、微观决策和建设提供依据和借鉴，因此，后评价的最主要特点是具有反馈性。项目后评价的结果要反馈到决策部门作为新项目的立项和评价的基础，以及调整工程规划和政策的依据，这是项目后评价的最终目的。项目后评价的结论扩散以及反馈机制、手段和方法成为后评价成败的关键环节之一。

17.4.2　项目后评价的内容

17.4.2.1　项目过程后评价

对建设项目的立项决策、设计施工、竣工投产、生产运营等全过程进行系统分析，找出项目后评价与原预期效率之间的差异及其产生的原因，使后评价结论有依有据，同时针对问题提出解决办法。

17.4.2.2　项目效益后评价

通过项目竣工投产后实际取得的经济效益与可行性研究时可预测的经济效益相比较，对项目进行评价。对生产性建设项目要运用投产运营后的实际资料计算财务内部收益率（FIRR）、财务净现值（FNPV）、财务净现值率（FNPVP）、投资利润率（ROI）、投资利税率、贷款偿还期、国民经济内部收益率、经济净现值（ENPV）、经济净现值率（EENPVR）等一系列后评价指标，然后与可行性研究时所预测的相应经济效益比较，从经济上分析项目投产运营后是否达到了预期效果。没有达到预期效果的应分析原因，采取措施，提高经济效益。

17.4.2.3　项目影响后评价

通过项目竣工投产（运营、使用）后对社会的经济、政治、技术和环境等方面所产生的影响来评价项目决策的正确性。如果项目建成后达到了预期的效果，对国民经济的发展、产业结构的调整、生产力布局、人民生活水平的提高、环境保护方面带来有益的影响，说明项目决策是正确的；如果背离了项目决策目标，就要具体分析，找出原因，引以为戒。项目影响后评价大致可分为项目后对环境的影响评价和项目后对社会的影响评价。

（1）项目环境影响后评价　在项目影响后评价中，项目环境影响后评价是项目评价者应特别关注的环节，是指对照项目建设前评估时批准的《环境影响报告》，重新审查项目环境影响的实际结果。实施项目影响后评价的依据是国家环保法的规定、国家和地方环保质量标准、污染物排放标准以及相关产业部门的环保规定。以定量和定性相结合，以定量为主（如环境质量值 IEQ 等）进行评价。在审核已实施的环境报告和评价环境影响的同时，要对未来进行预测。对可能产生突发性事故的项目，要有环境影响风险分析和应对报告。

（2）项目社会影响后评价　项目社会影响后评价的主要内容是项目对当地经济和社会发展以及技术进步的影响，一般包括 6 个方面：项目对当地就业的影响、对当地收入分配的影响、对居民生活条件和生活质量的影响、受益者范围及其反应、各方面的参与情况、地区的发展等。社会评价影响的方法是定性与定量相结合，以定性为主，在诸要素评价分析的基础上进行综合评价。

17.4.3　项目后评价的方法

项目后评价的方法是采用定性和定量相结合的方法。国际上通用的基本方法有对比分析法、逻辑框架法（LFA）、成功度评价法等。项目后评价的基本方法示意图见图 17-3。

图 17-3　项目后评价的基本方法示意图

17.4.3.1　前后对比法

（1）基本概念　后评价方法论的一条基本法则是对比法则，包括前后对比法和有无对比法。前后对比法是项目后评价常用的、基本的分析方法，它是指对项目实施前与项目实施后的情况进行比较，加以确定项目的效果、效益的方法。在项目后评价中，通常指将项目前期可行性研究报告、项目前评估或者项目建议书的预测结论和项目实际运营、使用结果相对比，以确定项目效益、效果的结果。

（2）方法适用情况　前后对比法通常适用于项目后的目标评价，尤其适用于项目的计划、决策、进度、实施的质量的评价，此类评价都可以用定量指标进行前后对比，发现变化和分析原因，用于揭示项目决策、计划和实施存在的问题。采用前后对比法主要应注意前后指标的可比性。

（3）方法评价 前后比较法的长处：可以通过前后定量指标的对比，得出实际取得成果与预期的偏差，对项目进行评价。同时通过分析偏离目标的原因，找出改进方法；评价结果有比较性，因此，具有比较大的说服力。

前后比较法的不足：提取预期数值可能较为困难，项目前期必须有较为规范的评估报告、可行性研究报告或者项目建议书之类的预测数据；可能有非常规因素影响评价结果的公正性，因此必须对偏差原因做出解释说明。

17.4.3.2 有无对比法

（1）基本概念 有无对比法也是一种项目后评价的常用的、基本的分析方法。建设工程项目后评价更注重有无对比法的应用。有无对比方法是将投资建设这个项目（有项目）投产后的实际效益、效果和影响，同没有建设这个项目（无项目）时的效益、效果和影响进行对比分析，以度量项目真实的效益、效果和影响。该方法是通过项目的实施所付出的资源代价与项目实施后产生的实际效果进行对比，以评价项目的好坏。

（2）需注意的问题 采用有无对比法时，需要注意以下两点。

① 要分清建设项目的作用和影响与建设项目以外的其他作用和影响。因为该方法的应用前提和假设条件是项目以外的影响作用很小或可忽略不计，也就是说所度量的效果或作用要真正归因于项目所产生的，才可应用该方法。

② 要注意参照对比，即项目资源投入的代价和产出的效果要口径一致，具有可比性。

17.4.3.3 逻辑框架法

（1）逻辑框架法的概念结构 逻辑框架法（Local Framework Approach，LFA）是由美国国际开发署在1970年开发并使用的一种设计、计划和评价工具，目前是国际上大多数的国际组织用于援助项目的计划管理和后评价的主要方法。

逻辑框架法是一种概念化论述项目的方法，将一个复杂项目的多个具有因果关系的动态因素组合起来，用一张简单的框架图来清晰地分析其内涵与逻辑关系，以确定项目任务、项目目标和达到目标所需要的程序、途径或手段的逻辑关系。

在项目后评价中，通过应用逻辑框架法对项目层次的清晰描述，分析项目原定预期目标、各目标的层次、目标实现的程度和项目成败的原因，用以评价项目的效果、影响和作用。

逻辑框架是一种综合分析的思维框架模式，不能代替项目效益分析、财务和经济分析、环境影响评价等具体的方法。逻辑框架法的4×4矩阵由垂直逻辑关系与水平逻辑关系组成，见表17-1。

表 17-1 逻辑框架法的 4×4 矩阵结构

目标层次	验证指标	验证方法	重要的假定条件
目标	目标指标	检测、监督手段及方法	实现目标的主要条件
目的	目的指标	检测、监督手段及方法	实现目的的主要条件
产出	产出物定量指标	检测、监督手段及方法	实现产出的主要条件
投入	投入物定量指标	检测、监督手段及方法	落实投入的主要条件

（2）逻辑框架法的逻辑关系 逻辑框架的逻辑关系分为垂直逻辑和水平逻辑。垂直逻辑关系即因果关系，从下而上或从上而下，把项目目标和因果关系划分为四个层次（目标、目的、产出、投入），构成三对垂直逻辑关系，垂直逻辑关系的关键点有三项关系分析。

① 目标层次：逻辑框架法把项目目标和因果关系划分为四个层次：目标（最高层目标）、目的（项目直接的效果和作用）、产出（做出了哪些成绩，是项目可直接计量的结果）、

投入（包括资金的投入和时间的投入）。

②　层次间的因果链：上面描述的这种逻辑关系，在项目后评价中可用来阐述层次间的目标内容及其上下因果关系。

③　重要的假设条件：目标层之间的转化实现需要有一些重要的限制条件，称为假定条件。重要的假定条件是指可能对项目产生影响而又无法控制的外部条件。

逻辑框架法的垂直逻辑分清了评价项目的层次关系，但尚不能满足对项目实施分析和评价的要求，还需要通过客观的验证指标及其指标的验证方法来进行分析。水平逻辑分析的目的就是通过主要验证指标和验证方法来衡量一个项目的资源和成果，判断各层次目标是否达到了预期（水平逻辑关系），水平逻辑要对垂直逻辑的 4 个目标层次上的结果做出详细的说明。水平逻辑关系由验证指标和验证方法所构成，从而形成逻辑框架法的 4×4 矩阵结构。水平逻辑验证指标和验证方法的内容和关系见表 17-2。

表 17-2　水平逻辑验证指标和验证方法的内容和关系

目标层次	验证指标	验证方法
目标	对宏观目标的间接影响程度（预测、实现等）	信息来源：文件、官方统计、项目受益者 采用方法：资料分析、调查研究
目的	项目建成的直接效果（作用）	信息来源：项目受益者 采用方法：调查研究
产出	项目不同阶段定性和定量的产出	信息来源：项目记录、报告、受益者 采用方法：资料分析、调查研究
投入	项目建成的必需要素（资源的性质、数量、成本、时间等）	信息来源：项目评估报告、计划、投资者协议文件等

总之，逻辑框架法不仅是一种评价的程序，更是一种思维模式，通过明确的总体思维，把与项目运作相关的重要因素集中起来加以融合进行综合判断，包括项目决策、实施和管理水平，是一种有效的方法。

17.4.3.4　成功度评价法

（1）成功度评价法的概念　成功度评价方法（Success Evaluation Method）是依靠评价专家或专家组的经验，综合后评价各项指标的评价结果，对项目的成功度得出的定性结论，也就是通常所说的打分的方法，是一种综合评价的方法。

这种方法是以逻辑框架法分析的项目目标的实现程度和经济效益分析的评价结论为基础，以项目的目标和效益为核心，对项目进行的全面系统的评价。

成功度评价法的关键在于根据专家的经验建立合理的指标体系，结合项目的实际情况，采取合理的方法对各个指标赋权，对人的判断进行数量形式的表达。常用的赋权方法有主观经验赋权法、德尔菲法、两两对比法、环比评分法、层次分析法等。

（2）项目成功度等级标准　进行项目成功度评价时，一般把成功度标准分为 5 个等级，见表 17-3。

表 17-3　项目成功度等级判断标准表

序号	等级	等级判断标准
1	完全成功（AA）	项目各项目标全面实现或超过；相对成本而言，项目取得了巨大效益与影响
2	成功（A）	项目大部分目标已实现；相对成本而言，项目达到了预期的效益与影响
3	部分成功（B）	项目实现了原定的部分目标；相对成本而言，只取得了一定的效益与影响
4	不成功（C）	项目实现的目标非常有限；相对成本而言，项目几乎没有产生什么效益与影响
5	失败（D）	项目的目标是不现实的，无法实现；相对成本而言，项目不得不终止

（3）项目成功度评价表　项目成功度评价分析表（表17-4）中设置了评价的主要指标，在评价具体项目的成功度时，并不一定要测定所有的指标。评价人员首先要根据项目的类型和特点，确定指标与项目的相关程度，把指标分为"重要""次重要""不重要"三类，在表中第二栏"相关重要性"栏填注，对不重要的指标可以不测定。对每项指标的成功度进行评估，按照表17-3划分标准，分为AA、A、B、C、D五级。综合单项指标的成功度结论和指标的重要性，可得出整个项目的成功度结论。项目成功度评价分析表是根据项目的目的和性质确定的，我国和国际组织的表格各不相同，表17-4是我国最为典型的项目成功度评价分析表。

表 17-4　项目成功度评价分析表

评价项目指标	相关重要性	评价等级	备注
1.宏观目标和产业政策			
2.决策及其程序			
3.布局与规模			
4.项目目标与市场			
5.设计与技术装备水平			
6.资源和建设条件			
7.资金来源和融资			
8.项目进展及控制			
9.项目质量及控制			
10.项目投资及控制			
11.项目经营			
12.机构和管理			
13.项目财务效益			
14.项目经济效益			
15.社会和环境影响			
16.项目可持续性			
项目总评			

17.5　收尾管理实践案例

17.5.1　收尾阶段的人力物资管理实践案例

【案例摘要】

以某住宅楼工程项目收尾阶段对人力物资的管理实践为背景，对于建设工程的收尾管理经常出现的人员组织混乱、资料管理松懈、剩余资源利用不合理等问题进行分析，提出解决方案，以完善整个项目管理过程。

【案例背景】

本工程为W市火车西站多层住宅楼EPC项目，框架结构，地上六层、地下一层，共七层，总建筑面积为40658.55m^2。业主为该市铁路局，总承包单位为S建设工程集团，项目工期为12个月。

【收尾阶段管理的主要内容】

住宅项目生命周期主要可分为四个阶段，即项目启动阶段、规划设计阶段、实施执行阶段和收尾阶段。工程项目收尾是工程建设的最后一个阶段，收尾管理是业主对项目进行检验确认并接收的重要环节，它直接影响项目未来的运营和运行效率的高低。工程收尾管理主要包括投产准备、工程验收、项目审计和项目评价等内容。

在项目开始时，费用和人员投入水平较低，随着项目的进展逐步增加，到项目收尾阶段又迅速降低。每个项目阶段以一个或几个可交付成果作为标志，每个阶段又可分为启动、规划设计、实施执行和收尾过程，这四个过程是相互交叉进行的。在收尾阶段，项目部和参建各方容易产生松懈心理，容易产生一些问题对整个项目或后续项目造成损失或影响。存在问题分析如下。

（1）项目收尾阶段的人员管理问题　工程项目收尾阶段对人员的管理没有固定的管理程序，通常每个项目经理根据自己的经验来进行人员管理。

一方面由于一部分成员已经完成了自己的任务，离开了现场岗位，另一部分人员仍然在现场岗位上工作，对于原组织结构造成了破坏，容易出现权责不明的现象，此时下达的任务容易滞后，甚至无人执行，对整个项目收尾造成影响。

另一方面项目经理也容易认为项目结束后，人员安排尚不确定，不愿意花更多的时间对人员进行管理，年终对人员的评估与项目的结束时间不一致，年终对人员的评估不能反映出管理人员在整个项目中的表现，加之做出评估的是企业职能部门经理，而非项目部经理。项目进入收尾阶段，人力资源的需求量变化很大，如果只是按照原来的计划，可能无法满足项目需求或造成人力资源的浪费。当项目结束时，项目成员在项目中的表现还没有人进行过评估，项目成员的贡献没有得到认可，这对后续项目会产生不利影响。

（2）项目收尾阶段对人员的激励　在项目收尾阶段对人员的激励机制存在缺陷，激励机制不够完善，由于工程人员的工作特点（特殊的工作环境、人际关系、合作环境）和个性特点，对传统的激励机制带来了冲击，员工的积极性无法得到有效的激发。同时，企业往往实行对每位成员"一刀切"的激励手段，这种激励手段不能满足每一位成员的需求，为此激励机制效果甚微。项目收尾阶段的激励机制需要创新，工作人员需要精神和物质的双层激励，满足收尾阶段工作人员的需求。

（3）项目资产和剩余资源的处理　在项目启动时一般对项目资产比较重视，往往尽心尽力，因为项目资产直接影响进度，而在收尾阶段项目即将结束时，对项目资产的处理往往会被忽视。项目资产主要是指项目固定资产，及使用预算所购买的、使用期限长、单位价值高，并在使用过程中保持原有实物形态的资产。对项目固定资产的处理不一定会对项目造成严重后果，但对后续工程项目会产生一定的影响。对于建设工程而言，一般施工机械是通用的，并非为某一工程项目而购买的，此类资产多为专用设备处置，处置需要有一个长远的计划。

工程临近结束，由于材料计划无法做到准确无误，施工和所需材料没有任何偏差，所以某些资源产生剩余或尾料，在同一工序计几乎无法再次使用。另外，现场施工过程中会产生诸多建筑垃圾，项目结束前需要对这些建筑垃圾进行处理或利用，否则会增加项目成本。

（4）项目收尾阶段的资料管理　项目进入收尾阶段，产生大量的工程资料，如图纸、工作记录、变更申请等。项目临近结束，可能由于工作的疏忽，或在整个项目过程中，某些成员调动或离职，在权责交接中资料保存工作存在漏洞造成资料的遗失、散落，而项目资料一旦丢失，日后找回的可能性极小。

【收尾存在问题的对策】

（1）建立权责明确的管理组织机构　项目启动阶段需要权责明确的管理组织机构，同样收尾阶段也需要权责明确的管理组织机构。事事有人负责，保证每一个需要的岗位工作运转正常，权责明确。项目经理承担所在项目收尾的具体工作，包括尾工清收、竣工文件整理与移交、工程验收、竣工结算、财务清算、未完债权债务的签认和确定等全部工作，并对整个项目的收尾工作负全责。在工程管理中运用直线式组织结构（图 17-4）权责最为清晰。直线式组织机构是一个线性组织机构，它的本质是使命令线性化，每一个工作部门、每一个成

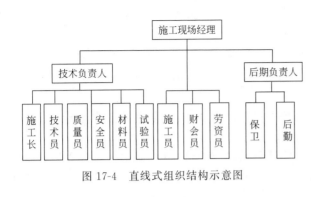
图 17-4 直线式组织结构示意图

员只有一个上级。

（2）更应注意对人员的评价和激励

在项目的实施阶段，项目每个成员都尽心尽职，保持高昂斗志，对未来充满信心，在顺利完成项目任务的同时，应对项目成员和干系人做出评价，对于项目做出贡献的人员给予及时肯定。

伴随着项目的进行，进入项目收尾阶段，更新人力资源计划，建立一个适应收尾阶段的管理体系，更应注意加强对成员和干系人进行业绩评估，作为奖惩依据。待项目结束后召开庆功大会，给予做出卓越贡献的人员颁发奖章、证书等。长期从事工程建设、坚守岗位的人员在心理上积累了很多的压力，对于这些人员从精神上应给予肯定，给成员以更多的慰藉，这将激发他们在未来工作中的正能量。

恰如其分地评价项目人员的工作业绩、工作能力和工作态度，并能够有效地采取相应的奖惩措施，对于调动人员的积极性，增强团队凝聚力，帮助项目经理制定收尾阶段的人力资源计划具有重要作用。

（3）项目资产和剩余资源处理应对　对于项目资产而言，对其进行财务核算，估计出每种资产的价值。用原始购置成本或原始价值来估计设备、仪器，将这些固定资产在公司内项目之间进行转移，对于暂时不使用的设备、仪器可以采取外租赁方式处理，对于长期不使用的设备、仪器可以变卖也可以对外租赁，让收尾阶段的资产充分发挥其用途，抵消设备、仪器自身的折旧，这将为企业带来总成本的降低。

收尾阶段对于剩余资源的利用开发，可以在一定程度上缓解工程成本的压力。对于项目结束时剩余的物料，如木料、水泥、沙石等，可以采取如下处置步骤：清点库存，登记入册，设备归还变卖。对于尾料可以在同类材料的工序中重新加以利用；对于建筑遗留下来的废料可以通过分类回收利用，例如混凝土垃圾可以利用混凝土再加工技术回收利用，塑料垃圾回收变卖，用于塑料的再生和炼油；砌块砖可以用于复合载体桩的施工或临时路的路基处理；抹灰垃圾可以用来回填。收尾阶段的剩余物资尽量做到物尽其用。

（4）收尾阶段要重视资料的管理　对于收尾阶段的资料管理，不应在收尾时发现问题了才考虑解决方案，而应该将资料管理贯穿于整个项目管理周期之中。在进行资料管理时，提供项目记录存档清单，对项目的每一个阶段以一个标准的格式记录、收集、整理和保存。对于项目相关成员除完成项目工作外，必须向项目经理提供准确的工作记录。同时在进行合同管理中，合同本身以及附带的所有支持性进度计划审批和批准的合同变更、发票和支付记录等财务文档以及任何与合同有关的检查结果，都要对文档进行审计，经审计后归档，避免日后发生合同纠纷。一切指令都应有记录存档，以便于整个项目的管理。

建设总承包工程工期比较长，有些工程需要几年的时间才能完成，其间可能出现组织领导的更换，这些文件记录就可以充分体现出其重要性。

【实践案例结语】

建设工程的收尾管理是整个项目管理周期的一个重要环节，而在实际项目管理中通常没有给予足够的重视，出现该阶段人员组织混乱、资料管理松懈、剩余资源利用不合理等问题，应引起总承包商的高度重视。

17.5.2　收尾工程验收与结算实践案例

【案例摘要】

以某企业承包工程项目的收尾工程验收与结算实践为背景，介绍了在实践中对项目收尾准备工作、竣工验收工作、项目结算和项目考核评价等方面的认识和体会，为行业提供了经验。

【案例背景】

某建设工程有限公司具有房屋建筑和市政基础设施项目一级工程总承包资质，从事各类工程建设活动。该公司在项目建设实践中，经常会遇到这样的情况：建设工程项目已竣工验收交付，有的工程项目交付已经过去几年了，但工程款不能全部要回；也有的工程项目已竣工交付使用了，但由于资料不全等原因，迟迟不能完成结算，而该项工程的项目经理则一走了之，另谋他就。因此而形成的企业经济损失，不仅影响了企业经济利益，也直接影响了企业未来的正常经营，甚至使企业不堪重负。该企业改制时统计的此类经济损失达 800 余万元，后期追讨的成本之高、困难之大显而易见。这些问题的原因在于建设项目的收尾阶段管理工作没有做扎实。

建设工程项目收尾阶段是项目管理全过程的最后阶段，收尾阶段的项目管理包括竣工收尾、结算、管理考核评价等方面的管理。以本案例承包商的角度，通过实践，对项目收尾管理总结以下体会。

【收尾管理过程】

（1）提前做好竣工收尾的准备工作　项目经理是企业法定代表人在建设工程项目上的授权委托代理人，代表公司对项目全面负责，是项目第一责任人。作为公司派任的项目经理必须牵头带领项目部人员全面负责竣工收尾准备工作，特别是要制定并组织编制收尾工作计划，报公司主管部门批准后，采取有效措施，按计划逐项完成。项目竣工收尾工作计划应包括竣工项目名称、项目收尾具体内容、竣工项目质量要求、竣工进度计划安排、竣工项目文档资料管理等。如果收尾工作准备不充分，就很难做下一步的工作。项目竣工验收前，应依据批准的建设文件和工程实施文件确认是否达到国家法律、行政法规、部门规章对竣工条件的规定和合同约定的竣工验收要求。由于建设工程的复杂性，项目经理带领项目部应提前进入收尾状态，提前的时间视项目的复杂性而确定。

（2）及时提交项目竣工验收报告　当工程按照合同完成之后，为了保证正式验收的顺利进行，承包方应先自行组织有关人员进行检查评定，经初步验收合格，具备竣工验收条件后，按照国家竣工验收标准的规定，向发包方提供完整的竣工资料和竣工验收标准，申请组织项目竣工验收。发包人收到承包人送交的竣工验收报告后，在规定的期限内不组织验收，或者在组织验收后规定期限内不提出修改意见，则视为竣工验收报告已被认可，承包商向业主移交工程资料，办理管理权移交。此时，承包商就可以将工程的保管和维护等责任转移给发包方，发包方将承担保管及一切意外责任。

值得注意的是，工程竣工验收合格后在交付发包方使用前，要做一项工作，那就是与发包方达成付款协议。很多承包方在竣工验收后很快地将工程交付发包方使用，认为工程项目交付有合同期限，担心如果不及时交付造成拖延，会被追究其拖期违约责任，其实不然。如果承包方在竣工验收后直接交付发包方，随着工程的交付使用，承包方追讨竣工结算费用的主动权也就丧失了，将会影响承包企业未来的正常经营。为了与业主保持长期友好的合作关系，比较稳妥的办法就是在工程交付前，双方达成工程款付款协议。

（3）按期组织项目竣工结算　项目竣工验收后，承包方应在限期内向发包人递交项目竣工结算报告以及完整的结算资料，双方按照协议约定的合同价款及专用条款约定的价格调整内容，经双方确认后按照规定进行竣工结算。项目竣工结算编制、审查、确定按照住建部有关发包、承包计价管理办法文件及有关规定执行。由于建筑市场是一个充分竞争的市场，特别是通过招标的工程，利润率很低。承包方重要的利润来源就是工程变更和适当的索赔收益。变更与索赔是承包商有可能获利的机会。因此，收集整理工程文件，对接结算时获得合同外工程款极为重要。

例如，该建筑施工有限公司在某项目中从投标开始就加强工程文件的管理工作，配备专职的工程档案管理人员，专职管理在工程建设过程中形成的各种形式的信息记录，包括各类阶段性文件、监理文件、施工文件、竣工图和竣工验收文件等。该企业层还专门设置部门负责收集和整理资料，逐级建立，健全文件管理岗位责任制。特别要注意收集工程项目变更的各种合同文件、施工日记、付款单据、事故调查报告、会议记录、现场管理人员给上级主管部门的信件和文件等。因为该公司工程文件管理到位，资料完整，在竣工结算时，该公司就处于主动地位，不仅避免了工程失误、施工错误、工期延误和索赔事件的发生，还避免了发包方以文件管理不完善为由克扣或拖延支付结算款，更重要的是获得了工程变更合同外收益。

在竣工结算前，承包商合理提出综合索赔报告，保护自己的利益，避免和减少由于非承包商原因造成的经济损失，是提高承包商企业经济效益的又一重要手段。除了在执行阶段提交的单项索赔报告，承包方在结算前还要提供一份综合索赔报告，包括因项目赶工、非正常原因造成的窝工、应业主的要求完成的合同外的工程内容、工程环境变化、恶劣气候条件等增加的费用。通过综合索赔报告达到一揽子方案解决索赔的目的，掌握结算的主动权。

依照国际惯例，承包方一旦提出综合索赔报告，业主都会依据同期记录、索赔报告和索赔证据合理地考虑支付给承包方。本案例公司在某一承包项目中，就是依据综合索赔报告，合理地提出合同外的索赔要求，如河道填挖、树木移植等非正常原因造成的窝工等，获取了一定的经济利益。当然，"低价中标，高价索赔"不可取。

另外，在工程结算时，业主会留下一部分工程款作为保修金，这部分保修金一般在承包商的利润中是占有一定比例的。为了避免扣取保修金，承包方可借鉴国际工程承包的经验，以提供维修保函的担保方式代替保修金。维修保函所担保的金额为合同约定的保修金额度。在工程竣工验收合格后，承包方出具维修保函代替保修金，降低资金回收慢的风险。承包方也可以适当增加维修保函的额度，以利于工程款早日回收。

（4）加强项目考核评价 项目考核评价是在承包企业内部进行的，区别于一般的薪资管理绩效考核。合同结束后，承包方进行总结、分析，将资料归档（包括证书、证明、荣誉、图片等），为今后企业项目投标提供支持。对项目总体和各专业进行考核评价可分为定量考核评价、定性考核评价两个方面。定量考核评价指标包括工期、质量、成本、职业健康安全与环境保护等；定性考核评价指标包括经营理念、项目管理策划、管理制度和方法、新工艺和新技术的应用、社会效益以及社会评价。实施项目考核评价程序为制定项目考核评价办法，确定项目考核评价方案，实施项目考核评价工作，提出项目考核评价报告。评价报告应包括各项经济技术指标完成情况、主要经验和问题处理等。在项目收尾阶段通过对项目计划和实际情况的对比，找出项目存在的问题和差距，并找出解决问题的方法。项目经理接受审计，做好项目部解体的善后工作，协助进行项目检查、鉴定和评奖申报。

按照该企业内部管理办法，工程结算完成后，对项目部人员进行考核，根据考核结果进行奖惩兑现。要注意的是在项目部解散之时，催收工程款的任务一定要落实到人，本着"谁经办谁负责，谁造成的欠款谁去要"原则，建立清欠责任制度，兑现奖与工程款回收相关联，把工程款催收作为项目收尾阶段的一项重要的工作并纳入考核评价范围。

【实践案例结语】
项目收尾是项目管理的一项关键环节，是一项十分重要的工作。一个有经验的承包商十分重视这一阶段的工作。在项目收尾阶段，对外依据合同，完成合同规定的全部内容，提交工程结算书；对内依据项目目标责任书，考核项目经理和项目部是否完成了责任书中的各项目标，并从投标、设计、采购、施工组织、竣工验收交付全过程对项目进行考核评价。承包企业只有通过不断总结经验和教训，加强项目收尾管理，加强项目考核，才能提高企业的承包水平，从而获得更好的经济效益。

17.5.3　收尾阶段的财务管理实践案例

【案例摘要】

以某公路交通投资公司在项目收尾阶段的财务管理实践为背景，介绍了他们在项目收尾阶段存在的问题，并提出建立项目收尾财务管理工作机制的思路，对同行业做好收尾的财务工作提供了有益的启示。

【案例背景】

某公路交通投资集团投资公司，近年来已建成通车项目 19 条，完成竣工验收项目仅 5 条，14 条在试运营中，其中试运营超过 3 年的项目有 8 条。由于收尾时间过长，使得资本不能及时转化为资产，导致项目成本大幅度增加，极大地影响了企业的可持续发展。因此，加快项目竣工结算，及时办理竣工验收及资产移交、节约建设工程成本，探索出一条新时期公路建设收尾阶段的财务管理机制十分重要。

【收尾财务管理现状】

（1）财务人员配备不足　公路项目建成通车后，员工待遇比建设前期有所下降，部分财务人员不愿意做收尾工作，想办法去新的项目或其他单位工作。另一方面，留下的财务人员工作量比较大，待遇也没有增加，工作积极性不高，人心不稳，有的财务人员甚至擅自离职，项目财务人员又得不到及时补充。即使补充到新的财务人员，由于对整个项目的建设过程不了解，使得决算工作无从下手，理不清头绪，严重影响财务工作的开展。

（2）资产管理粗放，造成资产流失　项目资产是指使用项目预算购买的、使用期限较长、单位价值高、在使用过程中保持原有实物形态的固定资产。公路项目资产具有分布广、数量大、使用单位部门多、管理难度大的特点。收尾阶段有些单位人员调动，将原单位的资产带走；有些单位将不用或过时的固定资产调拨给其他单位使用又未及时进行财务处理；或者固定资产报废后还留在账面上，导致账表不符等，造成了国有资产的流失。

（3）会计档案收集不全、管理不善　会计档案资料包括会计凭证、会计账簿、财务会计报告和其他有关资料。

其他有关资料是指与财务工作有关的资料，例如，财务管理制度、主要批复文件和报告资料、跟踪审计资料、征地拆迁资料等，整个项目周期中某些财务人员因调配到其他项目或者离职，在办理交接过程中出现对会计档案工作的疏忽，比如档案交接不及时，档案交接不完整，手续不严密，档案监交不严格等。有些项目只重视对会计凭证、账簿、报表等会计专业资料的归档而忽视了对其他会计资料的归档。而此类数据资料一旦丢失，就很难找回，大大降低了档案资料的完整性和齐全性，给项目带来不可弥补的损失。

（4）收尾的激励和处罚机制缺失　从公司多数项目的实践来看，收尾时间的长短与管理单位的利益关系不大，虽然各个项目的收尾工作能够平稳进行，但实际效果与实际质量却无法获得明显的提高，由于缺乏激励机制，收尾阶段时间的长短对员工缺乏拉动。收尾阶段时间过长造成管理成本增加，而项目管理者没有认识到激励和奖惩机制在收尾阶段的作用，创新收尾激励机制有利于提高收尾的工作效率，缩短收尾时间，有效节约工程项目建设成本。

【收尾财务管理工作思考和建议】

（1）建立职责分明的收尾工作组织　《基本建设财务管理规定》指出："建设单位及其

主管部门，应加强对基本建设项目竣工财务决算的组织领导，组织专门人员，及时编制竣工财务决算。设计、施工、监理等单位应积极配合建设单位做好竣工财务决算的编制工作，建设单位应在项目竣工后的3个月内完成竣工财务决算的编制工作。在竣工财务决算未经批复之前，原机构不得撤销，项目负责人和财务主要负责人员不得调离"。

根据以上规定，高速公路项目通车后，应建立职责分明的收尾组织机构，保证每个岗位的工作都能正常运行，事事有人负责。在收尾阶段，项目总承包企业原则上对原配备的财务人员特别是财务主管人员不准调动和调整岗位，因特殊原因有个别财务人员调离的，应及时补充相应人员。事实证明项目财务决算能否按时高质量地完成，关键在于人，人员不稳定，收尾阶段的工作将处于被动局面。

（2）全面清查盘点资产，制定资产处置方案　高速公路建设单位的资产大体分为三类：第一类是建设单位自用资产；第二类是高速公路及其附属设施；第三类是试运营期间购置的资产。收尾阶段对于现有自用资产和试运营期间购置的资产要重新进行清理造册，发现不符的要及时查明原因，对报废、毁损的资产要依据价值的大小报相关部门进行审批，确保各项资产的完整性，做到账账、账证、账实、账表相符。对于第二类资产，要保证顺利移交并完成缺陷期的责任修复工作，并监督运营单位保管好资产的安全和完整。同时严格按照交通运输部制定的技术管理和检修规程，准确掌握资产的数量、性能和状态，为竣工验收全面反映资产使用效率提供依据。

（3）全面收集整理建设项目有关财务档案的资料　财务档案资料是工程建设财务管理的原始记录，是对工程建设整个过程财务运作的真实记载，又是建设投资、项目造价、工程结算、往来结算、财产交付使用的重要法律依据。对财务档案资料的管理不应该在收尾阶段发现问题才想解决方案，而应该把资料管理贯穿于整个项目管理的始终。建设单位从项目建设开始就应首先做好资料收集和管理工作，在收尾阶段再进行全面的清理，完善整个财务档案，分类编号，为财务档案顺利移交创造条件。

（4）制定收尾阶段激励机制和奖惩制度　项目进入收尾阶段，意味着整个项目周期即将结束，这一阶段是项目成果交付最多的阶段。建设单位应结合项目实际情况，制定加快收尾工作的激励机制和奖惩制度，对在收尾阶段有突出贡献的相关人员要给予奖励，从精神和物质上及时给予肯定，对于消极怠慢的人员给予相应处罚，做到奖罚分明，从而有利于收尾工作效率的提高，以便尽早完成项目收尾的各项工作。

【实践案例结语】

高速公路项目收尾阶段的工作涉及财务管理、合同管理、征地拆迁管理、质量安全管理等方面的内容，必须要统一协调推进，才能加快实现竣工验收的目标。

财务管理在收尾阶段具有举足轻重的作用。因此，建设工程项目管理者必须对收尾财务管理给予高度重视，转变"重建设、轻收尾"的观念，认真将收尾财务管理工作抓细抓实，认真分析问题根源，借鉴经验，群策群力，不断探索和总结，创新收尾财务管理新模式，一定能够把项目收尾财务管理工作做好，尽快使项目完成决算审计，通过验收为项目画上一个圆满的句号。

17.5.4　收尾阶段的资料收集实践案例

【案例摘要】

以某水利枢纽工程实践为例，对于项目收尾阶段的工程资料收集和整理经验做了较详细的介绍（侧重于施工资料的收集和整理工作），对于收尾资料收集和整理具有较大的借鉴意义。

【案例背景】

某水利枢纽由进场道路、拦河坝、地下厂房、枢纽管理区、库区道路等工程所组成，该工程以防洪为主兼顾发电，正常蓄水位为 154.5m，校核洪水位为 163.0m，总库容为 3.4 亿立方米，防洪库容为 2.1 亿立方米。电站装机 3 台，装机容量为 132.0MW。工程等别为 Ⅱ 等大（2）型，其主要建筑物拦河坝级别为 2 级。该项目拦河坝为碾压混凝土重力坝，坝顶长度为 256m，坝顶高程为 164.2m，最大坝高 84.2m。河床中央布置 5 孔溢流坝，溢流坝每孔净宽为 12m，闸墩宽度为 3m，溢洪道堰顶高程为 134.8m。根据项目划分，拦河坝是一个单位工程分为 3 个标段，共有 16 个分部工程，其中 12 个土建分部工程由 G 水电二局股份有限公司负责施工。目前，工程的主体部分进入收尾阶段。

【收集资料概况与依据】

（1）收集资料概况　拦河坝土建工程一套竣工资料有 177 卷：

① 工程开工申请、施工设备进场报验、施工组织设计、施工方案、施工计划、工作联系（报告）单等综合资料为 13 卷；

② 原材料与施工过程中的检验检测资料 55 卷；

③ 测量资料 2 卷；

④ 基础工程施工记录 43 卷；

⑤ 隐蔽工程验收签证 1 卷；

⑥ 单元工程施工质量评定表 46 卷；

⑦ 各分部工程、阶段验收、单位工程、合同工程的验收申请、施工质量评定表、施工管理工作报告与相应的工程质量鉴定书等 2 卷；

⑧ 设计修改通知单、设计修改与竣工图对照一览表 1 卷；

⑨ 竣工图纸 10 卷（盒）；

⑩ 图像资料 1 卷；

⑪ 施工日记 3 卷。

从上述工程实例中可看出，在工程施工档案中，基础工程施工记录、单元工程质量评定表、各种检验检测报告是三大块，占资料总量的 70%～80%；其他资料占 20%～30%。抓好基础工程施工记录，单元工程质量评定表和各种检验检测报告的收集、校对与整理工作是施工单位资料员的主要任务。

（2）收集资料依据　工程项目（仅就施工而言）档案工作的主要依据有（但不限于）如下各项。

① 设计图纸（文件）以及设计修改通知单。

② 施工合同。本工程合同规定施工单位要向业主移交 2 套竣工资料，其中 1 套必须为原件，另 1 套（如原材料的出厂证明）确实无原件的可以用复印件。

③《科学技术档案案卷构成的一般要求》（GB/T 11822—2008）。由国家技术监督局制定的科技档案工作实行标准化管理的重要文件，内容包括案卷组织文件排列方式、案卷目录、案卷装订、文件盒的规格等具体要求，是档案工作的主要依据，要熟读熟记并切实执行。

④《技术制图　复制图的折叠方法》（GB/T 10609.3—2009）。由全国技术产品文件标准化技术委员会（SAC/TC 146）提出并归口。

⑤《归档文件整理规则》（DA/T 22—2015）。我国行业标准，由国家档案局制定。

⑥《建设项目档案管理规范》（DA/T 28—2018）。我国档案行业标准，由国家档案局颁布，内容包括文件收集的要求、竣工文件的编制要求、竣工图的编制规定与更改方法、文件的整理与归档要求、文件移交等具体要求，对易褪色材料形成的文件要求同时附上一份复印件。附录 A 中规定了竣工文件的收集范围（大致上也是竣工文件的排列顺序），是建设工程档案工作的主要依据，要熟读书熟记，切实执行。

⑦《水利工程档案管理规定》（水办〔2005〕480 号）。由水利部根据国家最新标准，并结合水利工程档案工作的实际制定的，其主要内容包括总则、档案管理、归档与移交要求、档案验收、附则，包含了档案管理、归档与移交、档案验收等具体要求。文件强调了档案工作的重要性，规定在工程竣工验收时，档案要同步验收。另外，对于水利工程竣工图的编制与更改方法，档案验收的部门、工作流程、自检报告的主要内容等，是水利工程档案的主要依据，要熟读熟记，切实执行。

⑧《重大建设项目档案验收办法》（档发〔2006〕2 号）。由国家档案局、国家发展和改革委员会制定颁布的，办法强调了档案验收的基本要求、验收的组织主体、验收的形式、验收的主要内容和方法等。

⑨《关于转发档案验收办法的通知》（粤档发〔2006〕32 号）。内有评分表。

⑩《水利工程建设项目档案验收管理办法》（水办〔2008〕366 号）。内有评分表。

⑪《水利水电工程施工质量评定表填写说明与示例》。单元评定表是工程施工档案的重要组成部分，约占工程施工档案的四分之一，在工程施工、验收过程中必须确实按照规范要求认真、如实地填写表格，并签署完备。工程完工后监理人员往往会调动工作，遗留问题在档案整理时很难处理。

⑫业主颁发的档案管理规定、附件、实施细则，以及业主、监理单位历次召开的档案工作会议纪要、档案检查与整改意见。在工程建设期间，水利部、省水利厅、省档案局、流域档案局、工程管理处、省质量监督站及监理等相关部门先后多次到工地检查指导，对做好档案工作提供了大量的帮助。在实际工作中，如出现上级部门与专家意见不一致时，要及时通过《工作联系（报告）单》的形式向监理单位汇报，以便获得相关部门同意，避免工作被动。

⑬施工单位一体化要求和相关的档案工作规定。随着国家与地方对档案工作的重视，承包企业内部对工程档案的收集范围也有所变化，为保险起见，项目部在收集档案时，应预备一套完整的资料供本单位档案室挑选，注意要原件。

【档案工作组织】

本案例项目部由项目经理、副经理、项目总工、副总工等负责人组成。项目部下设行政办公室、质量技术部、设备物资部、财务经济部、安全生产部等业务部门，以及基础、土石方、混凝土等专业的施工队（分公司）。由项目总工、质量技术部经理以及各专职、兼职资料员组成档案工作小组，协调本项目的档案管理工作。质量技术部下设资料室，配备两名专职资料员负责具体的档案工作。资料室在工地配备办公室 1 间，专用库房 1 间，扫描仪 2 台，打印机 2 台，复印机 2 台，铁皮文件柜 10 个，塑料文件箱 30 个，先后购置文件盘 800 个。充分的办公条件为做好工程档案工作提供了良好的条件。本项目的档案基本做到了及时收集、及时整理，达到了资料齐全、排列有序的工作要求。遗憾的是各专职、兼职资料员在施工过程中因个人工作变动较多，使资料收集、整理工作增加了一定的难度。

【档案管理操作】

工程档案资料是在工程建设过程中逐步积累而形成的，档案工作的原则是"三及时"，即及时收集、及时校对、及时整理，做到资料齐全、排列有序。工程档案工作有很多细节问题，在工程的各个阶段及时发现的话，很好处理，若阶段性工作完成后整理资料再发现问题，可能因为资料人员的变动等原因，处理起来就比较麻烦。工程资料人员单靠坐在办公室是做不好的，要参与各阶段的工作，经常深入施工现场、仓库，具体了解原材料、人员、设备的进场情况，了解项目的进度、质量、施工方法等情况，才能做好工程档案管理工作。

（1）资料的及时收集　工程档案资料必须随着工程进度及时收集，资料来源可分为内部生成和外来资料两大类。就施工阶段而言，内部生成资料主要是由施工单位编写、记录、填报的，然后报送监理、业主审批，资料包括开工申请、施工组织设计、施工计划、施工方案、人员、设备和原材料的进场报验单、测量资料的报验单、隐蔽工程验收记录、单元工程质量评定表、各种施工记录等。资料员要跟生产技术、材料供应等部门保持密切的联系，提醒有关部门根据工程进度和原材料的进场情况及时申报相关资料，经监理、业主批复后要及时收集归档，避免资料散落。

外来资料主要是原材料的出厂合格证书、出厂检验报告，委托第三方检测单位进行检验、检测的各种检测成果。外来资料十分重要，一旦丢失很难补回，资料员必须对这一点予以重视。原材料的出厂合格证书和出厂检验报告通常是在原材料进场验收时同步收集的，个别材料如水泥的出厂验收报告通常要滞后 28 天才能提供，对此资料人员要挂牌记录，到期要及时催收。对委托第三方检测单位进行检验、检测的，在检验、检测完成后，要及时向检验、检测单位催收各种检验、检测成果。

（2）资料的及时校对　工程档案资料及时收集后，要对其及时进行校对，校对的主要内容有以下几个方面。

① 资料页数是否齐全；每页资料的内容是否完整；相关人员的签字是否齐备；有无盖章；某些带有效期的证章是否过期。

② 原材料的出厂检验报告和进场的检测报告表格中通常设有相应的质量标准，要将各项检测数据与相应的质量标准进行对比、看各种检验、检测结果是否合格。

③ 一份完整的原材料进场报验资料，是由原材料进场报告单、出厂合格证、出厂检验报告与材料进场后的检测报告组成的，相关资料收集完后，要注意它们之间的材料名称、规格、批号、生产单位是否一致，检验结果是否合格，各种日期是否真实、合理。合理的日期顺序应该是先生产后检验，材料进场后再检测、报验，然后由业主（或监理）审批。

比较特殊的进场材料是水泥，水泥进场后取样检测，如果 3 天强度合格就可以使用，但要等 28 天强度的检测结果出来后才能正式报验，这在资料上形成原材料先使用，后检测的现象，解决方案是在资料上补充一张《水泥 3 天强度申请表》，手续就完备了。

④ 基础工程的施工记录很多是施工现场填报的原始记录，资料员收到资料后主要检查表格内容是否填报齐全，字迹是否清晰，监理单位和施工单位相关人员的签字是否完备，有资质要求的签名人员是否拥有相关证书、具备相应的资质；业主或监理具有保留意见、返工意见或处理要求的还要将处理过程的施工记录及再验收记录归档到一起，以便形成一个完整的施工记录。

⑤ 单元（或工序）工程施工质量评定表最好在报送前先由资料员校对一遍，主要校对工程部位是否准确；检查数据与现场情况、质量标准是否相符；检查频率是否合理；文字表达是否准确；对于某些容易误解的项目，填报人是否理解正确；各工序的检查时间是否真实、准确；电脑拷贝的表格要注意填报的内容中是否遗留有其他单元的数据。

⑥ 单元（或工序）工程施工质量评定表经监理审核签署后，要及时领回，注意校对监理的评定意见是否符合规范，签名是否齐全；对一式多份资料还要注意校对监理的签名和签署日期是否一致。

（3）资料的及时整理　在建设过程中收集到的档案资料经校对后，要根据竣工资料的组卷要求，及时进行分类整理，通常要每月整理一次，整理方式如下。

①《国家重大建设项目文件归档要求与档案整理规范》规定，工程档案按照单位工程进行组卷，当每一个单位工程分成几个合同标段进行施工时，应请示业主单位能否按照合同范围独立组卷。

② 工程开工后，应邀请有经验的资料人员对本工程各类资料数量做出初步估计，并指定本工程的档案分类计划，每卷资料的厚度以 1～2cm 为宜，约为 100～200 页。小型工程

档案资料为 1～10 卷，按照综合资料、检测资料施工记录、单元评定、完工验收、竣工图纸、施工日记的顺序排列即可；中型工程项目的资料有 10～50 卷；大型工程的资料一般为 50～300 卷；更大型工程的资料则更多，其档案分类也更为细化。

综合资料可按照开工申请、施工组织设计、施工计划、施工方案、设备进场报验、人员进场报验、工作联系（报告）等分别组卷，卷内资料按照时间顺序排列即可。

原材料检验资料可按照水泥、钢筋、砂、碎石等材料类别进行分别组卷，卷内资料按照时间顺序排列，施工过程中的检测资料可按照基础工程、混凝土工程等专业分类，混凝土检测的资料还可以进一步按照不同的检测内容（如抗压、抗渗等）、不同标号分别组卷，卷内资料可按工程部位顺序排列，也可按照时间顺序排列。

单元工程施工质量评定表可按照分部工程分别组卷，卷内资料宜按照工程部位顺序排列。

基础（隐蔽）工程施工记录可按照固定灌浆、帷幕灌浆、接触灌浆等类别分别组卷，卷内资料宜按工程部位顺序排列。

③ 在施工过程中不同资料要分别存放，刚收到、未校对的资料可放在办公室；已校对、未做组卷整理的资料应分类存放在文件柜中；已组卷完成的资料应编制目录，装入档案盒内，并封存到文件箱（柜）内。

④ 以本案项目为例，工程资料需要一式 3 份，其中业主需要 2 份，承包单位需要备案 1 份，资料整理时需要 3 份资料同时整理、同时组卷，如有整改要同时整改，以保证 3 份资料完全一致。

（4）其他探讨　《国家重大建设项目文件归档要求与档案整理规范》规定工程档案按照单位工程组卷。对于工期较长、规模较大的工程来说，工程完工后档案资料汇编、整改时间很长，难于及时进行竣工验收。如果允许工期较长、规模较大的工程的档案资料按分部工程组卷，并在分部验收的同时进行该分部工程的资料预验收，则工程档案资料可以及时汇编、及时整改。

【实践案例结语】

① 工程档案管理是工程项目收尾阶段的一项重要工作，它与项目整个建设过程中的每个阶段紧密联系，贯穿于项目整个过程始终。因此，项目部应高度重视，组建与项目规模相适应的档案管理机构，配备专职或兼职的资料管理人员，权责分明，形成一套完整的工程档案管理制度。

② 法律规定，工程档案收集、整理、验收、移交要与工程施工、验收、移交同步进行。对于承包企业而言做好档案工作对工程的及时验收、及时结算具有重要意义。

参 考 文 献

[1] 中国勘察设计协会.建设项目工程总承包管理规范:GB/T 50358—2017 [S].北京:中国建筑工业出版社,2017.

[2] 戴维·亨德.PRINCE2®学习指南 [M].何静园,段凯胜,刘雪峰,译.北京:中国电力出版社,2015.

[3] 美国项目管理委员会.管理知识体系指南(PMBOK 指南)[M].6 版.北京:电子工业出版社,2018.

[4] 中国(双法)项目管理研究委员会.中国项目管理知识体系(C-PMBOK2006)(修订版)[M].北京:电子工业出版社,2011.

[5] 张兰革.设计企业 EPC 工程总承包组织结构模式研究 [J].科技交流,2014,01.

[6] 林豆豆.建筑施工企业组织架构转型与"项目式事业部"管理模式研究 [J].现代国企研究,2017,08.

[7] 潘鹏程.海外 EPC 工程项目部组织机构设置分析 [J].国际经济合作,2010,06.

[8] 畅海峰.EPC 总承包模式的前期阶段项目策划的重要性和措施分析 [J].科技传播,2013,03.

[9] 寻钰,贺益龙.EPC 工程总承包项目前期策划研究 [J].项目管理技术,2016,08.

[10] 陈娟.EPC 总承包项目设计全过程管理和实施要点 [J].工程技术,2018,02.

[11] 左雷高,彭文明.EPC 总承包项目的设计管理与激励机制研究 [J].水电站设计,2020,03.

[12] 张俊寒.EPC 工程总承包模式下的设计管理研究 [J].建筑技术开发,2017,11.

[13] 齐兆云.基于供应链管理的 EPC 项目物资采购模式 [J].科技管理,2018,36.

[14] 陈亮.BIM 在 EPC 总承包项目中的应用 [J].工程技术研究,2017,03.

[15] 郭道远,向俊晨.EPC 工程总承包模式下的施工管理难点分析与对策 [J].建筑工程技术与设计,2018,02.

[16] 郭贤宝.工程建设总承包中的项目试车管理 [J].工程建设项目管理与总承包,2005,03.

[17] 徐佳.EPC 工程总承包项目进度管理方法概述 [J].重庆工程技术,2016,21.

[18] 王琳.EPC 总承包项目质量管理模式研究 [J].中国工程咨询,2011,10.

[19] 苏林丽.EPC 工程总承包项目成本费用管理与控制 [J].经济研究导刊,2018,15.

[20] 彭勇,陈勇坚.浅析 EPC 总承包项目施工安全管理 [J].工程建设项目与总承包,2014,04.

[21] 刘光忱,孙磊等.基于 EPC 模式下总承包商项目风险管理研究 [N].沈阳建筑大学学报(社会科学版),2012,01.

[22] 陈丽雄,曹铮,等.EPC 工程项目中的人力资源管理 [J].石油工程建设,2010,S1.

[23] 刘敏,胡雄.浅谈 EPC 项目管理中的沟通与协调 [J].山东化工,2019,05.

[24] 邢秀丽.浅析 EPC 工程总承包项目中的合同管理 [J].项目管理技术,2009,10.

[25] 刘欢,陈晓杰.加强总承包项目收尾阶段管理 [J].建筑学研究前沿,2017,20.